新一代信息软件技术丛书
中慧云启科技集团有限公司校企合作系列教材

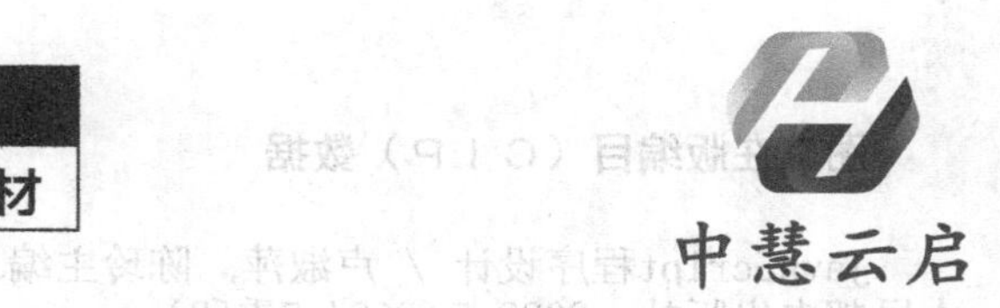

中慧云启

卢淑萍 陈玲◉主 编
吴鹏 王玉贤 钱新杰◉副主编

JavaScript 程序设计

JavaScript Programming

人民邮电出版社
北 京

图书在版编目（CIP）数据

JavaScript程序设计 / 卢淑萍，陈玲主编. -- 北京：
人民邮电出版社，2022.5（2024.7重印）
（新一代信息软件技术丛书）
ISBN 978-7-115-58758-9

Ⅰ. ①J… Ⅱ. ①卢… ②陈… Ⅲ. ①JAVA语言－程序
设计 Ⅳ. ①TP312.8

中国版本图书馆CIP数据核字(2022)第034331号

内容提要

本书系统地介绍了 JavaScript 的相关知识，主要内容包括 JavaScript 简介、JavaScript 基本语法、DOM 编程、BOM 编程、JavaScript 对象编程、JavaScript 网页特效、ES6 的新特性、jQuery 基础及使用 jQuery 实现页面特效等。

本书按照“项目导向，任务驱动，理论实践一体化”的方法，针对“客户端交互特效制作”能力，将知识讲解、技能训练和能力提高有机结合，内容组织突出“以用为本，学以致用，综合应用”，化解知识难点，提高读者学习效率。通过学习本书，读者能够掌握常见的网页特效，能够制作精美且具备良好交互效果的网页。

本书可作为高职院校相关专业师生的网页特效设计课程的参考，也可作为网页特效设计班的培训用户和网站开发从业者的自学参考书。

◆ 主　　编　卢淑萍　陈　玲
副 主 编　吴　鹏　王玉贤　钱新杰
责任编辑　王海月
责任印制　马振武

◆ 人民邮电出版社出版发行　　北京市丰台区成寿寺路 11 号
邮编　100164　　电子邮件　315@ptpress.com.cn
网址　https://www.ptpress.com.cn
固安县铭成印刷有限公司印刷

◆ 开本：787×1092　1/16
印张：15　　2022 年 5 月第 1 版
字数：368 千字　　2024 年 7 月河北第 6 次印刷

定价：59.80 元

读者服务热线：(010)53913866　印装质量热线：(010)81055316
反盗版热线：(010)81055315
广告经营许可证：京东市监广登字 20170147 号

编辑委员会

主　编：卢淑萍　陈　玲

副主编：吴　鹃　王玉贤　钱新杰

编写组成员：游　琪　侯仕平　唐吉辉

前言 FOREWORD

Web 前端技术发展迅速，主流技术日新月异，HTML、CSS 和 JavaScript 三者共同构成了丰富多彩的网页，它们使网页包含更多活跃的元素和更加精彩的内容。HTML 是一种超文本标记语言，它定义了网页结构，决定了网页内容。CSS 实现了网页结构与表现样式完全分离。JavaScript 主要实现网页的实时、动态、交互性效果，对用户的操作进行响应，使页面更加实用、友好，是目前运用最广泛的行为标准语言之一。jQuery 是一个优秀的 JavaScript 框架，凭借简洁的语法让开发者轻松实现以往需要大量 JavaScript 代码才能完成的功能和特效，并为 CSS、DOM、Ajax 等各种标准 Web 技术提供了许多实用而简便的方法，同时很好地解决了浏览器之间的兼容性问题。

本书以实际网站中流行的网页特效为载体，强化 Web 前端工程师所需要掌握的技能，提升动手能力，是一本应用当前流行的前端技术实现客户端特效的实用教程；针对“Web 前端工程师”能力，以工作任务为核心重新选择和组织专业知识体系，按工作过程设计学习情景，体现了工学结合的思想。本书的主要特点如下。

- 突出客户端网页特效制作能力的培养，让读者在反复实践中，学会应用所学知识解决实际问题。
- 根据真实任务来确定本书内容，选取的内容适用于设计与制作小型的动态网站，即制作包含客户端验证、常见动态效果，以及界面美观大方的网站，是大型网站规划与建设的基础。
- 内容由浅入深，并辅以大量的实例说明，操作性、实用性强。
- 充分考虑读者认知规律，化解知识难点。

本书配套教学资源丰富，包括教学 PPT、源代码、习题答案等，读者可访问链接 https://exl.ptpress.cn:8442/ex/l/5e31d8f8 或扫描以下二维码免费获取。

由于编者水平有限，书中难免存在疏漏之处，敬请广大读者批评指正。

编者

2021 年 11 月

目录 CONTENTS

第1章

第2章

第3章

第4章

第5章

第6章

第7章

第 8 章

第 9 章

第 10 章

第 1 章 JavaScript简介

▶ 内容导学

本章主要介绍 JavaScript 的起源、发展、特点、组成，以及搭建 JavaScript 开发环境。通过本章的学习，读者可以对 JavaScript 有一定的了解，为前端开发奠定扎实的基础。

▶ 学习目标

① 了解 JavaScript 的起源和发展。
② 了解 JavaScript 的特点。
③ 了解 JavaScript 的组成。
④ 掌握在页面使用 JavaScript 的方法。
⑤ 熟悉 JavaScript 开发环境。

任务 1.1 认识 JavaScript

JavaScript 目前是流行的脚本语言之一，它经过 30 多年的发展，从最初仅用来实现网页上的表单验证到现在可用于前端、后端、移动端、桌面程序开发等领域。每天有无数基于 JavaScript 的小程序、HTML5 游戏被开发出来，接下来，本节将带领大家一起认识 JavaScript。

【提出问题】

大家在浏览网页时，各种交互效果精彩纷呈，如轮播图、导航菜单、电梯导航等，那么，这些交互效果是如何实现的呢？其实都是通过 JavaScript 配合 HTML 和 CSS 编写实现的。

【知识储备】

1.1.1 JavaScript 起源和发展

1994 年，全球最大的浏览器提供商网景公司发现浏览器需要一种可以嵌入网页的脚本语言来控制页面行为，提升网页的效率。1995 年 5 月，网景公司将这项工作交给 Brendan Eich（如图 1-1 所示）来完成，Brendan Eich 仅用 10 天就完成了该语言的开发。这种语言最初被命名为 LiveScript，在同 Sun Microsystems 公司合作后，名称改为 JavaScript。

图 1-1　Brendan Eich

看到 JavaScript 的盛行，微软公司推出了 JScirpt 来和 JavaScript 竞争。虽然两者非常相似，但还是有区别的，因此，程序员需要付出更多的时间来开发同时兼容两种语言的代码。1996 年，网景公司将 JavaScript 提交给了 ECMA（European Computer Manufacturers Association，欧洲计算机制造商协会）来对其进行标准化；1997 年 6 月，ECMA-262 的第一个版本被 ECMA 采纳，ECMAScript 诞生了；2011 年，ECMAScript5.1（以下简称 ES5）发布，并且成为 ISO 国际标准；2012 年，所有浏览器都完成了对 ES5 的支持；2015 年 6 月，ECMA 发布了 ECMAScript 的第六个版本，简称 ES6。之后的每一年，ECMA 都会发布一个版本，对现有的 JavaScript 进行升级，也全部合称为 ES6。目前，绝大多数浏览器都兼容 ES6。

1.1.2 JavaScript 的特点

JavaScript 是一种脚本语言，已经被广泛用于 Web 应用开发，为网页添加各式各样的动态功能，为用户提供更流畅美观的浏览效果，它的特点如下。

1. 解释性

JavaScript 是一种脚本语言，不需要提前编译，由浏览器中的 JavaScript 引擎来解释执行。

2. 弱类型

JavaScript 的变量在声明时不需要指定数据类型，实际的数据类型会根据上下文来确定。

3. 面向对象

JavaScript 原本是一种基于对象的程序语言，现在发展成面向对象的语言，不但能够使用已有的对象，还能够自己创建对象。

4. 跨平台性

JavaScript 依赖于浏览器本身，与操作系统无关，只要有浏览器，就能运行 JavaScript。

1.1.3 JavaScript 的组成

一个完整的 JavaScript 是由以下 3 个不同的部分组成的，如图 1-2 所示。

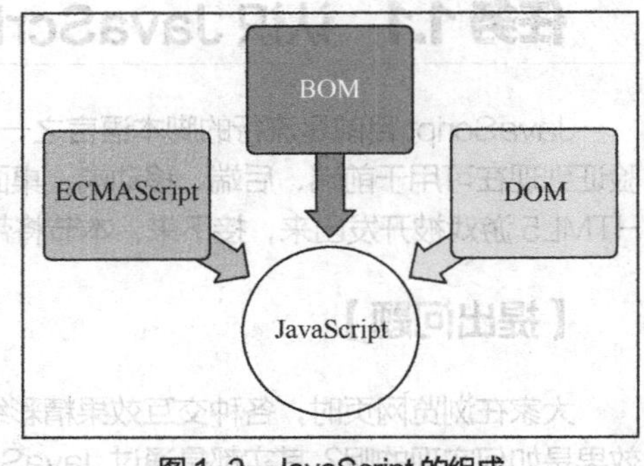

图 1-2 JavaScript 的组成

1. ECMAScript

ECMAScript 规定了 JavaScript 的语法核心，例如，变量、数据类型、关键字、保留字、运算符、流程控制、对象及函数等。

2. DOM

DOM（Document Object Model，文档对象模型）是 W3C（World Wide Web consortium，万维网联盟）推荐的处理可扩展标记语言的标准编程接口。通过 DOM 提供的接口，我们可以对网页上的各种标签进行更换样式、改变内容等操作。

3. BOM

BOM（Browser Object Model，浏览器对象模型）提供了可以与浏览器窗口进行互动的接口。通过 BOM 提供的接口，我们可以操作浏览器窗口，例如，设置弹出框、定时器等。

任务 1.2 搭建 JavaScript 开发环境

JavaScript 自推出后就大受开发者的青睐，要进行 JavaScript 开发并且看到相关结果，就需要代码编辑器和浏览器两种工具。

【提出问题】

目前常用的 JavaScript 代码编辑器有 Webstorm、Visual Studio Code（以下简称 VScode）、HBuilder 等，而常用的浏览器有 Chrome、Firefox、Safari 等。本书采用目前企业开发中最常用的 VScode 编辑器与 Chrome 浏览器的组合。

【知识储备】

1.2.1 VScode

VScode 是一款开源的前端代码编辑器，支持绝大多数开发语言的语法高亮、智能代码补全、自定义热键、代码对比等特性，支持插件扩展，并对网页开发和云端应用开发进行了优化，它有很多功能强大的插件，安装方便。

1. 软件介绍

软件可以在 VScode 官网进行下载，安装完成后，图标如图 1-3 所示。

图 1-3 VScode 的图标

打开 VScode，界面如图 1-4 所示。

图 1-4 VScode 的界面

2. 常用插件

HTML Snippets 插件：自动填充 HTML5 代码段，如图 1-5 所示。

图 1-5　HTML Snippets 插件

HTML CSS Support 插件：可以为 HTML 标签添加 CSS 属性，智能提示当前项目所支持的样式，如图 1-6 所示。

图 1-6　HTML CSS Support 插件

VScode 还有很多好用的插件，大家可以查阅网络资料自行学习，在这里就不过多介绍了。

安装插件的方法如图 1-7 所示。首先鼠标指针单击扩展图标，接着在弹出的搜索框里输入插件名称，最后单击“install”按钮即可安装。

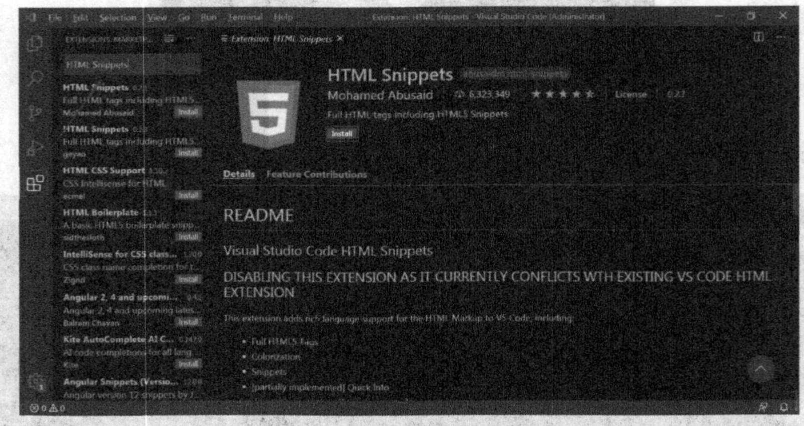

图 1-7　安装插件

1.2.2　Chrome

Chrome 是由谷歌公司开发的、功能强大且稳定的浏览器，也是前端开发经常使用的浏览器，可以在其官网进行下载安装，其图标如图 1-8 所示。

图 1-8　Chrome 的图标

1.2.3　JavaScript 的书写位置

在 HTML 中使用 JavaScript，需要将其放在 script 标签中，示例如下。

```
<script>
  //在此输入 JavaScript 代码
</script>
```

script 标签可以放在页面的 head 标签中或者 body 标签中，通常放在 body 标签结束之前，示例如下。

```
<!DOCTYPE html>
<html lang="en">
<head>
    <meta charset="UTF-8">
    <meta name="viewport" content="width=device-width, initial-scale=1.0">
    <title>Document</title>
    <script>
        //script 标签可以放在 head 标签中
    </script>
</head>
<body>
    <script>
      //script 标签也可以放在 body 标签中
    </script>
</body>
</html>
```

1.2.4　引入 JavaScript 的方法

JavaScript 代码可以单独写在一个 js 文件中，然后在页面中使用 script 标签引来引入这个文件，示例如下。

```
<script src="script/index.js"></script>
```

也可以通过 src 来引入一个在线的 JavaScript 库，示例如下。

```
<script src="http://www.xxx.com/script/jquery.js"></script>
```

当使用 src 时，建议将引入语句置于 head 标签中。

任务 1.3　在页面输出你最喜欢的运动

【提出问题】

在前面的内容中我们学习了关于JavaScript 的基础知识，每一门语言都有其相对应的输入语句和输出语句，下面学习 JavaScript 的相关知识，并使用 JavaScript 在页面输出你最喜欢的运动。

【知识储备】

1.3.1　常用的输入输出语句

1. document.write

document.write 语句可以向网页中输出内容，示例如下。

```
//将"欢迎来到 JavaScript 世界!"输出在网页上
document.write("欢迎来到 JavaScript 世界!");
//document.write 可以识别标签，下面输出的内容在网页上会显示成 h2 标签结构
```

```
document.write("<h2>网页设计开发工具</h2>");
```

2. alert

alert 语句可以弹出一个包含“确定”按钮的弹出框，示例如下。

```
alert("hello，大家好");
```

3. confirm

confirm 语句可以弹出包含“确定”按钮和“取消”按钮的弹出框，示例如下。

```
  confirm("确认提交吗?");
```

4. prompt

prompt 语句可以弹出一个可以让用户输入内容的对话框，示例如下。

```
prompt("请输入你的兴趣爱好");
```

5. console.log

console.log 语句可以向控制台输出内容，示例如下。

```
console.log("Hello World!");
```

打开 Chrome 并按<F12>键，或使用<Ctrl+Shift+I>快捷键，在调试窗口选择“Console”，可以看到 console.log 语句输出的内容，如图 1-9 所示。

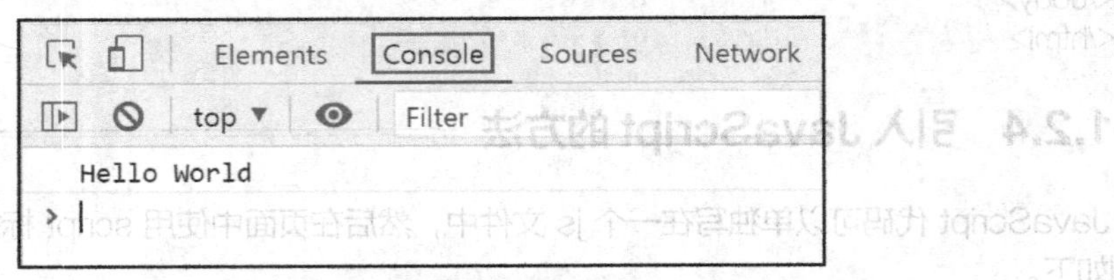

图 1-9　控制台的输出内容

1.3.2　代码注释

在 JavaScript 的开发过程中，使用注释能够增强代码的可读性。被注释的代码在 VScode 编辑器中会显示为绿色，并且在程序执行时会被 JavaScript 解释器忽略。

JavaScript 支持单行注释和多行注释，示例如下。

```
//单行注释
//console.log("你好啊");
/*
  此处为多行注释
  alert("hello");
*/
```

在 VScode 中可以使用快捷键为代码添加注释：单行注释的快捷键为<Ctrl+/>；多行注释的快捷键为<Shift+Alt+A>。

1.3.3　任务实现

让我们在页面中输出最喜欢的运动。这里没有涉及页面样式，因此只列出 JavaScript 代码，示例如下。

```
<script>
  var x = prompt("请输入你最喜欢的运动");
  document.write(x);
</script>
```

代码中创建了一个变量用于接收我们输入的最喜欢的运动，然后将其显示在页面上。关于变量的内容会在第 2 章进行详细解释。

【本章小结】

在本章内容中，我们了解了 JavaScript 的起源和发展，也认识了相关的开发工具和引入 JavaScript 的方法。本章还介绍了页面中常用的输入输出方法，以及使用 console.log 语句在浏览器控制台查看输出信息。通过对本章的学习，我们应学会使用浏览器控制台调试代码。

【本章习题】

一、选择题

1. 向 HTML 页面嵌入 JavaScript 代码，以下描述正确的是（　　）。

   A. JavaScript 代码只能放置在<head></head>标签对中

   B. JavaScript 代码可以放置在 HTML 页面中的任何地方

   C. JavaScript 代码必须放置在<script></script>标签对中

   D. JavaScript 代码必须放置在<JavaScript>与</script>标签对中

2. 我们可以在（　　）这个 HTML 标签中放置 JavaScript 代码。

   A. <script>　　B. <JavaScript>　　C. <js>　　D. <scripting>

3. 引用名为"hello.js"的外部代码的正确语法是（　　）。

   A. <script src="hello.js">　　B. <script href="hello.js">

   C. <script name="hello.js">　　D. hello.js

4. 插入 JavaScript 代码的正确位置是（　　）。

   A.<head>部分　　B. <body>部分

   C. <head>部分和<body>部分均可　　D. <head>部分和<body>部分都不行

5. 单独存放 JavaScript 程序的文件扩展名是（　　）。

   A. java　　B. js　　C. script　　D. prg

二、操作题

1. 使用 JavaScript，在页面输出如图 1-10 所示的信息。
2. 使用 JavaScript，在页面输出如图 1-11 所示的信息，其中“北京”为默认值。

JavaScript世界真奇妙

快和我一起来学习吧！

图 1-10　输出信息

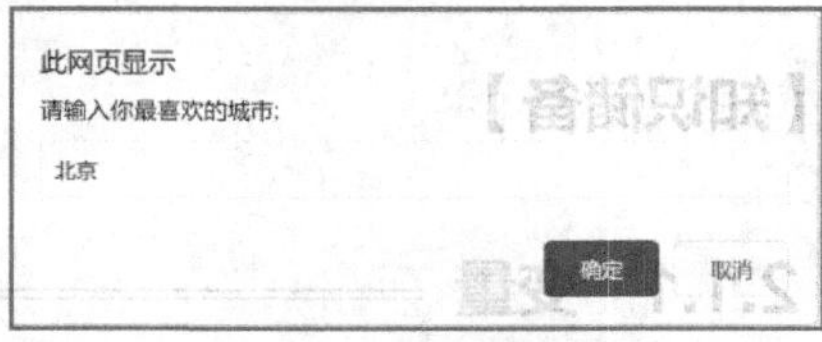

图 1-11　输入城市信息

第 2 章 JavaScript 基本语法

内容导学

本章主要介绍 JavaScript 的基本语法，包括变量、数据类型、运算符、流程控制语句和函数的定义与调用，通过本章的学习，读者将掌握 JavaScript 的基本语法，为以后各章的学习打下良好基础。

学习目标

① 掌握变量的定义。

② 掌握 JavaScript 的数据类型。

③ 掌握条件语句与循环语句。

④ 掌握函数的定义与调用。

任务 2.1 查看变量的数据类型

在平时的学习中，相信大家都有记笔记的习惯，按照某种命名规则对每个笔记本进行命名并选择性记录数据的过程其实就是创建变量的过程，在 JavaScript 中创建变量非常简单，只需要对变量进行命名即可。

【提出问题】

在前面的内容中，我们学习了如何使用 JavaScript 并在控制台中打印了最喜欢的运动，但是这个打印结果在我们刷新页面后则会消失。如何让一个变量能够保存在代码中并在需要的时候查看数据类型呢？下面让我们一起来学习 JavaScript 的变量与数据类型。

【知识储备】

2.1.1 变量

变量是存储数据的容器，JavaScript 在声明变量时要使用 var 关键字，示例如下。

```
var a;                              //声明变量
a = "hello world";                  //为变量赋值
var b = 10;                         //初始化变量
//一次性声明多个变量
var lastName="Doe", age=30, job="carPenter";
var x, y, z=1;
console.log(a, b);
```

```
console.log(lastName, age, job);
console.log(x, y, z);
```

① 第 1 行代码声明了变量 a，但是没有赋值，因此 a 是空的。第 2 行代码将“hello world”保存在 a 中，此时，a 就保存了“hello world”这个数据。

② 第 3 行代码声明了变量 b，又将“10”这个数据保存在 b 中，这一行代码也可以叫作初始化变量。

③ 第 5 行代码同时声明了 3 个变量，并对这 3 个变量进行了赋值。

④ 第 6 行代码同时声明了 3 个变量，但只对变量 z 进行了赋值，z 中保存了“1”这个数据。

2.1.2 变量命名规则

JavaScript 的所有变量必须以唯一的名称标识，能够标识其名称的被称为标识符。标识符可以是短名称（如 x 和 y），也可以是更具描述性的名称（如 age、sum、totalVolume）。

构造 JavaScript 变量名称（唯一标识符）的通用规则如下。

① 名称由字母、数字、下画线和美元符号组成。

② 名称必须以字母、下画线或美元符号开头。

③ 名称对大小写敏感（y 和 Y 是不同的变量）。

④ 保留字（如 JavaScript 的关键字）无法用作变量名称。

⑤ 如果是多个单词组成的变量名可使用小驼峰命名法，或者使用下画线来连接多个单词。

2.1.3 数据类型

JavaScript 是弱类型语言，在创建变量时，不需要指定数据类型就可以直接对变量进行赋值，但是变量本身是存在类型的，JavaScript 的数据类型分为基本数据类型和引用数据类型两大类。其中，基本数据类型又称值类型。

基本数据类型：字符串（String）、布尔（Boolean）、数值（Number）、未定义（Undefined）、空（Null）。

引用数据类型：对象（Object）、数组（Array）、函数（Function）。

1. 基本数据类型

（1）字符串

字符串是一组用单引号或双引号括起来的数据，示例如下。

```
var str1 ="Hello world!";
var str2 = '大家好';
```

（2）布尔

布尔型数据又称逻辑型数据，是 JavaScript 中常用的类型之一，它只有两个值：true 和 false，示例如下。

```
var flag = true;
var mark = false;
```

（3）数值

数值类型的数据包含整数和浮点数，示例如下。

```
var num1=28;
var num2=3.1415;
```

除了常用的数字，JavaScript 还支持以下两个特殊的数值。

① Infinity：在 JavaScript 中，当使用的数字大于其所能表示的最大值时，JavaScript 就会将其输出为 Infinity，即无穷大。如果 JavaScript 中使用的数字小于其所能表示的最小值，则会

输出-Infinity。

② NaN："not a number"（不是一个数字）。通常使用 isNaN 函数来判断数字和非数字混合运算时产生的结果，示例如下。

```
console.log('哈哈哈' – 123);        // NaN
console.log('abc' * 20);           // NaN
isNaN('haha');                     // true，不是一个数字
isNaN(123);                        // false，是一个数字
```

（4）未定义

当变量只声明，但未赋值时，该变量的默认值就是 undefined，示例如下。

```
var myHeight;
```

只声明了变量 myHeight，但是没有对其进行赋值，此时，myHeight 中保存的就是 undefined。

（5）空

空值用来表示尚未存在的对象。当变量未声明，或者声明之后没有对其进行任何赋值操作时，它的值就是 null。企图返回一个不存在的对象时，其值也为 null。undefined 实际上是 null 派生来的，因此，JavaScript 认为它们相等，示例如下。

```
var a;
console.log(a);          //变量 a 只声明未赋值，所以默认值为 undefined
var b = null;
console.log(a == b);     //返回值为 true
```

尽管这两个值相等，但它们的含义不同，undefined 表示声明了变量但未对其赋值，null 则表示为变量赋予了一个空值。

2. 数据类型转换

数据类型转换就是将一种数据类型转换成另外一种数据类型。通常会将数据转换成字符串类型、数值类型、布尔类型。

（1）转换成字符串类型

将数据转换成字符串类型有 3 种方式，如表 2-1 所示。

表 2-1　　将数据转换成字符串类型

方式	示例
toString	var flag = true; flag.toString()
String	var num = 10; String(num)
+	var PI = 3.14; PI + ''

"+"是用来连接字符串的，任何一个数值类型使用"+"与一个字符串进行连接，都会隐式地转为字符串类型。

（2）转换成数值类型

通常会将数值型的字符串，如'10'、'123'、'3.1415'，转换成数值类型。转换方式如表 2-2 所示。

表 2-2　　将数据转换成数值类型

方式	示例
parseInt	parseInt('123'); parseInt('-108')
parseFloat	parseFloat('3.14')
Number	Number('86400')
–、*、/	'123'– 0; '123'*1; '123'/1

用 –、*、/ 运算符来进行数据转换的方式，叫作隐式转换。

```
//数值型的字符串可以直接转换成数值类型
console.log(parseInt('123'));
console.log(parseInt('- 308'));
console.log(parseFloat('3.14'));

//使用 Number 函数转换数据
console.log(Number('123'));
console.log(Number('3.14'));

//隐式转换
console.log('123' – 0);
console.log('123' * 1);
console.log('123' / 1);
```

（3）转换成布尔类型

将数据转换成布尔类型只有一种方式：使用 Boolean 函数。

非空字符串和数值类型会被转为 true；空字符串和 0 会被转为 false；NaN、null、undefined 会被转为 fasle，示例如下。

```
//将非空字符串和数值类型转换成布尔类型
console.log(Boolean('小白'));   // true
console.log(Boolean(12));       // true
console.log(Boolean(3.14));     // true

//将空字符串和 0 转换成布尔类型
console.log(Boolean(''));       // false
console.log(Boolean(0));        // false

//将其他类型的数据转换成布尔类型
console.log(Boolean(NaN));            // false
console.log(Boolean(null));           // false
console.log(Boolean(undefined)); // false
```

2.1.4 运算符

可以使用运算符对变量进行加减乘除取余等操作。

1. 算数运算符

算数运算符如表 2-3 所示。

表 2-3 算数运算符

算数运算符	例子	描述
+	a = 1 + 1	加法
–	a = 1 – 1	减法
*	a = 2 * 3	乘法
/	a = 8 / 2	除法
%	a = 11 % 2	取余
++	a++	自增
––	a––	自减

“+”的另一个作用是连接字符串，示例如下。

```
var a = 10;
var b = 'abc';
console.log(a + b);      //10abc
```

“++”和“--”运算符可以对变量进行加 1 和减 1 的操作，示例如下。

```
var a = 10;
a++;                     //此处对变量 a 进行加 1 的操作
console.log(a);          //输出 a 的值，即 11

var b = 20;
b--;                     //此处对变量 b 进行减 1 的操作
console.log(b);          //输出 b 的值，即 19
```

前置和后置：自增自减运算符可以放在变量的前面或者后面，示例如下。

```
var a = 10;
console.log(a++);        //10，先返回并输出 a 的值，再对 a 进行自增运算
console.log(++a);        //12，先对 a 进行自增运算，再返回 a 的值并输出
```

a++：“++”放在变量的后面，叫作后置自增。先返回，后运算。

++a：“++”放在变量的前面，叫作前置自增。先运算，后返回。

2. 赋值运算符

赋值运算符如表 2-4 所示。

表 2-4　赋值运算符

赋值运算符	例子	等同于
=	x = y	x = y
+=	x += y	x = x + y
-=	x -= y	x = x - y
*=	x *= y	x = x * y
/=	x /= y	x = x / y
%=	x %= y	x = x % y

```
var a = 10;         //赋值运算符
a += 5;             //等同于 a = a + 5，先运算 a + 5，再将结果保存在 a 中
a -= 2;             //等同于 a = a - 2，先运算 a - 2，再将结果保存在 a 中
```

代码运行效果如图 2-1 所示。

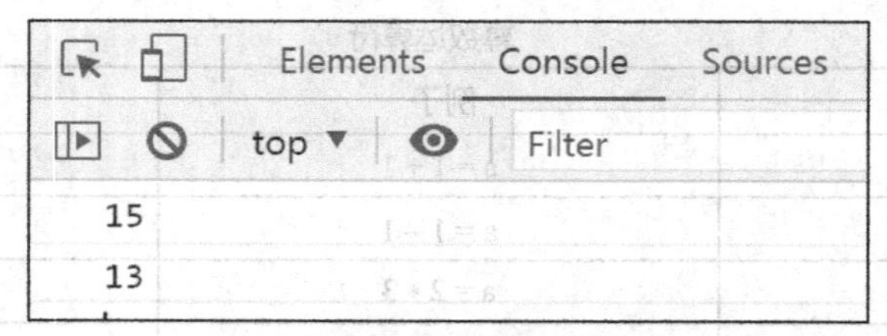

图 2-1　赋值运算符

3. 比较运算符

比较运算符如表 2-5 所示。

表 2-5 比较运算符

比较运算符	例子	描述
==	A==b	等于
===	A===b	等值等型（全等于）
!=	A!=b	不相等
!==	A!==b	不等值或不等型（不全等于）
>	A > b	大于
<	A< b	小于
>=	A>=b	大于或等于
<=	A<=b	小于或等于

==：只判断数据的值是否相等。

===：需要同时判断数据的值和数据类型是否相等。

```
var a = 10;
var b = 20;
var c = '10';
console.log(a > b);      // false
console.log(a >= b);     // false
console.log(a < b);      // true
console.log(a == c);     // true
console.log(a === c);    // false
```

4. 逻辑运算符

逻辑运算符如表 2-6 所示。

表 2-6 逻辑运算符

逻辑运算符	例子	描述
&&	a==1&&b==1	逻辑与（并且）
||	a==1||b==1	逻辑或（或者）
!	!a	逻辑非（与之相反）

2.1.5 任务实现

打印变量的数据类型。可以使用 typeof 方法来查看变量的数据类型，示例如下。

```
var miaov = 'ketang';                //声明变量，同时给变量赋值
console.log(typeof miaov);           //查看 miaov 的数据类型，结果为 string
console.log(typeof 1);               //查看 1 的数据类型，结果为 number
console.log(typeof true);            //查看 true 的数据类型，结果为 boolean
console.log(typeof false);           //查看 false 的数据类型，结果为 boolean
console.log(typeof undefined);       //查看 undefined 的数据类型，结果为 undefined
console.log(typeof null);            //查看 null 的数据类型，结果为 object
```

将代码保存在浏览器，打开控制台，代码运行效果如图 2-2 所示。

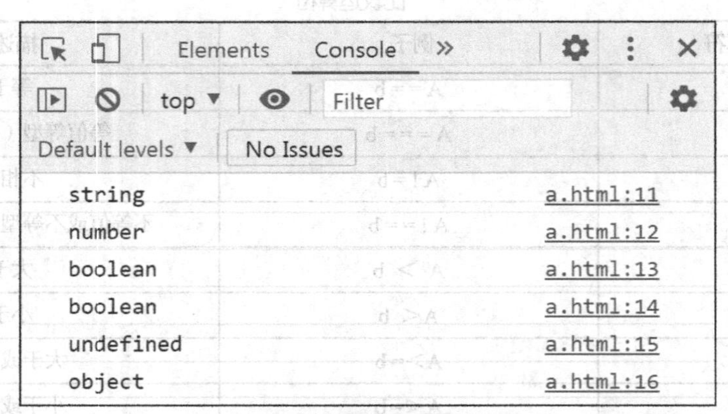

图 2-2　查看变量的数据类型

任务 2.2　使用条件语句实现分时问候

【提出问题】

朋友相遇一般都会说一句早上好或是晚上好。判断说哪一句取决于当前的时间，如果是早上的七八点，则会说早上好，但如果是晚上的十一二点，则会说晚上好，那机器可以帮我们识别这一点吗？答案是可以的。下面先来学习相关知识。

【知识储备】

2.2.1　if...else 语句

if...else 语句是一种分支结构。此结构需要先判断条件，再依据判断结果来执行代码。

1. 单独使用 if

```
if (判断表达式) {
  代码块
}
```

当 if 中的判断表达式结果为真（true）时，执行{}中的代码块。

```
var a = 10;
if (a >= 10) {
  console.log('ok');
}
```

上例中，if 判断表达式 a≥10 的结果为 true，所以执行大括号中的代码，反之则不执行。

2. if 和 else 配合使用

```
if (判断表达式) {
  代码块 1
} else {
  代码块 2
}
```

若 if 中的判断表达式结果为 true，则执行代码块 1；若结果为 false，则执行代码块 2。

```
var username = 'castle';
if (username == 'admin') {
  console.log('ok');
} else {
  console.log('error');
}
```

上例中，if 判断表达式 username=='admin'的结果为 false，所以执行 else 中的代码，控制台输出 error。

3. if...else if...else

```
if (判断表达式) {
  代码块 1
}else if (判断表达式) {
  代码块 2
} else if (判断表达式) {
  代码块 3
} else{
...
  代码块 n
}
```

if...else if...else 可以创建一个多层判断的条件语句，如果有一个条件成立了，则剩下的表达式不会被判断，如果前面的条件均不成立，则执行 else 中的代码块。

下面通过一个例子来理解条件语句的应用。提示用户输入在 0～100 的数字，如果输入的不是数字则提示"非法输入"，如果输入的数字不在 0～100，则提示"数字范围不对"，如果输入的数字在 0～100，则显示该数字，示例如下。

```
var num=Number(prompt("请输入一个在 0～100 的数字"," "));
if(isNaN(num))
   document.write("非法输入");
else if(num>0 || num<100)
   document.write("数字范围不对");
else
   document.write("你输入的数字是"+num);
```

① prompt 方法可以让用户输入内容，输入的内容都是字符串类型，所以必须转为数值类型。

② isNaN 函数用来判断变量中保存的是否是一个数字，如果不是数字，则返回 true；如果是数字，则返回 false。

③ if...else if...else 可以不使用大括号。

代码运行效果如图 2-3 所示。

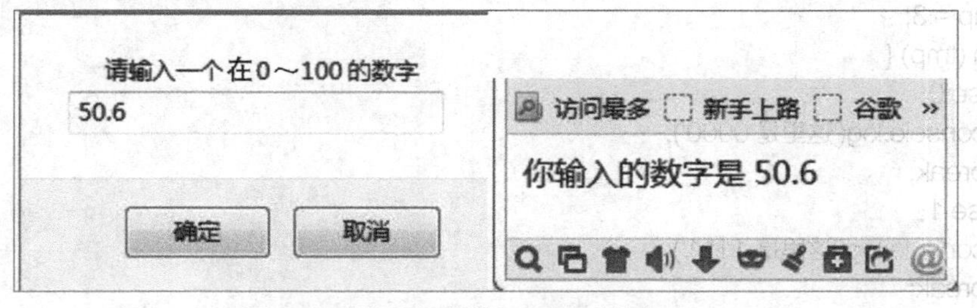

图 2-3　根据用户的输入显示相应信息

2.2.2 三元运算符

三元运算符的语法结构如下。

```
判断表达式? 语句 1: 语句 2
```

三元运算符的执行流程：先计算判断表达式的结果，再对其进行判断，如果结果为 true，则执行语句 1；如果结果为 false，则执行语句 2，最后返回执行结果。

实际开发中，经常利用三元运算符代替一些简单的 if...else 语句，示例如下。

```
var flag = true;
if (flag) {
  a = 1;
} else {
  a = 0
}
```

使用三元运算符简化上面的代码，示例如下。

```
var flag = true;
var a == flag ? 1 :  0;
```

2.2.3 switch 语句

switch 语句是一种分支结构，可根据表达式的值来执行不同的代码，示例如下。

```
switch(表达式) {
   case 值 1:
     代码块 1
     break;
   case 值 2:
     代码块 2
     break;
   ...
   case 值 n:
     代码块 n;
     break;
   default:
     默认代码块
}
```

switch 语句首先计算表达式，然后根据计算结果匹配 case。如果能够匹配到 case，则执行该 case 中代码，直到遇到 break 语句停止执行。如果匹配不到 case，则执行 default 中的代码，示例如下。

```
var tmp = 3;
switch (tmp) {
   case 0:
     console.log('这里是 0000');
     break;
   case 1:
     console.log('这里是 1111');
     break;
   case 2:
     console.log('这里是 2222');
```

```
            break;
        case 3:
            console.log('这里是 3333');
            break;
        default:
            console.log('全都没匹配到');
    }
```

初始化变量 tmp 的值为 3，switch 语句对 tmp 进行匹配，能够匹配到 case 3，所以会在控制台输出“这里是 3333”；如果将 tmp 的值改为 0，则会在控制台输出“这里是 0000”；如果将 tmp 的值改为 6，则匹配不到 case，此时，会执行 default 中的代码，输出“全都没匹配到”。

代码运行效果如图 2-4 所示。

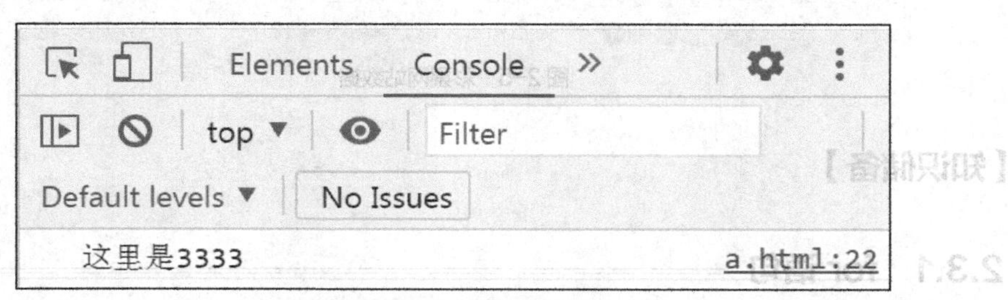

图 2-4　switch 语句

2.2.4　任务实现

我们学习了很多关于条件语句的内容，接下来编写根据时间返回不同问候语的代码，示例如下。

```
//设置数字模拟当前时间，实现分时问候
var time = 8;
if (time < 10) {
document.wirte ('早上好');
} else if (time < 20）｛
document.wirte ('白天好');
} else {
document.wirte ('晚上好');
}
```

可以通过修改 time 的值来模拟不同时间，并在浏览器中查看运行效果。

任务 2.3　使用循环语句输出乘法口诀表

【提出问题】

我们经常能看到有些网站的表格中有几百上千条数据，且表格中的数据经常会增加，如图 2-5 所示的彩票网站。如果每次添加数据都直接对表格进行操作是不太现实的，容易把表格数据弄错。是否有更好的解决方法，尽量减少对表格的操作，而只是对表格中的数据进行操作呢？答案是肯定的。可以使用循环语句操作数据，然后把数据渲染到页面上，下面先来学习相关知识。

期号	开奖日期	中奖号码	总销售额（元）	单选		组三		组六	
				注数	中奖金额（元）	注数	中奖金额（元）	注数	中奖金额（元）
2021122	2021-05-12(三)	4 0 1	72,565,370	15340	15,946,200	0	0	26341	4,554,270
2021121	2021-05-11(二)	8 0 1	68,763,014	55222	57,391,040	0	0	53538	9,254,696
2021120	2021-05-10(一)	4 5 0	68,591,202	11008	11,442,040	0	0	28466	4,921,083
2021119	2021-05-09(日)	8 5 9	65,780,912	12761	13,259,640	0	0	39055	6,751,062
2021118	2021-05-08(六)	5 5 0	68,544,296	23855	24,795,080	22337	7,721,270	0	0
2021117	2021-05-07(五)	0 7 9	69,363,686	24483	25,453,600	0	0	56102	9,699,801
2021116	2021-05-06(四)	1 6 1	68,416,532	19333	20,096,760	28054	9,696,609	0	0
2021115	2021-05-05(三)	2 3 1	66,600,032	9755	10,141,280	0	0	27607	4,772,980
2021114	2021-05-04(二)	5 7 7	70,309,898	21085	21,915,200	52269	18,073,426	0	0
2021113	2021-05-03(一)	0 1 2	69,082,764	19173	19,932,760	0	0	29654	5,126,670
2021112	2021-05-02(日)	3 4 9	67,124,724	17189	17,866,120	0	0	47029	8,129,486

图 2-5　彩票网站数据

【知识储备】

2.3.1　for 语句

如果希望重复执行相同的代码，就可以使用循环语句。for 语句的基本语法如下。

```
for (赋值表达式; 判断表达式; 步进表达式) {
    代码块
}
```

赋值表达式能够初始化一个变量，用来控制循环的起点。

判断表达式的结果必然为 true 或 false，若结果为 true，则执行大括号中的代码块；若结果为 false，则退出循环。

步进表达式用来设置变量的增量或者减量。

输出 100 个“*”，示例如下。

```
for (var i = 0; i <100; i++) {
    document.wirte ( '*');
}
```

输出 1 到 100 之间的整数，示例如下。

```
for(var i = 1; i <= 100; i++){
    console.log (i);
}
```

计算从 1 加到 50 的和，示例如下。

```
var sum = 0;
for(var i = 1; i <= 50; i++){
    sum += i;
}
console.log(sum);
```

2.3.2　while 语句

相较于 for 语句在创建变量时添加约束条件，while 语句更适合不知道执行次数的程序，只要判断表达式为真，就会一直执行代码块，它的基本语法如下。

```
while (判断表达式) {
    代码块
}
```

while 语句的特点是先判断后执行，若条件为真，则执行大括号中的代码块；若条件为假，则退出循环，示例如下。

```
var i = 0;
while (i < 10) {
    console.log('数字是' + i);
    i++;
}
```

2.3.3 do while 语句

do while 语句与 while 语句用法基本相似，但当判断表达式不为真时，do while 语句会执行一次代码块。使用 do while 语句计算从 1 加到 100 的和，示例如下。

```
var i=sum=0;
do{
    sum+=i;
    i++;
}while(i<=100)
alert("1+2+3+...+100="+sum);
```

运行代码，效果如图 2-6 所示。

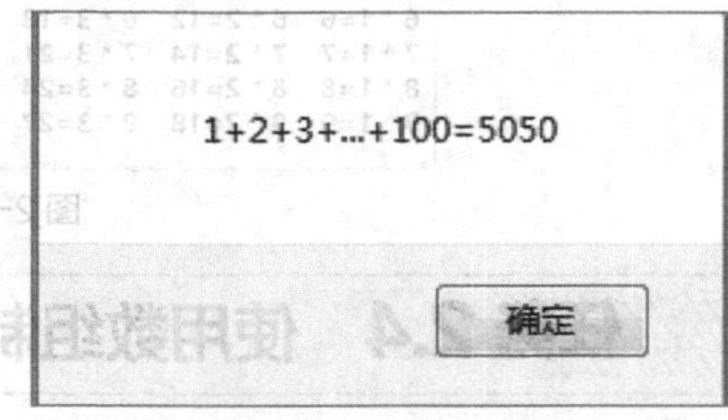

图 2-6　1+2+…+100 的计算结果

2.3.4 break 语句和 continue 语句

1. break 语句

break 语句既可以用在 switch 语句中，又可以用在循环语句中。当 break 语句用在循环语句中时，会立即结束循环，示例如下。

```
for (var i = 0; i < 10; i++) {
  if (i == 5) {
   break;
  }
  console.log(i);
}
```

当 i 等于 5 时，会执行 break 语句，结束循环，即不再执行循环体中的代码。所以上面代码的输出结果是 0、1、2、3、4。

2. continue 语句

continue 语句会结束当前循环，进入下一次循环，示例如下。

```
for (var i = 0; i < 10; i++) {
  if (i == 5) {
   continue;
  }
  console.log(i);
}
```

当 i 等于 5 时，会执行 continue 语句，结束本次循环，进入下一次循环。所以不会输出 5，上面代码的输出结果是 0、1、2、3、4、6、7、8、9、10。

2.3.5 任务实现

使用嵌套循环输出九九乘法口诀表，示例如下。

```
for (var i = 1; i <= 9; i++) {
    for (var j = 1; j <= i; j++) {
        document.write('<strong>'+i+'*'+j +'=' +i * j +'</strong> ');
    }
    document.write('<br/>');
}
```

这段代码使用了嵌套循环，外层循环控制行，内层循环控制列，运行效果如图 2-7 所示。

```
1 * 1=1
2 * 1=2   2 * 2=4
3 * 1=3   3 * 2=6    3 * 3=9
4 * 1=4   4 * 2=8    4 * 3=12   4 * 4=16
5 * 1=5   5 * 2=10   5 * 3=15   5 * 4=20   5 * 5=25
6 * 1=6   6 * 2=12   6 * 3=18   6 * 4=24   6 * 5=30   6 * 6=36
7 * 1=7   7 * 2=14   7 * 3=21   7 * 4=28   7 * 5=35   7 * 6=42   7 * 7=49
8 * 1=8   8 * 2=16   8 * 3=24   8 * 4=32   8 * 5=40   8 * 6=48   8 * 7=56   8 * 8=64
9 * 1=9   9 * 2=18   9 * 3=27   9 * 4=36   9 * 5=45   9 * 6=54   9 * 7=63   9 * 8=72   9 * 9=81
```

图 2-7 嵌套循环输出九九乘法口诀表

任务 2.4 使用数组制作导航条

【提出问题】

导航条上的栏目名称通常都是从数据库中取出后，使用 JavaScript 渲染到页面上的。这里我们不考虑如何从数据库中取出栏目名称，只考虑得到栏目名称之后，该如何将其制作成图 2-8 所示的结构。

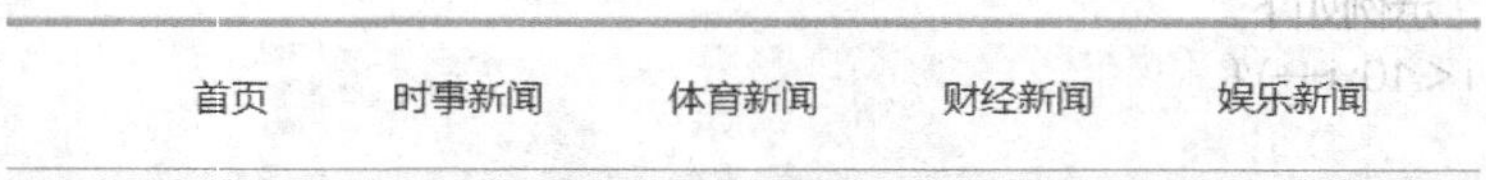

首页　　时事新闻　　体育新闻　　财经新闻　　娱乐新闻

图 2-8 导航条

【知识储备】

2.4.1 声明数组

数组的作用是使用一个变量来保存多个数据。在 JavaScript 中声明数组有两种方式：字面量方式和 new 关键字。

```
var arr1 = [1, 2, 3];
var arr2 = new Array('奔驰', '宝马', '奥迪');
```

① 第一行：使用字面量方式来声明数组，该数组中保存了 3 个数据，字面量方式是声明数组最常用的方式。

② 第二行：使用 new 关键字来声明数组，该数组中也保存了 3 个数据。

③ 注意事项：数组中可以保存任意类型的数据；实际开发中，数组中保存的数据应该是有关系的，而不是杂乱无章的。

2.4.2 访问数组

数组中可以保存多个数据，每个数据都保存在一个独立的单元中，每个单元都有编号，这个编号被称为索引（也可以叫作下标）。索引是从 0 开始，依次递增的。数组结构如图 2-9 所示。

var arr3 = [1, '比亚迪', '汉', true];

1	比亚迪	汉	true
0	1	2	3

图 2-9 数组结构

① 数组 arr3 有 4 个单元，所以其长度为 4。
② 数组 arr3 的第 1 个单元的索引为 0，保存数据“1”。
③ 数组 arr3 的第 2 个单元的索引为 1，保存数据“比亚迪”。
④ 数组 arr3 的第 3 个单元的索引为 2，保存数据“汉”。
⑤ 数组 arr3 的第 4 个单元的索引为 3，保存数据“true”。
可以使用索引来查找对应单元的值，并对其进行修改，示例如下。

```
var arr3 = [1, '比亚迪', '汉', true];
console.log(arr3[0]);          //1
console.log(arr3[1]);          //比亚迪
console.log(arr3[4]);          //undefined
arr3[2] = '唐';
arr3[3] = false;
```

① 第 2 行：查找数组 arr3 索引为 0 的单元，并使用 console.log 语句将其输出到控制台。
② 第 3 行：查找数组 arr3 索引为 1 的单元，并使用 console.log 语句将其输出到控制台。
③ 第 4 行：因为数组 arr3 没有索引为 4 的单元，所以控制台输出结果为 undefined。
④ 第 5 行：查找数组 arr3 索引为 2 的单元，并将其保存的数据修改为唐。
⑤ 第 6 行：查找数组 arr3 索引为 3 的单元，并将其保存的数据修改为 false。

2.4.3 遍历数组

遍历数组就是对数组中的每个单元都操作一遍。
输出数组中的每个单元值，示例如下。

```
var arr = ['奔驰', '宝马', '奥迪'];
//原始写法
console.log(arr[0]);
console.log(arr[1]);
console.log(arr[2]);
//使用循环语句
for (var i = 0; i < arr.length; i++) {
  console.log(arr[i]);
}
```

通过索引依次输出数组中的每个单元值。原始写法非常不实用，因为若数据的单元非常多，则需要使用大量的代码。而使用循环只需重复执行 console.log(arr[x])即可，因为输出数组中的每个单元值，除了索引是变化的，其他完全一样。

arr.length 中的 length 叫作属性，该属性能够获取数组的长度。本例中的数组 arr 有 3 个单元，所以数组长度为 3，arr.length 的值为 3。

2.4.4 任务实现

理解了数组的声明、访问和遍历之后，接下来实现图 2-8 所示的导航条。

使用 HTML 来制作静态页面，其标签结构如下。

```
<div class="nav clearfix">
    <div class="w">
    <a href="#">首页</a>
    <a href="#">时事新闻</a>
    <a href="#">体育新闻</a>
    <a href="#">财经新闻</a>
    <a href="#">娱乐新闻</a>
    </div>
</div>
```

动态生成该导航条的核心是将所有的栏目名称保存到一个数组中，并循环输出标签结构。该方法的优点是可以随意修改数组中的栏目名称，而导航条中的内容会随着数组内容的变化而变化，示例如下。

```
var cates = ['首页', '时事新闻', '体育新闻', '财经新闻', '娱乐新闻'];
document.write('<div class="nav clearfix">');
document.write('<div class="w">');
for (var i = 0; i < cates.length; i++) {
    document.write('<a href="#">' + cates[i] + '</a>');
}
document.write('</div>');
document.write('</div>');
```

任务 2.5 使用函数制作简易计算器

【提出问题】

在页面上实现简易计算器。用户输入第一个数、运算符和第二个数后，能将运算结果输出在页面上，效果如图 2-10 所示。

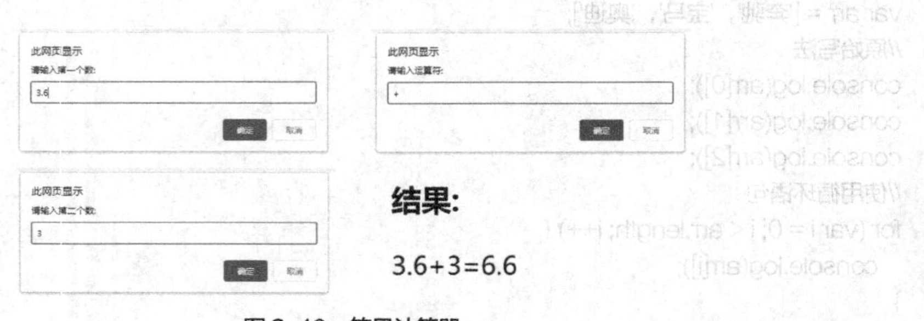

图 2-10 简易计算器

【知识储备】

2.5.1 定义和调用函数

JavaScript 中的函数是通过 function 关键字来定义的，在需要重复使用大段代码的场景中，使用函数来封装这些代码是非常方便的，函数被定义后并不会执行，而是等调用时才会触发，函数定义的基本语法如下。

```
function 函数名([参数 1, 参数 2, …]) {
    //代码块(函数主体)
    return;
}
```

对函数定义基本语法的说明如下。

① function 是定义函数的关键字，必须有。

② 参数 1，参数 2 等是函数的参数，参数是可选的。

③ 函数主体写在大括号内。

④ return 语句用来设置函数的返回值，是可选的。

定义和调用函数的示例如下。

```
function sayHello(name){
  alert('Hello：'+name);
}
```

函数定义后不会立即执行，需要在使用的时候对它进行调用。

```
sayHello('王小明');
```

执行结果：弹出一个对话框，显示“Hello：王小明”，如图 2-11 所示。

图 2-11 执行结果

函数还有一种定义方式，就是将函数体保存在一个变量中，示例如下。

```
//声明一个变量来保存函数体
var add = function (a, b) {
  return a + b;
}
//调用函数
add(10，20);
```

2.5.2 变量作用域

变量作用域是指变量生效的区域，在 JavaScript 中有全局作用域和局部作用域两种。

全局作用域：在 script 标签内声明的变量，在整个页面的范围内生效，示例如下。

```
<script>
//username 是在 script 标签中声明的变量，属于全局变量
```

```
//在函数内能直接使用该变量
var username = 'admin';
function fn () {
  console.log(username);
}
</script>
```

局部作用域：在函数体内声明的变量，只在函数体内生效，示例如下。

```
function myFunc() {
password = "123456";
}
myFunc();
//password 是定义在 myFunc 函数体内的变量，属于局部变量，在函数体外无法使用
//此处输出的结果是 undefined
console.log(password);
```

2.5.3 任务实现

理解了函数的定义和调用，接下来实现图 2-10 所示的简易的计算器。

① 设置 3 个用户输入框，让用户输入第一个数、运算符和第二个数。

② 声明一个计算函数，根据不同的运算符（加减乘除）来计算。

③ 调用已声明的函数，并将用户输入的数据作为参数传入。

```
var num1=prompt('请输入第一个数:');
var opt=prompt('请输入运算符:');
var num2=prompt('请输入第二个数:');

function calculate (x, y, opt) {
  var result;
  switch (opt) {
    case '+':
      result = parseFloat(x) + parseFloat(y);
      break;
    case '-':
      result = x - y;
      break;
    case '*':
      result = x * y;
      break;
    case '/':
      result = x / y;
      break;
  }
  document.write('<h3>结果：</h3>');
  document.write(x + opt + y + '=' + result);
}
//调用函数
calculate(num1, num2, opt);
```

任务 2.6 使用对象制作自定义表格

【提出问题】

网上商城中的每一种商品都是使用数据来描述的。例如描述手机这件商品，手机有品牌、颜色、尺寸、重量等基本参数，以及打电话、玩游戏、听音乐、看视频等功能。使用之前学过的知识能够描述手机吗？可以，但是不合理。我们可以使用多个变量分别保存属性，再声明多个函数来定义多个功能，但是这样变量太多，会使程序非常复杂，那使用什么样的方式能够更合理地描述数据呢？答案是对象。

【知识储备】

2.6.1 初识对象

对象是用来描述事物的一组属性和方法。通常使用属性来表示基本参数，使用方法来定义功能，手机的属性和方法如图 2-12 所示。

图 2-12 手机的属性和方法

万物皆对象是 JavaScript 中的一个重要概念，意思就是所有的东西都是对象，字符串、数组、数值等都可以被认为是对象。

JavaScript 中有 3 种创建对象的方式：字面量、new Object、构造函数。

2.6.2 字面量

1. 声明对象

字面量就是大括号包含的一组键值对。键又叫作属性名，是自定义的；值又叫作属性值，可以是任意一种数据类型。使用对象来描述手机这件商品，示例如下。

```
var phone = {
  brand: '爱华',
  color: '魅力红',
  hardware: {
    mem: '512G'
  },
  tel: function (num) {
    console.log('现在打电话给' + num);
```

```
    }
}
```

上例中声明了变量 phone 并为其赋值了一个对象。对象左侧的 brand、color 等叫作属性名；对象右侧的爱华、魅力红等叫作属性值。可以看出，属性值可以是任意数据类型（注意，function 也是一种数据类型）。

2. 调用属性和方法

调用属性和方法有两种方式：对象.属性名或者对象['属性名']。

```
console.log(phone.brand);              //爱华
console.log(phone['color']);           //魅力红
console.log(phone.hardware.mem);       //512G
phone.tel(18612345678);                //因为声明方法时有形参，所以调用时要有实参
```

3. this 关键字

若要在对象的内部调用对象的属性和方法，就必须使用 this 关键字。

```
var userInfo = {
    username: 'admin',
    show: function () {
    //此处调用了对象中的 username 属性值，因此必须使用 this 关键字
     console.log('欢迎您回来，尊敬的管理员:' + this.username);
  }
}
  userInfo.show();        //欢迎您回来，尊敬的管理员: admin
```

2.6.3 new Object

new Object 会实例化一个空的对象，实例化完成后，再向对象中添加属性和方法。

```
var userInfo = new Object();
userInfo.username = 'admin';
userInfo.password = '123456';
```

使用 new Object 实例化一个 userInfo 空对象，第 2 行代码和第 3 行代码是向 userInfo 这个空对象中添加属性。

2.6.4 构造函数

构造函数是一种特殊的函数，在构造函数中可以声明属性和方法，但是必须使用 this 关键字来指定。当构造函数声明好之后，需要使用 new 关键字来将其实例化，从而得到一个对象。

```
//构造函数
function Hero (heroName, gender, age) {
  this.heroName = heroName;
  this.gender = gender;
  this.age = age;
}
//使用 new 关键字将函数声明实例化为对象
var h = new Hero('贾克斯', '男', 30);
console.log(h.heroName);          //贾克斯
console.log(h.age);               //30
```

2.6.5 任务实现

本节实现制作简单的彩票开奖信息表格，效果如图 2-13 所示，步骤如下。

期数	号码	金额
1	1,3,5	3000
2	2,4,6	6000
3	7,8,9	9000

图 2-13 彩票开奖信息

实现该任务的核心是数据，要将所有的数据保存到一个数组中，且数组中的每个单元都使用一个对象来保存数据，示例如下。

```
//数组中的每个单元都保存一个对象，每个对象都是一条完整的数据
var list = [
   { id："1", num: '1, 3, 5', money: "3000"},
   { id："2", num: '2, 4, 6', money: "6000"},
   { id："3", num: '7, 8, 9', money: "9000"}
];
//使用 document.wirte 语句输出表格的结构
document.wirte('<table aligen="center" width="500">');
document.wirte('<tr><th>期数</th><th>号码</th><th>金额</th></tr>');
//循环输出数组
for (var i = 0; i < list.length; i++) {
   //每个单元中的对象是一条数据
   document.wirte('<tr>');
   document.wirte('<td>' + list[i].id + '</td>');
   document.wirte('<td>' + list[i].num + '</td>');
   document.wirte('<td>' + list[i].money + '</td>');
   document.wirte('</tr>');
}
document.wirte('</table>');
```

任务 2.7 任务拓展

设计功能相对复杂的计算器，如图 2-14 所示。

图 2-14 计算器

1. 制作页面

制作页面的 HTML 代码如下。

```
<style>
    #calculator {
        margin: 0 auto;
        border: #000 2px solid;
        border-radius: 15px 15px 15px 15px;
        width: 300px;
        height: 460px;
        background: #000000;
    }
    #hiddentxt {
        height: 100px;
    }
    #txt {
        width: 88%;
        height: 80px;
        border-radius: 12px 12px 12px 12px;
        font-size: 24px;
        font-weight: bold;
        background: #000;
        color: white;
        border: #fff 5px solid;
        margin-top: 15px;
        margin-left: 12px;
        font-family: "Comic Sans MS", "Leelawadee UI";
    }
    input[type="button"] {
        width: 56px;
        height: 56px;
        margin-top: 10px;
        margin-left: 13px;
        border-radius: 10px;
        font-size: 20px;
        font-weight: bold;
        background: #fff;
        font-family: "Comic Sans MS";
    }
    #Zero,
    #AC {
        width: 129px;
    }
</style>
<body>
<div id="calculator">
<input type="text" id="txt" readonly /><br />
<input type="button" id="AC" value="AC" onclick="Clear()" />
```

```
<input type="button" onclick="TNumber(this.value)" value="/" />
<input type="button" onclick="TNumber(this.value)" value="%" />
<br />

<input type="button" id="Seven" onclick="TNumber(this.value)" value="7" />
<input type="button" id="Eight" onclick="TNumber(this.value)" value="8" />
<input type="button" id="Nine" onclick="TNumber(this.value)" value="9" />
<input type="button" onclick="TNumber(this.value)" value="+" />
<br />

<input type="button" id="Four" onclick="TNumber(this.value)" value="4" />
<input type="button" id="Five" onclick="TNumber(this.value)" value="5" />
<input type="button" id="Six" onclick="TNumber(this.value)" value="6" />
<input type="button" onclick="TNumber(this.value)" value="-" />
<br />

<input type="button" id="One" onclick="TNumber(this.value)" value="1" />
<input type="button" id="Two" onclick="TNumber(this.value)" value="2" />
<input type="button" id="Three" onclick="TNumber(this.value)" value="3" />
<input type="button" onclick="TNumber(this.value)" value="*" />
<br />

<input type="button" id="Zero" onclick="TNumber(this.value)" value="0" />
<input type="button" id="Dot" onclick="TNumber(this.value)" value="." />
<input type="button" onclick="Calculator()" value="=" />
</div>
</body>
```

2. 定义函数

在 js 文件夹中新建 compute.js 文件，引入页面，在 compute.js 文件中定义函数，代码如下。

```
/*------------------------------------------------------*/
var text = document.getElementById("txt");
var numObj = "";
var Total = 0;
/*------------------------------------------------------*/
function TNumber(obj) {
  //输入
  numObj += obj;
  text.value = numObj; //字符串连接
}
function Calculator() {
  //计算
  var str = text.value;
  Total = eval(text.value); //使用 eval 函数编译 text.value 中的字符串算式
  text.value = str + "=" + Total;
  numObj = "";
}
/*------------------------------------------------------*/
```

```
function Clear() {
  //清除屏幕
  text.value = "";
  numObj = "";
}
```

【本章小结】

本章通过实例介绍了 JavaScript 变量的使用、JavaScript 中常见的数据类型、JavaScript 的条件语句和循环语句，以及函数的定义与调用，下面对本章做一个总结。

① JavaScript 对大小写是敏感的。

② 使用 var 关键字声明变量。由于 JavaScript 是弱类型语言，声明变量时不需要指定变量类型。

③ JavaScript 常用的数据类型有基本数据类型和引用数据类型。基本数据类型（值类型）有字符串（String）、布尔（Boolean）、数值（Number）、未定义（Undefined）、空（Null）；引用数据类型有对象（Object）、数组（Array）、函数（Function）。

④ 条件语句有 if...else 语句和 switch 语句。

⑤ 循环语句有 for 语句、while 语句和 do while 语句，结束循环有 break 语句和 continue 语句，break 语句表示结束整个循环，continue 语句表示结束当前循环。

⑥ 函数分为有参函数和无参函数，建议先定义再调用。

【本章习题】

一、选择题

1. （　　）的变量名是非法的。

A. numb_1　　B. 2numb　　C. sum　　D. de2$f

2. JavaScript 的表达式：parseInt（"8"）+parseFloat（"8"）的结果为（　　）。

A. 8+8　　B. 88　　C. 16　　D. "8"+"8"

3. 在 JavaScript 中，运行下面代码后的返回值的类型为（　　）。

```
var flag=true;
document.write(typeOf(flag));
```

A. Undefined　　B. Null　　C. Number　　D. Boolean

4. 分析下面的 JavaScript 代码，m 的值为（　　）。

```
x=11;
y="number";
m= x+y ;
```

A. 11number　　B. number　　C. 11　　D. 程序报错

5. 在 JavaScript 中，运行下面的代码，sum 的值为（　　）。

```
var sum=0;
for(i=1;i<10;i++){
  if(i%5==0)
  break;
  sum=sum+i;
}
```

A. 40　　B. 50　　C. 5　　D. 10

二、操作题

1. 使用 JavaScript 在页面上输出行列数量相等的“#”，要求如下。

① 使用 prompt 方法输入打印的行数，如图 2-15 所示。若输入行数为 6，输出结果如图 2-16 所示。

② 输出的“#”行数最多为 10，当输入的行数大于 10 时，也输出 10 行；当输入的行数小于 10 时，则输出对应的行数。

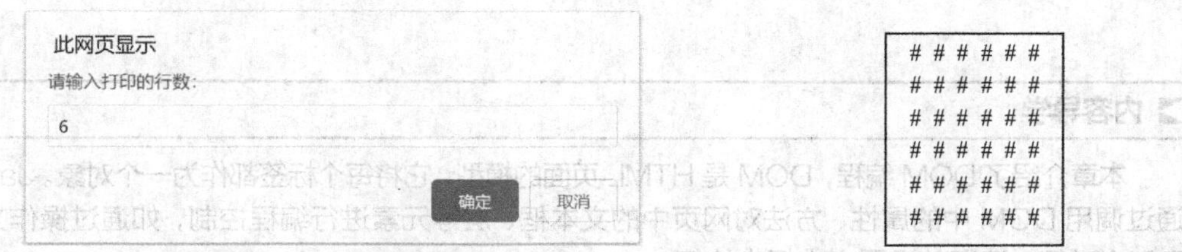

图 2-15　输入打印的行数　　　　图 2-16　行列数量为 6 时的图形

2. 在图 2-17 所示的页面中，输入数量、单价、运费后，单击“合计”按钮，计算购物车中的交易费用。

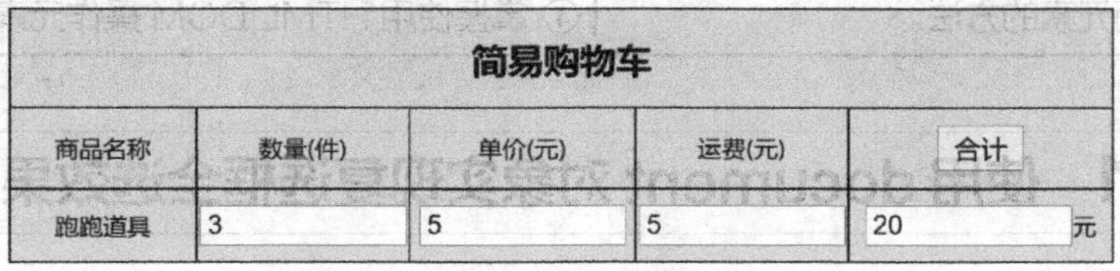

简易购物车				
商品名称	数量(件)	单价(元)	运费(元)	合计
跑跑道具	3	5	5	20 元

图 2-17　简易购物车

第 3 章 DOM 编程

内容导学

本章介绍了 DOM 编程，DOM 是 HTML 页面的模型，它将每个标签都作为一个对象。JavaScript 通过调用 DOM 中的属性、方法对网页中的文本框、层等元素进行编程控制，如通过操作文本框的 DOM 对象，读取并设置文本框中的值。

学习目标

① 了解 DOM 编程。
② 掌握定位页面元素的方法。
③ 掌握使用 Core DOM 操作元素的方法。
④ 掌握使用 HTML DOM 操作元素的方法。

任务 3.1 使用 document 对象实现复选框全选效果

【提出问题】

当浏览器载入 HTML 文档时，它就会生成 document 对象。document 对象使我们可以通过代码访问 HTML 页面中的所有元素，它提供了很多属性和方法供开发人员使用。下面以常见的复选框全选效果为例来学习 document 对象的常用方法，邮件全选效果如图 3-1 所示。

☑ 全选	发件人	主题
☑	service1	关于线上研讨会邀请函|企业商标工作中的问题与挑战线上交流会
☑	汤姆	本周末的校友活动时间和地点确认
☑	小李	"双11" 活动
☑	王老师	9～11 月会议总表，线下时间和地点等详情见附件

图 3-1　邮件全选效果

【知识储备】

3.1.1　什么是 DOM

当用户访问一个 Web 页面时，浏览器会解析每个 HTML 元素，DOM 会将文档解析为一个由节点和对象（包含属性和方法的对象）组成的结构集合，形成 DOM 的分层节点，即 DOM 树。DOM 树中的所有节点都可以通过脚本语言来进行访问，如 JavaScript，所有 HTML 元素节点都可以被创建、添加或者删除。

在 DOM 的分层节点中，用分层节点图来表示页面，具体如下。

① 整个文档是一个文档节点，就像树的根一样。

② 每个 HTML 标签都是元素节点。

③ HTML 元素内的文本就是文本节点。

④ 每个 HTML 属性是属性节点。

HTML 的结构如下。

```
<html>
<head>
<title>DOM 节点</title>
</head>
<body>
<img src="images/fruit.jpg" alt="图片" id="s1" />
<h1>喜欢的水果</h1>
<p>DOM 应用</p>
</body>
</html>
```

当访问该页面时，浏览器首先会解析每个 HTML 元素，创建 HTML 文档的虚拟结构，并将其保存在内存中。接着，HTML 页面被转换成树状结构，每个 HTML 元素成为一个叶子节点，且连接到父分支，如图 3-2 所示。

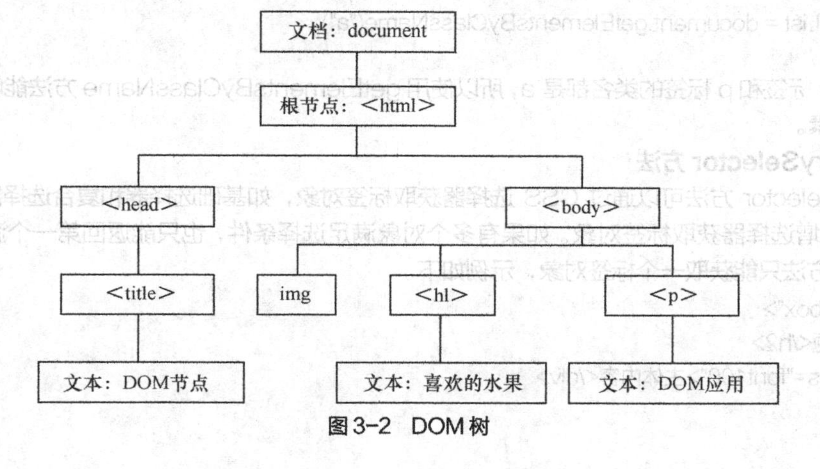

图 3-2 DOM 树

3.1.2 定位页面元素

1. getElementById 方法

getElementById 方法通过节点的 id 值获取对应的元素，id 值是唯一的，所以该方法只能获取一个标签元素，示例如下。

```
<div id="myDiv"></div>
<script>
  var divObj = document.getElementById("myDiv");
  console.log(divObj);
  console.dir(divObj);
</script>
```

① console.log(divObj) 能够打印整个标签。

② console.dir(divObj) 能够打印标签对象的细节。

2. getElementsByTagName 方法

getElementsByTagName 方法能够通过标签名获取标签元素，因为页面中可能出现多个相同的标签，所以通过 getElementsByTagName 方法获取的数据是一个伪数组，示例如下。

```
<div>张三</div>
<div>李四</div>
<div>王五</div>
<script>
  var divs = document.getElementsByTagName("div");
</script>
```

使用 getElementsByTagName 方法同时获取三个 div 对象，并以伪数组的形式保存在 divs 中。

3. getElementsByClassName 方法

getElementsByClassName 方法能够通过标签的 class 属性值获取标签元素，因为页面中可能出现多个标签使用相同的类名，所以通过 getElementsByClassName 方法获取的数据是一个伪数组，示例如下。

```
<div class="a">我是 div 标签</div>
<p class="a">我是 p 标签</p>
<script>
  var eleList = document.getElementsByClassName("a");
</script>
```

因为 div 标签和 p 标签的类名都是 a，所以使用 getElementsByClassName 方法能够同时获取这两个标签元素。

4. querySelector 方法

querySelector 方法可以通过 CSS 选择器获取标签对象，如基础选择器和复合选择器，也可以通过 CSS3 新增选择器获取标签对象。如果有多个对象满足选择条件，也只能返回第一个满足条件的对象，因此该方法只能获取一个标签对象，示例如下。

```
<div id="box">
<h2>标题</h2>
<div class="font100">主体内容</div>
</div>
<script>
  var box= document.querySelector("#box");
  var a = document.querySelector(".font100");
  var h2 = document.querySelector("#box>h2");
</script>
```

5. querySelectorAll 方法

querySelectorAll 方法可以通过 CSS 选择器获取标签对象，如基础选择器和复合选择器，也可以通过 CSS3 新增选择器获取标签对象，该方法能够获取所有满足条件的对象，示例如下。

```
<ul id="emperor">
  <li>秦始皇</li>
  <li>唐太宗</li>
  <li>康熙</li>
</ul>
<script>
```

```
  var lis1 = document.querySelectorAll("li");
  var lis2 = document.querySelectorAll("#emperor li");
</script>
```

3.1.3 任务实现

实现图 3-1 所示的邮件全选效果，当用户勾选“全选”复选框时全选所有邮件，当用户单击“全不送”按钮时取消所有邮件的选择，操作步骤如下。

1. 创建并美化 HTML 页面

创建邮件列表页面 index.html，并使用 CSS 样式美化页面，代码如下。

```
<style>
      .mytable {
        border: 1px solid #a6c1e4;
        font-family: Arial;
        border-collapse: collapse;
        width: 60%;
        margin: 0 auto;
      }

      table th {
        border: 1px solid black;
        background-color: #71c1fb;
        width: 100px;
        height: 20px;
        font-size: 15px;
      }

      table td {
        border: 1px solid #a6c1e4;
        text-align: center;
        height: 15px;
        padding: 5px;
        font-size: 12px;
      }
    </style>
<table class="mytable">
    <tr>
      <th><input type="checkbox" onclick="allcheck(this)" /> 全选</th>
      <th>发件人</th>
      <th>主题</th>
    </tr>
    <tr>
      <td>
        <input type="checkbox" />
      </td>
```

```
        <td>service1</td>
        <td>关于线上研讨会邀请函|企业商标工作中的问题与挑战线上交流会</td>
      </tr>
      <tr>
        <td>
          <input type="checkbox" />
        </td>
        <td>汤姆</td>
        <td>本周末的校友活动时间和地点确认</td>
      </tr>
      <tr>
        <td>
          <input type="checkbox" />
        </td>
        <td>小李</td>
        <td>“双 11”活动</td>
      </tr>
      <tr>
        <td>
          <input type="checkbox" />
        </td>
        <td>王老师</td>
        <td>9～11 月会议总表，线下时间和地点等详情见附件</td>
      </tr>
    </table>
```

2. 为按钮绑定单击事件

实现复选框全选与全不选的效果，代码如下。

```
<script>
      function allcheck(obj) {
        //获取表格中的所有复选框
        var cks = document.querySelectorAll("td input[type='checkbox']");
        if (obj.checked) {
          for (var i = 0; i < cks.length; i++) {
            cks[i].checked = true;
          }
        } else {
          for (var i = 0; i < cks.length; i++) {
            cks[i].checked = false;
          }
        }
      }
</script>
```

任务 3.2　使用 Core DOM 动态添加表格

【提出问题】

使用 Core DOM 操作 HTML 文档的节点，主要包括在文档中创建或增加一个节点，删除或替换文档中的节点，通过这几种操作可以动态地改变 HTML 文档的内容。使用 Core DOM 动态添加表格，效果如图 3-3 所示。

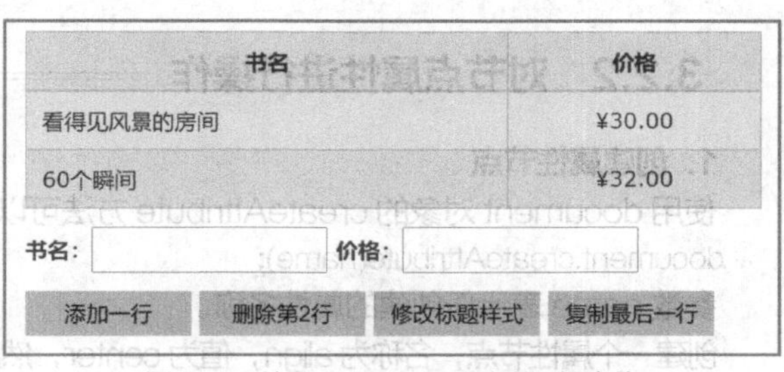

图 3-3　使用 Core DOM 动态添加表格

【知识储备】

3.2.1　根据关系树遍历节点

DOM 可以将任何 HTML、XML 文档描绘成一个多层次的节点树，文档中所有的页面都表现为以一个特定节点为根节点的树形结构。HTML 文档的根节点为 document 节点，节点间的关系如图 3-4 所示。

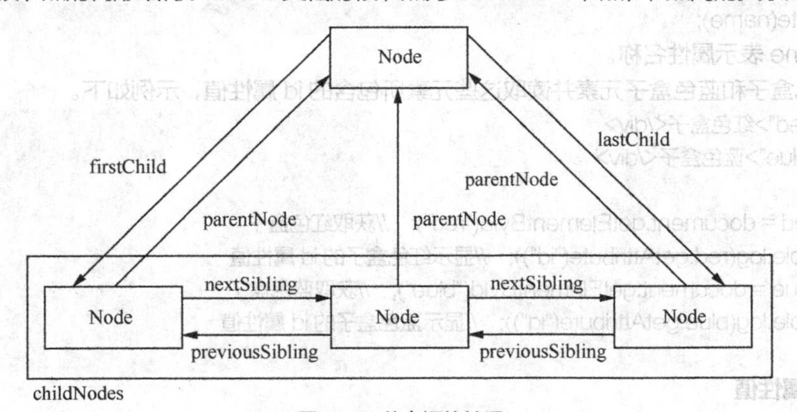

图 3-4　节点间的关系

通过节点属性可以遍历节点树，常用的节点属性有：children、parentNode、firstElementChild、lastElementChild、previousElementSibling、nextElementSibling 等。

节点属性应用效果如图 3-5 所示，单击图 3-5 中“第二行第一个单元格内容”，能够显示对应内容。

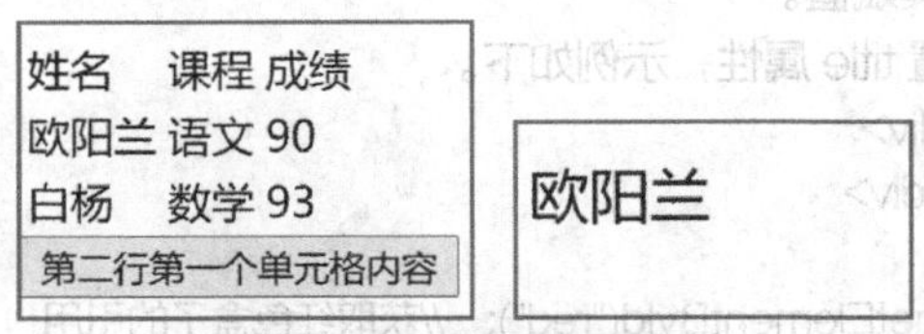

图 3-5　节点属性应用效果

相应节点属性应用的代码如下。

```
document.querySelector("#btn").onclick = function() {
    var mytable = document.querySelector("#mytable");
```

```
        alert(
        mytable.lastElementChild.firstElementChild.firstElementChild.innerHTML
        );
}
```

3.2.2 对节点属性进行操作

1. 创建属性节点

使用 document 对象的 createAttribute 方法可以创建属性节点，语法如下。

```
document.createAttribute(name);
```

参数 name 表示新创建的属性名称。

创建一个属性节点，名称为 align，值为 center，然后为<div id="box">设置 align 属性，示例如下。

```
<div id="box">document.createAttribute(name)</div>
<script>
    var element = document.getElementById("box");
    var attr = document.createAttribute("align");
    attr.value = "center";
</script>
```

2. 读取属性值

使用元素的 getAttribute 方法可以读取指定属性的值，语法如下。

```
getAttribute(name);
```

参数 name 表示属性名称。

访问红色盒子和蓝色盒子元素并读取这些元素所包含的 id 属性值，示例如下。

```
<div id="red">红色盒子</div>
<div id="blue">蓝色盒子</div>
<script>
    var red = document.getElementById("red");   //获取红色盒子
    console.log(red.getAttribute("id"));   //显示红色盒子的 id 属性值
    var blue = document.getElementById("blue");   //获取蓝色盒子
    console.log(blue.getAttribute("id"));   //显示蓝色盒子的 id 属性值
</script>
```

3. 设置属性值

使用元素的 setAttribute 方法可以设置元素的属性值，语法如下。

```
setAttribute(name, value);
```

参数 name 和参数 value 分别表示属性名称和属性值。属性名称和属性值必须以字符串的形式传递，如果元素中存在指定的属性，它的值将被刷新；如果元素中不存在指定的属性，则 setAttribute 方法将为元素创建该属性并为其赋值。

为页面中的 div 元素设置 title 属性，示例如下。

```
<div id="red">红色盒子</div>
<div id="blue">蓝色盒子</div>
<script>
    var red = document.getElementById("red");   //获取红色盒子的引用
    var blue= document.getElementById("blue");   //获取蓝色盒子的引用
    red.setAttribute("title", "这是红盒子");   //为红色盒子对象设置 title 属性和值
    blue.setAttribute("title", "这是蓝盒子");   //为蓝色盒子对象设置 title 属性和值
</script>
```

4. 自定义属性

HTML5 允许用户为元素自定义属性，但要求添加 data- 前缀，目的是为元素提供与渲染无关的附加信息，或者提供语义信息，示例如下。

```
<div id="box" data-myid="12345" data-myname="zhangsan" data-mypass="zhang123">自定义数据属性</div>
```

添加自定义属性之后，可以通过元素的 dataset 属性访问自定义属性。dataset 属性的值是一个 DOMStringMap 实例，也就是一个名值对的映射。在这个映射中，每个 data-name 形式的属性都会有一个对应的属性，但其属性名没有 data-前缀，示例如下。

```
var div = document.getElementById("box");
//访问自定义属性值
var id = div.dataset.myid;
var name = div.dataset.myname;
var pass = div.dataset.mypass;
//重置自定义属性值
div.dataset.myid = "66666";
div.dataset.myname = "zhangsan";
div.dataset.mypass = "zhangsan666";
//检测自定义属性
if (div.dataset.myname) {
    console.log(div.dataset.myname);
}
```

3.2.3 创建和增加节点

Core DOM 创建和增加节点的主要方法有 createElement 方法、appendChild 方法、insertBefore 方法、cloneNode 方法等。

创建 div 标签，示例如下。

```
var div_1 = document.createElement("div")
```

创建一个新的文本节点，示例如下。

```
var div_2 = document.createTextNode("这是新段落");
```

创建一段注释，示例如下。

```
var div_2 = document.createComment("这是创建的注释。");
```

在图 3-6 所示页面的第一幅图片前增加一幅图片，并且把第一幅图片复制到页面的最后，示例如下。

图 3-6 创建和增加节点

```
<!--HTML 代码-->
<h2>喜欢的水果</h2>
<input id="b1" type="button" value="增加一幅图片" onclick="newNode()" />
```

```
<input id="b2" type="button" value="复制原图" onclick="copyNode()" /><br />
<img src="images/sixty1.jpg" id="sixty1" alt="水果" />
<img src="images/sixty2.jpg" id="sixty2" alt="果篮" />
<script>
//增加节点
function newNode(){
    var oldNode=document.getElementById("sixty1");   //访问插入节点的位置
    var image=document.createElement("img");          //创建一个图片节点
    image.setAttribute("src", "images/newimg.jpg");   //设置图片路径
    document.body.insertBefore(image, oldNode);       //在 sixty1 前面插入图片
}
//复制节点
function copyNode(){
    var image=document.getElementById("sixty1");      //访问复制的节点
    var copyImage=image.cloneNode(false ) ;           //复制指定的节点
    document.body.appendChild(copyImage);             //在页面最后增加节点
}
</script>
```

3.2.4 删除和替换节点

使用 Core DOM 删除和替换节点的方法如表 3-1 所示。

表 3-1 删除和替换节点的方法

方法	描述
removeChild（node）	删除指定的节点
replaceChild（newNode, oldNode）	用其他的节点替换指定的节点

replaceChild(newNode, oldNode)方法中有两个参数，newNode 是指替换的新节点，oldNode 是指被替换的节点。

删除列表项中的节点，示例如下。

```
<ul id="fruit">
<li id="apple">苹果</li>
<li class="banana">香蕉</li>
<li>橘子</li>
</ul>
<script>
var ul = document.getElementById("fruit");
  var li2 = ul.children[1];
  //删除 li2 节点
ul.removeChild(li2);
</script>
```

3.2.5 任务实现

使用 Core DOM 实现图 3-3 所示的表格，操作步骤如下。

1. 创建并美化表格的 HTML 页面

创建表格的 HTML 页面，代码如下。

```
<div id="content">
    <table class="altrowstable" id="alternatecolor">
    <tr>
        <th>书名</th>
        <th>价格</th>
    </tr>
    <tr>
        <td>看得见风景的房间</td>
        <td class="center">&yen;30.00</td>
    </tr>
    <tr>
        <td>60 个瞬间</td>
        <td class="center">&yen;32.00</td>
    </tr>
    </table>
    <span>书名:<input type="text" name="" id="bookName" /></span>
    <span>价格:<input type="text" name="" id="bookPrice" /></span>
    <button>添加一行</button>
    <button>删除第二行</button>
    <button>修改标题样式</button>
    <button>复制最后一行</button>
</div>
```

添加表格页面的样式，代码如下。

```
div#content {
    width: 400px;
    margin: 0 auto;
}
table.altrowstable {
    font-family: verdana, arial, sans-serif;
    font-size: 12px;
    color: #333333;
    border-width: 1px;
    border-color: #a9c6c9;
    border-collapse: collapse;
    width: 400px;
}
table.altrowstable th {
    border-width: 1px;
    padding: 8px;
    border-style: solid;
    border-color: #a9c6c9;
}
table.altrowstable td {
    border-width: 1px;
    padding: 8px;
    border-style: solid;
    border-color: #a9c6c9;
}
```

```
.oddrowcolor {
  background-color: #d4e3e5;
}
.evenrowcolor {
  background-color: #c3dde0;
}
.center {
  text-align: center;
}
div#content input {
  width: 120px;
  height: 20px;
  line-height: 30px;
  display: inline-block;
  margin: 10px auto;
}
div#content span {
  font-size: 12px;
  font-weight: bold;
  color: #086974;
}
div#content button {
  width: 90px;
  height: 25px;
  line-height: 25px;
  font-size: 12px;
  background-color: #a9c6c9;
  border: 0;
  margin: 0;
  padding: 0;
}
```

2. 定义函数实现表格隔行变色

加载页面时，表格隔行变色，代码如下。

```
function altRows(id) {
  if (document.getElementsByTagName) {
    var table = document.getElementById(id);
    //获取表格中所有的行
    var rows = table.getElementsByTagName("tr");
    for (i = 0; i < rows.length; i++) {
      if (i % 2 == 0 ） {
        rows[i].className = "evenrowcolor";
      } else {
        rows[i].className = "oddrowcolor";
      }
    }
  }
}
altRows("alternatecolor");
```

3. 定义函数实现表格增加一行

单击“添加一行”按钮，可以将用户输入的书名和价格添加到表格中，代码如下。

```
//后面的方法都需要使用表格对象，因此将它声明为全局变量
var table = document.getElementById("altematecolor");
function addRow() {
  var newRow = document.createElement("tr"); //创建行节点
  var col1 = document.createElement("td"); //创建单元格节点
  col1.innerHTML = document.querySelector("#bookName").value; //添加文本
  var col2 = document.createElement("td");
  //将用户输入的价格保留 2 位小数，注意必须输入数字，否则会输出 NaN
  var price = parseFloat(document.querySelector("#bookPrice").value).toFixed(2);
  col2.innerHTML = "&yen;" + price;
  col2.setAttribute("align", "center");
  newRow.appendChild(col1); //把单元格添加到行节点中
  newRow.appendChild(col2);
  // table.firstElementChild 返回表格的 tbody 节点
  table.firstElementChild.appendChild(newRow); //将行节点添加到表格末尾
  //重新调用隔行变色方法
  altRows("alternatecolor");
}
```

4. 定义函数实现删除第二行

```
function delRow() {
//访问被删除的行
var dRow = table.firstElementChild.firstElementChild.nextElementSibling. dRow.parentNode.
removeChild(dRow); //删除行
}
```

5. 定义函数修改标题样式

单击“修改标题样式”按钮，设置表格的第一行的样式，代码如下。

```
function updateRow() {
  var uRow = table.firstElementChild.firstElementChild;
  //标题行设置为字体加粗、文本居中显示、背景颜色为灰色
  uRow.setAttribute(
  "style",
  "font-weight:bold;text-align: center;color: #ffffff;background-color: #055861;"
  );
}
```

6. 定义函数实现复制最后一行

单击“复制最后一行”按钮，复制表格的最后一行，并将其插入表格末尾，代码如下。

```
function copyRow() {
  var oldRow = table.firstElementChild.lastElementChild; //获取表格的最后一行
  var newRow = oldRow.cloneNode(true); //复制指定的行及其子节点
  oldRow.parentNode.appendChild(newRow); //在指定节点的末尾添加行
}
```

7. 在 HTML 中调用函数

在 HTML 中调用上述定义的函数，代码如下。

```
<button onclick="addRow()">添加一行</button>
<button onclick="delRow()">删除第二行</button>
```

```
<button onclick="updateRow()">修改标题样式</button>
<button onclick="copyRow()">复制最后一行</button>
```

运行代码，效果如图 3-7 所示。

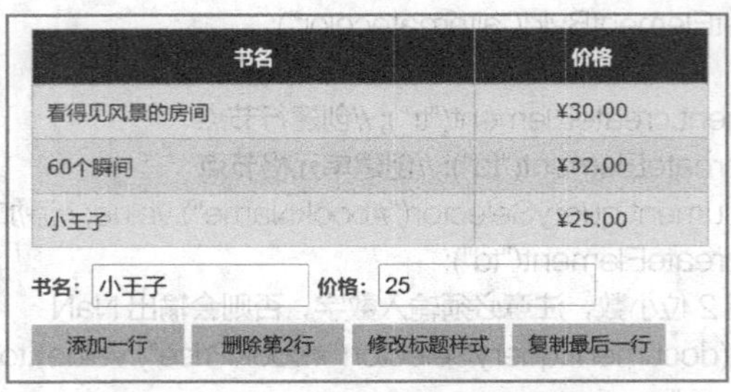

图 3-7　Core DOM 操作表格

任务 3.3　使用 HTML DOM 动态添加表格

【提出问题】

W3C 规定的三类 DOM 标准接口操作文档分别是 Core DOM、XML DOM 和 HTML DOM，Core DOM 适合所有的结构化文档，XML DOM 适用于 XML 文档，而使用 HTML DOM 操作 HTML 文档节点更加简便。使用 HTML DOM 动态添加表格，效果如图 3-8 所示。

商品名称	数量	价格	操作
防滑真皮休闲鞋	12	¥568.50	删除
增加订单			

图 3-8　使用 HTML DOM 动态添加表格

【知识储备】

3.3.1　DOM 对象属性的访问

由于 HTML 文档中的每个节点都是一个对象，所以访问或设置对象的属性值时，可以不使用 getAttribute 方法或 setAttribute 方法，而直接使用“对象名.属性”的方法对对象的属性值进行访问和修改，下面我们就使用这种方法修改图片的路径并访问图片的 alt 属性。

使用 HTML DOM 修改和访问图片属性，代码如下。

```
<img src="images/fruit.jpg" id="s1" alt="水果图片" /><br />
<input name="b1" type="button" value="改变图片" onclick="change()" />
<input name="b2" type="button" value="显示图片提示" onclick="show()" />
```

<script>标签中的内容如下。

```
function change(){
  var img=document.getElementById("s1");
  img.src="images/grape.jpg";
}
function show(){
  var hText=document.getElementById("s1").alt;
```

```
    alert("图片的 alt:"+hText )
}
```

在改变图片路径的 change 函数中，先通过 getElementById 方法访问图片节点，即图片这个对象，再使用 img.src='images/grape.jpg'来改变图片路径。

3.3.2 表格对象

在 HTML 文档中，表格是由 table 标签来定义的，每个表格均有若干行（由 tr 标签定义），每行被分割为若干个单元格（由 td 标签定义）。

HTML DOM 中，table 对象代表一个 HTML 表格，tableRow 对象代表 HTML 表格的行，tableCell 对象代表 HTML 表格的单元格。在 HTML 文档中可通过动态创建 table 对象、tableRow 对象和 tableCell 对象来创建 HTML 表格。在 HTML 文档中 table 标签每出现一次，就会创建一个 table 对象；tr 标签每出现一次，就会创建一个 tableRow 对象；td 标签每出现一次，就会创建一个 tableCell 对象。

HTML DOM 中有专门用来处理表格及其元素的属性和方法，table 对象、tableRow 对象和 tableCell 对象的属性和方法分别如表 3-2、表 3-3 和表 3-4 所示。

表 3-2 table 对象

类别	名称	描述
属性	rows	返回包含表格中所有行的一个数组
方法	insertRow	在表格中插入一行
	deleteRow	从表格中删除一行

rows 属性返回表格中所有行（tableRow 对象）的一个数组，语法如下。

```
tableObject.rows[];
```

insertRow 方法用于在表格中的指定位置插入一行，语法如下。

```
tableObject.insertRow(index);
```

参数 index 表示新行将会被插入参数 index 所在行之前。若 index 的值等于表格的行数，则在表格的末尾插入新行；若 index 的值为 0，则在表格的第一行插入新行；若 index 的值为负数，则在表格的末尾插入新行。

deleteRow 方法用于从表格中删除指定位置的行，语法如下。

```
tableObject.deleteRow(index);
```

参数 index 的值为小于表格中所有行数的整数，当 index 的值为 0 时，表示删除第一行。

表 3-3 tableRow 对象

类别	名称	描述
属性	cells	返回包含行中所有单元格的一个数组
	rowIndex	返回该行在表中的位置
方法	insertCell	在一行中的指定位置插入一个空的 td 标签
	deleteCell	删除行中指定的单元格

insertCell 方法用于在一行中的指定位置插入一个空的 td 标签，语法如下。

```
tableObject.insertCell(index);
```

参数 index 表示在参数 index 所在单元格之前插入新单元格。如果 index 的值等于行中的单元格数，则在该行的末尾插入新单元格；如果 index 的值为 0，则在行的开头插入新单元格。

deleteCell 方法用于删除表格中的单元格，语法如下。

```
tableObject.deleteCell(index);
```

表 3-4　　tableCell 对象

类别	名称	描述
属性	cellIndex	返回单元格在某行单元格集合中的位置
	innerHTML	设置或返回单元格的开始标签和结束标签之间的 HTML
	align	设置或返回单元格内部数据的水平排列方式
	className	设置或返回元素的 class 属性

3.3.3 任务实现

利用表格对象属性实现商品的增加与删除，效果如图 3-9 所示，操作步骤如下。

1. 创建并美化表格的页面

创建 index.html 页面，代码如下。

```
<table cellspacing="0" cellpadding="0" id="order">
    <tr class="title">
        <td>商品名称</td>
        <td>数量</td>
        <td>价格</td>
        <td>操作</td>
    </tr>
    <tr id="del1">
        <td>防滑真皮休闲鞋</td>
        <td>12</td>
        <td>&yen;568.50</td>
        <td>
            <input name="rowdel" type="button"  value="删除"  onclick='delRow("del1")' />
        </td>
    </tr>
    <tr>
        <td colspan="4" style="height:30px;">
            <input name="addOrder"  type="button"  value="增加订单"  onclick="addRow()" />
        </td>
    </tr>
</table>
```

添加页面样式，代码如下。

```
<style type="text/css">
body{
    font-size:13px;
    line-height:25px;
}
table{
    border-top: 1px solid #333;
    border-left: 1px solid #333;
    width:400px;
```

```
    }
    td{
        border-right: 1px solid #333;
        border-bottom: 1px solid #333;
        text-align:center;
        }
    .title{
        font-weight:bold;
        background-color: #cccccc;
    }
    </style>
```

2. 定义函数实现添加行

使用表格对象属性和方法定义 addRow 函数，实现添加行的功能，代码如下。

```
function addRow(){
    var addTable=document.getElementById("order");
    //新插入的行在表格中的位置
    var row_index=addTable.rows.length-1;
    var newRow=addTable.insertRow(row_index ); //插入新行
    newRow.id="row"+row_index;                //设置新插入行的 id

    var col1=newRow.insertCell(0);
    col1.innerHTML="抗疲劳神奇钛项圈";

    var col2=newRow.insertCell(1);
    col2.innerHTML=row_index;

    var col3=newRow.insertCell(2);
    col3.innerHTML="&yen;49.00";

    var col4=newRow.insertCell(3);
    col4.innerHTML="<input name='del"+row_index+"' type='button' value='删除' onclick= \"delRow
('row"+row_index+ "')\" />";
}
```

3. 定义函数实现删除行

使用 deleteRow 方法定义 delRow 函数，实现删除行的功能，代码如下。

```
function delRow(rowId){
  //删除的行在表格中的位置
    var row=document.getElementById(rowId).rowIndex;
    document.getElementById("order").deleteRow(row);
}
```

任务 3.4 任务拓展

实现电影评分投币和删除功能，单击“修改”按钮可以修改投币数值，效果如图 3-9 所示。

影片名	上映年份	评分	投币	操作
肖申克的救赎	1997	9.7	100	修改 删除
宁死不屈	2004	8.3	70	修改 删除
老上海	2004	暂无评分	60	修改 删除

图 3-9　电影评分投币效果

1. 创建并美化 HTML 页面

创建 index.html，定义表格内容，代码如下。

```
<table class="style-table">
  <thead>
    <tr>
       <th>影片名</th>
       <th>上映年份</th>
       <th>评分</th>
       <th>投币</th>
       <th>操作</th>
    </tr>
  </thead>
  <tbody>
    <tr>
      <td>肖申克的救赎</td>
      <td>1997</td>
      <td>9.7</td>
      <td>100</td>
      <td>
         <input type="button" value="修改" onclick="changeOper(this)" />
         <input type="button" value="删除" onclick="delectOper(this)" />
      </td>
    </tr>
    <tr align="center">
      <td>宁死不屈</td>
      <td>2004</td>
      <td>8.3</td>
      <td>70</td>
      <td>
         <input type="button"   value="修改" onclick="changeOper(this)" />
         <input type="button" value="删除" onclick="delectOper(this)" />
      </td>
    </tr>
    <tr align="center">
      <td>老上海</td>
      <td>2004</td>
      <td>暂无评分</td>
      <td>60</td>
      <td>
```

```
            <input type="button" value="修改" onclick="changeOper(this)" />
            <input type="button" value="删除" onclick="delectOper(this)" />
        </td>
    </tr>
  </tbody>
</table>
```

2. 定义修改按钮函数

单击“修改”按钮，将投币的值显示到文本框中，用户可以修改投币的值，同时该行高亮显示，按钮上的文本从“修改”变为“确定”。修改完成后，页面上显示修改后的投币的值，按钮上的文本从“确定”变为“修改”，该行去掉高亮显示样式，代码如下。

```
function changeOper(obj) {
  //obj 的当前对象是“修改”按钮，obj.parentNode.previousElementSibling 返回倒数第二个 td
  var preTd = obj.parentNode.previousElementSibling;
  preTd.parentNode.className = "active-row";
  //当按钮文本为“修改”时，设置倒数第二个 td 的内容为文本框
  if (obj.value == "修改") {
    var num = preTd.innerHTML;
    preTd.innerHTML ="<input type='text' class='modify' value='" + num + "'/>";
    obj.value = "确定";
  } else {
    //当按钮文本为“确定”时，设置倒数第二个 td 的内容为文本框的值
    var num = preTd.firstElementChild.value;
    preTd.innerHTML = num;
    obj.value = "修改";
    preTd.parentNode.className = "";
  }
}
```

3. 定义删除函数

单击“删除”按钮可以将对应的行删除，代码如下。

```
function delectOper(obj) {
  var delRow = obj.parentNode.parentNode;
  delRow.parentNode.removeChild(delRow);
}
```

【本章小结】

本章介绍了 DOM 编程，说明了什么是 DOM、DOM 的组成和 DOM 节点结构，重点介绍了 DOM 的具体应用，如节点的查看、创建、删除和修改等操作。

① Core DOM 中访问和设置节点属性的标准方法是 getAttribute 方法和 setAttribute 方法。

② 查找节点的标准方法有 getElementById 方法、getElementsByTagName 方法、getElementsByClassName 方法和 HTML5 新增的 querySelector 方法、querySelectorAll 方法，也可以使用 parentNode 方法、firstChild 方法和 lastChild 方法按层次关系查找节点。

③ 创建和增加节点的方法有 insertBefore 方法、appendChild 方法、createElement 方法和 cloneNode 方法，删除和替换节点的方法有 removeChild 方法和 replaceChild 方法。

④ 使用 HTML DOM 操作表格。通过 table 对象、tableRow 对象和 tableCell 对象的一些属性和方法在页面中动态地添加、删除和修改表格。

【本章习题】

一、选择题

1. Dom 对象中，getElementsByTagName 方法的功能是(　　)。

A. 获取标签名　　B. 获取相同 name 值的标签

C. 获取标签 id　　D. 获取标签属性

2. 关于 DOM，以下描述正确的是(　　)。

A. DOM 是一个类库

B. DOM 是浏览器的内容，而不是 JavaScript 的内容

C. DOM 就是 HTML

D. DOM 主要关注在浏览器解释 HTML 文档时，如何设定各元素的“社会关系”及处理这种关系的方法

3. 以下哪个方法不能获取页面元素？(　　)

A. 通过 id 属性　　B. 通过元素标签

C. 通过 class 属性　　D. 通过 name 属性

4. 对于 DOM 对象中“O”，以下描述错误的是（　　）。

A.“O”代表 document　　B.“O”代表 model

C.“O”代表 window　　D.“O”代表 object

5. 某页面中有一个 1 行 2 列的表格，表格中行的 tr 标签的 id 为 r1，以下哪行代码能在表格中增加一列，并且将这一列显示在最前面（　　）。

A. document.getElementById('r1').Cells(1);

B. document.getElementById('r1').Cells(0);

C. document.getElementById('r1').insertCell(0);

D. document.getElementById('r1').insertCell(1);

二、操作题

1. 制作图 3-10 所示的页面，只要单击“再上传一张图片”，就增加一行，可以增加许多相同的行。

提示：

① 使用 cloneNode 方法复制行；

② 使用 appendChild 方法把复制的行插入表格的末尾。

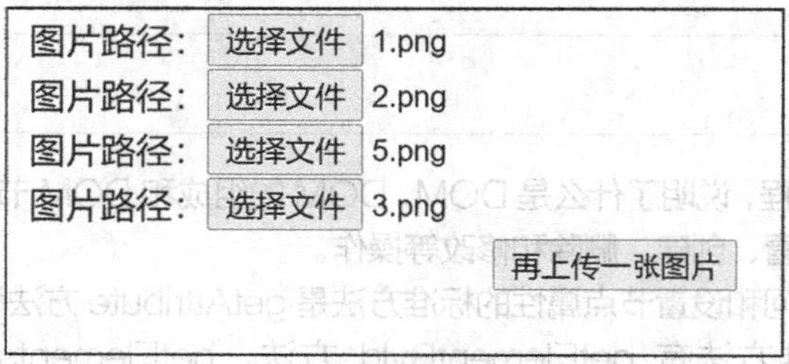

图片路径：选择文件 1.png
图片路径：选择文件 2.png
图片路径：选择文件 5.png
图片路径：选择文件 3.png
再上传一张图片

图 3-10　增加上传的图片

2. 制作网上订单页面。单击“增加订单”按钮，可增加一条订单，可在文本框中输入商品名称、数量和单价，如图 3-11 所示。单击“确定”按钮后，可保存订单，之后“确定”按钮变为“修改”按钮，如图 3-12 所示。单击“删除”按钮可删除一条订单，单击“修改”按钮，可对商品名称、数量和单价进行修改。

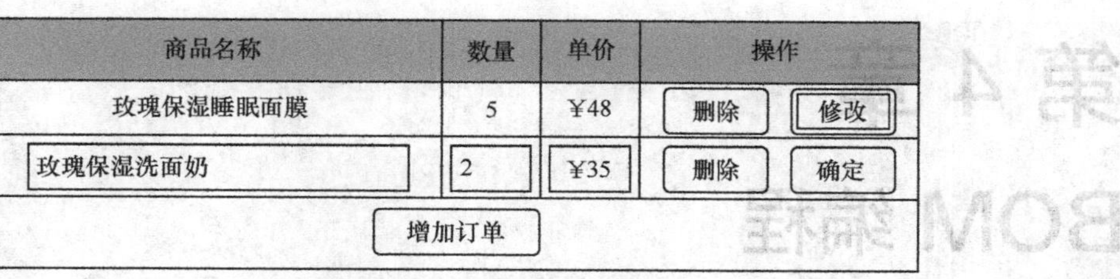

商品名称	数量	单价	操作
玫瑰保湿睡眠面膜	5	¥48	删除 修改
玫瑰保湿洗面奶	2	¥35	删除 确定
增加订单			

图 3-11　增加一条订单

商品名称	数量	单价	操作
玫瑰保湿睡眠面膜	5	¥48	删除 修改
玫瑰保湿洗面奶	2	¥35	删除 修改
增加订单			

图 3-12　保存订单

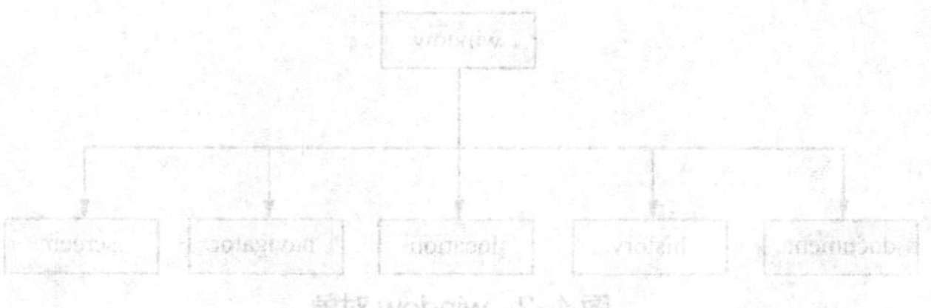

第 4 章 BOM 编程

04

内容导学

本章介绍了 BOM 编程、组成 BOM 的一系列对象，以及两种本地存储方式等。

学习目标

① 了解 BOM 编程。
② 掌握 window 对象的常用属性和方法。
③ 掌握 sessionstorage 和 localstorage。

任务 4.1 使用 window 对象实现倒计时效果

window 对象表示一个浏览器窗口或一个框架。在 JavaScript 中，window 对象是全局对象，所有的表达式都在当前的环境中计算。

【提出问题】

图 4-1 所示为单击“获取验证码”按钮后的倒计时效果。按钮默认显示“获取验证码”，单击后该按钮禁用，并开始在按钮上显示倒计时，当倒计时结束后，该按钮可以正常使用，并重新显示“获取验证码”。

获取验证码　　116秒后重发

图 4-1　获取验证码按钮及倒计时效果

【知识储备】

4.1.1　window 对象介绍

window 对象表示浏览器打开的窗口，它提供关于窗口状态的信息。可以用 window 对象访问窗口中绘制的文档、窗口中发生的事件和影响窗口的浏览器特性。

window 对象是浏览器中的顶级对象，如图 4-2 所示。

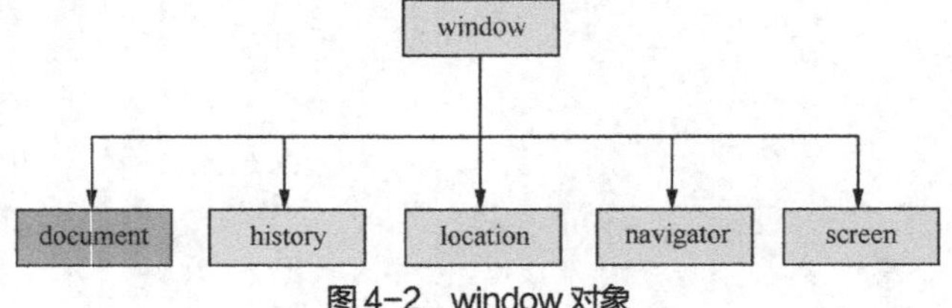

图 4-2　window 对象

另外，程序员自己声明的变量和函数都是直接挂载到 window 对象上的，示例如下。

```
var a = 10;
function add (x, y) {
  return x + y;
}
console.log(window);
```

声明的变量 a 和 add 函数都直接挂载到 window 对象上，如图 4-3 所示。

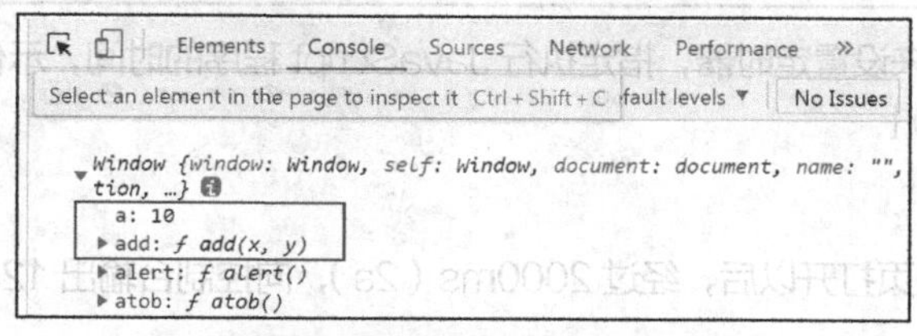

图 4-3　变量、函数挂载到 window 对象上

4.1.2　window 对象的常用属性

window 对象的常用属性有 innerWidth/innerHeight 属性、outerWidth/outerHeight 属性等。

① innerWidth/innerHeight 属性：保存浏览器文档显示区的宽和高。

② outerWidth/outerHeight 属性：保存浏览器整个窗口的宽和高。

```
console.log(window.innerWidth, window.innerHeight);
console.log(window.outerWidth, window.outerHeight);
```

可以采用多种方法在脚本中引用 window 对象的属性和方法，这取决于设计者的想法和设计风格，而不是具体的语法要求。最符合逻辑、最通用的方法是在引用中包含 window 对象，示例如下。

```
window.propertyName;
window.methodName([parameters]);
```

当脚本引用指向包含文档的窗口时，window 对象有一个同义词 self，此时的引用语法如下。

```
self.propertyName;
self.methodName([parameters]);
```

在涉及多框架和窗口的更复杂脚本中，使用 self 较合适。self 能够清楚地表示存放脚本文档的当前窗口，使用户更容易理解脚本。

因为 window 对象在脚本运行时一直存在，所以对窗口内任何对象的引用都可以忽略它。下面的语法假设属性和方法属于当前窗口。

```
propertyName;
methodName([parameters]);
```

4.1.3　window 对象的常用方法

window 对象的常用方法如表 4-1 所示。

表 4-1　window 对象的常用方法

方法	描述
alert	显示带有一段消息和一个确认按钮的警告框
confirm	显示带有一段消息及确认按钮和取消按钮的对话框
prompt	显示可提示用户输入的对话框

续表

方法	描述
setInterval	按照指定的周期（以毫秒计）来调用函数或计算表达式
clearInterval	取消 setInterval 方法设置的 timeout
setTimeout	在指定的毫秒后调用函数或计算表达式
clearTimeout	取消 setTimeout 方法设置的 timeout

setTimeout 方法用来设置定时器，指定执行 JavaScript 程序的时间，示例如下。

```
setTimeout(function () {
  console.log(123);
}, 2000);
```

上述代码的含义是网页打开以后，经过 2000ms（2s），向控制台输出 123。

注意

setTimeout 方法只执行一次该函数。

setInterval（参数 1，间隔时间）用来设置定时器，每隔若干时间执行一次，其中，参数 1 是一个匿名函数（没有名字的函数就叫匿名函数），示例如下。

```
setInterval(function () {
  console.log(123);
}, 2000);
```

上述代码的含义是每隔 2000ms，向控制台输出 123。

4.1.4 window 对象的常用事件

window 对象最常用的事件是页面加载完成时触发的事件，这个事件等待数据文件完全下载到浏览器时触发。使用 load 事件调用函数的优点在于，它确保所有 document 对象都在浏览器的 DOM 中。

将 load 事件处理程序应用于 window 对象，示例如下。

```
window.addEventListener('load', functionName, false);
```

其中，functionName 函数是页面下载完成后要运行的函数，可以多次调用 addEventListener 函数，把多个函数添加到页面加载完成后要执行的列表中。

还可以把 load 事件直接应用于元素，示例如下。

```
window['onload'] = functionName;
window.onload = functionName;
```

但这种用法在页面加载完成后，只执行一个函数，并替代已赋予 window 对象的其他事件处理程序。

4.1.5 任务实现

实现图 4-1 所示的倒计时效果，代码如下。

```
<input type="button" value="获取验证码">
<script>
    //获取按钮对象
    var btn = document.querySelector('input');
```

```
        //设置倒计时总的秒数
        var time = 120;
        //在按钮上绑定单击事件
        btn.onclick = function () {
        //设置按钮上显示的内容
        btn.value = time + '秒后重发';
        //禁用按钮
        btn.disabled = true;
        //开启定时器，每秒执行一次
        var timer = setInterval(function () {
            //总秒数减 1
            time--;
            //修改按钮上显示的内容
            btn.value = time + '秒后重发';
            //当倒计时结束后，结束定时器，设置按钮内容及状态，状态为可用
            if (time == 0) {
              btn.disabled = false;
              btn.value = '获取验证码';
              clearInterval(timer);
            }
          }, 1000);
      }
    </script>
```

任务 4.2　使用本地存储实现登录注册效果

【提出问题】

在前端开发中，当网页刷新时，所有数据都会被清空，这时就要用到本地存储，前端本地存储的方式有三种，分别是 cookie，sessionStorage 和 localStorage，但 cookie 存储空间较小，约 4KB，sessionStorage 和 localStorage 可以保存约 5MB 的信息。使用本地存储实现登录、注册的效果图如图 4-4 所示。

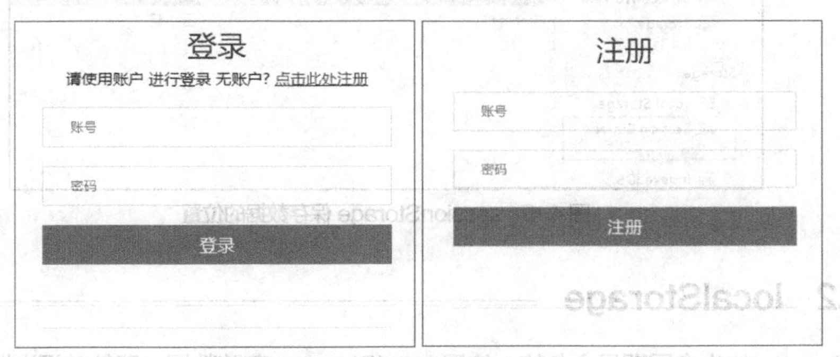

图 4-4　本地存储实现登录、注册

【知识储备】

4.2.1 sessionStorage

sessionStorage 是 HTML5 新引入的一个客户端存储数据的空间。sessionStorage 仅在当前会话下有效，关闭页面或浏览器后会被清除，可存放约 5MB 的数据，而且它仅在客户端（即浏览器）中保存，不参与和服务器之间的通信。

sessionStorage 只能存储字符串类型，对于复杂的对象可以使用 ECMAScript 提供的 JSON 对象的 stringify 和 parse 来处理。

sessionStorage 常用方法如表 4-2 所示。

表 4-2　sessionStorage 常用方法

方法	描述
sessionStorage.setItem(key, value)	保存或设置数据到 sessionStorage
sessionStorage.getItem(key)	获取某个 sessionStorage
sessionStorage.removeItem(key)	从 sessionStorage 中删除某个保存的数据

使用 sessionStorage 保存数据，示例如下。

```
//设置 sessionStorage
sessionStorage.setItem('uname', '王小明');
sessionStorage.setItem('password', '888888');

//根据 key 获取值
console.log(sessionStorage.getItem('uname'));
//根据 key 删除数据
sessionStorage.removeItem('password');
```

sessionStorage 保存数据的位置如图 4-5 所示。

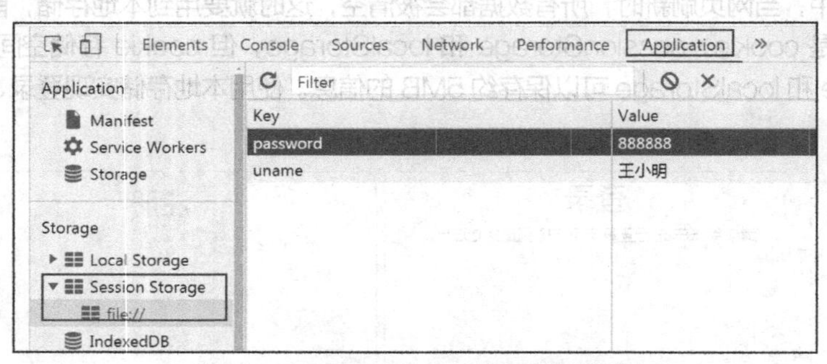

图 4-5　sessionStorage 保存数据的位置

4.2.2 localStorage

localStorage 的生命周期是永久的，使用 localStorage 存储数据，即使关闭浏览器，数据也不会消失，这意味着除非用户主动清除 localStorage 中存储的信息，否则这些信息将永远存在。localStorage 可存放约 5MB 的数据，而且它仅在客户端（即浏览器）中保存，不参与和服务器之间的通信。localStorage 在相同浏览器的不同窗口下可共享，在不同浏览器中不可共享。

localStorage 只能存储字符串类型，对于复杂的对象可以使用 ECMAScript 提供的 JSON 对象的 stringify 和 parse 来处理。

loaclStorage 常用方法如表 4-3 所示。

表 4-3 localStorage 常用方法

方法	描述
loaclStorage.setItem(key, value)	保存或设置数据到 localStorage
loaclStorage.getItem(key)	获取某个 localStorage
loaclStorage.removeItem(key)	从 localStorage 删除某个保存的数据

使用 localStorage 保存数据，示例如下。

```
//设置 localStorage
localStorage.setItem('uname', '王小明');
localStorage.setItem('password', '888888');

//根据 key 获取值
console.log(localStorage.getItem('uname'));
//根据 key 删除数据
localStorage.removeItem('password');
```

localStorage 保存数据的位置如图 4-6 所示。

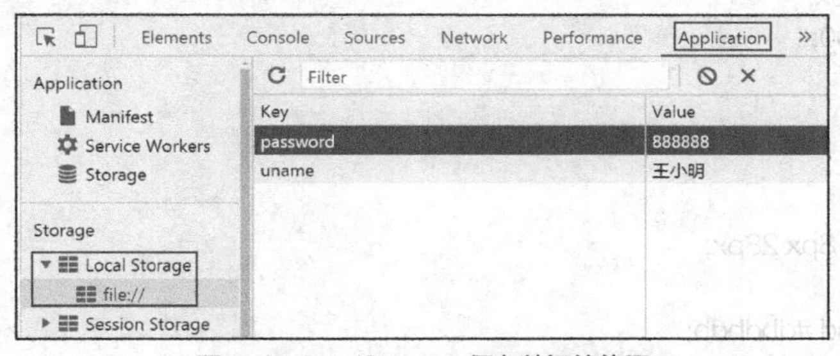

图 4-6 localStorage 保存数据的位置

4.2.3 任务实现

使用 sessionStorage、localStorage 本地存储实现图 4-4 所示的登录、注册效果，操作步骤如下。

1. 创建登录页面

创建 login.html 并美化页面，代码如下。

```
<div class="container">
<h2>登录</h2>
<span>
    请使用账户进行登录 无账户?
    <a href="register.html">点击此处注册</a>
  </span>
<div class="login">
<input id="user" type="text" placeholder="账号" />
<input id="password" type="password" placeholder="密码" />
<button onclick="login()">登录</button>
```

```
</div>
<div><img src="./images/bottom.png" alt=""></div>
</div>
```

为 login.html 页面添加样式，代码如下。

```
*{
  padding: 0;
  margin: 0;
}
.container {
  position: relative;
  width: 588px;
  margin: 50px auto 20px;
  padding-top: 34px;
  background: #fff;
  text-align: center;
}
h2 {
  color: #3c3c3c;
  text-align: center;
  font-size: 30px;
  line-height: 50px;
  font-weight: 400;
}
input {
  width: 328px;
  height: 24px;
  padding: 8px 0 8px 28px;
  color: #000;
  border: 1px solid #dbdbdb;
  margin-top: 20px;
}
button {
  width: 358px;
  height: 42px;
  line-height: 42px;
  color: #fff;
  font-size: 18px;
  font-weight: 400;
  border: 1px solid #1887E0;
  background-color: #1887E0;
  background-image: none;
  margin-top: 20px;
  margin-bottom: 14px;
}
```

2. 创建注册页面

创建 register.html，代码如下。

```
  <div class="container">
```

```
    <h2>注册</h2>
    <div class="register">
      <input id="user" type="text" placeholder="账号" />
      <input id="password" type="password" placeholder="密码" />
     <button onclick="register()">注册</button>
    </div>
    <div><img src="./images/bottom.png" alt=""></div>
</div>
```

为 register.html 页面添加样式，代码如下。

```
*{
  padding: 0;
  margin: 0;
}
.container {
  position: relative;
  width: 588px;
  margin: 50px auto 20px;
  padding-top: 34px;
  background: #fff;
  text-align: center;
}
h2 {
  color: #3c3c3c;
  text-align: center;
  font-size: 30px;
  line-height: 50px;
  font-weight: 400;
}
input {
  width: 328px;
  height: 24px;
  padding: 8px 0 8px 28px;
  color: #000;
  border: 1px solid #dbdbdb;
  margin-top: 20px;
}
button {
  width: 358px;
  height: 42px;
  line-height: 42px;
  color: #fff;
  font-size: 18px;
  font-weight: 400;
  border: 1px solid #1887E0;
  background-color: #1887E0;
  background-image: none;
  margin-top: 20px;
```

```
    margin-bottom: 14px;
}
```

3. 使用 localStorage 存储用户注册信息

在 register.html 页面，使用 localStorage 存储用户注册的账号和密码，代码如下。

```
function register() {
  //获取用户输入的账号
  var user = document.getElementById("user").value;
  //获取用户输入的密码
  var pwd = document.getElementById("password").value;
  //使用 localStorage 存储用户输入的账号和密码
  localStorage.setItem(user, pwd);
  alert("注册成功，即将跳转到登录页面");
  window.location.href = "./login.html";
}
```

4. 使用 localStorage 存储登录信息，并判断登录状态

使用 localStorage 存储的注册信息登录，如果账号和密码正确，则判断登录状态，如果未登录，则使用 sessionStorage 存储登录状态，否则提示已登录，如果账号和密码不正确，则提示错误，代码如下。

```
function login() {
  //获取用户输入的账号
  var user = document.getElementById("user").value;
  //获取用户输入的密码
  var pwd = document.getElementById("password").value;
  //根据用户输入的账号获取密码
  var userPwd = localStorage.getItem(user);
  //判断用户输入的密码是否正确
  if (pwd == userPwd) {
    //获取该账号的登录状态
    var session = sessionStorage.getItem(user);
    if (session) {
      alert(user + "已登录");
    } else {
      //保存该账号的登录状态
      sessionStorage.setItem(user, pwd);
      alert("登录成功");
    }
  } else {
    alert("账号或密码错误");
  }
}
```

任务 4.3 任务拓展

实现缓存匿名用户的留言，效果如图 4-7 所示。

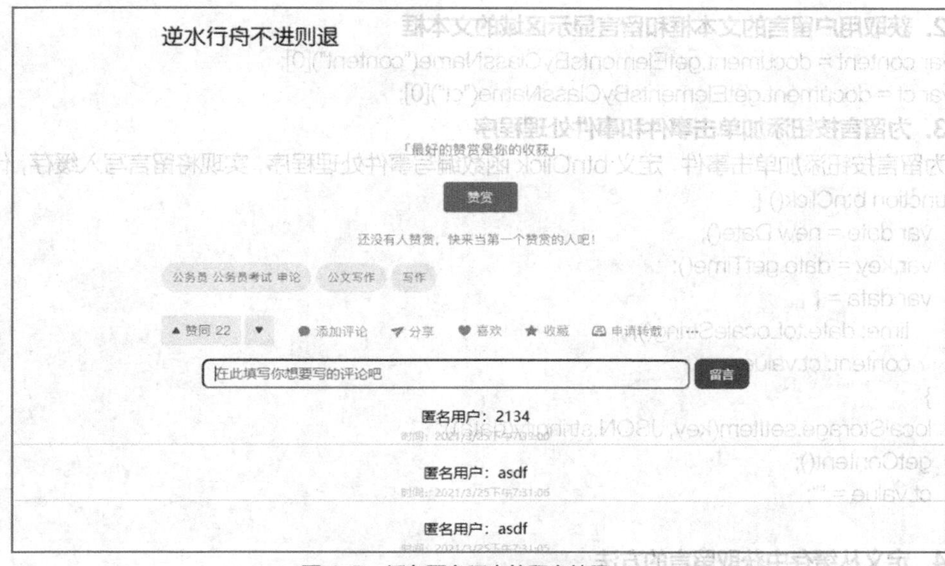

图 4-7　缓存匿名用户的留言效果

1. 创建并美化 HTML 页面

创建 index.html 页面，并添加样式美化页面，代码如下。

```
<div class="container">
  <img src="./images/1.png" alt="">
  <input type="text" class="ct" placeholder="在此填写你想要写的评论吧">
  <button class="btn" onclick="btnclick()">留言</button>
  <div class="content"></div>
</div>
<style>
  .container {
    text-align: center;
  }
  .ct {
    padding: 6px 12px;
    font-size: 15px;
    width: 500px;
    border-radius: 8px;
    outline: none;
  }
  .btn {
    color: #fff;
    background-color: #06f;
    outline: none;
    padding: 0 16px;
    height: 34px;
    border: none;
    border-radius: 8px;
  }
</style>
```

2. 获取用户留言的文本框和留言显示区域的文本框

```
var content = document.getElementsByClassName("content")[0];
var ct = document.getElementsByClassName("ct")[0];
```

3. 为留言按钮添加单击事件和事件处理程序

为留言按钮添加单击事件，定义 btnClick 函数编写事件处理程序，实现将留言写入缓存，代码如下。

```
function btnClick() {
  var date = new Date();
  var key = date.getTime();
  var data = {
    time: date.toLocaleString(),
    content: ct.value,
  }
  localStorage.setItem(key, JSON.stringify(data));
  getContent();
  ct.value = "";
}
```

4. 定义从缓存中获取留言的方法

定义 getContent 函数，从缓存中获取留言，代码如下。

```
function getContent() {
  content.innerHTML = "";
  for (var i = localStorage.length - 1; i > 0; i--) {
    var key = localStorage.key(i);
    var value = JAVASCRIPTON.parse(localStorage.getItem(key));
    var item = document.createElement("div");
    item.innerHTML = "<div style='border-bottom:1px solid #ccc;margin:20px'>匿名用户:" + value.content + "<br><span style='font-size:10px;color:#ccc'>时间:" + value.time +"</span> </div>";
    content.appendChild(item);
  }
}
```

5. 获取缓存中的留言

加载页面后获取缓存中的留言，代码如下。

```
window.onload = function () {
  getContent();
}
```

【本章小结】

本章介绍了 BOM 的概念，读者需掌握 window 对象的常用属性和方法，以及 sessionStorage 和 localStorage 这两种本地存储方式。

【本章习题】

一、选择题

1. 以下哪个选项中的方法全部属于 window 对象？（　　）

A. alert、clear、close　　B. clear、close、open

C. alert、close、confirm　　D. alert、setTimeout、write

2. 在 JavaScript 中，如果不指明对象直接调用某个方法，则该方法默认属于哪个对象？（　　）

A. document　　B. window　　C. form　　D. location

3. 打开名为“人民邮电出版社”的新窗口的 JavaScript 语法是（ ）。

A. open.new("http://www.ptpress.com.cn","人民邮电出版社");

B. new.window("http://www.ptpress.com.cn","人民邮电出版社");

C. new("http://www.ptpress.com.cn","人民邮电出版社");

D. window.open("http://www.ptpress.com.cn","人民邮电出版社");

4.（　　）可以在浏览器的状态栏放入一条消息。

A. statusbar = "欢迎您进入中慧集团官方网站";

B. window.status = "欢迎您进入中慧集团官方网站";

C. window.status("欢迎您进入中慧集团官方网站");

D. status("欢迎您进入中慧集团官方网站");

5. 与 window 对象无关的属性是（　　）。

A. top　　B. self　　C. left　　D. frames

二、操作题

1. 在 Web 页面上显示一个欢迎用户访问的对话框。

2. 在图 4-8 所示页面，单击“选择”按钮，弹出一个宽 100 像素，高 200 像素的页面，如图 4-9 所示。单击图 4-9 中的“选择”按钮，选择其中一项内容，相应的值会返回到前一个页面，如图 4-10 所示。

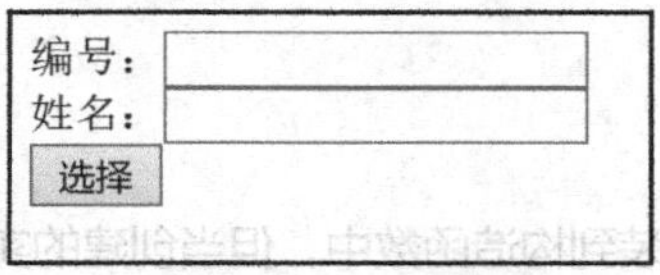

图 4-8　初始界面

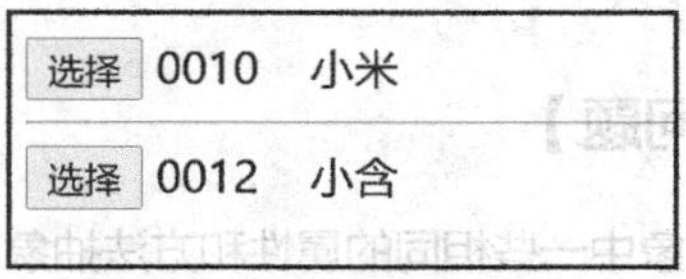

图 4-9　打开界面

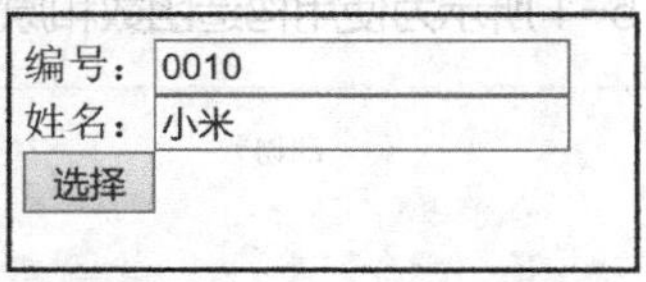

图 4-10　返回界面

第 5 章 JavaScript 对象编程

▶ 内容导学

对象是 JavaScript 的核心概念，也是重要的数据类型，是 JavaScript 中唯一一种复杂数据类型，本章将围绕对象的概念和创建方式及内置对象的使用详细介绍 JavaScript 对象编程。

▶ 学习目标

① 掌握对象的使用方法和基本操作。
② 掌握构造函数。
③ 掌握 Date 对象、Array 对象。
④ 掌握 String 对象、RegExp 对象。

任务 5.1 使用构造函数和原型对象实现选项卡效果

【提出问题】

可以把对象中一些相同的属性和方法抽象出来封装到构造函数中，但当创建的实例对象比较多时，就会重复定义构造函数中的方法，此时将它定义成原型对象是更好的解决方法，在实际应用中也常常是构造函数结合原型对象的应用，图 5-1 所示为使用构造函数和原型对象实现的选项卡效果。

图 5-1 选项卡效果

【知识储备】

5.1.1 原型对象

什么是原型对象？在 JavaScript 中，如果我们创建一个函数 A（就是声明一个函数），那么浏览器就会在内存中创建一个对象 B，而且每个函数都默认会有一个 prototype 属性指向这个对象（即 prototype 属性的值是这个对象）。对象 B 就是函数 A 的原型对象，简称函数的原型，这个原型对象 B 默认会有一个 constructor 属性指向了函数 A，即 constructor 属性的值是函数 A，示例如下。

```
/*
声明一个函数，这个函数默认会有一个 prototype 属性，而且浏览器会按照一定的规则自动创建一个对象，这个对象就是这个函数的原型对象，prototype 属性指向这个原型对象。这个原型对象的 constructor 属性指向了这个函数
注意：原型对象默认只有 constructor 属性，其他都是从 Object 继承而来，暂且不用考虑
*/
function Person () {
}
```

图 5-2 描述了声明 Person 函数之后发生的事情。

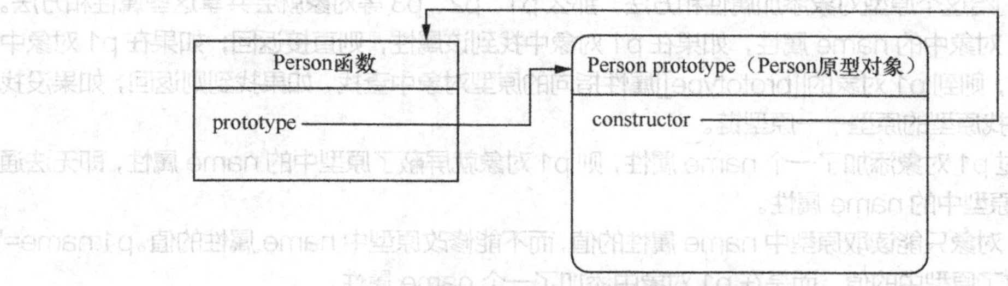

图 5-2　Person 函数的原型对象

从图 5-2 中可以看出函数的 prototype 属性指向了一个对象，这个对象正是调用该构造函数而创建的实例的原型。

5.1.2 使用构造函数创建对象

当把一个函数作为构造函数（理论上任何函数都可以作为构造函数）并使用 new 关键字创建对象时，这个对象会存在一个默认的不可见的属性，指向构造函数的原型对象。这个不可见的属性一般用 [[prototype]]来表示，且无法直接被访问。

```
function Person () {

}
/*利用构造函数创建一个对象，这个对象会自动添加一个不可见的属性[[prototype]]，而且这个属性指向了构造函数的原型对象
*/
var p1 = new Person();
```

实例化后如图 5-3 所示。

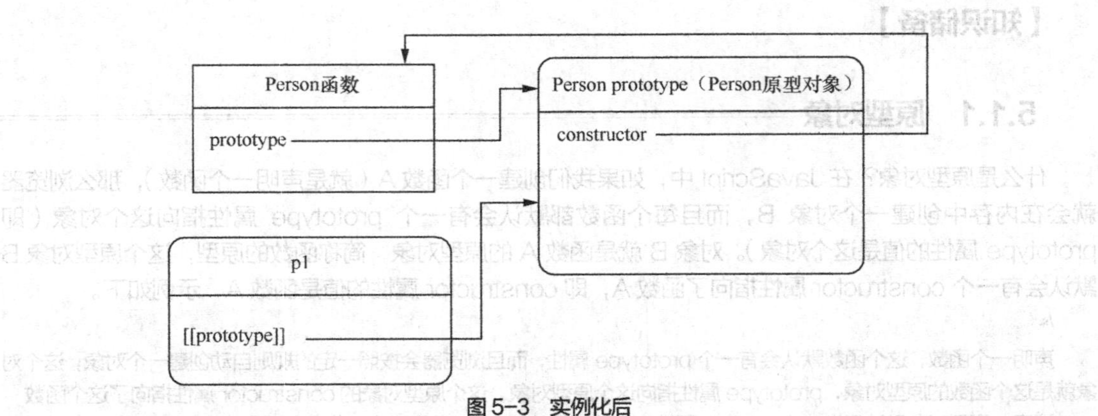

图 5-3　实例化后

说明：

① 从图 5-3 中可以看出，创建 p1 对象虽然使用的是 Person 构造函数，但是对象创建出来之后，其实已经与 Person 构造函数没有任何关系了，p1 对象的[[prototype]]属性指向的是 Person 构造函数的原型对象。

② 如果使用 new Person 创建多个对象，则多个对象会同时指向 Person 构造函数的原型对象。

③ 如果我们给这个原型对象添加属性和方法，那么 p1、p2、p3 等对象就会共享这些属性和方法。

④ 访问 p1 对象中的 name 属性，如果在 p1 对象中找到该属性，则直接返回；如果在 p1 对象中没有找到该属性，则到 p1 对象的[[prototype]]属性指向的原型对象中查找，如果找到则返回，如果没找到，则继续向上找原型的原型——原型链。

⑤ 如果通过 p1 对象添加了一个 name 属性，则 p1 对象就屏蔽了原型中的 name 属性，即无法通过 p1 对象访问原型中的 name 属性。

⑥ 通过 p1 对象只能读取原型中 name 属性的值，而不能修改原型中 name 属性的值。p1.name='李四'并不是修改了原型中的值，而是在 p1 对象中添加了一个 name 属性。

使用构造函数创建对象，示例如下。

```
function Person () {
}
//可以使用 Person.prototype 直接访问原型对象
//给 Person 函数的原型对象中添加一个 name 属性，且属性的值为张三
Person.prototype.name = "张三";
Person.prototype.age = 20;
var p1 = new Person();
/*
访问 p1 对象的 name 属性，虽然并没有在 p1 对象中明确地添加 name 属性，但是 p1 对象的[[prototype]]属性指向的原型对象中有 name 属性，所以此处可以访问 name 属性的值
注意：此时不能通过 p1 对象删除 name 属性
*/
alert(p1.name);  //张三
var p2 = new Person();
alert(p2.name);  //张三（都是从原型对象中找到的，所以输出结果一样）
alert(p1.name === p2.name);  // true
// p1.name 只为 p1 对象新增 name 属性，原型对象中的 name 属性不变
p1.name = "李四";
```

```
alert("p1:" + p1.name);  //李四
//由于p2对象中没有name属性，它访问的是原型对象中的属性
alert("p2:" + p2.name);  //张三
```

在上面的代码中，实例中的属性和原型对象中的属性如图5-4所示。

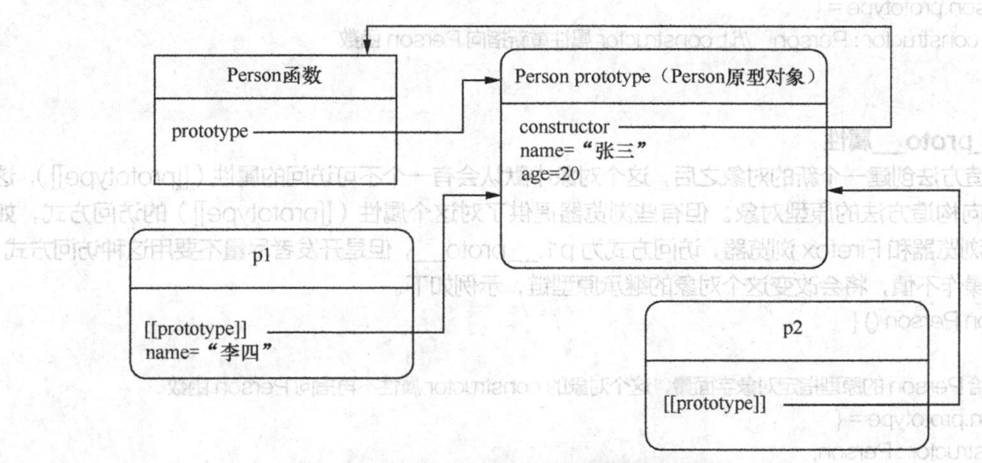

图5-4 实例中的属性和原型对象中的属性

5.1.3 与原型相关的属性和方法

1. prototype属性

构造函数中有prototype属性，该属性指向了构造函数的原型对象，如图5-3、图5-4所示。其实所有函数中都有prototype属性。

2. constructor属性

constructor属性在原型对象中，它指向了构造函数，示例如下。

```
function Person () {
}
console.log(Person.prototype.constructor === Person);  // true
var p1 = new Person();
//使用instanceof操作符可以判断一个对象的类型
//typeof一般用来获取简单类型和函数，而引用类型一般使用instanceof操作符，因为引用类型使用typeof操作符返回的是object
alert(p1 instanceof Person);  // true
```

可以根据需要使用Person.prototype属性指定新的对象来作为Person的原型对象，但是新对象的constructor属性则不再指向Person构造函数，示例如下。

```
function Person () {
}
//直接给Person的原型指定对象字面量，这个对象的constructor属性不再指向Person函数
Person.prototype = {
  name:"钟慧",
  age:20,
}
var p1 = new Person();
console.log(p1.name);  //钟慧
```

```
console.log(p1 instanceof Person); //true
console.log(Person.prototype.constructor === Person); //false
//如果希望 constructor 属性能再次指向 Person 函数，则需要在 Person.prototype 中添加如下代码
/*
  Person.prototype = {
        constructor : Person    //让 constructor 属性重新指向 Person 函数
  }
*/
```

3. __proto__属性

用构造方法创建一个新的对象之后，这个对象中默认会有一个不可访问的属性（[[prototype]]），这个属性指向构造方法的原型对象。但有些浏览器提供了对这个属性（[[prototype]]）的访问方式，如 Chrome 浏览器和 Firefox 浏览器，访问方式为 p1.__proto__，但是开发者尽量不要用这种访问方式，因为一旦操作不慎，将会改变这个对象的继承原型链，示例如下。

```
function Person () {
}
//直接给 Person 的原型指定对象字面量，这个对象的 constructor 属性不再指向 Person 函数
Person.prototype = {
  constructor : Person,
  name:"钟慧",
  age:20
}
var p1 = new Person();
console.log(p1.__proto__ === Person.prototype); //true
```

4. hasOwnProperty 方法

使用 hasOwnProperty 方法可以判断一个属性是否来自对象本身，示例如下。

```
function Person () {
}
Person.prototype.name ="钟慧";
var p1 = new Person();
p1.sex = "女";
//sex 属性是直接在 p1 属性中添加的，所以输出结果为 true
alert("sex 属性是对象本身的：" + p1.hasOwnProperty("sex"));
//name 属性是在原型中添加的，所以输出结果为 false
alert("name 属性是对象本身的：" + p1.hasOwnProperty("name"));
//age 属性不存在，所以输出结果为 false
alert("age 属性是对象本身的：" + p1.hasOwnProperty("age"));
```

通过 hasOwnProperty 方法可以判断一个对象是否由对象本身添加，但是不能判断该对象是否存在于原型中，因为这个属性有可能不存在。

5. in 操作符

in 操作符用来判断一个属性是否存在于这个对象中，在查找这个属性时，先在对象本身中查找，如果找不到，再去原型中找。换句话说，只要对象和原型中有一个地方存在这个属性，就返回 true，示例如下。

```
function Person () {
}
Person.prototype.name ="钟慧";
var p1 = new Person();
```

```
p1.sex = "女";
alert("sex" in p1);          //对象本身添加的，所以为 true
alert("name" in p1);         //原型中存在，所以为 true
alert("age" in p1);          //对象和原型中都不存在，所以为 false
```

5.1.4 任务实现

使用构造函数和原型对象实现图 5-1 所示的选项卡效果，操作步骤如下。

1. 创建并美化 HTML 页面

创建并美化 HTML 页面，CSS 的代码如下。

```
*{
  box-sizing: border-box;
}
.nav-tab {
  margin: auto;
  width: 600px;
  height: 300px;
}
.nav-tab-ul {
  width: 100%;
  height: 40px;
  list-style: none;
  margin: 0;
  padding: 0;
}
.nav-tab-ul li {
  float: left;
  width: 200px;
  border: 1px solid #ddd;
  border-bottom-color: #dac597;
  height: 40px;
  text-align: center;
  line-height: 40px;
  border-radius: 10px 10px 0px 0px;
}
.nav-tab-div {
  width: 100%;
  padding-bottom: 10px;
  border: 1px solid #dac597;
  border-radius: 0px 0px 10px 10px;
  display: none;
}
.nav-tab-div img {
  display: block;
  margin-left: auto;
  margin-right: auto;
  margin-top: 50px;
```

```
    width: 100%;
}
.active {
    display: block;
}
.bluetab {
    border: 1px solid #dac597 !important;
    border-bottom-color: #eee !important;
    background-color: #eee;
    box-shadow: 0px -2px 2px #cccccc7a;
}
#con {
    margin-top: -1px;
    background-color: #eee;
}
```

HTML 的代码如下。

```
<div class="nav-tab">
    <ul class="nav-tab-ul" id="nav">
        <li class="bluetab">风景</li>
        <li>动物</li>
        <li>植物</li>
    </ul>
    <div id="con">
        <div class="nav-tab-div active"><img src="img/01.jpg" /></div>
        <div class="nav-tab-div"><img src="img/02.jpg" /></div>
        <div class="nav-tab-div"><img src="img/03.jpg" /></div>
    </div>
</div>
```

2. 定义构造函数

在构造函数中获取页面所有的 li 列表项和 div 标签，再定义一个初始化函数，示例如下。

```
//定义构造函数
function Tab() {
    //通过 CSS 选择器，选择所有应用 nav-tab-ul 样式的子元素 li
    this.li = document.querySelectorAll(".nav-tab-ul>li");
    //通过 CSS 选择器，选择所有 id 为 con 的子元素 div
    this.div = document.querySelectorAll("#con>div");
    this.init();
}
```

3. 在原型对象中添加 init 方法

在原型对象中添加 init 方法，单击鼠标时，获取对应的 li 列表项序号，并为 abc 属性赋值，示例如下。

```
//在原型对象中添加 init 方法
Tab.prototype.init = function () {
    var that = this;
    for (var i = 0; i < this.li.length; i++) {
        //设置当前列表项的序号
        this.li[i].index = i;
```

```
        //为当前列表项添加单击事件
        this.li[i].onclick = function () {
          //将当前列表项的序号存储在 abc 属性中
          that.abc = this.index;
          //调用 display 方法
          that.display();
          }
      }
  }
```

4. 在原型对象中添加 display 方法

display方法根据当前列表项的序号，先将所有列表项的样式设置为空、div的样式设置为nav-tab-div，再将当前列表项的样式设置为 bluetab、div 的样式设置为 nav-tab-div active，示例如下。

```
//在原型对象中添加 display 方法
Tab.prototype.display = function () {
   for (var i = 0; i < this.li.length; i++) {
           //设置所有列表项的样式
           this.li[i].className = "";
           this.div[i].className = "nav-tab-div";
   }
//设置当前列表项的样式
this.li[this.abc].className = "bluetab";
this.div[this.abc].className = "nav-tab-div active";
}
```

5. 实例化对象

实例化 Tab 构造函数，示例如下。

```
new Tab();
```

任务 5.2 使用数组输出导航菜单

JavaScript 中内置了 17 个对象，常用的是 Math 对象、Date 对象、Array 对象、String 对象和 RegExp 对象，这几个常用对象的介绍如下。

① Math 对象：数学对象，提供了数学运算的属性和方法。

② Date 对象：日期时间对象，可以获取系统的日期时间信息。

③ Array 对象：数组对象，提供了数组操作的属性和方法。

④ String 对象：字符串对象，提供了对字符串进行操作的属性和方法。

⑤ RegExp 对象：正则表达式对象，使用单个字符串来描述、匹配一系列符合某个句法规则的字符串搜索模式。

【提出问题】

数组是值的有序集合。由于 JavaScript 是弱类型语言，其数组十分灵活、强大，不像 Java 等强类型高级语言，数组只能存放同一类型或其子类型元素，JavaScript 在同一个数组中可以存放多种类型的元素，而且数组长度也是可以动态调整的，可以随着数据增加或减少自动更改，数组嵌套自定义对象是实际工作中经常使用的方法。使用数组实现导航菜单效果，如图 5-5 所示。

秒杀	优惠券	PLUS会员	品牌闪购	拍卖	家电	超市	生鲜	国际	金融

图 5-5　导航菜单效果

【知识储备】

5.2.1　Math 对象

Math 对象是 JavaScript 提供的内置对象，该对象提供了多种数学运算方法和属性，如表 5-1 所示。

表 5-1　Math 对象

方法/属性	描述
PI	圆周率值
Math.round	四舍五入
Math.floor	进一
Math.ceil	舍去
Math.max	获取最大值
Math.min	获取最小值
Math.random	获取 0~1 的随机数，不包含 0 和 1

Math 对象的用法示例如下。

```
console.log(Math.PI);                   // 3.141592653589793
console.log(Math.max(32, 86));                          // 86
console.log(Math.max(-1, -10));                         // -1
console.log(Math.max(20, 68, 108, 186, 75));        // 186

console.log(Math.round(3.1));           // 3
console.log(Math.round(8.6));           // 9

console.log(Math.floor(6.9));       // 6
console.log(Math.floor(-5.8));      // -6

console.log(Math.ceil(2.1));     // 3
console.log(Math.ceil(7.9));     // 8

console.log(Math.random());     // 产生一个 0~1 的随机数
```

扩展：获取某一范围内的随机整数值，代码如下。

```
function getRandomNum(min, max) {
      return Math.floor(Math.random() * (max - min + 1)) + min;
}

getRandomNum(10, 50);   //产生一个 10~50 的随机整数
```

5.2.2 Date 对象

在 Web 应用中，经常需要处理时间和日期。JavaScript 内置了核心对象 Date，该对象可以表示从毫秒到年的所有时间和日期，并提供了操作时间和日期的方法。

1. Date 对象的创建

要使用 Date 对象，必须先使用 new 关键字创建它，Date 对象的构造函数通过可选的参数，可生成过去、现在和将来的 Date 对象，创建 Date 对象常见方式有如下 3 种。

（1）不带参数

```
var myDate=new Date();
```

创建一个含有系统当前日期和时间的 Date 对象。

（2）创建一个指定日期的 Date 对象

```
var myDate=new Date('2022/10/01');
```

使用代表日期和时间的字符串创建一个特定日期的 Date 对象，该语句创建了 2022 年 10 月 1 日 0 点 0 分 0 秒的 Date 对象。

（3）创建一个指定时间的 Date 对象

```
var myDate=new Date(2022, 6, 1, 10, 30, 20);
```

该语句创建了一个包含确切日期和时间的 Date 变量 myDate，即 2022 年 6 月 1 日 10 点 30 分 20 秒。

2. Date 对象常用的方法

Date 对象提供了很多操作日期和时间的方法，方便程序员在开发过程中简单、快捷地操作日期和时间。表 5-2 列出了 Data 对象常用的方法。

表 5-2 Date 对象常用的方法

方法	描述
getFullYear	返回年份数
getMonth	返回月份数(0～11)
getDate	返回日期数(1～31)
getDay	返回星期数(0～6)
getHours	返回小时数(0～23)
getMinutes	返回分钟数(0～59)
getSeconds	返回秒数(0～59)

使用 Date 对象显示当前时间，示例如下。

```
//模拟日历
//需求：每天打开这个页面都能显示年月日和星期几
//1. 创建一个当前日期的日期对象
var date = new Date();
//2. 获取其中的年、月、日和星期
var y = date.getFullYear();
var m = date.getMonth();
var d = date.getDate();
var w = date.getDay();
//3. 赋值给 div
var arr = ["星期日","星期一", "星期二","星期三","星期四","星期五","星期六"];
```

```
var div = document.getElementById("d");
div.innerText =
"今天是" + y + "年" + (m + 1) + "月" + d + "日 " + arr[w];
```

运行代码，效果如图 5-6 所示。

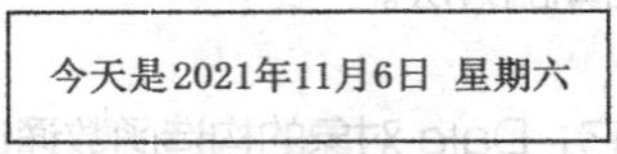

今天是2021年11月6日 星期六

图 5-6 模拟日历

17:45:17

图 5-7 动态时钟效果

模拟图 5-7 所示的动态时钟，示例如下。

```
<!-- 在页面上设置一个 div，用来显示时间 -->
<div></div>

<script>
//获取并返回当前时分秒
function createNowTime () {
var date = new Date();
var h = date.getHours();
var i = date.getMinutes();
var s = date.getSeconds();
return [h, i, s];
}
var div = document.querySelector('div');
//设置定时器，每秒执行一次
setInterval(function () {
    //调用定义好的方法，获取当前时间
    var times = createNowTime();
    //将时间拼接成字符串，再显示到页面中
    timeStr = times[0] + ':' + times[1] + ':' + times[2];
    div.innerText = timeStr;
}, 1000);
</script>
```

3. 时间戳

时间戳是指从 1970 年 1 月 1 日 0 点 0 分 0 秒到现在的毫秒。使用 Date 对象能够将时间戳转换为具体的时间。

获取时间戳有如下 3 种方法。

① Date.now()：获取当前时间的时间戳。

② +new Date([参数])：根据参数获取指定时间的时间戳，如果没有参数，则获取当前时间的时间戳。

③ getTime()/valueOf()：通过对象获取时间戳。

示例如下。

```
console.log(Date.now());              //打印当前时间的时间戳
console.log(+new Date.now());         //打印当前时间的时间戳
console.log(+new Date.now('2021-10-23'));    //打印 2021 年 10 月 23 日 0 点 0 分 0 秒的时间戳

var date = new Date();
console.log(date.getTime());          //打印当前时间的时间戳
console.log(date.valueOf());          //打印当前时间的时间戳
```

时间戳也能转为具体的时间，示例如下。

```
<! --此处显示时间 -->
    <div></div>
    <script>
        //随机定义一个时间戳
        var time = 128478345923;
        //实例化 Date 对象时将 time 作为参数传入
        var date = new Date(time);
        var y = date.getFullYear();
        var m = date.getMonth() + 1;
        var d = date.getDate();
        var h = date.getHours();
        var i = date.getMinutes();
        var s = date.getSeconds();
        var div = document.querySelector('div');
        var timeStr = y + '-' + m + '-' + d + ' ' + h + ':' + i + ':' + s;
        div.innerText = timeStr;
</script>
```

5.2.3 Array 对象

1. 创建数组

JavaScript 主要有 5 种创建数组的方法，可以使用构造函数创建，也可以直接使用中括号创建。

（1）使用无参构造函数创建一个空数组

```
var arr=new Array();
```

（2）使用一个数字参数来构造函数，创建指定长度的数组

```
var arr=new Array(5);
```

这里表示创建一个长度为 5 的数组，由于数组长度可以动态调整，这个方法作用并不大。

（3）使用带有初始化数据的构造函数，创建数组并初始化参数数据

```
var arr=new Array('HTML','JavaScript','DOM');
```

（4）使用中括号创建空数组，等同于调用无参构造函数

```
var arr=[ ];
```

（5）使用中括号创建数组，并传入初始化数据，等同于调用带有初始化数据的构造函数

```
var arr=['HTML','JavaScript','DOM'];
```

2. 为数组元素赋值

在声明数组时可以直接为数组元素赋值，如创建数组中的方法（3）和（5），也可以分别为数组元素赋值，示例如下。

```
var colors=new Array(4);      //创建长度为 3 的空数组
colors[0]="red";              //为数组第一个元素赋值
colors[1] = 20;               //为数组第二个元素赋值
colors[2]="blue";             //为数组第三个元素赋值
colors[3]="green";            //为数组第四个元素赋值
var ls = color[3];            //将数组第四个元素的值存储在 ls 变量中
```

3. 数组的常用方法

数组的常用方法如表 5-3 所示。

表 5-3 数组的常用方法

方法声明	功能描述
toString	把数组转换为用逗号分隔的字符串
join('连接符')	将所有数组元素连接成字符串
pop	删除数组中的最后一个元素并返回删除的值
push(参数 1[,参数 2,...])	在数组末尾添加一个元素并返回数组的长度
shift	删除数组中的第一个元素并返回删除的值
unshift(参数 1[,参数 2,...])	在数组头部添加一个元素并返回数组的长度
splice(x,y)	通过 x 定义起始位置，y 定义长度，对数组进行裁剪
concat(arr)	合并数组
sort	根据字母顺序对数组进行排序
reverse	反转数组

（1）在数组中替换指定的值

```
var fruits = ['banana', 'apple', 'orange', 'peer','strawberry','grape'];
fruits.splice(0, 2, 'potato', 'tomato');
console.log(fruits);
//输出：['potato', 'tomato', 'orange', 'peer','strawberry','grape']
```

（2）排序算法

```
//升序排序
var asc = function (a, b) {
  return a - b;
}
//降序排序
var desc = function (a, b) {
  return b - a;
}
var ary = [1, 58, 76, 34, 99, 49, 62];
console.log(ary.sort(asc));                    // [1, 34, 49, 58, 62, 76, 99]
console.log(ary.sort(desc));                   // [99, 76, 62, 58, 49, 34, 1]
```

（3）添加或删除数组单元

```
//示例 1
var userInfo = [1, 'zs', 20];
console.log(userInfo.push('男'));              // 4
console.log(userInfo);                         // [1, 'zs', 20, '男']
//示例 2
var userInfo = [1, 'zs', 20];
console.log(userInfo.pop());                   // 2
console.log(userInfo);                         // [1, 'zs']
//示例 3
var userInfo = [1, 'zs', 20];
console.log(userInfo.unshift('aa'));           // 4
console.log(userInfo);                         // ['aa', 1, 'zs', 20]
//示例 4
var userInfo = [1, 'zs', 20];
```

```
console.log(userInfo.shift());                    // 2
console.log(userInfo);                            // ['zs', 20]
```

（4）将数组拼接成字符串，将字符串拆分成数组

```
var fruits = ['banana', 'apple', 'orange', 'watermelon'];
//join 方法能用一个字符串将数组的每个单元拼接成一个长字符串
console.log(fruits.join('-'));    // banana-apple-orange-watermelon
//split 方法能将一个长字符串拆分成一个数组
var str = 'aa-bb-cc-dd-ee';
console.log(str.split('-'));   // ['aa', 'bb', 'cc', 'dd', 'ee']
```

（5）合并数组

```
var arr1 = ['11', '22', '33'];
var arr2 = ['aa', 'bb', 'cc'];
var arr3 = ['z1', 'x2', 'y3'];
console.log(arr1.concat(arr2));   //['11', '22', '33', 'aa', 'bb', 'cc']
console.log(arr1.concat(arr2, arr3));
// ['11', '22', '33', 'aa', 'bb', 'cc', 'z1', 'x2', 'y3']
```

（6）反转数组

```
var colors = ['blue', 'white', 'green', 'pink', 'purple'];
var reversedColors = colors.reverse();
console.log(reversedColors); // ['purple', 'pink', 'green', 'white', 'blue']
```

5.2.4 任务实现

使用数组实现 PC 端首页的横向导航栏菜单，操作步骤如下。

1. 创建并美化 HTML 页面

```
<style>
  li {
    float: left;
    list-style-type: none;
    margin-left: 30px;
  }
  li:nth-child(-n + 2) {
    color: red;
    font-weight: 700;
  }
</style>
<body>
<ul></ul>
</body>
```

2. 使用数组定义数据

将导航栏数据存储在数组中，示例如下。

```
var datas = ['秒杀', '优惠券', 'PLUS 会员', '品牌闪购', '拍卖', '家电', '超市', '生鲜', '国际', '金融'];
```

3. 将数据渲染到页面

创建新的 li 节点，将数组中的数据添加到 li 节点中，再将 li 节点插入 ul 节点中，最后将数据渲染到页面并显示，示例如下。

```
var ul = document.getElementsByTagName("ul");
for (var i = 0; i < datas.length; i++) {
```

```
    //创建新的 li 节点
    var newLi = document.createElement("li");
    //为新建的 li 节点设置内容
    newLi.innerHTML = datas[i];
    //将新建的 li 节点插入 ul 节点中
    ul[0].appendChild(newLi);
}
```

运行代码，效果如图 5-8 所示。

秒杀	优惠券	PLUS会员	品牌闪购	拍卖	家电	超市	生鲜	国际	金融

图 5-8 导航菜单效果

任务 5.3 使用正则表达式验证注册页信息

【提出问题】

在日常生活中，人们会在各种各样的网站进行注册和登录操作，注册时会提示输入相关内容，如密码不少于 6 位、用户名不少于 4 位等信息；登录时会提示密码错误等信息；这些提示就是字符串验证。使用字符串和正则表达式实现注册页信息验证，效果如图 5-9 所示。

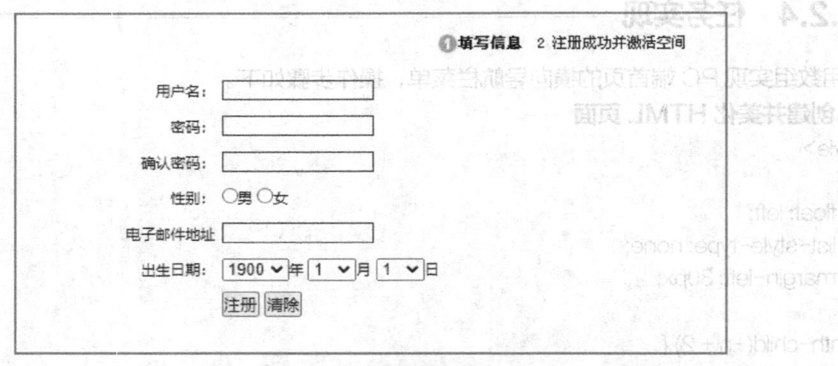

图 5-9 注册页信息验证

【知识储备】

5.3.1 String 对象

在 JavaScript 中使用字符串存储和处理文本，示例如下。

```
var carName = "XC60";
var x = "John";
var y = new String("John");
typeof x;        //返回 string
typeof y;        //返回 object
```

但在实际应用中，使用 new String 创建字符串会降低程序执行速度，并可能产生其他副作用，示例如下。

```
var x = "John";
var y = new String("John");
(x === y);        //全等判断结果为 false，因为 x 是字符串，y 是对象
```

可以使用索引来获取字符串中的字符，也可以使用转义字符反斜杠（\）来使用引号或是一些特殊字符，示例如下。

```
var character = carname[7];
var x = 'It\'s alright';
var y = "He is called \"Johnny\"";
```

常用的转义符如表 5-4 所示。

表 5-4 常用的转义符

代码	输出
\'	单引号
\"	双引号
\\	反斜杠
\n	换行
\r	回车
\t	Tab(制表符)
\b	退格符
\f	换页符

5.3.2 字符串的常用方法

字符串的常用方法如表 5-5 所示。

表 5-5 字符串的常用方法

方法	描述
charAt	返回指定索引位置的字符
charCodeAt	返回指定索引位置字符的 Unicode 值
concat	连接两个或多个字符串，返回连接后的字符串
indexOf	返回字符串中检索指定字符第一次出现的位置
lastIndexOf	返回字符串中检索指定字符最后一次出现的位置
slice	提取部分字符串，并在新的字符串中返回被提取的部分
split	把字符串分割为子字符串组成的数组
substr	从起始索引号提取字符串中指定数量的字符
toLowerCase	把字符串转换为小写
toUpperCase	把字符串转换为大写

1. slice 方法

```
var str = "十月一日是国庆节!"
document.write(str.slice(5, 8));     //国庆节
```

2. substr 方法

```
var str1 = "十月一日是国庆节!";
```

```
document.write(str1.substr(5, 3));          //国庆节
```

3. concat 方法

```
var str1 = "Web 前端";
var str2 = "技术开发";
document.write(str1.concat(str2));          // Web 前端技术开发
```

4. split 方法

```
var str = 'aa-bb-cc-dd-ee';
console.log(str.split ('-'));               // ['aa', 'bb', 'cc', 'dd', 'ee']
```

5. indexOf/lastIndexOf 方法

```
var str = 'abcdefg123abc';
console.log(str.indexOf('b'));              //1
console.log(str.indexOf('cde'));            //2
console.log(str.indexOf('zz'));             //-1，str 中没有 zz，返回-1
console.log(str.lastIndexOf('b'));          //11
console.log(str.lastIndexOf('cde'));        //2
```

6. toLowerCase/toUpperCase 方法

```
console.log('abcd'.toUpperCase());          // ABCD
console.log('ABCD'.toLowerCase());          // abcd
```

7. charAt/charCodeAt 方法

```
var str = 'abcdefg123abc';
console.log(str.charAt(1));                 //b
console.log(str.charAt(3));                 //d
console.log(str.charCodeAt(1));             //98
```

重要的数字和字母对应的 ASCII 码值如下。

① 0~9: 48~57。

② a~z: 97~122。

③ A~Z: 65~90。

5.3.3 RegExp 对象

正则表达式是一个描述字符模式的对象，它是由一些特殊的符号组成的，这些符号和 SQL Server 中的通配符一样，其组成的字符模式用来匹配各种表达式。

RegExp 对象（正则表达式对象）是对字符串执行模式匹配的强大工具。简单的模式是一个单独的字符，复杂的模式包括了更多的字符，例如邮箱地址、电话号码、出生日期等字符串。

定义正则表达式的方式有两种，一种是普通方式，另一种是构造函数。

1. 普通方式

普通方式可以通过在一对分隔符之间放入表达式模式的各种组件来构造一个正则表达式，其语法如下。

```
var reg=/表达式/附加参数;
```

① 表达式：一个字符串代表了某种规则，可以使用某些特殊字符来代表特殊的规则。

② 附加参数：用来扩展表达式的含义，主要有以下 3 个参数。

- g：可以进行全局匹配。
- i：不区分大小写匹配。
- m：可以进行多行匹配。

上面 3 个附加参数可以任意组合，代表复合含义，也可以不加参数，示例如下。

```
var reg=/dog/;
var reg=/dog/i;
```

2. 构造函数

构造函数方式的语法如下。

```
var reg=new RegExp('表达式','附加参数');
```

构造函数中表达式和附加参数的含义与普通方式相同，示例如下。

```
var reg=new RegExp('dog');
var reg=new RegExp('dog','i');
```

不管是使用普通方式来定义正则表达式，还是使用构造函数来定义正则表达式，都需要规定表达式的模式。

5.3.4 正则表达式的操作方法

正则表达式的操作方法如表 5-6 所示。

表 5-6　　正则表达式的操作方法

方法	描述
compile	编译正则表达式
exec	检索字符串中指定的值。返回找到的值，并确定其位置
test	检索字符串中指定的值。返回 true 或 false

1. compile 方法

compile 方法用于在代码执行过程中编译正则表达式，也可改变和重新编译正则表达式，语法如下。

```
正则表达式对象实例. compile('表达式','附加参数');
```

在字符串中全局搜索“man”后用“person”替换。通过 compile 方法，改变正则表达式，用“person”替换“man”或“woman”，示例如下。

```
var str="Every man in the world! Every woman on earth!";
patt=/man/g;
str2=str.replace(patt,"person");
document.write(str2+"<br />");

patt=/(wo)?man/g;
patt.compile(patt);
str2=str.replace(patt,"person");
document.write(str2);
```

代码运行后输出如下。

```
Every person in the world! Every woperson on earth!
Every person in the world! Every person on earth!
```

2. exec 方法

exec 方法用于检索字符串中的正则表达式的匹配，语法如下。

```
正则表达式对象实例.exec('字符串');
```

如果 exec 方法找到了匹配的文本，则返回一个数组，否则，返回 null。

匹配“广科”并返回其位置，示例如下。

```
<script type="text/javascript">
var str = "欢迎来到广科院";
var reg = new RegExp("广科","g");
```

```
var result;
while ((result = reg.exec(str)) != null)   {
  document.write(result);
  document.write("<br />");
  document.write(reg.lastIndex);
}
</script>
```

运行代码，效果如图 5-10 所示。

广科
6

图 5-10　exec 方法应用

3. test 方法

test 方法用于检测一个字符串是否匹配某个模式，语法如下。

```
正则表达式对象实例.test('字符串');
```

如果字符串中含有与正则表达式匹配的文本，则返回 true，否则返回 false。

使用 test 方法匹配 dog，不区分大小写，示例如下。

```
<script type="text/javascript">
var str = "my Dog";
var reg =/dog/i;
var result=reg.test(str);
alert(result);
</script>
```

运行代码，效果如图 5-11 所示。

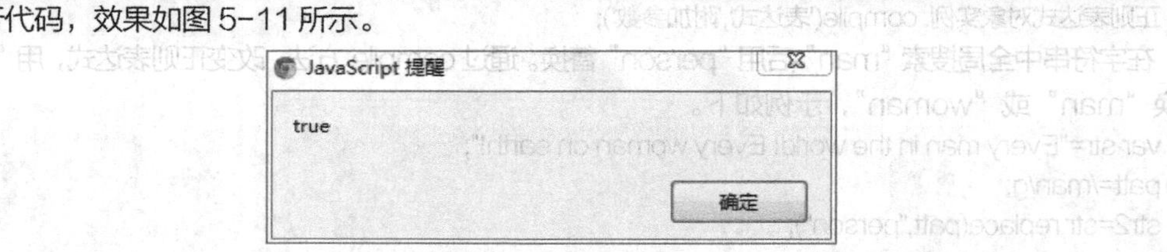

图 5-11　test 方法应用

5.3.5　正则表达式模式

从规范上说，正则表达式的模式分为简单模式和复合模式。

1. 简单模式

简单模式是指通过普通字符的组合来表达的模式，示例如下。

```
var reg=/abc0d/;
```

可见简单模式只能表示具体的匹配，如果要匹配一个电子邮箱地址或一个电话号码，就不能使用具体的匹配，这时就要用到复合模式。

2. 复合模式

复合模式是指含有通配符来表达的模式，因此复合模式可以表达更抽象化的逻辑，示例如下。

```
var reg=/a+b?\w/;
```

+、?和\w 都属于通配符，代表着特殊的含义。

下面我们着重介绍正则表达式常用的符号、各个通配符的含义及其使用。

正则表达式中可以使用中括号查找某个范围内的字符，如表 5-7 所示。

表 5-7　　正则表达式中的中括号

表达式	描述
[abc]	查找中括号之间的任何字符
[^abc]	查找所有不在中括号之间的字符
[0–9]	查找所有从 0 至 9 的数字
[a–z]	查找所有从小写 a 到小写 z 的字符
[A–Z]	查找所有从大写 A 到大写 Z 的字符

正则表达式中常用的字符含义如表 5-8 所示。

表 5-8　　正则表达式中常用的字符含义

符号	描述
/…/	代表一个模式的开始和结束
^	匹配字符串的开始
$	匹配字符串的结束
\s	匹配空白字符
\S	匹配非空白字符
\d	匹配一个数字字符，等价于[0–9]
\D	匹配除数字之外的字符，等价于[^0–9]
\w	匹配一个数字、下画线或字母字符，等价于[A–Za–z0–9_]
\W	匹配非单字字符，等价于[^a–zA–z0–9_]
.	匹配除换行符之外的字符

正则表达式中常用的匹配含义如表 5-9 所示。

表 5-9　　正则表达式中常用的匹配含义

表达式	描述
[u4e00–u9fa5]	匹配中文字符
[^x00–xff]	匹配双字节字符（包括汉字）
n[s|]*r	匹配空白行，可以用来删除空白行
w+([–+.]w+)*@w+([–.]w+)*.w+([–.]w+)*	匹配 email 地址
[a–zA–z]+://[^s]*	匹配 URL
d{3}–d{8}|d{4}–d{7}	匹配国内电话号码
[1–9][0–9]{4,}	匹配 QQ 号，QQ 号从 10000 开始
[1–9]d{5}(?!d)	匹配中国邮政编码
d+.d+.d+.d+	匹配 IP 地址
^[1–9]d*$	匹配正整数
^–?[1–9]d*$	匹配整数
^[A–Za–z0–9]+$	匹配由数字和 26 个英文字母组成的字符串
^[a–zA–Z]w{5,17}$	匹配以字母开头，长度在 6～18，且只能包含字符、数字和下画线的字符串
^d{n}$	匹配 n 位的数字
^d{n,}$	匹配至少 n 位的数字
^(–|+)?d+(.d+)?$	匹配正数、负数和小数

5.3.6 任务实现

使用正则表达式完成图 5-9 所示的页面验证信息，操作步骤如下。

1. 创建并美化 HTML 页面

```
<div class="center">
    <table width="100%" border="0" cellspacing="0" cellpadding="0">
        <form action="success.html" method="post" name="myform" onsubmit="return checkAll()">
            <tr>
                <td class="left">用户名:</td>
                <td>
                    <input id="user" type="text" class="inputs" oninput="checkUser()" />
                    <div id="userId" class="red"></div>
                </td>
            </tr>
            <tr>
                <td class="left">密码:</td>
                <td>
                    <input id="pwd" type="password" class="inputs" oninput="checkPwd()" />
                    <div id="pwdId" class="red"></div>
                </td>
            </tr>
            <tr>
                <td class="left">确认密码:</td>
                <td>
                    <input id="repwd" type="password" class="inputs" oninput="checkRepwd()" />
                    <div id="repwdId" class="red"></div>
                </td>
            </tr>
            <tr></tr>
            <tr>
                <td class="left">性别:</td>
                <td>
                    <div style="float: left">
                        <input name="sex" type="radio" value="男" />男
                        <input name="sex" type="radio" value="女" />女
                    </div>
                    <div id="sexId" class="red"></div>
                </td>
            </tr>
            <tr>
                <td class="left">电子邮件地址</td>
                <td>
                    <input id="email" type="text" class="inputs" oninput="checkEmail()" />
                    <div id="emailId" class="red"></div>
                </td>
            </tr>
            <tr>
```

```
                    <td class="left">出生日期:</td>
                    <td>
                        <select id="year">
                            <script>
                                for (var i = 1900; i <= 2022; i++) {
                                    document.write(
                                        "<option value=" + i + ">" + i + "</option>"
                                    );
                                }
                            </script>
                        </select>年
                        <select id="month">
                            <script>
                                for (var i = 1; i <= 12; i++) {
                                    document.write(
                                        "<option value=" + i + ">" + i + "</option>"
                                    );
                                }
                            </script>
                        </select>月
                        <select id="day">
                            <script>
                                for (var i = 1; i <= 31; i++) {
                                    document.write(
                                        "<option value=" + i + ">" + i + "</option>"
                                    );
                                }
                            </script>
                        </select>日
                    </td>
                </tr>
                <tr>
                    <td> </td>
                    <td>
                        <input name="sub" type="submit" value="注册" />
                        <input name="cancel" type="reset" value="清除" />
                    </td>
                </tr>
            </form>
        </table>
</div>
```

2. 定义验证方法

为用户名、密码、确认密码、性别和电子邮件地址信息添加验证方法，示例如下。

```
function $(ElementId) {
  return document.getElementById(ElementId);
}
function checkUser() {
```

```
    var user = $('user').value;
    var userId = $('userId');
    if (user.length < 4 || user.length > 12) {
      userId.innerHTML = "用户名由 4 至 12 个字符组成";
      return false;
    }
    userId.innerHTML = "√";
    return true;
  }
  function checkPwd() {
    var pwd = $('pwd').value;
    var pwdId = $('pwdId');
    if (pwd.length < 6 || pwd.length > 12) {
      pwdId.innerHTML = "密码由 6 至 12 个字符组成";
      return false;
    }
    pwdId.innerHTML = "√";
    return true;
    }
  function checkRepwd() {
    var pwd = $('pwd').value;
    var repwd = $('repwd').value;
    var repwdId = $('repwdId');
    if (pwd != repwd) {
      repwdId.innerHTML = "密码不一致";
      return false;
    }
    repwdId.innerHTML = "√";
    return true;
  }
  function checkSex() {
    var sex = document.getElementsByName('sex');
    var sexId = $('sexId');
    var bool = true;
    for (var i = 0; i < sex.length; i++) {
      if (sex[i].checked == true) {
        bool = false;
        break; //停止
      }
    }
    if (bool) {
      sexId.innerHTML = "请选择性别";
      return false;
    }
    sexId.innerHTML = "√";
    return true;
  }
  function checkEmail() {
```

```
    //email
    var email = $('email').value;
    var emailId = $('emailId');
    var reg = /^([a-zA-Z]|[0-9])(\w|\-)+@[a-zA-Z0-9]+\.([a-zA-Z]{2,4})$/;
    if (reg.test(email)) {
        emailId.innerHTML = "√";
        return true;
    } else {
        emailId.innerHTML = "邮箱格式不正确";
        return false;
    }
}
```

3. 添加表单提交验证

定义验证所有信息的方法，示例如下。

```
function checkAll() {
  if (checkUser() && checkPwd() && checkRepwd() && checkSex() && checkEmail()) {
    alert("提交成功");
    return true;
  }
  alert("提交失败");
  return false;
}
```

4. 表单提交调用验证方法

必须所有信息输入正确才能成功提交表单，否则表单提交失败，因此，需要在 onsubmit 事件中添加 return 语句。在 HTML 页面的 form 表单中添加如下代码。

```
<form action="success.html" method="post" name="myform"onsubmit="return checkAll()">
```

任务 5.4 任务拓展

通过对象实现四季植物介绍模块，如图 5-12 所示，操作步骤如下。

春天随着落花走了，夏天披着一身的绿叶儿在暖风儿里跳动着来了……
自由摄影 6 小时前
讨论：406

希冀的晨光，不存在永恒的靠山，你最强的靠山，就是你的努力和独立。
自由摄影 6小时前
讨论：505

当你面对如金似银，硕果累累的金秋季节时，一定会欣喜不已。
自由摄影 6小时前
讨论：410

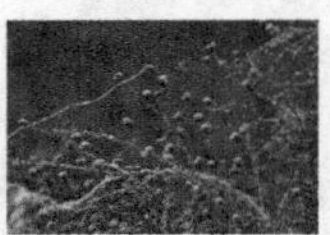
冬天，一层薄薄的白雪，像巨大的轻软的羊毛毯子，覆盖在这广漠的荒原上，闪着寒冷的银光。
自由摄影 6小时前
讨论：413

图 5-12　四季植物介绍模块

1. 创建并美化 HTML 页面

根据效果图，创建并美化 HTML 页面。

```
<! --省略骨架代码 -->
```

2. 创建对象

图 5-12 是由图片和文字组成的页面，该页面共有 4 条关于植物的介绍，每条植物介绍都由一幅图片，一个标题，一个发布者，一个时间和一个评论数组成。根据图 5-12，可以创建如下对象。

```
var news = [{
    img: './img/1.jpg',
    title: '春天随着落花走了，夏天披着一身的绿叶儿在暖风儿里跳动着来了……',
    user: '自由摄影',
    time: '6 小时前',
    discuss: '406',
}, {
    img: './img/2.jpg',
    title: '希冀的晨光，不存在永恒的靠山，你最强的靠山，就是你的努力和独立。',
    user: '自由摄影',
    time: '6 小时前',
    discuss: '505',
}, {
    img: './img/3.jpg',
    title: '当你面对如金似银，硕果累累的金秋季节时，一定会欣喜不已。',
    user: '自由摄影',
    time: '6 小时前',
    discuss: '410',
}, {
    img: './img/4.jpg',
    title: '冬天，一层薄薄的白雪，像巨大的轻软的羊毛毯子，覆盖在这广漠的荒原上，闪着寒冷的银光。',
    user: '自由摄影',
    time: '6 小时前',
    discuss: '413',
}];
```

此代码创建了一个名为 news 的数组并在其中放入了一个对象，对象中有 4 条数据。

3. 实现数据渲染

本任务使用 DOM 操作的相关知识完成数据渲染，主要涉及节点的创建和插入操作，示例如下。

```
var ul = document.getElementById("content");
for (var i = 0; i < news.length; i++) {
  //创建一个 li 节点
  var li = document.createElement("li");
  //设置 li 节点的内容
  li.innerHTML =
      '<div class="picture"><img class="Monograph" src="' +
      news[i].img +
      '"></div><div class="detail"><h3>' +
      news[i].title +
      '</h3><div class="binfo"><div class="tags"></div><div class="fl">' +
```

```
        news[i].user +
        ' <span class="time"></span> ' +
        news[i].time +
        '</span></div><div class="fr">讨论:' +
        news[i].discuss +
"</a></div></div>";
//将 li 节点添加到 ul 节点中
ul.appendChild(li);
}
```

【本章小结】

本章介绍了 JavaScript 中的自定义对象和内置对象，其中自定义对象主要涉及对象创建、对象方法和属性、构造函数和原型对象。内置对象主要包括 Math 对象、Data 对象、Array 对象、String 对象和 RegExp 对象，具体如下。

Math 对象：提供了一些有用的数学函数。

Date 对象：提供了很多操作日期和时间的方法，方便程序员在程序开发过程中简单、快捷地操作日期和时间。

Array 对象：JavaScript 中应用非常广泛的对象，创建数组对象有多种方法。

String 对象：JavaScript 中应用非常广泛的对象，它提供了许多方法操作字符串。

RegExp 对象：利用正则表达式对象可以制作严谨的表单验证页面。

【本章习题】

一、选择题

1. setTimeout('adv( )'100)的意思是（　　）。

   A. 间隔 100 秒后，adv 函数就会被调用

   B. 间隔 100 分钟后，adv 函数就会被调用

   C. 间隔 100 毫秒后，adv 函数就会被调用

   D. adv 函数被连续调用 100 次

2. 以下对 Date 对象的 getMonth 方法的返回值描述，正确的是（　　）。

   A. 返回系统时间的当前月　　B. 返回值的范围在 1～12

   C. 返回系统时间的后一个月　　D. 返回值的范围在 0～11

3. 在 JavaScript 中（　　）方法可以对数组元素进行排序。

   A. add　　B. join　　C. sort　　D. length

4. 下列声明数组的语句中，错误的是（　　）。

   A. var student=new Array( );　　B. var student=new Array(3);

   C. var student[ ]=new Array(3)(4);　　D. var student=new Array('Jack','Tom');

5. 下列正则表达式中，（　　）可以匹配首位是小写字母，其他位数是小写字母或数字的至少两位的字符串。

   A. /^\w{2,}$/　　B. /^[a-z][a-z0-9]+$/

   C. /^[a-z0-9]+$/　　D. /^[a-z\d+$/

二、操作题

1. 随机生成范围在 1～36 不重复的 7 个数字作为中奖号码，效果如图 5-13 所示。

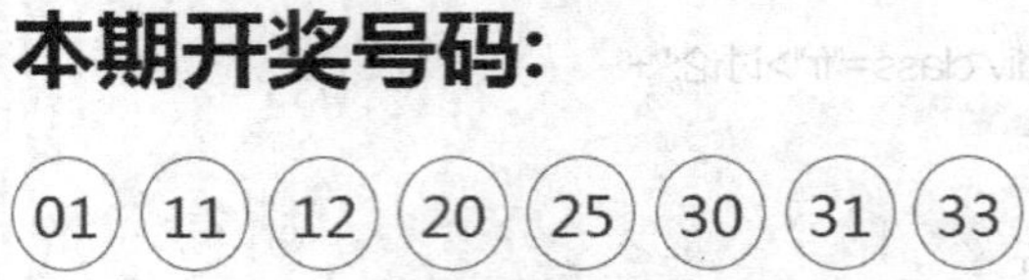

本期开奖号码:

01 11 12 20 25 30 31 33

图 5-13　中奖号码

2. 编程实现注册页面信息验证，如图 5-14 所示，具体要求如下。

① 昵称不能为空，只能由英文字母，数字或者下画线组成，长度不小于 4 且不超过 16。

② 密码长度不小于 6 且不超过 16，只能由字母或数字组成，两次输入的密码必须一致。

③ 出生日期格式为 yyyy-mm-dd，年份范围从 1900 年至今，月份范围在 1～12，日期范围在 1～31。

④ 电子邮件地址必须包含“@”符号和“.”符号。

⑤ 当表单文本框失去焦点时进行验证，如果有错误，则提示错误信息。

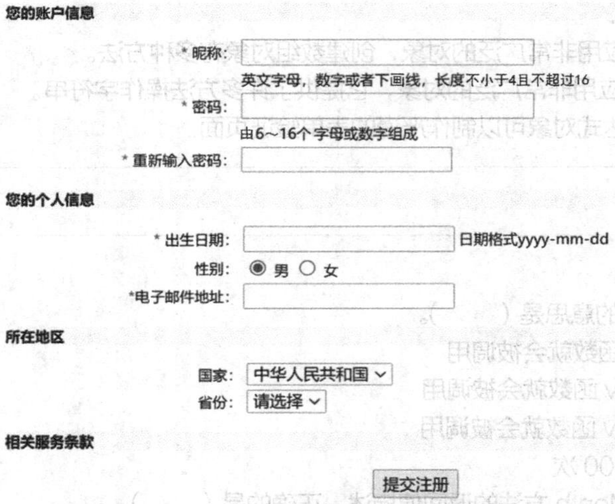

您的账户信息

* 昵称:
英文字母，数字或者下画线，长度不小于4且不超过16

* 密码:
由6～16个字母或数字组成

* 重新输入密码:

您的个人信息

* 出生日期: 日期格式yyyy-mm-dd

性别: 男 女

*电子邮件地址:

所在地区

国家: 中华人民共和国

省份: 请选择

相关服务条款

提交注册

图 5-14　注册页面信息验证

第 6 章
JavaScript 网页特效

内容导学

随着网页技术的发展，用户对网页特效的要求也越来越高，许多网站的页面越来越丰富。本章主要学习 JavaScript 网页特效的制作，包括 display 属性、offset 系列属性和 scroll 系列属性等。

学习目标

① 掌握 style 属性和 className 属性的应用。
② 掌握 offset 系列属性的应用。
③ 掌握 scroll 系列属性的应用。
④ 能熟练应用 JavaScript 与 CSS 实现交互特效。

任务 6.1 使用 display 属性实现图片轮显效果

在前面的学习中，相信大家已经掌握了如何通过 JavaScript 去操作页面上的节点，但当我们浏览网页时，有些独特的样式是无法使用 CSS 来实现的，本节将学习如何使用 JavaScript 操作节点样式。

【提出问题】

一些门户网站的页面都有图片轮播展示的效果，如图 6-1 所示。这是如何实现的呢？本节将学习如何使用 JavaScript 操作节点的 CSS 样式。

图 6-1 轮播图效果

【知识储备】

6.1.1 style 属性

style 属性是 DOM 对象中的一个属性，其内部以对象形式保存标签的样式。可以使用 style 属性来获取或者设置标签的样式，语法如下。

```
DOM 元素.style.样式属性;
DOM 元素.style.样式属性='值';
```

假设在页面中有一个 id 为 titles 的 div，设置 div 中的字体颜色为红色，字体大小为 25px，示例如下。

```
document.getElementById("titles").style.color="#ff0000";
document.getElementById("titles").style.fontSize="25px";
```

在 JavaScript 中使用 CSS 样式与在 HTML 中使用 CSS 样式的方法稍有不同，在 JavaScript 中，'-'表示减号，因此如果样式属性名称中有带'-'号，则要省去'-'，并且'-'后的首字母要大写，因此上例中 font-size 对应的 style 对象的属性名称应为 fontSize。下面再给出若干示例。

示例 1：background-color —> backgroundColor

示例 2：font-weight —> fontWeight

示例 3：border-raduis —> borderRaduis

案例 1：单击右上角的颜色按钮更换导航条的背景色，如图 6-2 所示。

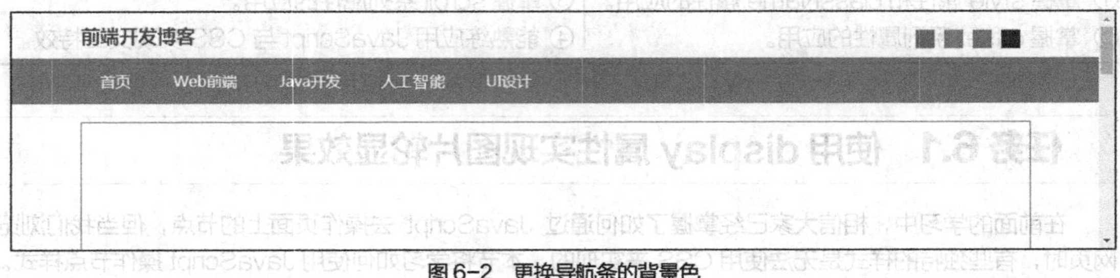

图 6-2　更换导航条的背景色

1. HTML 结构

```
<div id="topbar" class="title">
  <div class="w">
    前端开发博客
    <ul>
      <li style="background:#DD5044;"></li>
      <li style="background:#1CA261;"></li>
      <li style="background:#458FD2;"></li>
      <li style="background:#333;"></li>
    </ul>
  </div>
</div>
<div id="header" class="blue">
  <div class="w nav">
    <a href="#">首页</a>
    <a href="#">Web 前端</a>
    <a href="#">Java 开发</a>
    <a href="#">人工智能</a>
    <a href="#">UI 设计</a>
  </div>
</div>
```

2. CSS 结构

```
* {
  margin: 0;
  padding: 0;
}
.w {
  width: 1000px;
  margin: 0 auto;
}
a {
  display: inline-block;
  height: 50px;
  line-height: 50px;
  padding: 0 20px;
  text-decoration: none;
  color: #fff;
}
#topbar {
  height: 50px;
  line-height: 50px;
}
#topbar .w {
  position: relative;
}
.title {
  font-size: 20px;
  font-weight: 700;
  color: #5E5E5E;
}
#header {
  height: 50px;
}
ul {
  position: absolute;
  top: 20px;
  right: 10px;
}
li {
  box-sizing: border-box;
  float: left;
list-style: none;
  width: 20px;
  height: 20px;
  margin-left: 10px;
}
.blue {
  background-color: #458FD2;
}
```

3. JavaScript 控制颜色按钮更换导航条的背景色

```
//获取导航条对象
var nav = document.querySelector('#header');
//获取所有的换肤按钮对象(li)
var btns = document.querySelectorAll('#topbar li');
//循环绑定单击事件
for (var i = 0; i < btns.length; i++) {
    btns[i].onclick = function () {
    //获取当前按钮的背景色
    var tmp = this.style.backgroundColor;
    nav.style.backgroundColor = tmp;
    footer.style.backgroundColor = tmp;
    }
}
```

6.1.2 className 属性

在 HTML DOM 中，className 属性可设置或返回元素的 class 样式，语法如下。

```
DOM 对象.className;
DOM 对象.className="类样式名";
```

className 属性可以通过改变标签元素的 CSS 类选择器，从而改变元素的样式，示例如下。

```
<style type="text/css">
  .uhh1{
    color:#CCCCCC;
    font-size:12px;
  }
  .uhh2{
    color:#FF6600;
    font-size:24px;
  }
</style>
<script>
  function check(){
    var uul = document.getElementsByTagName("ul")[0];
    uul.className = "uhh2";
  }
</script>
<ul class="uhh1">
  <li><a href="#">首 页</a></li>
  <li><a href="#">新闻快讯</a></li>
  <li><a href="#">产品信息</a></li>
  <li><a href="#">联系我们</a></li>
</ul>
<button onclick="check()">click me</button>
```

也可以通过 classList 属性来切换颜色。使用 classList 属性返回所选元素的类名，其形式是一个数组，该属性用于在元素中添加、移除及切换 CSS 类，classList 属性是只读的，但可以使用 add 方法和 remove 方法修改它。在多数情况下，编写移动端 Web 网页时会用到这个方法，示例如下。

```
<style>
  #img{
    width: 100px;
    height: 100px;
    border: red solid 2px;
  }
  .imgStyle{
    background-color: green;
    background-size: 100% 100%;
  }
</style>
<div id="app">
  <div id="img"></div>
</div>
<script>
  var imgId = document.getElementById("img");
  imgId.classList.add("imgStyle");
  setTimeout(function () {
    console.log("img classList is: " + imgId.classList);
    imgId.classList.remove("imgStyle");
  }, 2000);
</script>
```

案例 2：列表隔行变色，如图 6-3 所示。

英雄列表

ID	姓名	昵称	性别
1	赵信	菊花信	男
2	盖伦	草丛伦	男
3	Lux	光辉女郎	女
4	皇子	天崩地裂子	男
5	VN	暗夜猎手	女
6	Ashe	寒冰射手	女

图 6-3　列表隔行变色

1. 样式声明

```
<style>
  thead tr {
    background-color: #ccc;
  }
  /* 深色 */
  .bgc {
    background-color: #eee;
  }
  tbody tr:hover {
    background-color: #d0d0d0;
  }
</style>
```

2. HTML 表格结构

```
<table border="1" width="500" align="center">
  <caption>
    <h2>英雄列表</h2>
  </caption>
  <thead>
    <tr>
      <th>ID</th>
      <th>姓名</th>
      <th>年龄</th>
      <th>性别</th>
    </tr>
  </thead>
  <tbody>
    <tr>
      <td>1</td>
      <td>赵信</td>
      <td>菊花信</td>
      <td>男</td>
    </tr>
    <tr>
      <td>2</td>
      <td>盖伦</td>
      <td>草丛伦</td>
      <td>男</td>
    </tr>
    <tr>
      <td>3</td>
      <td>Lux</td>
      <td>光辉女郎</td>
      <td>女</td>
    </tr>
    <tr>
      <td>4</td>
      <td>皇子</td>
      <td>天崩地裂子</td>
      <td>男</td>
    </tr>
    <tr>
      <td>5</td>
      <td>VN</td>
      <td>暗夜猎手</td>
      <td>女</td>
    </tr>
    <tr>
      <td>6</td>
      <td>Ashe</td>
      <td>寒冰射手</td>
```

```
        <td>女</td>
    </tr>
    </tbody>
</table>
```

3. JavaScript 控制列表隔行变色

```
//获取列表所有的行
var trs = document.querySelectorAll('tbody tr');
//循环所有的 tr 标签，将奇数行的背景色设置为深色
for (var i = 0; i < trs.length; i++) {
  if (i % 2 == 1) {
    trs[i].className = 'bgc';
  }
}
```

6.1.3 display 属性

在 CSS 中，有两个属性可以控制元素的显示和隐藏，这两个属性是 display 属性和 visibility 属性。display 属性设置是否显示元素，此属性的常见值如表 6-1 所示。

表 6-1　　display 属性的常见值

值	描述
none	表示此元素不会显示
block	表示此元素将显示为块级元素，且前后有换行符

可通过 JavaScript 动态地改变 CSS 属性，display 属性的语法如下。

```
object.style.display="值";
```

visibility 属性也可以设置元素是否可见，此属性的常见值如表 6-2 所示。

表 6-2　　visibility 属性的常见值

值	描述
visible	表示元素是可见的
hidden	表示元素是不可见的

这两个属性的区别：使用 display="none"隐藏元素时，元素所占空间会被释放，其他元素会补齐失去的位置，造成元素的移动；使用 visibility="hidden"隐藏元素时，元素所占空间不会被释放。

6.1.4 任务实现

轮播图是各网站常见的效果，下面实现图 6-1 所示的轮播图效果，操作步骤如下。

1. 创建并美化 HTML 页面

要制作图片轮播展示的效果，需要在页面中放置图片并调整样式，示例如下。

```
<style>
  img {
    width: 600px;
    z-index: 1;
  }
  #swipe {
```

```
    width: 600px;
    margin: 0 auto;
  }
</style>
<body>
  <div id="swipe">
    <img src="./img/1.jpg">
    <img src="./img/2.jpg">
    <img src="./img/3.jpg">
    <img src="./img/4.jpg">
  </div>
</body>
```

2. 定义方法实现图片轮播

创建一个 div，并将它设置为居中显示，叠放 5 幅图片，定义方法实现图片轮播，示例如下。

```
var imgList = document.getElementsByTagName('img');
for (let index = 0; index < imgList.length; index++) {
  imgList[index].style.display = "none";
}
imgList[0].style.display = "block";
var i = 1;
var timer = setInterval(function() {
  for (let index = 0; index < imgList.length; index++) {
    imgList[index].style.display = "none";
  }
  imgList[i].style.display = "block";
  i = (i == imgList.length - 1 ? 0 : (i + 1));
}, 2000);
```

在实际应用中，一般先使用 class 或 id 获取节点，然后创建一个循环执行的计时器，每一次循环对所有的图片进行隐藏，最后单独设置一张图片为显示，并使用简单的三元运算符来进行图片序列加 1 或重置的运算。

任务 6.2 使用 offset 系列属性实现放大镜效果

【提出问题】

在购物平台经常可以看到图 6-4 所示的商品放大镜效果，鼠标指针在图片中移动小方框，旁边显示局部放大图片。

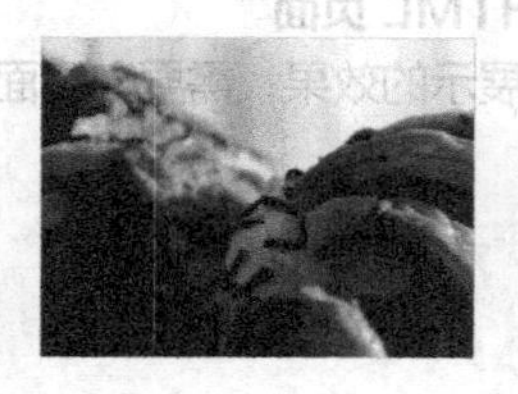

图 6-4 放大镜效果

【知识储备】

6.2.1 offset 系列属性

offset 系列属性的含义是设置偏移量，使用 offset 的相关属性可以动态地获取该元素的位置、大小等。offset 系列属性如表 6-3 所示。

表 6-3 offset 系列属性

属性	描述
offsetLeft	元素左边框外到其 offset 父级对象左边框内侧的距离
offsetTop	元素上边框外到其 offset 父级对象上边框内侧的距离
offsetWidth	元素自身宽度加上元素自身内边距再加上元素自身边框的长度，不含外边距
offsetHeight	元素自身高度加上元素自身内边距再加上元素自身边框的长度，不含外边距
offsetParent	返回作为该元素带有定位元素的父级元素（如果父级都没有定位，则返回 body）

各属性间的关系如图 6-5 所示。

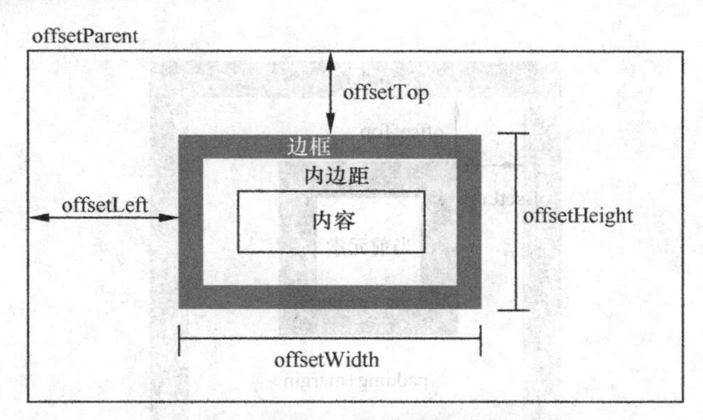

图 6-5 offset 各属性间的关系

1. offsetLeft 属性和 offsetTop 属性

offsetLeft 属性和 offsetTop 属性为只读属性，返回当前元素边界（border）相对于 offsetParent 节点的偏移的像素值。

计算 offsetLetf 属性和 offsetTop 属性的值，示例如下。

```
<style>
 #parent{
   position: relative;
   border: 30px solid red;
   padding: 30px;
   width: 200px;
   height: 200px;
 }

 #child{
   border: 30px solid blue;
   padding: 30px;
```

```
        margin: 20px;
        width: 20px;
        height: 20px;
    }
</style>
    <div id="parent">
        <div id="child"></div>
</div>
<script>
    const dom = document.getElementById("child");
    console.log(dom.offsetParent); // <div id="parent"></div>
    console.log(dom.offsetTop); // 50
    console.log(dom.offsetLeft); //50
</script>
```

offsetLeft 属性值和 offsetTop 属性值的计算方式如下，其示意图如图 6-6 所示。

offsetLeft 属性值=offsetParent 属性值的“padding”–“left”+ 当前元素的“margin”–“left”=30+20=50。

offsetTop 属性值= offsetParent 属性值的“padding”–“top”+ 当前元素的“margin”–“top”=30+20=50。

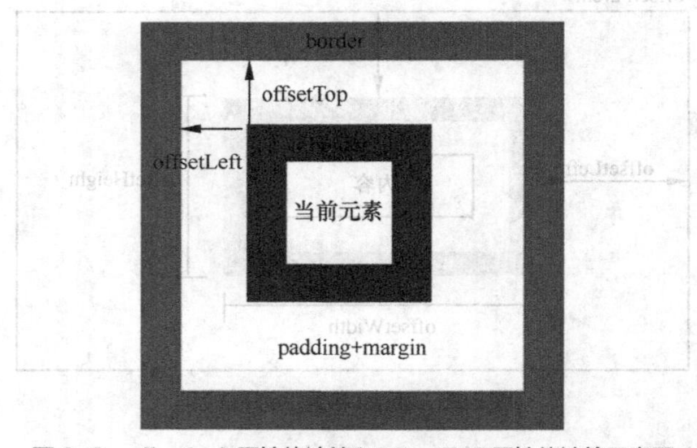

图 6-6 offsetLeft 属性值计算和 offsetTop 属性值计算示意图

运行代码，效果如图 6-7 所示。

```
▶ <div id="parent">…</div>          offset.html:32
50                                  offset.html:33
50                                  offset.html:34
>
```

图 6-7 offsetLeft 属性值和 offsetTop 属性值的计算结果

可以看出 offsetLeft、offsetTop 的属性值是数值类型的，可以直接参与运算，不需要转换类型。

2. offsetWidth 属性和 offsetHeight 属性

offsetWidth 属性和 offsetHeight 属性为只读属性，返回一个元素布局的宽高（元素布局包括：border、滚动条、padding、内容块），该属性返回的值为一个四舍五入后的整数。

计算 offsetWidth 属性和 offsetHeight 属性的值，示例如下。

```
<style>
```

```
    #parent{
      margin: 10px;
      border: 20px solid red;
      padding: 20px;
      width: 100px;
      height: 100px;
      overflow: scroll;
    }
    #child{
      width: 100%;
      height: 100%;
      background: #eee;
    }
  </style>
  <div id="parent">
    <div id="child"></div>
  </div>
  <script>
    const dom = document.getElementById('parent');
    console.log(dom.offsetParent);   // <body></body>
    console.log(dom.offsetHeight);   // 180
    console.log(dom.offsetWidth);    // 180
  </script>
```

offsetWidth 属性值和 offsetHeight 属性值的计算方式如下，其示意图如图 6-8 所示。

offsetWidth 属性值=元素的宽 + 左右“padding” + 左右“border” = 100 + 40 + 40=180。

offsetHeight 属性值=元素的高 + 左右“padding” + 左右“border” = 100 + 40 + 40=180。

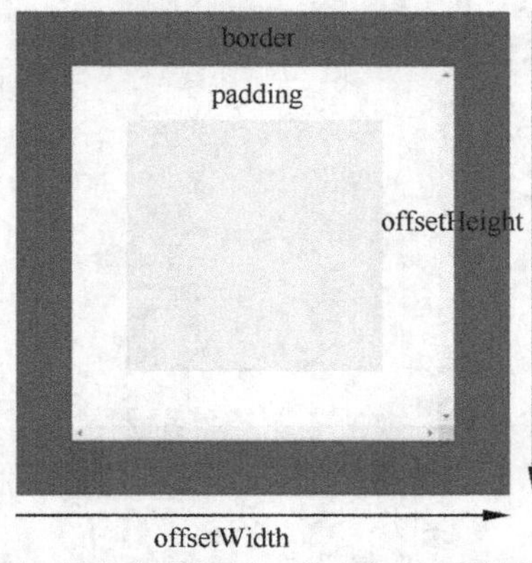

图 6-8 offsetWidth 属性值和 offsetHeight 属性值计算示意图

6.2.2 offset 系列属性和 style 属性的区别

1. offset 系列属性

① offset 系列属性可以得到任意样式表中的样式值。

② offset 系列属性获得的数值是没有单位的。

③ offsetWidth 属性包含 padding、border 和 width。

④ offset 系列属性是只读属性，只能取值不能赋值。

所以，要获取元素大小位置，用 offset 系列属性更合适。

2. style 属性

① style 属性只能得到行内样式表中的样式值。

② style.width 获取带有单位的字符串。

③ style.width 得到的是不包含 padding 和 border 的值。

④ style.width 是可读写属性，可以取值也可以赋值。

所以，更改元素的值，用 style 属性更合适。

6.2.3 client 系列属性

client 系列属性与 offset 系列属性的主要区别在于是否包含边框，client 系列属性也是只读属性，返回当前节点的可视宽度和可视高度（不包括边框、外边距，包括内边距），client 系列属性如表 6-4 所示。

表 6-4 client 系列属性

属性	描述
clientTop	返回元素上边框的大小
clientLeft	返回元素左边框的大小
clientWidth	返回自身包括 padding、内容区的宽度，不含边框，返回的数值不带单位
clientHeight	返回自身包括 padding、内容区的高度

通过下列代码来理解 client 系列属性。

```
<style>
  #parent{
    margin: 10px;
    border: 25px solid red;
    padding: 20px;
    width: 100px;
    height: 100px;
    overflow: scroll;
  }
  #child{
    width: 100%;
    height: 100%;
    background: #eee;
  }
 </style>
 <div id="parent">
<div id="child"></div>
 </div>
 <script>
const dom = document.getElementById('parent');
console.log(dom.clientTop);          // 25
console.log(dom.clientLeft);         // 25
console.log(dom.clientWidth);        // 123
```

```
console.log(dom.clientHeight);      // 123
</script>
```

client 各属性值的计算方式如下，其示意图如图 6-9 所示。

clientTop 属性值=“border”-“top”=25。

clientLeft 属性值=“border”-“left”=25。

clientWidth 属性值=“width”+“padding”- 滚动条宽度=100 + 40 - 17=123。

clientHeight 属性值=“height”+“padding”- 滚动条宽度=100 + 40 - 17=123。

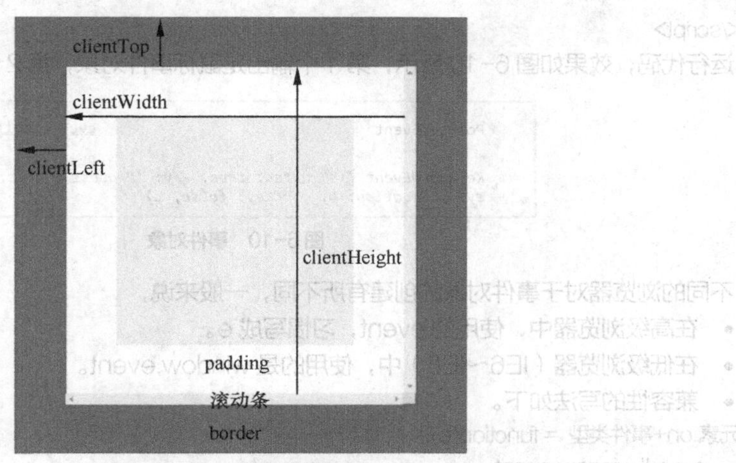

图 6-9　client 各属性示意图

注意

在本案例中，id 为 parent 的 div 使用了 overflow: scroll 样式，因此在 parent 盒子内部就有了水平和垂直的滚动条，clientWidth 属性和 clientHeight 属性需要减去滚动条的宽度和高度，滚动条宽度为 17px。

6.2.4　事件对象

系统会在调用处理程序时，把有关事件发生的一切信息封装成一个对象，并作为参数传送给监听函数（事件处理程序），这个对象被称为事件对象。

根据事件类型的不同，事件对象中包含的信息也有所不同，如单击事件中，包含单击鼠标时，鼠标指针在页面中的横纵坐标位置；键盘事件中，包含键盘的键值等，示例如下。

```
<body>
<div id="div">
<p>pppp</p>
</div>
<input type="text" value="" id="i">
</body>
<script>
var d = document.getElementById('div');
//鼠标事件
d.addEventListener('click',function(e){
```

```
        console.log(e);
    });
    var i = document.getElementById('i');
    //键盘事件
    i.addEventListener('keydown',k);
    function k(e){
        console.log(e);
    }
</script>
```

运行代码，效果如图 6-10 所示，第 1 个输出是鼠标事件对象，第 2 个输出是键盘事件对象。

```
▶ PointerEvent                                    event.html:26
                                                  event.html:32
▶ KeyboardEvent {isTrusted: true, key: 'Process', code: 'K
  eyS', location: 0, ctrlKey: false, …}
```

图 6-10　事件对象

不同的浏览器对于事件对象的创建有所不同，一般来说，

- 在高级浏览器中，使用的 event，习惯写成 e。
- 在低级浏览器（IE6~IE8）中，使用的是 window.event。
- 兼容性的写法如下。

```
元素.on+事件类型 = function(e){
    e = e || window.event ;
}
```

事件对象常用属性如表 6-5 所示。

表 6-5　事件对象常用属性

属性	描述
altKey	返回当事件被触发时，<Alt>键是否被按下
ctrlKey	返回当事件被触发时，<Ctrl>键是否被按下
shiftKey	返回当事件被触发时，<Shift>键是否被按下
clientX	返回当事件被触发时，鼠标指针的水平坐标
clientY	返回当事件被触发时，鼠标指针的垂直坐标
pageX	鼠标指针相对于该网页的水平位置
pageY	鼠标指针相对于该网页的垂直位置
target	返回触发此事件的元素（事件的目标节点）
type	返回当前 event 对象表示的事件的名称
data	返回拖曳对象的 URL 字符串
onload	页面加载事件
onblur	元素失去焦点
onfocus	元素获得焦点
onkeydown	某个按键被按下
onkeyup	某个按键被松开
onsubmit	表单提交事件

1. e.target

e.target 返回触发事件的对象，和 this 不同，this 返回的是绑定事件的对象，示例如下。

```
<ul>
  <li>1</li>
  <li>2</li>
  <li>3</li>
</ul>
<script>
  var us = document.querySelector("ul");
  us.addEventListener("click",function(e){
     //这里虽然是为 ul 绑定的事件监听，但当 li 触发后，触发的是第几个 li，e.target 返回的就是第几个 li
     console.log(e.target);
     //这里输出的是 ul，因为事件是 ul 绑定的，所以 this 指向 ul
     console.loh(this);
  });
</script>
```

2. e.type

e.type 返回事件的类型，如 click 类型、mouseover 类型，且都不带 on，示例如下。

```
<ul>
  <li>1</li>
  <li>2</li>
</ul>
<script>
  var us = document.querySelector("ul");
  us.addEventListener("click",function(e){
    console.log(e.type);         //因为是 click 事件，所以输出 click
  });
</script>
```

3. e.preventDefault

e.preventDefault 可以阻止默认事件或默认行为，如不让链接 a 进行跳转，示例如下。

```
<a href="http://www.xxx.com">搜索</a>
<script>
  var as = document.querySelector("a");
  as.addEventListener("click",function(e){
    // DOM 的标准写法，a 不会再跳转到某网页
    e.preventDefault();
});
</script>
```

4. e.stopPropagation

事件冒泡是指从当前节点，逐级向上传播，直到 DOM 最顶层的节点。e.stopPropagation 可以阻止事件冒泡，但该方法不支持 IE6～IE8 浏览器，示例如下。

```
<ul>
  <li>1</li>
  <li>2</li>
  <li>3</li>
</ul>
<script>
```

```
    var ul = document.querySelector("ul");
    //默认会冒泡，先弹出 1，再弹出 2
    ul.children[0].addEventListener("click",function(e){
        alert(1);
        //阻止事件冒泡
        e.stopPropagation();
    });
    //默认会冒泡
    document.addEventListener("click",function(e){
        alert(2);
        //阻止事件冒泡
        e.stopPropagation();
    });
</script>
```

6.2.5 任务实现

使用 offset 系列属性实现放大镜效果，如图 6-4 所示，放大镜效果至少包含如下三个模块。

模块 1：小图展示

模块 2：大图展示

模块 3：跟随鼠标指针移动的移动框

操作步骤如下。

1. 创建 HTML 页面并美化

在页面中创建一个小图展示和一个大图展示，示例如下。

```
<div id="box">
    <div id="small">
        <img src="./img/1.jpg" alt="" />
        <div id="mask"></div>
    </div>
    <div id="big">
        <img id="b-img" src="./img/1.jpg" alt="" />
    </div>
</div>
```

添加 CSS 样式，在样式中设置大图、小图和移动框的属性，示例如下。

```
*{
    padding: 0;
    margin: 0;
}
#box {
    width: 600px;
    height: 600px;
    margin: 100px;
    border: 1px solid #ccc;
    position: relative;
}
#small {
    position: relative;
```

```
}
#small img {
    width: 100%;
    height: 100%;
}
#mask {
    width: 200px;
    height: 180px;
    background: rgba(255, 255, 0, 0.4);
    position: absolute;
    top: 0;
      left: 0;
      cursor: move;
      display: none;
}
#big {
      position: absolute;
      top: 0;
      left: 700px;
      width: 400px;
      /* height: 225px; */
      height: 300px;
      overflow: hidden;
      display: none;
      border: 1px solid #ccc;
}
#big img {
    width: 800px;
}
```

2. 定义函数实现遮罩层和大图的显示及隐藏

获取所有盒子，鼠标指针移入时，显示遮罩层盒子和大图盒子，鼠标指针移出时，隐藏遮罩层盒子和大图盒子，示例如下。

```
var box = document.getElementById("box");
var small = document.getElementById("small");
var mask = document.getElementById("mask");
var big = document.getElementById("big");
var bImg = document.getElementById("b-img");
box.onmouseover = function (e) {
  mask.style.display = "block";
  big.style.display = "block";
}
small.onmouseout = function () {
  mask.style.display = "none";
  big.style.display = "none";
}
```

3. 定义函数实现遮罩层和小图的显示及隐藏

小图盒子添加 mousemove 事件，设置遮罩层盒子的移动范围，根据获取的小图盒子中的图片位置去修改大图盒子中的图片位置，示例如下。

```
small.onmousemove = function (e) {
  //此处添加参数 e，表示使用事件对象
  var x = e.clientX - mask.offsetWidth / 2 - 100;
  var y = e.clientY - mask.offsetHeight / 2 - 100;
  x = x < 0 ? 0 : x;
  y = y < 0 ? 0 : y;
  x =x > small.offsetWidth - mask.offsetWidth
      ? small.offsetWidth - mask.offsetWidth
      : x;
  y =y > small.offsetHeight - mask.offsetHeight
      ? small.offsetHeight - mask.offsetHeight
      : y;
mask.style.left = x + "px";
mask.style.top = y + "px";
var bX =(x * (bImg.offsetWidth - big.offsetWidth)) /
          (small.offsetWidth - mask.offsetWidth);
var bY =(y * (bImg.offsetWidth - big.offsetWidth)) /
          (small.offsetWidth - mask.offsetWidth);
  bImg.style.marginLeft = -bX + "px";
  bImg.style.marginTop = -bY + "px";
}
```

任务 6.3　使用 scroll 系列属性实现固定顶部菜单效果

【提出问题】

各大电商平台展示内容较多时，通常会在顶部固定显示顶部菜单，如图 6-11 所示。

图 6-11　固定顶部菜单效果

【知识储备】

6.3.1　scroll 系列属性

在 JavaScript 中，scroll 事件在浏览器窗口内移动文档的位置时会触发，如通过键盘箭头键、翻页键或空格键移动位置，或者通过滚动条移动位置。利用 scroll 事件可以跟踪文档位置变化，及时调整某些元素的显示位置，确保它始终显示在屏幕可见区域内中。scroll 系列属性用于对可滚动的元素进行求值。

1. scrollTop 属性和 scrollLeft 属性

scrollTop 属性和 scrollLeft 属性用于获取或设置元素被卷起的高度和宽度（子元素顶部或左侧到当前元素可视区域顶部或左侧的距离）。计算 scrollTop 属性的值，示例如下。

```
<style>
  #parent {
    width: 400px;
    height: 400px;
    padding: 50px;
    background: #eee;
    overflow: auto;
    margin: 0 auto;
  }
  #child {
    height: 400px;
    margin: 50px;
    padding: 50px;
    width: 200px;
    background: #ccc;
  }
</style>
<div id="parent">
  <div id="child"></div>
</div>
<script>
  window.onload = function () {
    const dom = document.getElementById("parent");
    dom.onscroll = function () {
    console.log(dom.scrollTop);
    }
  }
</script>
```

运行代码，效果如图 6-12 所示。

元素被卷起的高度如图 6-13 所示。

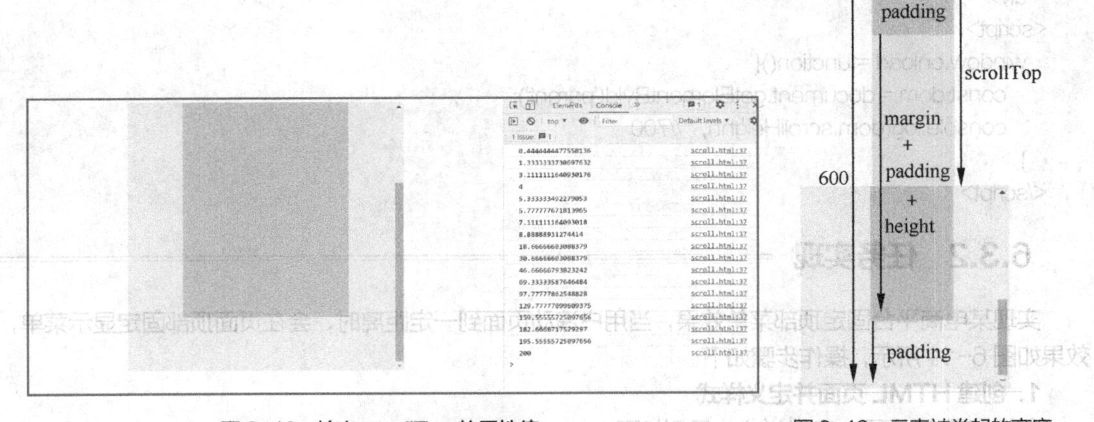

图 6-12　输出 scrollTop 的属性值　　图 6-13　元素被卷起的高度

① 对于不可滚动的元素 Element.scrollTop 和 Element.scrollLeft，它们的值为 0。

② 如果给 scrollTop(scrollLeft)属性设置的值小于 0，那么 scrollTop(scrollLeft)属性的值将变为 0。

③ 如果给 scrollTop(scrollLeft)属性设置的值大于元素内容的最大宽度（高度），那么 scrollTop(scrollLeft)属性的值将被设为元素最大宽度(高度)。

2. scrollWidth 属性和 scrollHeight 属性

① scrollWidth 属性和 scrollHeight 属性是只读属性，表示元素可滚动区域的宽度和高度，相当于 clientWidth/clientHeight 属性的值加上未显示在屏幕中内容的宽度和高度。

② 它们的值等于元素在不使用水平滚动条的情况下适合窗口中的所有内容所需的最小宽度。

③ 测量方式与 clientWidth(clientHeight)属性相同，scrollWidth 属性和 scrollHeight 属性包含元素的内边距，但不包括边框、外边距或垂直滚动条（如果存在），它们还可以包括伪元素的宽度，如::before 或::after。

④ 如果元素的内容正好适合页面，不需要水平滚动条，则其 scrollWidth 属性的值等于 clientWidth 属性的值（最小值为元素的可视区域宽高：clientWidth/clientHeight 属性的值）。

计算 scrollHeight 属性的值，示例如下。

```
<style>
  #parent{
    width: 200px;
    height: 200px;
    padding: 50px;
    background: #eee;
    overflow: auto;
  }
  #child {
    height: 400px;
    margin: 50px;
    padding: 50px;
    width: 20px;
    background: #ccc;
  }
</style>
<div id="parent">
<div id="child"></div>
</div>
<script>
  window.onload =function(){
    const dom = document.getElementById('parent');
    console.log(dom.scrollHeight);   //700
  }
</script>
```

6.3.2 任务实现

实现某电商平台固定顶部菜单效果，当用户滚动页面到一定距离时，会在页面顶部固定显示菜单，效果如图 6-11 所示，操作步骤如下。

1. 创建 HTML 页面并定义样式

创建 HTML 页面，定义样式，示例如下。

```
<style>
  * {
    margin: 0 auto;
    padding: 0;
  }
  #topBar {
    display: flex;
    justify-content: center;
  }
  #main {
    width: 100%;
    padding-left: 60px;
  }
  .scA {
    position: fixed;
    top: 200px;
    right: 5px;
    width: 68px;
    height: 276px;
    background-image: url("./img/3.png");
  }
  .scB {
    float: right;
    margin-top: 600px;
    width: 58px;
    height: 220px;
    background-image: url("./img/4.png");
  }
  #topBar {
    position: fixed;
    top: 0px;
    background-color: white;
    width: 100%;
    padding-left: 20%;
  }
</style>
<div id="topBar" style="display: none">
  <img src="./img/5.png" />
</div>
<div id="main">
  <img src="./img/1.png" />
</div>
```

2. 添加 scroll 事件

为文档添加 scroll 事件，当页面滚动距离大于 200 时，显示顶部菜单栏，示例如下。

```
document.addEventListener("scroll", function () {
  var topBar = document.querySelector("#topBar");
  topBar.style.display =
```

```
    document.documentElement.scrollTop >= 200 ? "block" : "none";
});
```

任务 6.4　任务拓展

实现图 6-14 所示的弹出框的拖曳效果，单击弹出框后，可以拖曳弹出框，单击“关闭”按钮可以关闭弹出框，操作步骤如下。

图 6-14　弹出框的拖曳效果

1. 创建并美化 HTML 页面

页面放置一个弹出层，一个遮罩层，示例如下。

```
<!-- 提示层 -->
<div class="login-content">
<h3 id="openLogin">打开魔盒</h3>
</div>
<!-- 弹出层 -->
<div class="login">
<div class="closeBtn" id="closeBtn">关闭</div>
<h4 class="loginHeader">单击我拖动吧</h4>
</div>
<!-- 遮罩层 -->
<div class="modal"></div>
```

定义样式，弹出层和遮罩层要设置 position 属性，示例如下。

```
<style>
  * {
    margin: 0;
    padding: 0;
  }
  body {
    background-image: url(img/bg.jpg);
    background-size: 100% 900px;
    background-repeat: no-repeat;
  }
  .login,
  .modal {
```

```
      display: none;
    }
    .login {
      width: 512px;
      height: 280px;
      position: fixed;
      border: #ebebeb solid 1px;
      left: 50%;
      top: 50%;
      background-color: #fff;
      box-shadow: 0 0 20px #ddd;
      z-index: 999;
      transform: translate(-50%, -50%);
      text-align: center;
      border-radius: 5px;
      background-color: rgb(235, 203, 115);
    }
    .modal {
      position: absolute;
      top: 0;
      left: 0;
      width: 100vw;
      height: 100vh;
      background-color: rgba(0, 0, 0, 0.6);
      z-index: 998;
    }
    .login-content {
      margin: 350px auto;
      text-align: center;
      color: sienna;
      font-size: 50px;
    }
    .login-content h3:hover,
    .closeBtn:hover {
      cursor: pointer;
    }
    .closeBtn {
      position: absolute;
      right: 10px;
      top: 10px;
    }
    .login h4 {
      margin-top: 10px;
    }
    .login h4:hover {
      cursor: move;
    }
  </style>
```

2. 实现拖曳功能

```
//获取元素
const login = document.querySelector(".login");
const modal = document.querySelector(".modal");
const closeBtn = document.querySelector("#closeBtn");
const openLogin = document.querySelector("#openLogin");
//单击显示元素
openLogin.addEventListener("click", function () {
  modal.style.display = "block";
  login.style.display = "block";
});
closeBtn.addEventListener("click", function () {
  modal.style.display = "none";
  login.style.display = "none";
});
//实现拖曳功能
//1. 按下鼠标时，获取鼠标指针在盒子内的坐标
const loginHeader = document.querySelector(".loginHeader");
loginHeader.addEventListener("mousedown", function (e) {
  const x = e.pageX - login.offsetLeft;
  const y = e.pageY - login.offsetTop;
  const move = function (e) {
    login.style.left = '${e.pageX - x}px';
    login.style.top = '${e.pageY - y}px';
  }
  //2. 移动鼠标指针
  document.addEventListener("mousemove", move);
  document.addEventListener("mouseup", function () {
    document.removeEventListener("mousemove", move);
  });
});
```

【本章小结】

本章主要介绍 JavaScript 与 CSS 交互实现页面特效的方式，包括 display 属性、style 属性、className 属性，以及 JavaScript 中的三大系列属性：offset、client 和 scroll。

【本章习题】

一、选择题

1. 当鼠标指针移到页面上的某幅图片上时，图片会出现一个边框，并且会放大，这是因为触发了（　　）事件。

A. onclick　　　　B. onmousemove

C. onmouseout　　　　D. onmousedown

2. 页面上有一个文本框和一个 change 类，change 类可以改变文本框的边框样式，使用以下哪条语句可以实现当鼠标指针移到文本框上时，文本框的边框样式发生变化？（　　）

A. onmouseover='className='change'';

B. onmouseover='this.className='change'';

C. onmouseover='this.style.className='change'';

D. onmouseover='this.style.border='solid 1px #ff0000';

3. 下列选项中,不属于文本属性的是（　　）。

A. font-size　　B. font-style　　C. text-align　　D. background-color

4. 下列选项中，（　　）能够获取滚动条距离页面顶端的距离。

A. onscroll　　B. scrollLeft　　C. scrollTop　　D. top

5. 编写 Javascript 函数实现网页背景色选择器，下列选项中正确的是（　　）。

A. function change(color){ window.bgColor=color; }

B. function change(color){ document.bgColor=color; }

C. function change(color){ body.bgColor=color; }

D. function change(color){ form.bgColor=color; }

二、操作题

1. 制作如图 6-15 所示的页面，当鼠标指针移到下面 5 幅小图片上时，小图片会显示红色边框，并且会显示与小图片一样的大图片；当鼠标指针离开小图片时，小图片不显示边框。

提示如下。

- 使用 onmouseover 事件和 onmouseout 事件来控制鼠标指针移到小图片上和离开小图片时的效果。
- 使用 style 属性或 className 属性来改变图片的显示效果。
- 使用 src 属性改变图片的路径。

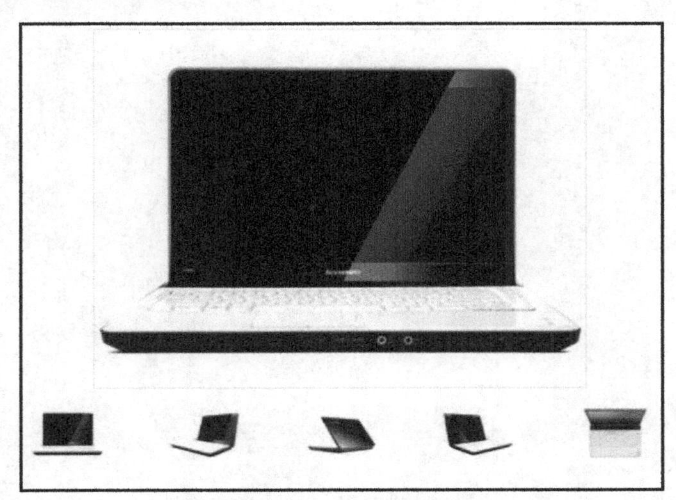

图 6-15　大小图切换效果

2. 实现图 6-16 所示的页面，页面上显示商品的图片、名称和价格。当鼠标指针移入某幅小图片上时，会显示对应图片的大图片；当鼠标指针离开该幅小图片时，大图片不显示。

提示如下。

- 通过 clientX 事件和 clientY 事件，在页面上获取鼠标指针的坐标。
- 使用 display 属性显示隐藏的层，并且通过改变层中图片的路径来改变图片。
- 通过获取鼠标指针的坐标和滚动条移动的距离来改变层的位置，层与鼠标指针的坐标时刻保持一致。

商品图片	商品名称	商品价格
	[illegible]	28.00元
		5.00元
	饼干	10.00元
	简洁甜美 超人气百搭公主款短袖连衣裙	88.00元

图 6-16　随鼠标指针移动而显示图片

第 7 章 ES6 的新特性

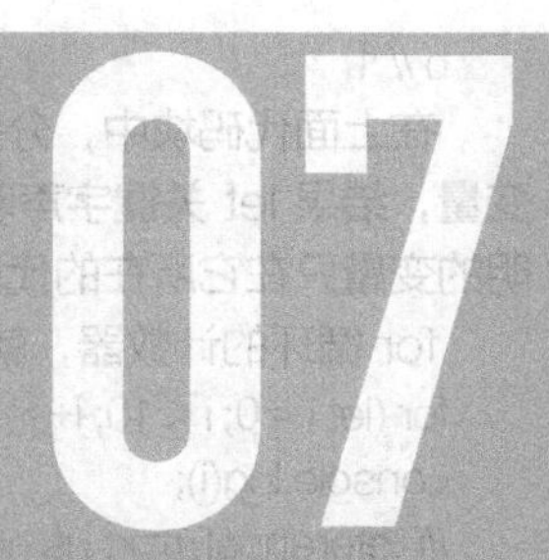

▶ 内容导学

本章主要介绍 ES6 的新特性，ES6 添加了许多新的语法特性，解决了 ES5 的先天不足，如解决了 ES5 中没有类的概念的问题。ES6 目前基本成为业界标准，它的普及速度比 ES5 快很多，主要原因是现代浏览器对 ES6 的支持，尤其是 Chrome 浏览器和 Firefox 浏览器，这两种浏览器已经支持 ES6 的绝大多数特性。

▶ 学习目标

① 掌握箭头函数。
② 掌握对象的扩展。
③ 掌握数组的扩展。

任务 7.1 使用箭头函数实现简易计算器

在 JavaScript 版本的更新中，每一次都会增加很多有趣的内容，ES6 中增加了许多功能，如类、模块化和箭头函数等方法。不仅如此，ES6 也扩展了许多变量、字符串和数组对象等的新方法，下面重点介绍 ES6 常用的新特性。

【提出问题】

ES6 的箭头函数提供了一种更加简洁的函数书写方式，箭头函数除了让函数的书写变得很简洁，可读性变得很强，最大的优点是解决了 this 执行场景不同所出现的一些问题。下面我们将使用箭头函数实现任务 2.5（制作简易计算器）。

【知识储备】

7.1.1 let 关键字与 const 关键字

1. let 关键字

ES6 新增了 let 关键字，用来声明变量。let 关键字的用法类似于 var 关键字，但 let 关键字声明的变量，只在其所在的代码块内有效，示例如下。

```
{
  let a = 10;
  var b = 1;
}
a // ReferenceError: a is not defined
```

```
b // 1
```

在上面代码块中，分别用 let 关键字和 var 关键字声明了两个变量，然后在代码块之外调用这两个变量，结果 let 关键字声明的变量报错，var 关键字声明的变量返回了正确的值。这表明，let 关键字声明的变量只在它所在的代码块内有效。

for 循环的计数器，就很适合使用 let 关键字声明变量，示例如下。

```
for (let i = 0; i < 10; i++) {}
console.log(i);
//ReferenceError: i is not defined
```

上面代码中，变量 i 只在 for 循环体内有效，在循环体外引用就会报错。如果使用 var 关键字声明变量，则最后输出的是 10，示例如下。

```
var a = [];
for (var i = 0; i < 10; i++) {
  a[i] = function () {
    console.log(i);
  }
}
a[6](); // 10
```

上面代码中，var 声明的变量 i 在全局范围内有效。所以每一次循环，新的 i 值都会覆盖旧值，最后输出的是最后一次循环的 i 的值。

如果使用 let 关键字，则声明的变量仅在块级作用域内有效，最后输出的是 6。

```
var a = [];
for (let i = 0; i < 10; i++) {
  a[i] = function () {
    console.log(i);
  }
}
a[6](); // 6
```

上面代码中，变量 i 是 let 关键字声明的，当前的 i 只在本轮循环中有效，每一次循环的 i 其实都是一个新的变量，所以最后输出的是 6。

let 关键字不像 var 关键字，会发生变量提升，所以，一定要在声明后使用变量，否则程序会报错。

```
//使用 var 关键字
console.log(foo);     //输出 undefined
var foo = 2;
//使用 let 关键字
console.log(bar);     //报错(ReferenceError)
let bar = 2;
```

上面代码中，用 var 关键字声明变量 foo，会发生变量提升，即代码开始运行时，变量 foo 已经存在，但却没有值，所以会输出 undefined。用 let 关键字声明变量 bar，不会发生变量提升，这表示在声明变量 bar 之前，它是不存在的，这时如果用到它，就会抛出一个错误。

此外，通过 let 关键字声明的变量不能再次被声明，否则会报错，示例如下。

```
//报错
function func() {
  let a = 10;
  var a = 1;
}
//报错
```

```
function func() {
  let a = 10;
  let a = 1;
}
```

块级作用域的示例如下。

```
function f1() {
  let n = 5;
  if (true) {
    let n = 10;
  }
  console.log(n);     // 5
}
```

2. const 关键字

const 关键字用于声明一个只读的常量。一旦声明，常量的值就不能改变且必须立即初始化，不能留到以后赋值。常量像 let 关键字声明的变量一样，不存在变量提升，只能在声明后使用。

```
const PI = 3.1415;
PI        // 3.1415
PI = 3;
// TypeError: Assignment to constant variable
const foo;
// SyntaxError: Missing initializer in const declaration
```

const 关键字并不是确保变量的值不得改动，而是确保变量指向的内存地址所保存的数据不得改动。对于如数值、字符串、布尔值这样简单类型的数据，值保存在变量指向的内存地址，因此等同于常量；但对于像对象和数组这种复合类型的数据，变量的内存地址保存的是一个指向实际数据的指针，此时 const 关键字就只能保证这个指针是固定的，即总是指向另一个固定的地址，至于它指向的数据是不是可变的，无法完全控制。因此，将对象声明为常量时必须要慎重。

```
const foo = {};
//为 foo 添加一个属性
foo.prop = 123;
foo.prop // 123
//将 foo 指向另一个对象时，程序会报错（TypeError）
foo = {};
```

可以使用 Object.freeze 方法锁定对象的值，示例如下。

```
const foo = Object.freeze({});
foo.prop = 123;     //常规模式时，该行不起作用；严格模式时，该行会报错
```

7.1.2 字符串的扩展

ES6 加强了对 Unicode 的支持，并且扩展了字符串对象，但在实际应用中常用的是模板字符串（template string）。模板字符串是增强版的字符串，用反引号(`)标识，它可以当作普通字符串使用，也可以用来定义多行字符串，或者在字符串中嵌入变量，通过与传统字符串定义的对比来理解模板字符串，示例如下。

```
//传统的 JavaScript，使用"+"连接字符串
var str =
 "<h1>前端开发常用技术</h1>" +
 "<ul>" +
```

```
    "<li>HTML5</li>" +
    "<li>CSS3</li>" +
    "<li>JavaScript</li>" +
    "</ul>";
```

上面这种写法相当烦琐，ES6 引入了模板字符串来解决这个问题，示例如下。

```
var str =`
  <h1>前端开发常用技术</h1>
  <ul>
  <li>HTML5</li>
  <li>CSS3</li>
  <li>JavaScript</li>
  </ul>
  `
```

使用模板字符串可以不使用“+”连接，方便地实现换行，如果需要拼接变量，则需要使用${}包裹变量。

```
let myName = `雪儿`;    //使用反引号
let age = 18;
let str = `${myName}年龄是${age}`;        //雪儿年龄是 18
console.log(str);
```

代码运行结果如图 7-1 所示。

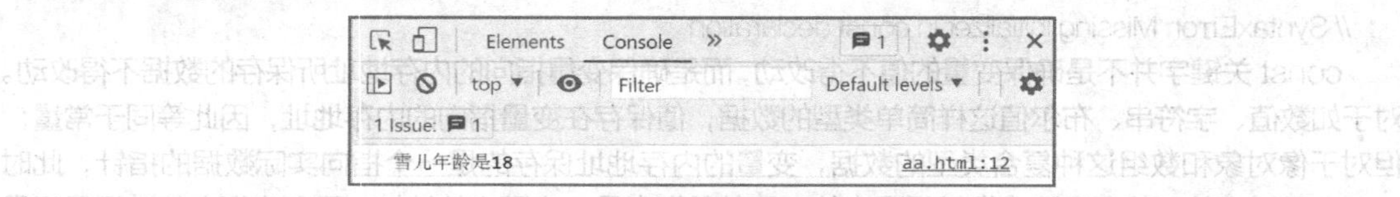

图 7-1　使用模板字符串拼接变量

反引号内可以是 JavaScript 表达式，也可以调用函数，显示函数执行后的返回值，示例如下。

```
var a = 3;
var b = 5;
var c = `${a}+${b}=${a + b}`;
console.log(c);
```

代码运行结果如图 7-2 所示。

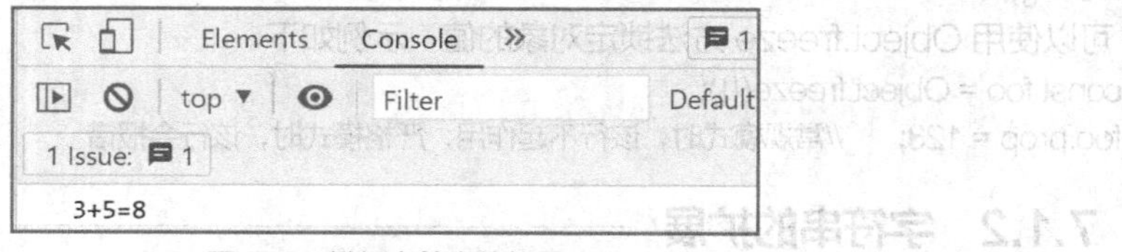

图 7-2　模板字符串的使用

7.1.3　对象的扩展

1. 简写的属性初始化

```
function createPerson(name, age) {
  //返回一个对象，属性名和参数名相同
  return {
```

```
        name:name,
        age:age
    }
}
console.log(createPerson("李丽", 18));    // {name:" 李丽", age: 18}
```

在 ES6 中，上面的写法可以简化成如下形式。

```
function createPerson(name, age) {
    //返回一个对象，属性名和参数名相同
    return {
        name,  //当对象的属性名和本地变量名相同时，可以省略冒号和值
        age,
    }
}
console.log(createPerson("李丽", 18));    // {name:"李丽", age:18}
```

对象的扩展使其字面量的初始化变得简明的同时也消除了命名错误。

2. 简写的方法声明

```
var person = {
    name: 李丽,
    sayHello:function () {
        console.log("我的名字是:" + this.name);
    }
}
person.sayHello();
```

在 ES6 中，上面的写法可以简化成如下形式。

```
var person = {
    name:'李丽',
    sayHello() {
        console.log("我的名字是:" + this.name);
    }
}
person.sayHello();
```

3. 拓展运算符

对象的扩展运算符（...）用于取出参数对象的所有可遍历属性，并复制到当前的对象中。

```
let z = { a: 3, b: 4 };
let n = { ...z };
// { a: 3, b: 4 }
```

这个方法对数组也通用，示例如下。

```
let foo = { ...['a', 'b', 'c'] };
//{0: "a", 1: "b", 2: "c"}
```

7.1.4 函数的扩展

1. 函数参数的默认值

ES6 之前，不能给函数的参数指定默认值，只能在函数体内给参数赋值，示例如下。

```
function info(name, age) {
    age = age || 20;
    console.log(name, age);
```

```
}
info("李丽");      //李丽 20
info("李丽", "");  //李丽 20
```

检查 age 参数是否被赋值，若没有被赋值则为其指定默认值，但使用 ES6 可以指定参数的默认值，示例如下。

```
function info(name, age=20) {
  console.log(name, age);
}
info("李丽");      //李丽 20
info("李丽", "");  //李丽
```

针对 info("李丽", "")这行语句，ES6 之前的写法返回的是"李丽 20"，而 ES6 的写法返回的是"李丽"，原因如下。

ES6 之前，在执行"age = age || 20"这条语句时，实际是执行以下语句。

```
age = ''|| 20;
age = 0|| 20;
age = null|| 20;
age = undefined|| 20;
```

以上 4 种情况的返回值均为 20，因此 ES6 之前调用"info("李丽", "")"这条语句，返回的是"李丽 20"。当在 ES6 中调用"info("李丽", "")"这条语句时，age 不取默认值，而是取传进去的""""，结果返回"李丽"。

ES6 的写法简洁明了，不仅可以让我们意识到哪些参数可以省略，还有利于将来的代码优化。

2. rest 参数

ES6 引入了 rest 参数，形式为：(...变量名)，用于获取函数的多余部分，这样就无须再使用 arguments 对象了。

rest 参数搭配的变量是一个数组，该变量将多余的参数放入数组中，使用 rest 参数代替 arguments 对象，示例如下。

```
//ES5 使用 arguments 对象
function sortNum(){
  return Array.peototype.slice.call(arguments).sort();
}
// ES6 使用 rest 参数
function sortNum(...nums){
  return nums.sort();
}
```

在以上实例中，由于 arguments 对象不是真正的数组而是一个类数组，因此我们首先需要通过 Array.prototype.slice.call 将其转换为真正的数组，然后再对其进行排序。而 rest 参数本身就是一个真正的数组，因此可以使用数组的所有方法。

7.1.5 箭头函数

1. 箭头函数基本用法

ES6 标准新增了箭头函数（Arrow Function），箭头函数是一种更加简洁的函数书写方式，基本语法如下。

```
参数 => 函数体
```

ES6 之前函数的定义方法通常如下。

```
var fn1 = function(a, b) {
  return a + b;
}
function fn2(a, b) {
  return a + b;
}
```

使用箭头函数定义函数时，将原函数的 function 关键字和函数名都删掉，使用“=>”连接参数列表和函数体，将上述函数定义如下。

```
var fn1 = (a, b) => {
  return a + b;
}
```

当函数参数只有一个时，可以省略括号，但当没有参数时，不可以省略括号，示例如下。

```
//无参数
var fn1 = function() {}                //ES6 标准前定义函数
var fn1 = () => {}                     //箭头函数

//单个参数
var fn2 = function(a) {}               //ES6 标准前定义函数
var fn2 = a => {}

//多个参数
var fn3 = function(a, b) {}            //ES6 标准前定义函数
var fn3 = (a, b) => {}

//可变参数
var fn4 = function(a, b, ...args) {}   //ES6 标准前定义函数
var fn4 = (a, b, ...args) => {}
```

箭头函数相当于匿名函数，并且简化了函数定义。箭头函数有两种格式，一种只包含一个表达式，省略了{ ... }和 return 语句。另一种可以包含多条语句，这时则不能省略{ ... }和 return 语句，示例如下。

```
() => return 'hello'
(a, b) => a + b
(a) => {
  a = a + 1;
  return a;
}
```

箭头函数返回一个对象，需要特别注意：如果单表达式要返回自定义对象，则不写括号会报错，因为不写括号会和函数体的{ ... }有语法冲突，示例如下。

```
x => {key: x}      //报错
x => ({key: x})    //正确
```

2. this

箭头函数看上去是匿名函数的一种简写，但实际上，箭头函数和匿名函数有明显的区别：箭头函数内部的 this 是词法作用域（词法作用域就是定义在词法阶段的作用域。换句话说，词法作用域是由你在写代码时将变量和块作用域写在哪里来决定的，因此词法分析器处理代码时会保持作用域不变），由上下文确定。

① ES5 中的 this：执行函数的上下文。

② ES6 中的 this：定义函数的上下文。

注意 **用小括号包含大括号是对象的定义，而非函数主体。**

箭头函数没有自己的 this，函数体内的 this 对象是定义时所在的函数上下文，而不是使用时（执行时）所在的函数上下文，通过如下例子来理解 this。

```
document.onclick = function () {
  console.log(this);      //输出 document
  let f = () => {
    console.log(this);    //调用并输出 document
  }
  f();   //这个函数执行时的上下文为 window，但它定义时的上下文为 document
}
```

"document.onclick = function(){}"这个函数执行时，第一个 console 语句中的 this 是函数执行时的上下文，为 document，而第二个 console 语句中的 this，是箭头函数定义时的上下文，为 document，因此输出结果如图 7-3 所示。

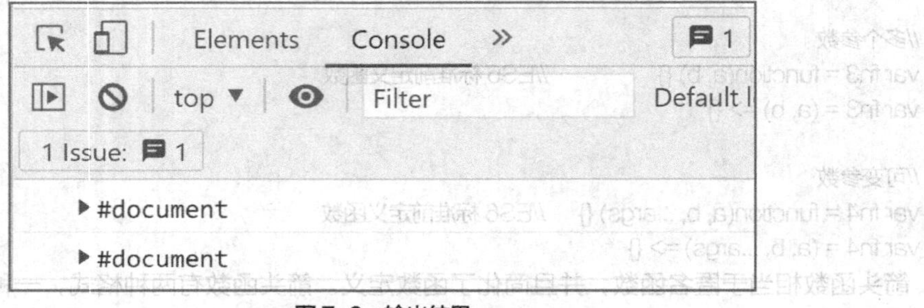

图 7-3 输出结果

再来看一个例子，代码如下。

```
document.onclick = () => {
  console.log(this);      //window
}
```

箭头函数中，当前定义这个函数的环境中的 this 为 window，因此输出的对象为 window，示例如下。

```
function fn() {
  setTimeout(() => {
    console.log(this);
  }, 1000);
}
fn();    //输出 window
document.onclick = fn;    //输出 document
```

当执行"document.onclick = fn"时，fn 函数中的 this 为 document，使用 setTimeout 则会找到函数定义时的上下文，为 document；当直接执行"fn()"时，函数中的 this 为 window，运行结果如图 7-4 所示。

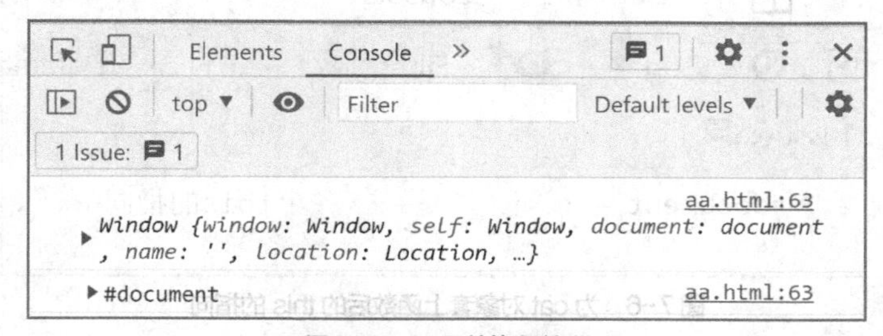

图 7-4　fn 函数执行结果

关于 this 的指向，示例如下。

```
const cat = {
  lives: 9,
  jumps: () => {
    //this.lives--;
    return this;     // window
  }
}
console.log(cat.jumps(), "this 的指向");
```

在这个例子中，对象不构成单独的作用域（在里面没有 this 指向），jumps 箭头函数（向上找）定义时就是全局作用域，因此输出结果为 window，如图 7-5 所示。

图 7-5　this 的指向

修改上面的例子，修改后的代码如下。

```
function fn() {
  const cat = {
    lives: 9,
    jumps: () => {
      //this.lives--;
      return this;     //document
    }
  }
  console.log(cat.jumps(), "this 的指向");
}
document.onclick = fn;
```

给 cat 对象套上一个函数，当执行“document.onclick=fn”时，由于这个函数中的 this 为 document，因此 jumps 中的 this 在定义时的指向是 document，执行结果如图 7-6 所示。

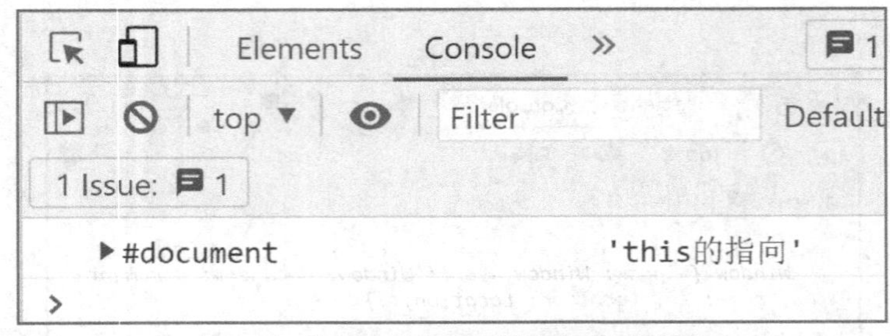

图 7-6　为 cat 对象套上函数后的 this 的指向

7.1.6　任务实现

使用箭头函数将任务 2.5 进行改写，实现简易计算器功能，效果如图 2-10 所示。页面的 HTML 和样式与任务 2.5 一样，下面仅完成函数的定义，代码如下。

```
var compute = (obj) => {
  //obj 为形式参数，它代表运算符号
  var num1, num2, result;
  num1 = parseFloat(document.getElementById("txtNum1").value);
  num2 = parseFloat(document.getElementById("txtNum2").value);
  switch (obj) {
    case "+":
      result = num1 + num2;
      break;
    case "-":
      result = num1 - num2;
      break;
    case "*":
      result = num1 * num2;
      break;
    case "/":
      if (num2 != 0) result = num1 / num2;
      else result = "除数不能为 0，请重新输入!";
      break;
  }
  document.getElementById("txtResult").value = result;
}
```

函数调用与任务 2.5 一样，此处就不罗列了。

任务 7.2　使用 ES6 实现绚丽小球效果

【提出问题】

传统的 JavaScript（ES5）中只有对象，没有类，是基于原型的面向对象语言。原型对象的特点是将自身的属性共享给新对象，这样的写法相较于其他传统面向对象语言，非常容易让人困惑，于是 ES6 引入了类（Class）的概念，下面通过实现绚丽小球效果为例来阐述 ES6 中类的基本用法。

【知识储备】

7.2.1 类的基本语法

传统的 JavaScript 通过构造函数定义并生成新对象，示例如下。

```
//传统对象原型的写法
function Point(x, y) {
  this.x = x;
  this.y = y;
  console.log(x, y);
}
Point.prototype.toString = function () {
  return '(' + this.x + ', ' + this.y + ')';
}
var p = new Point(1, 2);
```

作为对象的模板，ES6 通过 class 关键字来定义类。ES6 中的 class 的绝大部分功能 ES5 都可以做到，ES6 中的 class 写法只是让对象原型的写法更加清晰、更像面向对象编程的语法。用 ES6 中的类来改写上面的代码，示例如下。

```
class Point {
  constructor(x, y) {
    this.x = x;
    this.y = y;
    console.log(x, y);
  }
  toString() {
    return '(' + this.x + ', ' + this.y + ')';
  }
}
```

上面代码定义了一个类，类中有一个 constructor 方法，这就是构造方法，而 this 关键字则代表实例对象。也就是说，ES5 中的构造函数 Point 对应 ES6 中的 Point 类的构造方法。Point 类除了构造方法，还定义了 toString 方法。constructor 方法是类的默认方法，通过 new 关键字生成对象实例时，自动调用该方法。一个类必须有 constructor 方法，如果没有显式定义，则会默认添加一个空的 constructor 方法。

类实质上就是一个函数，类自身指向的就是构造函数，类完全可以看作构造函数的另一种写法，示例如下。

```
console.log(Person===Person.prototype.constructor);  //true
```

类的所有方法都定义在类的 prototype 属性上，可以通过 prototype 属性对类添加方法，示例如下。

```
Person.prototype.addFn=function(){
  return "我是通过 prototype 属性新增加的方法，名字是 addFn";
}
var point = new Point(2, 3);
console.log(point.addFn());  //我是通过 prototype 属性新增加的方法，名字是 addFn
```

还可以通过 Object.assign 方法来为对象动态增加方法，示例如下。

```
Object.assign(Point.prototype, {
    getX: function () {
    return this.x;
  }
  getY: function () {
    return this.y;
  }
});
var point = new Point(2, 3);
console.log(point.getX());       //输出 2
console.log(point.getY());       //输出 3
```

类创建好后，要使用 new 关键字生成类的实例对象。如果没有使用 new 关键字，而是像 ES5 中的函数那样调用类，则会报错，示例如下。

```
//报错
let point = Point(2,3);
//正确
let point = new Point(2,3);
```

将上述代码完整定义并调用，示例如下。

```
class Point {
  constructor(x, y) {
    this.x = x;
    this.y = y;
    console.log(x, y);
  }
  toString() {
    return "(" + this.x + ", " + this.y + ")";
  }
}
var point = new Point(2, 3);
  console.log(point.toString()); // (2, 3)
  console.log(point.hasOwnProperty("x"));      // true
  console.log(point.hasOwnProperty("y"));      // true（x,y 都是构造函数本身的属性）
  console.log(point.hasOwnProperty("toString"));    // false（toString 是原型上的属性）
  console.log(point.__proto__.hasOwnProperty("toString"));    // true
```

hasOwnProperty 方法返回一个布尔值，判断对象是否包含特定的自身（非继承）属性，运行效果如图 7-7 所示。

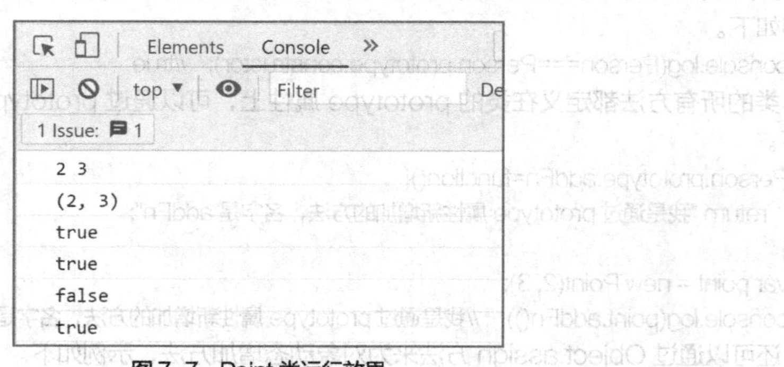

图 7-7　Point 类运行效果

类的所有实例共享一个原型对象，它们的原型都是 Person.prototype，所以它们的 proto 属性也是相等的，示例如下。

```
class Box {
  constructor(num1, num2) {
    this.num1 = num1;
    this.num2 = num2;
  }
  sum() {
    return num1 + num2;
  }
}
//box1 与 box2 都是 Box 的实例，它们的__proto__都指向 Box 的 prototype 属性
var box1 = new Box(12, 88);
var box2 = new Box(40, 60);
console.log(box1.__proto__ === box2.__proto__); //true
```

7.2.2 类的继承

可以使用 extends 关键字实现类的继承。子类继承父类，相当于继承了父类的所有属性和方法。每个 extends 关键字后面只能跟一个父类，示例如下。

```
class Father {
  constructor() {
    this.name = "father";
    this.money = 60000;
  }
  say() {
    console.log(`${this.name} say hello`);
  }
  myMoney() {
    console.log(`${this.name} has  ${this.money}元 `);
  }
}
class Son extends Father {
  constructor() {
    super();   //注意这行代码一定要写
    this.name = "son";
    this.addmoney = 40000;
  }
  addMoney() {
    console.log(
      `${this.name}共有${this.money}+${this.addmoney}=${this.money + this.addmoney}元`);
  }
}
var son1 = new Son();
son1.say();     //son say hello
son1.addMoney();
```

类的继承使用 extends 关键字，当继承父类后需要使用 super 函数来接收父类的 constructor

构造函数，否则会报错。在使用 new 关键字定义一个子类时，先把参数传入子类的构造函数，再通过 super 函数引入父类的构造函数，就可以调用父类了。上述代码运行结果如图 7-8 所示。

```
son say hello
son共有60000+40000=100000元
```

图 7-8　类的继承

7.2.3　类的静态方法

通过 static 关键字来定义类的静态方法。所有在类中定义的方法都会被实例继承，但定义成静态方法后，该方法不会被实例继承，需要通过类来调用。

```
class Foo {
  static classMethod() {
    return 'hello';
  }
}
//正常运行
Foo.classMethod()        // 'hello'
var foo = new Foo();
//实例化后调用方法会报错
foo.classMethod()
// TypeError: foo.classMethod is not a function
```

在类中也可以定义静态属性，示例如下。

```
//原来的写法
class Foo {
  // …
}
Foo.prop = 1;
//新写法
class Foo {
  static prop = 1;
}
```

7.2.4　任务实现

使用 ES6 实现绚丽小球效果。在页面上单击鼠标后会生成随机颜色、随机大小的小球，并向上运动，效果如图 7-9 所示。

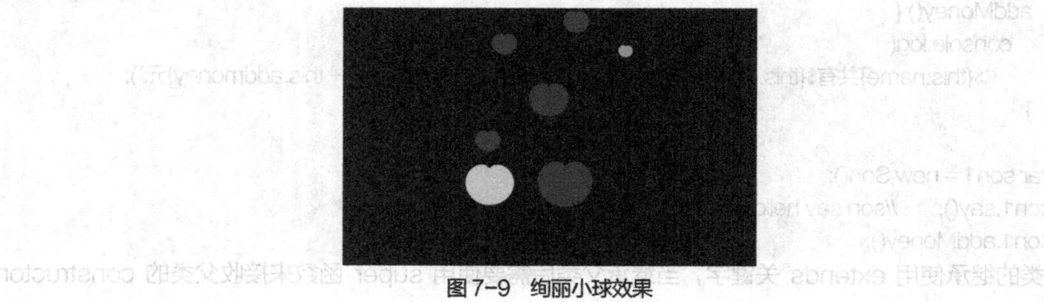

图 7-9　绚丽小球效果

1. 制作页面样式

```
<style>
  #canvas {
  margin: auto 0;
}
</style>
<canvas id="canvas"></canvas>
```

2. 引入 underscore 库

```
<script src="https://underscorejs.net/underscore.js"></script>
```

3. 定义类

创建 canvas 画布，定义 ball 类，示例如下。

```
const canvas = document.getElementById("canvas");
const ctx = canvas.getContext("2d");
canvas.width = 1500;
canvas.height = 1000;
canvas.style.backgroundColor = "black"

class ball {
  constructor(x, y, color) {
    this.x = x;
    this.y = y;
    this.color = color;
    this.r = 80;
  }
  render() {
    ctx.save();
    ctx.beginPath();
    var start = 0;
    for (var i = 0; i < 500; i++) {
      start += Math.PI * 2 / 500;
      var end = start + Math.PI * 2 / 500;
      var r = this.r * (1 + Math.sin(start));
      ctx.arc(this.x, this.y, r, start, end, false);
    }
    //绘制笛卡儿心形图
    ctx.fillStyle = this.color;
    ctx.fill();
    ctx.restore();
  }
}
//定义会移动的小球类
class moveBall extends ball {
  constructor(x, y, color) {
    super(x, y, color);
    //量的变化
    this.dX = _.random(-5, 5);
    this.dY = _.random(-50, 5);
```

```
        this.dr = _.random(3, 5);
    }
    upDate() {
        this.x += this.dX;
        this.y += this.dY;
        this.r -= this.dr;
        if (this.r < 0) {
            this.r = 0;
        }
    }
}
//实例化小球
let ballArr = [];
let colorArr = ["red", "white", "orange", "pink", "green", "blue", "yellow"];
//监听鼠标指针的移动
let a = true;
canvas.addEventListener("mousemove", function (e) {
    if (a) {
        a = false
        var timer = setTimeout(() => { a = true }, 100)
        e = e || event;
        ballArr.push(new moveBall(e.offsetX, e.offsetY, colorArr[_.random(0, colorArr.length - 1)]));
    }
});
//开启定时器
setInterval(function () {
    ctx.clearRect(0, 0, canvas.width, canvas.height);
    for (let i = 0; i < ballArr.length; i++) {
        ballArr[i].render();
        ballArr[i].upDate();
    }
}, 50);
```

首先获取画板，定义宽高和背景色，创建 ball 类及其子类，ball 类的子类用于产生一个移动速度去更新小球的位置，这里，修改变量 x、变量 y、变量 r 的值可以改变小球移动的距离，_.random 用于产生一个固定区间内的随机数；其次创建颜色和球的数组，并添加鼠标指针的移动，上述代码使用了一个简单的节流，防止鼠标指针每次移动都产生小球（小球太多会导致性能问题，从而影响效果），上述代码在内容中实例化了创建的类并赋予参数后，将类记录到数组中；最后开启定时器，清空画布后对每个小球重新计算位置并绘制内容。上述代码绘制的是笛卡儿心形图，修改 ball 类中的 render 函数，可以绘制其他图形。

任务 7.3　使用 ES6 实现商品查询效果

【提出问题】

在程序语言中数组的重要性不言而喻，JavaScript 中数组也是最常使用的对象之一，ES6 中新增了很多数组方法。下面通过实现图 7-10 所示的商品查询效果来学习数组的常用方法。

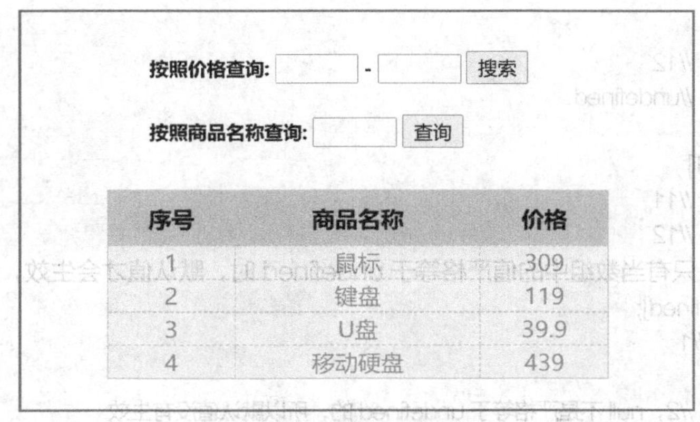

图 7-10　商品查询

【知识储备】

7.3.1　解构赋值

ES6 添加了解构赋值这种特性。解构赋值能从数组和对象中提取内容赋值给变量。解构赋值也称模式匹配，即只要符号的左右两边模式相同，等号右边的值就能够赋给左边的变量。解构赋值适用于 let 关键字、var 关键字、const 关键字声明变量/常量。

1. 数组的解构赋值

```
//在解构赋值前，声明多个变量
let a = 1;
let b = 2;
let c = 3;
//解构赋值
let [a, b, c] = [1, 2, 3];
```

模式匹配的写法如下，即只要等号（=）两边的模式相同，等号左边的变量就会被赋予对应的值。

```
let [a,[[b],c]] = [1,[[2],3]];
console.log(a);    //1
console.log(b);    //2
console.log(c);    //3
```

如果解构失败，那么变量的值会被设置为默认值（undefined），示例如下。

```
let [a] = [];
console.log(a);    //undefined
```

不完全解构是指当等号左边的模式只匹配一部分等号右边的数组时也可以解构成功，只是等号右边的数组中的值没有被完全赋值到左边的变量中，示例如下。

```
let [a,[b,c]] = [1,[2],3];
console.log(a);    //1
console.log(b);    //2
console.log(c);    //undefined
```

上述代码中，左侧的变量 c 没有匹配到右侧的值，而右侧的值（3）也没有在左侧找到与之匹配的模式，这种情况就称作不完全解构。

解构赋值允许指定默认值，示例如下。

```
let [a = 12,b] = [];
console.log(a);    //12
console.log(b);    //undefined

let [a,b = 12] = [11]
console.log(a);    //11
console.log(b);    //12
```

在解构赋值中，只有当数组中的值严格等于 undefined 时，默认值才会生效，示例如下。

```
let [a = 1] = [undefined];
console.log(a);  //1
let [b = 2] = [null];
console.log(b);    //2，null 不是严格等于 undefined 的，所以默认值没有生效
```

默认值也可以引用解构赋值的其他变量，但前提是这个变量必须已经声明，示例如下。

```
let [a = 1,b = a] = [];
console.log(a);    //1
console.log(b);    //1，模式 b 使用了变量 a，变量 a 已提前声明

let [a = 1,b = c] = [];
console.log(a);
console.log(b);
//这里不会有任何输出，而是会报错，因为这里的模式 b 用了其他变量 c 来作为默认值，但这个时候变量 c 还没有
//声明
```

2. 对象的解构赋值

对象的解构赋值是指将对象属性的值赋给多个变量。ES6 之前可以把对象的属性赋值给多个变量，示例如下。

```
var object = { name: "John", age: 23 };
var name = object.name;
var age = object.age;
console.log(name, age);  //John 23
```

在 ES6 中，可以使用对象解构表达式在单行里给多个变量赋值，示例如下。

```
let object = { name: "John", age: 23 };
let name, age;
({ name, age } = object);
console.log(name, age);  //John 23
```

对象解构赋值的左侧为解构赋值表达式，右侧为之与对应的要分配的赋值的对象。当先声明变量后使用解构语句时，解构语句左右两边不能省略括号，否则程序会报错。如果声明变量和解构赋值在同一行，则可以不需要括号，示例如下。

```
let object = { name: "John", age: 23 };
let { name, age } = object;
console.log(name, age);  //John 23
```

在解构对象时，可以为未分配值的变量提供默认值，示例如下。

```
let {a, b, c = 3} = {a: "1", b: "2"};
console.log(c); //3
```

在解构对象时，变量名支持表达式计算，示例如下。

```
let {["first"+"Name"]: x} = { firstName: "Eden" };
console.log(x);    //Eden
```

可以使用对象解构赋值作为函数参数，示例如下。

```
function myFunction({name = 'Eden', age = 23, profession ="Designer"} = {}){
  console.log(name, age, profession);
  //John 23 Designer
}
myFunction({name: "John", age: 23});
```

上述代码传递一个空对象作为默认参数值，如果 undefined 作为函数参数，则变量将使用默认值。

7.3.2 数组的扩展

1. 扩展运算符

扩展运算符（spread）是三个点（...）。扩展运算符类似 rest 参数的逆运算，可以将一个数组转为用逗号分隔的参数序列。

```
var arr = [33,1,34,35,8,9]
console.log('arr: ', ...arr);    // arr: 33 1 34 35 8 9
```

将扩展运算符用于函数调用，示例如下。

```
function push(array, ...items) {
  array.push(...items);
}
function add(x, y) {
  return x + y;
}
const numbers = [4, 38];
add(...numbers);    //42
```

数组是复合数据类型，若直接复制数组，则复制的是指向底层数据结构的指针，而不是数组。使用扩展运算符来复制数组更方便，示例如下。

```
//ES5 的写法
const a1 = [1, 2];
const a2 = a1.concat();
a2[0] = 2;
console.log('a1: ', a1);    //a1: [1, 2]

//ES6 的写法
const a1 = [1, 2];
const a2 = [...a1];
a2[0] = 2;
console.log('a1: ', a1);    // a1: [1, 2]
console.log('a2: ', a2);    // a2: [2, 2]
```

合并数组的代码如下。

```
const a1 = [1, 2];
const a2 = ['aa', 'bb', 'cc'];
const a3 = ['张三', '李四'];
// ES5 的写法
const new1 = a1.concat(a2).concat(a3);
// ES6 的写法
const new2 = [...a1, ...a2, ...a3];
```

```
console.log('new1: ', new1);    // new1: [1, 2, "aa", "bb", "cc", "张三", "李四"]
console.log('new2: ', new2);    // new2: [1, 2, "aa", "bb", "cc", "张三", "李四"]
```

使用扩展运算符将字符串转为数组，示例如下。

```
var str = 'hello';
var arr = [...str];
console.log('arr: ', arr);    // arr: ['h', 'e', 'l', 'l', 'o']
```

2. 新增的数组方法

（1）Array.from 方法

Array.from 方法可以将类似数组的对象（array-like object）和可遍历（iterable）的对象（包括 ES6 新增的数据结构 Set 和 Map）转为真正的数组，示例如下。

```
let arrayLike = {
    '0': 'a',
    '1': 'b',
    '2': 'c',
    length: 3
}

// ES5 的写法
var arr1 = [].slice.call(arrayLike);    // ['a', 'b', 'c']

// ES6 的写法
let arr2 = Array.from(arrayLike);    // ['a', 'b', 'c']
```

（2）Array.of 方法

Array.of 方法可以将一组值转换为数组。Array.of 方法的主要目的是弥补 Array 构造函数的不足（参数数量不同，会导致 Array 的行为有差异），示例如下。

```
Array.of(3, 11, 8);    // [3,11,8]
Array.of(3);    // [3]
Array.of(3).length;    // 1

Array();    // []
Array(3);    // [, , ,]
Array(3, 11, 8);    // [3, 11, 8]
```

（3）find 方法与 findIndex 方法

数组实例的 find 方法用于找出第一个符合查找条件的数组成员，它的参数是一个回调函数，所有数组成员依次执行该回调函数，直到找出第一个返回值为 true 的成员，然后返回该成员。如果没有符合条件的成员，则返回 undefined，示例如下。

```
[1, 5, 10, 15].find(function(value, index, arr) {
  return value > 9;
});    // 10
```

find 方法的回调函数可以接收 3 个参数，依次为当前的值、当前的位置和原数组。数组实例的 findIndex 方法的用法与 find 方法非常类似，它返回第一个符合条件的数组成员的位置，如果所有成员都不符合条件，则返回-1，示例如下。

```
[1, 5, 10, 15].findIndex(function(value, index, arr) {
  return value > 9;
});    // 2
```

find 方法和 findIndex 方法都可以查找 NaN，弥补了数组的 indexOf 方法的不足。

（4）fill 方法

fill 方法可以使用给定值来填充一个数组。

```
['a', 'b', 'c'].fill(7);
// [7, 7, 7]

new Array(3).fill(7);
// [7, 7, 7]
```

fill 方法会将数组中已有的元素全部抹去。对于空数组，用 fill 方法对其进行初始化是非常方便的。fill 方法还可以接收第二个参数和第三个参数，用于指定填充的起始位置和结束位置。

```
['a', 'b', 'c'].fill(7, 1, 2);
// ['a', 7, 'c']
```

（5）遍历

ES6 提供了 entries、keys 和 values 这三个新的方法用于遍历数组。这三个新的方法都返回一个遍历器对象，可以用 for of 循环来对其进行遍历，它们的区别是 keys 方法对键名进行遍历、values 方法对键值进行遍历、entries 方法对键值对进行遍历，示例如下。

```
let arr = ['小红', '小明', '小芳']
for (let index of arr.keys() ) {
  console.log('index: ', index);
/**
* index:  0
* index:  1
* index:  2
*/
}
for (let value of arr.values() ) {
  console.log('value: ', value);
/**
* value:  小红
* value:  小明
* value:  小芳
*/
}
for(let [index,value] of arr.entries()){
  console.log(index+":"+value);
/**
* 0:小红
* 1:小明
* 2:小芳
*/
}
```

（6）includes 方法

includes 方法返回一个布尔值，表示某个数组是否包含给定的值，与字符串的 includes 方法类似，示例如下。

```
[1, 2, 3].includes(3, 3);  // false
[1, 2, 3].includes(3, -1); // true
```

includes 方法的第二个参数表示搜索的起始位置，默认值为 0。如果第二个参数为负数，则表示从数组的末尾开始搜索；如果这个参数大于数组长度（第二个参数的值为-4，但数组长度为 3），则会重置为从起始位置开始搜索。

（7）flat 方法

flat 方法用于将嵌套的数组“拉平”，变成一维数组，该方法返回一个新数组，对原数组中的数据没有影响。可以将 flat 方法的参数写成一个整数，表示想要拉平的层数，默认值为 1，示例如下。

```
[1, 2, [3, [4, 5]]].flat();
// [1, 2, 3, [4, 5]]

[1, 2, [3, [4, 5]]].flat(2);
// [1, 2, 3, 4, 5]
```

flatMap 方法对原数组的每个成员执行一个函数（相当于执行 Array.prototype.map），然后对返回值组成的数组执行 flat 方法。flatMap 方法返回一个新数组，不改变原数组，示例如下。

```
//相当于 [[2, 4], [3, 6], [4, 8]].flat()
[2, 3, 4].flatMap((x) => [x, x * 2]);
// [2, 4, 3, 6, 4, 8]
```

7.3.3 Set/Map 数据结构

ES6 添加了两种新的数据结构及其对应的方法，这两种结构可以提高程序开发的效率。

1. Set 结构

Set 结构是一个能够存储无重复值的有序列表，通过 new 关键字可以创建 Set 结构，通过 add 方法能够向 Set 结构中添加数据项。

```
const s = new Set();
[2, 3, 5, 4, 5, 2, 2].forEach(x => s.add(x));
for (let i of s) {
  console.log(i);
}
//2 3 5 4

const set = new Set([1, 2, 3, 4, 4]);
[...set];
// [1, 2, 3, 4]

const items = new Set([1, 2, 3, 4, 5, 5, 5, 5]);
items.size;    // 5
```

根据 Set 结构的特性，我们可以写一些去重语句，示例如下。

```
//去除数组的重复成员
[...new Set(array)];
//去除字符串中重复的字母
[...new Set('ababbc')].join('');
```

需要注意的是，添加到 Set 结构中的值不会发生类型转换，Set 结构对两个值是否相等的判断方法与完全相等（===）类似，但是若添加 NaN，则只会保留一个值；若添加两个空对象，则会保留两个值。Set 结构的常用方法如表 7-1 所示。

表7-1　　Set结构的常用方法

方法	描述
size	返回Set结构的成员总数
add(value)	添加值并返回Set结构
delete(value)	删除值，返回布尔值，表示是否删除成功
has(value)	返回布尔值，表示该值是否为Set结构的成员
clear	清除所有成员，没有返回值
keys/values	返回键名/键值的遍历器（无差别）
entries	返回键值对的遍历器
forEach	使用回调函数遍历Set结构的每个成员

遍历的Set结构顺序与向Set结构中插入值的顺序相同，但是Set结构没有键名只有键值，因此keys方法和values方法的行为一致。也可以使用for of直接遍历Set结构。Set结构的常用代码如表7-2所示。

表7-2　　Set结构的常用代码

代码	描述
new Set([...set].filter(x=>(x%2)== 0))	返回Set结构的偶数内容
new Set([...set].map(x => x * 2))	返回对Set结构的每个值进行翻倍后的内容
new Set([...a, ...b])	并集
new Set([...a].filter(x => b.has(x)))	交集
new Set([...a].filter(x => !b.has(x)))	（a相对于b的）差集

2. Map结构

Map结构是一种键值对的对象。相较于对象，Map结构的键可以是各种类型的，如果需要在一个地方使用键值对的数据结构，则Map结构会比Object数据类型更合适，示例如下。

```
let map = new Map()   //
let obj = {
   name: 'Gene',
}
map.set(obj, '你好');
console.log(map.get(obj));     // 你好

console.log(map.has(obj));     // true
console.log(map.delete(obj));     // true
console.log(map.has(obj));     // false
```

上述代码使用Map结构的set方法，将obj对象作为map的一个键，然后又使用get方法读取这个键，展示了map中可以添加对象作为键值。

作为构造函数，Map结构也可以接受一个数组作为参数，数组的成员是表示键值对的数组，示例如下。

```
const map = new Map([
  ['name', '张三'],
```

```
    ['title', 'Author']
]);

map.size;    // 2
map.has('name');    // true
map.get('name');    // "张三"
map.has('title');    // true
map.get('title');    // "Author"
```

任何具有 Iterator 接口，且每个成员都是双元素数组的数据结构都可以当作 Map 构造函数的参数。这意味着 Set 结构和 Map 结构都可以用来生成新的 Map 结构，因此 Set 结构和 Map 结构可以搭配使用生成一个 Map 结构。如果对一个键多次赋值，则值会被重复覆盖，如果读取未知键，则会返回 undefined。这里需要注意，当使用对象作为键时，即使内容相同，也必须是对同一个对象的引用才能读取到值，示例如下。

```
const map = new Map();
map.set(['a'], 555);
map.get(['a']);    // undefined
const k1 = ['a'];
const k2 = ['a'];
map.set(k1, 111) .set(k2, 222);
map.get(k1);    // 111
map.get(k2);  // 222
```

可以看出，Map 结构的键存储的其实是内存地址，这样就能够避免同名属性覆盖的问题。在我们使用第三方库时，适用对象作为键名就不用担心内容会被覆盖了。如果使用简单类型的值，只要其严格相等，则视值为相同，如布尔值的 true 和字符串 true，而 undefined 和 null 则不同，但 NaN 在 Map 结构中被视为同一个键。Map 结构的常用方法如表 7-3 所示。

表 7-3　Map 结构的常用方法

方法	描述
size	返回 Map 结构的成员总数
set(key, value)	设置 key 对应的值（value），返回整个结构，可以使用链式写法
get(key)	读取 key 对应的值，若读取不到则返回 undefined
has(key)	返回布尔值，表示键是否在 Map 结构中
delete(key)	返回布尔值，表示键是否删除成功
clear	清除所有成员，没有返回值
keys	返回键名的遍历器
values	返回键值的遍历器
entries	返回所有成员的遍历器
forEach	遍历 Map 结构的所有成员

3. Map 结构与其他数据结构的互相转换

（1）Map 结构转为数组

Map 转为数组最方便的就是扩展运算符（...），示例如下。

```
const map = new Map()
    .set(true, 1)
```

```
    .set('name', 'Gene');
console.log(Array.isArray(...map));    // true
console.log(...map);    // [ true, 1 ] [ 'name', 'Gene' ]
console.log([...map]);    // [ [ true, 1 ], [ 'name', 'Gene' ] ]
```

（2）数组转为 Map 结构

将数组传入 Map 构造函数，就可以转为 Map 结构，示例如下。

```
console.log(new Map([
    ['name', 'Gene'],
    ['age', 18]
]));    // Map { 'name' => 'Gene', 'age' => 18 }
```

（3）Map 结构转为对象

如果所有 Map 结构的键名都是字符串，则 Map 结构可以无损的转为对象，示例如下。

```
function strMapToObj(strMap) {
  let obj = Object.create(null);
  for (let [k,v] of strMap) {
    obj[k] = v;
  }
  return obj;
}

const myMap = new Map()
  .set('yes', true)
  .set('no', false);
strMapToObj(myMap);
```

如果有非字符串的键名，那么这个键名会被转成字符串，由非字符串键名转换为字符串键名。

（4）对象转为 Map 结构

可以通过 Object.entries 将对象转为 Map 结构，示例如下。

```
let obj = {"a":1, "b":2};
console.log(Object.entries(obj));    // [ [ 'a', 1 ], [ 'b', 2 ] ]
let map = new Map(Object.entries(obj));
console.log(map);    // Map { 'a' => 1, 'b' => 2 }
```

（5）Map 结构转为 JSON

Map 结构转为 JSON 一般有两种情况，一种情况是 Map 的键名都是字符串，此时 Map 可以选择转为 JSON 对象，示例如下。

```
let obj = {"a":1, "b":2};
console.log(Object.entries(obj));    // [ [ 'a', 1 ], [ 'b', 2 ] ]
let map = new Map(Object.entries(obj));
console.log(map);    // Map { 'a' => 1, 'b' => 2 }
```

另一种情况是 Map 结构的键名有非字符串，此时 Map 结构可以选择转为 JSON 数组。

```
function mapToArrayJson(map) {
  return JSON.stringify([...map]);
}
let myMap = new Map().set(true, 7).set({foo: 3}, ['abc']);
mapToArrayJson(myMap);
// '[[true,7],[{"foo":3},["abc"]]]'
```

还有一种特殊情况，JSON 是一个数组，且每个数组成员本身又是一个有两个成员的数组。此时，

JSON 数组可以一一对应地转为 Map 结构，这是 Map 结构转为 JSON 数组的逆操作。

```
function jsonToMap(jsonStr) {
  return new Map(JSON.parse(jsonStr));
}
jsonToMap('[[true,7],[{"foo":3},["abc"]]]');
// Map {true => 7, Object {foo: 3} => ['abc']}
```

7.3.4 任务实现

通过实现图 7-10 所示的商品查询效果来学习数组的常用方法，输入价格区间可以筛选该价格区间的商品，也可以根据商品名称来查询商品。

1. 创建 HTML 页面

```
<div class="search">
  <h5>
    按照价格查询:
    <input type="text" class="start" /> -
    <input type="text" class="end" />
    <button class="search_price">搜索</button>
  </h5>
  <h5>
    按照商品名称查询:
    <input type="text" class="product" />
    <button class="search_pro">查询</button>
  </h5>
</div>
<table>
  <thead>
    <tr>
      <th>序号</th>
      <th>商品名称</th>
      <th>价格</th>
    </tr>
  </thead>
  <tbody>
    <! --在此处动态添加方法 -->
  </tbody>
</table>
```

2. 创建数据，定义方法

创建一个简单的信息检索功能的样式，并在页面下方定义方法，示例如下。

```
//利用新增数组方法来操作数据
var data = [{
  id: 1,
  pname: "鼠标",
  price: 309,
},{
  id: 2,
  pname: "键盘",
```

```
    price: 119,
  },{
    id: 3,
    pname: "U 盘",
    price: 39.9,
  },{
    id: 4,
    pname: "移动硬盘",
    price: 439,
  }];

  //1. 获取对应元素
  var tbody = document.querySelector('tbody');
  var search_price = document.querySelector('.search_price');
  var start = document.querySelector('.start');
  var end = document.querySelector('.end');
  var product = document.querySelector('.product');
  var search_pro = document.querySelector('.search_pro');
  setData(data)      //在一开始我们就要把数据渲染到页面

  //2. 将数据渲染到页面
  function setData(mydata) {
  //清空原来 tbody 中的数据
  tbody.innerHTML = ''
  mydata.forEach(function (value) {
      var tr = document.createElement('tr')
      tr.innerHTML =
        `<td>${value.id}</td><td>${value.pname}</td><td>${value.price }</td>`;
      tbody.appendChild(tr)
    });
  }

  //3. 根据价格查询商品
  //单击“搜索”按钮，根据商品的价格来筛选数组的对象
  search_price.addEventListener('click', function () {
    if (start.value == "" || end.value == "") {
      setData(data)
      return;
    }
    var newData = data.filter(function (value) {
      return value.price >= start.value && value.price <= end.value;
    });
      //filter 方法可用来筛选数据，具体使用方法参考相关文档
      //把筛选完后的数据对象渲染到页面
      setData(newData)
  });

  //4. 根据商品名称查找商品
```

```
search_pro.addEventListener('click', function () {
  if (product.value == "") {
    setData(data)
    return;
  }
  var arr = []
  data.some(function (value) {
    if (value.pname == product.value) {
      arr.push(value)
      return true;
    }
  });
  setData(arr)
});
```

首先添加数据并获取相应的元素；其次使用模板字符串渲染数据，并对按钮添加方法检测单击事件；最后判断数据，若数据为空，则直接返回全部的商品信息，若有数据，则遍历查找并返回相应数据。

任务7.4　任务拓展

1. ES6 中的 Symbol

Symbol 是 ES6 标准新增的一种基本数据类型。Symbol 的值是通过 Symbol 函数生成的，并且每一个 Symbol 的值都是唯一的。Symbol 的值可以作为对象的属性标识符，这也是设计 Symbol 这种数据类型的目的。

ES6 标准的对象属性名可以分为两种类型：一种是原本的字符串类型，另一种是新增的 Symbol 类型。所有使用 Symbol 命名的属性都是独一无二的，不会与其他属性名发生冲突。

在 JavaScript 中，绝大多数的数值都支持隐式转换为字符串，但 Symbol 不会，示例如下。

```
let s1 = Symbol('sym');
alert(s1);     // TypeError: Cannot convert a Symbol value to a string
```

Symbol 也不能与其他类型的值进行运算，示例如下。

```
console.log('symbol is' + s1);
// TypeError: Cannot convert a Symbol value to a string
```

但是可以手动将 Symbol 转换成字符串，示例如下。

```
alert(s1.toString());
```

或者获取定义 Symbol 时的描述，示例如下。

```
alert(s1.description);
```

将 Symbol 转换为其他类型，示例如下。

```
Boolean(s1);       // true
Number(s1);        // TypeError: Cannot convert a Symbol value to a number
parseInt(s1);      // NaN
```

2. Symbol 的用法

创建一个 Symbol 的值需要使用 Symbol 函数，而不能使用 new 关键字，示例如下。

```
let s1 = Symbol('sym');
```

生成的 Symbol 是一个值而不是对象，所以不能为其添加属性。Symbol 函数可以接收一个字符串作为参数，表示对该值的描述。即使使用相同的参数定义 Symbol，参数之间也是不同的，示例如下。

```
let s1 = Symbol('sym');
let s2 = Symbol('sym');
s1 === s2 ; // false
```

3. Symbol.for 方法与 Symbol.keyFor 方法

可以使用 Symbol.for 方法重复使用 symbol 的值。Symbol.for 方法接收一个字符串参数后，会在全局中搜索是否有以该参数命名的 Symbol 的值，如果查找到，就返回这个值；如果没有查到，则重新生成一个值，并将该值以参数名称注册到全局。

```
let s1 = Symbol.for('sym');     //创建
let s2 = Symbol.for('sym');     //查找
s1 === s2;   // true
```

Symbol.for 方法和 Symbol 方法都会生成新的 Symbol 的值，不同的是 Symbol.for 方法会查找命名参数是否在全局中注册过，如果该参数已注册，则不会创建新的值，而是会直接返回，所以可以得到相同的 Symbol 值；但 Symbol 方法每次都会创建一个新的值，且不会注册到全局。

Symbol.keyFor 方法表示获取一个 Symbol 的值在全局中注册的命名参数的 key，只有使用 Symbol.for 方法创建的值才会有注册的命名参数，而使用 Symbol 方法生成的值则没有。

```
let s4 = Symbol('sym');
let s5 = Symbol.for('sym');
Symbol.keyFor(s4);     //undefined
Symbol.keyFor(s5);     //sym
```

使用 Symbol.for 方法注册的全局命名参数是真正意义上的全局，而不管它是否运行在全局环境，示例如下。

```
let iframe = document.createElement('iframe');
iframe.src = 'http://www.xxx.com';
document.body.append(iframe);
iframe.contentWindow.Symbol.for('sym') === Symbol.for('sym');     //true
```

4. 应用场景

（1）使用 Symbol 作为对象的属性名

每一个 Symbol 的值都是不相同的，因此使用 Symbol 作为属性名可以保证不会出现同名属性，以防止某一个属性被改写，示例如下。

```
let s1 = Symbol('sym');
let obj = {
name: 'test obj',
[s1]: 'this is symbol'
}
obj[s1];       // this is symbol
```

使用 Symbol 作为对象的属性名时，是无法通过 Object.keys 方法和 for in 语句来遍历对象的属性的，示例如下。

```
Object.keys(obj);    // ["name"]
for(let name in obj){
   console.log(name);    //name
}
```

因此，使用 JSON.stringify 方法将对象转换成 JSON 时，Symbol 的属性会被排除，示例如下。

```
JSON.stringify(obj);    // "{"name":"test obj"}"
```

（2）使用 Symbol 定义常量

使用 Symbol 定义的常量能保证常量的值都是不相等的，示例如下。

```
const COLOR_RED    = Symbol();
const COLOR_GREEN    = Symbol();
function getComplement(color) {
  switch (color) {
    case COLOR_RED:
      return COLOR_GREEN;
    case COLOR_GREEN:
      return COLOR_RED;
    default:
      hrow new Error('Undefined color');
  }
}
```

【本章小结】

本章内容介绍了 ES6 常用的新特性，包括定义变量的 let 关键字、模板字符串、箭头函数、解构赋值、类的定义，以及数组的扩展等，ES6 的出现，能够更加方便地实现很多复杂的操作，提高开发人员的效率。

【本章习题】

选择题

1. 下面不属于 let 关键字的特点的是（　　）。
   A. 只有在 let 关键字所在的代码块内有效
   B. 会产生变量提升现象
   C. 同一个作用域，不能重复声明同一个变量
   D. 不能在函数内部重新声明参数
2. 关于数组的解构赋值，var [a,b,c] = [1,2]语句中，给 a、b、c 赋的值分别是（　　）
   A. 1 2 null　　B. 1 2 undefined　　C. 1 2 2　　D. 抛出异常
3. 关于数组扩展的 fill 函数：[1,2,3].fill(4)的结果是（　　）
   A. [4]　　B. [1,2,3,4]　　C. [4,1,2,3]　　D. [4,4,4]
4. 关于箭头函数的描述，错误的是（　　）
   A. 使用箭头符号（=>）定义
   B. 参数超过 1 个的话，需要用“()”括起来
   C. 函数体语句超过 1 条时，需要用“{}”括起来，用 return 语句返回
   D. 函数体内的 this 对象，指向的是绑定使用时所在的对象
5. 下列选项中，运算结果为 true 的是（　　）
   A. Symbol.for('name') == Symbol.for('name')
   B. Symbol('name') == Symbol.for('name')
   C. Symbol('name') == Symbol('name')
   D. Symbol.for('name') == Symbol('name')

第 8 章 jQuery 基础

▶ 内容导学

jQuery 是一个简洁而快速的 JavaScript 框架（或 JavaScript 库），它封装了 JavaScript 常用的功能代码，提供了一种简便的 JavaScript 设计模式，能够优化 HTML 文档操作、事件处理、动画设计和 Ajax 交互。jQuery 独特而又优雅的代码风格改变了 JavaScript 程序员的设计思路和编写程序的方式，使用 jQuery 能够用更少的资源做更多的事情。通过本章的学习，我们将了解 jQuery 库，并且掌握如何使用 jQuery 库中各种类型的选择器。

▶ 学习目标

① 了解 jQuery 库。
② 掌握基本选择器。
③ 掌握过滤选择器。
④ 掌握表单选择器。

任务 8.1　体验 jQuery 程序

【提出问题】

JavaScript 可以为网页添加各种各样的动态功能，为用户提供更流畅的浏览效果，那么相比原生 JavaScript，jQuery 有什么优点？任务 8.1 将带你了解 jQuery。

【知识储备】

8.1.1　了解 jQuery

jQuery 的理念是写得少，做得多（write less, do more）。jQuery 有以下优势：轻量级、强大的选择器、出色的 DOM 操作、可靠的事件处理机制、完善的 Ajax 交互功能、不污染顶级变量、出色的浏览器兼容性、链式操作、隐式迭代、行为层与结构层分离、丰富插件支持、完善的文档、开源等。

8.1.2　配置 jQuery 环境

从 jQuery 的官方网站下载 jQuery 库文件，本书所有的 jQuery 实例都是基于 v3.6.0 进行编写的。jQuery 库的类型分为两种，分别是压缩版和非压缩版，它们的对比如表 8-1 所示。

表 8-1　　两种 jQuery 库的对比

名称	大小	说明
jQuery-3.6.0.js	406KB	完整无压缩版本，主要用于测试、学习和开发
jQuery-3.6.0.min.js	87.4KB	经过工具压缩后的版本，文件大小为 87.4KB。如果服务器开启 gzip 压缩，则文件将更小，该版本会成为最小的版本。这种 jQuery 库主要应用于产品和项目的开发。

本书将 jQuery-3.6.0.js 放在目录 js 下。为了方便调试，本书的 jQuery 案例使用相对路径，在实际项目中，应该根据实际需要调整 jQuery 库的路径。jQuery 引入页面的方式和引入外部 js 文件一样，直接通过 script 标签的 src 属性引入即可，代码如下。

```
<script src="js/jquery-3.6.0.js"></script>
```

8.1.3 任务实现

搭建 jQuery 开发环境，单击“显示”或“隐藏”按钮，控制文字的显示或隐藏。

1. 引入 jQuery 库

完成页面框架，示例如下。

```
<script src="js/jquery-3.6.0.js"></script>
<p>如果你单击“隐藏”按钮，我将会消失。</p>
<button id="hide">隐藏</button>
<button id="show">显示</button>
```

2. 入口函数

入口函数的功能类似于 window 的 onload 事件。页面加载完成后再执行入口函数中的代码。入口函数有两种使用方法。

方法一示例如下。

```
$(document).ready(function () {
  //此处编写 jQuery 代码
});
```

方法二示例如下。

```
$((function () {
  //此处编写 jQuery 代码
});
```

3. 获取按钮元素，绑定单击事件

```
//功能：在 HTML 页面中找到 id 为 hide 的元素，并为其绑定单击事件
$("#hide").click(function () {});
```

① $("#hide")：获取 id 为 hide 的元素。

② click：单击事件，click 内部的匿名函数是事件处理函数，在事件中要完成的事情都写在此处。

4. 添加事件处理

```
$(document).ready(function () {
  $("#hide").click(function () {
    //hide 用于隐藏 HTML 文档中所有的 p 元素
    $("p").hide();
  });
  $("#show").click(function () {
    //show 用于显示 HTML 文档中所有的 p 元素
```

```
        $("p").show();
    });
});
```

代码运行效果如图 8-1 所示。

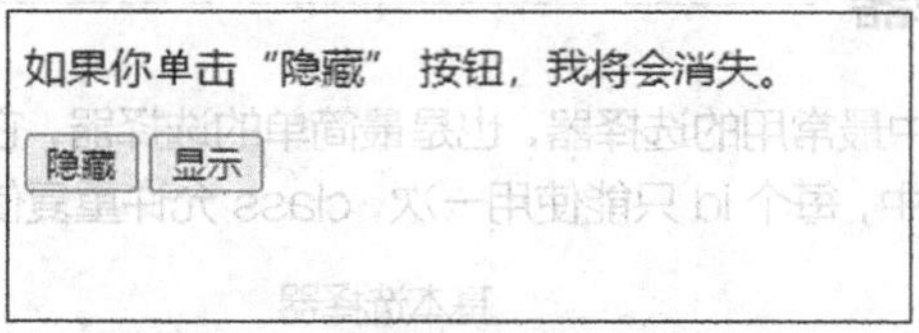

如果你单击“隐藏” 按钮，我将会消失。

隐藏 显示

图 8-1　单击按钮控制文字的显示

任务 8.2　使用选择器实现列表的展开与收起效果

jQuery 选择器基于元素的 id、类、类型、属性、属性值等查找或选择 HTML 元素。jQuery 选择器分为基本选择器、层次选择器、过滤选择器和表单选择器。掌握 jQuery 选择器是实现页面交互特效的重要法宝。

【提出问题】

使用选择器实现列表的展开与收起效果。用户进入页面时，默认列表是精简显示的，如图 8-2 所示，用户可以单击右上角的“更多”按钮显示全部列表内容，同时，按钮里的文字也会变成“收起”，如图 8-3 所示，再次单击“收起”按钮，即可回到图 8-2 所示的页面。

图 8-2　列表精简显示

图 8-3　列表全部展示

【知识储备】

8.2.1 基本选择器

基本选择器是 jQuery 中最常用的选择器，也是最简单的选择器，它通过元素 id、class 和标签名等来查找 DOM 元素。在网页中，每个 id 只能使用一次，class 允许重复使用，基本选择器如表 8-2 所示。

表 8-2 基本选择器

选择器	描述	示例
#id	根据给定的 id 匹配元素	$('#test')获取 id 为 test 的元素
.class	根据给定的类名匹配元素	$('.test')获取所有 class 为 test 的元素
element	根据给定的元素名匹配元素	$('p')获取所有的 p 元素
*	匹配所有元素	$('*')获取所有的元素
selector1, selector2, …, selectorN	将每一个选择器匹配到的元素合并后一起返回	$('div, span, p.myClass')获取所有 div 标签、span 标签和拥有 class 为 myClass 的 p 标签的一组元素

HTML 代码如下。

```
<div>这是 div</div>
<div class="nav">这是 nav 的 div</div>
<p>这是 p</p>
<hr>
<ol>
  <li>第一章:HTML</li>
  <li>第二章:CSS</li>
  <li>第三章:JavaScript</li>
  <li>第四章:WebAPIs</li>
</ol>
<hr>
<ul id="book">
  <li>小书虫养成计划</li>
  <li>百年孤独</li>
  <li>效率人生</li>
  <li>影响力</li>
</ul>
```

使用基本选择器获取页面元素，示例如下。

```
$(function() {
  //获取页面上所有的 div 标签对象
  console.log($('div'));
  //获取页面上所有 class 为 nav 的对象
  console.log($(".nav"));
  //获取页面上所有的 p 标签对象
  console.log($('p'));
  //获取 ol 下所有的 li 对象
```

```
    console.log($("ol li"));
    //获取 ul 下所有的 li 对象
    console.log($('#book li'));
});
```

8.2.2 层次选择器

如果想通过 DOM 元素之间的层次关系来获取特定元素，如获取后代元素、子元素、相邻元素和兄弟元素等，就可以使用层次选择器。层次选择器如表 8-3 所示。

表 8-3　层次选择器

选择器	描述	示例
$('ancestor descendant')	获取 ancestor 元素里的所有 descendant 后代元素	$('div span')获取 div 里的所有的 span 元素
$('parent > child')	获取 parent 元素下的 child 子元素	$('div > span')获取 div 元素下元素名是 span 的子元素
$('prev + next')	获取紧接在 prev 元素后的 next 元素	$('.one + div')获取 class 为 one 的下一个 div 元素
$ ('prev～siblings')	获取 prev 元素后的所有 siblings 元素	$('#two~div')获取 id 为 two 的元素后的所有 div 兄弟元素

使用基本选择器和层次选择器获取图书显示信息，HTML 代码如下。

```
<section id="book">
  <div class="imgLeft">
    <img src="images/book.png" alt="名书" />
  </div>
  <div class="textRight">
    <h1>【荐书联盟推荐】</h1>
    <p class="intro">自营图书畅销品种阶梯满减</p>
    <p id="author">作者</p>
      <div class="price">
        <div id="jdPrice">
          价格: <span>￥19.8</span> [6.9 折]
          <p>[定价:<span>￥28.8</span>]</p>
          (降价通知)
        </div>
        <p id="mobilePrice">
          促销信息:<span>手机专享价</span><span>¥9.9</span>
      </p>
      <dl>
          <dt>以下促销可任选其一</dt>
          <dd>
          <span>加价购</span> 满 99 元另加 1 元即可在购物车换购热销商品
        </dd>
        <dd>
          <span>满减</span>
        满 100 元减 20 元，满 200 元减 60 元，满 300 元减 100 元
        </dd>
```

```
        </dl>
        <p id="ticket">领券:<span>满 105 元减 6 元</span><span>满 200 元减 16 元</span> </p>
      </div>
    </div>
</section>
```

在 book.js 中写入如下代码来获取节点进行样式修改。

```
$(document).ready(function () {
  //获取 dt 标签并为其添加 click 事件函数
  $("dt").click(function () {
    //获取 dd 标签并设置显示
    $("dd").css("display", "block");
  });
  //获取 h1 标签并设置字体颜色为蓝色
  $("h1").css("color", "blue");
  /* 获取并设置所有 class 为 price 的元素背景颜色和内边距 */
  $(".price").css({
    "background": "#efefef",
    "padding": "5px"
  });
  /* 获取并设置所有 dt 标签、dd 标签中 class 为 intro 的元素字体颜色 */
  $(".intro,dt,dd").css("color", "#EC0465");
  $("*").css("font-weight", "bold");    //设置所有元素的字体加粗显示
  //层次选择器
  $(".textRight>p").css("color", "#083499");    //子选择器
  $("h1+p").css("text-decoration", "underline");    //相邻元素选择器
  // $("h1~p").css("text-decoration", "underline");    //同辈元素选择器
});
```

运行代码，效果如图 8-4 所示。

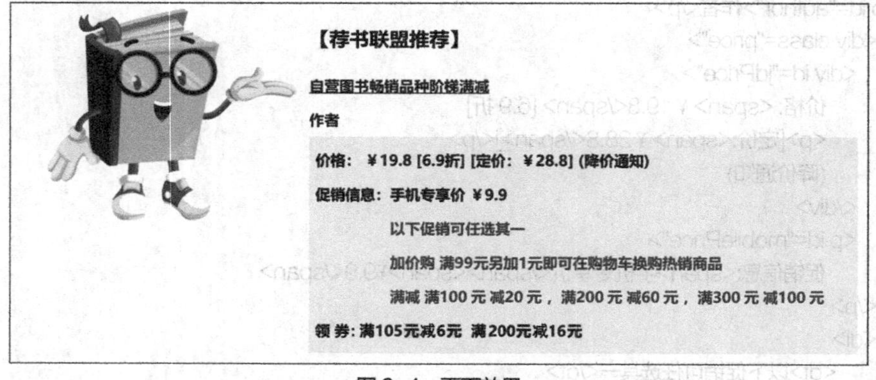

图 8-4　页面效果

8.2.3　过滤选择器

过滤选择器主要是通过特定的过滤规则来筛选出所需的 DOM 元素，过滤规则与 CSS 中的伪类选择器语法相同，即选择器都以一个冒号开头。过滤选择器可以分为基本过滤选择器、属性过滤选择器、子元素过滤选择器和表单对象属性过滤选择器等。

1. 基本过滤选择器

基本过滤选择器如表 8-4 所示。

表 8-4　　基本过滤选择器

选择器	描述	示例
:first	获取第一个元素	$('div:first')获取所有 div 元素中第一个 div 元素
:last	获取最后一个元素	$('div:last')获取所有 div 元素中最后一个 div 元素
:even	获取索引是偶数的所有元素，索引从 0 开始	$('input:even')获取索引是偶数的 input 元素
:odd	获取索引是奇数的所有元素，索引从 0 开始	$('input:odd')获取索引是奇数的 input 元素
:eq(index)	获取索引等于 index 的元素，index 从 0 开始	$('input:eq(1)')获取索引等于 1 的 input 元素

使用基本过滤选择器，实现如图 8-5 所示效果，HTML 代码如下。

```
<div class="contain">
  <h2>图书热卖榜</h2>
  <ul>
    <li>Vue 框架应用开发</li>
    <li>JavaScript 高级应用</li>
    <li>JavaScript 实战教程</li>
    <li>HTML5 与 CSS3 案例教程</li>
    <li>jQuery 程序设计</li>
    <li>Vue 实战教程</li>
  </ul>
</div>
```


图 8-5　基本过滤选择器效果

根据图 8-5，添加如下代码。

```
// :header 为标题过滤选择器，选取 hn 标题
$(".contain :header").css({
"background-color": "#12BABA",
    color: "#ffffff",
});
//获取列表项的第一项
$(".contain li:first").css({ color: "red", "font-size": "16px" });
```

```
//获取列表项最后一项
$(".contain li:last").css("border-bottom", "0px");
//获取列表项索引号为偶数的项
$(".contain li:even").css("background-color", "#FCF0D9");
//获取列表项索引号为奇数的项
$(".contain li:odd").css("background-color", "#FCECCA");
```

2. 属性过滤选择器

属性过滤选择器通过元素的属性来获取相应的元素，如表 8-5 所示。

表 8-5 属性过滤选择器

选择器	描述	示例
[attribute]	获取拥有此属性的元素	$('div[id]')获取拥有 id 属性的元素
[attribute=value]	获取属性的值为 value 的元素	$('div[title=test]')获取 title 属性为 test 的 div 元素
[attribute!=value]	获取属性的值不等于 value 的元素	$('div[title!=test]')获取 title 属性不等于 test 的 div 元素。注意：没有 title 属性的 div 元素也会被获取

使用属性过滤选择器获取页面元素，HTML 代码如下。

```
<section id="news">
  <ul>
  <li><a href="sale.com/act.html" class="hot"><span>[特惠]</span>品牌配件满 199 元减 100 元</a></li>
  <li><a href="www.aa.com/news.aspx?id=29252"><span>[公告]</span>节能领跑</a></li>
  <li><a href="sale.jd.com/act/ugk2937w.html" class="last"><span>[特惠]</span>领券五折</a></li>
  </ul>
</section>
```

使用属性过滤选择器获取元素，示例如下。

```
//获取带有 class 的属性的元素
$("#news a[class]").css("background","#ccffcc");
//获取带有 class 的属性且值为 hot 的元素
$("#news a[class='hot']").css("background","#ccffcc");
//获取带有 class 的属性且值不是 hot 的元素
$("#news a[class!='hot']").css("background","#ccffcc");
```

3. 子元素过滤选择器

子元素过滤选择器如表 8-6 所示。

表 8-6 子元素过滤选择器

选择器	描述	示例
:first	获取第一个子元素	从一组对象中找到第一个对象
:last	获取最后一个子元素	从一组对象中找到最后一个对象
:first-child	获取每个父元素的第一个子元素	为每个父元素匹配第一个子元素，例如$('ul li:first-child')获取每个 ul 中第一个 li 元素
:last-child	获取每个父元素的最后一个子元素	将为每个父元素匹配最后一个子元素，例如$('ul li:last-child')获取每个 ul 中最后一个 li 元素

理解 jQuery 中:first 和:first-child 的区别，案例的 HTML 代码如下。

```
<ul>
  <li>ul_1 item 1</li>
```

```
    <li>ul_1 item 2</li>
    <li>ul_1 item 3</li>
    <li>ul_1 item 4</li>
    <li>ul_1 item 5</li>
  </ul>
  <ul>
    <li>ul_2 item 1</li>
    <li>ul_2 item 2</li>
    <li>ul_2 item 3</li>
    <li>ul_2 item 4</li>
    <li>ul_2 item 5</li>
  </ul>
```

使用:first，代码如下。

```
$(function(){
  //获取 ul 下的所有 li 元素（一共 10 个），筛选出第一个 li 元素
  $("ul li:first").css("background-color","yellow");
});
```

运行效果如图 8-6 所示，可以看出只有第一个 li 元素被选中。

使用:first-child，代码如下。

```
$(function(){
  //先获取 ul，再获取其子元素的第一个 li 元素
  $("ul li:first-child").css("background-color","yellow");
});
```

运行效果如图 8-7 所示，可以看出每一个 ul 的第一个 li 元素都被选中。

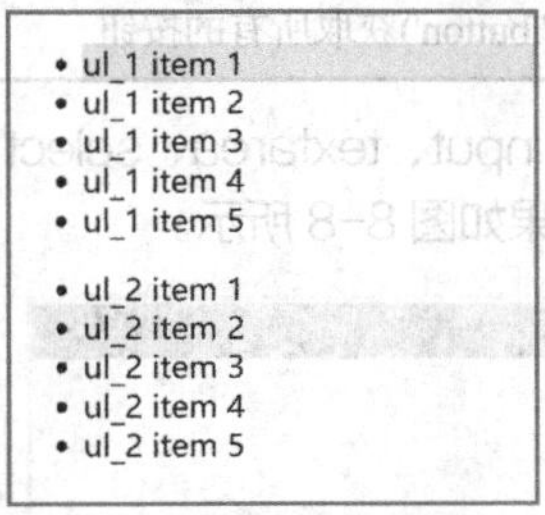

- ul_1 item 1
- ul_1 item 2
- ul_1 item 3
- ul_1 item 4
- ul_1 item 5

- ul_2 item 1
- ul_2 item 2
- ul_2 item 3
- ul_2 item 4
- ul_2 item 5

图 8-6　使用:first 的效果

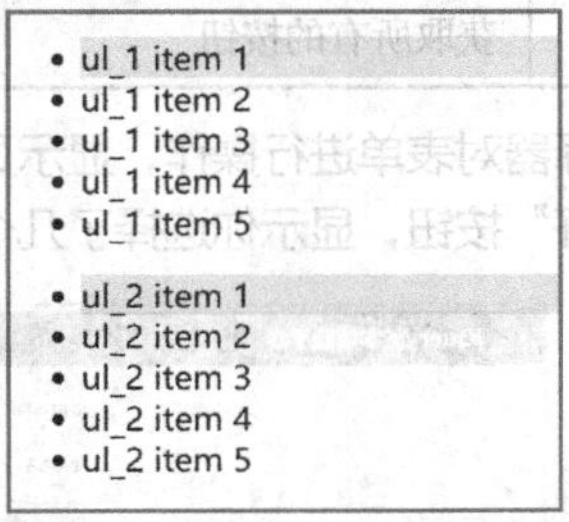

- ul_1 item 1
- ul_1 item 2
- ul_1 item 3
- ul_1 item 4
- ul_1 item 5

- ul_2 item 1
- ul_2 item 2
- ul_2 item 3
- ul_2 item 4
- ul_2 item 5

图 8-7　使用:first-child 的效果

4. 表单对象属性过滤选择器

表单对象属性过滤选择器主要是对所选择的表单元素进行过滤，如选择下拉框、多选框等。表单对象属性过滤选择器如表 8-7 所示。

表 8-7　表单对象属性过滤选择器

选择器	描述	示例
:checked	获取所有可选的元素（单选框，复选框）	$('input:checked')获取所有可选的 input 元素
:selected	获取所有可选的选项元素（下拉列表）	$('select:selected')获取所有可选的选项元素

下面通过一个案例来理解:checked 选择器，代码如下。

```
<input type="checkbox" id="cr">
<label for="cr">我已经阅读了以上内容</label>
```

通过弹出消息框来判断复选框是否选中，示例如下。

```
$(document).ready(function () {
    var cr=$("#cr");
    cr.click(function(){
//:checked 选择器
    if(cr.is(":checked")){
        alert("感谢你的支持!");
    }
});
```

8.2.4 表单选择器

为了使用户能够更加灵活地操作表单，jQuery 中增加了表单选择器。表单选择器能够方便地获取表单的某个或某类型的元素，如表 8-8 所示。

表 8-8　　表单选择器

选择器	描述	示例
:input	获取所有的 input、textarea、select 和 button 元素	$(':input')获取所有 input、textarea、select 和 button 元素
:text	获取所有的单行文本框	$(':text')获取所有的单行文本框
:password	获取所有的密码框	$(':password')获取所有的密码框
:radio	获取所有的单选框	$(':radio')获取所有的单选框
:checkbox	获取所有的复选框	$(':checkbox')获取所有的复选框
:button	获取所有的按钮	$(':button')获取所有的按钮

使用表单选择器对表单进行操作，显示页面共有多少个 input、textarea、select 和 button 元素，并单击“你的爱好”按钮，显示你选择了几个爱好，页面效果如图 8-8 所示。

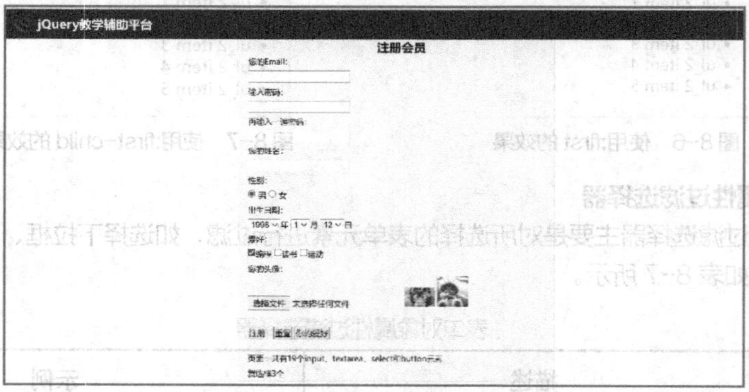

图 8-8　表单选择器的应用

HTML 代码如下。

```
<form method="post" name="myform" id="myform">
  <h1>注册会员</h1>
    <dl>
    <dt class="left">您的 Email:</dt>
    <dd>
```

```
<input type="hidden" name="userId" />
<input id="email" type="text" class="inputs" />
</dd>
</dl>
<dl>
<dt class="left">输入密码:</dt>
<dd>
<input id="pwd" type="password" class="inputs" />
</dd>
</dl>
<dl>
<dt class="left">再输入一遍密码:</dt>
<dd>
<input id="repwd" type="password" class="inputs" />
</dd>
</dl>
<dl>
<dt class="left">您的姓名:</dt>
<dd>
<input id="user" type="text" class="inputs" />
</dd>
</dl>
<dl>
<dt class="left">性别:</dt>
<dd>
<input name="sex" type="radio" value="1" checked="checked" /> 男
<input name="sex" type="radio" value="0" /> 女
</dd>
</dl>
<dl>
<dt class="left">出生日期:</dt>
<dd>
<select name="year">
<option value="1998">1998</option>
</select>年
<select name="month">
<option value="1">1</option>
</select>月
<select name="day">
<option value="12">12</option>
</select>日
</dd>
</dl>
<dl>
<dt class="left">爱好:</dt>
<dd>
<input type="checkbox" checked="checked" />编程
<input type="checkbox" />读书  <input type="checkbox" />运动
```

```
            </dd>
            </dl>
            <dl>
            <dt class="left">您的头像:</dt>
            <dd>
            <input id="fileImgHeader" type="file" />
            <img id="imgHeader" src="images/header1.jpg" />
            <input type="image" src="images/header2.jpg" />
            </dd>
            </dl>
            <dl>
            <dt> </dt>
            <dd class="bottom">
            <input name="btn" type="submit" value="注册" class="rb1" /> 
            <input name="btn" type="reset" value="重置" class="rb1" />
            <input type="button" value="你的爱好" />
            <button type="button" style="display: none"></button>
            </dd>
            </dl>
</form>
```

获取表单的 input、textarea、select 和 button 元素，以及复选框数量，代码如下。

```
$(document).ready(function(){
  //:input 选取所有 input、textarea、select 和 button 元素
  //使用 size 获取对象的长度
  var count=$(":input").size();
  $("#footer").html("页面一共有"+count+"个 input、textarea、select 和 button 元素<br/>");
  count=$(":checkbox").size();
  $("#footer").html($("#footer").html()+"复选框"+count+"个<br/>");
  //表单过滤选择器
  //显示爱好的数量
  $(":button[value='你的爱好']").click(function(){
    var hobby=$("input[type='checkbox']:checked").size();
    alert("你有"+hobby+"个爱好");
  });
});
```

8.2.5 任务实现

使用选择器实现列表的展开与收起效果，页面效果如图 8-2 和图 8-3 所示，步骤如下。

1. 完成 HTML 页面

根据页面效果，完成 HTML 页面，代码如下。

```
<div>
  <div id="left">展示效果:</div>
  <div id="content">
    <ul>
      <li><img src="./image/1.png" /></li>
      <li><img src="./image/2.png" /></li>
```

```
            <li><img src="./image/3.png" /></li>
            <li><img src="./image/4.png" /></li>
            <li><img src="./image/5.png" /></li>
            <li><img src="./image/6.png" /></li>
            <li><img src="./image/7.png" /></li>
            <li><img src="./image/8.png" /></li>
            <li><img src="./image/9.png" /></li>
            <li><img src="./image/10.png" /></li>
            <li><img src="./image/11.png" /></li>
            <li><img src="./image/12.png" /></li>
        </ul>
    </div>
    <div id="right">
        <a href="#">更多</a>
    </div>
</div>
```

2. 添加 jQuery 库文件

创建 js 文件夹，将 jQuery 库文件放在文件夹中，并引入页面，代码如下。

```
<script src="js/jquery-3.6.0.js"></script>
```

3. 页面加载时隐藏部分品牌

在 js 文件夹中创建 category.js，实现页面加载时隐藏 ul 下索引值大于 3 的 li 元素，代码如下。

```
$(document).ready(function () {
    // 选取索引值大于 3 的 li 元素
    var $category = $("ul li:gt(3)");
    $category.hide();
});
```

4. 绑定事件，实现展开与收起列表功能

当单击“更多”按钮时显示全部列表内容，再次单击“收起”按钮时列表精简显示，代码如下。

```
var $toggleBtn = $("div#right > a");
$toggleBtn.click(function () {
    // $category.is(":visible")判断$category 是否可见
    if ($category.is(":visible")) {
        $category.hide();
        //$toggleBtn.text("更多")将按钮上的文字改为更多
        $toggleBtn.text("更多");
    } else {
        $category.show();
        //$toggleBtn.text("收起")将按钮上的文字改为收起
        $toggleBtn.text("收起");
    }
});
```

任务 8.3 任务拓展

1. jQuery 对象与 DOM 对象

初学 jQuery，读者经常分不清哪些是 jQuery 对象、哪些是 DOM 对象，因此需要重点了解 jQuery

对象和 DOM 对象，以及它们之间的关系。

通过构建一个页面来理解 jQuery 对象与 DOM 对象，HTML 代码如下。

```
<html>
<head>
<title></title>
</head>
<body>
<h3>例子</h3>
<p title="选择你最喜欢的水果.">你最喜欢的水果是?</p>
<ul>
  <li>苹果</li>
  <li>橘子</li>
  <li>菠萝</li>
</ul>
</body>
</html>
```

运行代码，效果如图 8-9 所示。

把图 8-9 中的页面元素用 DOM 树表示，如图 8-10 所示。

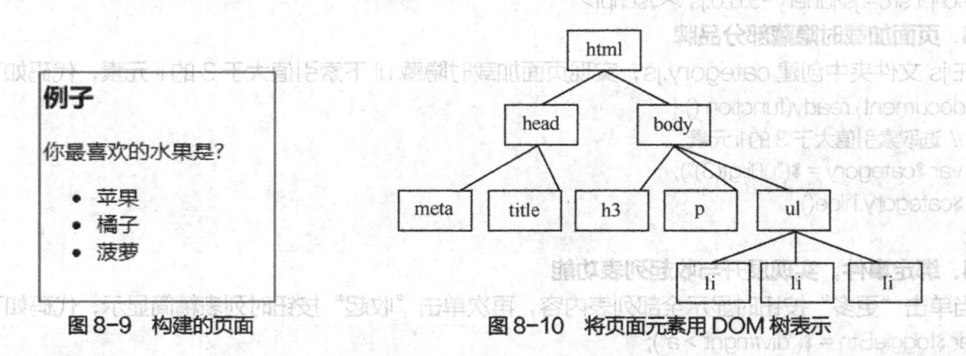

图 8-9　构建的页面　　　图 8-10　将页面元素用 DOM 树表示

在 DOM 树中，h3、p、ul，以及 ul 的 3 个 li 子节点都是 DOM 元素节点。可以通过 JavaScript 中的 querySelector 方法或者 getElementById 方法来获取元素节点，这样得到的 DOM 元素就是 DOM 对象。使用 JavaScript 中的 getElementById 方法来获取 DOM 对象，示例如下。

```
var domObj = document.getElementById("id");        //获取 DOM 对象
var objHTML = domObj.innerHTML;
```

jQuery 对象是通过 jQuery 包装 DOM 对象后产生的对象。如果一个对象是 jQuery 对象，那么就可以使用 jQuery 中的方法来获取，示例如下。

```
$("#foo").html();     //获取 id 为 foo 的元素内的代码
```

这段代码等同于：

```
document.getElementById("foo").innerHTML;
```

jQuery 对象无法使用 DOM 中的任何方法，例如"$('#id').innerHTML"和"$('#id').checked"等写法都是错误的，可以用"$('#id').html()"和"$('#id').attr('checked')"等 jQuery 中的方法来代替。同样，DOM 对象也不能使用 jQuery 中的方法，例如"document.getElementById('id').html()"会报错，只能用"document.getElementById('id').innerHTML"语句。

2. jQuery 对象和 DOM 对象的相互转换

jQuery 对象和 DOM 对象在相互转换之前，需要先约定好定义变量的风格。如果获取的是 jQuery

对象，那么需要在变量前面加上“$”，示例如下。

```
var $variable = jQuery 对象;
```

如果获取的是 DOM 对象，则定义如下。

```
var variable = DOM 对象;
```

jQuery 对象不能使用 DOM 中的方法，但如果对 jQuery 对象所提供的方法不熟悉，或者 jQuery 没有封装想要的方法，不得不使用 DOM 对象的时候，则有以下几种处理方法。

① jQuery 提供两种方法将 jQuery 对象转换成 DOM 对象，即[index]方法和 get(index)方法。

② jQuery 对象是一个数组对象，可以通过[index]方法得到相应的 DOM 对象。

使用[index]方法将 jQuery 对象转换成 DOM 对象，示例如下。

```
var $cr = $ ('#cr');        //jQuery 对象
var cr = $cr[0];            //DOM 对象
alert(cr.checked)           //检查 checkbox 是否被选中
```

通过 get(index)方法得到相应的 DOM 对象，这种方法是 jQuery 本身提供的，示例如下。

```
var $cr = $('#cr');         //jQuery 对象
var cr = $cr.get(0);        //DOM 对象
alert(cr.checked);          //检查 checkbox 是否被选中
```

对于一个 DOM 对象，只需要用“$()”把 DOM 对象包装起来，就可以获得一个 jQuery 对象了，方式为“$(DOM 对象)”，示例如下。

```
var cr = document.getElementById('cr');  //DOM 对象
var $cr = $(cr);    //jQuery 对象
```

将 DOM 对象转换成 jQuery 对象后，就可以任意使用 jQuery 中的方法了。

通过以上方法，可以任意地相互转换 jQuery 对象和 DOM 对象。DOM 对象只能使用 DOM 中的方法，jQuery 对象不可以使用 DOM 中的方法，但 jQuery 对象提供了一套更加完善的工具用于操作 DOM 对象。

【本章小结】

本章详细讲解了 jQuery 中的各类选择器。选择器是行为与文档内容之间的纽带，选择器的最终目的是能够轻松地找到文档中的元素，从而丰富页面的交互效果。

【本章习题】

一、选择题

1. 关于 jQuery 的描述，下列选项错误的是（　　）。
   A. jQuery 是一个 JavaScript 函数库
   B. jQuery 极大地简化了 JavaScript 编程
   C. jQuery 的设计理念是“write less, do more”
   D. jQuery 的核心功能不是根据选择器查找 HTML 元素

2. 在 jQuery 中，下列关于文档就绪函数的写法错误的是（　　）。
   A. $(document).ready(function() {});
   B. $(function() {});
   C. $(document)(function() {});
   D. $().ready(function() {});

3. 下列哪个选项不是 jQuery 选择器？（　　）

A. 基本选择器　　B. 层次选择器　　C. 表单选择器　　D. CSS 选择器

4. 下列哪个选项不能正确地得到如下标签？（　　）

```
<input id='btnGo' type='button' value='单击我' class='btn'/>
```

A. $('#btnGo')　　B. $('.btnGo')

C. $('.btn')　　D. $('input[type='button']')

5. 在页面中有如下结构的代码：

```
<div id='header'>
  <h3><span>S3N 认证考试</span></h3>
  <ul>
    <li>一</li>
    <li>二</li>
    <li>三</li>
    <li>四</li>
  </ul>
</div>
```

下列哪个选项不能让“四”的颜色变成红色？（　　）

A. $('#header ul li:eq(3)').css('color','red');

B. $('#header li:eq(3)').css('color','red');

C. $('#header li:last').css('color',red');

D. $('#header li:gt(3)').css('color','red');

二、操作题

1. 实现图 8-11 所示的双色表格。当页面加载完毕时，表格隔行变色，其中标题行字体颜色为白色，首行背景颜色值为#00a40c，偶数行颜色值为#a5e5aa。

学生信息表

学号	姓名	性别	年龄	电话号码
20211201	陈乐	男	18	13888888888
20211202	李伟	男	19	13888888888
20211203	卢宏	男	18	13888888888
20211204	马松	男	17	13888888888
20211205	朱亮	男	18	13888888888
20211206	范华	男	19	13888888888
20211207	陈辉	男	18	13888888888
20211208	吴良	男	18	13888888888
20211209	张安	男	19	13888888888
20211210	吴东	男	18	13888888888
20211211	黄小	女	18	13888888888
20211212	陈亮	男	18	13888888888
20211213	黄丽	女	18	13888888888
20211214	张佳	女	18	13888888888
20211215	林佳	男	18	13888888888

图 8-11　双色表格

2. 实现图书分类列表的展开和收起效果。单击“简化”链接，将“社科”后面的列表项隐藏，同时将“简化”二字改为“扩展”，右边的向上图标改为向下图标；反之，单击“扩展”链接，可显示“社科”后面的列表项，同时“扩展”二字会改为“简化”，右边的向下图标改为向上图标，如图 8-12 和图 8-13

所示。

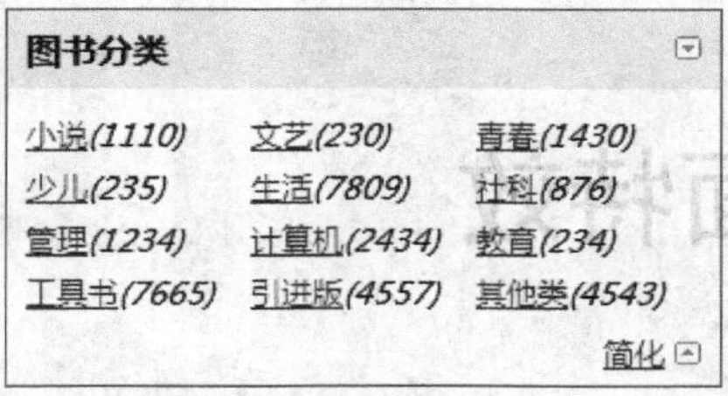

图书分类
小说(1110)
文艺(230)
青春(1430)
少儿(235)
生活(7809)
社科(876)
管理(1234)
计算机(2434)
教育(234)
工具书(7665)
引进版(4557)
其他类(4543)
简化

图8-12　显示全部列表

图书分类
小说(1110)
文艺(230)
青春(1430)
少儿(235)
生活(7809)
社科(876)
扩展

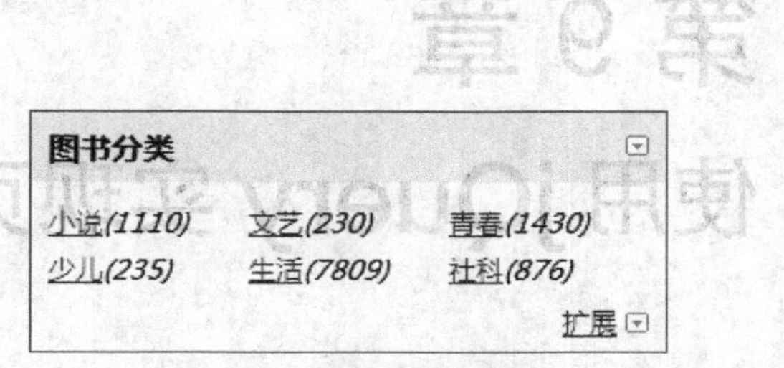

图8-13　显示部分列表

第 9 章 使用 jQuery 实现页面特效

▶ 内容导学

通过第 8 章的学习，读者应对 jQuery 有了初步的认识，学会了如何使用 jQuery 选择器。jQuery 提供的方法可以帮助我们高效地对页面节点进行操作，实现页面特效，通过本章的学习，读者将掌握 jQuery 的常用方法。

▶ 学习目标

① 掌握使用 jQuery 对 DOM 节点进行操作的方法。
② 掌握 jQuery 事件。
③ 掌握 jQuery 显示动画和隐藏动画方法。
④ 掌握 jQuery 中自定义动画的应用。

任务 9.1 使用增加和删除节点的方法实现购物车中商品的增删效果

通过 JavaScript 原生接口来操作节点是非常复杂与烦琐的，jQuery 可以简化这个过程，下面将介绍 jQuery 中，创建、插入、删除、复制、替换和遍历节点的方法。

【提出问题】

使用 jQuery 增加、删除节点的方法来实现购物车中商品的增删效果，单击“添加”链接，可以增加一行新的商品信息，单击“删除”链接，对应的商品所在行将被删除，页面效果如图 9-1 所示。

☐ 全选	商品	宜美惠价	数量	操作
☐	雨伞	¥32.9元	1 +	删除
☐	手机	¥3339元	1 +	删除
☐	笔记本电脑	¥3189元	1 +	删除

添加

图 9-1 增加或删除购物车中商品的页面效果

【知识储备】

9.1.1 创建节点

通过 JavaScript，我们可以轻松获取 DOM 节点并执行一系列操作。但是实际上，大多数开发人员习惯先定义 HTML 结构，而这是非常无效的。想象这样的情况：如果我们只能通过 Ajax 获取数据后再确定结构，就需要动态处理节点。

节点操作，首先需要创建节点。

1. 创建元素节点

创建元素节点常见的方法就是直接把这个节点的结构通过 HTML 标记字符串描述出来，再使用 jQuery 的工厂函数"$()"对其进行处理，格式为$("HTML 结构")，示例如下。

```
$("<div></div>")
```

2. 创建文本节点

创建文本节点与创建元素节点类似，可以直接在创建元素节点的同时描述文本内容，示例如下。

```
$("<div>我是文本节点</div>")
```

3. 创建属性节点

创建属性节点的方式与创建元素节点一样，示例如下。

```
$("<div id='test' class='study'>我是属性节点</div>")
```

9.1.2 插入节点

动态创建节点后，还需要将新创建的节点插入 DOM 树，这样才能在页面中显示新节点。将新创建的节点插入 DOM 树最简单的办法是让它成为这个 DOM 树中某个节点的子节点，插入节点的方法如表 9-1 所示。

表 9-1 插入节点的方法

方法	功能	示例
append	向元素内部追加内容	$("p").append("<b>Hello</b>"); 结果：<p><b>Hello</b></p>
appendTo	追加内容到指定元素	$("<b>Hello</b>").appendTo("p"); 结果：<p><b>Hello</b></p>
prepend	在指定元素内容前增加新元素	已有<p>World</p> $("p").prepend("<b>Hello </b>"); 结果：<p><b>Hello</b>World</p>
prependTo	在指定元素内容前增加内容	$("<b>Hello </b>").prependTo("p"); 结果：<p><b>Hello </b>World</p>
after	在匹配的元素后加入内容	$("p").after("<b>Hello</b>"); 结果：<p></p><b>Hello</b>
insertAfter	在匹配的元素后加入内容	$("<b>Hello</b>").insertAfter("p"); 结果：<p></p><b>Hello</b>
before	在匹配的元素前加入内容	$("p").before("<b>Hello</b>"); 结果：<b>Hello</b><p></p>
insertBefore	在匹配的元素前加入内容	$("<b>Hello</b>").insertBefore("p"); 结果：<b>Hello</b><p></p>

向列表项插入节点，示例如下。

```
<script src="js/jquery-3.6.0.js"></script>
<p title="你最喜欢的运动">你最喜欢的运动是什么?</p>
<ul>
<li title="篮球">篮球</li>
<li title="足球">足球</li>
<li title="羽毛球">羽毛球</li>
</ul>
    <script>
      //向 ul 中接入一个 li 节点
      $("ul").append('<li title="乒乓球">乒乓球</li>');
      //使用 appendTo 方法向 ul 中插入节点
      var li = $('<li title="乒乓球">乒乓球</li>');
      li.appendTo($("ul"));
    </script>
```

运行效果如图 9-2 所示。

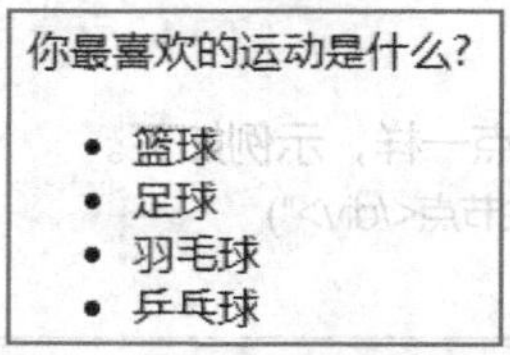

你最喜欢的运动是什么?

- 篮球
- 足球
- 羽毛球
- 乒乓球

图 9-2　插入节点后的运行效果

9.1.3　删除节点

jQuery 提供了几种不同的方法来删除节点，分别有 remove 方法、detach 方法和 empty 方法。

1. remove 方法

remove 方法的作用是从 DOM 中删除所有的匹配元素。参数可有可无，无参数时，直接从 DOM 中删除 remove 方法的调用者；有参数时，参数为 jQuery 表达式，用来筛选元素。

无参数时，示例如下。

```
$("ul li:eq(0)").remove();      //获取 ul 中的第一个 li 节点后，删除该节点
```

使用带参数的 remove 方法，删除 ul 节点的第 1 个 li 元素，示例如下。

```
$("ul li").remove("li[title=篮球]"); //删除 ul 中 title 属性为篮球的 li 节点
```

代码运行效果如图 9-3 所示。

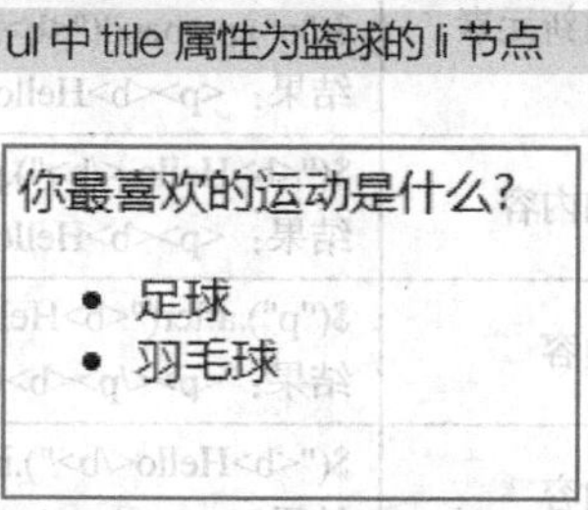

你最喜欢的运动是什么?

- 足球
- 羽毛球

图 9-3　使用 remove 方法删除节点

用 remove 方法删除某个节点后，该节点所包含的所有后代节点同时被删除。remove 方法的返回值是一个指向已被删除的节点的引用，因此以后可以再次使用这些元素，示例如下。

```
var $li = $("ul li:eq(0)").remove();
$li.appendTo("ul");
```

若被删除的节点之前绑定了事件，且删除后又重新追加进来，则该节点上所绑定的事件已经失效，示例如下。

```
$("ul li").click(function(){
  alert($(this).html());
});   //为每个 li 节点绑定单击事件
var $li = $("ul li:eq(0)").remove();
$li.appendTo("ul");   //重新追加后，之前绑定的单击事件失效
```

2. detach 方法

detach 方法与 remove 方法相同的是 detach 方法在删除元素节点后，也可以恢复；不同的是用 detach 方法删除所匹配的元素时，并不会删除该元素所绑定的事件、附加的数据，示例如下。

```
$("ul li").click(function(){
    alert($(this).html());
});   //为每个 li 节点绑定单击事件
var $li = $("ul li:eq(0)").detach();   //使用 detach 方法删除元素
$li.appendTo("ul");   //重新追加后，之前绑定的单击事件仍然有效
```

3. empty 方法

empty 方法只删除了指定元素中的所有子节点，不包含自身。该方法用于清空当前元素中的内容，能清空元素中的所有后代节点，而元素的标签部分仍被保留。

使用带参数的 empty 方法清空 ul 节点的第 1 个 li 元素，示例如下。

```
$("ul li:eq(0)").empty();
```

运行代码，效果如图 9-4 所示。

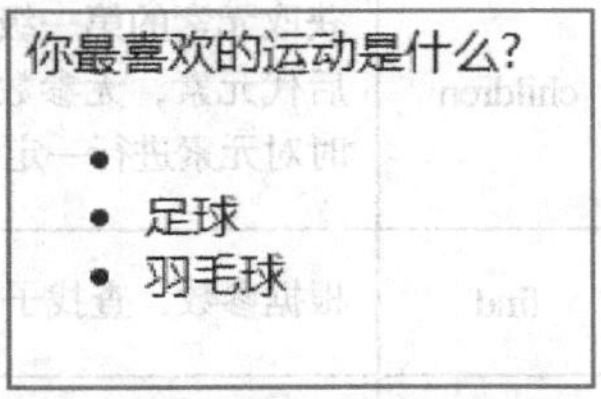

你最喜欢的运动是什么?

-
- 足球
- 羽毛球

图 9-4 使用 empty 方法删除节点

9.1.4 复制节点

可以通过 jQuery 中的 clone 方法实现元素节点的复制。

单击某个 li 元素后将其复制，并显示在 ul 节点的最后面，示例如下。

```
$("ul li").click(function(){
  $(this).clone(true).appendTo("ul");   //复制当前单击的节点，并将它追加到 ul 中
});
```

单击“篮球”后，列表下方出现新节点“篮球”，效果如图 9-5 所示。

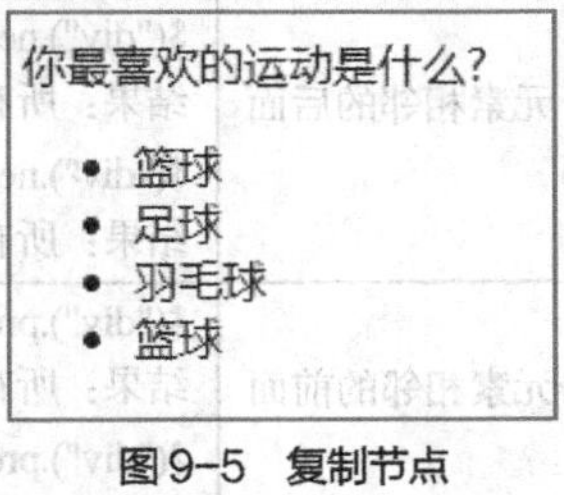

你最喜欢的运动是什么?

- 篮球
- 足球
- 羽毛球
- 篮球

图 9-5 复制节点

clone 方法可以使用布尔值作为参数，当值为 true 时表示深层克隆，即完全复制，包括复制变量、方法和事件；当值为 false 时表示浅层克隆，即只复制表层，不复制变量、方法和事件。

9.1.5 替换节点

可以通过 replaceWith 方法和 replaceAll 方法实现元素节点的替换。

replaceWith 方法可将匹配的元素全部替换成指定的 HTML 元素或者 DOM 元素，示例如下。

```
$("ul li:last").replaceWith("<li>乒乓球</li>");
```

也可以使用 replaceAll 方法来实现元素节点替换，该方法与 replaceWith 方法的作用相同，只是颠倒了 replaceWith 方法的操作顺序，示例如下。

```
$("<li>乒乓球</li>").replaceAll("ul li:last");
```

这两句代码都会实现图 9-6 所示的效果。

如果元素在被替换之前已经绑定了事件，则元素被替换后，绑定事件也随之消失，需要给新替换的元素重新绑定事件。

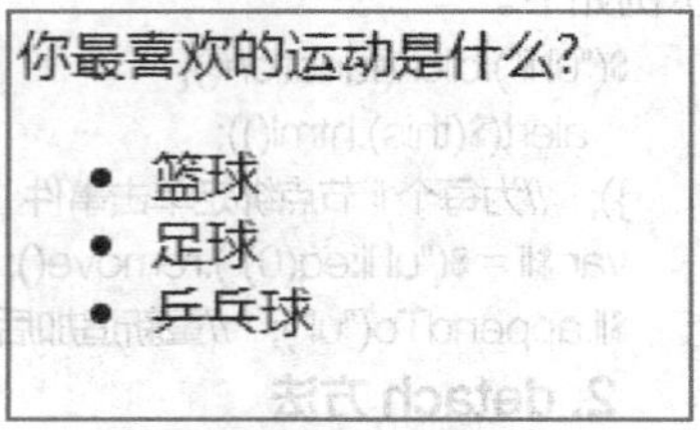

你最喜欢的运动是什么？

- 篮球
- 足球
- 乒乓球

图 9-6　替换节点

9.1.6　遍历节点

在 jQuery 中有很多遍历节点的方法，这些遍历节点的方法都可以使用 jQuery 表达式作为它们的参数来筛选元素，如表 9-2 所示。

表 9-2　遍历节点的方法

方法	功能	示例
children	获取元素的第一级子元素集合，不考虑其他后代元素，无参数时获取所有元素，有参数时对元素进行一定的筛选	$("div").children(); 结果：所有 div 的一级子元素 $("div").children(':last'); 结果：所有 div 的最后一个一级子元素
find	根据参数，查找子节点的所有后代节点	$("div").find("li"); 结果：所有 div 的后代节点里的所有 li
parent	查找集合里的每一个元素的父元素，无参数时获取所有元素，有参数时对元素进行一定的筛选	$("div").parent(); 结果：所有 div 的父元素 $("div").parent(':last'); 结果：所有 div 的最后一个父元素
parents	查找集合里的每一个元素的祖辈元素，无参数时获取所有元素，有参数时对元素进行一定的筛选	$("div").parents(); 结果：所有 div 的祖辈元素 $("div").parents('.import'); 结果：在所有 div 的祖辈元素中，筛选出 class="import"的元素
next	查找指定元素集合中每一个元素相邻的后面同辈元素的元素集合	$("div").next(); 结果：所有 div 后面的同辈元素 $("div").next(':first'); 结果：所有 div 的第一个元素后面的同辈元素
prev	查找指定元素集合中每一个元素相邻的前面同辈元素的元素集合	$("div").prev(); 结果：所有 div 前面的同辈元素 $("div").prev(':last'); 结果：所有 div 的最后一个元素前面的同辈元素
siblings	查找指定元素集合中每一个元素的同辈元素	$("div").siblings(); 结果：所有 div 的同辈元素 $("div").siblings(':last'); 结果：所有 div 的最后一个同辈元素

续表

方法	功能	示例
eq	获取当前链式操作中的第 *n* 个 jQuery 对象，参数必须是整数。参数大于等于 0 时为正向选取，参数小于 0 时为反向选取	$("div").eq(2); 结果：获取第三个 div 元素
each	each 是一个 for 循环的包装迭代器，它通过回调的方式处理元素，并且有 2 个参数，分别是索引与元素。回调方法中的 this 关键字指向当前迭代的 DOM 元素	$("li").each(function(index,element){if (index%2) {$(this).css('color','blue')}}); 结果：遍历所有的 li，修改偶数 li 内的字体颜色为蓝色

对元素进行遍历节点的操作，示例如下。

```
//将 ul 前面的同辈元素字体颜色设为蓝色
$("ul").prev().css('color', 'blue');
//将 ul 的第一个一级子元素字体颜色设为红色
$("ul").children(":first").css('color', 'red');
$("li").eq(2).css('color', 'green'); //将第三个 li 的字体颜色设为绿色
```

运行代码，效果如图 9-7 所示。

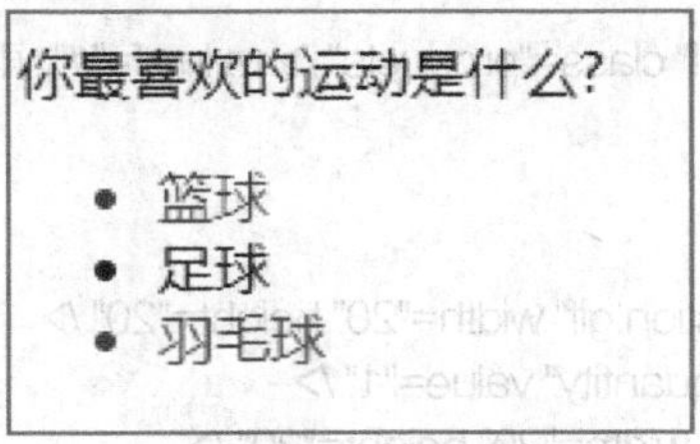

你最喜欢的运动是什么？

- 篮球
- 足球
- 羽毛球

图 9-7　遍历节点

使用 each 循环为 ul 中的每个 li 列表项运行指定的函数，示例如下。

```
<ul>
  <li>三国演义</li>
  <li>水浒传</li>
  <li>西游记</li>
  <li>红楼梦</li>
</ul>
<script>
  //参数 1(index): 单元索引号
  //参数 2(domEle): 单元值，此处是 DOM 对象
  $("ul li").each(function (index, domEle) {
    //特别注意: domEle 是一个 DOM 元素
    console.log(index, domEle);
    //此处的 this 会指向当前循环得到的 DOM 对象
    console.log(this);
    //要使用 jQuery 对象必须要使用$()方法对其进行包装
    //$(this) 和 $(domEle) 都是 jQuery 对象
    console.log($(this), $(domEle));
  });
</script>
```

9.1.7 任务实现

使用 jQuery 实现商品节点信息的动态增加、删除，效果如图 9-1 所示，步骤如下。

1. 制作 HTML 页面

根据任务效果，制作并美化 HTML 页面，示例如下。

```
<!-- 省略 HTML 骨架代码 -->
<table border="1" cellpadding="0" cellspacing="0">
  <tr>
    <th><input type="checkbox" />全选</th>
    <th>商品信息</th>
    <th>宜美惠价</th>
    <th>数量</th>
    <th>操作</th>
  </tr>
  <tr class="tr_0">
    <td><input name="" type="checkbox" value="" /></td>
    <td>
      <img src="images/sang.gif" class="products" /><a href="#">雨伞</a>
    </td>
    <td>¥32.9</td>
    <td>
      <img src="images/subtraction.gif" width="20" height="20" />
      <input type="text" class="quantity" value="1" />
      <img src="images/add.gif" width="20" height="20" />
    </td>
    <td>
      <a href="#" class="del">删除</a>
    </td>
  </tr>
  <tr>
    <td><input name="" type="checkbox" value="" /></td>
    <td>
      <img src="images/iphone.gif" class="products" /><a href="#">手机</a>
    </td>
    <td>¥3339</td>
    <td>
      <img src="images/subtraction.gif" width="20" height="20" />
      <input type="text" class="quantity" value="1" />
      <img src="images/add.gif" width="20" height="20" />
    </td>
    <td>
      <a href="#" class="del">删除</a>
    </td>
  </tr>
</table>
<a href="#" class="add">添加</a>
```

2. 引入 jQuery 库

创建 shopping.js 文件，并将其引入页面，示例如下。

```
<script src="js/jquery-3.6.0.js"></script>
<script src="js/shopping.js"></script>
```

3. 实现添加商品功能

当单击“添加”链接时，创建一行，然后通过 append 方法将创建的行添加到 table（表格）中，示例如下。

```
$(document).ready(function () {
  //为“添加”链接绑定单击事件
  $(".add").click(function () {
    //创建新节点，这里使用模板字符串拼接行节点的 HTML 代码
    //模板字符串使用反引号（``）来代替普通字符串中的双引号和单引号，模板字符串中可以使用换行，比用“+”连
    //接更方便
    var newNodeStr = `
      <tr>
        <td><input name='' type='checkbox' value='' /></td>
        <td>
          <img src='images/computer.jpg'   class='products' />
          <a href='#'>笔记本电脑</a>
        </td>
        <td>¥3189</td>
        <td>
          <img src='images/subtraction.gif' width='20' height='20' />
          <input type='text' class='quantity' value='1' />
          <img src='images/add.gif' width='20' height='20' />
        </td>
        <td>
          <a href='#' class='del'>删除</a>
        </td>
    </tr>`;
//使用$()函数创建节点
var $newNode = $(newNodeStr);
//向 table 中插入新建的节点
$("table").append($newNode);
});
```

运行代码，效果如图 9-8 所示。

☐ 全选	商品信息	宜美惠价	数量	操作
☐	雨伞	¥32.9	− 1 +	删除
☐	手机	¥3339	− 1 +	删除
☐	笔记本电脑	¥3189	− 1 +	删除

添加

图 9-8　添加商品

4. 实现删除商品功能

单击“删除”链接时，为新增行自动绑定单击事件，同时删除对应行，示例如下。

```
//使用 on 方法绑定事件，可以删除任意行，并可以为新增行自动绑定单击事件
//on 的语法：$(selector).on(event,[childSelector],[data],[function])
$("body").on("click", ".del", function () {
    $(this).parent().parent().remove();
});
```

运行代码，效果如图 9-9 所示。

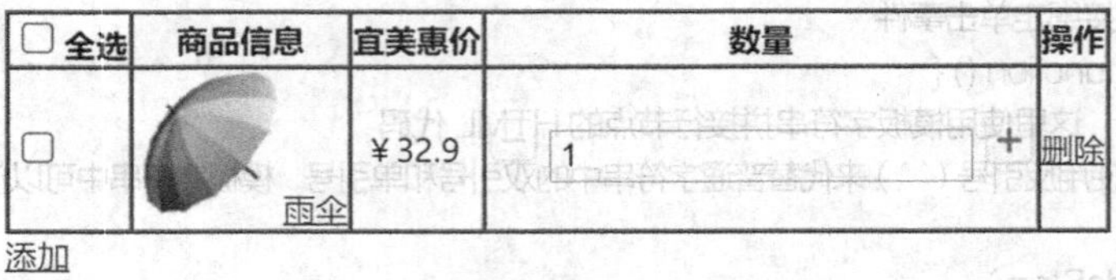

图 9-9　删除商品

5. 实现全选与全不选功能

单击全选前面的复选框，如果元素没有被选中，则实现全选；如果元素全被选中，则实现全不选，示例如下。

```
//为复选框绑定单击事件
$("th input[type]").click(function () {
    //获取表格中除 th 中的复选框外的所有复选框
    var $cks = $("td input[type=checkbox]");
    //获取表格中 th 中的复选框
    var ck = $("th input[type]");
    //如果 th 中的复选框是选中状态，则选中复选框，否则全不选
    if (ck.is(":checked")) {
      $cks.prop("checked", "true");
    } else {
      $cks.prop("checked", false);
    }
});
```

运行代码，效果如图 9-10 所示。

图 9-10　购物车初始效果

任务 9.2　使用事件实现导航菜单效果

JavaScript 与 HTML 之间的交互是通过用户操作浏览器页面时引发的事件来进行的。当文档或者它的某些元素发生某些变化时，浏览器会自动生成一个事件，事件是脚本编程的灵魂。本节内容包含鼠标事件、表单事件、键盘事件，以及事件的绑定与解绑等。通过对本节的事件的学习，读者能更快速地对页面进行交互操作。

【提出问题】

通过实现横向导航菜单效果来了解 jQuery 中事件、事件对象及合成事件等内容。当鼠标指针移入一级菜单上时，会显示对应的二级菜单，效果如图 9-11 所示。

图 9-11　导航菜单效果

【知识储备】

9.2.1　鼠标事件

为了使开发者更加方便地绑定事件，jQuery 封装了常用的事件以便提高开发效率，常用的鼠标事件如表 9-3 所示。

表 9-3　鼠标事件

方法名	描述
click(fn)	每一个匹配元素的 click（单击）事件
mouseover(fn)	每一个匹配元素的 mouseover（鼠标指针移入）事件
mouseout(fn)	每一个匹配元素的 mouseout（鼠标指针移出）事件
mousemove(fn)	每一个匹配元素的 mousemove（鼠标指针移动）事件

使用鼠标事件为 h1 标题切换背景，鼠标指针移入时，设置背景颜色为#FFE500；鼠标指针移出时，设置背景颜色为#BFB660，示例如下。

```
$("h1"). mouseover(function(){
    $(this).css("background", "#FFE500");
});
$("h1"). mouseout(function(){
    $(this).css("background", "#BFB660");
});
```

jQuery 提供了一个合成方法 hover，该方法可以更便捷地实现页面交互，它的基本语法如下。

```
$(selector).hover(handlerIn, handlerOut)
```

hover 方法的参数说明如下。

① handlerIn(eventObject)：当鼠标指针进入元素时触发执行的事件函数。

② handlerOut(eventObject)：当鼠标指针离开元素时触发执行的事件函数。

上面的代码可以修改为：

```
$("h1").hover(
        function() {
            $(this).css("background", "#FFE500");
        },
        function() {
            $(this).css("background", "#BFB660");
        }
    );
```

9.2.2 表单事件

jQuery 有 5 个常见的表单事件来处理表单元素的动作，这 5 个事件如表 9-4 所示。

表 9-4 表单事件

方法名	描述
focus(fn)	触发每一个匹配元素的 focus（焦点激活）事件
blur(fn)	触发每一个匹配元素的 blur（焦点丢失）事件
select(fn)	触发每一个匹配元素的 select（文本选定）事件
change(fn)	触发每一个匹配元素的 change（值改变）事件
submit(fn)	触发每一个匹配元素的 submit（表单提交）事件

通过一个案例来理解表单事件：在页面加载时，隐藏用户名和密码提示内容，当用户名文本框获得焦点时，文本框背景颜色设置为#D7E8F5；当用户名文本框失去焦点时，文本框背景颜色设置为#FFFFFF；当用户单击“登录”按钮时，如果用户名文本框和密码框没有输入内容，则提示用户输入；如果完成输入，则提交表单，示例如下。

1. HTML 关键代码

```
<!-- 省略 HTML 骨架代码 -->
<div id="login">
  <div id="triangle"></div>
  <h1>登录页面</h1>
    <form action="sucess.html">
    <input type="text" placeholder="输入用户名" />
    <div id="userName">请输入用户名</div>
    <input type="password" placeholder="输入密码" />
    <div id="pwd">请输入密码</div>
    <input type="button" value="登录" />
  </form>
</div>
```

2. 实现页面加载效果

```
$(document).ready(function () {
```

```
    //hide 方法可将内容隐藏
    $("#userName,#pwd").hide();
    //为用户名和密码框绑定 focus 事件
    $("#login input[type='text'],#login input[type='password']").focus(
      function () {
        $(this).css("background", "#D7E8F5");
      }
    );
    //为用户名和密码框绑定 blur 事件
    $("#login input[type='text'],#login input[type='password']").blur(
      function () {
        $(this).css("background", "#ffffff");
      }
    );
});
```

3. 实现提交表单效果

```
//为“登录”按钮绑定 click 事件
$("#login input[type='button']").click(function () {
    //获取输入的用户信息
    var userName = $("#login input[type='text']").val();
    //获取输入的密码信息
    var pwd = $("#login input[type='password']").val();
    if (userName.length == 0) {
      //显示用户名提示信息
      $("#userName").show();
      //用户名文本框获得焦点
      $("#login input[type='text']").focus();
      return false;
    }
    //用户名文本框输入内容后，隐藏提示信息
    $("#userName").hide();
    if (pwd.length == 0) {
      //显示密码提示信息
      $("#pwd").show();
      //密码框获得焦点
      $("#login input[type='password']").focus();
      return false;
    }
    //密码框输入内容后，隐藏提示信息
    $("#pwd").hide();
    //提交表单
    $("form").submit();
    return true;
});
```

运行代码，效果如图 9-12 所示。

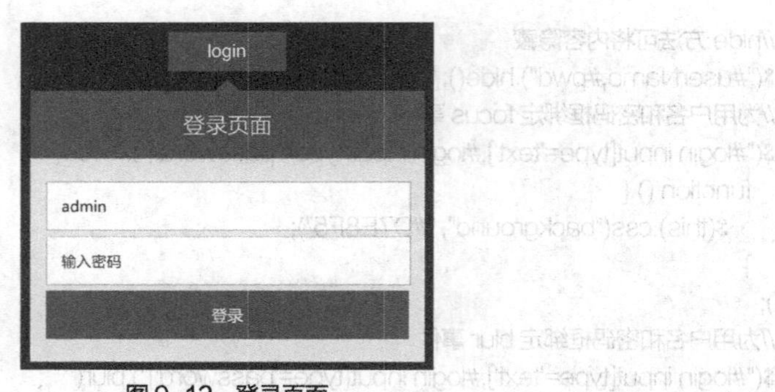

图 9-12　登录页面

9.2.3　键盘事件

jQuery 常用的键盘事件如表 9-5 所示。

表 9-5　键盘事件

方法名	描述
keydown(fn)	每一个匹配元素的 keydown（按键被按下）事件
keyup(fn)	每一个匹配元素的 keyup（按键被按下后弹起）事件
keypress(fn)	每一个匹配元素的 keypress（按键被按下后弹起并产生一个字符）事件

通过按键，可以获取键盘上对应按键的 ASCII 码，示例如下。

```
$(document).keyup(function(event){
  // event 是事件对象
  alert(event.keyCode);
});
```

上例中，event 表示事件对象，它是通过处理函数默认传递参数的，使用时只需要为函数添加一个参数即可，一般参数为 e 或 event。event.keyCode 就是获取按下键盘上的按键所返回的 ASCII 码，如上、下、左、右键的 ASCII 码分别是 38、40、37、39。

键盘事件的应用场景主要有使用键盘操作提高用户体验，比如，在登录时，通过同时按下<Ctrl>键和<Enter>键实现表单提交操作；或者在小说阅读网站，通过左、右方向键实现切换上一篇或下一篇，示例如下。

```
$(document).keyup(function (event) {
//同时按下<Ctrl>键和<Enter>键
    if (event.ctrlKey && event.keyCode == 13) {
        //完成表单提交操作
    }
  //按下键盘上的左、右方向键
    switch (event.keyCode) {
case 37:
alert('方向键-左');
break;
case 39:
alert('方向键-右');
break;
```

```
    }
    return false;
});
```

9.2.4 事件绑定与解绑

1. 事件绑定

鼠标事件、表单事件与键盘事件的特点是可以直接给元素绑定一个处理函数，所有这类事件都是属于快捷处理。通过代码可以看出，所有的快捷事件在底层的处理都是通过 on 方法来实现的。jQuery 中的 on 方法是官方推荐的绑定事件的一个方法，它的基本语法如下。

```
$(selector).on(event,childSelector,data,function)
```

on 方法的参数说明如下。

① event：必须，规定要从被选元素添加的一个或多个事件。

② childSelector：可选，规定只能添加到指定的子元素上的事件处理程序。

③ data：可选，规定传递到函数的额外数据。

④ function：可选，规定当事件发生时运行的函数。

对比快捷方式与 on 方法给元素绑定单击事件的不同，示例如下。

```
$("#elem").click(function(){});    //快捷方式
$("#elem").on('click',function(){});    //on 方法
```

可以使用 on 方法为多个事件绑定同一个函数，事件间需要通过空格分离来传递不同的事件名，示例如下。

```
$("#elem").on("mouseover mouseout",function(){ });
```

在 on 方法中，当一个事件被触发时，第二参数（对象）要传递给事件处理函数，示例如下。

```
function greet( event ) {
  alert( "Hello " + event.data.name );    //Hello jQuery
}
$( "button" ).on( "click", {
  name: "jQuery"
}, greet );
```

在 on 方法中，通过第二个参数的选择器可以实现事件委托，示例如下。

```
<div class="left">
  <p class="qwq">
    <a>目标节点</a>    //在这个元素上单击
  </p>
</div>
```

通过下面的语句也可以实现事件委托。

```
$("div").on("click","p",fn)
```

事件绑定在最上层的 div 元素上，当用户触发 a 元素时，事件将往上冒泡，一直会冒泡在 div 元素上。on 方法提供了第二参数，因此事件在往上冒泡的过程中若遇到了选择器匹配的元素，则会触发事件回调函数 fn。

2. 事件解绑

解除事件绑定使用 off 方法。根据 on 方法绑定事件的一些特性，off 方法也可以通过相应的传递组合的事件名、选择器或处理函数来移除绑定在元素上指定的事件处理函数。当有多个参数时，只有与这些参数完全匹配的事件处理函数才会被移除。

在应用 elem 样式的元素上绑定 2 个事件，示例如下。

```
$(".elem").on("mousedown mouseup",fn);
```

删除一个事件，示例如下。

```
$(".elem").off("mousedown");
```

删除所有事件，示例如下。

```
$(".elem").off("mousedown mouseup");
```

以快捷方式删除所有事件，可以不传递事件名，但节点上绑定的所有事件都会全部销毁，示例如下。

```
$(".elem").off();
```

9.2.5 任务实现

实现图 9-11 所示的横向导航菜单效果，操作步骤如下。

1. 完成页面结构

HTML 代码如下。

```
<!-- 省略 HTML 骨架代码 -->
<div id="header">
  <div class="nav">
    <ul id="droplist_ul">
      <li id="n0">
        <em><a href="default.htm">首页</a></em>
      </li>
      <li id="n1">
        <em><a href='#'>笔记本</a></em>
        <ul>
          <li><a href="#">笔记本</a></li>
          <li><a href="#">笔记本配件</a></li>
          <li><a href="#">笔记本包</a></li>
        </ul>
      </li>
      <li id="n2">
        <em><a href='#'>数码影音</a></em>
        <ul>
          <li><a href="#">数码影像</a></li>
          <li><a href="#">MP3/MP4</a></li>
          <li><a href="#">GPS</a></li>
          <li><a href="#">相机/摄像机配件</a></li>
          <li><a href="#">录音笔</a></li>
        </ul>
      </li>
      <li id="n3">
        <em><a href='#'>手机</a></em>
        <ul>
          <li><a href="#">手机</a></li>
          <li><a href="#">手机配件</a></li>
        </ul>
      </li>
      <li id="n4"><em>
```

```
            <a href='#'>硬件外设</a></em>
            <ul>
                <li><a href="#">核心硬件</a></li>
                <li><a href="#">外设产品</a></li>
                <li><a href="#">网络产品</a></li>
            </ul>
        </li>
        <li id="n5">
            <em><a href='#'>办公设备</a></em>
            <ul>
                <li><a href="#">办公设备</a></li>
                <li><a href="#">办公耗材</a></li>
            </ul>
        </li>
    </ul>
  </div>
</div>
```

2. 美化页面

完成页面美化，案例核心样式代码如下。

```
.nav li {
    float:left;
    position:relative;
    z-index:1;
    min-width:65px;
    _width:65px;
    display:inline;
    text-indent:13px;
    background:url(../images/01navli.png) no-repeat left top;
    margin:0 5px 0 0;
}
.nav li ul li {
    width:190px;
    margin:0 0 0 5px;
    height:32px;
    border-bottom:1px solid #cbcbcb;
    text-indent:8px;
    overflow:hidden;
    background:none;
}
.nav li.on {
    background:url(../images/01nav01.png) no-repeat;
}
```

3. 为菜单项添加事件

用 hover 方法绑定第一级的菜单鼠标指针移入移出事件，控制添加样式、删除样式，以及显示隐藏二级菜单。

```
$(document).ready(function(){
    //导航栏目
```

```
        $(".nav>ul>li:not(#n0)").hover(function(){
        //鼠标指针移入该栏目
        $(".nav>ul>li:not(#n0)").removeClass("on");
                $(this).addClass("on");
                $(this).find("ul").show();
        },function(){
                //鼠标指针移出该栏目
                $(this).removeClass("on");
                $(this).find("ul").hide();
        });
});
```

4. 为二级菜单添加或移除样式

鼠标指针移入一级菜单，弹出二级菜单后，鼠标指针移入二级菜单，并在当前项添加 hover 样式，鼠标指针移出时移除该样式，代码如下。

```
//顶部菜单弹出后，通过鼠标指针移动来替换样式
$(".droplist>li").hover(
    function(){
      //鼠标指针移入
      $(this).addClass("hover");
    },function(){
      //鼠标指针移出
      $(this).removeClass();
    }
);
```

任务 9.3 使用动画实现轮播图效果

在浏览网页时，我们经常可以看到各种炫丽的动画效果，如下拉菜单、图片轮播、广告浮动等。动画效果可以让页面更加酷炫，也可以优化页面的用户体验。通过本章的学习，读者将掌握 jQuery 中显示动画和隐藏动画的方法，并可以使用自定义动画实现页面特效。

【提出问题】

本节任务我们使用 jQuery 的动画实现图片横向轮播效果。页面加载时图片自动轮播，鼠标指针移入对应数字可以切换相应图片，效果如图 9-13 所示。

图 9-13 横向轮播效果

【知识储备】

9.3.1 显示动画和隐藏动画

show 方法和 hide 方法是最常用的显示方法与隐藏方法，它们相当于 CSS 中的 display 属性取不同的值，它们的基本语法如下。

```
$(selector).show(speed,easing,callback);
$(selector).hide(speed,easing,callback);
```

$(selector)表示选中的元素，speed 表示动画速度，callback 是回调函数，在显示或隐藏结束时调用。以 show 方法为例，介绍参数具体取值，如表 9-6 所示。

表 9-6 show 方法的参数取值

参数	描述
speed	可选。规定元素从隐藏到完全可见的速度，默认值为 0。 可选值如下。 • ms（如 1500） • slow（为 600ms） • normal（为 400ms） • fast（为 200ms） 在设置速度的情况下，元素从隐藏到完全可见的过程中，会逐渐地改变其高度、宽度、外边距、内边距和透明度。如果没有设置速度，则元素会直接显示
easing	可选。规定在动画的不同点上元素的速度，默认值为 swing。 可选值如下。 • swing：在开头/结尾移动速度慢，在中间移动速度快 • linear：匀速移动
callback	可选。show 方法执行完之后，要执行的方法。 除非设置了 speed 参数，否则不能设置该参数

hide 方法和 show 用法一致，但作用相反，如果被选元素已显示，则隐藏这些元素。

直接显示已隐藏的 p 元素，示例如下。

```
$(".btn").click(function(){
  $("p").show();    //不带参数直接显示
});
```

在 2s 内匀速显示已隐藏的 p 元素，完全显示后弹出“已完全显示”提示框，示例如下。

```
$(".btn").click(function(){
  $("p").show(2000,"linear",function(){
     alert("已完全显示");        //该匿名函数为回调函数
  });
});
```

toggle 方法可以在被选元素上进行 hide 方法和 show 方法之间的切换，该方法检查被选元素的可见状态，如果这个元素是隐藏的，则运行 show 方法；如果这个元素是可见的，则运行 hide 方法，而这会产生一种切换的效果。

单击鼠标，交替显示和隐藏 p 元素，示例如下。

```
$(".btn").click(function(){
  $("p").toggle("slow");
});
```

jQuery 还提供了 fadeIn 方法、fadeout 方法和 slideUp 方法、slideDown 方法，这两组方法的语法与 show 方法和 hide 方法一样，主要区别如下。

① fadeIn 方法和 fadeout 方法可以实现显示或隐藏的淡入淡出效果，即只改变元素的透明度，不改变高度、宽度等内容；fadeToggle 方法可以在 fadeIn 方法与 fadeOut 方法之间进行切换。

② slideUp 方法和 slideDown 方法可以实现元素的滑动效果，滑动效果只改变元素的高度；slideToggle 方法可以在 slideDown 方法与 slideUp 方法之间进行切换。

分别使用显示/隐藏、淡入/淡出和滑动方法，显示问题答案，HTML 结构如下。

```
<dl>
  <dt>1.你知道 jQuery 的 toggle 方法吗?</dt>
  <dd>答:toggle 方法是实现 show 方法和 hide 方法的一个切换方法。</dd>
  <dt>2.你知道 jQuery 的 fadeToggle 方法吗?</dt>
  <dd>答:fadeToggle 方法是实现 fadeIn 方法和 fadeOut 方法的一个切换方法。</dd>
  <dt>3.你知道 jQuery 的 slideToggle 方法吗?</dt>
  <dd>答:slideToggle 方法是实现 slideUp 方法和 slideDown 方法的一个切换方法。</dd>
</dl>
```

分别为 3 个问题绑定单击事件，使用显示/隐藏、淡入/淡出和滑动方法实现问题答案的动画效果，示例如下。

```
$(function() {
  $("dl dt:first").click(function() {
    var $dt = $(this).next();
    //判断答案是否显示
    if($dt.is(":visible")){
      $dt.hide("slow");
    }else{
      $dt.show(300);
    }
  });
  $("dl dt:eq(1)").click(function(){
    var $dt=$(this).next();
    if($dt.is(":visible")){
      $dt.fadeOut("slow");
    }else{
      $dt.fadeIn("fast");
    }
  });
  $("dl dt:last").click(function(){
    var $dt=$(this).next();
    if($dt.is(":visible")){
      $dt.slideUp("fast");
    }else{
      $dt.slideDown("normal");
    }
```

```
});
```

使用 toggle 方法可以更快速地实现上述效果，示例如下。

```
$("dl dt:eq(0)").click(function () {
  $(this).next().toggle("slow");
});
$("dl dt:eq(1)").click(function () {
  $(this).next().fadeToggle("slow");
});
$("dl dt:eq(2)").click(function () {
  $(this).next().slideToggle("slow");
});
```

代码运行效果如图 9-14 所示。

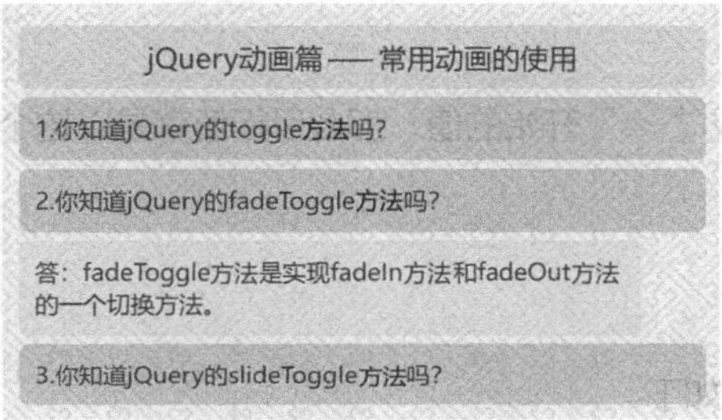

jQuery动画篇 —— 常用动画的使用
1.你知道jQuery的toggle方法吗？
2.你知道jQuery的fadeToggle方法吗？
答：fadeToggle方法是实现fadeIn方法和fadeOut方法的一个切换方法。
3.你知道jQuery的slideToggle方法吗？

图 9-14 显示/隐藏动画效果

jQuery 还提供了 fadeTo 方法，表示将元素设置为给定的不透明度（值在 0~1），如将 div 的透明度的值设置为 0.2，示例如下。

```
<div id="div1" style="width:80px;height:80px;background-color:red;"></div>
<script>
  $(document).ready(function(){
    $("button").click(function(){
      $("#div1").fadeTo("slow",0.2);
    });
  });
</script>
```

9.3.2 自定义动画

使用 animate 方法可以实现复杂的动画效果。将 p 段落执行 3s 的淡入动画，并对比用 fadeOut 方法和用 animate 方法设置动画的区别，示例如下。

```
$("p").fadeOut(3000)
$("p").animate({
  opacity:0
},3000);
```

显而易见，animate 方法更加灵活，可以精确地控制样式属性从而执行动画，语法如下。

```
.animate( properties ,[ duration ], [ easing ], [ complete ] );
.animate( properties, options );
```

其中，properties 参数表示一个或多个 CSS 属性的键值对所构成的 Object 对象。

要特别注意所有用于动画的属性必须是数字，除非另有说明，否则将不能使用基本的 jQuery 功能，如

border、margin、padding、width、height、font、left、top、right、bottom、wordSpacing 等。这些参数都是能产生动画效果的，而 background-color 的参数是 red 或者 RBG 这样的值，是不能使用动画效果的。注意，CSS 样式使用 DOM 名称（如"fontSize"）来设置，而非 CSS 名称（如"font-size"），示例如下。

```
.animate({
  left: 50,
  width: '50px'
  opacity: 'show',
  fontSize: "10em",
}, 500);
```

除了定义数值，每个属性都能使用 show、hide 和 toggle。这些快捷方式允许定制显示和隐藏动画来控制元素的显示或隐藏，示例如下。

```
.animate({
  width: "toggle"
});
```

如果提供一个以“+=”或“-=”开始的值，那么目标值就是以这个属性的当前值加上或者减去给定的数字来计算的，示例如下。

```
.animate({
  left: '+=50px'
}, "slow");
```

animate 方法的参数说明如下。

① duration：可选参数，表示动画执行的时间，持续时间是以毫秒为单位的；值越大表示动画执行得越慢，而不是越快。除了具体数字，该参数还可以提供 fast、normal 和 slow 字符串，分别表示持续时间为 200、400 和 600 毫秒。

② easing：可选参数，过渡效果的名称。jQuery 库中默认调用 swing，easing 参数可选的值有 32 种，如 linear、easeOutBounce、easeInBounce 等，具体可以查询相关文档。

③ complete：可选参数，在动画完成时执行的函数，当前动画确定完成后会触发。

animate 方法在执行动画中，如果需要观察动画的一些执行情况，或者在动画进行中的某一时刻进行一些其他处理，则可以通过 animate 方法提供的第二种设置语法来传递一个对象参数，以获取动画执行状态的一些通知。

9.3.3 停止动画

动画在执行过程中是允许被暂停的，若一个元素调用 stop 方法，则当前正在运行的动画将立即停止。stop 方法的语法如下。

```
.stop( [clearQueue ], [ jumpToEnd ] )
```

stop 方法的参数说明如下。

① clearQueue：布尔值，表示是否清除动画队列，true 为清除，false 为不清除。

② jumpToEnd：布尔值，表示是否跳转到当前动画的最终效果，true 为跳转，false 为停留在当前状态。

animate 方法和 stop 方法的示例如下。

```
<input id="exec" type="button" value="执行动画" />
<input id="stop" type="button" value="停止动画" /><br /><br />
    点击观察动画效果:
<select id="animation">
<option value="1">--请选择--</option>
```

```
<option value="1">stop()</option>
<option value="2">stop(true)</option>
<option value="3">stop(true,true)</option>
</select>
<div id="qwq"></div>
```

执行动画的代码如下。

```
$("#exec").click(function(){
  // $("#qwq").animate().animate()动画队列表示动画按顺序执行
  $("#qwq").animate({
    height: 300
  }, 5000);
  $("#qwq").animate({
    width: 300
  }, 5000);
  $("#qwq").animate({
    opacity: 0.6
  }, 2000);
});
```

停止动画的代码如下。

```
$("#stop").click(function() {
  var v = $("#animation").val();
  var $qwq = $ ("#qwq");
  if (v == "1") {
    //当前动画
    $qwq.stop();
  } else if (v == "2") {
    //停止所有队列
    $qwq.stop(true);
  } else if (v == "3") {
    //停止动画，直接结束当前动画
    $qwq.stop(true,true);
  }
});
```

代码运行效果如图 9-15 所示。

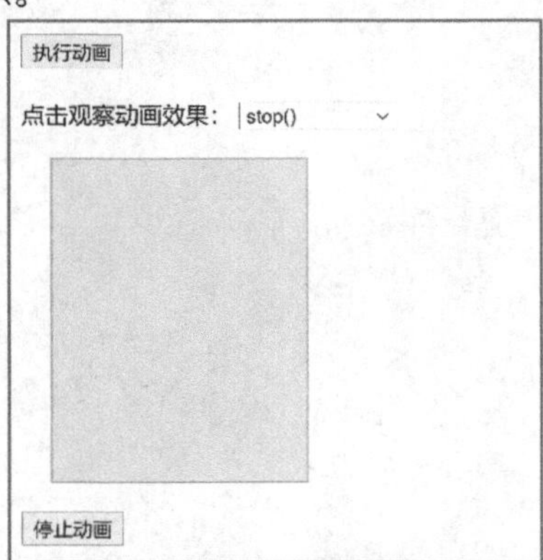

图 9-15　动画运行效果

9.3.4 任务实现

根据素材，使用自定义动画完成如图 9-13 所示效果，操作步骤如下。

1. 完成 HTML 结构

HTML 关键代码如下。

```
<link href="css/basic.css" rel="stylesheet" type="text/css" />
<link href="css/slider.css" rel="stylesheet" type="text/css" />
<!-- 此处引入 jQuery 库和轮播图 js 文件 -->
<script src="js/jquery-3.6.0.js"></script>
<script src="js/slider.js"></script>
<div id="slider">
  <ul id="show">
    <li><img src="images/1.jpg" alt="1" /></li>
    <li><img src="images/2.jpg" alt="2" /></li>
    <li><img src="images/3.jpg" alt="3" /></li>
    <li><img src="images/4.jpg" alt="4" /></li>
    <li><img src="images/5.jpg" alt="4" /></li>
  </ul>
  <ul id="number">
    <li>1</li>
    <li>2</li>
    <li>3</li>
    <li>4</li>
    <li>5</li>
  </ul>
</div>
```

2. 添加 CSS 样式

```
#slider {
  float: left;
  width: 800px;
  height: 550px;
  position: relative;
  overflow: hidden;
  border: solid 1px #b99f81;
  margin-top: 5px;
  margin-left: 5px;
  margin:0px auto;
}
#slider ul#show {
  width:4000px;
  height:550px;
  position:absolute;
}
#slider ul#show li {
```

```
    float:left;
    cursor:pointer;
  }
  #slider img {
    display:block;
    width:800px;
    height:550px!important;      /*Firefox 浏览器*/
    *height:550px!important;   /*IE7 及以上的浏览器*/
    height:550px;    /*IE6 浏览器*/
  }
  #number {
    width:150px;
    height:25px;
    position:absolute;
    bottom:5px;
    right:5px;
  }
  #number li {
    float:left;
    width:20px;
    height:20px;
    text-align:center;
    line-height:20px;
    background:#fff;
    border:solid 1px #b50000;
    margin-left:5px;
  }
  #number li.on {
    color: #fff;
    line-height:20px;
    width: 20px;
    height: 20px;
    font-size: 14px;
    border:none;
    background:#b50000;
    font-weight: bold;
    cursor:pointer;
  }
```

3. 定义图片轮播方法

传递 index 参数，显示对应图片。代码中的"stop(true,false)"相当于"stop(true)"，执行该语句后，动画立刻全部停止，1s 后动画滑到对应的幻灯片图片。为移入的页码框增加样式，其他的页码框删除样式，参考代码如下。

```
function show(index) {
  // 获取 slider 容器的宽度
```

```
    var wid = $("#slider").width();
    //先将 show 容器的动画停止，再使用 animate 方法将 show 容器往左移
    $("#show").stop(true, false).animate({ left: -wid * index }, 1000);
    //移除所有列表项的 on 样式，为当前索引对应的列表项添加 on 样式
    $("#number li").removeClass("on").eq(index).addClass("on");
}
```

4. 定义鼠标指针移入数字播放图片方法

鼠标指针移入列表项数字时，播放下标为该数字的图片，并且终止定时器，鼠标指针移出时每 3s 切换一次幻灯片。

```
$(function () {
    //获取轮播图片数
    var len = $("#number li").length;
    var index = 0;
    var timer;
    //为列表项绑定 mouseover 事件
    $("#number li").mouseover(function () {
        //获取当前列表项对应的索引号
        index = $("#number li").index(this);
        //调用 show 方法，并传递 index 值
        show(index);
    });
    //获取第一个列表元素并模拟触发 mouseover 事件
    .eq(0)
    .trigger("mouseover");

    $("#slider").hover(
        function () {
            clearTimeout(timer); //鼠标指针移入时清除定时函数
        },
        function () {
            //鼠标指针移出时每 3s 调用一次 show 方法，并修改 index 值
            timer = setInterval(function () {
                show(index);
                index++;
                if (index == len) {
                    index = 0;
                }
            }, 3000);
        }
    ).trigger("mouseleave");        //模拟触发 mouseleave 事件
});
```

代码中，trigger("mouseover")方法表示模拟触发 mouseover 事件，这样就可以让数字 1 自动触发事件。执行处理函数，运行效果如图 9-16 所示。

图 9-16　幻灯片效果

任务 9.4　任务拓展

1. jQuery 的常用操作方法

每个元素都有一个或者多个特性，这些特性的用途就是给出相应元素或者其内容的附加信息，如在 img 元素中，src 就是元素的特性，用来标记图片的地址。

（1）操作标签属性

原生 js 操作属性的 DOM 方法主要有 3 个：getAttribute 方法、setAttribute 方法和 removeAttribute 方法，但实际操作有很多兼容性问题。在 jQuery 中封装了三个方法来获取标签属性值：attr 方法、prop 方法和 data 方法。如果要删除标签的属性，则需要使用 removeAttr 方法、removeProp 方法和 removeData 方法，具体如表 9-7 和表 9-8 所示。

表 9-7　获取标签属性值的方法

方法	功能
attr	获取/设置属性的值，固有属性和自定义属性均可
prop	获取/设置固有属性的值
data	获取/设置 HTML5 自定义属性的值

表 9-8　删除标签属性的方法

方法	功能
removeAttr	删除匹配的标签元素中的属性
removeProp	删除匹配的标签元素中的属性（用于删除、checked、selected 等表单的属性）
removeData	删除匹配的标签元素中的 HTML5 自定义属性

prop 方法只能获取/设置标签的固有属性，即系统提供好的属性，如 class、title、src 等，其使用示例如下。

```
<div title="ddd" index="1" data-name="zs">我是一个 div</div>
<script>
  // title、align 都是 div 标签的固有属性
  $('div').prop('title');                    //获取属性值
  $('div').prop('title', 'hahaha');          //设置属性值
  //使用对象可以同时设置多个属性
```

```
    $('div').prop({title: 'hh', align: 'center'});

    // attr 方法能够获取/设置标签的自定义属性
    //attr 方法也可以获取/设置标签的大多数固有属性
    $('div').attr({title: 'abc', index: 1});
    $('div').attr('title');

    //data 方法用来获取或者设置 HTML5 自定义属性值(data-*)
    $('div').data('name', 'zs');
    $('div').data('name');
</script>
```

（2）控制标签内容

读取、修改元素的 html 结构或者元素的文本内容是常见的 DOM 操作，jQuery 针对这样的处理提供了 2 个便捷的方法：html 方法与 text 方法，这两个方法用法相似，如表 9-9 所示。

表 9-9　设置标签内容的方法

方法	功能
html([str])	设置每一个匹配元素的 html 内容
text([str])	设置每一个匹配元素的文字内容

text 方法与 html 方法用法类似，但是 text 方法不识别标签，html 方法识别标签，示例如下。

```
<div id="d1"></div>
<div id="d2"></div>
<script>
    // text 方法和 html 方法中传入字符串就是修改标签内容
    $('#d1').text('<h2>对不起，我是警察</h2>');
    $ ('#d2').html('<h2>对不起，我是警察</h2>');

    // text 方法和 html 方法中没有参数，即获取标签的内容
    console.log($('#d1').text());
</script>
```

（3）控制表单值

jQuery 中的 val 方法主要用于获取/设置表单元素中的值，如 input、select 和 textarea，表达式为：val([value])。

使用 val 方法控制表单值，示例如下。

```
<form action="#">
<input type="text" id="username"><br>
<input type="password" id="password"><br>
<textarea id="sign"></textarea>
<button type="submit">提交</button>
</form>

<script>
    $('form').on('submit', function (e) {
        //若不传入参数，则获取值
        console.log($('#username').val());
```

```
        console.log($('#password').val());
        //若传入参数，则设置值
        $('#sign').val('JavaScript.程序设计');
        //阻止表单提交动作
        e.preventDefault();
    });
</script>
```

（4）addClass 方法和 removeClass 方法

addClass(className)方法用于动态增加类，removeClass 方法的作用是从匹配的元素中删除全部或者指定的类。

（5）toggleClass 方法

toggleClass 方法可以在匹配的元素集合中的每个元素上添加或删除一个或多个样式类。添加或删除几个样式类取决于这个样式类是否存在或值切换属性，如果存在（不存在）就删除（添加）一个类。

（6）css 方法

css 方法用于获取元素样式属性的计算值或者设置元素的 CSS 属性，如表 9-10 所示。

表 9-10　css 方法

方法	功能
css(propertyName)	获取匹配元素集合中的第一个元素的样式属性的计算值
css(propertyNames)	传递一组数组，返回一个对象结果

（7）index 方法

index 方法可以从匹配的元素中搜索给定元素的索引值，从 0 开始计数。

2. 自定义事件

类似 mousedown、click、keydown 等类型的事件都是浏览器提供的，这些事件通常称作原生事件，需要有交互行为才能被触发。在 jQuery 中通过 on 方法绑定一个原生事件，示例如下。

```
$('#elem').on('click', function() {
    alert("触发系统事件")
});
```

alert 语句执行的条件：必须有用户单击才可以执行。能否让事件自动触发呢？正常是不可以的，但是 jQuery 解决了这个问题，jQuary 提供了 trigger 方法来触发浏览器事件，示例如下。

```
$('#elem').trigger('click');
```

通过 trigger 方法可以模拟触发绑定在 id 为 elem 元素上的单击事件。trigger 方法除了能够触发浏览器事件，还支持自定义事件，并且自定义时间还支持传递参数，示例如下。

```
$('#elem').on('qwq', function(event,arg1,arg2) {
    alert("触发自定义事件");
});
$('#elem').trigger('qwq',['参数 1','参数 2']);
```

上述代码自定义了 qwq 事件，同时通过 trigger 方法模拟触发了该自定义事件。

【本章小结】

本章介绍了 jQuery 中的 DOM 操作，包括创建节点、插入节点、删除节点和遍历节点等；介绍了 jQuery 中常用的鼠标事件、表单事件和键盘事件等；介绍了 jQuery 显示动画的方法、隐藏动画的方法、自定义动画的方法，以及应用 jQuery 动画方法制作交互页面效果。

【本章习题】

一、选择题

1. 在 jQuey 中，如果想要从 DOM 中删除所有匹配的元素，则下列选项中正确的是（　　）。

A. delete 方法　　B. empty 方法

C. remove 方法　　D. removeAll 方法

2. 在 jQuery 中，（　　）可以实现找到所有元素的同辈元素。

A. nextAll 方法　　B. sibings 方法　　C. next 方法　　D. find 方法

3.（　　）可以将新节点追加到指定元素的末尾。

A. insertAfter 方法　　B. append 方法　　C. prepend 方法　　D. after 方法

4. 在 jQuery 中指定一个样式类，如果存在就执行删除功能，如果不存在就执行添加功能，下面哪个选项可以直接完成该功能（　　）。

A. removeClass　　B. deleteClass　　C. toggleClass(class)　　D. addClass

5. 关于下面代码中的动画执行顺序，正确的是（　　）。

```
$("p").animate({left:"500px"},3000)
          .animate({height:"500px"},3000)
          .css("border","5px solid blue")
});
```

A. 三者同时执行

B. 位置上先把 left 的变为 500px，然后高度变为 500px，最后 p 的边框变为"5px solid blue"

C. 位置上先把 left 的变为 500px，然后 p 的边框变为"5px solid blue"，最后高度变为 500px

D. css 方法并不会加入动画队列，所以首先 p 的边框变为"5px solid blue"，然后位置上把 left 的变为 500px，最后高度变为 500px

二、操作题

1. 根据提供素材，实现当在“昵称”和“留言内容”文本框内输入信息后，单击“单击这里提交留言”按钮，输入的信息会显示在页面上端的留言板中，如图 9-17 所示。若没有输入昵称和留言内容，单击“单击这里提交留言”时不能发送留言。

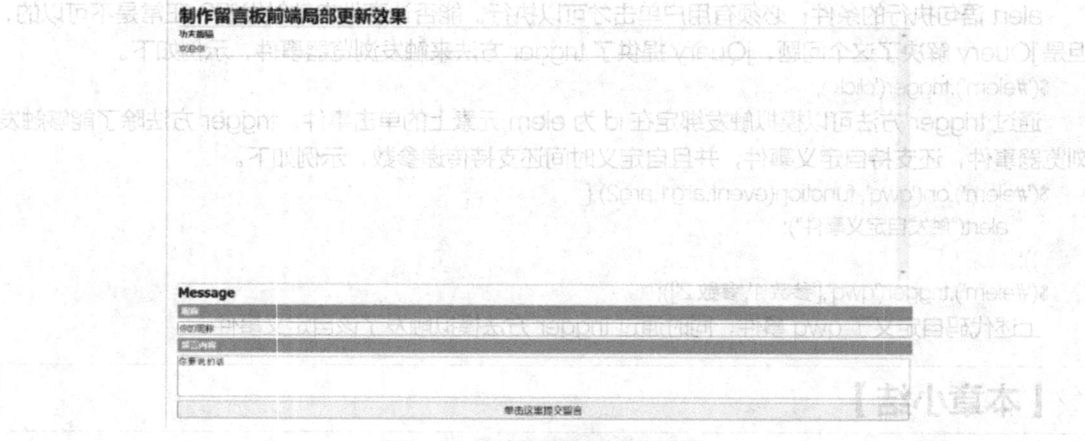

图 9-17　留言板前端局部更新效果

2. 根据提供素材，实现按<Tab>键切换效果。用户移入选项卡时，当前选项卡添加样式，如图 9-18 所示，其他选项卡不添加该样式，点击时，该选项卡的内容淡入显示。

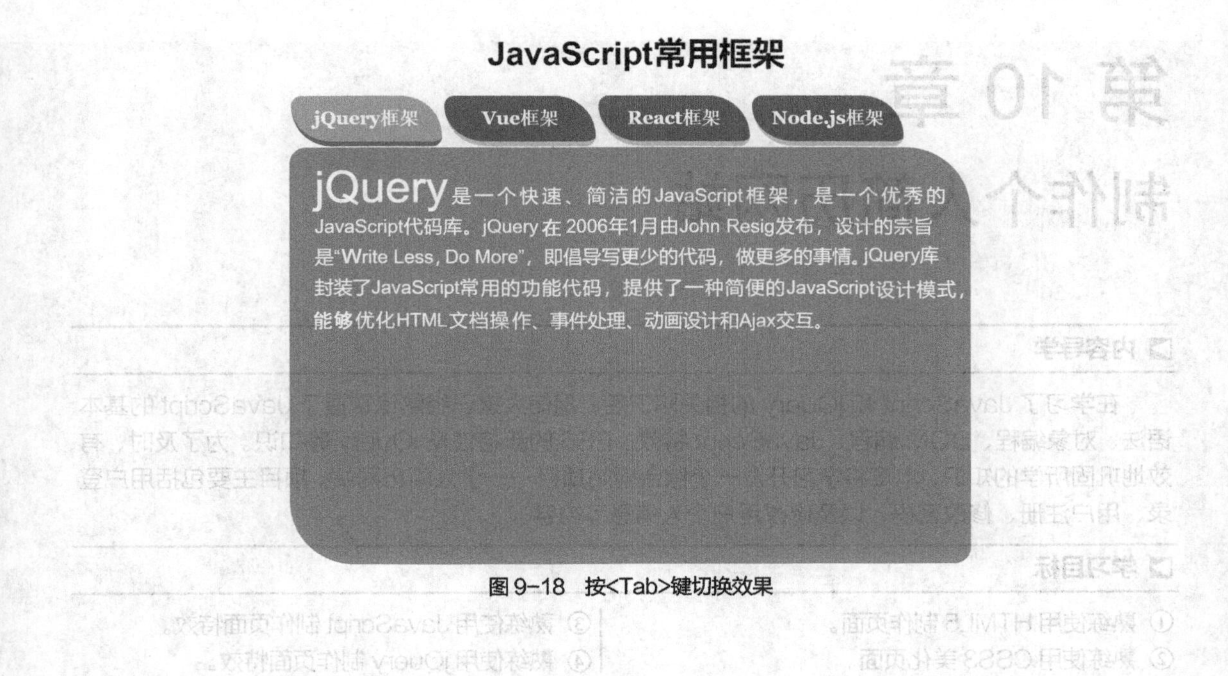

图 9-18 按<Tab>键切换效果

第 10 章

制作个人简历网站

10

内容导学

在学习了 JavaScript 和 jQuery 的相关知识后，相信大家已经熟练掌握了 JavaScript 的基本语法、对象编程、DOM 编程、JavaScript 特效、ES6 的新特性及 jQuery 等知识。为了及时、有效地巩固所学的知识，本章将学习开发一个综合网站项目——个人简历网站。项目主要包括用户登录、用户注册、修改密码，以及修改用户个人信息等内容。

学习目标

① 熟练使用 HTML5 制作页面。
② 熟练使用 CSS3 美化页面。
③ 熟练使用 JavaScript 制作页面特效。
④ 熟练使用 jQuery 制作页面特效。

任务 10.1 项目介绍

1. 项目背景

个人简历是求职者给招聘单位发的一份个人简要介绍，包含求职者的基本信息，如姓名、年龄、籍贯、联系方式，以及自我评价、教育信息、专业经验等。项目主要包括用户登录、用户注册、修改密码，以及修改用户个人信息等内容。

2. 项目目标

① 熟练使用 HTML5 制作页面。
② 熟练使用 CSS3 美化页面。
③ 熟练使用 localStorage 存储信息。
④ 熟练使用 jQuery 选择器获取页面元素。
⑤ 熟练使用 jQuery 中的 DOM 操作方法。
⑥ 熟练使用 jQuery 中的动画方法。
⑦ 熟练使用 jQuery 插件。

3. 项目技术栈

① HTML5：使用 HTML5 标签完成对页面的制作。
② CSS3：使用 CSS3 样式美化页面。
③ JavaScript：使用 JavaScript 实现页面交互效果。
④ jQuery：使用 jQuery 实现页面交互效果。

任务 10.2 需求分析

个人简历主要向招聘人员展示自己的基本信息、工作经历和学习经历等内容，因此网站根据需要设计 4 个页面，分别是登录注册页、密码修改页、首页和编辑用户信息页，项目结构如图 10-1 所示，项目采用自适应布局的方式实现。

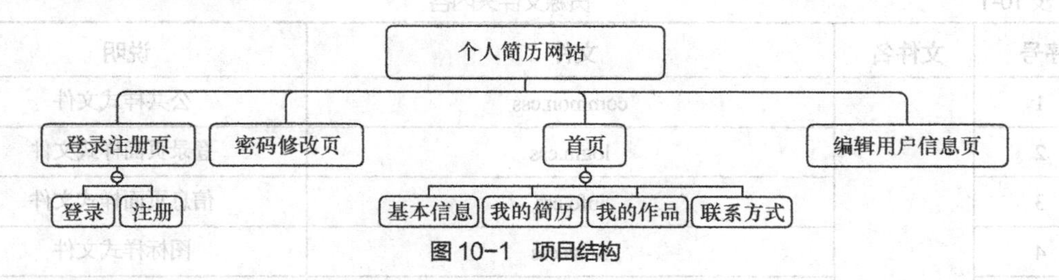

图 10-1 项目结构

1. 登录注册页

登录注册页包含登录和注册两个功能。用户如果没有注册，则需要先进行注册，注册信息存储在本地，单击“登录”按钮时，先检查本地是否存储该用户信息，如果用户名和密码正确，则跳转到首页；否则用户应进行注册。

2. 密码修改页

用户在登录时，若忘记密码，则可以通过“忘记密码”链接，打开密码修改页修改密码，修改后的信息将保存到本地。

3. 首页

个人简历网站首页包括基本信息、我的简历和我的作品，是项目综合效果和功能最全的页面。

（1）基本信息

根据登录信息，标题显示为对应登录的用户名的简历。在 PC 端，基本信息模块左侧显示照片，中间显示个人信息描述，右侧显示注册时的用户名、年龄、地址、邮箱、手机号和职业；在移动端，以上下结构显示信息，上面显示照片和个人信息描述，下面显示姓名、年龄、地址、邮箱和手机号等信息。

（2）我的简历

在 PC 端，左侧展示教育信息和专业经验，下面展示下载我的简历和打印我的简历，右侧展示设计能力、开发能力和语言能力；在移动端，以上下结构展示，上面显示教育信息和专业经验，下面显示设计能力、开发能力和语言设计能力，底部展示下载我的简历和打印我的简历。

（3）我的作品

在 PC 端，以三列展示作品，在移动端，以单列展示作品。在本模块中有所有、商标设计、摄影作品和网站设计选项，可以筛选作品进行展示。展示作品时，所有图片以动画方式显示，通过鼠标指针移入单张图片，可以显示遮罩效果，单击图片，可以放大显示图片，单击黑色遮罩层，可以关闭大图显示。

（4）联系方式

本模块实现留言功能。

4. 编辑用户信息页

在首页的基本信息模块中，单击用户信息，可以打开用户信息修改页面。打开页面时，根据本地存储信息，可将用户名、邮箱、密码和手机号等基本信息绑定到文本框。用户可以修改页面信息，单击“完成编辑”按钮时，可以重写本地存储信息。

任务 10.3 项目设计

1. 目录结构

项目名称为 resume，项目中的 css 文件和 js 文件如表 10-1 所示。

表 10-1　　资源文件夹内容

序号	文件名	文件	说明
1	css	common.css	公共样式文件
2		login.css	登录页面样式文件
3		info.css	信息页面样式文件
4		fonts.css	图标样式文件
5		style.css	通用样式文件
6		responsive.css	响应式样式文件
7		color_cheme.css	颜色样式文件
8		skin_style.css	皮肤样式文件
9		style-print.css	打印样式文件
10		settings_style.css	背景样式文件
11		mediaelement/mediaelementplayer.css	播放器样式文件
1	js	jquery-1.10.2.min.js	jQuery 压缩文件
2		detect_mobilebrowser_and_ipad.js	移动端适配文件
3		jquery.easing.1.3.js	jQuery 动画效果插件文件
4		jquery.mixitup.min.js	动画过滤和排序文件
5		fancybox/jquery.mousewheel-3.0.6.pack.js	鼠标滚轮插件文件
6		fancybox/jquery.fancybox.pack.js?v=2.1.5	基于 jQuery 开发的 lightbox 类插件文件
7		jquery.slides.min.js	幻灯片插件文件
8		jquery.cookies.min.js	cookie 插件文件
9		jquery.form.js	form 插件文件
10		main.js	自定义的文件
11		mediaelement/mediaelement-and-player.min.js	播放器插件文件

2. 项目原型设计

个人简历网站遵循简洁、能够突出重点的设计原则，分别设计了登录注册页、密码修改页、首页和编辑用户信息页的原型。

（1）登录注册页

单击页面的“登录”链接和“注册”链接可以实现登录页和注册页的切换，如图 10-2 所示。

（2）密码修改页

单击登录页中的“忘记密码”链接，可以跳转到密码修改页，如图 10-3 所示。

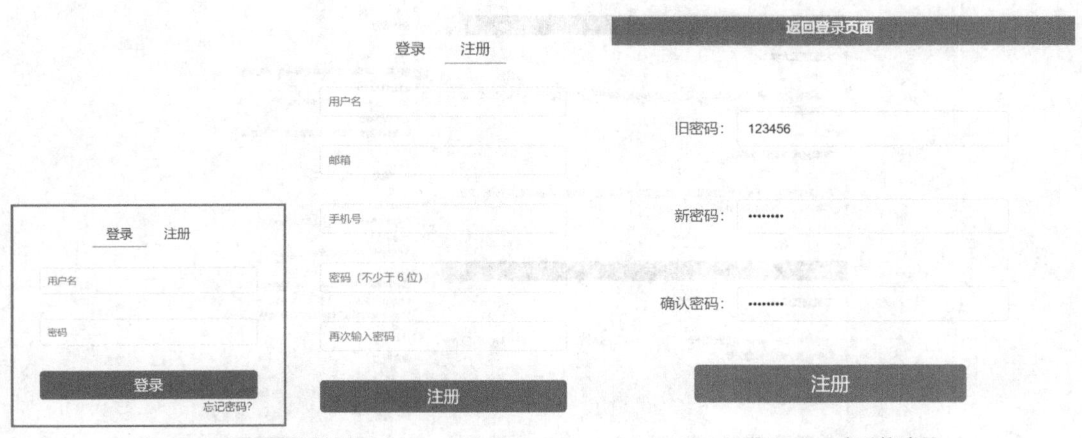

图 10-2　登录页和注册页　　　　图 10-3　密码修改页

（3）首页

① 基本信息

基本信息页展示求职者的基本信息，页面可以根据屏幕大小自适应显示，图 10-4 是求职者基本信息的 PC 端效果图，图 10-5 是求职者基本信息的移动端效果图。

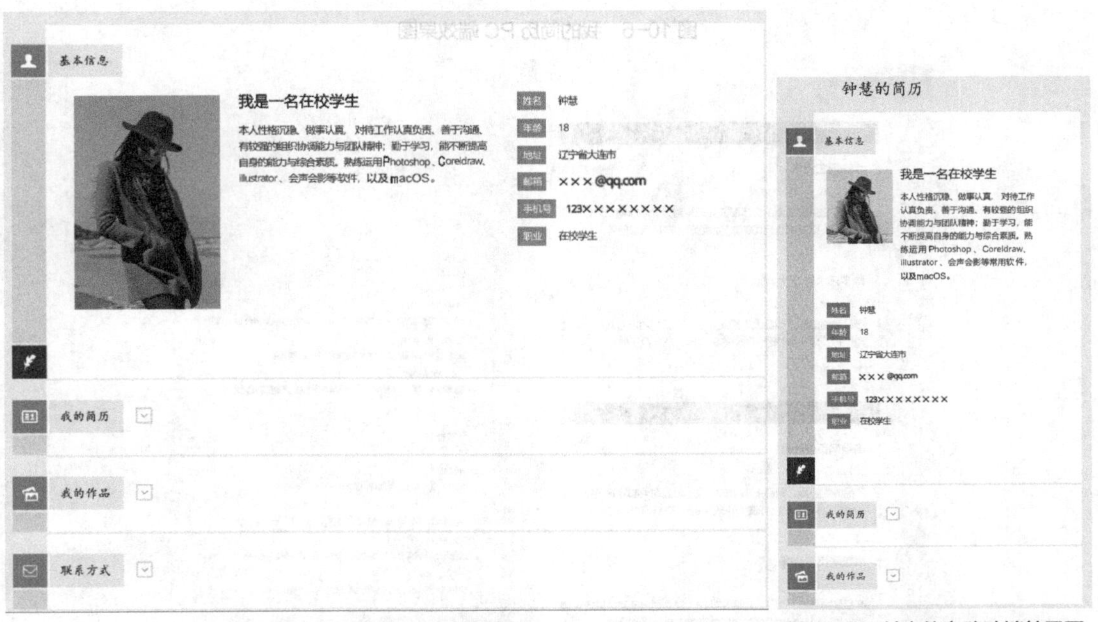

图 10-4　基本信息 PC 端效果图　　　　图 10-5　基本信息移动端效果图

② 我的简历

我的简历展示求职者的教育信息和专业经验等内容，页面可以根据屏幕大小自适应显示，图 10-6 是我的简历 PC 端效果图，图 10-7 是我的简历移动端效果图。

我的简历

教育信息

大连理工大学 2012 - 2015

PHP 电脑学校

产品静物摄影，新品上市图文处理，对公司内部网站进行管理和维护，以及制作公司的VI形象画册，产品目录册等。

数字艺术与设计学院 2015 - 2018

MTI 大学

产品静物摄影，新品上市图文处理，对公司内部网站进行管理和维护，以及制作公司的VI形象画册，产品目录册等。

专业经验

高级网页设计师 2017 - 至今

ALIBABA

产品静物摄影，新品上市图文处理，对公司内部网站进行管理和维护，以及制作公司的VI形象画册，产品目录册等。

高级网页设计师 2016 - 2017

ALIBABA

产品静物摄影，新品上市图文处理，对公司内部网站进行管理和维护，以及制作公司的VI形象画册，产品目录册等。

高级网页设计师 2015 - 2016

ALIBABA

产品静物摄影，新品上市图文处理，对公司内部网站进行管理和维护，以及制作公司的VI形象画册，产品目录册等。

下载我的简历 打印我的简历

设计能力

PHOTOSHOP 100%

ILLUSTRATOR 70%

FIREWORKS 85%

开发能力

HTML 5 70%

CSS 3 50%

JQUERY 85%

WORDPRESS 75%

语言能力

英语

德语

法语

图 10-6　我的简历 PC 端效果图

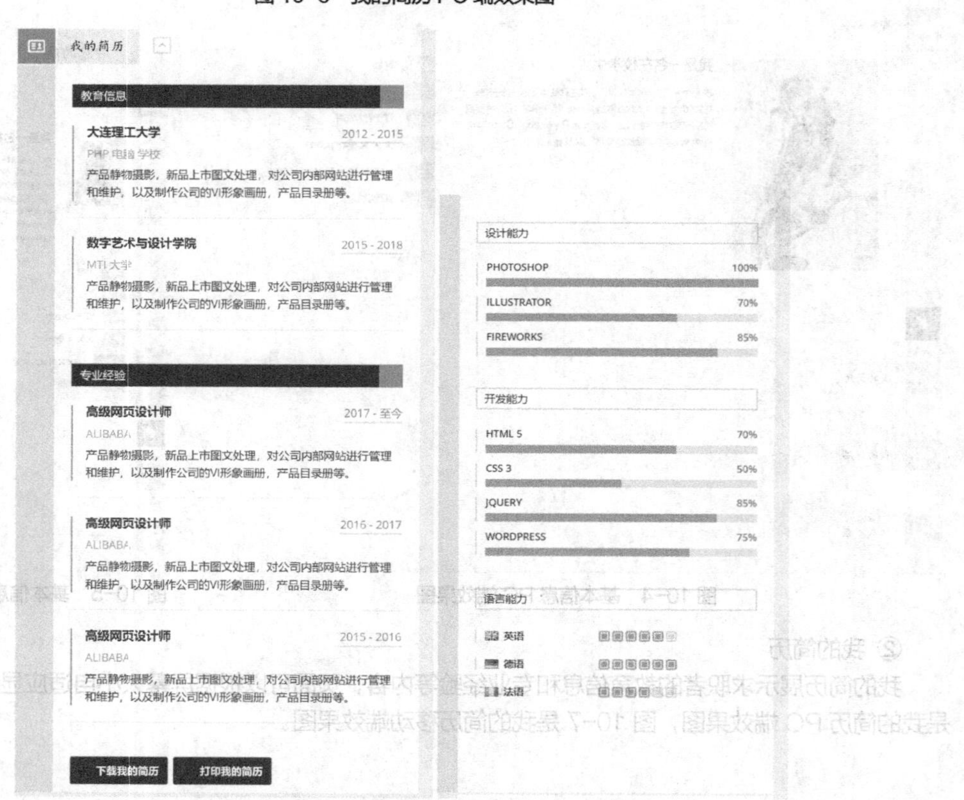

图 10-7　我的简历移动端效果图

③ 我的作品

我的作品以图片形式展示，并根据页面大小自适应显示。PC 端以三列显示，如图 10-8 所示；移动端以一列显示，如图 10-9 所示。

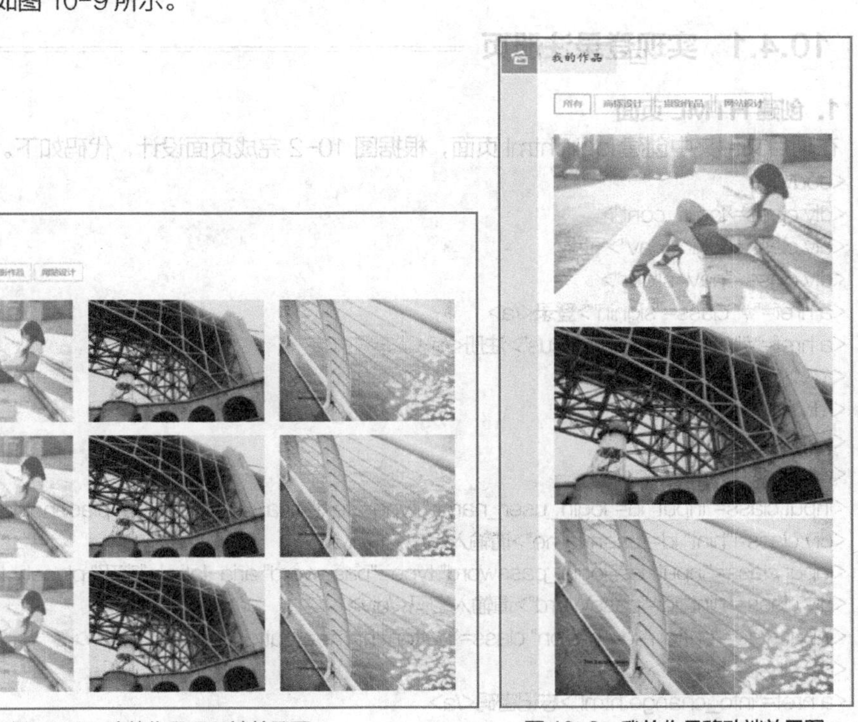

图 10-8　我的作品 PC 端效果图

图 10-9　我的作品移动端效果图

④ 联系方式

联系方式页可以实现留言功能。

（4）编辑用户信息页

在首页单击用户信息，可以跳转到用户信息编辑页面，页面可以自适应屏幕大小，如图 10-10 所示。

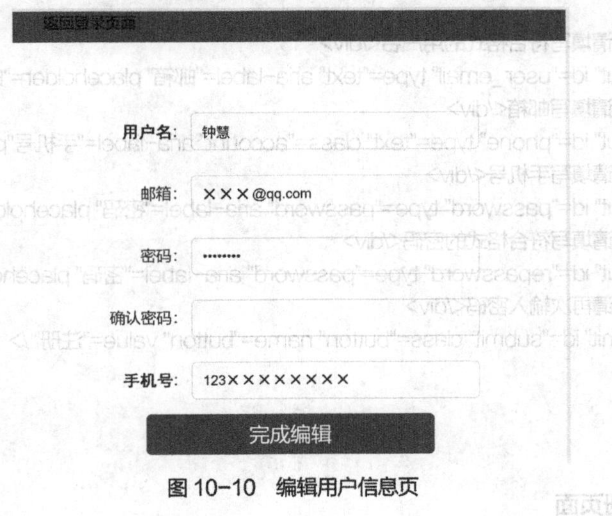

图 10-10　编辑用户信息页

任务 10.4 项目实施

10.4.1 实现登录注册页

1. 创建 HTML 页面

在项目文件夹中创建 login.html 页面，根据图 10-2 完成页面设计，代码如下。

```
<body>
<div class="login_cont">
<div class="login_nav">
<div class="nav_slider">
<a href="#" class="signin">登录</a>
<a href="#" class="signup focus">注册</a>
</div>
</div>
<form>
<div class="input_signin">
<input class="input" id="login_user_name" type="text" aria-label="用户名" placeholder="用户名" />
<div class="hint" id="userName">请输入用户名</div>
<input class="input" id="login_password" type="password" aria-label="密码" placeholder="密码" />
<div class="hint" id="passWord">请输入密码</div>
<input type="button" id="button" class="button" name="button" value="登录" />
<div class="forget">
<a href="info_change.html">忘记密码</a>
</div>
</div>
</form>
<form>
<div class="input_signup active">
<input class="input" id="user_name" type="text" aria-label="用户名(包含字母/数字/下画线" placeholder="用
户名" />
<div class="hint">请填写符合格式的用户名</div>
<input class="input" id="user_email" type="text" aria-label="邮箱" placeholder="邮箱" />
<div class="hint">请填写邮箱</div>
<input class="input" id="phone" type="text" class="account" aria-label="手机号"placeholder="手机号" />
<div class="hint">请填写手机号</div>
<input class="input" id="password" type="password" aria-label="密码" placeholder="密码(不少于 6 位)" />
<div class="hint">请填写符合格式的密码</div>
<input class="input" id="repassword" type="password" aria-label="密码" placeholder="再次输入密码" />
<div class="hint">请再次输入密码</div>
<input type="submit" id="submit" class="button" name="button" value="注册" />
</div>
</form>
</div>
</body>
```

2. 美化登录注册页面

在 css 文件夹中创建公共样式文件 common.css 和 login.css，并在 login.html 页面中引入这些文件，样式参考代码如下。

```
/* common.css 文件*/
body {
  margin: 0;
  color: #555;
  font-family: 'Helvetica Neue', Helvetica, 'PingFang SC', 'Hiragino Sans GB', 'Microsoft YaHei', Arial, sans-serif;
  font-size: 15px;
}
a {
  color: #555;
  text-decoration: none;
}
input, textarea {
  border: 1px solid #ddeafb;
}
input[type=submit],
input[type=button] {
  cursor: pointer;
}
input {
  width: 100%;
  box-sizing: border-box;
  padding: 10px;
  outline: none;
  margin-bottom: 5px;
  border-radius: 5px;
}
.hint {
  font-size: 12px;
  text-align: right;
  padding-right: 10px;
  margin-bottom: 15px;
  visibility: hidden;
}
.right {
  border-color: #1dc091;
}
.hint_right {
  color: #1dc091;
}
.wrong {
  border-color: #EA5A70;
}
.hint_wrong {
  color: #EA5A70;
}
```

```
input[type=submit],
.button {
  display: block;
  margin: 0 auto;
  line-height: 20px;
  font-size: 20px;
  color: #fff;
  background: #0f88eb;
  border: 0;
}
.lable {
  display: inline-block;
}
.nav {
  width: 400px;
  height: 40px;
  margin: 0 auto;
  background: #0F88EB;
}
.nav_left,
.nav_right {
  display: inline-block;
  vertical-align: top;
  box-sizing: border-box;
  width: 49%;
  height: 30px;
  line-height: 30px;
  font-size: 24px;
}
.nav_left a,
.nav_right a {
    color: white;
}
.nav_left {
  padding-left: 20px;
  text-align: left;
}
.nav_right {
  padding-right: 20px;
  text-align: right;
}
.number,
.time {
  display: inline-block;
  width: 50%;
}
.time,
.msge {
```

```
    text-align: right;
  }
  .msge a {
    color: #fb752d;
  }
  /* login.css 文件 */
  .login_cont {
    margin: 50px auto 0;
    width: 300px;
  }
  .login_cont .input_signup,
  .login_cont .input_signin {
    display: none;
  }
  .login_cont .active {
    display: block;
  }
  .login_nav {
    width: 300px;
    height: 45px;
    text-align: center;
    margin-bottom: 20px;
  }

  .nav_slider {
    display: inline-block;
  }
  .nav_slider a {
    display: inline-block;
    width: 75px;
    line-height: 35px;
    font-size: 18px;
    text-decoration: none;
  }
  .nav_slider .focus {
    border-bottom: 2px solid #3cf;
  }

  .forget {
    width: 100%;
    text-align: right;
  }
  .forget a {
    text-decoration: none;
  }
```

3. 实现登录和注册的切换功能

在 js 文件夹中创建 login.js 文件，实现登录和注册的切换功能。当单击页面上的“登录”链接时，显示登录对应的 div 信息；当单击页面上的“注册”链接时，显示注册对应的 div 信息，代码如下。

```
//“登录”链接
$(".signin").click(function () {
  //当前对象使用 signin 和 focus 样式
  this.className = "signin focus";
  $(".signup")[0].className = "signup";

  $(".input_signin")[0].className = "input_signin active";
  $(".input_signup")[0].className = "input_signup";
});
//“注册”链接
$(".signup").click(function () {
  //当前对象使用 signup 和 focus 样式
  this.className = "signup focus";
  $(".signin")[0].className = "signin";
  $(".input_signup")[0].className = "input_signup active";
  $(".input_signin")[0].className = "input_signin";
});
```

4. 实现登录功能

在 login.js 文件中完成登录信息的验证。进入登录页面，根据本地存储信息，比较用户输入的用户名和密码，如果用户名和密码正确，则跳转到首页；否则提示错误信息，代码如下。

```
function login() {
  if (
    localStorage.getItem("userName") == $("#login_user_name").val() &&
    localStorage.getItem("passWord") == $("#login_password").val()
  ) {
    location.href = "./index.html";
  } else {
    alert("用户名或密码错误");
    return;
  }
}
…
<!-- 在 login.html 的登录按钮上调用 login 方法 -->
<input type="button" id="button" class="button" name="button" value="登录"onclick="login()" />
```

5. 实现注册功能

在 login.js 文件中写入如下代码，实现注册功能。用户进入登录页面后，输入用户名和密码，可以将用户信息保存到本地。

```
function addUser() {
  if ($("#password").val() !== $("#repassword").val()) {
    alert("两次密码不一致");
    return;
  }

  if (
    localStorage.getItem("userName") == $("#user_name").val() &&
```

```
        localStorage.getItem("passWord") == $("#password").val()
      ){
        alert("您已经注册,可以直接登录");
        return;
      } else {
        localStorage.setItem("userName", $("#user_name").val());
        localStorage.setItem("passWord", $("#password").val());
        alert("注册成功");
        location.href = "./index.html";
      }
    }
    …
    <!-- 在 login.html 页面调用 addUser 方法 -->
    <input type="submit" id="submit" class="button" name="button" value="注册"onclick= "addUser()" />
```

10.4.2 实现密码修改页

在 login.html 页面登录时，单击“忘记密码”链接，可以跳转到 info_change.html 页面，该页面将根据本地存储信息，将旧密码绑定到文本框，用户也可以修改新密码，更新本地信息，代码如下。

```
    <!DOCTYPE html>
    <html>
    <head>
      <meta charset="utf-8" />
      <meta  name="viewport"  content="user-scalable=no,width=device-width,initial-scale=1,  maximum-scale=1" />
      <title>个人信息</title>
      <link rel="stylesheet" type="text/css" href="css/common.css" />
      <link rel="stylesheet" type="text/css" href="css/info.css" />
      <script src="./js/jquery-1.10.2.min.js"></script>
      <style>
        #bar {
        background-color: #0f88eb;
        height: 30px;
        padding-left: 30px;
        }
      </style>
    </head>
    <body>
    <div>
      <div id="bar">
        <a href="login.html" style="color: black; font-weight: 700">返回登录页面</a>
      </div>
    </div>
    <div class="info_cont">
      <form>
      <div class="info">
    <div class="lable">旧密码:</div>
    <input class="input" id="old_password" type="text" />
```

```
    <div class="hint">请填写原始密码</div>
  </div>
    <div class="info">
      <div class="lable">新密码:</div>
      <input class="input" id="info_passward" type="password" />
      <div class="hint">请填写不少于 6 位的密码</div>
    </div>
    <div class="info">
      <div class="lable">确认密码:</div>
      <input class="input" id="info_repassward" type="password" />
      <div class="hint">请再次填写密码</div>
    </div>
    <input type="button" id="button" class="button" name="button" value="完成" onclick= "toIndex()" />
  </form>
</div>
<script>
  $("#old_password").val(localStorage.getItem("passWord"));
function toIndex() {
  if ($("#info_passward").val() == $("#info_repassward").val()) {
    localStorage.setItem("passWord", $("#info_passward").val());
    location.href = "./index.html";
  } else {
    alert("两次密码不相同");
    return;
  }
 }
</script>
</body>
</html>
```

10.4.3 实现首页

创建 index.html 页面。首页是项目的核心，也是交互效果最多的页面，可参考以下步骤完成。

1. 引入 css 文件和库文件

在头部引入项目所需的 css 文件和 jQuery 库文件，代码如下。

```
<link href="./css/fonts.css" rel="stylesheet" type="text/css" />
<link href="./js/fancybox/jquery.fancybox.css?v=2.1.5" rel="stylesheet" type="text/css" media= "screen" />
<link href="./js/mediaelement/mediaelementplayer.css" rel="stylesheet" />
<link href="./css/settings_style.css" rel="stylesheet" />
<link href="./css/style-print.css" type="text/css" media="print" rel="stylesheet" />
<link href="./css/skin_style.css" rel="stylesheet" />
<link href="./css/style.css" rel="stylesheet" />
<link href="./css/color_cheme.css" rel="stylesheet" />
<link href="./css/responsive.css" rel="stylesheet" />
<script src="js/jquery-1.10.2.min.js"></script>
<script src="./js/detect_mobilebrowser_and_ipad.js"></script>
<script src="./js/jquery.easing.1.3.js"></script>
```

```
<script src="./js/jquery.mixitup.min.js"></script>
<script src="./js/fancybox/jquery.mousewheel-3.0.6.pack.js"></script>
<script src="./js/fancybox/jquery.fancybox.pack.js?v=2.1.5"></script>
<script src="./js/jquery.slides.min.js"></script>
<script src="./js/mediaelement/mediaelement-and-player.min.js"></script>
<script src="./js/jquery.cookies.min.js"></script>
<script src="./js/jquery.form.js"></script>
<script src="./js/mymain.js"></script>
<script src="http://api.map.baidu.com/api?key=&v=1.1&services=true"></script>
```

2. 创建首页 HTML 结构

在首页添加 HTML 及应用样式，代码如下。

```
<body class="bg_f0f2f2 color_53b7f9 light_skin">
  <div class="row-wrap wrapper light_skin">
  <div class="row-space">
      <header id="header" class="row noprint">
      <h1 class="head-name" id="userName">钟慧的简历</h1>
      </header>
</div>
</div>
</body>
```

3. 实现简历标题

在页面加载时，显示简历标题，在 main.js 中添加如下代码。

```
$("#userName").html(localStorage.getItem("userName") + "的简历");
```

4. 实现基本信息模块

（1）创建基本信息模块

在首页 class="row-wrap wrapper light_skin"的 div 中，添加基本信息块的 HTML 代码，显示照片和用户的基本信息，代码如下。

```
<section id="profile" class="item noprint">
<h2 class="item-title">
<span class="title">基本信息</span><span class="icon-user"></span>
</h2>
<div class="item-cont clearfix">
<div class="hidden">
<div class="col500 clearfix fl-left">
<div class="profile-img">
<img src="./images/user_images/profile-img.jpg" alt="" />
</div>
<div class="profile-info">
<h3>我是一名在校学生</h3>
<p contenteditable="true">本人性格沉稳、做事认真，对待工作认真负责、善于沟通、有较强的组织协调能力与团队精神；勤于学习，能不断提高自身的能力与综合素质。熟练运用 Photoshop、Coreldraw、illustrator、会声会影等常用软件，以及 macOS。
</p>
</div>
</div>

<div class="col260 fl-right">
```

```
<ul class="profile-data">
<li>
<h4>姓名</h4>
<div class="userName">钟慧</div>
</li>
<li>
<h4>年龄</h4>
<div class="age">18</div>
</li>
<li>
<h4>地址</h4>
<div class="address">辽宁省大连市</div>
</li>
<li>
<h4>邮箱</h4>
<div class="userEmail">×××@qq.com</div>
</li>
<li>
<h4>手机号</h4>
<div class="iphone">123××××××××</div>
</li>
<li>
<h4>职业</h4>
<div class="job">在校学生</div>
</li>
</ul>
</div>
</div>
<a class="blog-link" href="info.html">
<span class="icon"></span>
<span class="label">用户信息</span>
</a>
</div>
<div id="profile-brd" class="item-border">
<span><span></span></span>
</div>
</section>
```

运行代码，效果如图 10-11 所示。

图 10-11　首页标题和基本信息框架

（2）显示基本信息

在基本信息模块中，使用登录信息替换姓名、邮箱和手机号等基本信息，在 main.js 中添加如下代码。

```
$(".userName").each(function () {
    $(this).html(localStorage.getItem("userName"));
 });
 $(".userEmail").each(function () {
    console.log($(this).html());
    $(this).html(localStorage.getItem("email"));
 });
 $(".iphone").each(function () {
    $(this).html(localStorage.getItem("iphone"));
 });
```

基本信息默认是隐藏的，在加载页面时，以动画方式从两侧向中间显示，可以在 style.css 中看到，左侧<div class="col500 clearfix fl-left">的 div 的初始样式为：

```
#profile .col500{margin-left:-65%;}
```

右侧 div 的初始样式为：

```
#profile .col260{margin-right:-33%;}
```

在 main.js 中添加动画方法，代码如下。

```
/* profile */
$("#profile .col500").animate({'margin-left':"0%"},600);
$("#profile .col260").animate({'margin-right':"0%"},600);
```

添加动画后运行代码，效果如图 10-12 所示。

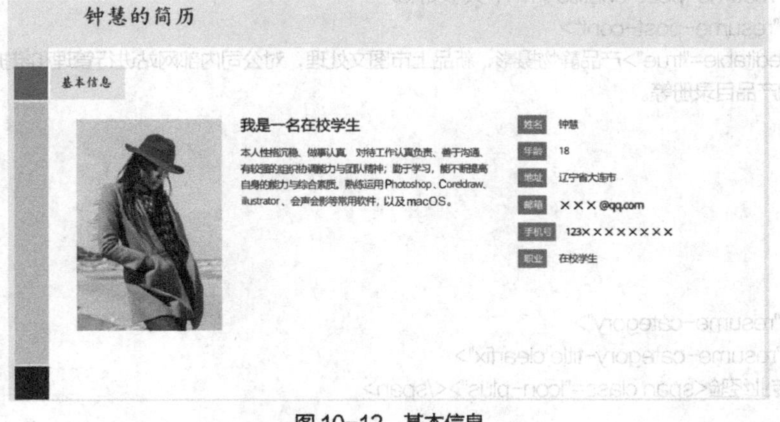

图 10-12　基本信息

5. 实现我的简历模块

（1）创建我的简历模块

在首页 class="row-wrap wrapper light_skin"的 div 中，添加我的简历模块的 HTML 代码，显示该用户的教育信息、专业经验（工作经验）、设计能力、开发能力、语言能力等。

```
<section id="resume" class="item">
<h2 class="item-title toggle noprint closed">
  <span class="title">我的简历</span>
    <span class="icon-resume"></span><span class="arrow"></span>
</h2>
```

```
<div class="item-cont clearfix">
<div class="col500 fl-left">
<div class="resume-category">
<h3 class="resume-category-title clearfix">
        教育信息 <span class="icon-plus"></span>
</h3>
<div class="resume-post">
<div class="resume-post-body">
<div class="resume-post-date">2012 - 2015</div>
<h4 class="resume-post-title">大连理工大学</h4>
<h5 class="resume-post-subtitle">PHP 电脑 学校</h5>
<div class="resume-post-cont">
<p contenteditable="true">产品静物摄影，新品上市图文处理，对公司内部网站进行管理和维护，以及制作公司的 VI 形象画册和产品目录册等。
</p>
</div>
</div>
</div>

<div class="resume-post">
<div class="resume-post-body">
<div class="resume-post-date">2015 - 2018</div>
<h4 class="resume-post-title">数字艺术与设计学院</h4>
<h5 class="resume-post-subtitle">MTI 大学</h5>
<div class="resume-post-cont">
<p contenteditable="true">产品静物摄影，新品上市图文处理，对公司内部网站进行管理和维护，以及制作公司的 VI 形象画册和产品目录册等。
</p>
</div>
</div>
</div>
</div>

<div class="resume-category">
<h3 class="resume-category-title clearfix">
        专业经验<span class="icon-plus"></span>
</h3>
<div class="resume-post">
<div class="resume-post-body">
<div class="resume-post-date">2017 - Present</div>
<h4 class="resume-post-title">高级网页设计师</h4>
<h5 class="resume-post-subtitle">ALIBABA</h5>
<div class="resume-post-cont">
<p contenteditable="true">产品静物摄影，新品上市图文处理，对公司内部网站进行管理和维护，以及制作公司的 VI 形象画册和产品目录册等。
</p>
</div>
```

```
</div>
</div>

<div class="resume-post">
<div class="resume-post-body">
<div class="resume-post-date">2016 - 2017</div>
<h4 class="resume-post-title">高级网页设计师</h4>
<h5 class="resume-post-subtitle">ALIBABA</h5>
<div class="resume-post-cont">
<p>产品静物摄影，新品上市图文处理，对公司内部网站进行管理和维护，以及制作公司的 VI 形象画册和产品目录册等。
</p>
</div>
</div>
</div>

<div class="resume-post">
<div class="resume-post-body">
<div class="resume-post-date">2015 - 2016</div>
<h4 class="resume-post-title">高级网页设计师</h4>
<h5 class="resume-post-subtitle">ALIBABA</h5>
<div class="resume-post-cont">
<p contenteditable="true">产品静物摄影，新品上市图文处理，对公司内部网站进行管理和维护，以及制作公司的 VI 形象画册和产品目录册等。
</p>
</div>
</div>
</div>
</div>

<div class="resume-btns noprint" id="resume-btns">
<a target="_blank" href="#" class="btn">
            <i class="icon-cloud"></i>下载我的简历
          </a>
<a
            id="printBtn"
            onclick="window.print();return false;"
            target="_blank"
            href="#"
            class="btn"
><i class="icon-print"></i>打印我的简历</a
>
</div>
</div>

<div class="col260 fl-right noprint">
<div class="resume-sidebar">
<aside class="skill-box">
```

```
<h3>设计能力</h3>
<div class="textwidget">
<div class="skill-row">
<h4 class="skill-title">PHOTOSHOP</h4>
<div class="skill-data">
<span class="skill-percent-line" data-width="100"></span>
<span class="skill-percent">100%</span>
</div>
</div>

<div class="skill-row">
<h4 class="skill-title">ILLUSTRATOR</h4>
<div class="skill-data">
<span class="skill-percent-line" data-width="70"></span>
<span class="skill-percent">70%</span>
</div>
</div>

<div class="skill-row">
<h4 class="skill-title">FIREWORKS</h4>
<div class="skill-data">
<span class="skill-percent-line" data-width="85"></span>
<span class="skill-percent">85%</span>
</div>
</div>
</div>
</aside>

<aside class="skill-box">
<h3>开发能力</h3>
<div class="textwidget">
<div class="skill-row">
<h4 class="skill-title">HTML 5</h4>
<div class="skill-data">
<span class="skill-percent-line" data-width="70"></span>
<span class="skill-percent">70%</span>
</div>
</div>

<div class="skill-row">
<h4 class="skill-title">CSS 3</h4>
<div class="skill-data">
<span class="skill-percent-line" data-width="50"></span>
<span class="skill-percent">50%</span>
</div>
</div>

<div class="skill-row">
```

```
<h4 class="skill-title">JQUERY</h4>
<div class="skill-data">
<span class="skill-percent-line" data-width="85"></span>
<span class="skill-percent">85%</span>
</div>
</div>

<div class="skill-row">
<h4 class="skill-title">WORDPRESS</h4>
<div class="skill-data">
<span class="skill-percent-line" data-width="75"></span>
<span class="skill-percent">75%</span>
</div>
</div>
</div>
</aside>

<aside class="skill-box">
<h3>语言能力</h3>
<div class="textwidget">
<aside class="skill-language">
<div class="skill-row clearfix">
<h4 class="skill-title clearfix">
<img src="./images/en.png" alt="" /><span>英语</span>
</h4>
<div class="skill-data skill5"></div>
</div>
</aside>

<aside class="skill-language">
<div class="skill-row clearfix">
<h4 class="skill-title clearfix">
<img src="./images/gr.png" alt="" /><span>德语</span>
</h4>
<div class="skill-data skill6"></div>
</div>
</aside>

<aside class="skill-language">
<div class="skill-row clearfix">
<h4 class="skill-title clearfix">
<img src="./images/fr.png" alt="" /><span>法语</span>
</h4>
<div class="skill-data skill4"></div>
</div>
</aside>
</div>
</aside>
```

```
</div>
</div>
</div>
<div class="item-border"><span></span></div>
</section>
```

（2）实现我的简历模块的展开与隐藏功能

单击“我的简历”项，实现教育信息、专业经验等信息以上下滑动的方式展开与隐藏，代码如下。

```
//单击各 section 的 h2 标题，实现我的简历模块的展开与隐藏功能
$("h2.toggle").click(function (e) {
  if ($(this).hasClass("closed")) {
    $(this).removeClass("closed");
    $(this).addClass("opened");
    $(this).next().slideDown("fast", function () {
      //e.preventDefault();
      goToByScroll($(this).parent().attr("id"));
    });

    if ($(this).parent().attr("id") == "resume") {
      set_skill_percent();
    }
    if ($(this).parent().attr("id") == "contact") {
    }
  } else {
    $(this).removeClass("opened");
    $(this).addClass("closed");
    $(this).next(".item-cont").slideUp(800);
  }
  $("li.active").click();
});

//单独定义 goToByScroll 方法
/*
    scroll to section by id
*/
function goToByScroll(id) {
id = id.replace("link", "");
$("html,body").animate({ scrollTop: $("#" + id).offset().top }, "slow");
  }

  //单独定义百分比动画效果
  /*
    set skill percent
  */
  function set_skill_percent() {
$(".skill-percent-line").each(function () {
var width = $(this).data("width");
$(this).animate({ width: width + "%" }, 1000);
```

```
});
}
```

detect_mobilebrowser_and_ipad.js 插件可以实现自适应效果。运行代码，效果如图 10-13 所示。

图 10-13　我的简历

（3）实现简历打印功能

在我的简历模块，增加“下载我的简历”按钮和“打印我的简历”按钮，代码如下。

```
<div class="resume-btns noprint" id="resume-btns">
  <a target="_blank" href="#" class="btn">
    <i class="icon-cloud"></i>下载我的简历
  </a>
  <a
    id="printBtn"
    onclick="window.print();return false;"
    target="_blank"
    href="#"
    class="btn"
  ><i class="icon-print"></i>打印我的简历</a>
</div>
```

6. 实现我的作品模块

（1）创建我的作品模块

我的作品模块以图片形式显示用户已设计的作品集。在已有的 index.html 文件上增加我的作品模块，代码如下。

```
<section id="portfolio" class="item noprint">
<h2 class="item-title toggle closed">
<span class="title">我的作品</span>
<span class="icon-portfolio"></span><span class="arrow"></span>
</h2>
```

```
<div class="item-cont">
<div class="controls">
<ul>
<li class="filter active" data-filter="all">所有</li>
<li class="filter" data-filter="category_19">商标设计</li>
<li class="filter" data-filter="category_20">摄影作品</li>
<li class="filter" data-filter="category_18">网站设计</li>
</ul>
</div>

<ul id="Grid">
<li class="mix mix_all category_19" data-cat="19">
<div class="ptf-item" data-itemid="328" data-type="fullslider" data-defwidth="350">
<a class="fancybox" data-rel="group" href="#fancy3">
<div class="ptf-img-wrap">
<img src="./d/file/zuopin/sheying/2016-09-16/ad78de7fc692b90d05113429d8b1783f.jpg" alt="" />
</div>
<div class="ptf-cover">
<div class="ptf-button"><span>查看大图</span></div>
<div class="ptf-details">
<h2>漂亮的女孩</h2>
<span>兔子</span>
</div>
</div>
</a>

<div id="fancy3" class="fancy-wrap">
<img src="./d/file/zuopin/sheying/2016-09-16/d63f33c38bac5cd53daf90c7ce518c8e.jpg" alt="" />
<div class="fancy">
<h2>漂亮的女孩</h2>
<p contenteditable="true">坐在台阶上的女孩</p>
</div>
</div>
</div>
</li>
<li class="mix mix_all category_19" data-cat="19">
<div class="ptf-item" data-itemid="328" data-type="fullslider" data-defwidth="350">
<a class="fancybox" data-rel="group" href="#fancy3">
<div class="ptf-img-wrap">
<img src="./d/file/zuopin/sheying/2016-09-16/4b8aa4b8f07c66692609353f7801e638.jpg" alt="" />
</div>
<div class="ptf-cover">
<div class="ptf-button"><span>查看大图</span></div>
<div class="ptf-details">
<h2>古老的桥</h2>
<span>兔子</span>
</div>
```

```
</div>
</a>

<div id="fancy3" class="fancy-wrap">
<img src="./d/file/zuopin/sheying/2016-09-16/8e3677f907bd6ee250a462cc48b4e7a9.jpg" alt="" />
<div class="fancy">
<h2>古老的桥</h2>
<p contenteditable="true">历史悠久的桥，具有古朴气息!</p>
</div>
</div>
</div>
</li>
<li class="mix mix_all category_19" data-cat="19">
<div class="ptf-item" data-itemid="328" data-type="fullslider" data-defwidth="350">
<a class="fancybox" data-rel="group" href="#fancy3">
<div class="ptf-img-wrap">
<img src="./d/file/zuopin/sheying/2016-09-16/5f774b497eb7c0aae7dbb1d4019c80ea.jpg" alt="" />
</div>
<div class="ptf-cover">
<div class="ptf-button"><span>查看大图</span></div>
<div class="ptf-details">
<h2>很酷的地方</h2>
<span>兔子</span>
</div>
</div>
</a>

<div id="fancy3" class="fancy-wrap">
<img src="./d/file/zuopin/sheying/2016-09-16/4b153590ce06bafe0f947465980fafc0.jpg" alt="" />
<div class="fancy">
<h2>很酷的地方</h2>
<p contenteditable="true">波光粼粼的水面</p>
</div>
</div>
</div>
</li>
<li class="mix mix_all category_18" data-cat="18">
<div class="ptf-item" data-itemid="328" data-type="fullslider" data-defwidth="350">
<a class="fancybox" data-rel="group" href="#fancy4">
<div class="ptf-img-wrap">
<img src="./d/file/zuopin/sheying/2016-09-16/ad78de7fc692b90d05113429d8b1783f.jpg" alt="" />
</div>
<div class="ptf-cover">
<div class="ptf-button"><span>查看大图</span></div>
<div class="ptf-details">
<h2>漂亮的女孩</h2>
<span>兔子</span>
</div>
```

```
</div>
</a>

<div id="fancy4" class="fancy-wrap">
<img src="./d/file/zuopin/sheying/2016-09-16/d63f33c38bac5cd53daf90c7ce518c8e.jpg" alt="" />
<div class="fancy">
<h2>漂亮的女孩</h2>
<p>坐在台阶上的女孩</p>
</div>
</div>
</div>
</li>
<li class="mix mix_all category_18" data-cat="18">
<div class="ptf-item" data-itemid="328" data-type="fullslider" data-defwidth="350">
<a class="fancybox" data-rel="group" href="#fancy4">
<div class="ptf-img-wrap">
<img src="./d/file/zuopin/sheying/2016-09-16/4b8aa4b8f07c66692609353f7801e638.jpg" alt="" />
</div>
<div class="ptf-cover">
<div class="ptf-button"><span>查看大图</span></div>
<div class="ptf-details">
<h2>古老的桥</h2>
<span>兔子</span>
</div>
</div>
</a>

<div id="fancy4" class="fancy-wrap">
<img src="./d/file/zuopin/sheying/2016-09-16/8e3677f907bd6ee250a462cc48b4e7a9.jpg" alt="" />
<div class="fancy">
<h2>古老的桥</h2>
<p>历史悠久的桥,具有古朴气息!</p>
</div>
</div>
</div>
</li>
<li class="mix mix_all category_18" data-cat="18">
<div class="ptf-item" data-itemid="328" data-type="fullslider" data-defwidth="350">
<a class="fancybox" data-rel="group" href="#fancy4">
<div class="ptf-img-wrap">
<img src="./d/file/zuopin/sheying/2016-09-16/5f774b497eb7c0aae7dbb1d4019c80ea.jpg" alt="" />
</div>
<div class="ptf-cover">
<div class="ptf-button"><span>查看大图</span></div>
<div class="ptf-details">
<h2>很酷的地方</h2>
<span>兔子</span>
</div>
```

```
</div>
</a>

<div id="fancy4" class="fancy-wrap">
<img src="./d/file/zuopin/sheying/2016-09-16/4b153590ce06bafe0f947465980fafc0.jpg" alt="" />
<div class="fancy">
<h2>很酷的地方</h2>
<p>波光粼粼的水面</p>
</div>
</div>
</div>
</li>
<li class="mix mix_all category_20" data-cat="20">
<div class="ptf-item" data-itemid="328" data-type="fullslider" data-defwidth="350">
<a class="fancybox" data-rel="group" href="#fancy5">
<div class="ptf-img-wrap">
<img src="./d/file/zuopin/sheying/2016-09-16/ad78de7fc692b90d05113429d8b1783f.jpg" alt="" />
</div>
<div class="ptf-cover">
<div class="ptf-button"><span>查看大图</span></div>
<div class="ptf-details">
<h2>漂亮的女孩</h2>
<span>兔子</span>
</div>
</div>
</a>

<div id="fancy5" class="fancy-wrap">
<img src="./d/file/zuopin/sheying/2016-09-16/d63f33c38bac5cd53daf90c7ce518c8e.jpg" alt="" />
<div class="fancy">
<h2>漂亮的女孩</h2>
<p>坐在台阶上的女孩</p>
</div>
</div>
</div>
</li>
<li class="mix mix_all category_20" data-cat="20">
<div class="ptf-item" data-itemid="328" data-type="fullslider" data-defwidth="350">
<a class="fancybox" data-rel="group" href="#fancy5">
<div class="ptf-img-wrap">
<img src="./d/file/zuopin/sheying/2016-09-16/4b8aa4b8f07c66692609353f7801e638.jpg" alt="" />
</div>
<div class="ptf-cover">
<div class="ptf-button"><span>查看大图</span></div>
<div class="ptf-details">
<h2>古老的桥</h2>
<span>兔子</span>
</div>
```

```
</div>
</a>

<div id="fancy5" class="fancy-wrap">
<img src="./d/file/zuopin/sheying/2016-09-16/8e3677f907bd6ee250a462cc48b4e7a9.jpg" alt="" />
<div class="fancy">
<h2>古老的桥</h2>
<p>历史悠久的桥,具有古朴气息!</p>
</div>
</div>
</div>
</li>
<li class="mix mix_all category_20" data-cat="20">
<div class="ptf-item" data-itemid="328" data-type="fullslider" data-defwidth="350">
<a class="fancybox" data-rel="group" href="#fancy5">
<div class="ptf-img-wrap">
<img src="./d/file/zuopin/sheying/2016-09-16/5f774b497eb7c0aae7dbb1d4019c80ea.jpg" alt="" />
</div>
<div class="ptf-cover">
<div class="ptf-button"><span>查看大图</span></div>
<div class="ptf-details">
<h2>很酷的地方</h2>
<span>兔子</span>
</div>
</div>
</a>

<div id="fancy5" class="fancy-wrap">
<img src="./d/file/zuopin/sheying/2016-09-16/4b153590ce06bafe0f947465980fafc0.jpg" alt="" />
<div class="fancy">
<h2>很酷的地方</h2>
<p>波光粼粼的水面</p>
</div>
</div>
</div>
</li>
</ul>
</div>

<div class="item-border"><span></span></div>
</section>
<!-- /#portfolio -->
```

（2）实现作品展示功能

① 在 style.css 样式中，作品默认是隐藏的，它对应的样式代码如下。

```
#Grid .mix {
  display: none;
  opacity: 0;
```

```
    width: 31.5%; /*height: 180px;*/
    vertical-align: top;
    margin-bottom: 20px;
    background: #dad5bc;
}
```

在页面加载时，如果有作品，则需将它展示出来，代码如下。

```
//gallery
if ($("#Grid").length > 0) {
  $("#Grid").mixitup({
    targetSelector: ".mix",
    targetDisplayGrid: "inline-block",
    animateGridList: false,
  });
}
```

② 使用动画加载作品。

展示作品时，需要根据用户的屏幕大小自适应显示，在加载事件中添加如下代码。

```
//使用动画方式展示图片作品
//自适应代码
var isMobile = window.is_mobile;
  if (isMobile) {
    //gallery items hover
    if ($(window).width() > 979) {
      gallery_hover(50, 55);
    } else if ($(window).width() > 767 && $(window).width() <= 979) {
      gallery_hover(35, 35);
    } //(min-width: 768px) and (max-width: 979px)
    else if ($(window).width() > 480 && $(window).width() <= 767) {
      gallery_hover(90, 75);
    } //(max-width: 767px)
    else if ($(window).width() <= 480) {
      gallery_hover(50, 55);
    } //(max-width: 480px)

    $(window).bind("resize", function () {
      $(".ptf-item").unbind("mouseenter").unbind("mouseleave");
      if ($(window).width() > 979) {
        gallery_hover(50, 55);
      } else if ($(window).width() > 767 && $(window).width() <= 979) {
        gallery_hover(35, 35);
      } //(min-width: 768px) and (max-width: 979px)
      else if ($(window).width() > 480 && $(window).width() <= 767) {
        gallery_hover(90, 75);
      } //(max-width: 767px)
      else if ($(window).width() <= 480) {
        gallery_hover(50, 55);
      } //(max-width: 480px)
    });
```

```
} else {
  //gallery items hover
  if ($(window).width() > 979) {
    gallery_hover(50, 55);
  } else if ($(window).width() > 767 && $(window).width() <= 979) {
    gallery_hover(35, 35);
  } //(min-width: 768px) and (max-width: 979px)
  else if ($(window).width() > 480 && $(window).width() <= 767) {
    gallery_hover(90, 75);
  } //(max-width: 767px)
  else if ($(window).width() <= 480) {
    gallery_hover(50, 55);
  } //(max-width: 480px)

  $(window).bind("resize", function () {
    $(".ptf-item").unbind("mouseenter").unbind("mouseleave");
    if ($(window).width() > 979) {
      gallery_hover(50, 55);
    } else if ($(window).width() > 767 && $(window).width() <= 979) {
      gallery_hover(35, 35);
    } //(min-width: 768px) and (max-width: 979px)
    else if ($(window).width() > 480 && $(window).width() <= 767) {
      gallery_hover(90, 75);
    } //(max-width: 767px)
    else if ($(window).width() <= 480) {
      gallery_hover(50, 55);
    } //(max-width: 480px)
  });
}
```

单独定义 gallery_hover 方法，代码如下。

```
/* 单独定义 gallery_hover 方法*/
function gallery_hover(pos_text, pos_btn) {
  $(".ptf-item").bind({
    mouseenter: function (e) {
      $(this).find(".ptf-cover").stop().animate({
          opacity: "1",
        },
        500
      );
      $(this)
        .find(".ptf-button")
        .stop()
        .animate({
            bottom: "+=" + pos_btn + "px",
            opacity: 1,
          },
          300,
```

```
"easeOutSine",
            function () {}
          );
        $(this)
          .find(".ptf-details")
          .stop()
          .animate({
              top: "+=" + pos_text + "px",
              opacity: 1,
            },
            300,
"easeOutSine",
            function () {}
          );
      },
      mouseleave: function (e) {
        $(this).find(".ptf-cover").stop().animate({
            opacity: "0",
          },
          500
        );
        $(this)
          .find(".ptf-button")
          .stop()
          .animate({
              bottom: "0px",
              opacity: 0,
            },
            300,
"easeOutSine",
            function () {}
          );
        $(this)
          .find(".ptf-details")
          .stop()
          .animate({
              top: "0px",
              opacity: 0,
            },
            300,
"easeOutSine",
            function () {}
          );
      },
  });
```

③ 实现图片放大效果。

单击图片作品，实现图片放大效果，代码如下。

```
//fancybox
  if ($(".fancybox").length > 0) {
    $(".fancybox").fancybox({ padding: 0, fsBtn: false, autoSize: true });
  }
  $("#fancyboxvideo").click(function () {
    $.fancybox({
      padding: 0,
      autoScale: false,
      transitionIn: "none",
      transitionOut: "none",
      title: this.title,
      width: 640,
      height: 385,
      href: this.href.replace(
        new RegExp("([0-9])", "i"),
"moogaloop.swf?clip_id=$1"
      ),
      type: "swf",
    });
    return false;
  });
```

运行代码，效果如图 10-14 所示。

图 10-14　图片放大效果

7. 实现联系方式模块

（1）创建联系方式模块

在已有的 index.html 上增加联系方式模块，代码如下。

```
<section id="contact" class="item noprint">
<h2 class="item-title toggle closed">
<span class="title">联系方式</span>
<span class="icon-contact"></span><span class="arrow"></span>
</h2>

<div class="item-cont">
```

```
<div class="map">
<div id="map-canvas">
<div style="width: 100%; height: 100%; border: #ccc solid 1px" id="dituContent"></div>
</div>
</div>

<div class="clearfix">
<div class="form col500 fl-left">
<div id="messageDiv">
<h3>留言给我</h3>
</div>

<div class="clearfix">
<div class="form-col form-marg small fl-left">
<label>您的姓名<span>*</span></label>
<div class="field">
<input class="form-item req" id="name" name="name" type="text" />
</div>
</div>
<div class="form-col small fl-left">
<label>您的邮箱<span>*</span></label>
<div class="field">
<input class="form-item req" name="email" id="email" type="text" />
</div>
</div>
</div>
<div class="form-col">
<label>留言内容<span>*</span></label>
<textarea id="lytext" name="lytext" class="form-item req"></textarea>
</div>
<div class="form-btn">
<div class="field">
<input class="btn" name="submit" type="submit" value="提交留言" />
<input class="exit" name="submit" type="button" value="退出登录"
                onclick="javascript:location.href='login.html'" />
<input name="enews" type="hidden" id="enews" value="AddGbook" />
<input name="bid" type="hidden" value="1" />
<input type="hidden" name="ecmsfrom" value="/" />
</div>
</div>
<div id="messages"> </div>
</div>

<div class="col260 fl-right">
<h3>联系我</h3>
<ul class="contact-info">
<li class="icon-home clearfix">
```

```
<span class="icon"></span>
<span class="address">辽宁省大连市</span>
</li>
<li class="icon-phone clearfix">
<span class="icon"></span>
<span class="iphone">123×××××××××</span>
</li>
<li class="icon-maile clearfix">
<span class="icon"></span>
<span class="userEmail">xxx@qq.com</span>
</li>
<li class="icon-world clearfix">
<span class="icon"></span>
<span class="text">http://www.xxx.cn</span>
</li>
</ul>
</div>
</div>
</div>
<div class="item-border"><span></span></div>
</section>
<!-- /#contact -->
```

（2）实现留言功能

在联系方式模块中，单击“提交留言”按钮，能将留言内容显示在页面上，代码如下。

```
//实现留言功能
var appendDiv = "";
function addMessage() {
  var name = $("#name").val();
  var email = $("#email").val();
  var lytext = $("#lytext").val();
  appendDiv +=
"<div> 姓名:" +
    name +
"<br/> 邮箱:" +
    email +
"<br/> 留言内容:" +
    lytext +
"<br/></div><br/>";
  $("#messageDiv").html(appendDiv);
  $("#name").val("");
  $("#email").val("");
  $("#lytext").val("");
}
```

运行代码，效果如图 10-15 所示。

图 10-15　留言功能

10.4.4　实现编辑用户信息页

1. 创建 HTML 页面

根据图 10-12，在项目中创建 info.html 页面，代码如下。

```
<html>
<head>
<meta charset="utf-8" />
<meta name="viewport" content="user-scalable=no,width=device-width,initial-scale=1, maximum-scale=1" />
<title>个人信息</title>
<link rel="stylesheet" type="text/css" href="css/common.css" />
<link rel="stylesheet" type="text/css" href="css/info.css" />
<script src="./js/jquery-1.10.2.min.js"></script>
<style>
#bar {
  background-color: #0f88eb;
  height: 30px;
  padding-left: 30px;
}
</style>
</head>

<body>
<div>
<div id="bar">
  <a href="login.html" style="color: black; font-weight: 700">返回登录页面</a>
</div>
</div>
<form>
<div class="info_cont">
  <div class="info">
  <div class="lable">用户名:</div>
  <input type="text" id="userName" maxlength="30" />
```

```
    </div>
    <div class="info">
      <div class="lable">邮箱:</div>
      <input type="text" id="email" />
    </div>
    <div class="info">
      <div class="lable">密码:</div>
      <input id="info_passward" type="password" />
    </div>
    <div class="info">
      <div class="lable">确认密码:</div>
      <input id="info_repassward" type="password" />
    </div>
    <div class="info">
      <div class="lable">手机号:</div>
      <input type="text" class="account" id="iphone" />
    </div>
    <input type="button" id="submit" class="button" name="button" value="完成编辑" onclick= "edit()" />
    </div>
    </form>
    </body>
    </html>
```

2. 读取本地信息

将本地 localStorage 存储的用户名、地址、邮箱、密码和手机号等基本信息绑定到文本框，代码如下。

```
$("#userName").val(localStorage.getItem("userName"));
$("#email").val(localStorage.getItem("email"));
$("#info_passward").val(localStorage.getItem("passWord"));
$("#iphone").val(localStorage.getItem("iphone"));
```

3. 修改本地信息

单击“完成编辑”按钮，修改本地 localStorage 存储的信息，代码如下。

```
function edit() {
  if ($("#info_passward").val() == $("#info_repassward").val()) {
    console.log($("#info_passward").val());
    localStorage.setItem("passWord", $("#info_passward").val());
    localStorage.setItem("userName", $("#userName").val());
    localStorage.setItem("email", $("#email").val());
    localStorage.setItem("iphone", $("#iphone").val());
    alert("编辑成功");
  } else {
    alert("两次密码不相同");
    return;
  }
}
```

在 info.html 页面中，单击“完成编辑”按钮调用 edit 方法，代码如下。

```
<input type="button" id="submit" class="button" name="button" value="完成编辑"onclick= "edit()"/>
```

至此，个人简历网站已经完成了。

【本章小结】

本章从项目介绍、项目需求分析、项目设计和项目实施 4 个步骤介绍如何完成交互网站，主要应用 JavaScript 和 jQuery 制作交互页面效果。

Python 开发实例大全 下卷

张善香　田蕴琦　张晓博◎编著

人 民 邮 电 出 版 社
北 京

图书在版编目（C I P）数据

Python开发实例大全. 下卷 / 张善香，田蕴琦，张晓博编著. -- 北京 : 人民邮电出版社，2023.5
ISBN 978-7-115-52857-5

Ⅰ. ①P… Ⅱ. ①张… ②田… ③张… Ⅲ. ①软件工具－程序设计 Ⅳ. ①TP311.561

中国国家版本馆CIP数据核字(2023)第055869号

内 容 提 要

本书内容齐全，通过范例循序渐进地讲解了开发 Python 应用程序的知识。本书主要内容包括：Python 图形图像开发、多线程开发、Python 游戏开发、数据可视化、Flask Web 开发、Django Web 开发、Python 算法等知识。

本书既适合零基础的人员学习，也适合已经了解了 Python 基础语法的、希望进一步提高 Python 开发水平的读者阅读，还可作为程序员的参考书。

◆ 编　　著　张善香　田蕴琦　张晓博
责任编辑　张　涛
责任印制　王　郁　焦志炜
◆ 人民邮电出版社出版发行　北京市丰台区成寿寺路 11 号
邮编　100164　电子邮件　315@ptpress.com.cn
网址　https://www.ptpress.com.cn
固安县铭成印刷有限公司印刷
◆ 开本：787×1092　1/16
印张：26　2023 年 5 月第 1 版
字数：691 千字　2023 年 5 月河北第 1 次印刷

定价：109.80 元

读者服务热线：(010)81055410　印装质量热线：(010)81055316
反盗版热线：(010)81055315
广告经营许可证：京东市监广登字 20170147 号

前　言

本书通过范例讲解 Python 程序开发的知识。书中的每一个范例都是作者精心挑选的，目的是帮助程序员掌握每一个知识点，并提高程序员的开发效率。实践是学习 Python 编程的最佳方法之一。为了帮助更多读者成为 Python 的开发者，笔者特意编写了本书。

本书的特色

1．内容全面，范例众多

本书的范例几乎覆盖了主流的 Python 应用领域，通过讲解众多的实例，帮助读者高效地学习和使用 Python 的强大功能，并逐步步入 Python 开发高手之列。

2．贴心提示和注意事项提醒

本书根据需要安排了“注意”等小板块，帮助读者理解相关知识点及概念，更快地掌握 Python 的应用技巧。

3．通过 QQ 群提供答疑服务

读者阅读本书时，无论遇到任何问题，都可以通过 QQ 群随时与笔者互动。

本书提供的答疑 QQ 群号是：292693408。

本书的读者对象

Python 开发初学者。

软件工程师。

测试和自动化框架开发人员。

致谢

本书在编写过程中，得到了人民邮电出版社编辑的大力支持。正是各位编辑的求实、耐心和效率，才使得本书能够在短时间内出版。另外，我们也十分感谢家人给予的巨大支持。笔者水平有限，书中存在遗漏之处在所难免，恳请读者提出意见或建议，以便修订并使本书更臻完善。编辑联系邮箱：zhangtao@ptpress.com.cn。

最后，感谢您购买本书，希望本书能成为您编程路上的领航者，祝您阅读快乐！

笔者

目　录

第 10 章

图形图像开发实战

在开发 Python 程序的过程中，程序员经常需要使用图形或图像文件来提高程序界面的美观度。本章将通过具体实例的实现过程，详细讲解开发 Python 图形或图像程序的知识。

10.1　使用 Pillow 库

Pillow 是 Python 开发者最常用的图像处理库，提供了广泛的文件格式支持及强大的图像处理能力，主要包括图像储存、图像显示、格式转换及基本的图像处理操作等。

范例 10-01：安装 Pillow 库

安装 Pillow 库的方法与安装 Python 其他第三方库的方法相同，也可以到相关网址下载库 Pillow 的压缩包。

解压下载到的文件后，先在 CMD 控制台下进入下载目录，然后执行如下命令即可安装 Pillow。

```
python setup.py install
```

如果计算机可以联网，可以执行如下 pip 命令自动从互联网中下载并安装 Pillow。

```
pip install pillow
```

对于联网的计算机，也可以通过如下的 easy_install 命令安装 Pillow。

```
easy_install Pillow
```

例如，在 Windows 操作系统中成功安装 Pillow 后的界面效果如图 10-1 所示。

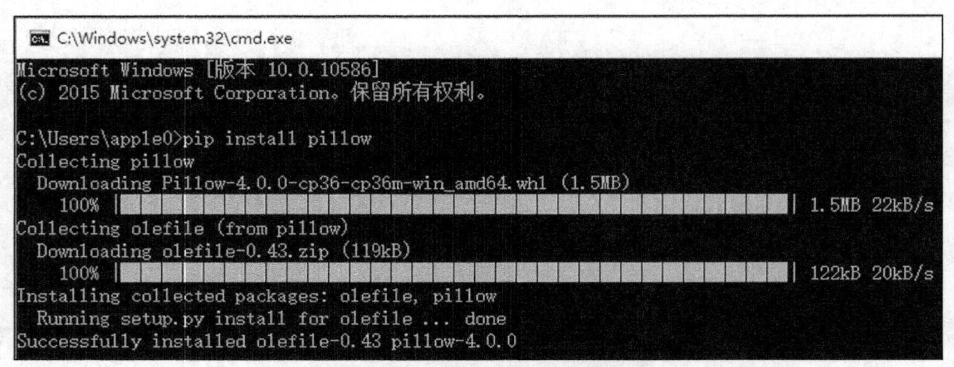

图 10-1　成功安装 Pillow 后的界面效果

范例 10-02：使用 Image 模块创建随机大小图片

下面的实例文件 first.py 演示了使用 Image 模块创建随机大小图片的过程。

源码路径：daima\10\10-02\first.py

```
from PIL import Image, ImageDraw
import random

width = random.randint(1, 500)
height = random.randint(1,500)
red = random.randint(1, 255)
blue = random.randint(1, 255)
green = random.randint(1, 255)
name = random.randint(1, 999999999999)

size = str(width) + ", " + str(height)
colour = str(red) + ", " + str(green) + ", " + str(blue)

#img = Image.new('RGB', (width, height))
img = Image.new('RGB', (width, height), (red, green, blue))
img.save(str(name) + '.jpg')
```

执行上述实例代码后将会创建随机大小和随机颜色的图片，并且图片名字也是由随机数字生成的。

范例 10-03：使用 Image 模块打开一幅图片

在库 Pillow 中，通过使用 Image 模块，可以从文件加载图像，或者处理其他图像，或者从 scratch 中创建图像。在对图像进行处理时，首先需要打开要处理的图片。在 Image 模块中，使用函数 open()打开一幅图片，执行后返回 Image 类的实例。当文件不存在时，会引发 IOError 错误。例如，下面的实例文件 dakai.py 演示了使用 Image 模块打开一幅图片的过程。

源码路径：daima\10\10-03\dakai.py

```
from PIL import Image                    #导入Image模块
im = Image.open("IMG_1.jpg")             #打开指定的图片
print(im.format, im.size, im.mode)       #输出图片的属性信息
im.show()                                #显示被打开的这幅图片
```

在上述实例代码中，首先使用函数 open()打开当前目录中的图片文件 IMG_1.jpg，然后显示这幅图片的属性信息，最后使用函数 show()显示这幅图片。其中，format 属性标识了图像来源，如果图像不是从文件读取它的值，则 format 的值是 None。属性 size 是一个二元组，包含 width 和 height（宽度和高度，单位都是 px）。属性 mode 定义了图像通道的数量和名称，以及像素类型和深度。如果文件打开错误，则返回 IOError 错误。上述代码执行后将显示图片 IMG_1.jpg 的属性并打开这幅图片，执行效果如图 10-2 所示。

图 10-2　执行效果

范例 10-04：实现图片透明度混合

在库 Pillow 的 Image 模块中，可以使用函数 blend()实现透明度混合处理。例如下面的实例文件 hun.py 演示了使用 Image 模块实现图片透明度混合的过程。

源码路径：daima\10\10-04\hun.py

```
from PIL import Image                         #导入Image模块
imga = Image.open('IMG_1.jpg')                #打开指定的图片1
imgb = Image.open('IMG_2.jpg')                #打开指定的图片2
Image.blend(imga,imgb,0.3).show()             #混合两幅图片
```

原始图片 IMG_1.jpg 和 IMG_2.jpg 效果如图 10-3 所示。

上述代码执行后将实现混合处理，执行效果如图 10-4 所示。

（a）IMG_1.jpg

（b）IMG_2.jpg

图 10-3　原始图片效果

图 10-4　执行效果

范例 10-05：实现图片遮罩混合处理

在库 Pillow 的 Image 模块中，可以使用函数 composite()实现遮罩混合处理。例如，下面的实例文件 zhe.py 演示了使用 Image 模块实现图片遮罩混合处理的过程。

源码路径：daima\10\10-05\zhe.py

```
from PIL import Image                              #导入Image模块
imga = Image.open('IMG_1.jpg')                     #打开指定的图片1
imgb = Image.open('IMG_2.jpg')                     #打开指定的图片2
mask = Image.open('IMG_3.jpg')                     #打开指定的图片3
Image.composite(imga,imgb,mask).show()             #实现三幅图片的遮罩混合
```

原始图片 IMG_1.jpg、IMG_2.jpg 和 IMG_3.jpg 效果如图 10-5 所示。

（a）IMG_1.jpg

（b）IMG_2.jpg

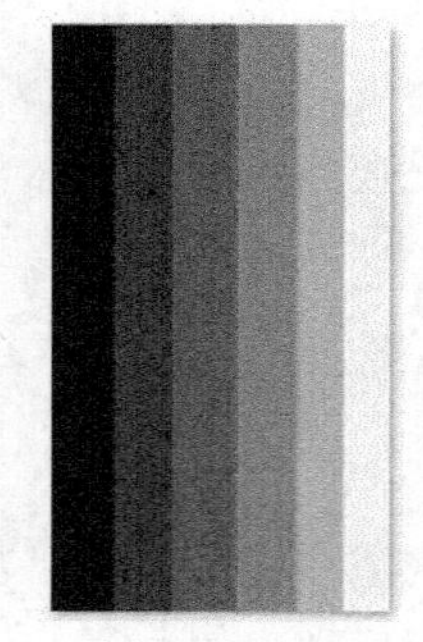
（c）IMG_3.jpg

图 10-5　原始图片效果

上述代码执行后将实现遮罩混合处理，执行效果如图 10-6 所示。

图 10-6　执行效果

范例 10-06：缩放指定图片

在库 Pillow 的 Image 模块中，可以使用函数 eval()实现缩放处理，使用函数 fun()将输入图片的每个像素进行计算并返回。例如，下面的实例文件 suo.py 演示了使用 Image 模块缩放指定图片的过程。

源码路径：daima\10\10-06\suo.py

```
from PIL import Image                    #导入Image模块
def div2(v):                             #定义函数div2()处理像素
    return v//2                          #设置缩放为一半
imga = Image.open('IMG_1.jpg')           #打开指定的图片
Image.eval(imga,div2).show()             #显示缩放后的图片
```

在上述代码中，首先定义了一个用于处理像素的函数 div2()，然后打开一幅指定的输入图片 IMG_1.jpg，最后调用 eval()函数对图片进行缩放处理后并输出。执行效果如图 10-7 所示。

图 10-7　执行效果

范例 10-07：使用 Image 模块缩放指定图片

在库 Pillow 的 Image 模块中，可以使用函数 thumbnail()原生地缩放指定的图像。例如，下面的实例文件 suo1.py 演示了使用 Image 模块缩放指定图片的过程。

源码路径：daima\10\10-07\suo1.py

```
from PIL import Image                    #导入Image模块
imga = Image.open('IMG_1.jpg')           #打开指定的图片
print('图像格式：',imga.format)           #输出显示图像格式
print('图像模式：',imga.mode)             #输出显示图像模式
print('图像尺寸：',imga.size)             #输出显示图像尺寸
imgb = imga.copy()                       #复制打开的图片
imgb.thumbnail((224,168))                #缩放为指定的大小（224,168）
imgb.show()                              #显示缩放后的图片
```

通过上述代码先分别获取了指定图像 IMG_1.jpg 的格式、模式和尺寸，然后使用函数 copy()复制图像，并将其缩放为指定的大小（224,168）。执行效果如图 10-8 所示。

图 10-8　执行效果

范例 10-08：对指定图片实现剪切和粘贴功能

在库 Pillow 的 Image 模块中，函数 paste()的功能是粘贴源图像或像素至该图像，函数 crop()的功能是剪切图片中指定的区域。例如，下面的实例文件 jian.py 演示了使用 Image 模块对指定图片实现剪切和粘贴功能的过程。

源码路径：daima\10\10-08\jian.py

```
print('图像通道列表：',imga.getbands())          #输出显示图像通道列表
imgb = imga.copy()                               #复制图片
imgc = imga.copy()                               #复制图片
region = imgb.crop((5,5,120,120))                #剪切指定的图片区域
imgc.paste(region,(230,230))                     #粘贴图片
imgc.show()                                      #显示粘贴后的图像效果
```

执行效果如图 10-9 所示，图中被圈出的区域便是剪切并粘贴后的区域。

图 10-9　执行效果

范例 10-09：对指定图片的格式进行转换

在库 Pillow 的 Image 模块中，函数 convert()的功能是返回模式转换后的图像实例，目前支持的模式有 L、RGB、CMYK，参数 matrix 只支持 L 和 RGB 两种模式。例如，下面的实例文件 zhuan.py 演示了使用 Image 模块对指定图片格式进行转换的过程。

源码路径：daima\10\10-09\zhuan.py

```
from PIL import Image
#设置要操作的指定图片
```

```
imga = Image.open('IMG_1.jpg')
imgb = imga.copy()
#第1段代码，下面的代码会创建一个新图像
img_output = Image.new('RGB',(448,168))
img_output.paste(imgb,(0,0))
img_output.show()
b = imgb.convert('CMYK')                    #转换为CMYK模式图像
img_output.paste(b,(224,0))                 #粘贴转换后的图像
img_output.show()
#第2段代码，下面的代码会得到一副左右镜像的图像
flip = b.transpose(Image.FLIP_LEFT_RIGHT)
img_output.paste(flip,(224,0))              #粘贴左右镜像的图像
img_output.show()
#第3段代码，下面的代码将图像转换为灰度图像
b = imgb.convert('L')
img_output.paste(b,(224,0))                 #粘贴灰度图像
img_output.show()                           #输出显示图片
```

执行效果如图 10-10 所示。

（a）第 1 段代码中的图像　（b）第 1 段代码中转换为 CMYK 模式的图像

（c）第 2 段代码中左右镜像的图像　（d）第 3 段代码中的灰度图像

图 10-10　执行效果

范例 10-10：旋转指定图片

在库 Pillow 的 Image 模块中，可以使用函数 resize()来重新设置指定图像的尺寸，可以使用函数 rotate()来旋转指定的图像。例如，下面的实例文件 xuan.py 演示了使用 Image 模块旋转指定图片的过程。

源码路径：daima\10\10-10\xuan.py

```
from PIL import Image                       #导入Image模块
imga = Image.open('IMG_1.jpg')              #打开指定的图片
imgb = imga.copy()                          #复制打开的图片
img_output = Image.new('RGB',(448,168))     #创建一个新的图像区域
b = imgb.rotate(45)                         #旋转45°
img_output.paste(b,(224,0))                 #粘贴矩形区域
img_output.show()                           #输出显示图片
```

执行效果如图 10-11 所示。

图 10-11　执行效果

范例 10-11：对指定图片实现过滤模糊操作

在库 Pillow 的 Image 模块中，使用函数 filter()可以对指定的图片使用滤镜效果，在 Pillow 库中可以用的滤镜被保存在 ImageFilter 模块中。例如，下面的实例文件 guo.py 演示了使用 ImageFilter 模块对指定图片实现过滤模糊操作的过程。

源码路径：daima\10\10-11\guo.py

```
from PIL import ImageFilter                    #导入ImageFilter模块
#使用函数filter()实现滤镜效果
b = imgb.filter(ImageFilter.GaussianBlur)
img_output.paste(b,(224,0))                    #粘贴指定大小的区域
img_output.show()                              #输出显示图片
```

执行效果如图 10-12 所示。

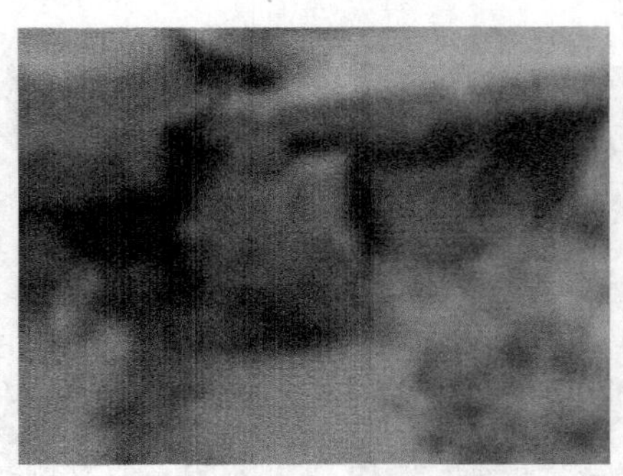

图 10-12 执行效果

范例 10-12：使用其他内置函数

在库 Pillow 的 Image 模块中还有很多其他重要的内置函数。例如，下面的实例文件 qi.py 演示了使用 Image 模块中其他内置函数的过程。

源码路径：daima\10\10-12\qi.py

```
from PIL import Image                              #导入Image模块
imga = Image.open('IMG_1.jpg')                     #打开指定的图片
print('图像格式：',imga.format)                     #输出显示图像格式
print('图像模式：',imga.mode)                       #输出显示图像模式
print('图像尺寸：',imga.size)                       #输出显示图像尺寸
print('图像通道列表：',imga.getbands())             #输出显示图像通道列表
print('统计直方图列表：',imga.histogram())          #输出显示统计直方图列表
```

执行效果如图 10-13 所示。

```
Python 3.6.0 Shell
File  Edit  Shell  Debug  Options  Window  Help
==========
图像格式： JPEG
图像模式： RGB
图像尺寸： (600, 1066)
图像通道列表： ('R', 'G', 'B')
统计直方图列表： [162, 85, 153, 302, 452, 552, 590, 689, 767, 896, 1040, 1214
, 1266, 1486, 1618, 1802, 1810, 1887, 2076, 2054, 2142, 2216, 2260, 2350, 240
9, 2374, 2566, 2510, 2590, 2607, 2617, 2613, 2677, 2606, 2647, 2815, 2809, 28
56, 2834, 2853, 2864, 3011, 3072, 3136, 3169, 3249, 3200, 3338, 3353, 3389, 3
496, 3512, 3580, 3751, 3710, 3737, 3779, 3809, 3891, 3916, 4014, 4094, 4028,
4090, 4101, 3917, 4158, 4108, 3974, 3903, 4109, 4011, 4006, 3876, 3959, 4006,
3924, 3889, 3902, 3977, 3822, 3887, 3829, 3925, 3816, 3802, 3706, 3788, 3829,
3703, 3608, 3555, 3526, 3513, 3506, 3471, 3384, 3354, 3380, 3307, 3286, 3229,
3290, 3299, 3162, 3142, 3107, 3009, 2998, 3110, 3075, 3126, 3196, 3149, 3331,
3239, 3369, 3412, 3637, 3829, 3935, 3975, 4113, 4361, 4402, 4533, 4590, 4574,
4432, 4503, 4316, 4255, 4104, 4004, 3865, 3802, 3633, 3583, 3499, 3360, 3302,
3412, 3231, 3365, 3156, 3091, 3124, 3070, 2912, 3077, 2977, 2894, 2806, 2857,
2823, 2895, 2906, 2920, 2980, 2996, 3033, 3096, 3062, 3058, 3087, 3027, 3076,
3094, 2995, 3032, 3020, 2996, 2951, 3048, 3039, 3020, 3067, 3019, 3059, 3059,
3067, 3016, 3023, 3057, 3150, 3022, 3013, 2819, 2736, 2760, 2542, 2392, 2264,
Ln: 10  Col: 4
```

图 10-13 执行效果

范例 10-13：使用 Pillow 绘制随机点阵图和点阵图

下面的实例文件 photomancy.py 演示了使用 Pillow 绘制随机点阵图的过程。

源码路径：daima\10\10-13\photomancy.py

```
from PIL import Image, ImageDraw

import random
import math

def get_random_pixel():
    """用一个三元组的形式返回一个随机RGB值"""
    return (random.randint(0, 255), random.randint(0, 255), random.randint(0, 255))

def set_to_noise(img):
    """用随机数字替换图像的内容"""
    img.putdata([random.randint(0, 255) for p in range(img.width * img.height)])

def get_rgb_noise(width, height):
    """返回随机颜色像素的图像"""
    bands = [Image.new('L', (width, height)) for band in ('r', 'g', 'b')]
    for band in bands:
        set_to_noise(band)
    img = Image.merge('RGB', bands)
    return img

def for_each_cell(func, img, cell_radius=1):
    """在源图像上对像素组调用函数并返回转换后的图像"""
    width = img.width
    height = img.height
    img2 = Image.new(img.mode, (width, height))
    draw = ImageDraw.Draw(img2)
    for y in range(cell_radius, height-cell_radius):
        for x in range(cell_radius, width-cell_radius):
            neighbors = [img.getpixel((x_offs, y_offs)) for x_offs in range(x-cell_radius, x+cell_radius+1) for y_offs in
                         range(y-cell_radius, y+cell_radius+1)]
            func(img, draw, x, y, neighbors)
    return img2

def blur(img):
    """将每个非边界像素替换为其邻居的平均值，并返回一个新的图像"""
    def blur_func(img, draw, x, y, neighbors):
        avg_color = get_avg_color(neighbors)
        draw.point((x,y), avg_color)

    return for_each_cell(blur_func, img)

def get_avg_color(neighbors):
    """获取平均颜色"""
    return tuple([math.floor(sum(p[i] for p in neighbors)/len(neighbors)) for i in (0, 1, 2)])

def get_avg_value(neighbors):
    """获取平均值"""
    return math.floor(sum(neighbors)/len(neighbors))

def rgb_push_func(img, draw, x, y, neighbors):
    orig_color = img.getpixel((x, y))#获取对应点的像素值
    avg_color = get_avg_color(neighbors)
    max_band_val = max(avg_color)
    pushed_color = tuple(32 if v == max_band_val else -32 for v in avg_color)
    combined_color = tuple(min(255, v[0] + v[1]) for v in zip(orig_color, pushed_color))
    # combined_color = orig_color + pushed_color
    draw.point((x,y), combined_color)

def bw_push_func(img, draw, x, y, neighbors):
    orig_value = img.getpixel((x, y))#获取对应点的像素值
    avg_value = get_avg_value(neighbors)
    pushed_value = 255 if avg_value > 127 else 0
    draw.point((x, y), pushed_value)

def filter_color(color):
    """颜色过滤"""
```

```
        if all([not(0 < v < 255) for v in color]):
            return tuple(0 if v == 255 else 255 for v in color)
        else:
            return color

if __name__ == "__main__":
    width = 800
    height = 600
    img = get_rgb_noise(width, height)
    for i in range(5):
        img = for_each_cell(rgb_push_func, img)
        img = for_each_cell(lambda img, draw, x, y, neighbors: draw.point((x, y), filter_color(img.getpixel((x, y)))), img,
              cell_radius=0)
    img.show()

    img.save("output.png")
```

上述代码中定义了多个图像矗立函数，已经在注释中进行了详细说明，执行后可以生成随机点阵图。在现实应用中，用户可以在自己的程序中直接调用上述文件模块来定制自己的点阵图。例如，在下面的实例文件 caves.py 演示了使用上述 photomancy.py 来绘制点阵图的过程。

源码路径：daima\10\10-13\caves.py

```
from PIL import Image, ImageDraw

import photomancy

import random

if __name__ == "__main__":
    width, height = (800, 600)
    img = Image.new('L', (width, height))
    photomancy.set_to_noise(img)
    for i in range(5):
        img = photomancy.for_each_cell(photomancy.bw_push_func, img, cell_radius=3)
        img.show()

    img.save("output.png")
```

执行上述两个文件都可以生成点阵图，例如，在作者计算机上的执行效果如图 10-14 所示。

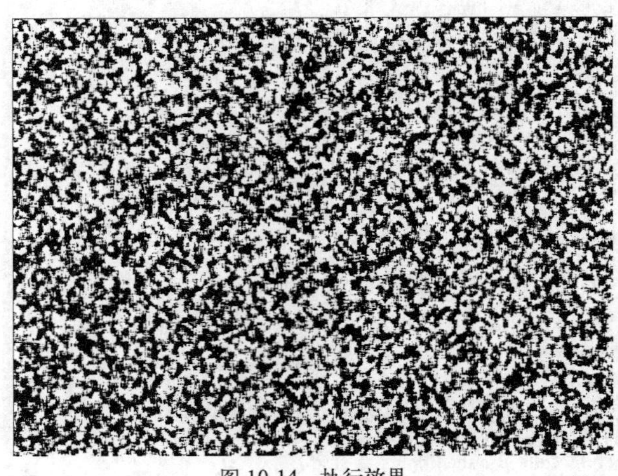

图 10-14　执行效果

范例 10-14：将 PNG 图片转换为可读写的 RLE 图片

游程编码（Run-Length Encoding，RLE），又称行程长度编码、变动长度编码（run coding），在控制论中对于二值图像而言是一种编码方法，对连续的黑、白像素数（游程）以不同的码字进行编码。游程编码是一种简单的非破坏性资料压缩法，其好处是加压缩和解压缩都非常快。

下面的实例文件 png_to_rle.py 演示了将 PNG 图片转换为可读写的 RLE 图片的过程。

源码路径：daima\10\10-14\png_to_rle.py

```
import os, sys
from PIL import Image

class RLEBitmap:
    width = 0
    height = 0
    pixels = None
    image = None

    def __init__(self):
        self.image = None
        self.pixels = None
        self.height = 0
        self.width = 0

    def open_png(self, filename):
        self.image = Image.open(filename)
        self.pixels = self.image.load()
        self.width, self.height = self.image.size

    def get_color_atpoint(self, point):
        return (self.pixels[point[0], point[1]])

    def read_rle_fromstream(self, stream):
        #图像中使用的颜色可以是一个列表，不能是一个字典
        colors = []
        colorCount = 0
        colorIndex = 0

        i = 0
        x = 0
        y = 0

        self.image = None
        self.pixels = None

        stream.readline()
        self.width = int(stream.readline().split(':')[1])
        self.height = int(stream.readline().split(':')[1])
        stream.readline()

        self.image = Image.new("RGB", (self.width, self.height))

        stream.readline()

        sI = stream.readline()
        while not sI.isspace():
            sISplit = sI.split(',')
            colors.append((int(sISplit[0]), int(sISplit[1]), int(sISplit[2])))
            sI = stream.readline()

        stream.readline()

        sI = stream.readline()
        while not sI.isspace():
            sISplit = sI.split(':')
            colorIndex = int(sISplit[0])
            colorCount = int(sISplit[1])

            i = 0
            for i in range(0, colorCount):
                self.image.putpixel((x, y), colors[colorIndex])
                x += 1

                if (x == (self.width)):
                    x = 0
                    y += 1

            #read in the next new line
```

```
            sI = stream.readline()

        self.pixels = self.image.load()

    def write_memory_tofile(self, filename):
        if (self.image != None):
            self.image.save(filename)

    def write_rle_tostream(self, stream):
        #图像中使用的颜色
        colors = {}
        pixels = []

        currentColor = None
        currentColorCount = 0

        x = 0
        y = 0

        for y in range(0, self.height):
            for x in range(0, self.width):
                newColor = self.pixels[x, y]

                if newColor != currentColor:
                    if currentColor != None:
                        colors.setdefault(currentColor, len(colors.keys()))
                        colorIndex = colors[currentColor]
                        pixels.append((colorIndex, currentColorCount))

                        currentColor = newColor
                        currentColorCount = 1
                    else:
                        currentColor = newColor
                        currentColorCount = 1
                else:
                    currentColorCount += 1

        colors.setdefault(currentColor, len(colors.keys()))
        colorIndex = colors[currentColor]
        pixels.append((colorIndex, currentColorCount))

        stream.write('#Image Dimensions\n')
        stream.write('Width: %i \n' % (self.width))
        stream.write('Height: %i \n' % (self.height))
        stream.write('\n')

        stream.write('#Image Palette\n')
        for v in colors.keys():
            stream.write('%i, %i, %i\n' % (v))
        stream.write('\n')

        stream.write('#Pixel Count\n')
        for v in pixels:
            stream.write('%i: %i\n' % (v))
        stream.write('\n')


rb = RLEBitmap()
rb.open_png('input\golfcourse.png')
fs = open('output\golfcourse.rle','w')
rb.write_rle_tostream(fs)
fs.close()

rb = RLEBitmap()
fs = open('output\golfcourse.rle','r')
rb.read_rle_fromstream(fs)
fs.close()
rb.write_memory_tofile('output\golfcourse_output.png')
```

上述代码执行后会在 output 目录中生成一幅名为“golfcourse.rle”的图片，如果用记事本打开这个图片文件，则会看到图 10-15 所示的 RLE 格式图片的专有内容。

```
golfcourse.rle - 记事本
文件(F) 编辑(E) 格式(O) 查看(V) 帮助(H)
#Image Dimensions
Width: 683
Height: 384

#Image Palette
0, 53, 0
0, 85, 0
0, 157, 0
100, 0, 0
60, 0, 0
0, 185, 0
44, 44, 44
0, 0, 128
0, 0, 255
128, 128, 0
255, 255, 0
82, 82, 82
53, 53, 53
32, 32, 32
0, 0, 0
0, 128, 0
0, 102, 0
0, 72, 0
255, 53, 53
0, 60, 0
```

图 10-15　RLE 格式图片的专有内容

范例 10-15：使用 ImageChops 模块实现图片合成

库 Pillow 的内置模块 ImageChops 包含了多个用于实现图片合成的函数，这些合成函数是通过计算通道中像素值的方式来实现的，主要用于制作特效、合成图片等操作。下面的实例文件 hecheng.py 演示了使用 ImageChops 模块实现图片合成的过程。

源码路径：daima\10\10-15\hecheng.py

```
from PIL import Image                                  #导入Image模块
from PIL import ImageChops                             #导入ImageChops模块
imga = Image.open('IMG_1.jpg')                         #打开图片1
imgb = Image.open('IMG_2.jpg')                         #打开图片2
ImageChops.add(imga,imgb,1,0).show()                   #对两张图片进行算术加法运算
ImageChops.subtract(imga,imgb,1,0).show()              #对两张图片进行算术减法运算
ImageChops.darker(imga,imgb).show()                    #使用变暗函数darker()
ImageChops.lighter(imga,imgb).show()                   #使用变亮函数lighter()
ImageChops.multiply(imga,imgb).show()                  #将两张图片互相叠加
ImageChops.screen(imga,imgb).show()                    #实现反色后叠加
ImageChops.invert(imga).show()                         #使用反色函数invert()
ImageChops.difference(imga,imga).show()                #使用比较函数difference()
```

执行效果如图 10-16 所示。该实例分别实现相加、相减、变暗、变亮、叠加、反相和比较操作，其中经过比较操作后产生的图像为纯黑色，这是因为比较的是同一幅图片。

图 10-16　执行效果

范例 10-16：实现图像增强处理

库 Pillow 的内置模块 ImageEnhance 包含了多个用于增强图像效果的函数，主要用于调整

图像的色彩、对比度、亮度和清晰度等。在模块 ImageEnhance 中，所有的图片增强对象都实现了一个通用接口，这个接口只包含如下一个方法。

```
enhance(factor)
```

方法 enhance()会返回一个被加强过的 Image 对象，参数 factor 是一个大于 0 的浮点数，1 表示返回原始图片。

在 Python 程序中使用模块 ImageEnhance 增强图像效果时，需要先创建对应的增强调整器，然后调用增强调整器输出函数，根据指定的增强系数（小于 1 表示减弱，大于 1 表示增强，等于 1 表示不变）进行调整，最后输出调整后的图像。例如，下面的实例文件 zeng.py 演示了使用 ImageEnhance 模块实现图像增强处理的过程。

源码路径：daima\10\10-16\zeng.py

```
w,h = imga.size                                  #定义变量w和h的初始值
img_output = Image.new('RGB',(2*w,h))            #创建图像区域
img_output.paste(imga,(0,0))                     #将创建的部分粘贴到图片
nhc = ImageEnhance.Color(imga)                   #调整图像色彩平衡
nhb = ImageEnhance.Brightness(imga)              #调整图像亮度
for nh in [nhc,nhb]:                             #使用内嵌循环输出调整后的图像
    for ratio in [0.6,1.8]:                      #减弱和增强两个系数
        b = nh.enhance(ratio)                    #增强处理
        img_output.paste(b,(w,0))                #粘贴修改后的图像
        img_output.show()                        #显示对比的图像
```

执行效果如图 10-17 所示，分别实现色彩减弱、色彩增强、亮度减弱和亮度增强效果。

（a）色彩减弱　（b）色彩增强　（c）亮度减弱　（d）亮度增强

图 10-17　执行效果

范例 10-17：实现同时增强处理多幅图像

下面的实例文件 123.py 演示了使用 ImageEnhance 模块实现同时增强处理多幅图像的过程。

源码路径：daima\10\10-17\123.py

```
from PIL import Image, ImageFilter, ImageEnhance, ImageDraw

import os, sys

#素材图片路径，能够同时处理这个目录中的所有图片
path = "123/"
dirs = os.listdir(path)

def enhancer():
    #从文件夹导入文件
    for image in dirs:
        if os.path.isfile(path+image):
            source = Image.open(path+image)
            f, e = os.path.splitext(path+image)

            #分别使用 DETAIL和FIND_EDGES过滤两幅图像
            filter1 = source.filter(ImageFilter.DETAIL)
            filter2 = source.filter(ImageFilter.FIND_EDGES)

            #第1个图像用DETAIL过滤，第2个图像用FIND_EDGES过滤。两个过滤的图像与alpha=.1叠加在一起
            compose = Image.blend(filter1, filter2, alpha=.1)

            filter3 = source.filter(ImageFilter.SMOOTH)
            blend = Image.blend(compose, filter3, alpha=.1)

            imageColor = ImageEnhance.Color(blend)
            renderStage1 = imageColor.enhance(1.5)
            imageContrast = ImageEnhance.Contrast(renderStage1)
            renderStage2 = imageContrast.enhance(1.1)

            imageBrightness = ImageEnhance.Brightness(renderStage2)
            renderFinal = imageBrightness.enhance(1.1)
            renderFinal.save(f + '_enhanced.jpg', 'JPEG', quality=100)

enhancer()
```

在上述实例代码中，首先设置要处理图片被保存在 123 目录下，执行后将同时对这个目录中的图片进行增强处理。例如，作者在 123 目录中准备了 3 幅图片，执行后会生成名字中有 enhanced 标识的增强图片，如图 10-18 所示。

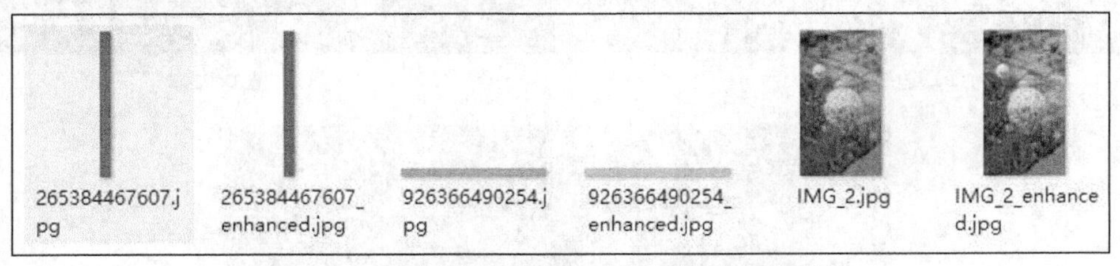

图 10-18　同时处理了 3 幅图片（目录中只有 3 幅图片）

范例 10-18：对指定图片实现滤镜特效

在库 Pillow 中，内置模块 ImageFilter 实现了滤镜功能，可以用来创建图像特效，或以此效果作为媒介实现进一步处理。模块 ImageFilter 提供了一些预定义的过滤器和自定义过滤器函数。其中，较为常用的预定义过滤器如下。

- BLUR：模糊滤镜。
- CONTOUR：轮廓。
- DETAIL：细节。
- EMBOSS：浮雕。
- FIND_EDGES：查找边缘。
- SHARPEN：锐化。
- SMOOTH：光滑。
- EDGE_ENHANCE：边缘增强。

❑ EDGE_ENHANCE_MORE：边缘更多增强。

下面的实例文件 lv.py 演示了使用 ImageFilter 模块对指定图片实现滤镜特效的过程。

源码路径：daima\10\10-18\lv.py

```
from PIL import Image
from PIL import ImageFilter                          #导入模块ImageFilter
imga = Image.open('IMG_2.jpg')                       #打开指定的图像
w,h = imga.size                                      #图像的宽和高
img_output = Image.new('RGB',(2*w,h))                #新建指定大小的图像
img_output.paste(imga,(0,0))                         #粘贴原始图像
fltrs = []                                           #创建列表来存储滤镜
fltrs.append(ImageFilter.EDGE_ENHANCE)               #边缘增强滤镜
fltrs.append(ImageFilter.FIND_EDGES)                 #查找边缘滤镜
fltrs.append(ImageFilter.GaussianBlur(4))            #高斯模糊滤镜

for fltr in fltrs:                                   #遍历上述3种滤镜
    r = imga.filter(fltr)                            #使用滤镜
    img_output.paste(r,(w,0))                        #粘贴使用滤镜后的图像
    img_output.show()                                #显示对比后的图像
```

在上述实例代码中，首先建立了使用滤镜的列表，然后用 for 循环遍历并输出对比效果图。执行效果如图 10-19 所示，分别实现边缘增强、查找边缘和高斯模糊效果。

（a）边缘增强

（b）查找边缘

（c）高斯模糊

图 10-19　执行效果

范例 10-19：使用 ImageDraw 模块绘制二维图像

在库 Pillow 中，内置模块 ImageDraw 实现了绘图功能，可以通过创建图片的方式来绘制

2D 图像；也可以在原有的图片上进行绘图，以达到修饰图片或对图片进行注释的目的。在 Python 程序中使用 ImageDraw 模块绘图时，需要先创建一个 ImageDraw.Draw 对象，并且提供指向文件的参数；然后引用创建的 Draw 对象方法进行绘图；最后保存或直接输出绘制的图像。

下面的实例文件 huier.py 演示了使用 ImageDraw 模块绘制二维图像的过程。

源码路径：daima\10\10-19\huier.py

```
a = Image.new('RGB',(200,200),'white')                    #新建一个白色背景图像
drw = ImageDraw.Draw(a)                                   #创建Draw对象
drw.rectangle((50,50,150,150),outline='red')              #绘制矩形
drw.text((60,60),'First Draw...',fill='green')            #绘制文本
a.show()                                                  #显示创建的二维图像
```

在上述实例代码中，在新建的图像中分别使用 Draw 对象中的方法 rectangle()和 text()，绘制了一个矩形和一个字符串。执行效果如图 10-20 所示。

图 10-20　执行效果

范例 10-20：使用 ImageFont 模块绘制二维图像

在库 Pillow 中，内置模块 ImageFont 的功能是实现对字体和字型的处理。例如，下面的实例文件 zi.py 演示了使用 ImageFont 模块绘制二维图像的过程。

源码路径：daima\10\10-20\zi.py

```
ft = ImageFont.truetype("C:\\WINDOWS\\Fonts\\SIMYOU.TTF", 20)          #设置本地字体目录
draw.text((30,30), u"Python图像处理库PIL",font = ft, fill = 'red')       #设置指定文本、字体和颜色
ft = ImageFont.truetype("C:\\WINDOWS\\Fonts\\SIMYOU.TTF", 40)          #设置本地字体目录
draw.text((30,100), u"Python图像处理库PIL",font = ft, fill = 'green')    #设置指定文本、字体和颜色
ft = ImageFont.truetype("C:\\WINDOWS\\Fonts\\SIMYOU.TTF", 60)          #设置本地字体目录
draw.text((30,200), u"Python图像处理库PIL",font = ft, fill = 'blue')     #设置指定文本、字体和颜色
ft = ImageFont.truetype("C:\\WINDOWS\\Fonts\\SIMLI.TTF", 40)           #设置本地字体目录
draw.text((30,300), u"Python图像处理库PIL",font = ft, fill = 'red')      #设置指定文本、字体和颜色
ft = ImageFont.truetype("C:\\WINDOWS\\Fonts\\STXINGKA.TTF", 40)        #设置本地字体目录
draw.text((30,400), u"Python图像处理库PIL",font = ft, fill = 'yellow')   #设置指定文本、字体和颜色
im02.show())
```

执行效果如图 10-21 所示。

图 10-21　执行效果

范例 10-21：生成随机验证码图片

下面的实例文件 zi01.py 演示了使用 ImageFont 模块生成随机验证码图片的过程。

源码路径：daima\10\10-21\zi01.py

```
from PIL import Image, ImageDraw, ImageFont, ImageFilter

import random

#随机字母
def rndChar():
    return chr(random.randint(65, 90))

#随机颜色1
def rndColor():
    return (random.randint(64, 255), random.randint(64, 255), random.randint(64, 255))

#随机颜色2
def rndColor2():
    return (random.randint(32, 127), random.randint(32, 127), random.randint(32, 127))

#240 x 60:
width = 60 * 4
height = 60
image = Image.new('RGB', (width, height), (255, 255, 255))
#创建Font对象
font = ImageFont.truetype('C:\\WINDOWS\\Fonts\\Arial.ttf', 36)
#创建Draw对象
draw = ImageDraw.Draw(image)
#填充每个像素
for x in range(width):
    for y in range(height):
        draw.point((x, y), fill=rndColor())
#输出文字
for t in range(4):
    draw.text((60 * t + 10, 10), rndChar(), font=font, fill=rndColor2())
#模糊
image = image.filter(ImageFilter.BLUR)
image.save('code.jpg', 'jpeg')
```

上述代码执行后会在程序文件 zi01.py 的目录下生成一个验证码图片文件 code.jpg，打开图片后会看到生成的验证码内容。验证码是随机的，每次执行效果都不一样，如图 10-22 所示。

图 10-22　随机生成的验证码

范例 10-22：使用 ImageFont 模块绘制验证码

下面的实例文件 zi02.py 演示了使用 ImageFont 模块绘制验证码的过程。

源码路径：daima\10\10-22\zi02.py

```
from PIL import Image, ImageDraw, ImageFont, ImageFilter

import random


class Captcha(object):
    def __init__(self, size=(100, 40), fontSize=30):
        self.font = ImageFont.truetype('C:\Windows\Fonts\Arial.ttf', fontSize)
        self.size = size
        self.image = Image.new('RGBA', self.size, (255,) * 4)
        self.texts = self.randNum(5)

    def rotate(self):
        rot = self.image.rotate(random.randint(-10, 10), expand=0)
        fff = Image.new('RGBA', rot.size, (255,) * 4)
        self.image = Image.composite(rot, fff, rot)

    def randColor(self):
        self.fontColor = (random.randint(0, 250), random.randint(0, 250), random.randint(0, 250))
```

```
    def randNum(self, bits):
        return ''.join(str(random.randint(0, 9)) for i in range(bits))

    def write(self, text, x):
        draw = ImageDraw.Draw(self.image)
        draw.text((x, 4), text, fill=self.fontColor, font=self.font)

    def writeNum(self):
        x = 10
        xplus = 15
        for text in self.texts:
            self.randColor()
            self.write(text, x)
            self.rotate()
            x += xplus
        return self.texts

    def save(self):
        self.image.save('captcha.jpg')


img = Captcha()
num = img.writeNum()
img.image.show()
```

上述代码执行后会生成一个随机验证码图片，并且会自动打开这个随机验证码图片，如图 10-23 所示。

图 10-23　随机验证码图片

范例 10-23：绘制指定年份的日历

下面的实例文件 zi03.py 演示了同时使用模块 Image、ImageDraw、ImageFont 和 ImageOps 绘制指定年份的日历的过程。实例文件 zi03.py 的主要实现代码如下。

源码路径：daima\10\10-23\zi03.py

```
def main():
    """Main"""
    width = 900
    height = 900

    img = Image.new('RGB', (width, height), 'black')

    year = 2018
    make_hex_calendar(img, year)

    img.save('hex_calendar_{}.png'.format(year))
```

上述代码设置的年份是 2018 年，执行后将会在素材图片 spb_python_logo.png 的基础上绘制出 2018 年的日历图片 hex_calendar_2018.png，如图 10-24 所示。

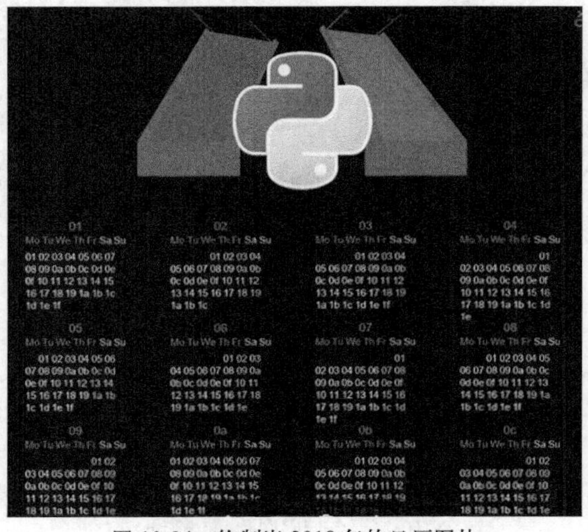

图 10-24　绘制出 2018 年的日历图片

10.2　pyBarcode 库实战

范例 10-24：创建 EAN-13 标准的条形码

在 Python 程序中，可以使用库 pyBarcode 创建条形码。在使用之前需要先确保安装 pyBarcode，安装 pyBarcode 的命令如下。

```
pip install pyBarcode
```

当今市面中的条形码标准有多种，库 pyBarcode 可以支持生成如下 9 种标准：Code 39、PZN、EAN-13、EAN-8、JAN、ISBN-13、ISBN-10、ISSN、UPC-A。

例如，下面的实例文件 ex01.py 使用库 pyBarcode 创建 EAN-13 标准的条形码，并将条形码保存为 SVG 文件。

源码路径：daima\10\10-24\ex01.py

```
import barcode
ean = barcode.get('ean13', '1234567891026')                    #设置条形码标准
print(ean.get_fullcode())
filename = ean.save('ean13')
print(filename)
options = dict(compress=True)
filename = ean.save('ean13', options)
print(filename)
```

上述代码执行后会生成 SVG 格式的条形码文件 ean13.svg 和 ean13.svgz，条形码如图 10-25 所示。

图 10-25　条形码

范例 10-25：将创建的 EAN-13 标准条形码保存为 PNG 图片

在下面的实例文件 ex02.py 中，使用库 pyBarcode 创建 EAN-13 标准的条形码，并将条形码保存为 PNG 图片。

源码路径：daima\10\10-25\ex02.py

```
import barcode
from barcode.writer import ImageWriter
ean = barcode.get('ean13', '123456789102', writer=ImageWriter())
filename = ean.save('ean13')
print(filename)
```

上述代码执行后会生成一个条形码图片 ean13.png，如图 10-26 所示。

图 10-26　条形码图片 ean13.png

范例 10-26：创建两个条形码图片

下面的实例文件 ex03.py 演示了创建两个条形码图片的过程。

源码路径：daima\10\10-26\ex03.py

```
def generagteBarCode(self):
        imagewriter = ImageWriter()
        #保存到图片中
        # add_checksum : Boolean    Add the checksum to code or not (默认True)
        ean = Code39("1234567890", writer=imagewriter, add_checksum=False)
        # 不需要写扩展名，在ImageWriter()初始化方法中默认self.format = 'PNG'
        print('保存到image2.png')
        ean.save('image2')
        img = Image.open('image2.png')
        print('展示image2.png')
        img.show()

        # 写入BytesIO中
        i = BytesIO()
        ean = Code39("0987654321", writer=imagewriter, add_checksum=False)
        ean.write(i)
        i = BytesIO(i.getvalue())
        img1 = Image.open(i)
        print('保存到BytesIO中并以图片方式打开')
        img1.show()

generagteBarCode('abc')
```

在上述代码中，首先使用库 pyBarcode 为信息“1234567890”创建了 Code39 标准的条形码，然后将条形码保存为 PNG 图片，再后打开并显示这幅 PNG 条形码图片，接下来为逆序信息“0987654321”创建条形码，最后打开并显示这个条形码。上述代码执行后会生成一个条形码图片 image2.png，并自动打开并显示条形码，如图 10-27 所示。

图 10-27　条形码图片 image2.png

10.3　使用库 qrcode 创建二维码

在 Python 程序中，可以使用库 qrcode 创建二维码。在使用之前需要先确保安装 qrcode，安装 qrcode 的命令如下。

```
pip install qrcode[pil]
```

注意：在安装库 qrcode 之前需要确保已经安装了库 Pillow。

范例 10-27：将文本信息生成为一个二维码

例如，下面的实例文件 er01.py 演示了使用 qrcode 将文本信息生成为一个二维码的过程。

源码路径：daima\10\10-27\er01.py

```
import qrcode
img=qrcode.make("some date here")          #二维码文本信息
img.save("Some.png")
```

上述代码执行后会创建一个二维码文件 Some.png，如图 10-28 所示。解析这个二维码后会得到文本信息“some date here”。

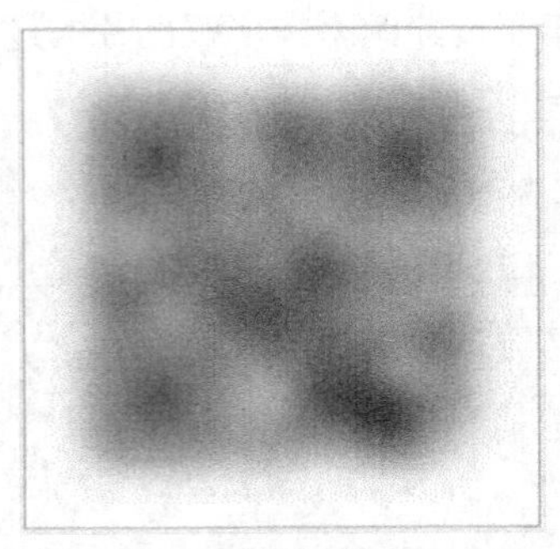

图 10-28　二维码文件 Some.png

范例 10-28：将网址信息生成为一个二维码

下面的实例文件 er02.py 演示了使用 qrcode 将网址信息生成为一个二维码的过程。

源码路径：daima\10\10-28\er02.py

```
import qrcode

data = 'http://www.toppr.net/'
img_file = r'py_qrcode.png'

img = qrcode.make(data)
# 图片数据保存至本地文件
img.save(img_file)
# 显示二维码图片
img.show()
```

上述代码执行后会创建一个二维码文件 py_qrcode.png，如图 10-29 所示。解析这个二维码后会登录网址“http://www.toppr.net/”。

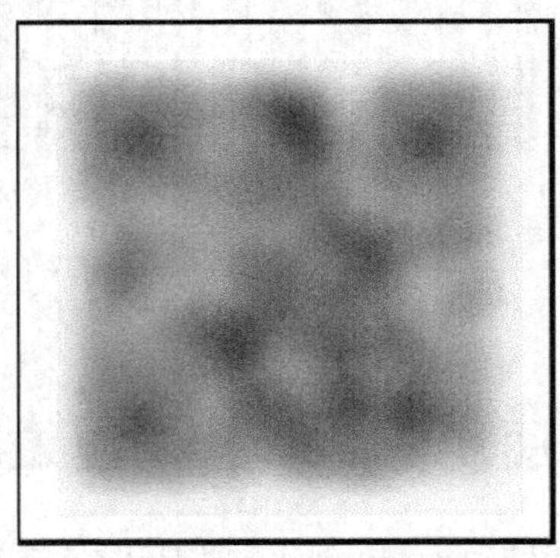

图 10-29　二维码文件 py_qrcode.png

范例 10-29：将网址信息生成为一个指定样式二维码

使用库 qrcode 可以设置二维码的样式属性，例如，设置二维码不同的纠错级别或生成不同大小的二维码图片。此功能是通过设置 QRCode()的参数实现的，包含如下 4 个参数。

（1）参数 version：一个 1～40 的整数，该参数用于控制二维码的尺寸（最小时，version=1，该二维码的尺寸是 21×21）。把 version 设置为 None 且使用 fit 参数会自动生成二维码。

（2）参数 err_correction：控制生成二维码的误差，此参数有如下 4 个可用的常量。

- ERROR_CORRECT_L：该常量表示误差率低于 7%（包含 7%）。
- ERROR_CORRECT_M（默认值）：该常量表示误差率低于 15%（包含 15%）。

- ERROR_CORRECT_Q：该常量表示误差率低于 25%（包含 25%）。
- ERROR_CORRECT_H：该常量表示误差率低于 30%（包含 30%）。

（3）参数 box_size：用于控制二维码中每个单元格（box）有多少像素点。

（4）参数 border：用于控制每条边有多少个单元格，默认值是 4，这是规格的最小值。

例如，下面的实例文件 er03.py 演示了使用 qrcode 将网址信息生成为一个指定样式二维码的过程。

源码路径：daima\10\10-29\er03.py

```
import qrcode
qr = qrcode.QRCode(
    version=2,
    error_correction=qrcode.constants.ERROR_CORRECT_L,
    box_size=10,
    border=1
)
qr.add_data("http://www.toppr.net/")
qr.make(fit=True)
img = qr.make_image()
img.save("dhqme_qrcode.png")
```

上述代码执行后会使用指定样式创建一个二维码文件 dhqme_qrcode.png，如图 10-30 所示。解析这个二维码后会登录网址 http://www.toppr.net。

图 10-30　二维码文件 py_qrcode.png

范例 10-30：将网址信息生成为一个带有素材图片的二维码

在使用库 qrcode 的过程中，二维码的容错系数参数 error_correction 越高，生成的二维码可允许的残缺率就越大。另外，因为二维码的数据主要保存在图片的 4 个角上，所以在二维码中间放一个小图标，这对二维码的识别是不会产生多大影响的。大多数开发者倾向于将插入在二维码上的图标尺寸设置为不超过二维码长宽的 1/4。图标太大则意味着残缺太大，这会影响二维码的识别。例如，下面的实例文件 er04.py 演示了使用 qrcode 将网址信息生成为一个带有素材图片的二维码的过程。

源码路径：daima\10\10-30\er04.py

```
from PIL import Image
import qrcode

qr = qrcode.QRCode(
    version=2,
    error_correction=qrcode.constants.ERROR_CORRECT_H,
    box_size=10,
    border=1
)
qr.add_data("http://www.toppr.net/")
```

```
qr.make(fit=True)

img = qr.make_image()
img = img.convert("RGBA")

icon = Image.open("12345678.png")

img_w, img_h = img.size
factor = 4
size_w = int(img_w / factor)
size_h = int(img_h / factor)

icon_w, icon_h = icon.size
if icon_w > size_w:
    icon_w = size_w
if icon_h > size_h:
    icon_h = size_h
icon = icon.resize((icon_w, icon_h), Image.ANTIALIAS)

w = int((img_w - icon_w) / 2)
h = int((img_h - icon_h) / 2)
img.paste(icon, (w, h), icon)

img.save("dhqme_qrcode.png")
```

在上述代码中，结合 Python 图像库（PIL）的操作，把素材图片 12345678.png 粘贴在二维码图片的中间，最终生成了一个带有图标的二维码文件 dhqme_qrcode.png，如图 10-31 所示。

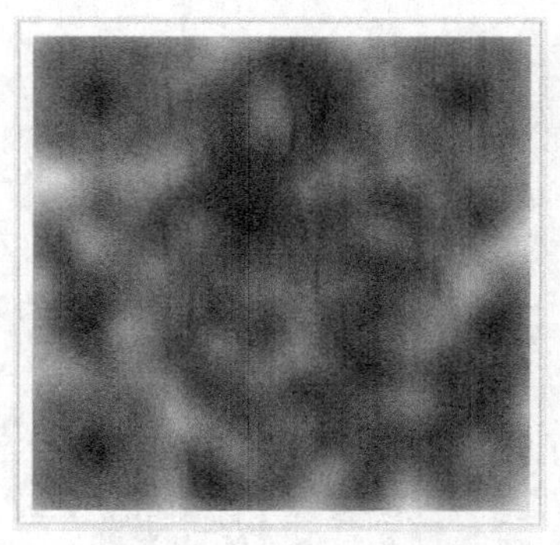

图 10-31　二维码文件 dhqme_qrcode.png

范例 10-31：使用 qrcode 开发一个二维码生成器

下面的实例文件 er05.py 演示了使用 qrcode 开发一个二维码生成器的过程。

源码路径：daima\10\10-31\er05.py

```
import qrcode
from PIL import Image
import os
# 生成二维码图片
def make_qr(str, save):
    qr = qrcode.QRCode(
        version=4,              #生成二维码图片的大小。version值为1～40，其中1表示尺寸为21×21（21+(version -1)×4）
        error_correction=qrcode.constants.ERROR_CORRECT_M,
        box_size=10,            #每个格子的像素大小
        border=2,               #边框的格子宽度大小
    )
    qr.add_data(str)
    qr.make(fit=True)
    img = qr.make_image()
    img.save(save)
#生成带logo的二维码图片
def make_logo_qr(str, logo, save):
    #参数配置
    qr = qrcode.QRCode(
        version=4,
        error_correction=qrcode.constants.ERROR_CORRECT_Q,
```

```
            box_size=8,
            border=2
    )
    #添加转换内容
    qr.add_data(str)
    qr.make(fit=True)

    #生成二维码
    img = qr.make_image()
    img = img.convert("RGBA")
    #添加logo
    if logo and os.path.exists(logo):
        icon = Image.open(logo)
        #获取二维码图片的大小
        img_w, img_h = img.size
        factor = 4
        size_w = int(img_w / factor)
        size_h = int(img_h / factor)
        # logo图片的大小不能超过二维码图片大小的1/4
        icon_w, icon_h = icon.size
        if icon_w > size_w:
            icon_w = size_w
        if icon_h > size_h:
            icon_h = size_h
        icon = icon.resize((icon_w, icon_h), Image.ANTIALIAS)
        #计算logo在二维码图中的位置
        w = int((img_w - icon_w) / 2)
        h = int((img_h - icon_h) / 2)
        icon = icon.convert("RGBA")
        img.paste(icon, (w, h), icon)
    #保存处理后图片

    img.save(save)


if __name__ == '__main__':
    save_path = 'theqrcode.png'     #生成后的保存文件
    logo = '12345678.png'           #logo图片
    str = input('请输入要生成二维码的文本内容：')
    # make_qr(str)
    make_logo_qr(str, logo, save_path)
```

执行上述代码后将首先输出显示输入内容，例如，我们想将网址 http://www.toppr.net 生成二维码，则使用过程如图 10-32 所示。

```
请输入要生成二维码的文本内容：http://www.toppr.net

Process finished with exit code 0
```

图 10-32　使用过程

按 Enter 键后会把素材图片 12345678.png 粘贴在二维码图片的中间，最终生成一个带有图标的二维码文件 theqrcode.png，如图 10-33 所示。

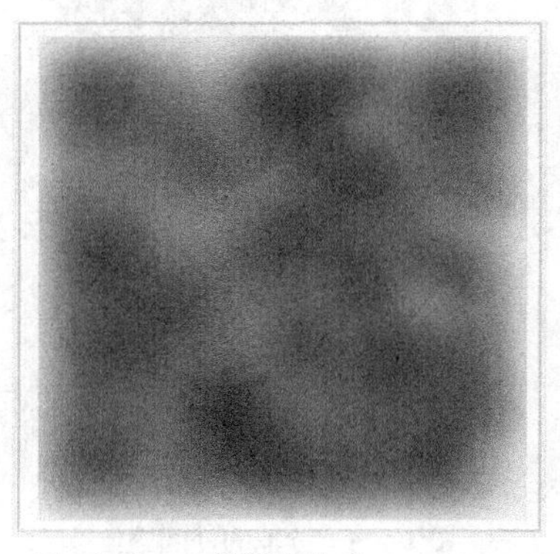

图 10-33　二维码文件 theqrcode.png

10.4　scikit-image 开发实战

在 Python 程序中，可以使用库 scikit-image 实现图像的科学处理功能。因为 scikit-image 是基于 SciPy 进行运算的，所以必须安装 NumPy 和 SciPy。要想成功显示图像，还需要安装 Matplotlib 包。

范例 10-32：安装 scikit-image

要想使用库 scikit-image，需要安装如下库。

- Python，版本为 2.6 及以上。
- NumPy，版本为 1.6.1 及以上。
- Cython，版本为 0.21 及以上。
- Six，版本为 1.4 及以上。
- SciPy，版本为 0.9 及以上。
- Matplotlib，版本为 1.1.0 及以上。
- NetworkX，版本为 1.8 及以上。
- Pillow，版本为 1.7.8 及以上。
- dask[array]，版本为 0.5.0 及以上。

安装 scikit-image 的命令如下。

```
pip install scikit-image
```

范例 10-33：使用 skimage 读入并显示外部图像

使用 io 子模块和 data 子模块，可以实现图像的读取、显示和保存功能。其中，io 模块用来实现图片的输入/输出操作。为了便于开发者使用，scikit-image 提供了 data 模块，其中嵌套了一些素材图片，开发者可以直接使用。

例如，下面的实例文件 skimage01.py 演示了使用 skimage 读入并显示外部图像的过程。

源码路径：daima\10\10-33\skimage01.py

```
from skimage import data,io
img = io.imread('111.jpg')
io.imshow(img)
io.show()
```

上述代码执行后会显示读取的外部图像，如图 10-34 所示。

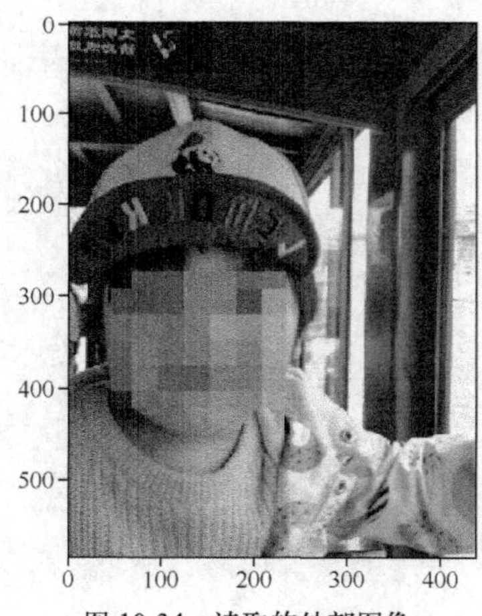

图 10-34　读取的外部图像

范例 10-34：读取并显示外部灰度图像

如果想读取并显示灰度图像，则可以将函数 imread()中的 as_grey 参数设置为 True，此参数的默认值为 False。例如，下面的实例文件 skimage02.py 演示了使用 skimage 读取并显示外部灰度图像的过程。

源码路径：daima\10\10-34\skimage02.py

```
from skimage import data,io
img = io.imread('123.jpg')
io.imshow(img)
io.show()
```

上述代码执行后会显示读取的外部灰度图像，如图 10-35 所示。

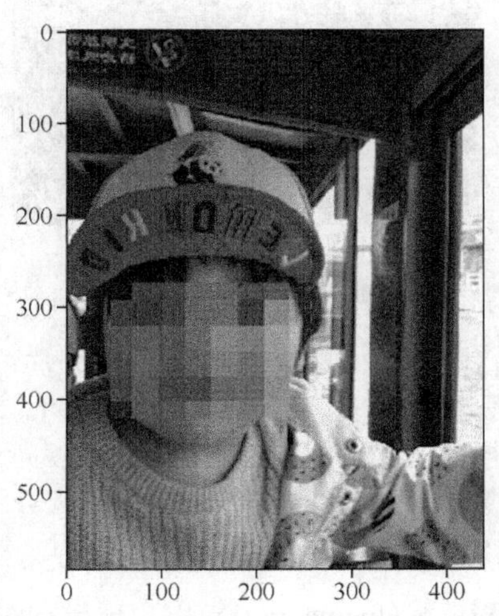

图 10-35　读取的外部灰度图像

范例 10-35：读取并显示内置星空图片

data 子模块内置了一些素材图片，开发者可以直接使用。具体说明如下。

- astronaut：宇航员图片。
- coffee：一杯咖啡图片。
- camera：拿照相机的人图片。
- coins：硬币图片。
- moon：月亮图片。
- checkerboard：棋盘图片。
- horse：马图片。
- page：书页图片。
- chelsea：猫图片。
- hubble_deep_field：星空图片。
- text：文字图片。
- clock：时钟图片。

例如，下面的实例文件 skimage03.py 演示了使用 skimage 读取并显示内置星空图片的过程。

源码路径：daima\10\10-35\skimage03.py

```
from skimage import io, data
```

```
from skimage import data_dir
image = data.hubble_deep_field()          #读取内置星空图片
io.imshow(image)
io.show()                                 #显示图片
print(data_dir)                           #输出素材图片的路径
```

在上述代码中，图片名对应的就是函数名。上述代码执行后会读取并显示星空图片，如图 10-36 所示。

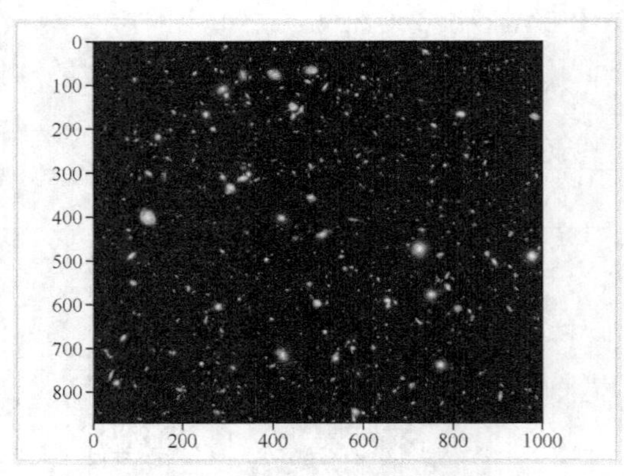

图 10-36　读取并显示的星空图片

在 data 子模块中，图片名对应函数名，例如，camera 图片对应的函数名为 camera()。这些素材图片被保存在 skimage 的安装目录下，具体名称为 data_dir。通过上述代码的最后一行代码，输出了 data_dir 目录的具体路径，例如，在作者的计算机中执行上述代码后会输出：

```
C:\Users\apple\AppData\Roaming\Python\Python36\site-packages\skimage\data
```

范例 10-36：读取并保存内置星空图片

使用 io 子模块中的函数 imsave（fname,arr）可以实现保存图片功能。其中，参数 fname 表示保存的路径和名称，参数 arr 表示需要保存的数组变量。例如，下面的实例文件 skimage04.py 演示了使用 skimage 读取并保存内置星空图片的过程。

源码路径：daima\10\10-36\skimage04.py

```
from skimage import io,data
img = data.hubble_deep_field()
io.imshow(img)
io.show()
io.imsave('hubble_deep_field.jpg', img)          #保存图片
```

上述代码执行后会将读取的星空图片保存在本地，将其保存为 hubble_deep_field.jpg，执行效果如图 10-37 所示。

图 10-37　保存为 hubble_deep_field.jpg

范例 10-37：显示内置星空图片的基本信息

通过如下所述的成员可以获取图片的相关信息。

- type()：图片类型。
- shape()：图片尺寸。
- shape()：图片宽度。
- shape()：图片高度。
- shape()：图片通道数。
- size()：总像素个数。
- max()：最大像素值。
- min()：最小像素值。
- mean()：像素平均值。

例如，下面的实例文件 skimage05.py 演示了使用 skimage 显示内置星空图片的基本信息的过程。

源码路径：daima\10\10-37\skimage05.py

```
from skimage import io,data
img=data.hubble_deep_field()
print(type(img))            #图片类型
print(img.shape)            #图片尺寸
print(img.shape[0])         #图片宽度
print(img.shape[1])         #图片高度
print(img.shape[2])         #图片通道数
print(img.size)             #总像素个数
print(img.max())            #最大像素值
print(img.min())            #最小像素值
print(img.mean())           #像素平均值
```

执行后会输出：

```
<class 'numpy.ndarray'>
(872, 1000, 3)
872
1000
3
2616000
255
0
19.1544541284
```

范例 10-38：实现内置猫图片的红色通道的效果

当将外部或内置素材图片读入程序中后，这些图片是以 NumPy 数组的形式存在的。正因如此，对 NumPy 数组的一切相关操作功能对这些图片也是适用的。例如，对数组元素的访问，实际上等同于对图片像素的访问。例如，下面的实例文件 skimage06.py 演示了使用 skimage 实现内置猫图片的红色通道的效果的过程。

源码路径：daima\10\10-38\skimage06.py

```
from skimage import io, data
img = data.chelsea()
#输出图片的G通道中的第20行第30列的像素值
pixel = img[20, 30, 1]
print(pixel)
#显示猫图片的红色通道的效果
R = img[:, :, 0]
io.imshow(R)
io.show()
```

上述代码执行后会输出内置猫图片的 G 通道中的第 20 行、第 30 列的像素值为“129”，并显示内置猫图片的红色通道的效果，如图 10-38 所示。

图 10-38　内置猫图片的红色通道的效果

范例 10-39：对内置猫图片进行二值化操作

开发者还可以对图片进行修改，例如，下面的实例文件 skimage07.py 演示了使用 skimage 对内置猫图片进行二值化操作的过程。

源码路径：daima\10\10-39\skimage07.py

```
from skimage import io, data, color
img=data.chelsea()
img_gray=color.rgb2gray(img)
rows,cols=img_gray.shape
for i in range(rows):
        for j in range(cols):
            if (img_gray[i,j]<=0.5):
                img_gray[i,j]=0
            else:
                img_gray[i,j]=1
io.imshow(img_gray)
io.show()
```

在上述代码中，使用模块 color 的函数 rgb2gray()将彩色三通道图片转换成灰度图。转换后的结果为 float 64 类型的数组，元素值具体范围为 0～1。上述代码执行后会输出二值化后的图片效果，如图 10-39 所示。

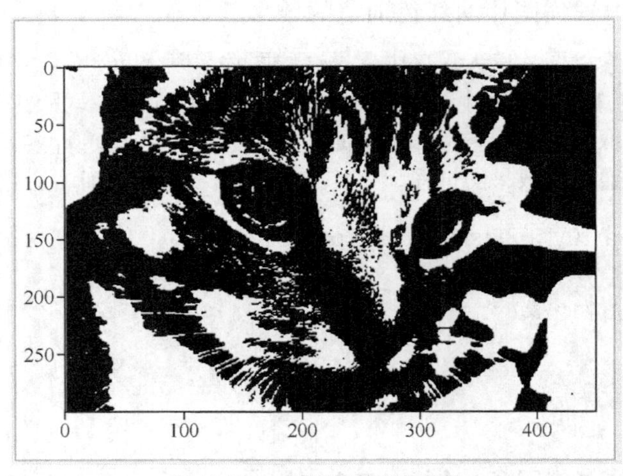

图 10-39　二值化后的图片效果

范例 10-40：对内置猫图片进行裁剪处理

下面的实例文件 skimage08.py 演示了使用 skimage 对内置猫图片进行裁剪处理的过程。

源码路径：daima\10\10-40\skimage08.py

```
from skimage import io, data

img = data.chelsea()
roi = img[150:250, 200:300, :]
io.imshow(roi)
io.show()
```

上述代码执行后会输出裁剪之后的效果，如图 10-40 所示。

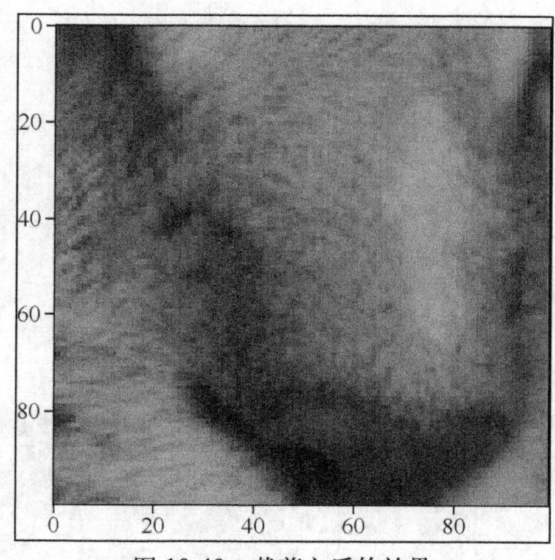

图 10-40 裁剪之后的效果

范例 10-41：将 unit8 类型转换成 float 类型

通过使用 skimage 不但可以对图像类型进行转换，而且可以实现颜色转换。库 skimage 中的每一张图片就是一个 NumPy 数组，在 NumPy 数组中可以有多种数据类型，这些类型相互之间可以进行转换。下面的实例文件 skimage09.py 演示了使用 skimage 将 unit8 类型转换成 float 类型的过程。

源码路径：daima\10\10-41\skimage09.py

```
from skimage import io, data, img_as_float
img = data.chelsea()
print(img.dtype.name)                    #显示原来的类型
img_grey = img_as_float(img)             #进行转换
print(img_grey.dtype.name)               #显示转换后的类型
```

上述代码执行后会分别显示转换前和转换后的类型：

```
uint8
float64
```

范例 10-42：将 float 类型转换成 unit8 类型

下面的实例文件 skimage10.py 演示了使用 skimage 将 float 类型转换成 unit8 类型的过程。

源码路径：daima\10\10-42\skimage10.py

```
from skimage import img_as_ubyte
import numpy as np
img = np.array([[0.2], [0.5], [0.1]], dtype=float)
print(img.dtype.name)
img_unit8 = img_as_ubyte(img)
print(img_unit8.dtype.name)
```

通过上述代码将 float 类型转换为 unit8 类型，因为这个过程可能会造成数据损失，所以执行后会显示警告信息。

```
float64
C:\Users\apple\AppData\Roaming\Python\Python36\site-packages\skimage\util\dtype.py:122: UserWarning: Possible precision loss when converting from float64 to uint8
  .format(dtypeobj_in, dtypeobj_out))
uint8
```

范例 10-43：将 RGB 图转换为灰度图

除了上面介绍的直接转换数据类型之外，我们还可以通过转换颜色空间的方式来实现数据类型转换功能。现实中常用的颜色空间有灰度空间、RGB 空间、HSV 空间和 CMKY 空间，在转换颜色空间以后，所有的数据类型都变成了 float 类型。例如，下面的实例文件 skimage11.py 演示了使用 skimage 将 RGB 图转换为灰度图的过程。

源码路径：daima\10\10-43\skimage11.py

```
from skimage import io, data, color
image = data.chelsea()
image_grey = color.rgb2gray(image)
io.imshow(image_grey)
io.show()
```

上述代码执行后会显示将内置猫图片转换为灰度图的效果，如图 10-41 所示。

图 10-41　转换为灰度图后的效果

范例 10-44：使用 skimage 实现绘制图片功能

通过使用 skimage 可以实现绘制图片功能，其实前文多次用到的 io.imshow(image)函数实现的就是绘图功能。例如，下面的实例文件 skimage12.py 演示了使用 skimage 实现绘制图片功能的过程。

源码路径：daima\10\10-44\skimage12.py

```
from skimage import io, data

image = data.chelsea()
axe_image = io.imshow(image)
print(type(axe_image))
io.show()
```

上述代码执行后会输出绘制图片的功能类。

```
<class 'matplotlib.image.AxesImage'>
```

Matplotlib 是一个专业绘图库，其相关内容将在本书后面的数据可视化章节中进行讲解。通过上述实例可知，无论我们利用 skimage.io.imshow()还是 matplotlib.pyplot.imshow()绘制图像，最终调用的模块都是 matplotlib.pyplot 模块。

范例 10-45：使用 subplot()函数绘制多视图窗口图片

在使用 skimage 绘制图片的过程中，我们可以用 matplotlib.pyplot 模块中的 figure()函数来创建一个窗口。但是使用 figure()函数创建窗口存在一个弊端，那就是只能显示一幅图片。如果想要显示多幅图片，则需要将这个窗口再划分为几个子图，在每个子图中显示不同的图片。此时可以使用 subplot()函数来划分子图，此函数的格式如下。

```
matplotlib.pyplot.subplot(nrows, ncols, plot_number)
```

- nrows：子图的行数。
- ncols：子图的列数。
- plot_number：当前子图的编号。

例如，下面的实例文件 skimage13.py 演示了使用 subplot()函数绘制多视图窗口图片的过程。

源码路径：daima\10\10-45\skimage13.py

```
from skimage import data,io
import matplotlib.pyplot as plt
from pylab import mpl
#下面两行代码能保证汉字正确显示
mpl.rcParams['font.sans-serif'] = ['FangSong']          #指定默认字体
mpl.rcParams['axes.unicode_minus'] = False              #解决保存图像时负号显示为方块的问题
image = io.imread('111.jpg')

plt.figure(num='cat', figsize=(8, 8))                   #创建一个名为cat的窗口，并设置大小

plt.subplot(2, 2, 1)
plt.title('原始图像')
plt.imshow(image)

plt.subplot(2, 2, 2)
plt.title('R通道')
plt.imshow(image[:, :, 0])

plt.subplot(2, 2, 3)
plt.title('G通道')
plt.imshow(image[:, :, 1])

plt.subplot(2, 2, 4)
plt.title('B通道')
plt.imshow(image[:, :, 2])

plt.show()
```

上述代码执行后不但显示原始图片，而且显示另外 3 个通道的子视图，执行效果如图 10-42 所示。

图 10-42 执行效果

范例 10-46：使用 subplots()函数绘制多视图窗口图片

在使用 skimage 绘制图片的过程中，我们可以用 subplots()函数来绘制多视图窗口图片。函数 subplots()分别返回一个窗口 figure 和一个元组型的 ax 对象，该对象包含所有的子视图窗口。例如，下面的实例文件 skimage14.py 演示了使用 subplots()函数绘制多视图窗口图片的过程。

源码路径：daima\10\10-46\skimage14.py

```
from skimage import data,io, color
import matplotlib.pyplot as plt
from pylab import mpl
#下面两行代码能保证汉字正确显示
mpl.rcParams['font.sans-serif'] = ['FangSong']          #指定默认字体
mpl.rcParams['axes.unicode_minus'] = False              #解决保存图像时负号显示为方块的问题
image = io.imread('111.jpg')
image_hsv = color.rgb2hsv(image)

fig, axes = plt.subplots(2, 2, figsize=(8, 8))
axe0, axe1, axe2, axe3 = axes.ravel()

axe0.imshow(image)
axe0.set_title('原始图像')

axe1.imshow(image_hsv[:, :, 0])
axe1.set_title('H通道')

axe2.imshow(image_hsv[:, :, 1])
axe2.set_title('S通道')

axe3.imshow(image_hsv[:, :, 2])
axe3.set_title('V通道')

for ax in axes.ravel():
    ax.axis('off')

fig.tight_layout()

plt.show()
```

上述代码执行后不但显示原始图片，而且显示另外 3 个通道的子视图，执行效果如图 10-43 所示。

原始图像

H通道

S通道

V通道

图 10-43　执行效果

范例 10-47：使用 viewer 绘制并显示内置月亮图片

在使用 skimage 绘制图片的过程中，还可以使用其子模块 viewer 来绘制图片。viewer 使用 Qt 工具创建了一块画布，从而可以在画布上绘制图片。例如，下面的实例文件 skimage15.py 演示了使用 viewer 绘制并显示内置月亮图片的过程。

源码路径：daima\10\10-47\skimage15.py

```
from skimage import data
from skimage.viewer import ImageViewer

img = data.moon()
viewer = ImageViewer(img)
viewer.show()
```

上述代码执行后绘制并显示内置月亮图片，如图 10-44 所示。

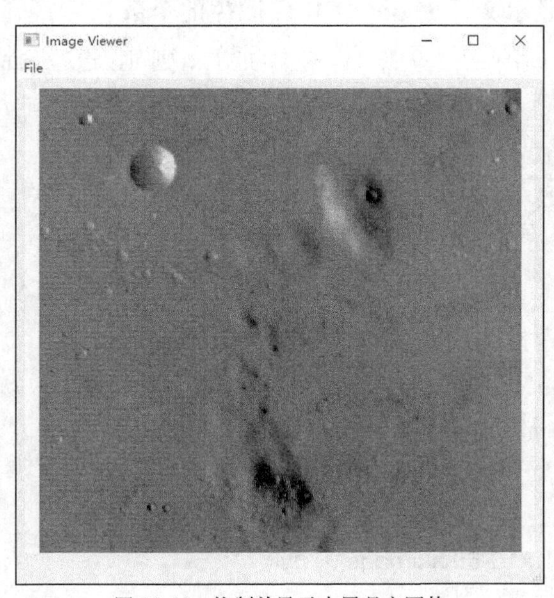

图 10-44　绘制并显示内置月亮图片

范例 10-48：显示系统内指定素材图片

通过使用 skimage，我们不但可以对一张图片进行处理，而且可以对一批图片进行处理。此时可以通过循环实现批处理功能，也可以调用 skimage 自带的图片集合函数 ImageCollection()实现。例如，下面的实例文件 skimage16.py 演示了使用 ImageCollection()显示系统内指定素材图片的过程。

源码路径：daima\10\10-48\skimage16.py

```
from skimage import io, data_dir
data_path_str = data_dir + '/*.png'
images = io.ImageCollection(data_path_str)
print(len(images))                    #输出并显示系统自带的27张素材图片
io.imshow(images[1])                  #显示其中的一张素材图片
io.show()
```

在上述代码中，首先使用 ImageCollection()获取了系统内置素材图片的信息，执行后会显示“27”，这说明系统内保存了 27 张素材图片，最后显示某一张系统内置素材图片，如图 10-45 所示。

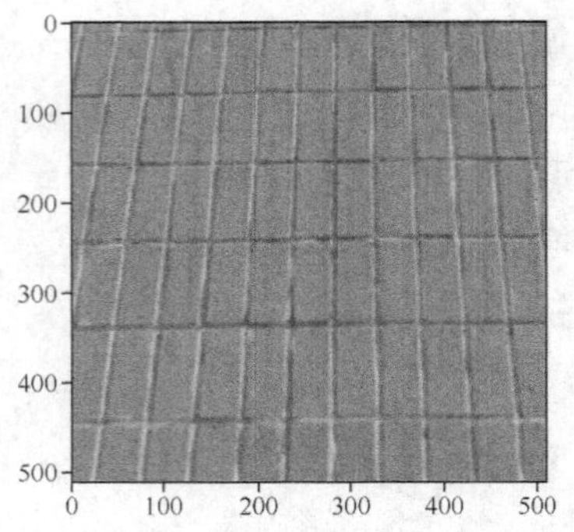

图 10-45　显示某一张系统内置素材图片

范例 10-49：读取并显示文件夹 pic 中 JPG 图片的个数

如果我们在文件夹 pic 中存放了 9 张 JPG 格式的图片，则可以通过下面的实例文件 skimage17.py 读取文件夹 pic 中 JPG 图片的个数。

源码路径：daima\10\10-49\skimage17.py

```
import skimage.io as io
coll = io.ImageCollection('pic/*.jpg')
print(len(coll))
```

执行后会输出：

```
9
```

范例 10-50：将指定素材图片批量转换为灰度图

在使用 io.ImageCollection()函数时，如果我们不想实现批量读取功能，而是想实现其他批量操作。例如，想实现将指定素材图片批量转换为灰度图功能，这应该如何实现呢？例如，下面的实例文件 skimage18.py 演示了使用 ImageCollection()将指定素材图片批量转换为灰度图的过程。

源码路径：daima\10\10-50\skimage18.py

```
from skimage import io, data_dir, color
def convert_to_gray(f, **args):
      image = io.imread(f)
      image = color.rgb2gray(image)
      return image
data_path = data_dir + '/*.png'
collections = io.ImageCollection(data_path, load_func=convert_to_gray)
io.imshow(collections[1])                    #显示某一张转换后的图片
io.show()
```

上述代码执行后会将系统内指定素材图片批量转换为灰度图，并显示某一张转换后的图片，如图 10-46 所示。

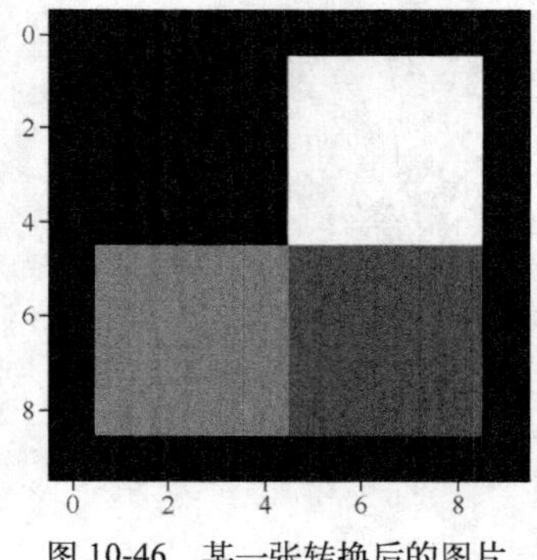

图 10-46　某一张转换后的图片

范例 10-51：使用函数 concatenate_images(ic)连接图片

我们在得到图片集合以后，可以使用函数 concatenate_images(ic)将这些图片连接起来，构成一个维度更高的数组，此函数的格式如下。

```
skimage.io.concatenate_images(ic)
```

当使用 concatenate_images(ic)函数连接图片时，需要确保连接读取的图片的尺寸一致，否则会出错。例如，下面的实例文件 skimage19.py 演示了使用函数 concatenate_images(ic)连接图片的过程。

源码路径：daima\10\10-51\skimage19.py

```
from skimage import data_dir, io, color
coll = io.ImageCollection('pic/*.jpg')
print(len(coll))            #连接的图片数量
print(coll[0].shape)        #连接前的图片尺寸，所有图片的尺寸都一样
mat=io.concatenate_images(coll)
print(mat.shape)            #连接后的数组尺寸
```

上述代码执行后会输出连接前后的维度变化情况。

```
8
(4208, 2368, 3)
(8, 4208, 2368, 3)
```

范例 10-52：改变指定图片的大小

通过使用 skimage，我们可以对指定的图片进行缩放和旋转处理，这主要是通过其内置模块 transform 实现的。例如，下面的实例文件 skimage20.py 演示了使用函数 resize()改变指定图片大小的过程。

源码路径：daima\10\10-52\skimage20.py

```
from skimage import transform,data,io
import matplotlib.pyplot as plt
from pylab import mpl
#下面两行代码能保证汉字正确显示
mpl.rcParams['font.sans-serif'] = ['FangSong']           #指定默认字体
mpl.rcParams['axes.unicode_minus'] = False               #解决保存图像时负号显示为方块的问题
img = io.imread('111.jpg')
dst=transform.resize(img, (80, 60))
plt.figure('resize')
plt.subplot(121)
plt.title('原始图')
plt.imshow(img,plt.cm.gray)
plt.subplot(122)
plt.title('改变后')
plt.imshow(dst,plt.cm.gray)
plt.show()
```

通过上述代码，将图片 111.jpg 由原来的大小变成了 80 × 60 大小。上述代码执行后会通过两个子视图显示改变图片大小前后的对比，如图 10-47 所示。

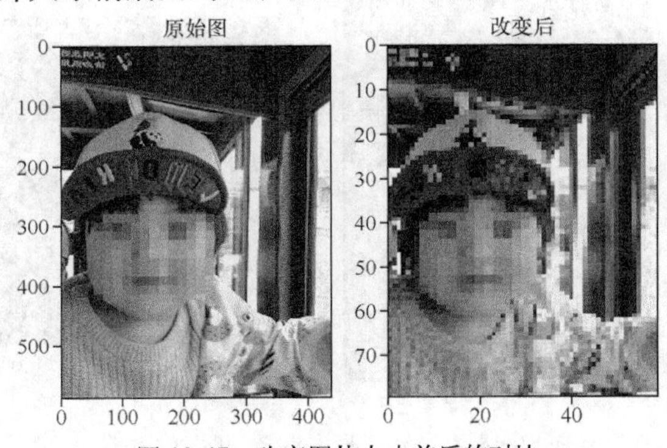

图 10-47　改变图片大小前后的对比

范例 10-53：使用函数 rescale()缩放指定图片

下面的实例文件 skimage21.py 演示了使用函数 rescale()缩放指定图片的过程。

源码路径：daima\10\10-53\skimage21.py

```
from skimage import transform,data,io
img = io.imread('111.jpg')
print(img.shape)                                    #图片原始大小
print(transform.rescale(img, 0.1).shape)            #缩小为原来图片大小的0.1倍
print(transform.rescale(img, [0.5,0.25]).shape)     #缩小为原来图片行数的1/2，列数的1/4
print(transform.rescale(img, 2).shape)              #放大为原来图片大小的2倍
```

上述代码执行后会显示不同缩放后的图片大小。

```
(588, 441, 3)
(59, 44, 3)
(294, 110, 3)
(1176, 882, 3)
```

范例 10-54：使用函数 rotate()旋转指定图片

下面的实例文件 skimage22.py 演示了使用函数 rotate()旋转指定图片的过程。

源码路径：daima\10\10-54\skimage22.py

```
from skimage import transform,io
import matplotlib.pyplot as plt
from pylab import mpl
#下面两行代码能保证汉字正确显示
mpl.rcParams['font.sans-serif'] = ['FangSong']          #指定默认字体
mpl.rcParams['axes.unicode_minus'] = False              #解决保存图像时负号显示为方块的问题
img=io.imread('111.jpg')
print(img.shape)                                        #图片原始大小
img1=transform.rotate(img, 60)                          #旋转60°，不改变大小
print(img1.shape)
img2=transform.rotate(img, 30,resize=True)              #旋转30°，同时改变大小
print(img2.shape)
plt.figure('缩放')
plt.subplot(121)
plt.title('旋转60度')
plt.imshow(img1,plt.cm.gray)
plt.subplot(122)
plt.title('旋转30度')
plt.imshow(img2,plt.cm.gray)
plt.show()
```

上述代码执行后会输出显示原始图片大小、旋转 60° 时的图片大小和旋转 30° 时的图片大小。

```
(588, 441, 3)
(588, 441, 3)
(730, 676, 3)
```

另外，还会分别显示旋转 60° 时和旋转 30° 时的效果，如图 10-48 所示。

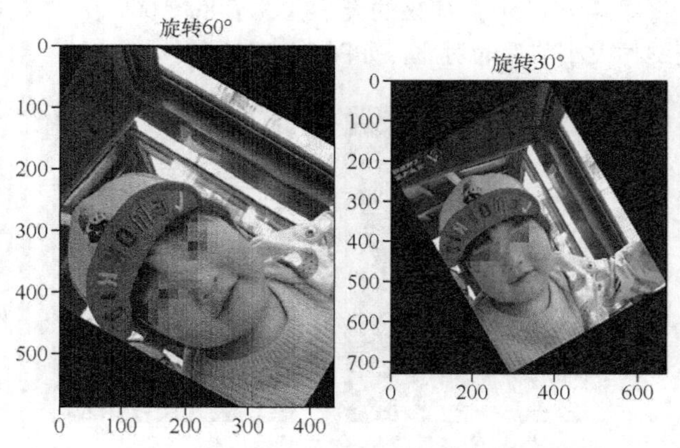

图 10-48　旋转 60°时和旋转 30°时的效果

10.5 使用 face_recognition 实现人脸识别

在 Python 程序中，通过使用第三方库 face_recognition 可以实现人脸识别功能。

范例 10-55：搭建开发环境

在安装 face_recongnition 之前，我们必须明白如下依赖关系。

- ❑ 安装 face_recongnition 的必要条件是配置好库 dlib。
- ❑ 配置好 dlib 的必要条件是成功安装 dlib，并且编译。
- ❑ 安装 dlib 的必要条件是配置好 boost 和 cmake。

在 Python 3.6 之前的版本中，开发者必须严格按照上述依赖关系搭建环境。从 Python 3.6 开始，安装 face_recognition 非常容易，整个过程与 boost 和 cmake 完全无关。必须注意的是，dlib 针对不同的 Python 版本提供了不同的安装文件，我们必须安装完全对应的版本，否则会出错。例如，作者安装的 Python 版本是 3.6，所以必须安装的 dlib 版本是 19.7.0。下载 dlib-19.7.0-cp36-cp36m-win_amd64.whl 后，使用如下命令即可成功安装 dlib。

```
pip install dlib-19.7.0-cp36-cp36m-win_amd64.whl
```

接下来通过如下命令即可安装 face_recognition。

```
pip install face_recognition
```

除此之外，还需要安装如下库。

```
pip install numpy
pip install scipy
pip install opencv-python
```

到此为止，在 Python 环境中安装库 face_recognition 的工作完全结束。

范例 10-56：显示指定人像的人脸特征

库 face_recognition 通过 facial_features 来处理人的面部特征，包含了如下 8 个特征。

- ❑ chin：下巴。
- ❑ left_eyebrow：左眉。
- ❑ right_eyebrow：右眉。
- ❑ nose_bridge：鼻梁。
- ❑ nose_tip：鼻子尖。
- ❑ left_eye：左眼。
- ❑ right_eye：右眼。
- ❑ top_lip：上唇。
- ❑ bottom_lip：下唇。

例如，下面的实例文件 shibie01.py 演示了显示指定人像的人脸特征的过程。

源码路径：daima\10\10-56\shibie01.py

```
#自动识别人脸特征

#导入PIL模块
from PIL import Image, ImageDraw
#导入face_recogntion模块，可用命令pip install face_recognition安装
import face_recognition

#将JPG文件加载到NumPy数组中
image = face_recognition.load_image_file("111.jpg")

#查找图像中所有人脸特征
face_landmarks_list = face_recognition.face_landmarks(image)

print("I found {} face(s) in this photograph.".format(len(face_landmarks_list)))
```

```
for face_landmarks in face_landmarks_list:

    #输出此图像中每个人脸特征的位置
    facial_features = [
        'chin',
        'left_eyebrow',
        'right_eyebrow',
        'nose_bridge',
        'nose_tip',
        'left_eye',
        'right_eye',
        'top_lip',
        'bottom_lip'
    ]

    for facial_feature in facial_features:
        print("The {} in this face has the following points: {}".format(facial_feature, face_landmarks[facial_feature]))

    #让我们在图像中描绘出每个人脸特征！
    pil_image = Image.fromarray(image)
    d = ImageDraw.Draw(pil_image)

    for facial_feature in facial_features:
        d.line(face_landmarks[facial_feature], width=5)

    pil_image.show()
```

上述代码执行后会先输出图片 111.jpg 中人像的人脸特征数值，如下。

```
I found 1 face(s) in this photograph.
The chin in this face has the following points: [(35, 303), (38, 331), (42, 359), (47, 387), (59, 411), (78, 428), (100, 441), (123, 451), (146, 454), (168, 450), (189, 439), (209, 425), (227, 407), (238, 384), (244, 358), (249, 331), (252, 304)]
The left_eyebrow in this face has the following points: [(53, 289), (66, 273), (87, 266), (109, 269), (131, 276)]
The right_eyebrow in this face has the following points: [(162, 277), (181, 269), (203, 266), (224, 271), (236, 286)]
The nose_bridge in this face has the following points: [(144, 303), (144, 319), (144, 334), (143, 351)]
The nose_tip in this face has the following points: [(124, 364), (134, 366), (144, 368), (154, 366), (164, 364)]
The left_eye in this face has the following points: [(77, 304), (89, 299), (103, 300), (115, 310), (102, 313), (87, 311)]
The right_eye in this face has the following points: [(174, 310), (185, 301), (199, 301), (211, 305), (200, 312), (186, 313)]
The top_lip in this face has the following points: [(109, 395), (124, 391), (136, 387), (144, 389), (153, 386), (165, 390), (180, 393), (174, 393), (153, 394), (144, 395), (136, 394), (116, 396)]
The bottom_lip in this face has the following points: [(180, 393), (165, 402), (154, 405), (145, 406), (136, 406), (125, 404), (109, 395), (116, 396), (136, 396), (145, 396), (153, 395), (174, 393)]
```

然后会使用 PIL 在图像中标记出人脸特征，如图 10-49 所示。

图 10-49　标记出的人脸特征

范例 10-57：在指定照片中识别人脸

下面的实例文件 shibie02.py 演示了在指定照片中识别人脸的过程。

源码路径：daima\10\10-57\shibie02.py

```
#检测人脸
import face_recognition
import cv2

#读取图片并识别人脸
img = face_recognition.load_image_file("111.jpg")
face_locations = face_recognition.face_locations(img)
print(face_locations)

#调用OpenCV函数显示图片
img = cv2.imread("111.jpg")
cv2.namedWindow("原图")
cv2.imshow("原图", img)

#遍历每个人脸，并标注
faceNum = len(face_locations)
for i in range(0, faceNum):
    top =   face_locations[i][0]
    right =   face_locations[i][1]
    bottom = face_locations[i][2]
    left = face_locations[i][3]

    start = (left, top)
    end = (right, bottom)

    color = (55,255,155)
    thickness = 3
    cv2.rectangle(img, start, end, color, thickness)

#显示识别结果
cv2.namedWindow("识别")
cv2.imshow("识别", img)
cv2.waitKey(0)
cv2.destroyAllWindows()
```

上述代码执行后将分别显示原始照片 111.jpg 效果和识别人脸效果，如图 10-50 所示。

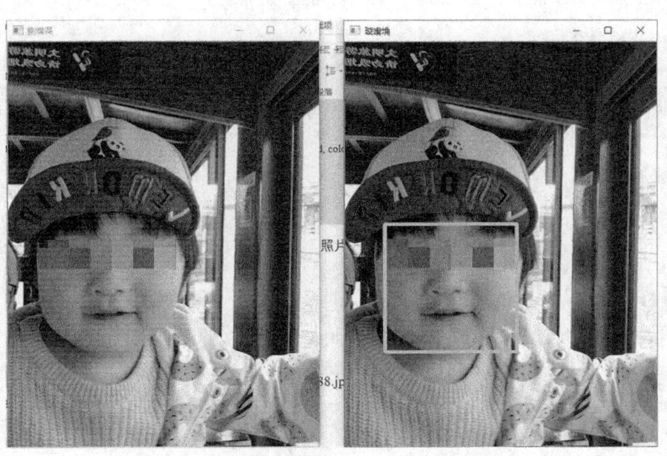

图 10-50　原始照片效果和识别人脸效果

范例 10-58：识别照片中的所有人脸

假设有一张照片 888.jpg，如图 10-51 所示。这是一幅 3 人合影照，我们应该如何识别出这张照片中的人脸呢？下面的实例文件 shibie03.py 演示了识别照片中的所有人脸的过程。

图 10-51　照片 888.jpg

源码路径：daima\10\10-58\shibie03.py

```
#识别图片中的所有人脸并显示出来
# filename : shibie03.py
#导入PIL模块
from PIL import Image
#导入face_recogntion模块，可用命令pip install face_recognition安装
import face_recognition

#将JPG文件加载到NumPy数组中
image = face_recognition.load_image_file("888.jpg")

#使用默认的给予HOG模型查找图像中所有人脸
#这个模型已经相当准确了，但还是不如CNN模型那么准确，因为没有使用GPU加速
#另请参见: find_faces_in_picture_cnn.py
face_locations = face_recognition.face_locations(image)

#使用CNN模型
# face_locations = face_recognition.face_locations(image, number_of_times_to_upsample=0, model="cnn")

#输出：我从图片中找到了多少张人脸
print("I found {} face(s) in this photograph.".format(len(face_locations)))

#循环找到的所有人脸
for face_location in face_locations:

        #输出每张脸的位置信息
        top, right, bottom, left = face_location
        print("Top: {}, Left: {}, Bottom: {}, Right: {}".format(top, left, bottom, right))
#指定人脸的位置信息，然后显示人脸图片
        face_image = image[top:bottom, left:right]
        pil_image = Image.fromarray(face_image)
        pil_image.show()
```

上述代码执行后首先会输出照片 888.jpg 中人脸的位置信息，如下。

```
I found 3 face(s) in this photograph.
Top: 163, Left: 79, Bottom: 271, Right: 187
Top: 125, Left: 182, Bottom: 254, Right: 311
Top: 329, Left: 104, Bottom: 403, Right: 179
```

然后显示识别出的 3 个人脸，如图 10-52 所示。

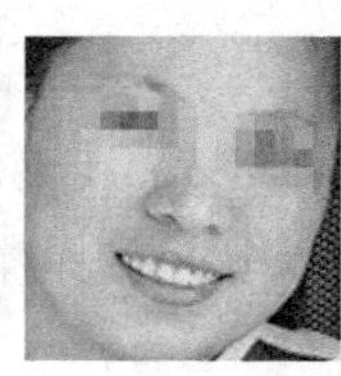
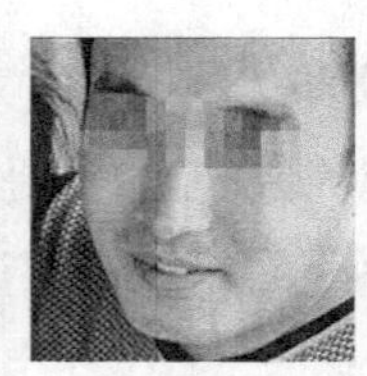
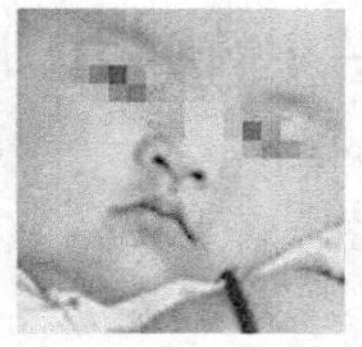

图 10-52　识别出的 3 个人脸

范例 10-59：判断照片中是否包含某个人脸

假设有一张照片 201.jpg，如图 10-53 所示。这是一幅单人照，假设这个人的名字是“小毛毛”。我们应该如何识别出在照片 888.jpg 中有小毛毛呢？下面的实例文件 shibie04.py 演示了判断照片 888.jpg 中是否包含小毛毛人脸的过程。

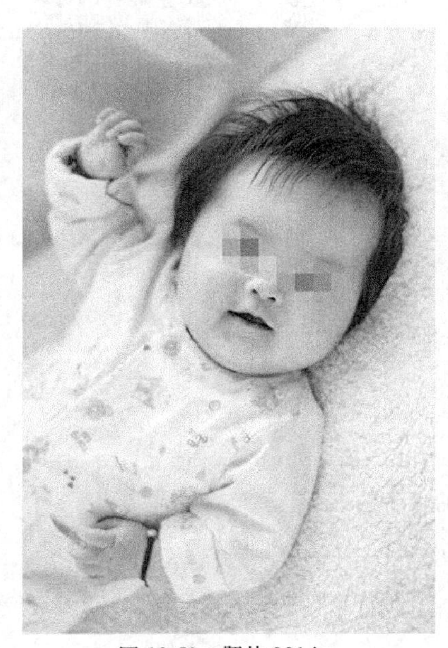

图 10-53　照片 201.jpg

源码路径：daima\10\10-59\shibie04.py

```
#识别人脸并鉴定是哪个人
import face_recognition
#将JPG文件加载到NumPy数组中
chen_image = face_recognition.load_image_file("201.jpg")
#要识别的图片
unknown_image = face_recognition.load_image_file("888.jpg")
#获取每个图像文件中每个脸的脸部编码
#由于每个图像中可能有多个脸，所以返回一个编码列表
#但是由于每个图像中只有一个脸，只关心每个图像中的第一个编码，所以取索引0
chen_face_encoding = face_recognition.face_encodings(chen_image)[0]
print("chen_face_encoding:{}".format(chen_face_encoding))
unknown_face_encoding = face_recognition.face_encodings(unknown_image)[0]
print("unknown_face_encoding :{}".format(unknown_face_encoding))

known_faces = [
    chen_face_encoding
]
#结果是值为True/false的数组，即与未知面孔阵列known_faces中的任何人相匹配的结果
results = face_recognition.compare_faces(known_faces, unknown_face_encoding)

print("result :{}".format(results))
print("这个未知面孔是 小毛毛 吗? {}".format(results[0]))
print("这个未知面孔是 我们从未见过的新面孔吗? {}".format(not True in results))
```

上述代码执行后会输出如下识别结果，这说明在照片 888.jpg 中存在图 10-53 所示的这个人。

```
result :[True]
这个未知面孔是 小毛毛 吗? True
这个未知面孔是 我们从未见过的新面孔吗? False
```

范例 10-60：识别照片中的人到底是谁

假设存在 3 张照片，即 laoguan.jpg（老管的单人照）、maomao.jpg（小毛毛的单人照）和 unknown.jpg（某人的单人照，肯定是老管或小毛毛这两人之一），如图 10-54 所示。我们应该

如何识别出照片 unknown.jpg 中的人是谁呢？下面的实例文件 shibie05.py 演示了识别照片 unknown.jpg 中的人到底是谁的过程。

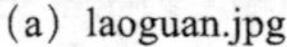

（a）laoguan.jpg

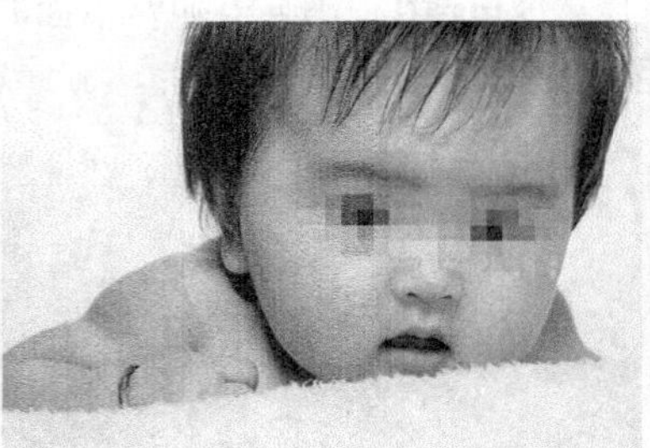

（b）maomao.jpg

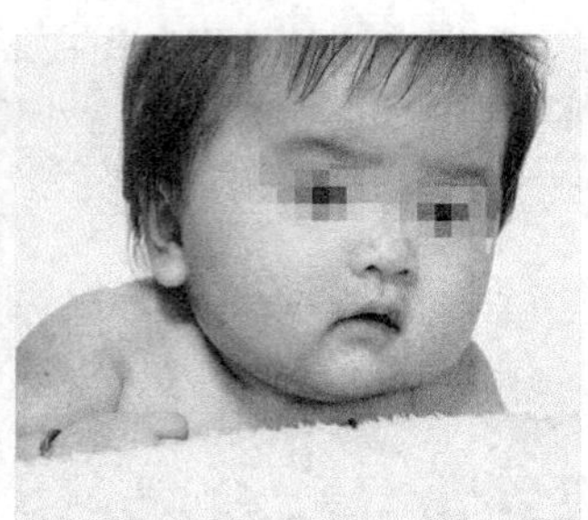

（c）unknown.jpg

图 10-54　3 张照片

源码路径：daima\10\10-60\shibie05.py

```
#识别图片中的人脸
import face_recognition
jobs_image = face_recognition.load_image_file("laoguan.jpg");
obama_image = face_recognition.load_image_file("maomao.jpg");
unknown_image = face_recognition.load_image_file("unknown.jpg");

laoguan_encoding = face_recognition.face_encodings(jobs_image)[0]
maomao_encoding = face_recognition.face_encodings(obama_image)[0]
unknown_encoding = face_recognition.face_encodings(unknown_image)[0]

results = face_recognition.compare_faces([laoguan_encoding, maomao_encoding], unknown_encoding )
labels = ['老管', '小毛毛']

print('结果:'+str(results))

for i in range(0, len(results)):
    if results[i] == True:
        print('这个人是:'+labels[i])
```

上述代码执行后会成功输出如下识别结果。

```
结果:[False, True]
这个人是:小毛毛
```

范例 10-61：摄像头实时识别

假设有一张小毛毛的照片 xiaomaomao.jpg，用摄像头识别不同的照片，如果所识别照片是小毛毛本人的照片，则摄像区域自动识别并显示“小毛毛”。如果所识别照片不是小毛毛的照片，则摄像区域显示“unknown”。通过下面的实例文件 shibie05.py 可以实现上述实时识别功能。

源码路径：daima\10\10-61\shibie06.py

```
import face_recognition
import cv2

video_capture = cv2.VideoCapture(0)#笔记本摄像头是0，外接摄像头设备是1

obama_img = face_recognition.load_image_file("xiaomaomao.jpg")
obama_face_encoding = face_recognition.face_encodings(obama_img)[0]

face_locations = []
face_encodings = []
face_names = []
process_this_frame = True

while True:
    ret, frame = video_capture.read()

    small_frame = cv2.resize(frame, (0, 0), fx=0.25, fy=0.25)
```

```
        if process_this_frame:
            face_locations = face_recognition.face_locations(small_frame)
            face_encodings = face_recognition.face_encodings(small_frame, face_locations)

            face_names = []
            for face_encoding in face_encodings:
                match = face_recognition.compare_faces([obama_face_encoding], face_encoding)

                if match[0]:
                    name = "小毛毛"
                else:
                    name = "unknown"

                face_names.append(name)

        process_this_frame = not process_this_frame

        for (top, right, bottom, left), name in zip(face_locations, face_names):
            top *= 4
            right *= 4
            bottom *= 4
            left *= 4

            cv2.rectangle(frame, (left, top), (right, bottom), (0, 0, 255),    2)

            cv2.rectangle(frame, (left, bottom - 35), (right, bottom), (0, 0, 255), 2)
            font = cv2.FONT_HERSHEY_DUPLEX
            cv2.putText(frame, name, (left+6, bottom-6), font, 1.0, (255, 255, 255), 1)

        cv2.imshow('Video', frame)

        if cv2.waitKey(1) & 0xFF == ord('q'):
            break

    video_capture.release()
    cv2.destroyAllWindows()
```

第 11 章

多线程开发实战

能够同时处理多个任务的程序就是多线程程序，多线程程序的功能更加强大。作为一门面向对象的语言，Python 支持多线程开发功能。本章将通过具体实例的实现过程，详细讲解开发 Python 多线程程序的应用知识。

11.1 使用 threading 模块

在 Python 3 程序中，Python 3 可以通过两个标准库（_thread 和 threading）提供对线程的支持。其中，_thread 提供了低级别的、原始的线程及一个简单的锁，其功能相比于 threading 模块的功能还是比较有限的。

范例 11-01：使用_thread 模块创建 2 个线程

例如，下面的实例文件 tao.py 演示了使用_thread 模块创建 2 个线程的过程。

源码路径：daima\11\11-01\tao.py

```
import _thread                        #导入线程模块_thread
import time                           #导入模块time
#为线程定义一个函数
def print_time( threadName, delay):
    count = 0                         #统计变量count的初始值是0
    while count < 5:                  #变量count值小于5则执行循环
        time.sleep(delay)             #推迟调用线程
        count += 1                    #变量count值递增1
print ("%s: %s" % ( threadName, time.ctime(time.time()) ))
#创建2个线程
try:
    _thread.start_new_thread( print_time, ("Thread-1", 2, ) )      #创建第1个线程
    _thread.start_new_thread( print_time, ("Thread-2", 4, ) )      #创建第2个线程
except:
    print ("Error:  无法启动线程")                                  #抛出异常
while 1:
pass
```

在上述实例代码中，使用函数 start_new_thread()创建了 2 个线程。

执行后会输出：

```
Thread-1: Tue Dec    5 08:05:49 2017
Thread-2: Tue Dec    5 08:05:51 2017
Thread-1: Tue Dec    5 08:05:51 2017
Thread-1: Tue Dec    5 08:05:53 2017
Thread-2: Tue Dec    5 08:05:55 2017
Thread-1: Tue Dec    5 08:05:55 2017
Thread-1: Tue Dec    5 08:05:57 2017
Thread-2: Tue Dec    5 08:05:59 2017
```

注意：不同的执行环境会造成有偏差的执行效果，本章后面的实例也是如此。

范例 11-02：直接在线程中执行函数

Thread 是 threading 模块的重要类，可以用于创建线程。创建线程有以下 2 种方式：一种是通过继承 Thread 类，重写它的 run()方法；另一种是创建一个 threading.Thread 对象，在它的初始化函数（__init__()）中将可调用对象作为参数传入。例如，下面的实例文件 zhi.py 演示了直接在线程中执行函数的过程。

源码路径：daima\11\11-02\zhi.py

```
import threading                      #导入库threading
def zhiyun(x,y):                      #定义函数zhiyun()
    for i in range(x,y):              #遍历操作
        print(str(i*i)+';')           #输出一个数的2次方
ta = threading.Thread(target=zhiyun,args=(1,6))
tb = threading.Thread(target=zhiyun,args=(16,21))
ta.start()                            #启动第1个线程活动
tb.start()                            #启动第2个线程活动
```

在上述实例代码中，首先定义函数 zhiyun()，然后以线程方式来执行这个函数，并且在每次执行时传递不同的参数。执行后 2 个子线程会并行执行，可以分别计算出一个数的 2 次方并输出，这两个子线程是交替执行的，输出 1、2、3、4、16、5、17、18、19、20 的 2 次方。

执行后会输出：

```
1;
4;
9;
16;
256;
25;
289;
324;
361;
400;
```

范例 11-03：通过继承类 threading.Thread 创建线程

在 Python 程序中，通过继承类 threading.Thread 的方式来创建一个线程。这种方式只要先重载类 threading.Thread 中的方法 run()，然后调用方法 start()就能够创建线程并执行方法 run()中的代码。例如，下面的实例文件 zi.py 演示了通过继承类 threading.Thread 创建线程的过程。

源码路径：daima\11\11-03\zi.py

```
import threading
class myThread(threading.Thread):                    #定义继承类threading.Thread的子类myThread
      def __init__(self,mynum):                      #构造函数
super().__init__()                                   #使用super()处理子类和父类关系
            self.mynum = mynum
      def run(self):                                 #定义函数run()
for i in range(self.mynum,self.mynum+5):
print(str(i*i)+';')
ma = myThread(1)                                     #创建类myThread的对象实例ma
mb = myThread(16)                                    #创建类myThread的对象实例mb
ma.start()                                           #启动线程
mb.start()                                           #启动线程
```

在上述实例代码中，首先定义了一个继承类 threading.Thread 的子类 myThread，然后创建了两个类 myThread 的实例，并使用方法 start()分别实现启动线程功能。

执行后会输出：

```
>>> 1;256;

4;289;

9;324;

16;361;

25;400;
```

范例 11-04：使用方法 join()实现线程等待

在 Python 程序中，当某个线程或函数执行时，如果需要等待另一个线程完成操作后才能继续，则需要调用另一个线程中的方法 join()。可选参数 timeout 用于指定超时时间。例如，下面的实例文件 deng.py 演示了使用方法 join()实现线程等待的过程。

源码路径：daima\11\11-04\deng.py

```
import threading                    #导入模块threading
import time                         #导入模块time
def zhiyun(x,y,thr=None):
#当函数zhiyun()传递的参数包括一个线程实例时
if thr:
            thr.join()              #调用方法join()
else:
            time.sleep(2)           #睡眠2s
      for i in range(x,y):          #遍历参数x和y
            print(str(i*i)+';')     #输出i的2次方
ta = threading.Thread(target=zhiyun,args=(1,6))
tb = threading.Thread(target=zhiyun,args=(16,21,ta))
ta.start()                          #启动线程
tb.start()                          #启动线程
```

在上述实例代码中，当线程执行的函数 zhiyun()传递的参数包括一个线程实例时，设置调用其方法 join()并等待其结束后方才执行，否则睡眠 2s。在上述程序中，因为 tb 传入了线程实例 ta，所以 tb 线程应等待 ta 结束后才执行。执行后会发现，线程 tb 等到线程 ta 输出结束后才输出结果。

执行后会输出：

```
1;
4;
9;
16;
25;
256;
289;
324;
361;
400;
```

范例 11-05：使用 RLock 实现线程同步

在 Python 程序中，RLock 允许在同一线程中被多次获取，而 Lock 却不允许这种情况。类 RLock 中的内置方法和 Lock 中的完全相同，在此不再进行讲解。如果使用的是 RLock，那么 acquire()和 release()必须成对出现，即调用了指定次数的 acquire()，也必须调用指定次数的 release()才能真正释放所占用的锁。

例如，下面的实例文件 tong.py 演示了使用 RLock 实现线程同步的过程。

源码路径：daima\11\11-05\tong.py

```
import threading                    #导入模块threading
import time                         #导入模块time
class mt(threading.Thread):         #定义继承Thread类的子类mt
    def run(self):                  #定义重载函数run()
        global x                    #定义全局变量x
        lock.acquire()              #在操作变量x之前锁定资源
        for i in range(5):          #遍历操作
            x += 10                 #设置变量x值加10
        time.sleep(1)               #休眠1s
        print(x)                    #输出x的值
        lock.release()              #释放锁资源
x = 0                               #设置x值为0
lock = threading.RLock()            #实例化RLock类
def main():
    thrs = []                       #初始化一个空列表
for item in range(8):
        thrs.append(mt())           #实例化线程类
for item in thrs:
        item.start()                #启动线程
if __name__ == "__main__":
main()
```

在上述实例代码中，自定义了一个带锁访问全局变量 x 的线程类 mt，在主函数 main()中初始化了 8 个线程来修改变量 x，在同一时刻只能由一个线程对 x 进行操作。

执行后会输出：

```
50
100
150
200
250
300
350
400
```

范例 11-06：使用 Lock 对临界区加锁

在 Python 程序中，threading.Lock 是一个实现原语锁对象的类。一旦一个线程获得锁，其他线程将会被阻塞，直到锁被释放为止。任何线程都可以释放锁。在 Python 程序中，要想让可变对象安全地用在多线程环境中，可以采用库 threading 中的 Lock 对象。例如，下面的实例文件 tong1.py 演示了使用 Lock 对临界区加锁的过程。

源码路径：daima\11\11-06\tong1.py

```
import threading
class SharedCounter:
    '''
    A counter object that can be shared by multiple threads.
    '''

    def __init__(self, initial_value=0):
        self._value = initial_value
        self._value_lock = threading.Lock()

    def incr(self, delta=1):
      '''
     Increment the counter with locking
      '''
        with self._value_lock:
            self._value += delta

    def decr(self, delta=1):
        '''
        Decrement the counter with locking
        '''
        with self._value_lock:
            self._value -= delta


def test(c):
    for n in range(1000000):
        c.incr()
    for n in range(1000000):
        c.decr()


if __name__ == '__main__':
    c = SharedCounter()
    t1 = threading.Thread(target=test, args=(c,))
    t2 = threading.Thread(target=test, args=(c,))
    t3 = threading.Thread(target=test, args=(c,))
    t1.start()
    t2.start()
    t3.start()
    print('Running test')
    t1.join()
    t2.join()
    t3.join()

    assert c._value == 0
    print('Looks good!')
```

在上述代码中，当使用 with 语句时，Lock 对象可确保线程产生互斥的行为。也就是说，在同一时间只允许一个线程执行 with 语句中的代码。with 语句会在执行缩进的语句块时获取锁，当控制流离开缩进的语句块时释放这个锁。从本质上来说，线程的调度具有非确定性。正因为如此，如果在多线程程序中不能合理使用锁，则数据会被随机地破坏掉，并产生竞态条件行为。要避免这些问题，只要共享的可变状态需要被多个线程访问，就必须使用锁。

范例 11-07：使用上下文管理器避免死锁

在 Python 多线程程序中，出现死锁的最常见原因是线程尝试一次性获取多个锁。例如，有一个线程获取到第 1 个锁，但是在尝试获取第 2 个锁时阻塞了，那么这个线程就有可能会阻塞其他线程的执行，进而使得整个程序僵死。避免出现死锁的一种解决方案就是给程序中的每个锁分配一个唯一的数字编号，并且在获取多个锁时只按照编号的升序方式来获取。利用上下文管理器可以非常简单地实现上述功能。下面的实例代码演示了使用上下文管理器避免死锁的过程。首先来看上下文管理器的实现文件 deadlock.py，具体实现代码如下。

源码路径：daima\11\11-07\deadlock.py

```
@contextmanager
def acquire(*locks):
    locks = sorted(locks, key=lambda x: id(x))
    acquired = getattr(_local, 'acquired',[])
    if acquired and max(id(lock) for lock in acquired) >= id(locks[0]):
        raise RuntimeError('Lock Order Violation')
    acquired.extend(locks)
    _local.acquired = acquired
    try:
        for lock in locks:
            lock.acquire()
        yield
    finally:
        for lock in reversed(locks):
            lock.release()
        del acquired[-len(locks):]
```

要想使用上述上下文管理器，只需按照正常的方式来分配锁对象即可。但是当需要同一个或多个锁交互时，就必须使用 acquire()函数。下面的实例文件 example1.py 演示了使用上下文管理器函数 acquire()防止死锁的过程。

源码路径：daima\11\11-07\example1.py

```
import threading
from deadlock import acquire

x_lock = threading.Lock()
y_lock = threading.Lock()

def thread_1():
    while True:
        with acquire(x_lock, y_lock):
            print("Thread-1")

def thread_2():
    while True:
        with acquire(y_lock, x_lock):
            print("Thread-2")

input('This program runs forever. Press [return] to start, Ctrl-C to exit')

t1 = threading.Thread(target=thread_1)
t1.daemon = True
t1.start()

t2 = threading.Thread(target=thread_2)
t2.daemon = True
t2.start()

import time
while True:
    time.sleep(1)
```

尽管在每个函数中对锁的获取是以不同的顺序来进行的，但是如果执行上述测试程序文件 example1.py，就会发现程序永远不会出现死锁。上述代码的关键在于函数 acquire()的第 1 条语句，能够根据对象的数字编号对锁进行排序。通过对锁进行排序，无论用户按照什么顺序将锁提供给 acquire()函数，它们总是会按照统一的顺序来获取。

范例 11-08：测试前面上下文管理器文件的功能

通过下面实例文件 example2.py，测试前面上下文管理器文件 deadlock.py 的功能，这将会抛出一个异常。

源码路径：daima\11\11-08\example2.py

```
x_lock = threading.Lock()
y_lock = threading.Lock()

def thread_1():
    while True:
        with acquire(x_lock):
            with acquire(y_lock):
                print("Thread-1")
                time.sleep(1)

def thread_2():
    while True:
        with acquire(y_lock):
            with acquire(x_lock):
                print("Thread-2")
                time.sleep(1)

input('This program crashes with an exception. Press [return] to start')

t1 = threading.Thread(target=thread_1)
t1.daemon = True
t1.start()

t2 = threading.Thread(target=thread_2)
t2.daemon = True
t2.start()

time.sleep(5)
```

上述代码演示了多个 acquire()函数嵌套使用的方法，目的是检测可能存在的死锁情况。如果执行上述代码，则其中一个线程会因抛出异常而崩溃。这个线程崩溃的原因是，每个线程都会记住它们已经获取到的锁的顺序。函数 acquire()会检查之前获取到的锁的列表，并对锁的顺序做强制性约束。具体约束规则是，先获取到的锁的 ID 必须比后获取到的锁的 ID 要小。

范例 11-09：5 位哲学家就餐问题

在多线程程序中，死锁是一个老生常谈的问题。死锁的基本解决原则是只要保证线程一次只持有一把锁，程序就不会出现死锁。但是一旦线程在同一时间中获取了多个锁，那么什么事情都有可能发生。

接下来介绍一个经典的线程死锁问题——5 位哲学家就餐问题，下面是对这个问题的描述：有 5 位哲学家围坐在桌边，桌上有 5 碗米饭和 5 支筷子。每位哲学家代表一个独立的线程，而每支筷子代表一把锁。在这个问题中，哲学家要么坐着思考要么吃米饭。但是，要吃到米饭，哲学家需要两支筷子。不幸的是，如果所有的哲学家都伸手拿他们左手边的那支筷子，那么他们只能全都坐着，手里只拿着一支筷子。

解决上述哲学家就餐问题的实例文件是 example3.py，具体实现代码如下。

源码路径：daima\11\11-09\example3.py

```
def philosopher(left, right):
    while True:
        with acquire(left,right):
             print(threading.currentThread(), 'eating')

NSTICKS = 5
chopsticks = [threading.Lock() for n in range(NSTICKS)]
for n in range(NSTICKS):
    t = threading.Thread(target=philosopher,
                         args=(chopsticks[n],chopsticks[(n+1) % NSTICKS]))
    t.daemon = True
    t.start()

import time
while True:
    time.sleep(1)
```

上述代码执行后不会发生死锁，部分输出结果如下。

```
tarted daemon 16544> eating
<Thread(Thread-5, started daemon 13696)> eating
<Thread(Thread-4, started daemon 14136)> eating
<Thread(Thread-2, started daemon 16000)> eating
<Thread(Thread-4, started daemon 14136)> eating
<Thread(Thread-4, started daemon 14136)> eating
<Thread(Thread-1, started daemon 15928)> eating
<Thread(Thread-3, started daemon 16544)> eating
<Thread(Thread-5, started daemon 13696)> eating
#省略了后面很多执行片段
```

注意：为了避免死锁，所有线程都必须使用函数 acquire()来获取锁。如果在某些代码片段中线程是直接获取锁的，那么这个避免死锁的算法就不能奏效了。

范例 11-10：使用 Condition 实现一个捉迷藏游戏

在 Python 程序中，使用 Condition 对象可以在某些事件触发或者特定的条件达到后才处理数据。Python 提供的 Condition 对象的目的是实现对复杂线程同步问题的支持。Condition 通常与一个锁关联，当需要在多个 Contidion 中共享一个锁时，可以传递一个 Lock/RLock 实例给构造方法，否则它将自己生成一个 RLock 实例。

除了 Lock 带有的锁定池外，Condition 还包含一个等待池，池中的线程处于状态图中的等待阻塞状态，直到另一个线程调用 notify()/notifyAll()通知；得到通知后，线程进入锁定池等待锁定。例如，下面的实例文件 zhuomicang.py 演示了使用 Condition 实现一个捉迷藏游戏的过程。假设这个游戏由两个人来玩，一个人（Hider）藏，一个人（Seeker）找。游戏的规则如下。

- 游戏开始之后，Seeker 先把自己眼睛蒙上，蒙上眼睛后，就通知 Hider。
- Hider 接收到通知后开始找地方将自己藏起来，藏好之后，再通知 Seeker 可以找了。
- Seeker 接收到通知之后，就开始找 Hider。

源码路径：daima\11\11-10\zhuomicang.py

```
# ---- 捉迷藏游戏
import threading, time


class Hider(threading.Thread):
    def __init__(self, cond, name):
        super(Hider, self).__init__()
        self.cond = cond
        self.name = name

    def run(self):
        time.sleep(1)          # 确保先执行Seeker中的方法

        self.cond.acquire()    # b
        print(self.name + ': 我已经把眼睛蒙上了')

        self.cond.notify()
        self.cond.wait()       # c
        # f
        print(self.name + ': 我找到你了 ~_~')

        self.cond.notify()
        self.cond.release()
        # g
        print(self.name + ': 我赢了') # h


class Seeker(threading.Thread):
    def __init__(self, cond, name):
        super(Seeker, self).__init__()
        self.cond = cond
        self.name = name
```

```
        def run(self):
            self.cond.acquire()
            self.cond.wait()        # a        #释放对锁的占用，同时线程在这里挂起，执行notify()并重新占有锁
            print(self.name + ': 我已经藏好了，你快来找我吧')
            self.cond.notify()
            self.cond.wait()        # e
            #   h
            self.cond.release()
            print(self.name + ': 被你找到了，哎~~~')


    cond = threading.Condition()
    seeker = Seeker(cond, 'seeker')
    hider = Hider(cond, 'hider')
    seeker.start()
    hider.start()
```

在上述代码中，Hider 和 Seeker 都是独立的个体，在程序中用两个独立的线程来表示。在游戏过程中，两者之间的行为有一定的时序关系，我们通过 Condition 来控制这种时序关系。

执行后会输出：

```
hider: 我已经把眼睛蒙上了
seeker: 我已经藏好了，你快来找我吧
hider: 我找到你了 ~_~
hider: 我赢了
seeker: 被你找到了，哎~~~
```

范例 11-11：实现一个周期性的定时器

如果想让线程一遍又一遍地重复通知某个事件，则最好使用 Condition 对象来实现。例如，下面的实例文件 zhuomicang01.py 实现一个周期性的定时器，每当定时器超时时，其他线程就可以感知到超时事件的发生。

源码路径：daima\11\11-11\zhuomicang01.py

```
class PeriodicTimer:
    def __init__(self, interval):
        self._interval = interval
        self._flag = 0
        self._cv = threading.Condition()

    def start(self):
        t = threading.Thread(target=self.run)
        t.daemon = True
        t.start()

    '''def run(self):
        '''
        while True:
            time.sleep(self._interval)
            with self._cv:
                 self._flag ^= 1
                 self._cv.notify_all()

    def wait_for_tick(self):
        with self._cv:
            last_flag = self._flag
            while last_flag == self._flag:
                self._cv.wait()
ptimer = PeriodicTimer(5)
ptimer.start()
def countdown(nticks):
    while nticks > 0:
        ptimer.wait_for_tick()
        print("减至", nticks)
        nticks -= 1

def countup(last):
    n = 0
    while n < last:
```

```
            ptimer.wait_for_tick()
            print("计数", n)
            n += 1

threading.Thread(target=countdown, args=(10,)).start()
threading.Thread(target=countup, args=(5,)).start()
```

执行后会输出：

```
减至 10
计数 0
减至 9
计数 1
减至 8
计数 2
减至 7
计数 3
计数 4
减至 6
减至 5
减至 4
减至 3
减至 2
减至 1
```

范例 11-12：使用 Semaphore 对象执行 4 个线程

在 Python 程序中，类 threading.Semaphore 是一个信号机，控制着对公共资源或者临界区的访问。信号机维护着一个计数器，指定可同时访问资源或者进入临界区的线程数。每次有一个线程获得信号机时，计数器-1。若计数器为 0，则其他线程停止访问信号机，直到另一个线程释放信号机。例如，下面的实例文件 sige.py 演示了使用 Semaphore 对象执行 4 个线程的过程。

源码路径：daima\11\11-12\sige.py

```
def fun(semaphore, num):
    #获得信号量，信号量减1
    semaphore.acquire()
    print("Thread %d is running." % num)
    time.sleep(3)
    #释放信号量，信号量加1
    semaphore.release()


if __name__=='__main__':
    #初始化信号量，数量为2
    semaphore = threading.Semaphore(2)

    #执行4个线程
    for num in range(4):
        t = threading.Thread(target=fun, args=(semaphore, num))
        t.start()
```

上述代码执行后会发现：线程 0 和线程 1 是一起输出消息的，而线程 2 和线程 3 是在 3s 后输出消息的，可以得出每次只有 2 个线程获得信号量。

执行后会输出：

```
Thread 0 is running.
Thread 1 is running.
Thread 3 is running.
Thread 2 is running.
```

范例 11-13：只唤醒一个单独的等待线程

在 Python 程序中，Event 对象的关键特性是会唤醒所有等待的线程。如果我们希望编写的程序只唤醒一个单独的等待线程，那么最好的方法是使用 Semaphore 或者 Condition 对象。例如，下面的实例文件 sige01.py 演示了使用 Semaphore 对象只唤醒一个单独的等待线程的过程。

源码路径：daima\11\11-13\sige01.py

```
def worker(n, sema):
    sema.acquire()
    print("worker中", n)
sema = threading.Semaphore(0)
nworkers = 10
for n in range(nworkers):
    t = threading.Thread(target=worker, args=(n, sema,))
    t.daemon=True
    t.start()

print('即将释放第一个worker')
time.sleep(5)
sema.release()
time.sleep(1)
print('即将释放第二个worker')
time.sleep(5)
sema.release()
time.sleep(1)
print('再见')
```

上面的程序执行后会启动一系列的线程，但是什么也不会发生，这些线程都会因为等待获取信号量而被阻塞。当每次释放信号量时，只有一个 worker 线程会被唤醒并投入执行。

执行后会输出：

```
即将释放第一个worker
worker中 0
即将释放第二个worker
worker中 1
再见
```

范例 11-14：使用 BoundedSemaphore 对象执行 4 个线程

在 Python 程序中，类 threading.BoundedSemaphore 用于实现 BoundedSemaphore 对象。BoundedSemaphore 会检查内部计数器的值，并保证它不会大于初始值，否则就会引发一个 ValueError 错误。在大多数情况下，BoundedSemaphore 用于守护限制访问（但不限于 1）的资源，如果 BoundedSemaphore 被 release()释放多次，则意味着程序存在 bug。例如，下面的实例文件 si.py 演示了使用 BoundedSemaphore 对象执行 4 个线程的过程。

源码路径：daima\11\11-14\si.py

```
def fun(semaphore, num):
    #获得信号量，信号量减1
    semaphore.acquire()
    print("Thread %d is running." % num)
    time.sleep(3)
    #释放信号量，信号量加1
    semaphore.release()
    #再次释放信号量，信号量加1，超过限定的信号量会报错ValueError: Semaphore released too many times
    semaphore.release()


if __name__=='__main__':
    #初始化信号量，数量为2，最多有2个线程获得信号量，信号量不能通过释放而大于2
    semaphore = threading.BoundedSemaphore(2)

    #执行4个线程
    for num in range(4):
        t = threading.Thread(target=fun, args=(semaphore, num))
        t.start()
```

因为在上述代码中信号量超过了限定的信号量，所以上述代码执行后会报错 ValueError: Semaphore released too many times。

执行后会输出：

```
Thread 0 is running.
Thread 1 is running.
Thread 2 is running.
Exception in thread Thread-1:
```

```
Thread 3 is running.
Traceback (most recent call last):
  File "C:\Program Files\Anaconda3\lib\threading.py", line 916, in _bootstrap_inner
    self.run()
  File "C:\Program Files\Anaconda3\lib\threading.py", line 864, in run
    self._target(*self._args, **self._kwargs)
  File "H:/daima/7/11-2/si.py", line 12, in fun
    semaphore.release()
  File "C:\Program Files\Anaconda3\lib\threading.py", line 482, in release
    raise ValueError("Semaphore released too many times")
ValueError: Semaphore released too many times

Exception in thread Thread-3:
Traceback (most recent call last):
  File "C:\Program Files\Anaconda3\lib\threading.py", line 916, in _bootstrap_inner
    self.run()
  File "C:\Program Files\Anaconda3\lib\threading.py", line 864, in run
    self._target(*self._args, **self._kwargs)
  File "H:/daima/7/11-2/si.py", line 12, in fun
    semaphore.release()
  File "C:\Program Files\Anaconda3\lib\threading.py", line 482, in release
    raise ValueError("Semaphore released too many times")
ValueError: Semaphore released too many times
```

范例 11-15：使用 Event 对象实现线程同步

在 Python 程序中，Event 对象实现了与 Condition 类似的功能，不过比 Condition 更简单一些。Event 通过维护内部的标识符来实现线程间的同步问题（threading.Event 和.NET 中的 System.Threading.ManualResetEvent 类实现同样的功能）。下面的实例文件 tongbu.py 演示了使用 Event 对象实现线程同步的过程。

源码路径：daima\11\11-15\tongbu.py

```
event = threading.Event()

def func():
    #等待事件，进入等待阻塞状态
    print('%s wait for event...' % threading.currentThread().getName())
    event.wait()

    #收到事件后进入执行状态
    print('%s recv event.' % threading.currentThread().getName())

t1 = threading.Thread(target=func)
t2 = threading.Thread(target=func)
t1.start()
t2.start()

time.sleep(2)

# 发送事件通知
print('MainThread set event.')
event.set()
```

执行后会输出：

```
Thread-1 wait for event...
Thread-2 wait for event...
MainThread set event.
Thread-1 recv event.
Thread-2 recv event.
```

范例 11-16：使用 Event 对象同步线程的启动

Event 对象和条件标记（sticky flag）类似，允许线程等待某个事件发生。初始状态时事件被设置为 0。如果事件没有被设置而线程正在等待该事件，那么线程就会被阻塞（即进入休眠状态），直到事件被设置为止。当有线程设置了这个事件时，这会唤醒所有正在等待该事件的线程（如果有的话）。如果线程等待的事件已经被设置了，那么线程会继续执行。下面的实例文件 tongbu01.py 演示了使用 Event 对象同步线程的启动的过程。

源码路径：daima\11\11-16\tongbu01.py

```
def countdown(n, started_evt):
    print("倒计时开始")
    started_evt.set()
    while n > 0:
        print("T-minus", n)
        n -= 1
        time.sleep(5)

# Create the event object that will be used to signal startup
started_evt = Event()

# Launch the thread and pass the startup event
print("执行倒计时")
t = Thread(target=countdown, args=(10,started_evt))
t.start()
started_evt.wait()
print("倒计时执行中")
```

上述代码执行后会发现，字符串“倒计时执行中”总是会在“倒计时开始”之后显示。这里使用了事件来同步线程，使得主线程等待，直到函数 countdown()首先输出启动信息之后才开始执行。

执行后会输出：

```
执行倒计时
倒计时开始
T-minus 10
倒计时执行中
T-minus 9
T-minus 8
T-minus 7
T-minus 6
T-minus 5
T-minus 4
T-minus 3
T-minus 2
T-minus 1
```

在 Python 程序中，最好将 Event 对象只用在一次性事件中。也就是说，当我们创建一个事件时，让线程等待事件被设置，一旦完成了设置，Event 对象就会被丢弃。尽管可以使用 Event 对象的 clear()方法来清除事件，但是要安全地清除事件并等待它被再次设置的过程很难同步协调，可能会造成事件丢失、死锁或者其他问题。特别是在设定完事件之后，无法保证发起的事件清除请求就一定会在线程再次等待该事件之前被执行，因为无法保证发起清除事件请求的线程和再次等待该事件的线程间的执行顺序。

范例 11-17：使用 Timer 设置线程延迟 5s 后执行

在 Python 程序中，Timer（定时器）是 Thread 的派生类，用于在指定时间后调用一个方法。类 threading.Timer 表示一个动作应该在一个特定的时间之后执行，也就是一个计时器。因为 Timer 是 Thread 的子类，所以也可以使用相应方法创建自定义线程。Timer 通过调用它们的 start()方法启动线程，通过调用 cancel()方法（在它的动作开始之前）停止线程。Timer 在执行它的动作之前等待的时间间隔，可能与用户指定的时间间隔不完全相同。

下面的实例文件 shijian.py 演示了使用 Timer 设置线程延迟 5s 后执行的过程。

源码路径：daima\11\11-17\shijian.py

```
import threading
def func():
    print('hello timer!')
timer = threading.Timer(5, func)
timer.start()
```

执行后会输出：

```
hello timer!
```

范例 11-18：使用 local 对象管理线程局部数据

在 Python 程序中，local 是一个以小写字母开头的类，用于管理 thread-local（线程局部的）数据。对于同一个 local，线程无法访问其他线程设置的属性；线程设置的属性不会被其他线程设置的同名属性替换。在现实应用中，可以将 local 看作一个“线程-属性字典”字典，local 封装了从使用线程作为 key 来检索对应的属性字典，到使用属性名作为 key 来检索属性值的细节。

例如，下面的实例文件 bendi.py 演示了使用 local 对象管理线程局部数据的过程。

源码路径：daima\11\11-18\bendi.py

```
local = threading.local()
local.tname = 'main'

def func():
    local.tname = 'notmain'
    print(local.tname)

t1 = threading.Thread(target=func)
t1.start()
t1.join()

print(local.tname)
```

执行后会输出：

```
notmain
main
```

范例 11-19：使用 local()创建一个线程本地存储对象

在 Python 程序中，threading.local()的最大用处是保存当前执行线程的专有状态，这个状态对其他线程是不可见的。通过 local()，在多线程程序中可以保存专属于当前执行线程的状态。通过使用 threading.local()可以创建一个线程本地存储对象，在这个对象上可以保存和读取的属性只对当前执行的线程可见，其他线程无法感受到。例如，下面的实例文件 bendi1.py 演示了使用 local()创建一个线程本地存储对象的过程。

源码路径：daima\11\11-19\bendi1.py

```
class LazyConnection:
    def __init__(self, address, family=AF_INET, type=SOCK_STREAM):
        self.address = address
        self.family = AF_INET
        self.type = SOCK_STREAM
        self.local = threading.local()

    def __enter__(self):
        if hasattr(self.local, 'sock'):
            raise RuntimeError('Already connected')
        self.local.sock = socket(self.family, self.type)
        self.local.sock.connect(self.address)
        return self.local.sock

    def __exit__(self, exc_ty, exc_val, tb):
        self.local.sock.close()
        del self.local.sock


def test(conn):
    from functools import partial
    with conn as s:
        s.send(b'GET /index.html HTTP/1.0\r\n')
        s.send(b'Host: www.python.org\r\n')
        s.send(b'\r\n')
        resp = b''.join(iter(partial(s.recv, 8192), b''))

    print('Got {} bytes'.format(len(resp)))
```

在上述代码中，首先属性 self.local 被初始化为 threading.local()的实例。后面其他方法操作的 Socket 都被保存为 self.local.sock 的形式。这就足以使得 LazyConnection 的实例可以安全地用于多线程环境中了。后面的测试代码之所以能正常执行，原因是每个线程实际上创建了自己专属的 Socket 连接（以 self.local.sock 的形式保存）。当不同的线程在 Socket 上执行操作时，它们并不会互相影响，因为它们都是在不同的 Socket 上完成操作的。

11.2　使用进程库 multiprocessing

在 Python 中，库 multiprocessing 是一个多进程管理包。和 threading 模块类似，multiprocessing 提供了生成进程功能的 API，提供了本地和远程并发，通过使用子进程（而不是线程）有效地转移全局解释器锁。使用 multiprocessing 模块，允许程序员充分利用给定计算机上的多个处理器。它在 UNIX 和 Windows 上都可以执行。

范例 11-20：使用 Process 对象生成进程

在 Python 的 multiprocessing 模块中，可以通过先创建 Process 对象，然后调用其 start()方法来生成进程。例如，下面的实例文件 mojin.py 演示了使用 Process 对象生成进程的过程。

源码路径：daima\11\11-20\mojin.py

```
def worker(sign, lock):
    lock.acquire()
    print(sign, os.getpid())
    lock.release()

print('Main:',os.getpid())

record = []
lock   = threading.Lock()
for i in range(5):
    thread = threading.Thread(target=worker,args=('thread',lock))
    thread.start()
    record.append(thread)

for thread in record:
    thread.join()

record = []
lock = multiprocessing.Lock()
for i in range(5):
    process = multiprocessing.Process(target=worker,args=('process',lock))
    process.start()
    record.append(process)

for process in record:
    process.join()
```

通过上述代码可以看出，Thread 对象和 Process 对象在使用上的相似之处与结果上的不同。各个线程和进程都做一件事：输出 PID。但问题是，所有的任务在输出的时候都会向同一个标准输出终端（stdout）输出。这样输出的字符会混合在一起，无法阅读。使用 Lock 同步，在一个任务输出完成之后，再允许另一个任务输出，可以避免多个任务同时向终端输出。所有 Thread 的 PID 都与主程序相同，而每个 Process 都有一个不同的 PID。

执行后会输出：

```
Main: 4392
thread 4392
thread 4392
thread 4392
thread 4392
thread 4392
Main: 19708
```

```
thread 19708
thread 19708
thread 19708
#省略部分执行效果
```

范例 11-21：使用 Pipe 对象创建双向管道

在 Linux 操作系统的多线程机制中，管道（pipe）和消息队列（message queue）的效率十分优秀。Python 的 multiprocessing 包专门提供了 Pipe 和 Queue 这两个类来分别支持这两种 IPC 机制。通过使用 Pipe 对象和 Queue 对象，可以在 Python 程序中传送常见的对象。

在 Python 程序中，Pipe 可以是单向（half-duplex）的，也可以是双向（duplex）的。我们通过 mutiprocessing.Pipe(duplex=False)创建单向管道（默认为双向）。一个进程从管道一端输入对象，然后被管道另一端的进程接收，单向管道只允许管道一端的进程输入，而双向管道则允许从两端输入。例如，下面的实例文件 shuangg.py 演示了使用 Pipe 对象创建双向管道的过程。

源码路径：daima\11\11-21\shuangg.py

```
def proc1(pipe):
    pipe.send('hello')
    print('proc1 rec:',pipe.recv())

def proc2(pipe):
    print('proc2 rec:',pipe.recv())
    pipe.send('hello, too')

pipe = mul.Pipe()

p1 = mul.Process(target=proc1, args=(pipe[0],))
p2 = mul.Process(target=proc2, args=(pipe[1],))
p1.start()
p2.start()
p1.join()
p2.join()
```

在上述代码中，Pipe 是双向的，在 Pipe 对象建立时，返回一个含有两个元素的表，每个元素代表 Pipe 的一端（Connection 对象）。我们在 Pipe 的某一端调用 send()方法来输入对象，在另一端调用 recv()方法来接收对象。

范例 11-22：使用 Queue 对象放入进程

在 Python 程序中，Queue 与 Pipe 类似，都是先进先出的结构，但 Queue 允许多个进程放入队列，多个进程从队列取出对象。Queue 使用 mutiprocessing.Queue(maxsize)创建，maxsize 表示队列中可以存放对象的最大数量。例如，下面的实例文件 fangjin.py 演示了使用 Queue 对象放入进程的过程。

源码路径：daima\11\11-22\fangjin.py

```
def inputQ(queue):
    info = str(os.getpid()) + '(put):' + str(time.time())
    queue.put(info)

# output worker
def outputQ(queue,lock):
    info = queue.get()
    lock.acquire()
    print (str(os.getpid()) + '(get):' + info)
    lock.release()
#===================
record1 = []
record2 = []
lock  = multiprocessing.Lock()
queue = multiprocessing.Queue(3)
```

```
    #输入进程
    for i in range(10):
        process = multiprocessing.Process(target=inputQ,args=(queue,))
        process.start()
        record1.append(process)

    #输出进程
    for i in range(10):
        process = multiprocessing.Process(target=outputQ,args=(queue,lock))
        process.start()
        record2.append(process)

    for p in record1:
        p.join()
```

由此可见，一些进程使用 put()在 Queue 中放入字符串，这个字符串包含 PID 和时间；另一些进程从 Queue 中取出字符串，并输出自己的 PID 及 get()返回的字符串。

范例 11-23：使用 Connection 对象处理数据

在 Python 程序中，Connection 对象允许发送和接收可拾取对象或字符串，它们可以被认为是面向消息的连接 Socket。例如，下面的实例文件 conn.py 演示了使用 Connection 对象处理数据的过程。

源码路径：daima\11\11-23\conn.py

```
from multiprocessing import Pipe
a, b = Pipe()
a.send([1, 'hello', None])
print(b.recv())

b.send_bytes(b'thank you')
print(a.recv_bytes())

import array
arr1 = array.array('i', range(5))
arr2 = array.array('i', [0] * 10)
a.send_bytes(arr1)
count = b.recv_bytes_into(arr2)
assert count == len(arr1) * arr1.itemsize
print(arr2)
```

执行后会输出：

```
[1, 'hello', None]
b'thank you'
array('i', [0, 1, 2, 3, 4, 0, 0, 0, 0, 0])
```

范例 11-24：使用 Shared 对象在共享内存中创建共享 ctypes 对象

在使用共享对象 Shared 时，其核心模块 multiprocessing.sharedctypes 占据了重要的地位。模块 multiprocessing.sharedctypes 提供了从共享内存中分配 ctypes 对象的功能，这些对象可以由子进程继承。需要注意的是，虽然可以在共享存储器中存储指针，但是这将指向特定进程的地址空间中的位置。然而，指针很可能在第二进程的上下文中是无效的，若试图从第二进程解引用指针，那么可能会导致程序崩溃。

例如，下面的实例文件 gongxiang.py 演示了使用 Shared 对象在共享内存创建共享 ctypes 对象的过程。

源码路径：daima\11\11-24\gongxiang.py

```
class Point(Structure):
    _fields_ = [('x', c_double), ('y', c_double)]

def modify(n, x, s, A):
    n.value **= 2
    x.value **= 2
    s.value = s.value.upper()
    for a in A:
```

```
            a.x **= 2
            a.y **= 2

if __name__ == '__main__':
    lock = Lock()

    n = Value('i', 7)
    x = Value(c_double, 1.0/3.0, lock=False)
    s = Array('c', b'hello world', lock=lock)
    A = Array(Point, [(1.875,-6.25), (-5.75,2.0), (2.375,9.5)], lock=lock)

    p = Process(target=modify, args=(n, x, s, A))
    p.start()
    p.join()

    print(n.value)
    print(x.value)
    print(s.value)
    print([(a.x, a.y) for a in A])
```

执行后会输出：

```
49
0.1111111111111111
b'HELLO WORLD'
[(3.515625, 39.0625), (33.0625, 4.0), (5.640625, 90.25)]
```

范例 11-25：使用 Manager 对象操作列表

在 Python 程序中，Manager 对象类似于服务器与客户端之间的通信，与我们在 Internet 上的活动很类似。我们用一个进程作为服务器，建立 Manager 来真正存放资源。其它进程可以通过参数传递或者根据地址来访问 Manager，建立连接后，操作服务器上的资源。在防火墙允许的情况下，我们完全可以将 Manager 运用于多计算机，从而模拟一个真实的网络情境。

下面的实例文件 lie.py 演示了使用 Manager 对象操作列表的过程。

源码路径：daima\11\11-25\lie.py

```
def worker(d, key, value):
    d[key] = value

if __name__ == '__main__':
    mgr = multiprocessing.Manager()
    d = mgr.dict()
    jobs = [ multiprocessing.Process(target=worker, args=(d, i, i*2))
             for i in range(10)
             ]
    for j in jobs:
        j.start()
    for j in jobs:
        j.join()
    print ('Results:' )
    for key, value in enumerate(dict(d)):
        print("%s=%s" % (key, value))
```

执行后会输出：

```
Results:
0=0
1=1
2=2
3=3
4=4
5=5
6=6
7=7
8=8
9=9
```

范例 11-26：使用 Manager 对象共享对象类型

下面的实例文件 lie1.py 演示了使用 Manager 对象共享对象类型的过程。

源码路径：daima\11\11-26\lie1.py

```
import multiprocessing

def f(x, arr, l):
    x.value = 3.14
    arr[0] = 5
    l.append('Hello')

server = multiprocessing.Manager()
x      = server.Value('d', 0.0)
arr    = server.Array('i', range(10))
l      = server.list()

proc = multiprocessing.Process(target=f, args=(x, arr, l))
proc.start()
proc.join()

print(x.value)
print(arr)
print(l)
```

在上述代码中，Manager 的使用类似于共享内存，但是可以共享更丰富的对象类型，Manager 对象利用 list()方法提供了表的共享方式。实际上，可以利用 dict()来共享词典，使用 Lock()来共享 threading.Lock（注意，我们共享的是 threading.Lock，而不是进程的 multiprocessing.Lock，后者本身已经实现了进程共享）等，这样 Manager 就允许我们共享更多类型的对象。

范例 11-27：使用 Proxy 对象共享对象类型

在 Python 程序中，代理对象 Proxy 是指指向到一个共享对象的对象，该对象在不同的进程中存在（可能）。共享对象被称为代理的指示符，多个代理对象可以具有相同的指示符。代理对象 Proxy 具有调用其指示对象的相应方法的方法，尽管并不是指示对象的每个方法都必须通过代理可用，但是代理通常可以以其指示的大多数相同的方式使用。

下面的实例文件 daili.py 演示了使用 Proxy 对象共享对象类型的过程。

源码路径：daima\11\11-27\daili.py

```
from multiprocessing import Manager

if __name__ == '__main__':
    manager = Manager()
    l = manager.list([i*i for i in range(10)])
    print(l)
    print(repr(l))
    print(l[4])
    print(l[2:5])

    a = manager.list()
    b = manager.list()
    a.append(b)              # referent of a now contains referent of b
    print(a, b)
    b.append('hello')
    print(a, b)
    print(manager.list([1,2,3]) == [1,2,3])
```

在上述代码中，将 str()应用于代理将返回指示对象的表示，而 repr()将返回代理的表示。代理对象的一个重要特征是它们是可拾取的，因此它们可以在进程之间传递。但是需要注意，如果代理对象被发送到相应的管理器的进程，则取消它将产生指示符本身。这意味着，一个共享对象可以有第二个含义，正如上述代码所示。上述代码的最后一行，还演示了 multiprocessing 中的代理类型不支持按值进行比较功能，在进行比较时应该只使用指示物的副本。

执行后会输出：

```
[0, 1, 4, 9, 16, 25, 36, 49, 64, 81]
<ListProxy object, typeid 'list' at 0x2c017defc50>
16
[4, 9, 16]
```

```
[<ListProxy object, typeid 'list' at 0x1f6d23102e8>] []
[<ListProxy object, typeid 'list' at 0x1f6d23102e8>] ['hello']
False
```

范例 11-28：使用 Pool 对象创建多个进程并实现并发处理

在 Python 程序中，使用进程池对象 Pool 可以创建多个进程。这些进程就像随时待命的士兵一样，准备执行任务（程序）。一个进程池可以容纳多个“待命的士兵”。例如，下面的实例文件 duobing.py 演示了使用 Pool 对象创建多个进程并实现并发处理的过程。

源码路径：daima\11\11-28\duobing.py

```
import time
from multiprocessing import Pool
def run(fn):
    #fn: 函数参数，是数据列表的一个元素
    time.sleep(1)
    return fn*fn

if __name__ == "__main__":
    testFL = [1,2,3,4,5,6]
    print('shunxu:')                              #顺序执行（也就是串行执行，单进程）
    s = time.time()
    for fn in testFL:
        run(fn)

    e1 = time.time()
    print("顺序执行时间：", int(e1 - s))

    print('concurrent:')                          #创建多个进程，并行执行
    pool = Pool(5)                                #创建拥有5个进程的进程池
    rl =pool.map(run, testFL)
    #testFL:要处理的数据列表。run：处理testFL列表中数据的函数
    pool.close()                                  #关闭进程池，不再接受新的进程
    pool.join()                                   #主进程阻塞，等待子进程的退出
    e2 = time.time()
    print("并行执行时间：", int(e2-e1))
    print(rl)
```

在上述代码中，创建了多个进程，使用并发执行与顺序执行处理同一数据，二者用了不同的时间。从输出结果可以看出，并发执行的时间明显比顺序执行要短很多，但是进程是要消耗资源的，所以平时工作中，进程数也不能设置太大。代码中的 r1 表示全部进程执行结束后全局地返回结果集，run()方法有返回值，所以一个进程对应一个返回结果，这个结果存在一个列表中，即一个结果堆中，实际上采用了队列的原理，等待所有进程都执行完毕，就返回这个列表（列表的顺序不定）。 对 Pool 对象调用 join()方法会等待所有子进程执行完毕，调用 join()之前必须先调用 close()，让其不再接受新的进程。

执行后会输出：

```
shunxu:
顺序执行时间： 6
concurrent:
并行执行时间： 3
[1, 4, 9, 16, 25, 36]
```

范例 11-29：使用 Pool 对象实现进程调度

下面的实例文件 duobing1.py 演示了使用 Pool 对象实现进程调度的过程。

源码路径：daima\11\11-29\duobing1.py

```
import time
from multiprocessing import Pool
def run(fn) :
    time.sleep(2)
    print(fn)
if __name__ == "__main__" :
    startTime = time.time()
```

```
    testFL = [1,2,3,4,5]
    pool = Pool(10)#可以同时跑10个进程
    pool.map(run,testFL)
    pool.close()
    pool.join()
    endTime = time.time()
    print("time :", endTime - startTime)
```

执行上述代码后可能会出现空行或没有折行数据的情形，其实这跟进程调度有关，当有多个进程并行执行时，每个进程得到的时间片时间不一样，哪个进程接受哪个请求及执行完成时间都是不定的，所以会出现输出乱序的情况。那为什么又会有没这行和空行的情况呢？这是因为可能在执行第一个进程时，刚要输出换行符，进程便被切换到另一个进程，这样就极有可能将两个数字输出到同一行，并且在再次切换回第一个进程时输出一个换行符，所以就会出现空行的情况。例如，作者某次执行后会输出：

```
1
34

2
5
time : 2.48600006104
```

范例 11-30：使用 Pool 对象并行处理某个目录下的文件

下面的实例文件 duobing2.py 演示了使用 Pool 对象并行处理某个目录下文件的过程。

源码路径：daima\11\11-30\duobing2.py

```
def getFile(path) :
    #获取目录下的文件列表
    fileList = []
    for root, dirs, files in list(os.walk(path)) :
        for i in files :
            if i.endswith('.txt') or i.endswith('.10w') :
                fileList.append(root + "\\" + i)
    return fileList

def operFile(filePath) :
    #统计每个文件中行数和字符数，并返回
    filePath = filePath
    fp = open(filePath)
    content = fp.readlines()
    fp.close()
    lines = len(content)
    alphaNum = 0
    for i in content :
        alphaNum += len(i.strip('\n'))
    return lines,alphaNum,filePath

def out(list1, writeFilePath) :
    #将统计结果写入结果文件中
    fileLines = 0
    charNum = 0
    fp = open(writeFilePath,'a')
    for i in list1 :
        fp.write(i[2] + " 行数："+ str(i[0]) + " 字符数："+str(i[1]) + "\n")
        fileLines += i[0]
        charNum += i[1]
    fp.close()
    print(fileLines, charNum)

if __name__ == "__main__":
    #创建多个进程，统计目录中所有文件的行数和字符数
    startTime = time.time()
    filePath = "C:\\Users\\apple\\Desktop"
    fileList = getFile(filePath)
    pool = Pool(5)
    resultList =pool.map(operFile, fileList)
    pool.close()
    pool.join()
```

```
    writeFilePath = "res.txt"
    print(resultList)
    out(resultList, writeFilePath)
    endTime = time.time()
    print("used time is ", endTime - startTime)
```

上述代码并行处理了某个目录下文件中的字符个数和行数，并将处理结果保存到了 res.txt 文件中，每个文件一行，格式为 filename:lineNumber,charNumber。

执行后会输出：

```
[(11, 30, 'C:\\Users\\apple\\Desktop\\android.txt'),
(3, 8, 'C:\\Users\\apple\\Desktop\\assistent.txt'),
(890, 14445, 'C:\\Users\\apple\\Desktop\\Java目录.txt'),
(5043, 118007, 'C:\\Users\\apple\\Desktop\\计算机应用基础.txt')]
5947 132490
used time is  1.1894104480743408

[(11, 30, 'C:\\Users\\apple\\Desktop\\android.txt'), (3, 8, 'C:\\Users\\apple\\Desktop\\assistent.txt'), (890, 14445,
'C:\\Users\\apple\\Desktop\\Java目录.txt'), (5043, 118007, 'C:\\Users\\apple\\Desktop\\计算机应用基础.txt')]
5947 132490
used time is  1.1894104480743408
```

在文件 res.txt 中写入了对应的内容，如图 11-1 所示。

```
res.txt - 记事本
文件(F) 编辑(E) 格式(O) 查看(V) 帮助(H)
C:\Users\apple\Desktop\android.txt 行数：11 字符数：30
C:\Users\apple\Desktop\assistent.txt 行数：3 字符数：8
C:\Users\apple\Desktop\Java目录.txt 行数：890 字符数：14445
C:\Users\apple\Desktop\计算机应用基础.txt 行数：5043 字符数：118007
```

图 11-1 对应的内容

范例 11-31：使用线程和队列实现 Actor 并发编程模式

Actor 开发编程模式是一种并发模型，与共享模型完全相反。所有的线程（或进程）通过消息传递的方式进行合作，这些线程（或进程）被称为 Actor。共享模型更适合单机多核的并发编程，而且共享带来的问题很多，编程也困难。随着多核时代和分布式系统的到来，共享模型已经不太适合并发编程，因此几十年前就已经出现的 Actor 模型又重新受到了人们的重视。

在 Python 程序中，将线程和队列结合起来可以轻松实现 Actor 并发编程模式。例如，下面的实例文件 duobing3.py 演示了使用线程和队列实现 Actor 并发编程模式的过程。

源码路径：daima\11\11-31\duobing3.py

```
class ActorExit(Exception):
    pass

class Actor:
    def __init__(self):
        self._mailbox = Queue()

    def send(self, msg):
        '''
        发送信息
        '''
        self._mailbox.put(msg)

    def recv(self):
        '''
        接收信息
        '''
        msg = self._mailbox.get()
        if msg is ActorExit:
            raise ActorExit()
        return msg

    def close(self):
        '''
```

```
        '''
        self.send(ActorExit)

    def start(self):
        '''
        '''
        self._terminated = Event()
        t = Thread(target=self._bootstrap)
        t.daemon = True
        t.start()

    def _bootstrap(self):
        try:
            self.run()
        except ActorExit:
            pass
        finally:
            self._terminated.set()

    def join(self):
        self._terminated.wait()

    def run(self):
        '''
        Run method to be implemented by the user
        '''
        while True:
            msg = self.recv()

class PrintActor(Actor):
    def run(self):
        while True:
            msg = self.recv()
            print("Got:", msg)

if __name__ == '__main__':
    p = PrintActor()
    p.start()
    p.send("Hello")
    p.send("World")
    p.close()
    p.join()
```

在上述代码中，使用 Actor 实例中的 send()方法来发送消息。在底层会将消息放到队列上，内部执行的线程会从队列中取出收到的消息处理。方法 close()通过在队列中放置一个特殊的终止值（ActorExit）的方式来关闭 Actor 实例。我们可以通过继承 Actor 类来定义新的 Actor 实例，并重新定义 run()方法来实现自定义的处理。用户自定义的代码可通过 ActorExit 异常来捕获终止请求，如果合适的话可以处理这个异常。ActorExit 异常是在 recv()方法中抛出并传播的。

执行后会输出：

```
Got: Hello
Got: World
```

范例 11-32：使用元组的形式传递带标签消息

如果想去掉并发和异步消息传递的需求，那么可以使用生成器来定义一个最简化的 Actor 对象。Actor 并发编程模式十分简单，在实践中只有 send()这一个核心操作。在基于 Actor 并发编程模式的系统中，“消息”的概念可以扩展到许多不同的方向。例如，可以以元组的形式传递带标签的消息，让 Actor 执行不同的操作。例如，下面的实例文件 duobing4.py 演示了使用元组的形式传递带标签消息的过程。

源码路径：daima\11\11-32\duobing4.py

```
from duobing3 import Actor
class TaggedActor(Actor):
    def run(self):
        while True:
            tag, *payload = self.recv()
```

```
                getattr(self, "do_" + tag)(*payload)

    # Methods correponding to different message tags
    def do_A(self, x):
        print("Running A", x)

    def do_B(self, x, y):
        print("Running B", x, y)
# Example
if __name__ == '__main__':
    a = TaggedActor()
    a.start()
    a.send(('A', 1))   # Invokes do_A(1)
    a.send(('B', 2, 3))   # Invokes do_B(2,3)
    a.close()
    a.join()
```

执行后会输出：

```
Running A 1
Running B 2 3
```

范例 11-33：实现一个 Actor 并发编程模式的变种

下面的实例文件 duobing5.py 实现了一个 Actor 并发编程模式的变种，允许在工作者线程中执行任意函数，并通过特殊的 Result 对象回传结果。

源码路径：daima\11\11-33\duobing5.py

```
class Result:
    def __init__(self):
        self._evt = Event()
        self._result = None

    def set_result(self, value):
        self._result = value
        self._evt.set()

    def result(self):
        self._evt.wait()
        return self._result

class Worker(Actor):
    def submit(self, func, *args, **kwargs):
        r = Result()
        self.send((func, args, kwargs, r))
        return r

    def run(self):
        while True:
            func, args, kwargs, r = self.recv()
            r.set_result(func(*args, **kwargs))

if __name__ == '__main__':
    worker = Worker()
    worker.start()
    r = worker.submit(pow, 2, 3)
    print(r.result())
    worker.close()
    worker.join()
```

执行后会输出：

```
8
```

11.3 使用库 concurrent.futures

库 concurrent.futures 是从 Python 3 开始新增加的一个库，用于实行并发处理，提供了多线程和多进程的并发功能。库 concurrent.futures 类似于其他语言的线程池，属于上层封装范畴，用户无须考虑其具体实现。

范例 11-34：使用 submit()方法操作线程池

在 Python 程序中，库 concurrent.futures 提供了两个子类，即 ThreadPoolExecutor 和 ProcessPoolExecutor，实现了对 threading 和 multiprocessing 的更高级抽象，对编写线程池和进程池功能提供了直接的支持。例如，下面的实例文件 submit.py 演示了使用 submit()方法操作线程池的过程。

源码路径：daima\11\11-34\submit.py

```
def return_future(msg):
    time.sleep(3)
    return msg


#创建一个线程池
pool = ThreadPoolExecutor(max_workers=2)

#往线程池加入2个任务
f1 = pool.submit(return_future, 'hello')
f2 = pool.submit(return_future, 'world')

print(f1.done())
time.sleep(3)
print(f2.done())

print(f1.result())
print(f2.result())
```

要想将上述代码改写为进程池形式也非常简单，只需把 ThreadPoolExecutor 替换为 ProcessPoolExecutor 即可。如果需要提交多个任务，则可以循环多次 submit()。

执行后会输出：

```
False
True
hello
world
```

范例 11-35：使用 map()方法返回迭代器结果

下面的实例文件 map.py 演示了使用 map()方法返回迭代器结果的过程。

源码路径：daima\11\11-35\map.py

```
# coding: utf-8

from concurrent.futures import ThreadPoolExecutor as Pool
import requests

URLS = ['http://www.baidu.com', 'http://qq.com', 'http://sina.com']

def task(url, timeout=10):
    return requests.get(url, timeout=timeout)


pool = Pool(max_workers=3)
results = pool.map(task, URLS)

for ret in results:
    print('%s, %s' % (ret.url, len(ret.content)))
```

执行后会输出：

```
http://www.baidu.com/, 2381
http://www.qq.com/, 247961
http://www.sina.com.cn/, 604441
```

范例 11-36：使用 wait()方法返回一个元组

下面的实例文件 wait.py 演示了使用 wait()方法返回一个元组的过程。

源码路径：daima\11\11-36\wait.py

```
URLS = ['http://qq.com', 'http://sina.com', 'http://www.baidu.com', ]


def task(url, timeout=10):
    return requests.get(url, timeout=timeout)


with Pool(max_workers=3) as executor:
    future_tasks = [executor.submit(task, url) for url in URLS]

    for f in future_tasks:
        if f.running():
            print('%s is running' % str(f))

    results = wait(future_tasks)
    done = results[0]
    for x in done:
        print(x)
```

执行后会输出：

```
<Future at 0x19988844a20 state=running> is running
<Future at 0x199888579b0 state=running> is running
<Future at 0x19988857f60 state=running> is running
<Future at 0x19988844a20 state=finished returned Response>
<Future at 0x199888579b0 state=finished returned Response>
<Future at 0x19988857f60 state=finished returned Response>
```

范例 11-37：使用 ThreadPoolExecutor 实现异步调用

在 Python 程序中，ThreadPoolExecutor 是一个使用线程池异步执行调用的 Executor 子类。当与 Future 相关联的可调用方法等待另一个 Future 的结果时，可能会发生死锁。因为 ThreadPoolExecutor 继承类 Executor，所以其具备 Executor 类中的各个方法。例如，下面的实例文件 ThreadPool.py 演示了使用 ThreadPoolExecutor 实现异步调用的过程。

源码路径：daima\11\11-37\ThreadPool.py

```
URLS = ['http://www.foxnews.com/',
        'http://www.cnn.com/',
        'http://europe.wsj.com/',
        'http://www.bbc.co.uk/',
        'http://some-made-up-domain.com/']

def load_url(url, timeout):
    with urllib.request.urlopen(url, timeout=timeout) as conn:
        return conn.read()

    future_to_url = {executor.submit(load_url, url, 60): url for url in URLS}
    for future in concurrent.futures.as_completed(future_to_url):
        url = future_to_url[future]
        try:
            data = future.result()
        except Exception as exc:
            print('%r generated an exception: %s' % (url, exc))
        else:
            print('%r page is %d bytes' % (url, len(data)))
```

执行后会输出：

```
'http://www.foxnews.com/' page is 210062 bytes
'http://www.cnn.com/' page is 155222 bytes
'http://www.bbc.co.uk/' page is 264860 bytes
```

范例 11-38：使用 ProcessPoolExecutor 实现异步调用

在 Python 程序中，因为 ProcessPoolExecutor 继承类 Executor，所以具备 Executor 类中的各个方法。类 ProcessPoolExecutor 是使用进程池进行异步执行调用的 Executor 子类。从提交到 ProcessPoolExecutor 的可调用方法中调用 Executor 或 Future 的方法会导致死锁。例如，下面的实例文件 ProcessPool.py 演示了使用 ProcessPoolExecutor 实现异步调用的过程。

源码路径：daima\11\11-38\ProcessPool.py

```
PRIMES = [
    112272535095293,
    112582705942171,
    112272535095293,
    115280095190773,
    115797848077099,
    1099726899285419]

def is_prime(n):
    if n % 2 == 0:
        return False

    sqrt_n = int(math.floor(math.sqrt(n)))
    for i in range(3, sqrt_n + 1, 2):
        if n % i == 0:
            return False
    return True

def main():
    with concurrent.futures.ProcessPoolExecutor() as executor:
        for number, prime in zip(PRIMES, executor.map(is_prime, PRIMES)):
            print('%d is prime: %s' % (number, prime))

if __name__ == '__main__':
    main()
```

执行后会输出：

```
112272535095293 is prime: True
112582705942171 is prime: True
112272535095293 is prime: True
115280095190773 is prime: True
115797848077099 is prime: True
1099726899285419 is prime: False
```

范例 11-39：使用线程池服务客户端

下面的实例文件 ProcessPool01.py 演示了使用线程池服务客户端的过程。

源码路径：daima\11\11-39\ProcessPool01.py

```
def echo_client(sock, client_addr):
    '''
    客户端连接
    '''
    print('Got connection from', client_addr)
    while True:
        msg = sock.recv(65536)
        if not msg:
            break
        sock.sendall(msg)
    print('Client closed connection')
    sock.close()

def echo_server(addr):
    print('Echo server running at', addr)
    pool = ThreadPoolExecutor(128)
    sock = socket(AF_INET, SOCK_STREAM)
    sock.bind(addr)
    sock.listen(5)
    while True:
        client_sock, client_addr = sock.accept()
        pool.submit(echo_client, client_sock, client_addr)

echo_server(('',15000))
```

通过上述代码实现了一个简单的 TCP 服务器，使用类 ThreadPoolExecutor 创建了一个工作者线程池来处理客户端连接。

范例 11-40：手动创建自己的线程池

如果想在 Python 程序中手动创建自己的线程池，则可以使用 Queue 来实现。例如，下面的实例文件 ProcessPool02.py 对上面的实例文件 ProcessPool01.py 进行了简单的修改，手动实现了一个线程池。

源码路径：daima\11\11-40\ProcessPool02.py

```
def echo_client(q):
    '''
    客户端连接
    '''
    sock, client_addr = q.get()
    print('Got connection from', client_addr)
    while True:
        msg = sock.recv(65536)
        if not msg:
            break
        sock.sendall(msg)
    print('Client closed connection')
    sock.close()

def echo_server(addr, nworkers):
    print('Echo server running at', addr)
    q = Queue()
    for n in range(nworkers):
        t = Thread(target=echo_client, args=(q,))
        t.daemon = True
        t.start()

    #服务端运行
    sock = socket(AF_INET, SOCK_STREAM)
    sock.bind(addr)
    sock.listen(5)
    while True:
        client_sock, client_addr = sock.accept()
        q.put((client_sock, client_addr))

echo_server(('',15000), 128)
```

范例 11-41：使用 ThreadPoolExecutor 创建线程池的优势

在现实应用中，建议使用 ThreadPoolExecutor 创建线程池，而不是像上面的实例文件 ProcessPool02.py 那样手动实现线程池。使用 ThreadPoolExecutor 创建线程池的优势是任务的提交者能够更容易地从调用函数中取得结果。下面的实例文件 ProcessPool03.py 演示了这种方式的优势。

源码路径：daima\11\11-41\ProcessPool03.py

```
def fetch_url(url):
    u = urllib.request.urlopen(url)
    data = u.read()
    return data

pool = ThreadPoolExecutor(10)
a = pool.submit(fetch_url, 'http://www.python.org')
b = pool.submit(fetch_url, 'http://www.pypy.org')

x = a.result()
y = b.result()
```

在上述代码中，结果对象 a 和 b 负责处理所有需要完成的阻塞和同步任务，从线程中取回数据。其中，a.result()操作会被阻塞，直到对应的函数已经由线程池执行完毕并返回结果为止。

范例 11-42：读取数据并标识出所有访问过文件

在 Python 程序中，类 ProcessPoolExecutor 的另外一个重要用法是实现简单的并行编程。例如，对于一个执行了大量 CPU 密集型工作的程序，我们可以让它利用多个 CPU 来加速程序的执行。通过使用类 ProcessPoolExecutor，可以在单独执行的 Python 解释器实例中执行计算密集型的函数。为了使用这个功能，首先得有一些计算密集型的任务才行。假设有一个文件夹目录 logs，其中保存了.gz 格式的 Apache Web 服务器的日志文件，如图 11-2 所示。

20171217.log.gz	2017/11/6 22:57	好压 GZ 压缩文件	137 KB
20171218.log.gz	2017/11/6 22:57	好压 GZ 压缩文件	141 KB
20171219.log.gz	2017/11/6 22:57	好压 GZ 压缩文件	135 KB
20171220.log.gz	2017/11/6 22:57	好压 GZ 压缩文件	146 KB
20171221.log.gz	2017/11/6 22:57	好压 GZ 压缩文件	135 KB
20171222.log.gz	2017/11/6 22:57	好压 GZ 压缩文件	111 KB
20171223.log.gz	2017/11/6 22:57	好压 GZ 压缩文件	113 KB
20171224.log.gz	2017/11/6 22:57	好压 GZ 压缩文件	117 KB
20171225.log.gz	2017/11/6 22:57	好压 GZ 压缩文件	119 KB
20171226.log.gz	2017/11/6 22:57	好压 GZ 压缩文件	124 KB
20171227.log.gz	2017/11/6 22:57	好压 GZ 压缩文件	129 KB
20171228.log.gz	2017/11/6 22:57	好压 GZ 压缩文件	126 KB
20171229.log.gz	2017/11/6 22:57	好压 GZ 压缩文件	117 KB
20171230.log.gz	2017/11/6 22:57	好压 GZ 压缩文件	119 KB

图 11-2　GZIP 压缩格式的日志文件

假设每个日志文件包含了如下格式的文本行：

```
124.111.6.12 - - [10/Jul/2012:00:18:50 -0500] "GET /robots.txt ..." 200 71
210.212.209.67 - - [10/Jul/2012:00:18:51 -0500] "GET /ply/ ..." 200 11875
210.212.209.67 - - [10/Jul/2012:00:18:51 -0500] "GET /favicon.ico ..." 404 369
61.135.216.105 - - [10/Jul/2012:00:20:04 -0500] "GET /blog/atom.xml ..." 304 –
```

此时可以通过如下实例文件 ProcessPool04.py，读取数据并标识出所有访问过文件 robots.txt 的主机。

源码路径：daima\11\11-42\ProcessPool04.py

```
def find_robots(filename):
    '''
    Find all of the hosts that access robots.txt in a single log file
    '''
    robots = set()
    with gzip.open(filename) as f:
        for line in io.TextIOWrapper(f,encoding='ascii'):
            fields = line.split()
            if fields[6] == '/robots.txt':
                robots.add(fields[0])
    return robots

def find_all_robots(logdir):
    '''
    '''
    files = glob.glob(logdir+"/*.log.gz")
    all_robots = set()
    for robots in map(find_robots, files):
        all_robots.update(robots)
    return all_robots

if __name__ == '__main__':
    import time
    start = time.time()
    robots = find_all_robots("logs")
    end = time.time()
    for ipaddr in robots:
        print(ipaddr)
    print('Took {:f} seconds'.format(end-start))
```

在上述代码中，函数 find_robots()被映射到一系列的文件名上，将所有得到的结果合并成一个单独的结果（即 find_all_robots()函数中设置的 all_robots）。

范例 11-43：实现多核读取操作

要想修改这个程序以利用多个 CPU 进行处理，只需把 map()函数替换成一个类似的操作，并让它在 concurrent.futures 库中的进程池中执行即可。下面的实例文件 ProcessPool05.py 演示了实现多核读取操作的过程。

源码路径：daima\11\11-43\ProcessPool05.py

```
def find_robots(filename):
    '''
    '''
    robots = set()
    with gzip.open(filename) as f:
        for line in io.TextIOWrapper(f,encoding='ascii'):
            fields = line.split()
            if fields[6] == '/robots.txt':
                robots.add(fields[0])
    return robots

def find_all_robots(logdir):
    '''
    '''
    files = glob.glob(logdir+"/*.log.gz")
    all_robots = set()
    with futures.ProcessPoolExecutor() as pool:
        for robots in pool.map(find_robots, files):
            all_robots.update(robots)
    return all_robots

if __name__ == '__main__':
    import time
    start = time.time()
    robots = find_all_robots("logs")
    end = time.time()
    for ipaddr in robots:
        print(ipaddr)
    print('Took {:f} seconds'.format(end-start))
```

通过执行上述代码会发现，上面的这个文件在多核计算机中执行的速度要比之前的版本要快，而执行结果完全相同。当然，实际的性能会根据计算机的 CPU 个数不同而不同。

范例 11-44：使用类 Future 实现封装操作

在 Python 程序中，类 Future 封装了可调用对象的异步执行。Future 实例可以被 Executor.submit() 方法创建，除了测试之外不应该直接被创建。Future 对象可以和异步执行的任务进行交互。我们可以将 Future 理解为一个在未来完成的操作，这是异步编程的基础。在通常情况下，我们在执行 I/O 操作访问 URL 时，在等待结果返回之前会发生阻塞，CPU 不能做其他事情，而 Future 的引入帮助我们在等待的这段时间可以完成其他的操作。例如，下面的实例文件 feng.py 演示了使用类 Future 实现封装操作的过程。

源码路径：daima\11\11-44\feng.py

```
URLS = ['http://qq.com', 'http://sina.com', 'http://www.baidu.com', ]


def task(url, timeout=10):
    return requests.get(url, timeout=timeout)


with Pool(max_workers=3) as executor:
    future_tasks = [executor.submit(task, url) for url in URLS]

    for f in future_tasks:
        if f.running():
            print('%s is running' % str(f))

    for f in as_completed(future_tasks):
        try:
            ret = f.done()
            if ret:
                f_ret = f.result()
```

```
                print('%s, done, result: %s, %s' % (str(f), f_ret.url, len(f_ret.content)))
        except Exception as e:
            f.cancel()
            print(str(e))
```

执行后会输出：

```
<Future at 0x19f8d705908 state=running> is running
<Future at 0x19f8d719898 state=running> is running
<Future at 0x19f8d719e48 state=running> is running
<Future at 0x19f8d719e48 state=finished returned Response>, done, result: http://www.baidu.com/, 2381
<Future at 0x19f8d705908 state=finished returned Response>, done, result: http://www.qq.com/, 247712
<Future at 0x19f8d719898 state=finished returned Response>, done, result: http://www.sina.com.cn/, 604330
```

从输出结果可以看出，as_completed 不是按照 URLS 列表元素的顺序返回的。这说明当并发访问不通的 URL 时，并没有发生阻塞。

范例 11-45：使用生成器代替线程实现并发

在 Python 程序中，可以使用生成器（协程）代替系统线程来实现并发。要想使用生成器来实现自己的并发机制，需要借助生成器函数和 yield 语句，特别是 yield 可以使得生成器暂停执行。因为生成器可以暂停执行，所以可以编写一个调度器将生成器函数当作一种“任务”来对待，并通过使用某种形式的任务切换机制来交替执行这些任务。例如，下面的实例文件 feng01.py 演示了实现一个简单的任务调度器的过程。

源码路径：daima\11\11-45\feng01.py

```
def countdown(n):
    while n > 0:
        print("T-minus", n)
        yield
        n -= 1
    print("Blastoff!")

def countup(n):
    x = 0
    while x < n:
        print("Counting up", x)
        yield
        x += 1

from collections import deque

class TaskScheduler:
    def __init__(self):
        self._task_queue = deque()

    def new_task(self, task):
        self._task_queue.append(task)

    def run(self):
        while self._task_queue:
            task = self._task_queue.popleft()
            try:
                next(task)
                self._task_queue.append(task)
            except StopIteration:
                pass

sched = TaskScheduler()
sched.new_task(countdown(10))
sched.new_task(countdown(5))
sched.new_task(countup(15))
sched.run()
```

在上述代码中，函数 countdown()和 countup()都单独使用了 yield 语句，类 TaskScheduler 以循环的方式执行了一系列的生成器函数，每一个函数执行到 yield 语句就马上暂停。此时已经基本上实现了一个微型“操作系统”的核心，其中生成器函数就是任务，而 yield 语句就是通知任务需要暂停挂起的信号。调度器只是简单地轮流执行所有的任务，直到没有一个任务还能执行为止。

执行后会输出：

```
T-minus 10
T-minus 5
Counting up 0
T-minus 9
T-minus 4
Counting up 1
T-minus 8
T-minus 3
Counting up 2
T-minus 7
T-minus 2
Counting up 3
T-minus 6
T-minus 1
Counting up 4
T-minus 5
Blastoff!
Counting up 5
T-minus 4
Counting up 6
T-minus 3
Counting up 7
T-minus 2
Counting up 8
T-minus 1
Counting up 9
Blastoff!
Counting up 10
Counting up 11
Counting up 12
Counting up 13
Counting up 14
```

范例 11-46：使用生成器来实现 Actor 并发

当在 Python 程序中实现 Actor 并发或网络服务器时，有可能会使用生成器来取代线程。例如，下面的实例文件 feng02.py 演示了使用生成器来实现 Actor 并发的过程，而完全没有用到线程。

源码路径：daima\11\11-46\feng02.py

```
class ActorScheduler:
    def __init__(self):
        self._actors = {}              # Mapping of names to actors
        self._msg_queue = deque()  # Message queue

    def new_actor(self, name, actor):
        self._msg_queue.append((actor, None))
        self._actors[name] = actor

    def send(self, name, msg):
        actor = self._actors.get(name)
        if actor:
            self._msg_queue.append((actor, msg))

    def run(self):
        while self._msg_queue:
            actor, msg = self._msg_queue.popleft()
            try:
                actor.send(msg)
            except StopIteration:
                pass


if __name__ == '__main__':
    def printer():
        while True:
            msg = yield
```

```
            print('Got:', msg)


    def counter(sched):
        while True:
            n = yield
            if n == 0:
                break
            sched.send('printer', n)
            # Send the next count to the counter task (recursive)
            sched.send('counter', n - 1)


    sched = ActorScheduler()
    sched.new_actor('printer', printer())
    sched.new_actor('counter', counter(sched))

    sched.send('counter', 10000)
    sched.run()
```

在上述代码中，只要有消息需要传递，调度器就会执行。需要注意的是，counter 生成器发送消息给自己并进入一个递归循环，但是并不会受到 Python 的递归限制。

11.4　使用 sched 模块

在 Python 程序中，有时想设置一个线程每过一段时间就去执行一个任务（函数），但是又不想使用 while 循环和 time.sleep()，这时可以使用 sched 模块实现，sched 模块能提供良好的可扩展性。

范例 11-47：使用类 scheduler 实现时间调度

类 scheduler 为事件调度定义了一套通用接口，从 Python 3.3 开始，scheduler 是线程安全的。例如，下面的实例文件 sched01.py 演示了使用类 scheduler 实现时间调度的过程。

源码路径：daima\11\11-47\sched01.py

```
import sched, time
s = sched.scheduler(time.time, time.sleep)
def print_time(a='default'):
    print("From print_time", time.time(), a)

def print_some_times():
    print(time.time())
    s.enter(10, 1, print_time)
    s.enter(5, 2, print_time, argument=('positional',))
    s.enter(5, 1, print_time, kwargs={'a': 'keyword'})
    s.run()
    print(time.time())

print_some_times()
```

执行后会输出：

```
1512612978.937599
From print_time 1512612983.9377954 keyword
From print_time 1512612983.9387958 positional
From print_time 1512612988.9378273 default
1512612988.9378273
```

范例 11-48：使用 scheduler 对象实现时间调度

在 Python 程序中，时间调度类 scheduler 的核心功能是通过 scheduler 对象实现的。例如，下面的实例文件 sched02.py 演示了使用 scheduler 对象实现时间调度的过程。

源码路径：daima\11\11-48\sched02.py

```
import sched, time
s = sched.scheduler(time.time, time.sleep)
```

```
def print_time(a='default'):
        print("From print_time", time.time(), a)
def print_some_times():
        print(time.time())
        s.enter(10, 1, print_time)
        s.enter(5, 2, print_time, argument=('positional',))
        s.enter(5, 1, print_time, kwargs={'a': 'keyword'})
        print("Next : ",s.run(False))
        print(time.time())

print_some_times()
print_some_times()
```

执行后会输出：

```
1512614514.6772313
Next :   5.0
1512614514.6772313
1512614514.6772313
Next :   5.0
1512614514.6772313
```

在上述代码中，当第 1 次调用方法 print_some_times()时，Next 表示下一个事件将在 5s 后执行。第 2 次超过 10s 后调用方法 print_some_times()。这时事件已经全部达到执行时间点，所以全部立即执行。执行后会抛出一个异常，这时调度器将保持一致并传递该异常。如果异常被抛出，则以后该事件将不会再被执行。如果一个事件执行的结束时间超过了下一个事件的执行时间，则调度器将忽略下一个事件。没有事件会被丢弃。

范例 11-49：使用 sched()方法定时执行任务

下面的实例文件 sched03.py 演示了使用 sched()方法定时执行任务的过程。

源码路径：daima\11\11-49\sched03.py

```
schedule = sched.scheduler ( time.time, time.sleep )

def func(string1,float1):
    print("现在是",time.time()," | output=",string1,float1)

print(time.time())
schedule.enter(2,0,func,("test1",time.time()))
schedule.enter(2,0,func,("test1",time.time()))
schedule.enter(3,0,func,("test1",time.time()))
schedule.enter(4,0,func,("test1",time.time()))
schedule.run()
print(time.time())
```

执行后会输出：

```
15126149111.2319176
现在是 1512614919.2322447    | output= test1 15126149111.2319176
现在是 1512614919.2332466    | output= test1 15126149111.2319176
现在是 1512614920.2330408    | output= test1 15126149111.2319176
现在是 1512614921.232563    | output= test1 15126149111.2319176
1512614921.232563
```

由此可见，在 Python 程序中，schedule 是一个对象，就像一个预存定时执行任务的盒子。schedule.enter()负责将定时多少秒后执行的任务放到这个盒子中，而 schedule.run()负责这时刻执行盒子中的所有任务。如果没有 schedule.run()，盒子中的任务就不会执行。

在上述代码中，为什么每一行输出的最后一个时间数据都是一样的（除了最后一行）？因为它们传入函数的数据是当时执行 schedule.enter()的时刻，并非定时执行的时刻；而输出中“现在是×××”的时刻，是执行的 func()函数中的 time.time()，其代表的是实际执行任务的时刻，所以最后一行的时间数据与前面的不是一样的。

范例 11-50：使用 sched 循环执行任务

例如，下面的实例文件 sched04.py 演示了使用 sched 循环执行任务的过程。

源码路径：daima\11\11-50\sched04.py

```
import time, sched
#周期性执行给定的任务
#初始化sched模块的scheduler类
#第1个参数是一个可以返回时间戳的函数，第2个参数可以在定时未到达之前阻塞。
s = sched.scheduler(time.time, time.sleep)

#被周期性调度触发的函数
def event_func1():
    print("func1 Time:", time.time())

def perform1(inc):
    s.enter(inc, 0, perform1, (inc,))
    event_func1()

def event_func2():
    print("func2 time:", time.time())

def perform2(inc):
    s.enter(inc, 0, perform2, (inc,))
    event_func2()


def mymain(func, inc=2):
    if func == '1':
        s.enter(0, 0, perform1, (10,))  # 每10s执行perform1
    if func == '2':
        s.enter(0, 0, perform2, (20,))  # 每20s执行perform2

if __name__ == "__main__":
    mymain('1')
    mymain('2')
    s.run()
```

上述代码执行后会循环输出执行任务，如果程序不停止，则执行任务一直循环下去。下面是部分输出信息。

```
func1 Time: 1512616074.4292397
func2 time: 1512616074.4292397
func1 Time: 1512616084.429991
func2 time: 1512616094.4301388
func1 Time: 1512616094.4301388
func1 Time: 1512616104.4309728
func2 time: 1512616114.4313536
func1 Time: 1512616114.4313536
func1 Time: 1512616124.4321947
func2 time: 1512616134.432877
func1 Time: 1512616134.432877
```

范例 11-51：使用 queue 模块实现线程之间数据通信

模块 queue 是 Python 标准库中的线程安全的队列实现，提供了一个适用于多线程编程的先进先出（FIFO）的数据结构（即队列），用于在生产者和消费者线程之间进行信息传递。这些队列都实现了锁原语，能够在多线程中直接使用。可以使用队列来实现线程间的同步。例如，下面的实例文件 q1.py 演示了使用 queue 模块实现线程之间数据通信的过程。

源码路径：daima\11\11-51\q1.py

```
_sentinel = object()

# A thread that produces data
def producer(out_q):
    n = 10
    while n > 0:
        # Produce some data
        out_q.put(n)
        time.sleep(2)
        n -= 1
```

```
        # Put the sentinel on the queue to indicate completion
        out_q.put(_sentinel)

# A thread that consumes data
def consumer(in_q):
    while True:
        # Get some data
        data = in_q.get()

        # Check for termination
        if data is _sentinel:
            in_q.put(_sentinel)
①           break

        # Process the data
        print('Got:', data)
    print('Consumer消费者关闭')

if __name__ == '__main__':
    q = Queue()
    t1 = Thread(target=consumer, args=(q,))
    t2 = Thread(target=producer, args=(q,))
    t1.start()
    t2.start()
    t1.join()
    t2.join()
```

在上述代码中，因为 Queue 实例已经拥有了所有所需要的锁，所以可以安全地在任意多的线程之间实现数据共享。要想在使用队列时对生产者（producer）和消费者（consumer）的关闭过程进行同步协调，需要用到一些技巧，这时最简单的解决方法是使用一个特殊的终止值，例如，在上述代码的①处将终止值放入队列中就可以使消费者退出。当消费者接收到这个特殊的终止值后，会立刻将其重新放回队列中。这么做使得在同一个队列上监听的其他消费者线程也能接收到终止值，所以可以一个一个地将它们都关闭掉。

执行后会输出：

```
Got: 10
Got: 9
Got: 8
Got: 7
Got: 6
Got: 5
Got: 4
Got: 3
Got: 2
Got: 1
Consumer消费者关闭
```

范例 11-52：构建一个线程安全的优先级队列

在 Python 程序中，虽然队列是线程间通信的最常见的机制，但是只要添加了所需的锁和同步功能，队列就可以构建自己的线程安全的数据结构，其中最常见的做法是将数据结构和条件变量打包在一起。例如，下面的实例文件 q2.py 演示了构建一个线程安全的优先级队列的过程。

源码路径：daima\11\11-52\q2.py

```
①class PriorityQueue:
    def __init__(self):
        self._queue = []
        self._count = 0
        self._cv = threading.Condition()
    def put(self, item, priority):
        with self._cv:
            heapq.heappush(self._queue, (-priority, self._count, item))
            self._count += 1
            self._cv.notify()

    def get(self):
```

```
            with self._cv:
                while len(self._queue) == 0:
                    self._cv.wait()
                return heapq.heappop(self._queue)[-1]

def producer(q):
    print('Producing（生产者）items')
    q.put('C', 5)
    q.put('A', 15)
    q.put('B', 10)
    q.put('D', 0)
    q.put(None, -100)

def consumer(q):
    time.sleep(5)
    print('Getting items')
    while True:
        item = q.get()
        if item is None:
            break
        print('Got:', item)
    print('Consumer消费者完成')

if __name__ == '__main__':
    q = PriorityQueue()
    t1 = threading.Thread(target=producer, args=(q,))
    t2 = threading.Thread(target=consumer, args=(q,))
    t1.start()
    t2.start()
    t1.join()
    t2.join()
```

在①中定义了一个线程安全的优先级队列，通过队列实现的线程间通信是一个单方向且不确定的过程。

执行后会输出：

```
Producing（生产者）items
Getting items
Got: A
Got: B
Got: C
Got: D
Consumer消费者完成
```

虽然无法得知接收线程（也就是消费者）何时会实际接收到消息并开始工作，但是 Queue 对象提供了一些基本的事件完成功能（completion feature），这些功能通过内置的 task_done()方法和 join()方法来实现。

范例 11-53：实现 FIFO 队列

模块 queue 提供了一个基本的 FIFO 容器，使用方法非常简单。其中，maxsize 是一个整数，指明了队列能存放的数据个数的上限。一旦达到上限，新的插入会导致阻塞，直到队列中的数据被消费掉。如果 maxsize 小于或者等于 0，则队列大小没有限制。例如，下面的实例文件 dui1.py 演示了实现 FIFO 队列的过程。

源码路径：daima\11\11-53\dui1.py

```
import queue            #导入队列模块queue
q = queue.Queue()       #创建一个Queue对象实例
for i in range(5):      #遍历操作
    q.put(i)            #调用Queue对象的put()方法在队尾插入一个项目
while not q.empty():    #如果队列不为空
    print (q.get())     #显示队列信息
```

执行后会输出：

```
0
1
2
3
4
```

范例 11-54：实现 LIFO 队列

LIFO 指 Last In First Out，表示后进先出队列。具体格式如下。

```
classqueue.LifoQueue(maxsize=0)
```

LIFO 队列的实现方法与前面的 FIFO 队列类似，使用方法也很简单，maxsize 的用法也相似。例如，下面的实例文件 dui2.py 演示了实现 LIFO 队列的过程。

源码路径：daima\11\11-54\dui2.py

```
import queue                #导入队列模块queue
q = queue.LifoQueue()       #创建LifoQueue类对象实例
for i in range(5):          #遍历操作
    q.put(i)                #调用LifoQueue对象的put()方法在队尾插入一个项目
while not q.empty():        #如果队列不为空
    print (q.get())         #显示队列信息
```

通过上述实例代码可知，仅仅将类 queue. Queue 替换为类 queue.LifoQueue 即可实现 LIFO 队列。

执行后会输出：

```
4
3
2
1
0
```

范例 11-55：使用模块 queue 实现优先级队列

在模块 queue 中，实现优先级队列的语法格式如下。

```
classqueue.PriorityQueue(maxsize=0)
```

其中，参数 maxsize 的用法同前面的 FIFO 队列和 LIFO 队列的相似。例如，下面的实例文件 dui3.py 演示了使用模块 queue 实现优先级队列的过程。

源码路径：daima\11\11-55\dui3.py

```
import queue                        #导入模块queue
import random                       #导入模块random
q = queue.PriorityQueue()           #级别越低，越先出队列
class Node:                         #定义类Node
    def __init__(self, x):          #构造函数
        self.x = x                  #属性初始化
    def __lt__(self, other):        #内置函数
return other.x > self.x
    def __str__(self):              #内置函数
return "{}".format(self.x)
a = [Node(int(random.uniform(0, 10))) for i in range(10)]   #生成10个随机数字
for i in a:                         #遍历列表
    print(i, end=' ')               #输出遍历数字
    q.put(i)                        #调用队列的put()方法在队尾插入一个项目
print("=============")
while q.qsize():                    #返回队列的大小
    print(q.get(), end=' ')         #按序输出列表中数字
```

通过上述实例代码可知，在自定义节点时需要实现__lt__()函数，这样优先级队列才能够知道如何对节点进行排序。

执行后会输出：

```
1 9 7 9 7 4 2 1 7 1 =============
1 1 1 2 4 7 7 7 9 9
```

范例 11-56：轮询多个线程队列

假设有一组线程队列，要想轮询这些队列来获取数据，应该如何实现呢？基本思路如下：针对每个想要轮询的队列（或任何对象），先创建一对互联的 Socket，然后对其中一个 Socket 执行写操作，以此表示数据存在，另一个 Socket 就被传递给 select()或者类似的函数来轮询数据。

例如，下面的实例文件 dui4.py 演示了使用上述基本思路实现轮询多个线程队列的过程。

源码路径：daima\11\11-56\dui4.py

```
class PollableQueue(queue.Queue):
    def __init__(self):
        super().__init__()
        # Create a pair of connected sockets
        if os.name == 'posix':
            self._putsocket, self._getsocket = socket.socketpair()
        else:
            # Compatibility on non-POSIX systems
            server = socket.socket(socket.AF_INET, socket.SOCK_STREAM)
            server.bind(('1211.0.0.1', 0))
            server.listen(1)
            self._putsocket = socket.socket(socket.AF_INET, socket.SOCK_STREAM)
            self._putsocket.connect(server.getsockname())
            self._getsocket, _ = server.accept()
            server.close()

    def fileno(self):
        return self._getsocket.fileno()

    def put(self, item):
        super().put(item)
        self._putsocket.send(b'x')

    def get(self):
        self._getsocket.recv(1)
        return super().get()

# Example code that performs polling:

if __name__ == '__main__':
    import select
    import threading
    import time

    def consumer(queues):
        '''
        Consumer that reads data on multiple queues simultaneously
        '''
        while True:
            can_read, _, _ = select.select(queues,[],[])
            for r in can_read:
                item = r.get()
                print('Got:', item)

    q1 = PollableQueue()
    q2 = PollableQueue()
    q3 = PollableQueue()
    t = threading.Thread(target=consumer, args=([q1,q2,q3],))
    t.daemon = True
    t.start()

    # Feed data to the queues
    q1.put(1)
    q2.put(10)
    q3.put('hello')
    q2.put(15)

    # Give thread time to run
    time.sleep(1)
```

在上述代码中，在类 PollableQueue 中定义了一种新的 Queue 实例，其底层有一对互联的 Socket。在 UNIX 操作系统中，可以使用 socketpair()函数来建立这样的 Socket。在 Windows 操作系统中，必须使用上述代码中展示的方法来伪装 Socket 对（这看起来有些怪异，首先创建一个服务器 Socket，之后立刻创建客户端 Socket 并连接到服务器上）。然后对 get()方法和 put()方法进行微重构，在这些 Socket 上执行了少量的 I/O 操作。put()方法在将数据放入队列之后，对其中一个 Socket 写入了一个字节的数据。当要把数据从队列中取出时，get()方法就从另一个

Socket 中把单独的字节读出。方法 fileno()使得这个队列可以用类似 select()这样的函数来轮询。一般来说，方法 fileno()只暴露出底层由 get()函数所使用的 Socket 的文件描述符。

在类 PollableQueue 后面的测试代码中定义了一个消费者，用于在多个队列上监视是否有数据到来，这便是轮询操作。执行上述测试代码后会发现，无论把数据放入哪个队列中，消费者最后都能接收到所有的数据。

执行后会输出：

```
Got: 1
Got: 10
Got: hello
Got: 15
```

11.5 使用模块 subprocess

虽然 Python 支持创建多线程应用程序，但是 Python 解释器使用了内部的全局解释器锁定（GIL），在任意指定的时刻只允许执行单个线程，并且限制了 Python 程序只能在一个处理器上执行。而现代 CPU 已经以多核为主，但 Python 的多线程程序无法使用。使用 Python 的多进程模块可以将工作分派给不受锁定限制的单独子进程。

范例 11-57：使用模块 subprocess 创建子进程

在 Python 3 中，支持多进程的是 multiprocessing 模块和 subprocess 模块。使用模块 multiprocessing 可以创建并使用多进程，具体用法和模块 threading 的使用方法类似。创建进程使用 multiprocessing.Process 对象来完成，和 threading.Thread 一样，可以使用它以进程方式执行函数，也可以通过继承它并重载 run()方法来创建进程。模块 multiprocessing 同样具有模块 threading 中用于同步的 Lock、RLock 及用于通信的 Event。例如，下面的实例文件 zi1.py 演示了使用模块 subprocess 创建子进程的过程。

源码路径：daima\11\11-57\zi1.py

```
import subprocess          #导入模块subprocess
#下面一行是将要执行的另外的进程
print('call() test:',subprocess.call(['python','protest.py']))
print('')
#调用check_call()函数执行另外的进程
print('check_call() test:',subprocess.check_call(['python','protest.py']))
print('')
#调用getstatusoutput()函数执行另外的进程
print('getstatusoutput() test:',subprocess.getstatusoutput(['python','protest.py']))
print('')
#调用getoutput()函数执行另外的进程
print('getoutput() test:',subprocess.getoutput(['python','protest.py']))
print('')
#调用check_output()函数执行另外的进程，输出二进制结果
print('check_output() test:',subprocess.check_output(['python','protest.py']))
```

在上述实例代码中，分别调用了模块 subprocess 中的内置方法，并演示了对应的输出过程。子进程执行的是 Python 文件 protest.py，读者可以设置这个文件的代码，此处只设置输出“Hello World!”信息。执行效果如图 11-3 所示。

```
>>>
call() test: 0

check_call() test: 0

getstatusoutput() test: (0, 'Hello World!')

getoutput() test: Hello World!

check_output() test: b'Hello World!\r\n'
>>>
```

图 11-3 执行效果

范例 11-58：使用类 Popen 创建进程并执行指定源码

在 Python 中，模块 subprocess 中定义了一个类 Popen。开发者可以使用类 Popen 来创建进程，并与进程进行复杂的交互。例如，下面的实例文件 jin2.py 演示了使用类 Popen 创建进程并执行指定源码的过程。

源码路径：daima\11\11-58\jin2.py

```
import subprocess
prcs = subprocess.Popen(['python','protest.py'],        #生成一个子进程将要执行的程序
         stdout=subprocess.PIPE,                         #其他相关参数
stdin=subprocess.PIPE,
stderr=subprocess.PIPE,
         universal_newlines=True,
shell=True)
prcs.communicate('这些文本字符来自：stdin.')             #向子进程中传入要输入的字符串
print("subprocess pid:",prcs.pid)                        #显示子进程的PID
print('\nSTDOUT:')
print(str(prcs.communicate()[0]))                        #获取子进程的标准输出
print('STDERR:')
print(prcs.communicate()[1])                             #子进程的错误信息
```

在上述实例代码中，首先使用类 Popen 生成一个子进程，来执行保存在文件 protest.py 中的 Python 代码，然后调用 Popen 对象中的方法 communicate()向子进程中传入要输入的字符串，并输出子进程的 PID，最后分别输出子进程的标准输出和错误信息。文件 protest.py 的源码比较简单，功能是要求用户输入一串字符并直接输出和输出另一串写定的字符，以及输出一个未定义的变量 a。执行实例后，首先显示子进程的 PID，然后输出（STDOUT）通过方法 communicate()向子进程传送的输入信息“这些文本字符来自：stdin.”，并输出子进程的执行错误信息：NameError。执行效果如图 11-4 所示。

```
>>>
subprocess pid: 14388

STDOUT:
这些文本字符来自: stdin.
Hello World!

STDERR:
Traceback (most recent call last):
  File "protest.py", line 3, in <module>
    print(a)
NameError: name 'a' is not defined

>>> |
```

图 11-4　执行效果

第 12 章

Python 游戏开发实战

本章将通过具体实例的实现过程，详细讲解使用 Python 开发游戏项目的知识。

12.1　简单的小游戏

范例 12-01：猜数游戏

下面的实例文件 guess.py 实现了一个简单的猜数游戏，系统会生成一个随机数让用户去猜，并且会给出太大或太小的提示，在猜对或猜错后分别给出对应的提示。实例文件 guess.py 的具体实现代码如下。

```
import random

guessesTaken = 0

print('你好，你是谁?')
myName = input()

number = random.randint(1, 20)
print('哦, ' + myName + ', 你很年轻啊，年龄在1～20？ ')

for guessesTaken in range(6):
    print('猜一猜')
    guess = input()
    guess = int(guess)

    if guess < number:
        print('太小!')

    if guess > number:
        print('太大！ ')

    if guess == number:
        break

if guess == number:
    guessesTaken = str(guessesTaken + 1)
    print('厉害  ' + myName + '你猜对了，' + guessesTaken + '很正确!')

if guess != number:
    number = str(number)
    print('别猜了，我年龄是：  ' + number + '．')
```

在上述代码中，变量 number 调用 random.randint()函数产生一个随机数字，供用户猜测，这个随机数字分布在 1～20。变量 guessesTaken 的初始值为 0，该变量用于保存用户猜过的次数。在代码中，我们设置条件 guessesTaken <6，这样可以确保循环中的代码只执行 6 次，也就是用户只有 6 次猜数机会。

执行后会输出：

```
你好，你是谁?
aa
哦, aa, 你很年轻啊，年龄在1～20？
猜一猜
1
太小!
猜一猜
4
太小!
猜一猜
5
太小!
猜一猜
7
太小!
猜一猜
9
太小!
猜一猜
11
太小!
别猜了，我年龄是15。
```

范例 12-02：龙的世界游戏

下面的实例文件 dragon.py 实现了龙的世界游戏。在龙的世界中，龙在山洞中装满了宝藏。有些龙很友善，愿意与你分享宝藏，而另外一些龙则很凶残，会伤害闯入它们的山洞的任何人。玩家站在两个山洞前，一个山洞住着友善的龙，另一个山洞住着凶残的龙。玩家必须从这两个山洞之间选择一个。

实例文件 dragon.py 的具体实现代码如下。

```
import random
import time

def displayIntro():
    print('''这里是龙的世界，龙在山洞中装满了宝藏。有些龙很友善，愿意与你分享宝藏。
        而另外一些龙则很凶残，会伤害闯入它们的山洞的任何人。玩家站在两个山洞前，一个山洞住着友善的龙，
        另一个山洞住着凶残的龙。玩家必须从这两个山洞之间选择一个。''')
    print()

def chooseCave():
    cave = ''
    while cave != '1' and cave != '2':
        print('你选择进入哪个山洞？ ？(1 or 2)')
        cave = input()

    return cave

def checkCave(chosenCave):
    print('你正在慢慢地靠近这个山洞。')
    time.sleep(2)
    print('十分黑暗、阴暗，一片混沌。')
    time.sleep(2)
    print('突然一条巨龙跳了出来，它张开了大大的嘴巴。')
    print()
    time.sleep(2)

    friendlyCave = random.randint(1, 2)

    if chosenCave == str(friendlyCave):
         print('然后微笑着将它的宝藏送给你!')
    else:
         print('然后伤害你!')

playAgain = 'yes'
while playAgain == 'yes' or playAgain == 'y':
    displayIntro()
    caveNumber = chooseCave()
    checkCave(caveNumber)

    print('你还想再玩一次吗？ (yes or no)')
    playAgain = input()
```

在上述代码中，函数 chooseCave()用于询问玩家想要进入哪一个山洞（是 1 号山洞还是 2 号山洞）。在具体实现时，使用一条 while 语句来请玩家选择一个山洞，while 语句标志着一个 while 循环的开始。for 循环会循环一定的次数，而 while 循环只要某一个条件为 True 就会一直重复。函数 chooseCave()需要确定玩家输入的是 1 还是 2，而不是任何其他的内容。这里会有一个循环来持续询问玩家，直到他们输入了两个有效答案中的一个为止，这就是所谓的输入验证（input validation）。

执行后会输出：

```
这里是龙的世界，龙在山洞中装满了宝藏。有些龙很友善，愿意与你分享宝藏。
而另外一些龙则很凶残，会伤害闯入它们的山洞的任何人。玩家站在两个山洞前，一个山洞住着友善的龙，
另一个山洞住着凶残的龙。玩家必须从这两个山洞之间选择一个。

你选择进入哪个洞穴？ ？(1 or 2)
1
你正在慢慢地靠近这个山洞。
十分黑暗、阴暗，一片混沌。
突然一条巨龙跳了出来，它张开了大大的嘴巴。
```

```
然后微笑着将它的宝藏送给你!
你还想再玩一次吗？ (yes or no)
```

范例 12-03：Hangman 游戏

下面的实例文件 hangman.py 实现了一个 Hangman 游戏。Hangman 是一个猜单词的双人游戏。由第一个玩家想出一个单词或短语，第二个玩家猜该单词或短语中的每一个字母。第一个人抽走单词或短语，只留下相应数量的空白与下划线。第一个玩家一般会画一个支架，当第二个玩家猜出了短语中存在的一个字母时，第一个玩家就将存在这个字母的所有位置都填上。如果第二个玩家猜的字母不在单词或短语中，那么第一个玩家就给支架上的小人添上一笔，直到 7 笔过后，游戏结束。表 12-1 演示了一位玩家单靠以字母频率为基础的策略猜“HANGMAN”的过程。

表 12-1　　猜“**HANGMAN**”的过程

序号	过程		
1	Word:_ _ _ _ _ _ _ Misses:		画上绞刑架
2	Word:_ _ _ _ _ _ _ Misses:e		玩家 1 猜错一个字母，画上小人的头
3	Word:_ _ _ _ _ _ _ Misses:e,t		猜字母 T，错误
4	Word:_ **A** _ _ _ **A** _ Misses:e,t		猜字母 A，正确！小人不变
5	Word:_ **A** _ _ _ **A** _ Misses:e,o,t		猜字母 O，错误
6	Word:_ **A** _ _ _ **A** _ Misses:e,i,o,t		猜字母 I，错误
7	Word:_ **A N** _ _ **A N** Misses:e,i,o,t		猜字母 N，正确！小人不变
8	Word:_ **A N** _ _ **A N** Misses:e,i,o,s,t		猜字母 S，错误
9	Word:**H A N** _ _ **A N** Misses:e,i,o,s,t		猜字母 H，正确！小人不变
10	Word:**H A N** _ _ **A N** Misses:e,i,o,r,s,t		猜字母 R，错误
玩家 2 失败，游戏结束			

实例文件 hangman.py 的具体实现代码如下。

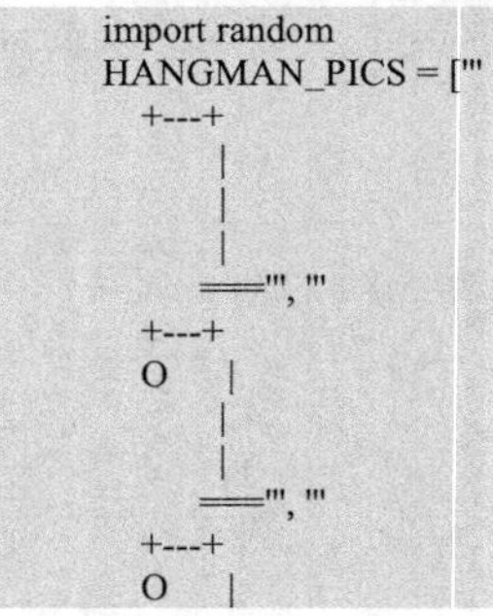

```
import random
HANGMAN_PICS = ['''
  +---+
      |
      |
      |
     ===''', '''
  +---+
  O   |
      |
      |
     ===''', '''
  +---+
  O   |
```

```
    |    |
         |
      ====''', '''
  +---+
  O    |
  /|    |
         |
      ====''', '''
  +---+
  O    |
  /|\   |
         |
      ====''', '''
  +---+
  O    |
  /|\   |
  /     |
      ====''', '''
  +---+
  O    |
  /|\   |
  / \   |
      ====''']
words = 'dog monkey chick hourse girl boy money'.split()

def getRandomWord(wordList):
    #此函数从传递的字符串列表返回一个随机字符串
    wordIndex = random.randint(0, len(wordList) - 1)
    return wordList[wordIndex]

def displayBoard(missedLetters, correctLetters, secretWord):
    print(HANGMAN_PICS[len(missedLetters)])
    print()

    print('Missed letters:', end=' ')
    for letter in missedLetters:
        print(letter, end=' ')
    print()

    blanks = '_' * len(secretWord)

    for i in range(len(secretWord)): #用正确的猜测字母替换空白
        if secretWord[i] in correctLetters:
            blanks = blanks[:i] + secretWord[i] + blanks[i+1:]

    for letter in blanks: #在每个字母之间用空格显示秘密单词
        print(letter, end=' ')
    print()

def getGuess(alreadyGuessed):
    #返回玩家输入的字母，这个功能确保玩家输入一个字母，而不是其他内容
    while True:
        print('猜一个字母.')
        guess = input()
        guess = guess.lower()
        if len(guess) != 1:
            print('请输入一个字母.')
        elif guess in alreadyGuessed:
            print('你已经猜到那个字母了，请继续!')
        elif guess not in 'abcdefghijklmnopqrstuvwxyz':
            print('请输入一个字母 ')
        else:
            return guess

def playAgain():
    #如果玩家想继续玩，则此函数返回True；否则，返回False
    print('你还继续玩吗? (yes or no)')
    return input().lower().startswith('y')


print('H A N G M A N 游 戏')
missedLetters = ''
correctLetters = ''
```

```
    secretWord = getRandomWord(words)
    gameIsDone = False

    while True:
        displayBoard(missedLetters, correctLetters, secretWord)

        #让玩家输入一个字母
        guess = getGuess(missedLetters + correctLetters)

        if guess in secretWord:
            correctLetters = correctLetters + guess
            #检查玩家是否赢了
            foundAllLetters = True
            for i in range(len(secretWord)):
                if secretWord[i] not in correctLetters:
                    foundAllLetters = False
                    break
            if foundAllLetters:
                print('是的，这个单词是"' + secretWord + '"! 我赢了!')
                gameIsDone = True
        else:
            missedLetters = missedLetters + guess

            #检查玩家是否多次猜错
            if len(missedLetters) == len(HANGMAN_PICS) - 1:
                displayBoard(missedLetters, correctLetters, secretWord)
                print('你已经猜不对了!' + str(len(missedLetters)) + '个猜错了，' + str(len(correctLetters)) + '个猜对了，这个单词是
"' + secretWord + '"')
                gameIsDone = True

        # 如果游戏完成，则询问玩家是否想再玩一次
        if gameIsDone:
            if playAgain():
                missedLetters = ''
                correctLetters = ''
                gameIsDone = False
                secretWord = getRandomWord(words)
            else:
                break
```

在上述代码中，变量 HANGMAN_PICS 的名称是全部大写的，这是表示常量的编程惯例。常量（constant）是在第一次赋值之后其值就不再变化的变量。Hangman 程序随机地从神秘单词列表中选择一个神秘单词，这个神秘单词被保存在 words 中。

函数 getRandomWord()将会接收一个列表参数 wordList，这个函数将返回 wordList 列表中的一个神秘单词。displayBoard()函数有如下 3 个参数。

- missedLetters：玩家已经猜过并且不在神秘单词中的字母所组成的字符串。
- correctLetters：玩家已经猜过并且在神秘单词中的字母所组成的字符串。
- secretWord：玩家试图猜测的神秘单词。

另外，变量 guess 包含了玩家猜测的字母。程序需要确保玩家输入了有效的猜测：一个且只有一个的小写字母。如果玩家没有这样做，则程序会循环回来，再次要求输入一个字母。

执行后会输出：

```
HANGMAN 游 戏

  +---+
      |
      |
      |
     ===

Missed letters:
_ _ _ _ _ _
猜一个字母.
d

  +---+
  O   |
```

```
     |
     |
    ===

Missed letters: d
_ _ _ _ _ _
猜一个字母.
a

  +---+
  O   |
  |   |
      |
    ===

Missed letters: d a
_ _ _ _ _ _
猜一个字母.
m

  +---+
  O   |
  |   |
      |
    ===

Missed letters: d a
m _ _ _ _ _
猜一个字母.
c

  +---+
  O   |
 /|   |
      |
    ===

Missed letters: d a c
m _ _ _ _ _
猜一个字母.
h

  +---+
  O   |
 /|\  |
      |
    ===

Missed letters: d a c h
m _ _ _ _ _
猜一个字母.
g

  +---+
  O   |
 /|\  |
 /    |
    ===

Missed letters: d a c h g
m _ _ _ _ _
猜一个字母.
b

  +---+
  O   |
 /|\  |
 / \  |
    ===

Missed letters: d a c h g b
m _ _ _ _ _
```

```
你已经猜不对了!6个猜错了，1个猜对了，这个单词是"monkey"
你还继续玩吗? (yes or no)
```

范例 12-04：恺撒密码游戏

恺撒密码是一种代换密码机制，据说恺撒是率先使用加密函的古代将领之一，因此这种加密方法被称为恺撒密码。恺撒密码作为一种最为古老的对称加密机制，在古罗马的时候已经很流行，其基本思想是：通过把字母偏移一定的位数来实现加密和解密。明文中的所有字母都在字母表上向后（或向前）按照一个固定数目（即偏移量）进行偏移后被替换成密文。例如，当偏移量是 3 的时候，所有的字母 A 将变成 D，B 变成 E，X 变成 A，Y 变成 B，Z 变成 C。由此可见，位数就是恺撒密码加密和解密的密钥。

上面的描述很容易理解，假设字母表中的每个字母均用它之后的第 3（或者第 *n*）个字母来代换，如下。

- 明文：A B C D E F G H I J K L M N O P Q R S T U V W X Y Z。

  密文：D E F G H I J K L M N O P Q R S T U V W X Y Z A B C。

- 明文：MEET ME AFTER THE TOGA PARTY。

  密文：PHHW PH DIWHU WKH WRJD SDUWB。

下面的实例文件 code.py 演示了实现一个恺撒密码游戏的过程，具体实现代码如下。

```
def getMode():
    while 1:
        print('请选择加密或解密模式：')
        print('加密e')
        print('解密d')
        mode = input()
        if mode in "e d".split(' ',1):
            return mode
        else:
            print("请重新输入：")
def getMessage():
    print('请输入要执行的信息：')
    return input()
def getKey():
    print("请输入密钥：")
    key = int(input())
    return key
def encrypt(mode,message,key):
    if mode == 'd':
        key = -key
    d = {}
    for c in (65, 97):
        for i in range(26):
            d[chr(i+c)] = chr((i+key) % 26 + c)
    print("结果为：")
    print("".join([d.get(c, c) for c in message])) #这里套用了this.py文件

mode = getMode()
message = getMessage()
key = getKey()
encrypt(mode,message,key)
```

执行后会输出：

```
请选择加密或解密模式：
加密e
解密d
d
请输入要执行的信息：
admin
请输入密钥：
123
结果为：
hktpu
```

范例 12-05：维吉尼亚密码游戏

维吉尼亚密码是恺撒密码的改进，能够对同一条信息中的不同字母用不同的密钥进行加密。

例如，如果使用关键字“BIG”，发件人将把信息按3个字母的顺序排列，则加密的信息每3个字母分别向后移动1、8、6位。下面的实例文件演示了实现一个维吉尼亚密码游戏的过程，具体实现代码如下。

```
letter_list='ABCDEFGHIJKLMNOPQRSTUVWXYZ';

#加密函数
def Encrypt(plaintext,key):
    ciphertext='';
    for ch in plaintext:   #遍历明文
        if ch.isalpha():
            #明文是否为字母，如果是，则判断大小写，分别进行加密
            if ch.isupper():
                ciphertext+=letter_list[(ord(ch)-65+key) % 26]
            else:
                ciphertext+=letter_list[(ord(ch)-97+key) % 26].lower()
        else:
            #如果不为字母，则直接将其添加到密文字符里
            ciphertext+=ch
    return ciphertext

#解密函数
def Decrypt(ciphertext,key):
    plaintext='';
    for ch in ciphertext:
        if ch.isalpha():
            if ch.isupper():
                plaintext+=letter_list[(ord(ch)-65-key) % 26]
            else:
                plaintext+=letter_list[(ord(ch)-97-key) % 26].lower()
        else:
            plaintext+=ch
    return plaintext


#Ö÷º¯Êý
user_input=input('加密请按D，解密请按E：');
while(user_input!='D' and user_input!='E'):
    user_input=input('输入有误，请重新输入：')

key=input('请输入密钥：')
while(int(key.isdigit()==0)):
    key=input('输入有误，密钥为数字，请重新输入：')

if user_input =='D':
    plaintext=input('请输入明文：')
    ciphertext=Encrypt(plaintext,int(key))
    print ('密文为：\n%s' % ciphertext )
else:
    ciphertext=input('请输入密文：')
    plaintext=Decrypt(ciphertext,int(key))
    print ( '明文为:\n%s\n' % ciphertext )
```

执行后会输出：

```
加密请按D，解密请按E：D
请输入密钥：12
请输入明文：I LOVE YOU
密文为：
U XAHQ KAG
```

范例 12-06：Reversi 黑白棋游戏

下面的实例文件 Reversi.py 实现了一个 Reversi（黑白棋）游戏。Reversi 是一款在棋盘上玩的游戏，它有一个 8×8 的棋盘，一方的棋子是黑色，另一方的棋子是白色。游戏中通过相互翻转对方的棋子，最后以棋盘上双方的棋子多少来判断胜负。大致玩法是，一方把自己颜色的棋子放在棋盘的空格上，而当自己放下的棋子在横、竖、斜八个方向内有一个自己的棋子，则被夹在中间的对方棋子全部翻转且成为自己的棋子。被夹住的位置上必须全部是对手的棋子，不能有空格。并且，只有在可以翻转棋子的地方才可以下子。一步棋可以在数个方向上翻棋，任何

被夹住的对方的棋子都必须被翻转过来。游戏的棋盘界面如图 12-1 所示。

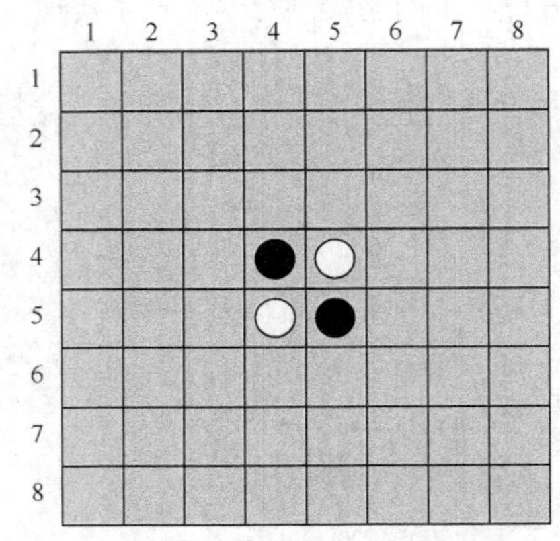

图 12-1　游戏的棋盘界面

实例文件 Reversi.py 的主要实现代码如下。

```
import random
import sys
WIDTH = 8   # 棋盘宽度
HEIGHT = 8 # 棋盘高度
def drawBoard(board):
    # 输入通过的棋盘
    print('   12345678')
    print(' +--------+')
    for y in range(HEIGHT):
        print('%s|' % (y+1), end='')
        for x in range(WIDTH):
            print(board[x][y], end='')
        print('|%s' % (y+1))
    print(' +--------+')
    print('   12345678')

def getNewBoard():
    # 创建新的棋盘
    board = []
    for i in range(WIDTH):
        board.append([' ', ' ', ' ', ' ', ' ', ' ', ' ', ' '])
    return board

def isValidMove(board, tile, xstart, ystart):
    #如果棋子在X方向上移动，则Y无效，返回False。如果当前是一个有效的移动，
    #则返回一个空格列表，如果玩家的棋子在这里移动的话，则它们会变成玩家的可移动列表
    if board[xstart][ystart] != ' ' or not isOnBoard(xstart, ystart):
        return False

    if tile == 'X':
        otherTile = 'O'
    else:
        otherTile = 'X'

    tilesToFlip = []
    for xdirection, ydirection in [[0, 1], [1, 1], [1, 0], [1, -1], [0, -1], [-1, -1], [-1, 0], [-1, 1]]:
        x, y = xstart, ystart
        x += xdirection # x轴方向的第一步
        y += ydirection # y轴方向的第一步
        while isOnBoard(x, y) and board[x][y] == otherTile:
            #继续向这个方向前进
            x += xdirection
            y += ydirection
            if isOnBoard(x, y) and board[x][y] == tile:
                #棋子被翻转过来。沿着相反的方向走，直到到达原始位置，注意沿途所有的棋子
                while True:
                    x -= xdirection
                    y -= ydirection
```

```
                    if x == xstart and y == ystart:
                        break
                    tilesToFlip.append([x, y])

    if len(tilesToFlip) == 0: #如果没有翻转棋子，则这不是有效的移动
        return False
    return tilesToFlip

def isOnBoard(x, y):
    #如果坐标位于棋盘上，则返回True
    return x >= 0 and x <= WIDTH - 1 and y >= 0 and y <= HEIGHT - 1

def getBoardWithValidMoves(board, tile):
    #返回一个新的棋盘，标明玩家可以做出的有效动作
    boardCopy = getBoardCopy(board)

    for x, y in getValidMoves(boardCopy, tile):
        boardCopy[x][y] = '.'
    return boardCopy

def getValidMoves(board, tile):
    #返回给定棋盘上给定玩家的有效移动列表[x，y]
    validMoves = []
    for x in range(WIDTH):
        for y in range(HEIGHT):
            if isValidMove(board, tile, x, y) != False:
                validMoves.append([x, y])
    return validMoves

def getScoreOfBoard(board):
    #通过计算棋子来确定分数。返回带有键‘X’和‘O’的字典
    xscore = 0
    oscore = 0
    for x in range(WIDTH):
        for y in range(HEIGHT):
            if board[x][y] == 'X':
                xscore += 1
            if board[x][y] == 'O':
                oscore += 1
    return {'X':xscore, 'O':oscore}

def enterPlayerTile():
    #让玩家输入他们想要的棋子
    #返回一个列表，玩家的棋子作为第一个元素，计算机的棋子作为第二个元素
    tile = ''
    while not (tile == 'X' or tile == 'O'):
        print('Do you want to be X or O?')
        tile = input().upper()

    # 列表中的第一个元素是玩家的棋子，第二个元素是计算机的棋子
    if tile == 'X':
        return ['X', 'O']
    else:
        return ['O', 'X']

def whoGoesFirst():
    # 随机选择谁先走棋
    if random.randint(0, 1) == 0:
        return 'computer'
    else:
        return 'player'

def makeMove(board, tile, xstart, ystart):
    tilesToFlip = isValidMove(board, tile, xstart, ystart)

    if tilesToFlip == False:
        return False

    board[xstart][ystart] = tile
    for x, y in tilesToFlip:
        board[x][y] = tile
```

```
        return True

def getBoardCopy(board):
    # 复制棋盘落子列表
    boardCopy = getNewBoard()

    for x in range(WIDTH):
        for y in range(HEIGHT):
            boardCopy[x][y] = board[x][y]

    return boardCopy

def isOnCorner(x, y):
    # 如果位置位于四个角中的一个，则返回Trne
    return (x == 0 or x == WIDTH - 1) and (y == 0 or y == HEIGHT - 1)

def getPlayerMove(board, playerTile):
    # 让玩家输入坐标
    DIGITS1TO8 = '1 2 3 4 5 6 7 8'.split()
    while True:
        print('Enter your move, "quit" to end the game, or "hints" to toggle hints.')
        move = input().lower()
        if move == 'quit' or move == 'hints':
            return move

        if len(move) == 2 and move[0] in DIGITS1TO8 and move[1] in DIGITS1TO8:
            x = int(move[0]) - 1
            y = int(move[1]) - 1
            if isValidMove(board, playerTile, x, y) == False:
                continue
            else:
                break
        else:
            print('That is not a valid move. Enter the column (1-8) and then the row (1-8).')
            print('For example, 81 will move on the top-right corner.')

    return [x, y]

def getComputerMove(board, computerTile):
    # 给定棋盘和计算机的棋子，并确定棋子的位置
    # 使用列表存储棋子的移动
    possibleMoves = getValidMoves(board, computerTile)
    random.shuffle(possibleMoves) # randomize the order of the moves

    # 如果有机会，则一定要放在角落
    for x, y in possibleMoves:
        if isOnCorner(x, y):
            return [x, y]

    # 获得最高得分的可能动作
    bestScore = -1
    for x, y in possibleMoves:
        boardCopy = getBoardCopy(board)
        makeMove(boardCopy, computerTile, x, y)
        score = getScoreOfBoard(boardCopy)[computerTile]
        if score > bestScore:
            bestMove = [x, y]
            bestScore = score
    return bestMove

def printScore(board, playerTile, computerTile):
    scores = getScoreOfBoard(board)
    print('You: %s points. Computer: %s points.' % (scores[playerTile], scores[computerTile]))
```

在上述代码中，虽然函数 drawBoard()会在屏幕上显示一个棋盘，但是还需要一种创建棋盘的方式。函数 getNewBoard()创建了一个新的棋盘，并返回由 8 个列表组成的一个列表，其中的每一个列表包含了 8 个' '字符串，它们表示没有落子的一个空白游戏板。

当给定了一个棋盘、玩家的棋子及玩家落子的 x 坐标和 y 坐标后，如果 Reversi 黑白棋游戏规则允许在该坐标上落子，则 isValidMove()函数应该返回 True，否则返回 False。对于

一次有效的移动，它必须位于棋盘之上，并且还需要至少能够反转对手的一个棋子。这个函数使用了棋盘上的几个 x 坐标和 y 坐标，变量 xstart 和变量 ystart 记录了最初移动的 x 坐标和 y 坐标。

函数 getScoreOfBoard()使用嵌套 for 循环检查棋盘上的所有 64 个格子（8 行×8 列，一共是 64 个格子），并且看看哪些棋子在格子上面（如果有棋子的话）。

执行后会输出：

```
Welcome to Reversegam!
Do you want to be X or O?
X
The computer will go first.
  12345678
 +--------+
1|        |1
2|        |2
3|        |3
4|   XO   |4
5|   OX   |5
6|        |6
7|        |7
8|        |8
 +--------+
  12345678
You: 2 points. Computer: 2 points.
Press Enter to see the computer's move.
  12345678
 +--------+
1|        |1
2|        |2
3|        |3
4|  OOO   |4
5|   OX   |5
6|        |6
7|        |7
8|        |8
 +--------+
  12345678
You: 1 points. Computer: 4 points.
Enter your move, "quit" to end the game, or "hints" to toggle hints.
```

范例 12-07：石头、剪子、布游戏

下面的实例文件 shitou.py 实现了一个经典的石头、剪子、布游戏，具体实现代码如下。

```
import sys
import string
import random


menuDict = {1: "剪子", 2: "石头", 3: "布"}


def cpmResult(opt):
    print("-" * 10)
    print("你的选择: {}".format(menuDict[opt]))
    computer_choice = random.randrange(1, 4)
    print("计算机的选择: {}".format(menuDict[computer_choice]))

    if opt == computer_choice:
        print("-->比赛结果: 平局")
    elif (opt > computer_choice and opt - 1 == computer_choice) or (opt + 2 == computer_choice):
        print("-->比赛结果: 你赢")
    else:
        print("-->比赛结果: 计算机赢")
    print("-" * 10)


#确保游戏继续
def isContinuePlay():
    replay = input("是否继续[Y/y,N/n]: ").strip()
    if replay in ("Y", "y", "N", "n"):
```

```
            if replay.lower() == "n":
                print("-->你选择结束游戏！")
                sys.exit(0)
            else:
                RSFGame()
        else:
            print("无效，重玩")
            isContinuePlay()

        # game construcation


def RSFGame():
    while True:
        propt = input("""
这是一个石头、剪子、布的游戏，请根据提示选择
1.剪子
2.石头
3.布
0.退出游戏

请选择[0—3]: """).strip()

        if propt in ("0", "1", "2", "3"):
            opt = int(propt)
            if opt == 0:
                print("-->你选择结束游戏！")
                sys.exit(0)
            else:
                cpmResult(opt)
                isContinuePlay()
        else:
            print("Invalid option. try again.")


if __name__ == '__main__':
    RSFGame()
```

执行后会输出：

```
这是一个石头、剪子、布的游戏，请根据提示选择
1.剪子
2.石头
3.布
0.退出游戏

请选择[0—3]: 1
----------
你的选择: 剪子
计算机的选择: 剪子
-->比赛结果: 平局
----------
是否继续[Y/y,N/n]: 3
无效，重玩
是否继续[Y/y,N/n]: y

这是一个石头、剪子、布的游戏，请根据提示选择
1.剪子
2.石头
3.布
0.退出游戏

请选择[0—3]: 2
----------
你的选择: 石头
计算机的选择: 布
-->比赛结果: 计算机赢
----------
是否继续[Y/y,N/n]: n
-->你选择结束游戏！
```

12.2 Pygame 游戏开发初级实战

Pygame 是跨平台 Python 模块，专为电子游戏设计。Pygame 包含的图像和声音建立在 SDL 基础上，允许实时电子游戏研发而无须被低级语言（如机器语言和汇编语言）束缚。本节将用比较简单的实例，讲解开发初级 Pygame 游戏程序的知识。

范例 12-08：安装 Pygame

登录 Pygame 官方网站下载安装包，如图 12-2 所示。

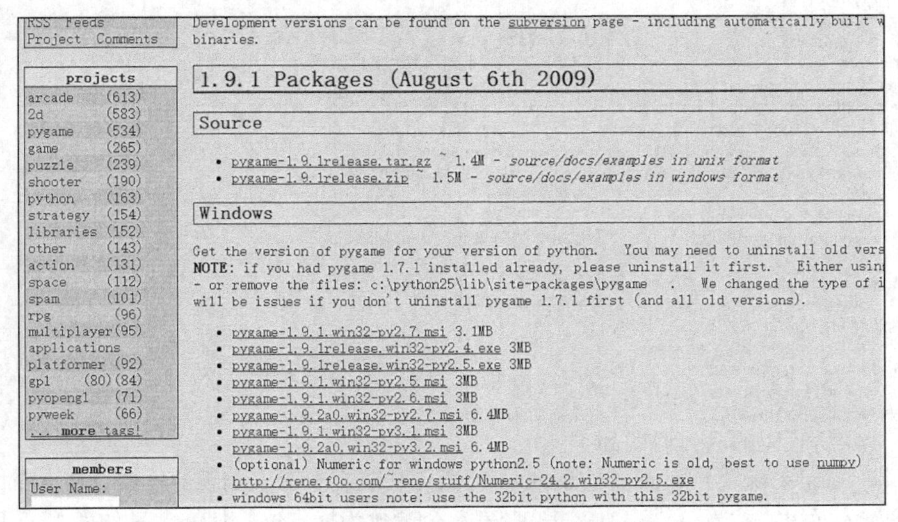

图 12-2 登录 Pygame 官方网站下载安装包

由图 12-2 可知，在 Windows 操作系统下，目前（本书编写时）Pygame 的版本只能支持 Python 3.2。因为本书是基于 Python 3.6 编写的，所以官方的安装包不能满足我们的需求。幸运的是，开发者可以下载编译好的 Python 扩展库，在上面有适用于 Python 3.6 的 Pygame，如图 12-3 所示。

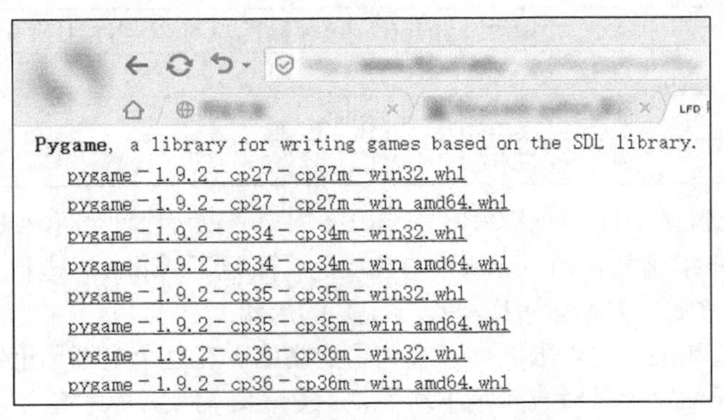

图 12-3 适应于 Python 3.6 的 Pygame

因为笔者的操作系统是 64 位 Windows 操作系统，所以单击 pygame-1.9.2-cp36-cp36m-win_amd64.whl 链接下载。下载完成后得到一个名为“pygame-1.9.2-cp36-cp36m-win_amd64.whl”的文件。进行本地安装时需要先打开一个 CMD 控制台，然后定位切换到该下载文件所在的文件夹，并使用如下 pip 命令来执行安装。

```
python -m pip install --user pygame-1.9.2-cp36-cp36m-win_amd64.whl
```

注意：如果大家使用的是旧版本的 Python，并且 Pygame 官方网站提供了某个 Python 版本的下载文件，就可以直接使用如下 pip 命令或 easy_install 命令进行安装。

```
pip install pygame
easy_install pygame
```

范例 12-09：开发第一个 Pygame 程序

下面的实例文件演示了开发第一个 Pygame 程序的过程。

```
background_image_filename = 'bg.jpg'    #设置图像文件名称
mouse_image_filename = 'ship.bmp'
import pygame                            #导入Pygame库
from pygame.locals import *              #导入常用的函数和常量
from sys import exit                     #从sys模块导入函数exit()，用于退出程序
pygame.init()                            #初始化Pygame，为使用硬件做准备
screen = pygame.display.set_mode((640, 480), 0, 32)   #创建了一个窗口
pygame.display.set_caption("Hello, World!")           #设置窗口标题
#下面两行代码加载并转换图像
background = pygame.image.load(background_image_filename).convert()
mouse_cursor = pygame.image.load(mouse_image_filename).convert_alpha()
while True:                              #游戏主循环
    for event in pygame.event.get():
        if event.type == QUIT:           #接收到退出事件后退出程序
            exit()
    screen.blit(background, (0,0))       #绘制背景
    x, y = pygame.mouse.get_pos()        #获得鼠标光标位置
    #下面两行代码计算光标的左上角位置
    x-= mouse_cursor.get_width() / 2
    y-= mouse_cursor.get_height() / 2
    screen.blit(mouse_cursor, (x, y))    #绘制光标
    pygame.display.update()              #刷新画面
```

对上述实例代码的具体说明如下。

（1）set_mode()函数：返回一个 Surface 对象，代表在桌面上出现的窗口。在 3 个参数中，第 1 个参数为元组，代表分辨率（必需）；第 2 个参数为标志位，具体含义如表 12-2 所示，如果不用什么特性，就指定 0；第 3 个参数为色深。

表 12-2　各个标志位的具体含义

标志位	含义
FULLSCREEN	创建一个全屏窗口
DOUBLEBUF	创建一个“双缓冲”窗口，建议和 HWSURFACE 或者 OPENGL 同时使用
HWSURFACE	创建一个硬件加速的窗口，必须和 FULLSCREEN 同时使用
OPENGL	创建一个 OpenGL 渲染的窗口
RESIZABLE	创建一个可以改变大小的窗口
NOFRAME	创建一个没有边框的窗口

（2）convert()函数：将图像数据都转化为 Surface 对象，每次加载完图像以后就应该做这件事。

（3）convert_alpha()函数：和 convert()函数相比，保留了 Alpha 通道信息（可以简单理解为透明的部分），这样移动的光标才可以呈现不规则的形状。

（4）游戏的主循环是一个无限循环，直到用户跳出。在这个主循环里做的事情就是不停地绘制背景和更新光标位置，虽然背景是不动的，但是还是需要每次都绘制它，否则鼠标光标覆盖过的位置就不能恢复正常了。

（5）blit()函数：第 1 个参数为一个 Surface 对象，第 2 个参数为左上角位置。绘制完背景以后一定记得要更新一下，否则画面会一片漆黑。

执行效果如图 12-4 所示。

图 12-4 执行效果

范例 12-10：处理键盘事件

事件是一个操作动作，通常来说，Pygame 会接受用户的各种操作（如按键、移动鼠标等）。这些操作会产生对应的事件，如按键事件、移动鼠标事件。事件在软件开发中非常重要，Pygame 把一系列的事件存放在一个队列里，并逐个进行处理。下面的实例文件 shi.py 演示了在 Pygame 中处理键盘事件的过程。

源码路径：daima\12\12-10\shi.py

```
background_image_filename = 'bg.jpg'                    #设置图像文件名称
import pygame                                           #导入Pygame库
from pygame.locals import *                             #导入常用的函数和常量
from sys import exit                                    #从sys模块导入函数exit()用于退出程序

pygame.init()                                           #初始化Pygame，为使用硬件做准备
screen = pygame.display.set_mode((640, 480), 0, 32) #创建了一个窗口
#下面一行代码加载并转换图像
background = pygame.image.load(background_image_filename).convert()
x, y = 0, 0                                             #设置x和y的初始值作为初始位置
move_x, move_y = 0, 0                                   #设置水平和纵向两个方向的移动距离
while True:                                             #游戏主循环
    for event in pygame.event.get():
        if event.type == QUIT:                          #接收到退出事件后退出程序
            exit()
        if event.type == KEYDOWN:                       #如果有键被按
            if event.key == K_LEFT:                     #如果按的是左方向键，水平移动距离减1
                move_x = -1
            elif event.key == K_RIGHT:                  #如果按的是右方向键，水平移动距离加1
                move_x = 1
            elif event.key == K_UP:                     #如果按的是上方向键，纵向移动距离减1
                move_y = -1
            elif event.key == K_DOWN:                   #如果按的是下方向键，纵向移动距离加1
                move_y = 1
        elif event.type == KEYUP:                       #如果按键放开，则不会移动
            move_x = 0
            move_y = 0
        #下面两行计算出新的位置
        x+= move_x
        y+= move_y
        screen.fill((0,0,0))
        screen.blit(background, (x,y))
        #在新的位置上画图
        pygame.display.update()
```

执行效果如图 12-5 所示。此处需要注意编码的问题，一定要确保系统编码和程序文件编码的一致性，否则将会出现中文乱码，本书后面的类似实例也是如此。

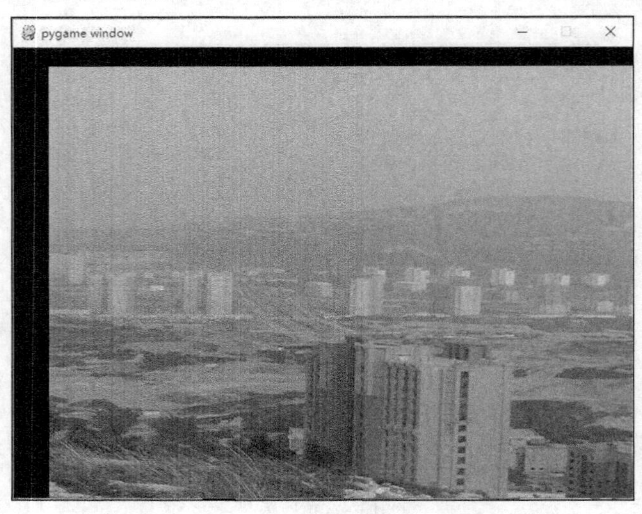

图 12-5　执行效果

范例 12-11：在全屏显示模式和非全屏显示模式之间进行切换

游戏界面通常是一款游戏吸引玩家最直接、最诱人的因素之一，虽说画面粗糙、高可玩度的作品也有，但优秀的画面无疑是一张过硬的通行证，可以让游戏作品争取到更多的机会。例如，通过下面的代码，设置了游戏界面不以全屏显示模式显示。

```
screen = pygame.display.set_mode((640, 480), 0, 32)
```

当把第二个参数设置为 FULLSCREEN 时，就能得到一个全屏窗口：

```
screen = pygame.display.set_mode((640, 480), FULLSCREEN, 32)
```

在全屏显示模式下，显卡可能就切换了一种模式，可以用如下代码获得当前计算机支持的显示模式。

```
>>> import pygame
>>> pygame.init()
>>> pygame.display.list_modes()
```

下面的实例文件 qie.py 演示了在全屏显示模式和非全屏显示模式之间进行切换的过程。

源码路径：daima\12\12-11\qie.py

```
Fullscreen = False                                                          #设置默认模式不是全屏显示模式
while True:                                                                 #游戏主循环
    for event in pygame.event.get():
        if event.type == QUIT:                                              #接收到退出事件后退出程序
            exit()
    if event.type == KEYDOWN:
        if event.key == K_f:                                                #设置快捷键是F
            Fullscreen = not Fullscreen
            if Fullscreen:   #按F键后，在全屏显示和非全屏显示之间进行切换
                screen = pygame.display.set_mode((640, 480), FULLSCREEN, 32)   #全屏显示
            else:
                screen = pygame.display.set_mode((640, 480), 0, 32)            #非全屏显示
    screen.blit(background, (0,0))
    pygame.display.update()                                                 #刷新画面
```

上述代码执行后默认显示非全屏显示模式窗口，按下 F 键后显示模式会在全屏和非全屏之间进行切换。

范例 12-12：显示指定样式文字

在 Pygame 模块中可以直接调用系统字体，或者可以直接使用 TTF 字体。为了使用字体，需要先创建一个 Font 对象。下面的实例文件 zi.py 演示了在游戏窗口中显示指定样式文字的过程。

源码路径：daima\12\12-12\zi.py

```
pygame.init()                                    #初始化Pygame，为使用硬件做准备
#下一行代码创建了一个窗口
screen = pygame.display.set_mode((640, 480), 0, 32)
font = pygame.font.SysFont("宋体", 40)           #设置字体和大小
#设置文本内容和颜色
text_surface = font.render(u"你好", True, (0, 0, 255))
x = 0                                            #设置显示文本的水平坐标
y = (480 - text_surface.get_height())/2          #设置显示文本的垂直坐标
background = pygame.image.load("bg.jpg").convert()    #加载并转换图像
while True:                                      #游戏主循环
    for event in pygame.event.get():
        if event.type == QUIT:                   #接收到退出事件后退出程序
            exit()
    screen.blit(background, (0, 0))              #绘制背景
    x -= 12                                      #设置文字滚动速率，如果文字滚动太快，则可以尝试更改这个数字
    if x < -text_surface.get_width():
        x = 640 - text_surface.get_width()
    screen.blit(text_surface, (x, y))
    pygame.display.update()
```

执行效果如图 12-6 所示。

图 12-6　执行效果

范例 12-13：实现一个三原色颜色滑动条效果

使用 Pygame 模块可以很方便地实现对颜色和像素的处理。下面的实例文件 xi.py 演示了实现一个三原色颜色滑动条效果。

源码路径：daima\12\12-13\xi.py

```
def create_scales(height):
#下面3行代码用于创建指定大小的图像对象，分别表示红、绿、蓝3块区域
    red_scale_surface = pygame.surface.Surface((640, height))
    green_scale_surface = pygame.surface.Surface((640, height))
    blue_scale_surface = pygame.surface.Surface((640, height))
    for x in range(640):                         #遍历操作，保证能容纳0～255颜色
        c = int((x/640.)*255.)
        red = (c, 0, 0)                          #红色初始值
        green = (0, c, 0)                        #绿色初始值
        blue = (0, 0, c)                         #蓝色初始值
        line_rect = Rect(x, 0, 1, height)  #绘制矩形区域来表示滑动条
        pygame.draw.rect(red_scale_surface, red, line_rect)              #绘制红色矩形区域
        pygame.draw.rect(green_scale_surface, green, line_rect)          #绘制绿色矩形区域
        pygame.draw.rect(blue_scale_surface, blue, line_rect)            #绘制蓝色矩形区域
    return red_scale_surface, green_scale_surface, blue_scale_surface
red_scale, green_scale, blue_scale = create_scales(80)
color = [127, 127, 127]                                                  #程序执行后的颜色初始值
while True:                                                              #游戏主循环
```

```
        for event in pygame.event.get():
            if event.type == QUIT:                                    #接收到退出事件后退出程序
                exit()
        screen.fill((0, 0, 0))                                        #使用颜色填充Surface对象
        screen.blit(red_scale, (0, 00))                               #将红色绘制在图像上
        screen.blit(green_scale, (0, 80))                             #将绿色绘制在图像上
        screen.blit(blue_scale, (0, 160))                             #将蓝色绘制在图像上
        x, y = pygame.mouse.get_pos()                                 #获得鼠标光标位置
        if pygame.mouse.get_pressed()[0]:                             #并获得所有按的键，会得到一个元组
            for component in range(3):                                #遍历元组
                if y > component*80 and y < (component+1)*80:
                    color[component] = int((x/639.)*255.)
            pygame.display.set_caption("PyGame Color Test - "+str(tuple(color)))   #窗口标题的文字
        for component in range(3):
            pos = ( int((color[component]/255.)*639), component*80+40 )
            pygame.draw.circle(screen, (255, 255, 255), pos, 20)      #绘制滑动条中的圆形
        pygame.draw.rect(screen, tuple(color), (0, 240, 640, 240))    #获取绘制的矩形区域
        pygame.display.update()                                       #刷新画面
```

执行效果如图 12-7 所示。

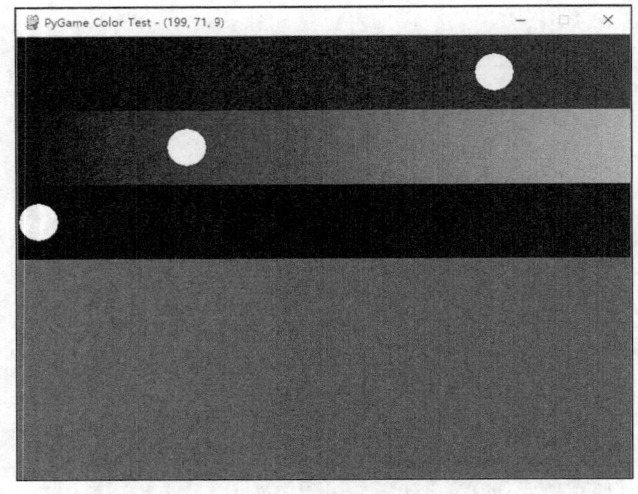

图 12-7　执行效果

范例 12-14：随机在屏幕上绘制点

在游戏开发过程中，通常将绘制好的图像作为资源封装到游戏中。对于 2D 游戏来说，图像可能就是一些背景和角色等，而对于 3D 游戏来说则往往是大量的贴图。目前市面上有很多存储图像的方式（也就是有很多图片格式），如 JPEG、PNG 等，其中 Pygame 框架支持的格式有 JPEG、PNG、GIF、BMP、PCX、TGA、TIF、LBM、PBM 和 XPM。

下面的实例文件 hui.py 演示了随机在屏幕上绘制点的过程。

源码路径：daima\12\12-14\hui.py

```
from random import randint                   #导入随机绘制模块
pygame.init()                                #初始化Pygame，为使用硬件做准备
  #下面一行用于创建一个窗口
screen = pygame.display.set_mode((640, 480), 0, 32)
while True:                                  #游戏主循环
    for event in pygame.event.get():
        if event.type == QUIT:               #接收到退出事件后退出程序
            exit()
    #绘制随机点
    rand_col = (randint(0, 255), randint(0, 255), randint(0, 255))
    for _ in range(100):                     #遍历操作
        rand_pos = (randint(0, 639), randint(0, 479))
        screen.set_at(rand_pos, rand_col)    #绘制一个点
    #screen.unlock()
    pygame.display.update()                  #刷新画面
```

执行效果如图 12-8 所示。

图 12-8　执行效果

范例 12-15：随机在屏幕中绘制各种多边形

在 Pygame 框架中，使用 pygame.draw 模块中的内置函数可以在屏幕中绘制各种图形。常用的内置函数如表 12-3 所示。

表 12-3　**pygame.draw** 模块的常用内置函数

函数	作用
rect	绘制矩形
polygon	绘制多边形（3 个及 3 个以上的边）
circle	绘制圆
ellipse	绘制椭圆
arc	绘制圆弧
line	绘制线
lines	绘制一系列的线
aaline	绘制一根平滑的线
aalines	绘制一系列平滑的线

下面的实例文件 tu.py 演示了随机在屏幕中绘制各种多边形的过程。

源码路径：daima\12\12-15\tu.py

```
points = []                     #定义变量points的初始值
while True:                     #游戏主循环
    for event in pygame.event.get():
        if event.type == QUIT:
            exit()              #接收到退出事件后退出程序
        if event.type == KEYDOWN:
            #按任意键可以清屏并把points恢复到原始状态
            points = []
            screen.fill((255,255,255))
        if event.type == MOUSEBUTTONDOWN:
            screen.fill((255,255,255))
            #绘制随机矩形
            rc = (randint(0,255), randint(0,255), randint(0,255))
            rp = (randint(0,639), randint(0,479))
            rs = (639-randint(rp[0], 639), 479-randint(rp[1], 479))
            pygame.draw.rect(screen, rc, Rect(rp, rs))
            #绘制随机圆形
            rc = (randint(0,255), randint(0,255), randint(0,255))
            rp = (randint(0,639), randint(0,479))
```

```
                rr = randint(1, 200)
                pygame.draw.circle(screen, rc, rp, rr)
                #获得当前单击位置
                x, y = pygame.mouse.get_pos()
                points.append((x, y))
                #根据单击位置绘制弧线
                angle = (x/639.)*pi*2.
                pygame.draw.arc(screen, (0,0,0), (0,0,639,479), 0, angle, 3)
                #根据单击位置绘制椭圆
                pygame.draw.ellipse(screen, (0, 255, 0), (0, 0, x, y))
                #从屏幕左上角和右下角绘制两根线连接到单击位置
                pygame.draw.line(screen, (0, 0, 255), (0, 0), (x, y))
                pygame.draw.line(screen, (255, 0, 0), (640, 480), (x, y))
                #绘制单击轨迹图
                if len(points) > 1:
                    pygame.draw.lines(screen, (155, 155, 0), False, points, 2)
                #和轨迹图基本一样，只不过是闭合的，因为会覆盖图形，所以这里注释了
                #if len(points) >= 3:
                #pygame.draw.polygon(screen, (0, 155, 155), points, 2)
                #把每个点绘制得明显一点儿
                for p in points:
                    pygame.draw.circle(screen, (155, 155, 155), p, 3)
        pygame.display.update()
```

运行上述代码，在窗口中单击时它就会绘制图形，按键盘中的任意键可以重新开始。执行效果如图 12-9 所示。

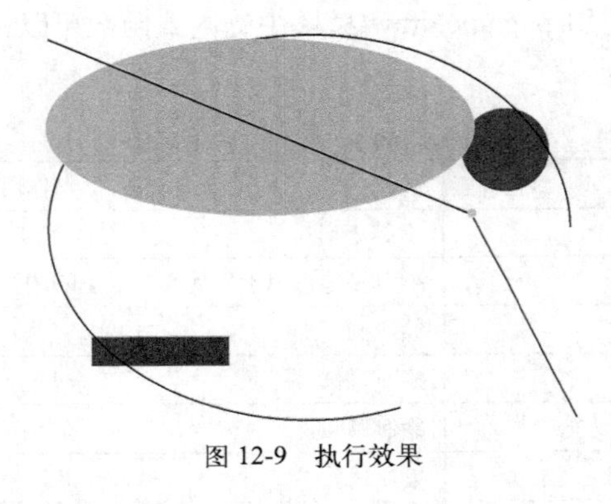

图 12-9　执行效果

12.3　Pygame 游戏开发高级实战

本章前面的实例都比较简单，本节将通过比较复杂的高级实例的实现过程，详细讲解开发 Pygame 游戏程序的知识。

范例 12-16：开发一个俄罗斯方块游戏

1. 游戏介绍

俄罗斯方块是一款风靡全球的游戏，这款游戏最初是由 Alex Pajitnov 制作的，它看似简单，却变化无穷，令人着迷。本节将介绍使用 Python+Pygame 开发一个俄罗斯方块游戏的方法，并详细介绍其具体的实现流程。

2. 规划图形

本游戏项目主要用到如下 4 种图形。

- 边框：由 10 × 20 个空格组成，方块就落在这里面。
- 盒子：组成方块的小方块，是组成方块的基本单元。
- 方块：从边框顶掉下的东西，游戏者可以翻转它和改变它的位置。每个方块由 4 个盒子组成。

- 形状：方块的不同类型，这里形状的名称分别为 T、S、Z、J、L、I 和 O。在本实例中预先规划了图 12-10 所示的 7 种形状的方块。

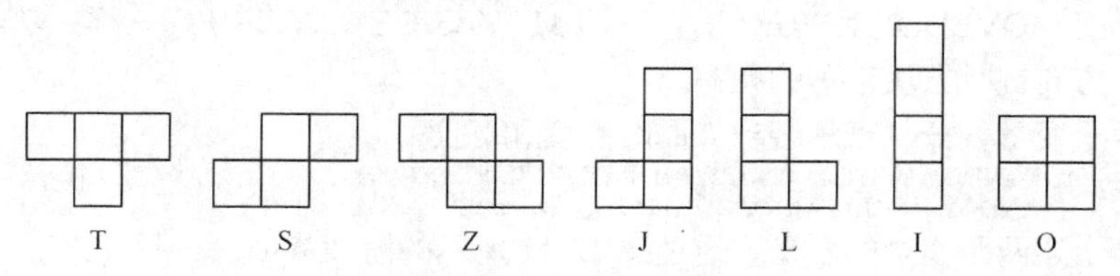

图 12-10 7 种形状的方块

除了上述 4 种图形外，还需要用到如下 2 个术语。

（1）模板：用一个列表存放方块被翻转后的所有可能形状。所有可能的形状全部存放在变量中，变量名字如 S_SHAPE_TEMPLATE 或 J_SHAPE_TEMPLATE。

（2）着陆（碰撞）：若一个方块到达边框的底部或接触到其他盒子，则我们称这个方块着陆了，此时另一个新的方块就会出现并开始下落。

3. 具体实现

俄罗斯方块游戏的实现文件是 els.py，具体实现流程如下。

源码路径：daima\12\12-16\els.py

（1）首先使用 import 语句引入 Python 的内置库和游戏库 Pygame，然后定义一些项目用到的变量，并进行初始化工作。具体实现代码如下。

```
import random, time, pygame, sys
from pygame.locals import *
FPS = 25
WINDOWWIDTH = 640
WINDOWHEIGHT = 480
BOXSIZE = 20
BOARDWIDTH = 10
BOARDHEIGHT = 20
BLANK = '.'
MOVESIDEWAYSFREQ = 0.15
MOVEDOWNFREQ = 0.1
XMARGIN = int((WINDOWWIDTH - BOARDWIDTH * BOXSIZE) / 2)
TOPMARGIN = WINDOWHEIGHT - (BOARDHEIGHT * BOXSIZE) - 5
# RGB值
WHITE       = (255, 255, 255)
GRAY        = (185, 185, 185)
BLACK       = ( 0,   0,   0)
RED         = (155,   0,   0)
LIGHTRED    = (175, 20, 20)
GREEN       = ( 0, 155,   0)
LIGHTGREEN = ( 20, 175, 20)
BLUE        = ( 0,   0, 155)
LIGHTBLUE   = ( 20, 20, 175)
YELLOW      = (155, 155,   0)
LIGHTYELLOW = (175, 175, 20)
BORDERCOLOR = BLUE
BGCOLOR = BLACK
TEXTCOLOR = WHITE
TEXTSHADOWCOLOR = GRAY
COLORS      = (    BLUE,      GREEN,      RED,      YELLOW)
LIGHTCOLORS = (LIGHTBLUE, LIGHTGREEN, LIGHTRED, LIGHTYELLOW)
assert len(COLORS) == len(LIGHTCOLORS) # each color must have light color
TEMPLATEWIDTH = 5
TEMPLATEHEIGHT = 5
```

在上述实例代码中，BOXSIZE、BOARDWIDTH 和 BOARDHEIGHT 的功能是建立游戏与屏幕像素点的联系。请看下面的两个变量。

```
MOVESIDEWAYSFREQ = 0.15
MOVEDOWNFREQ = 0.1
```

通过使用上述两个变量，每当游戏玩家按下键盘中的左方向键或右方向键，下降的方块相应地向左或右移一个格子。另外，游戏玩家也可以一直按左方向键或右方向键让方块保持移动。MOVESIDEWAYSFREQ 固定值表示如果一直按左方向键或右方向键，那么方块每 0.15s 才会继续移动一次。而 MOVEDOWNFREQ 固定值与 MOVESIDEWAYSFREQ 一样，功能是设置游戏玩家一直按下方向键时方块下落的频率。

下面的两个变量，分别表示游戏界面的高度和宽度。

```
XMARGIN = int((WINDOWWIDTH - BOARDWIDTH * BOXSIZE) / 2)
TOPMARGIN = WINDOWHEIGHT - (BOARDHEIGHT * BOXSIZE) - 5
```

要想理解上述两个变量的含义，通过图 12-11 所示的游戏界面会一目了然。

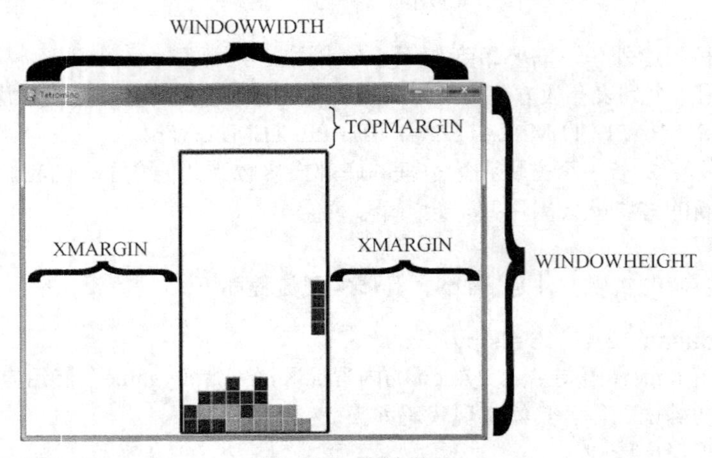

图 12-11　游戏界面

剩余的变量都是和颜色定义相关的，需要注意的是 COLORS 和 LIGHTCOLORS 这两个变量。其中，COLORS 用于设置组成方块的盒子的颜色，而 LIGHTCOLORS 用于设置围绕在盒子周围的颜色，是为了强调出轮廓而设计的。

（2）定义方块形状，分别定义 T、S、Z、J、L、I 和 O 共计 7 种方块形状。具体实现代码如下。

```
S_SHAPE_TEMPLATE = [['.....',
                     '.....',
                     '..OO.',
                     '.OO..',
                     '.....'],
                    ['.....',
                     '..O..',
                     '..OO.',
                     '...O.',
                     '.....']]

Z_SHAPE_TEMPLATE = [['.....',
                     '.....',
                     '.OO..',
                     '..OO.',
                     '.....'],
                    ['.....',
                     '..O..',
                     '.OO..',
                     '.O...',
                     '.....']]

I_SHAPE_TEMPLATE = [['..O..',
                     '..O..',
                     '..O..',
                     '..O..',
                     '.....'],
                    ['.....',
                     '.....',
```

```
                              'OOOO.',
                              '.....',
                              '.....']]

O_SHAPE_TEMPLATE = [['.....',
                              '.....',
                              '.OO..',
                              '.OO..',
                              '.....']]

J_SHAPE_TEMPLATE = [['.....',
                              '.O...',
                              '.OOO.',
                              '.....',
                              '.....'],
                             ['.....',
                              '..OO.',
                              '..O..',
                              '..O..',
                              '.....'],
                             ['.....',
                              '.....',
                              '.OOO.',
                              '...O.',
                              '.....'],
                             ['.....',
                              '..O..',
                              '..O..',
                              '.OO..',
                              '.....']]

L_SHAPE_TEMPLATE = [['.....',
                              '...O.',
                              '.OOO.',
                              '.....',
                              '.....'],
                             ['.....',
                              '..O..',
                              '..O..',
                              '..OO.',
                              '.....'],
                             ['.....',
                              '.....',
                              '.OOO.',
                              '.O...',
                              '.....'],
                             ['.....',
                              '.OO..',
                              '..O..',
                              '..O..',
                              '.....']]

T_SHAPE_TEMPLATE = [['.....',
                              '..O..',
                              '.OOO.',
                              '.....',
                              '.....'],
                             ['.....',
                              '..O..',
                              '..OO.',
                              '..O..',
                              '.....'],
                             ['.....',
                              '.....',
                              '.OOO.',
                              '..O..',
                              '.....'],
                             ['.....',
                              '..O..',
                              '.OO..',
                              '..O..',
                              '.....']]
```

在定义每个方块时，必须知道每个类型的方块有多少种形状。在上述代码中，通过在列表中嵌入含有字符串的列表来构成这个模板，一个方块的模板包含了这个方块可能变换的所有形状。例如，“I”形状的模板代码如下。

```
I_SHAPE_TEMPLATE = [['..O..',
                     '..O..',
                     '..O..',
                     '..O..',
                     '.....'],
                    ['.....',
                     '.....',
                     'OOOO.',
                     '.....',
                     '.....']]
```

在定义每种方块形状的模板之前，通过如下两行代码定义组成形状的行和列。

```
TEMPLATEWIDTH = 5
TEMPLATEHEIGHT = 5
```

方块形状的行和列的具体结构如图 12-12 所示。

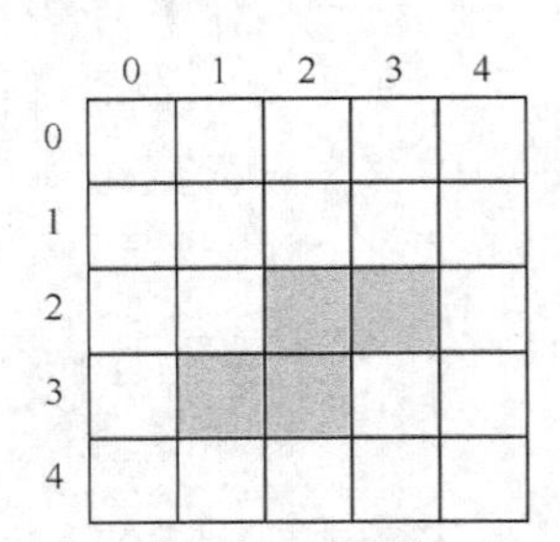

图 12-12　方块形状的行和列的具体结构

（3）定义字典变量 PIECES 以储存所有的不同形状的模板，因为每个模板又有对应类型的方块的所有变换形状，那就意味着 PIECES 变量包含了每个类型的方块和所有的变换形状，具体实现代码如下。

```
PIECES = {'S': S_SHAPE_TEMPLATE,
          'Z': Z_SHAPE_TEMPLATE,
          'J': J_SHAPE_TEMPLATE,
          'L': L_SHAPE_TEMPLATE,
          'I': I_SHAPE_TEMPLATE,
          'O': O_SHAPE_TEMPLATE,
          'T': T_SHAPE_TEMPLATE}
```

（4）编写主函数 main()，主要功能是创建一些全局变量，并在游戏开始之前显示一个开始画面。具体实现代码如下。

```
def main():
    global FPSCLOCK, DISPLAYSURF, BASICFONT, BIGFONT
    pygame.init()
    FPSCLOCK = pygame.time.Clock()
    DISPLAYSURF = pygame.display.set_mode((WINDOWWIDTH, WINDOWHEIGHT))
    BASICFONT = pygame.font.Font('freesansbold.ttf', 18)
    BIGFONT = pygame.font.Font('freesansbold.ttf', 100)
    pygame.display.set_caption('Tetromino')

    showTextScreen('Tetromino')
    while True: # game loop
        if random.randint(0, 1) == 0:
                pygame.mixer.music.load('tetrisb.mid')
        else:
                #pygame.mixer.music.load('tetrisc.mid')
        pygame.mixer.music.play(-1, 0.0)
        runGame()
        pygame.mixer.music.stop()
        showTextScreen('Game Over')
```

在上述代码中，runGame()函数是核心。在循环中首先简单地随机决定采用哪个背景音乐，然后调用 runGame()函数执行游戏。当游戏失败时，runGame()就会返回 main()函数，这时会停止背景音乐并显示游戏失败的画面。当游戏玩家按下一个键时，通过调用函数 showTextScreen()，画面会显示游戏失败，游戏循环会再次开始，然后继续进行下一次游戏。

（5）编写函数 runGame()执行游戏，具体实现流程如下。

- 在游戏开始时，设置在执行过程中用到的几个变量，具体实现代码如下。

```
def runGame():
    #初始化变量
    board = getBlankBoard()
    lastMoveDownTime = time.time()
    lastMoveSidewaysTime = time.time()
    lastFallTime = time.time()
    movingDown = False # note: there is no movingUp variable
    movingLeft = False
    movingRight = False
    score = 0
    level, fallFreq = calculateLevelAndFallFreq(score)

    fallingPiece = getNewPiece()
    nextPiece = getNewPiece()
```

- 在游戏开始和方块掉落之前，需要初始化一些和游戏开始相关的变量。变量 fallingPiece 被赋值成当前掉落的方块，变量 nextPiece 被赋值成游戏玩家可以在屏幕 NEXT 区域看见的下一个方块。具体实现代码如下。

```
while True: # game loop
    if fallingPiece == None:
        #没有正在掉落的方块，则一个新的方块从顶部下落
        fallingPiece = nextPiece
        nextPiece = getNewPiece()
        lastFallTime = time.time() # reset lastFallTime

        if not isValidPosition(board, fallingPiece):
            return

    checkForQuit()
```

上述代码包含了当方块往底部掉落时的所有代码。变量 fallingPiece 在方块着陆后被设置成 None。这意味着 nextPiece 变量中的下一个方块应该被赋值给 fallingPiece 变量，然后一个随机的方块又会被赋值给 nextPiece 变量。变量 lastFallTime 被赋值成当前时间，这样就可以通过变量 fallFreq 控制方块下落的频率。来自函数 getNewPiece()的方块只有一部分被放置在方框区域中，但是如果这是一个非法的位置，比如此时游戏方框已经被填满（isValidPosition()函数返回 False），那么说明游戏玩家输掉了游戏。当发生这些情况时，runGame()函数就会返回。

- 实现暂停游戏，如果游戏玩家按 P 键，游戏就会暂停。此时，我们应该隐藏游戏界面以防止游戏玩家作弊（否则游戏玩家会看着画面思考怎么处理方块），用 DISPLAYSURF.fill (BGCOLOR)就可以实现这个效果。具体实现代码如下。

```
        for event in pygame.event.get(): # event handling loop
            if event.type == KEYUP:
                if (event.key == K_p):
                    # 暂停
                    DISPLAYSURF.fill(BGCOLOR)
                    #pygame.mixer.music.stop()
                    showTextScreen('Paused') # pause until a key press
                    #pygame.mixer.music.play(-1, 0.0)
                    lastFallTime = time.time()
                    lastMoveDownTime = time.time()
                    lastMoveSidewaysTime = time.time()
```

- 按方向键或 A/D/S 键会把 movingLeft、movingRight、movingDown 变量设置为 False，这说明游戏玩家不再想要在此方向上移动方块。后面的代码会基于 moving 变量处理一些事情。在此需要注意，上方向键和 W 键用于翻转方块而不是移动方块，这就是为什么没有 movingUp 变量的原因。具体实现代码如下。

```
        elif (event.key == K_LEFT or event.key == K_a):
            movingLeft = False
        elif (event.key == K_RIGHT or event.key == K_d):
```

```
                movingRight = False
            elif (event.key == K_DOWN or event.key == K_s):
                movingDown = False
            elif event.type == KEYDOWN:
                # moving the piece sideways
                if (event.key == K_LEFT or event.key == K_a) and isValidPosition(board, fallingPiece, adjX=-1):
                fallingPiece['x'] -= 1
                movingLeft = True
                movingRight = False
                lastMoveSidewaysTime = time.time()
            elif (event.key == K_RIGHT or event.key == K_d) and isValidPosition(board, fallingPiece, adjX=1):
                fallingPiece['x'] += 1
                movingRight = True
                movingLeft = False
                lastMoveSidewaysTime = time.time()
```

- 如果按上方向键或 W 键，那么方块会翻转。下面的代码用于将储存在 fallingPiece 字典中的 rotation 键的键值加 1。但是，如果增加的 rotation 键值大于所有当前类型方块的形状的数目（此变量储存在 len(PIECES[fallingPiece['shape']])变量中），那么它翻转到最初的形状。具体实现代码如下。

```
            # rotating the piece (if there is room to rotate)
            elif (event.key == K_UP or event.key == K_w):
                fallingPiece['rotation'] = (fallingPiece['rotation'] + 1) % len(PIECES[fallingPiece['shape']])
                if not isValidPosition(board, fallingPiece):
                    fallingPiece['rotation'] = (fallingPiece['rotation'] - 1) % len(PIECES[fallingPiece['shape']])
            elif (event.key == K_q): # rotate the other direction
                fallingPiece['rotation'] = (fallingPiece['rotation'] - 1) % len(PIECES[fallingPiece['shape']])
                if not isValidPosition(board, fallingPiece):
                    fallingPiece['rotation'] = (fallingPiece['rotation'] + 1) % len(PIECES[fallingPiece['shape']])
```

- 如果按下方向键，则游戏玩家此时希望方块下落得比平常快。fallingPiece['y'] += 1 使方块下落一个格子（前提是这是一个有效的下落），movingDown 被设置为 True，lastMoveDownTime 变量也被设置为当前时间。这个变量以后将用于检查当下方向键一直按下时，保证方块以一个比平常快的速率下落。具体实现代码如下。

```
                elif (event.key == K_DOWN or event.key == K_s):
                    movingDown = True
                    if isValidPosition(board, fallingPiece, adjY=1):
                        fallingPiece['y'] += 1
                    lastMoveDownTime = time.time()
```

- 当游戏玩家按 Space 键时，方块将会迅速下落直至着陆。程序首先需要找出方块着陆需要下降多少个格子。其中，有关 moving 的 3 个变量都要被设置为 False（保证程序后面部分的代码知道游戏玩家已经停止按所有的方向键）。具体实现代码如下。

```
                elif event.key == K_SPACE:
                    movingDown = False
                    movingLeft = False
                    movingRight = False
                    for i in range(1, BOARDHEIGHT):
                        if not isValidPosition(board, fallingPiece, adjY=i):
                            break
                    fallingPiece['y'] += i – 1
```

- 如果用户按下键超过 0.15s，那么表达式(movingLeft or movingRight)and time.time() - lastMoveSidewaysTime > MOVESIDEWAYSFREQ 返回 True，这样的话就可以使方块向左或向右移动一个格子。这种做法是很有用的，因为用户重复按方向键让方块移动多个格子是很烦人的。比较好的做法是，用户可以按住方向键让方块保持移动直到松开键为止。最后更新 lastMoveSidewaysTime 变量。具体实现代码如下。

```
            if (movingLeft or movingRight) and time.time() - lastMoveSidewaysTime > MOVESIDEWAYSFREQ:
                if movingLeft and isValidPosition(board, fallingPiece, adjX=-1):
                    fallingPiece['x'] -= 1
                elif movingRight and isValidPosition(board, fallingPiece, adjX=1):
                    fallingPiece['x'] += 1
                lastMoveSidewaysTime = time.time()
            if movingDown and time.time() - lastMoveDownTime > MOVEDOWNFREQ and isValidPosition(board, fallingPiece, adjY=1):
                fallingPiece['y'] += 1
                lastMoveDownTime = time.time()
```

```
        if time.time() - lastFallTime > fallFreq:
            # see if the piece has landed
            if not isValidPosition(board, fallingPiece, adjY=1):
                addToBoard(board, fallingPiece)
                score += removeCompleteLines(board)
                level, fallFreq = calculateLevelAndFallFreq(score)
                fallingPiece = None
            else:
                fallingPiece['y'] += 1
                lastFallTime = time.time()
```

- 开始在屏幕中绘制前面所有定义的图形，具体实现代码如下。

```
        DISPLAYSURF.fill(BGCOLOR)
        drawBoard(board)
        drawStatus(score, level)
        drawNextPiece(nextPiece)
        if fallingPiece != None:
            drawPiece(fallingPiece)
        pygame.display.update()
        FPSCLOCK.tick(FPS)
```

到此为止，整个实例介绍完毕，执行效果如图 12-13 所示。

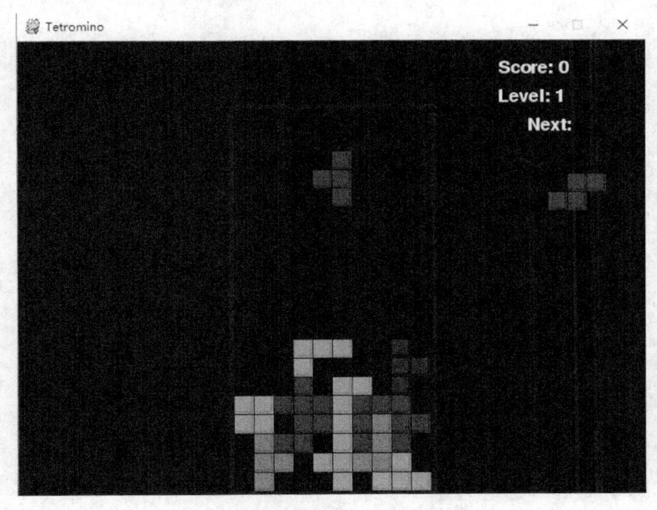

图 12-13　执行效果

范例 12-17：仿微信飞机游戏

接下来将开发一个仿微信飞机游戏，在 resources\audio 目录中保存音效素材文件，在 resources\image 目录下保存图片素材文件，如图 12-14 所示。

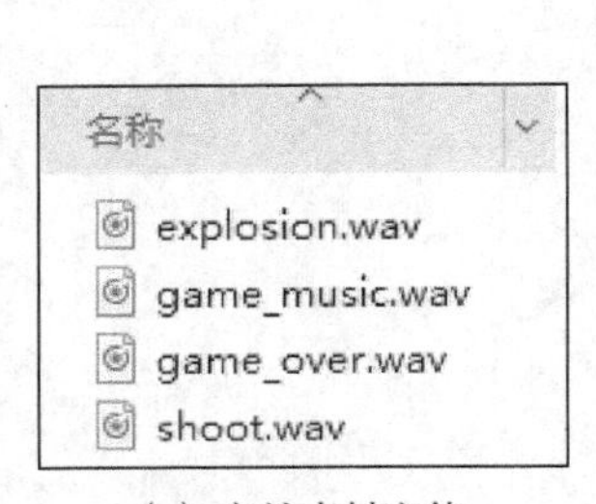

(a) 音效素材文件

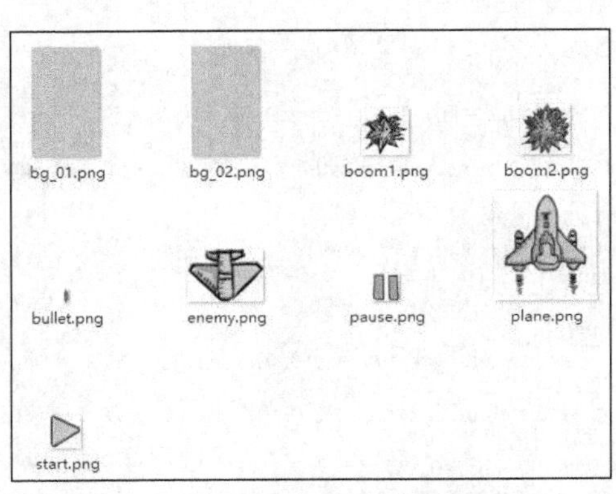

(b) 图片素材文件

图 12-14　用到的素材文件

编写实例文件 Shoot_Airplane.py，使用 Pygame 实现仿微信飞机游戏功能，使用光标控制飞机的位置，使用鼠标左键发射子弹，使用鼠标右键暂停游戏。实例文件 Shoot_Airplane.py 的具体实现代码如下。

源码路径：daima\12\12-17\Shoot_Airplane\Shoot_Airplane.py

```
    #子弹碰撞检测
        for bulletplace in bullets:
            for enemyplace in enemies:
                if (bulletplace[0] > enemyplace[0] and bulletplace[0] < enemyplace[0] + enemy.get_width()) and (bulletplace[1] >
                    enemyplace[1] and bulletplace[1] < enemyplace[1] + enemy.get_height()):
                    screen.blit(boom1, (enemyplace[0],enemyplace[1] ))
                    boomflag=75
                    enemyplace.append(boomflag)
                    boomplace.append(enemyplace)
                    enemies.remove(enemyplace)
                    bullets.remove(bulletplace)
                    Xexplosion.play()#播放音效
                    score+=100

        #飞机碰撞检测
        for enemyplace in enemies:
            if (x + 0.7*plane.get_width() > enemyplace[0]) and (x + 0.3*plane.get_width() < enemyplace[0] + enemy.get_width())
              and (y + 0.7*plane.get_height() > enemyplace[1]) and (y + 0.3*plane.get_height() < enemyplace[1] +
              enemy.get_height()):
                enemies.remove(enemyplace)
                if i<100:
                    screen.blit(background1, (0, 0))
                elif i<200:
                    screen.blit(background2, (0, 0))
                Xgame_over.play()#播放音效
                #重绘图案
                screen.blit(pause, (0, 0))
                screen.blit(boom2, (x, y))
                for place in bullets:
                    screen.blit(bullet, (place[0],place[1] ))
                for place in enemies:
                    screen.blit(enemy, (place[0],place[1] ))
                #显示最终得分
                text = font.render("Final Score: %d" % score, True, (0, 0, 0))
                screen.blit(text, (78, 270))
                text = font.render("Press Right Button to Restart", True, (0, 0, 0))
                screen.blit(text, (15, 320))
                pygame.display.update()#更新重绘

                game_over=True
                while game_over==True and r==False :
                    l,m,r =pygame.mouse.get_pressed()
                    for event in pygame.event.get():
                        if event.type == pygame.QUIT:
                            pygame.quit()
                            exit()
                #重置游戏
                i=0
                score=0
                bullets = []
                enemies = []
                boomplace=[]
                x,y=185- plane.get_width() / 2, 550- plane.get_height() / 2

        #检测暂停和继续
        l,m,r =pygame.mouse.get_pressed()
        if r==True:
            #重绘背景
            if i<100:
                screen.blit(background1, (0, 0))
            elif i<200:
                screen.blit(background2, (0, 0))
            #重绘图案
            screen.blit(start, (0, 0))
            screen.blit(plane, (x, y))
            for place in bullets:
                screen.blit(bullet, (place[0],place[1] ))
            for place in enemies:
```

```
            screen.blit(enemy, (place[0],place[1] ))
        for place in boomplace:
            if place[2]>0:
                screen.blit(boom1, (place[0],place[1] ))
                place[2]-=1
        text = font.render(u"%d" % score, 1, (0, 0, 0))
        screen.blit(text, (50, 0))
        if game_over==True:
            x,y=185, 550#重置飞机位置
            game_over=False
            text = font.render("Press Left Button to Start", True, (0, 0, 0))
            screen.blit(text, (35, 300))
        else:
            x,y=pygame.mouse.get_pos()#保存飞机位置
            text = font.render("Press Left Button to Continue", True, (0, 0, 0))
            screen.blit(text, (10, 300))
        pygame.display.update()#更新重绘

        while True:
            for event in pygame.event.get():
                if event.type == pygame.QUIT:
                    pygame.quit()
                    exit()
```

上述代码中的注释非常详细，这里不再进行详细讲解。执行效果如图 12-15 所示。

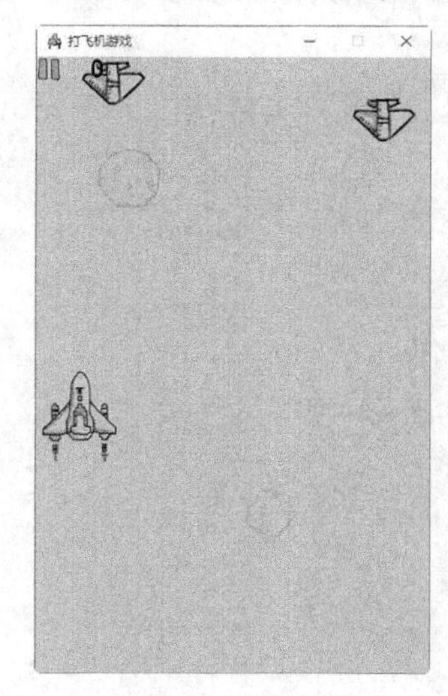

图 12-15　执行效果

范例 12-18：简单的贪吃蛇游戏

简单的贪吃蛇游戏的实现文件是 main.py，具体实现代码如下。

源码路径：daima\12\12-18\Snake\main.py

```
#全局定义
SCREEN_X = 600
SCREEN_Y = 600


#蛇类
class Snake(object):
    #初始化各种需要的属性，如开始时默认向右、身体块个数为5
    def __init__(self):
        self.dirction = pygame.K_RIGHT
        self.body = []
        for x in range(5):
            self.addnode()

    #无论何时，都在前端增加蛇块
    def addnode(self):
        left,top = (0,0)
        if self.body:
```

```
            left,top = (self.body[0].left,self.body[0].top)
        node = pygame.Rect(left,top,25,25)
        if self.dirction == pygame.K_LEFT:
            node.left -= 25
        elif self.dirction == pygame.K_RIGHT:
            node.left += 25
        elif self.dirction == pygame.K_UP:
            node.top -= 25
        elif self.dirction == pygame.K_DOWN:
            node.top += 25
        self.body.insert(0,node)

    #删除最后一个块
    def delnode(self):
        self.body.pop()

    #死亡判断
    def isdead(self):
        #撞墙
        if self.body[0].x not in range(SCREEN_X):
            return True
        if self.body[0].y not in range(SCREEN_Y):
            return True
        #撞自己
        if self.body[0] in self.body[1:]:
            return True
        return False

    #移动
    def move(self):
        self.addnode()
        self.delnode()

    #改变方向，但是左右、上下不能被逆向改变
    def changedirection(self,curkey):
        LR = [pygame.K_LEFT,pygame.K_RIGHT]
        UD = [pygame.K_UP,pygame.K_DOWN]
        if curkey in LR+UD:
            if (curkey in LR) and (self.dirction in LR):
                return
            if (curkey in UD) and (self.dirction in UD):
                return
            self.dirction = curkey


#食物类
#方法：放置/移除
#以25像素为单位（即1厘米）
class Food:
    def __init__(self):
        self.rect = pygame.Rect(-25,0,25,25)

    def remove(self):
        self.rect.x=-25

    def set(self):
        if self.rect.x == -25:
            allpos = []
            #不能靠墙太近，距离在25～SCREEN_X-25 之间
            for pos in range(25,SCREEN_X-25,25):
                allpos.append(pos)
            self.rect.left = random.choice(allpos)
            self.rect.top  = random.choice(allpos)
            print(self.rect)


def show_text(screen, pos, text, color, font_bold = False, font_size = 60, font_italic = False):
    #获取系统字体，并设置文字大小
    cur_font = pygame.font.SysFont("宋体", font_size)
    #设置是否加粗属性
    cur_font.set_bold(font_bold)
    #设置是否斜体属性
    cur_font.set_italic(font_italic)
    #设置文字内容
    text_fmt = cur_font.render(text, 1, color)
    #绘制文字
    screen.blit(text_fmt, pos)
```

```
def main():
    pygame.init()
    screen_size = (SCREEN_X,SCREEN_Y)
    screen = pygame.display.set_mode(screen_size)
    pygame.display.set_caption('Snake')
    clock = pygame.time.Clock()
    scores = 0
    isdead = False

    #蛇/食物
    snake = Snake()
    food = Food()

    while True:
        for event in pygame.event.get():
            if event.type == pygame.QUIT:
                sys.exit()
            if event.type == pygame.KEYDOWN:
                pressed_keys = pygame.key.get_pressed()
                if pressed_keys.count(1) > 1:
                    continue
                snake.changedirection(event.key)
                # 死后按Space键重新
                if event.key == pygame.K_SPACE and isdead:
                    return main()


        screen.fill((255,255,255))

        #画蛇身，蛇每移动一步+1分
        if not isdead:
            scores+=1
            snake.move()
        for rect in snake.body:
            pygame.draw.rect(screen,(20,220,39),rect,0)

        #显示死亡文字
        isdead = snake.isdead()
        if isdead:
            show_text(screen,(100,200),'YOU DEAD!',(227,29,18),False,100)
            show_text(screen,(150,260),'press space to try again...',(0,0,22),False,30)

        #食物处理，蛇吃到+50分
        #当食物rect与蛇头重合时，吃掉并且蛇增加一个块
        if food.rect == snake.body[0]:
            scores+=50
            food.remove()
            snake.addnode()

        #食物放置
        food.set()
        pygame.draw.rect(screen,(136,0,21),food.rect,0)

        #显示分数文字
        show_text(screen,(50,500),'Scores: '+str(scores),(223,223,223))

        pygame.display.update()
        clock.tick(10)
```

执行效果如图 12-16 所示。

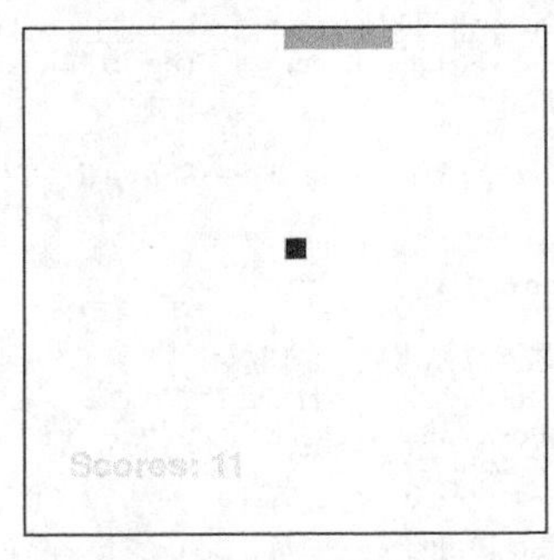

图 12-16　执行效果

范例 12-19：推箱子游戏

source 文件夹保存了音乐和图片素材文件，读者可以用相同大小的素材文件替换它们。map 文件夹保存了地图文件，读者可以编辑里面的地图文件。例如，地图文件 1.dat 的具体内容如下。

```
8 10
NNNWWWNNNN
NNNWGWNNNN
NNNWNWWWWN
NWWWBNBGWN
NWGNBPWWWN
NWWWWBWNNN
NNNNWGWNNN
NNNNWWWNNN
```

在.dat 格式的地图文件中，各个字符的具体说明如下。

- N：为空，表示什么也没有。
- W：表示墙。
- G：表示目标。
- B：表示箱子。
- P：表示重生点。

实例文件 main.py 的具体实现代码如下。

源码路径：daima\12\12-19\Boxgame\main.py

```
    #得出当前人物所在位置
    Player_Stand = Game_Map[Player_Pos[0]][Player_Pos[1]]

    Temp_x = Player_Pos[0] + Dir[dir][0]
    Temp_y = Player_Pos[1] + Dir[dir][1]

    print(Player_Pos[0],Player_Pos[1])                  #输出人物当前位置
    print( Temp_x,Temp_y)                               #移动之后的位置
    print( Game_Map[Temp_x][Temp_y])                    #移动之后的地图情况

    '''
            在移动时遇到的情况
                （1）前面是墙W（无须处理）                              -----> 见 @3
                （2）前面是箱子A | B（在指定位置 | 不在指定位置）       -----> 见 @1
                （3）什么都没有 N | G                                   -----> 见 @2

    '''
    # @1
    if Game_Map[Temp_x][Temp_y] in ('A','B'):
        print( "there is a box")
        #如果前面是箱子的话，那么需要移动箱子就会遇到两种情况
        #N表示什么都没有，G表示箱子的目标地点
        #提前预测前面的情况，方可移动箱子
        if Game_Map[Temp_x + Dir[dir][0]][Temp_y + Dir[dir][1]] in ('N','G'):
            #移动箱子
            Game_Path.append(Game_Map[:])

            #如果是箱子的目标位置，那么需要将下一个位置变成 A
            if Game_Map[Temp_x + Dir[dir][0]][Temp_y + Dir[dir][1]] == 'G':
                Change_Map(Temp_x + Dir[dir][0],Temp_y + Dir[dir][1],'A')
            #其他情况将下个位置变成B
            else:
                Change_Map(Temp_x + Dir[dir][0],Temp_y + Dir[dir][1],'B')

            # 设置人物当前的位置
            Change_Map(Temp_x,Temp_y,'P')

            #设置人物之前的位置如果是 G，则依然放置G
            if Game_Map_Source[Player_Pos[0]][Player_Pos[1]] == 'G':
                Change_Map(Player_Pos[0],Player_Pos[1],"G")
            #如果是 N，则人物走之后依然是N
            else:
                Change_Map(Player_Pos[0],Player_Pos[1],"N")
```

```
                #更新人物位置
                Player_Pos[0] = Temp_x
                Player_Pos[1] = Temp_y

                Display_refresh(Game_Screen)
                return

        # @ 2
        if Game_Map[Temp_x][Temp_y] in ("N","G"):
            print( "do it")

            #设置人物当前的位置
            Change_Map(Temp_x,Temp_y,'P')

            #设置人物之前的位置
            if Game_Map_Source[Player_Pos[0]][Player_Pos[1]] == 'G':
                Change_Map(Player_Pos[0],Player_Pos[1],"G")
            else:
                Change_Map(Player_Pos[0],Player_Pos[1],"N")

            #更新人物位置
            Player_Pos[0] = Temp_x
            Player_Pos[1] = Temp_y

        # @ 3
        Display_refresh(Game_Screen)
#Move Done


#撤销上一次的操作
#Undo Unit
def Undo():
    global Game_Screen
    global Game_Map
    global Game_Path
    if Game_Path:
        #取出地图所有元素
        Game_Map = Game_Path[-1][:]
        del Game_Path[-1]
        print( Game_Map)
        Display_refresh(Game_Screen)
    else:
        print( "You can't forback")
#Undo Unit Done


#重置本次关卡
#Redo Unit
def Redo():
    global Game_Map_Source
    global Game_Map
    global Game_Screen
    Game_Map = Game_Map_Source[:]
    Display_refresh(Game_Screen)
#Redo Done


#更新地图信息
# Map Change Unit
def Change_Map(x,y,object):
    global Game_Map
    Game_Map[x] = Game_Map[x][:y] + object+Game_Map[x][y + 1:]
# Map Change Done


#设置函数的入口
# main function entry point Unit
if __name__ == "__main__":

    Game_Screen.blit(Image_Welcome,(0,0))
    pygame.display.update()
    flag = True
    fileNumber = 0

    #获取关卡数
```

```
    for filename in os.listdir(r'map/'):
        fileNumber = fileNumber + 1

    #加载背景音乐
    filename = r'source/4085.wav'
    pygame.mixer.music.load(filename)
    pygame.mixer.music.play(loops = 0, start = 0.0)

    while flag:
        Game_Screen.blit(Image_Welcome,(0,0))
        pygame.display.update()
        for event in pygame.event.get():
            if event.type == QUIT:
                pygame.display.quit()
                exit()
            if event.type == KEYDOWN:                          #数字1
                if event.key == 49:
                    flag=False
                    break
                if event.key == 50:                            #数字2
                    Game_Screen.blit(Image_Help,(0,0))
                    pygame.display.update()
                    time.sleep(3)
                if event.key == 51:                            #数字3
                    pygame.display.quit()
                    exit()
    Game_Screen = Defult()
    Display_refresh(Game_Screen)

    #print(Player_Pos)
    #print(Game_Map)

    #按键处理程序
    while True:
        for event in pygame.event.get():
            if event.type        == KEYDOWN:
                #向上
                if event.key     == K_UP:
                    Move(0)
                #向下
                elif event.key == K_DOWN:
                    Move(1)
                #向左
                elif event.key == K_LEFT:
                    Move(2)
                #向右
                elif event.key == K_RIGHT:
                    Move(3)
                #撤销
                elif event.key == K_r:
                    Undo()
                #重置
                elif event.key == K_SPACE:
                    Redo()
                #退出
                elif event.key == K_q:
                    pygame.display.quit()
                    exit()
            elif event.type == QUIT:
                pygame.display.quit()
                exit()
        #如果在当前关卡中获胜，那么加载下一个关卡地图
        if (Check_Win()):
            #print( "you win")
            time.sleep(1)
            if Game_Level < fileNumber:
                Game_Level += 1
                Defult()
                Display_refresh(Game_Screen)
            else:
                #Game_Screen = pygame.display.set_mode((572,416),0,32)
                #将当前图片显示在窗体中心位置
                Game_Screen.blit(Image_Game_Success,(300 - 128/2,300 - 128/2))
                pygame.display.update()
```

上述代码执行后首先显示欢迎界面，按“1”键后进入游戏，按“2”键后显示帮助界面，

按“3”键后退出游戏。执行效果如图 12-17 所示。

（a）欢迎界面

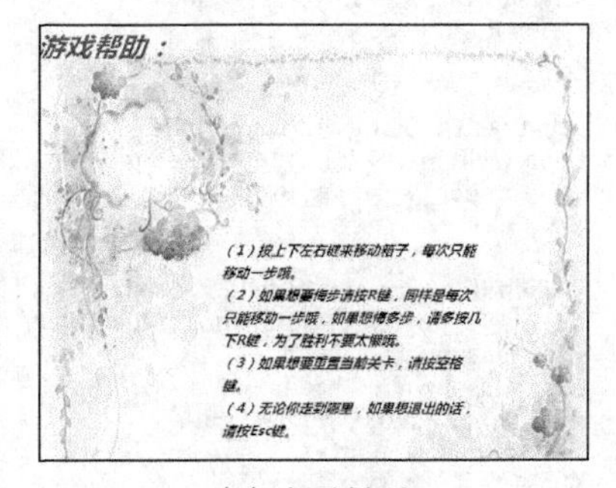

（b）帮助界面

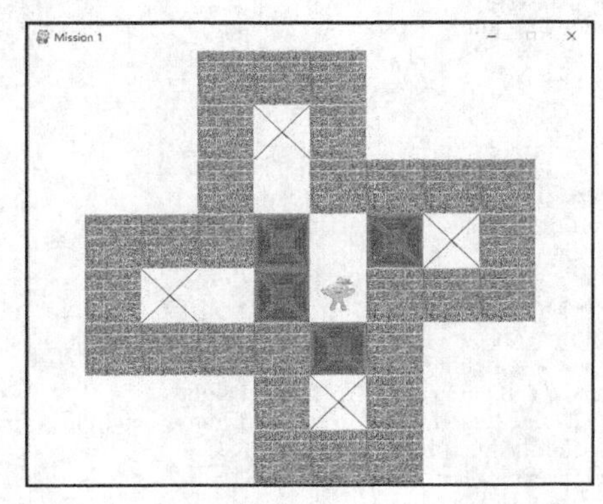

（c）进入游戏

图 12-17　执行效果

范例 12-20：吃苹果游戏

首先编写文件 MyLibrary.py，定义本游戏项目用到的公共类模块，具体实现代码如下。

源码路径：daima\12\12-20\Eat-apple-Gamea\MyLibrary.py

```
#使用所提供的字体显示文本
def print_text(font, x, y, text, color=(255,255,255)):
    imgText = font.render(text, True, color)
    screen = pygame.display.get_surface() #req'd when function moved into MyLibrary
    screen.blit(imgText, (x,y))

#定义类MySprite来扩展pygame.sprite.sprite
class MySprite(pygame.sprite.Sprite):

    def __init__(self):
        pygame.sprite.Sprite.__init__(self) #extend the base Sprite class
        self.master_image = None
        self.frame = 0
        self.old_frame = -1
        self.frame_width = 1
        self.frame_height = 1
        self.first_frame = 0
        self.last_frame = 0
        self.columns = 1
        self.last_time = 0
        self.direction = 0
        self.velocity = Point(0.0,0.0)

    #X属性
    def _getx(self): return self.rect.x
    def _setx(self,value): self.rect.x = value
    X = property(_getx,_setx)

    #Y属性
```

```
    def _gety(self): return self.rect.y
    def _sety(self,value): self.rect.y = value
    Y = property(_gety,_sety)

    #位置属性
    def _getpos(self): return self.rect.topleft
    def _setpos(self,pos): self.rect.topleft = pos
    position = property(_getpos,_setpos)


    def load(self, filename, width, height, columns):
        self.master_image = pygame.image.load(filename).convert_alpha()
        self.frame_width = width
        self.frame_height = height
        self.rect = Rect(0,0,width,height)
        self.columns = columns
        #自动计算总帧数
        rect = self.master_image.get_rect()
        self.last_frame = (rect.width // width) * (rect.height // height) - 1

    def update(self, current_time, rate=30):
        #更新动画帧
        if current_time > self.last_time + rate:
            self.frame += 1
            if self.frame > self.last_frame:
                self.frame = self.first_frame
            self.last_time = current_time

        #仅当更改时才创建当前帧
        if self.frame != self.old_frame:
            frame_x = (self.frame % self.columns) * self.frame_width
            frame_y = (self.frame // self.columns) * self.frame_height
            rect = Rect(frame_x, frame_y, self.frame_width, self.frame_height)
            self.image = self.master_image.subsurface(rect)
            self.old_frame = self.frame

    def __str__(self):
        return str(self.frame) + "," + str(self.first_frame) + \
               "," + str(self.last_frame) + "," + str(self.frame_width) + \
               "," + str(self.frame_height) + "," + str(self.columns) + \
               "," + str(self.rect)
```

再看实例文件 ZombieMobGame.py，首先随机生成 50 个苹果，然后监听玩家在键盘上按的移动方向，根据获取的移动方向实现对应的动画效果，最后实现人物和苹果的碰撞检测，检查是否吃掉苹果。文件 ZombieMobGame.py 的具体实现代码如下。

源码路径：daima\12\12-20\Eat-apple-Gamea\ZombieMobGame.py

```
    if not game_over:
        #根据人物的不同移动方向，使用不同的动画帧
        player.first_frame = player.direction * player.columns
        player.last_frame = player.first_frame + player.columns-1
        if player.frame < player.first_frame:
            player.frame = player.first_frame

        if not player_moving:
            #当停止按键（即人物停止移动的时候），停止更新动画帧
            player.frame = player.first_frame = player.last_frame
        else:
            player.velocity = calc_velocity(player.direction, 1.5)
            player.velocity.x *= 1.5
            player.velocity.y *= 1.5

        #更新人物精灵组
        player_group.update(ticks, 50)

        #移动人物
        if player_moving:
            player.X += player.velocity.x
            player.Y += player.velocity.y
            if player.X < 0: player.X = 0
            elif player.X > 700: player.X = 700
```

```
            if player.Y < 0: player.Y = 0
            elif player.Y > 500: player.Y = 500

        #检测人物是否与食物碰撞，是否吃到果实
        attacker = None
        attacker = pygame.sprite.spritecollideany(player, food_group)
        if attacker != None:
            if pygame.sprite.collide_circle_ratio(0.65)(player,attacker):
                player_health +=2;
                food_group.remove(attacker);
        if player_health > 100: player_health = 100
        #更新食物精灵组
        food_group.update(ticks, 50)

        if len(food_group) == 0:
            game_over = True
    #清屏
    screen.fill((50,50,100))

    #绘制精灵
    food_group.draw(screen)
    player_group.draw(screen)

    #绘制人物血量条
    pygame.draw.rect(screen, (50,150,50,180), Rect(300,570,player_health*2,25))
    pygame.draw.rect(screen, (100,200,100,180), Rect(300,570,200,25), 2)

    if game_over:
        print_text(font, 300, 100, "G A M E     O V E R")

    pygame.display.update()
```

执行效果如图 12-18 所示。

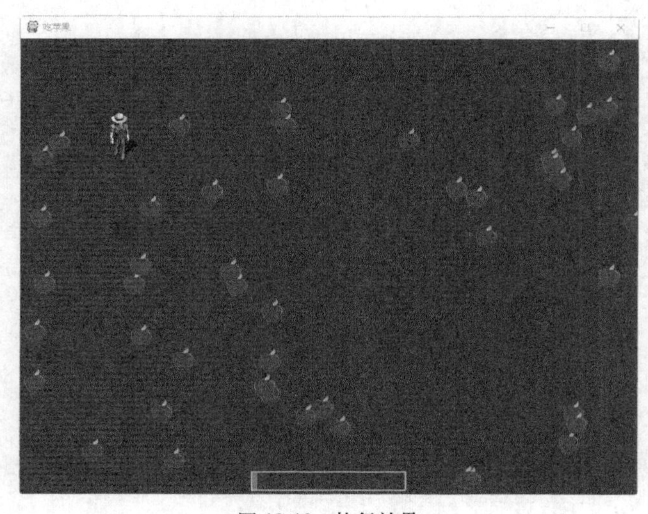

图 12-18　执行效果

范例 12-21：简易跑酷游戏

下面的实例使用 Pygame 框架实现了一个简易的跑酷游戏。游戏精灵是一个小猫，通过按 Space 键可以控制猫的跳跃；通过跳跃，小猫可以躲避子弹和恶龙的袭击。游戏结束后，得分保存在文件 data.txt 中。另外，游戏中还有恐龙、火焰、爆炸动画和果实（就是上方蓝色的矩形块）这几种精灵。

本实例的具体实现流程如下。

（1）定义发射子弹函数 reset_arrow()，对应代码如下。

```
def reset_arrow():
    y = random.randint(270,350)
```

```
        arrow.position = 800,y
        bullent_sound.play_sound()
```

（2）定义滚动地图类 MyMap，地图一直横向向右运动，和游戏的进程保持同步。

（3）定义按钮处理类 Button，分别实现开始游戏和游戏结束等功能。

（4）通过函数 replay_music()播放游戏背景音乐，通过函数 data_read()将游戏最高分保存到文件 data.txt 中。

（5）在主程序中定义游戏所需要的变量和常量。

（6）监听玩家按键事件，按 Esc 键后退出游戏，具体实现代码如下。

```
keys = pygame.key.get_pressed()
if keys[K_ESCAPE]:
    pygame.quit()
    sys.exit()

elif keys[K_SPACE]:
    if not player_jumping:
        player_jumping = True
        jump_vel = -12.0
```

（7）退出游戏时将最高分保存到文件中，具体实现代码如下。

```
screen.blit(interface,(0,0))
button.render()
button.is_start()
if button.game_start == True:
    if game_pause :
        index +=1
        tmp_x =0
        if score >int (best_score):
            best_score = score
        fd_2 = open("data.txt","w+")
        fd_2.write(str(best_score))
        fd_2.close()
        #判断游戏是否通关
        if index == 6:
            you_win = True
        if you_win:
            start_time = time.clock()
            current_time =time.clock()-start_time
            while current_time<5:
                screen.fill((200, 200, 200))
                print_text(font1, 270, 150,"YOU WIN THE GAME!",(240,20,20))
                current_time =time.clock()-start_time
                print_text(font1, 320, 250, "Best Score:",(120,224,22))
                print_text(font1, 370, 290, str(best_score),(255,0,0))
                print_text(font1, 270, 330, "This Game Score:",(120,224,22))
                print_text(font1, 385, 380, str(score),(255,0,0))
                pygame.display.update()
            pygame.quit()
            sys.exit()

        for i in range(0,100):
            element = MySprite()
            element.load("fruit.bmp", 75, 20, 1)
            tmp_x +=random.randint(50,120)
            element.X = tmp_x+300
            element.Y = random.randint(80,200)
            group_fruit.add(element)
        start_time = time.clock()
        current_time =time.clock()-start_time
        while current_time<3:
            screen.fill((200, 200, 200))
            print_text(font1, 320, 250,game_round[index],(240,20,20))
            pygame.display.update()
            game_pause = False
            current_time =time.clock()-start_time

    else:
```

（8）分别实现更新子弹和碰撞检测功能，检查子弹是否击中小猫和恐龙。

（9）实现碰撞检测，检查小猫是否被恐龙追上，具体实现代码如下。

```
if pygame.sprite.collide_rect(player, dragon):
    game_over = True
#遍历果实，使果实移动
for e in group_fruit:
    e.X -=5
collide_list = pygame.sprite.spritecollide(player,group_fruit,True)
score +=len(collide_list)
```

（10）检查小猫是否通过关卡，具体实现代码如下。

```
if dragon.X < -100:
    game_pause = True
    reset_arrow()
    player.X = 400
    dragon.X = 100
```

（11）检测小猫是否处于跳跃状态，具体实现代码如下。

```
if player_jumping:
    if jump_vel <0:
        jump_vel += 0.6
    elif jump_vel >= 0:
        jump_vel += 0.8
    player.Y += jump_vel
    if player.Y > player_start_y:
        player_jumping = False
        player.Y = player_start_y
        jump_vel = 0.0
```

（12）绘制游戏背景，具体实现代码如下。

```
bg1.map_update()
bg2.map_update()
bg1.map_rolling()
bg2.map_rolling()
```

（13）更新精灵组，具体实现代码如下。

```
if not game_over:
    group.update(ticks, 60)
    group_exp.update(ticks,60)
    group_fruit.update(ticks,60)
```

（14）循环播放背景音乐，具体实现代码如下。

```
music_time = time.clock()
if music_time    > 150 and replay_flag:
    replay_music()
    replay_flag =False
```

（15）最后绘制精灵组。

执行后的游戏界面效果如图 12-19 所示。

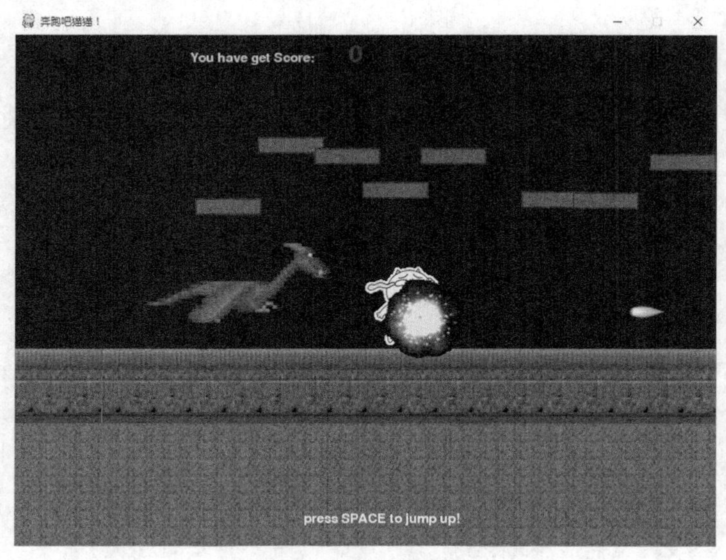

图 12-19　游戏界面效果

范例 12-22：小猫吃鱼游戏

下面的实例实现了一个简单的小猫吃鱼游戏，通过鼠标的移动能够控制小猫在水平方向的移动。本实例的具体实现代码如下。

```
#循环
while True:
    for event in pygame.event.get():
        if event.type == QUIT:
            sys.exit()
        elif event.type == MOUSEMOTION:
            mouse_x,mouse_y = event.pos
            move_x,move_y = event.rel
        elif event.type == MOUSEBUTTONUP:
            if game_over:
                game_over = False
                lives = 10
                score = 0
                Round =1
                vel_y=0.4
                mine=0
                flag=0
                pic=cat

    keys = pygame.key.get_pressed()
    if keys[K_ESCAPE]:
        sys.exit()

    screen.fill((0,0,100))

    if game_over:
        screen.blit(init,(60, 60))
        print_text(font3, 200, 400,"Clicked To Play!")
        print_text(font2, 310, 480,"Copyright@2015 developed by xiaoxi***")
    else:
        #Round setting
        if score >300 and score <600:
             Round=2
        elif score >600 and score <900:
             Round =3
        elif score >900 and score <1200:
             Round=4
        elif score >1200 and score <1500:
             Round =5
        elif score >=1500:
             Round =6
        #draw the Round
        print_text(font1, 280, 0, "Round: " + str(Round))
        #速度设置
        if Round ==1:
            vel_y=0.4
        elif Round ==2:
            vel_y=0.6
        elif Round ==3:
            vel_y=0.8
        elif Round ==4:
            vel_y=1.0
        elif Round ==5:
            vel_y=1.2
        #编号设置
        #mine=random.randint(1,9)
        #移动小鱼
        bomb_y += vel_y
        mine_y+=vel_yy

        #错过了那条鱼吗？
        if bomb_y > 500:
            bomb_x = random.randint(0, 500)
            bomb_y = -50
```

```
            lives -= 1
            if lives == 0:
                game_over = True
        #看看玩家是否钓到了鱼
        elif bomb_y > pos_y:
            if bomb_x > pos_x-10 and bomb_x < pos_x + 70:
                score += 10
                bomb_x = random.randint(0, 500)
                bomb_y = -50
        if Round >2:
        #错过了吗?
            if mine_y > 500:
                mine_x = random.randint(0, 500)
                mine_y = -50
        #看看玩家是否抓住
            elif mine_y > pos_y:
                if mine_x > pos_x and mine_x < pos_x + 40:
                    mine_x = random.randint(0, 500)
                    mine_y = -50
                    lives-=1
                    pic=cat2
                    if lives == 0:
                        game_over = True
```

在上述代码中，为了让游戏更有趣味性，设置了小鱼的下降速度是可以变的。当得到的分数在不同区间的时候，会有不同的速度。分数越高，小鱼的下降速度会越快，从而提高了游戏难度。执行后的游戏界面效果如图 12-20 所示。

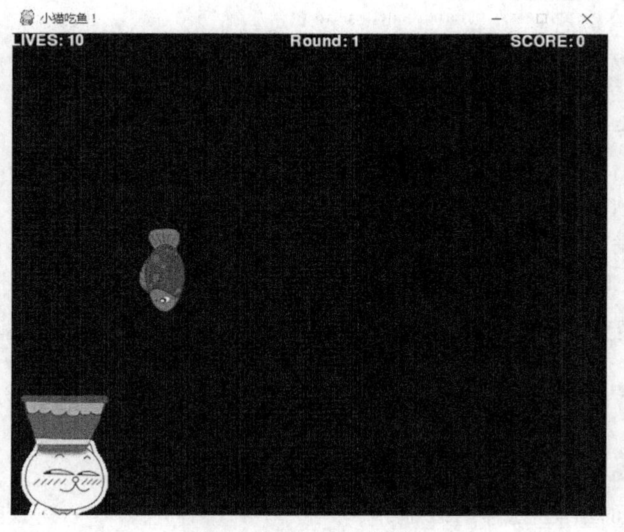

图 12-20　游戏界面效果

范例 12-23：分析官网的坦克大战游戏

Pygame 官方提供了一个坦克大战游戏，读者可以登录官网下载。下面的实例将对官方坦克大战游戏的源码进行详细讲解。实例文件 BattleCity.py 的主要实现流程如下。

（1）通过类 Timer 实现游戏定时器功能。

（2）通过类 Castle 实现玩家基地功能。

（3）通过类 Bonus 实现游戏中的宝物功能，在游戏中会出现多种宝物，宝物类型有手雷（敌人全灭）、头盔（暂时无敌）、铁锹（基地城墙变为钢板）、星星（火力增强）、坦克（加一条生命）和时钟（所有敌人行动暂停一段时间）。

（4）通过类 Bullet 实现坦克炮弹功能，具体实现代码如下。

```
class Bullet(object):
    """ 坦克炮弹 """
    #炮弹方向
    (DIR_UP, DIR_RIGHT, DIR_DOWN, DIR_LEFT) = range(4)
    #炮弹状态
    (STATE_REMOVED, STATE_ACTIVE, STATE_EXPLODING) = range(3)
    # 炮弹属性，玩家的或敌人的
    (OWNER_PLAYER, OWNER_ENEMY) = range(2)

    def __init__(self, level, position, direction, damage = 100, speed = 5):
        global sprites

        self.level = level
        #炮弹方向
        self.direction = direction
        #炮弹伤害
        self.damage = damage

        self.owner = None
        self.owner_class = None

        #炮弹类型：1表示普通炮弹；2表示加强的炮弹，可以消灭钢板
        self.power = 1

        #炮弹图像
        self.image = sprites.subsurface(75*2, 74*2, 3*2, 4*2)

        #重新计算炮弹的方向和坐标
        if direction == self.DIR_UP:
            self.rect = pygame.Rect(position[0] + 11, position[1] - 8, 6, 8)
        elif direction == self.DIR_RIGHT:
            self.image = pygame.transform.rotate(self.image, 270)
            self.rect = pygame.Rect(position[0] + 26, position[1] + 11, 8, 6)
        elif direction == self.DIR_DOWN:
            self.image = pygame.transform.rotate(self.image, 180)
            self.rect = pygame.Rect(position[0] + 11, position[1] + 26, 6, 8)
        elif direction == self.DIR_LEFT:
            self.image = pygame.transform.rotate(self.image, 90)
            self.rect = pygame.Rect(position[0] - 8 , position[1] + 11, 8, 6)

        #炮弹爆炸效果图
        self.explosion_images = [
            sprites.subsurface(0, 80*2, 32*2, 32*2),
            sprites.subsurface(32*2, 80*2, 32*2, 32*2),
        ]
        #炮弹移动速度
        self.speed = speed

        self.state = self.STATE_ACTIVE

    def draw(self):
        """ 画炮弹 """
        global screen
        if self.state == self.STATE_ACTIVE:
            screen.blit(self.image, self.rect.topleft)
        elif self.state == self.STATE_EXPLODING:
            self.explosion.draw()

    def update(self):
        global castle, players, enemies, bullets

        if self.state == self.STATE_EXPLODING:
            if not self.explosion.active:
                self.destroy()
                del self.explosion

        if self.state != self.STATE_ACTIVE:
            return

        #计算炮弹坐标，炮弹击中墙壁会爆炸
        if self.direction == self.DIR_UP:
            self.rect.topleft = [self.rect.left, self.rect.top - self.speed]
            if self.rect.top < 0:
                if play_sounds and self.owner == self.OWNER_PLAYER:
```

```
                sounds["steel"].play()
            self.explode()
            return
    elif self.direction == self.DIR_RIGHT:
        self.rect.topleft = [self.rect.left + self.speed, self.rect.top]
        if self.rect.left > (416 - self.rect.width):
            if play_sounds and self.owner == self.OWNER_PLAYER:
                sounds["steel"].play()
            self.explode()
            return
    elif self.direction == self.DIR_DOWN:
        self.rect.topleft = [self.rect.left, self.rect.top + self.speed]
        if self.rect.top > (416 - self.rect.height):
            if play_sounds and self.owner == self.OWNER_PLAYER:
                sounds["steel"].play()
            self.explode()
            return
    elif self.direction == self.DIR_LEFT:
        self.rect.topleft = [self.rect.left - self.speed, self.rect.top]
        if self.rect.left < 0:
            if play_sounds and self.owner == self.OWNER_PLAYER:
                sounds["steel"].play()
            self.explode()
            return

    has_collided = False

    #炮弹击中墙壁
    rects = self.level.obstacle_rects
    collisions = self.rect.collidelistall(rects)
    if collisions != []:
        for i in collisions:
            if self.level.hitTile(rects[i].topleft, self.power, self.owner == self.OWNER_PLAYER):
                has_collided = True
    if has_collided:
        self.explode()
        return

    # 炮弹相互碰撞，则爆炸并移除炮弹
    for bullet in bullets:
        if self.state == self.STATE_ACTIVE and bullet.owner != self.owner and bullet != self and
                    self.rect.colliderect(bullet.rect):
            self.destroy()
            self.explode()
            return

    #炮弹击中玩家坦克
    for player in players:
        if player.state == player.STATE_ALIVE and self.rect.colliderect(player.rect):
            if player.bulletImpact(self.owner == self.OWNER_PLAYER, self.damage, self.owner_class):
                self.destroy()
                return

    #炮弹击中敌人坦克
    for enemy in enemies:
        if enemy.state == enemy.STATE_ALIVE and self.rect.colliderect(enemy.rect):
            if enemy.bulletImpact(self.owner == self.OWNER_ENEMY, self.damage, self.owner_class):
                self.destroy()
                return

    # 炮弹击中玩家基地
    if castle.active and self.rect.colliderect(castle.rect):
        castle.destroy()
        self.destroy()
        return

def explode(self):
    """ 炮弹爆炸 """
    global screen
    if self.state != self.STATE_REMOVED:
        self.state = self.STATE_EXPLODING
        self.explosion = Explosion([self.rect.left-13, self.rect.top-13], None, self.explosion_images)
```

```
    def destroy(self):
        """ 标记炮弹为移除状态 """
        self.state = self.STATE_REMOVED
```

（5）通过类 Explosion 实现爆炸效果。

执行后的游戏界面效果如图 12-21 所示。

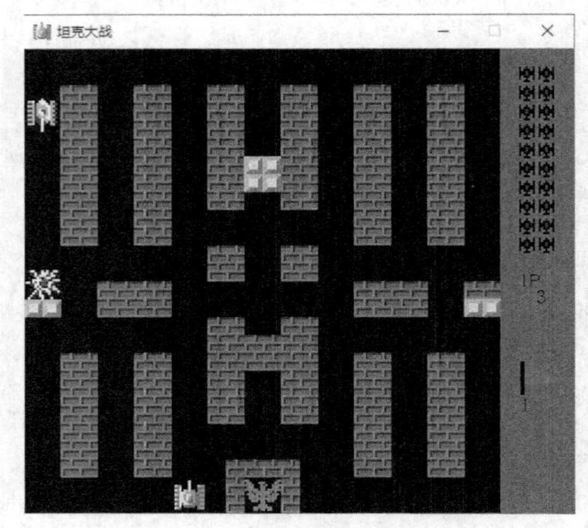

图 12-21　游戏界面效果

范例 12-24：两种贪吃蛇游戏方案

下面的实例实现了两种简单的贪吃蛇游戏方案，要想移动游戏中的蛇，只要上、下、左、右方向键被按下的事件发生即可。我们定义 4 个方向，默认情况下，蛇位于屏幕中间，移动方向为向左，然后按下方向键之后可以更改蛇的移动方向。蛇的移动速度和画面每秒传输帧数（单位为 FPS）有关。如果其值设定为 30，我们就在循环里面设置计数器，当计数器为 30 的倍数时才移动蛇。

我们用一个列表记录贪吃蛇身体的每一个位置，然后每次刷新的时候，程序就输出这个列表。另外，贪吃蛇的食物在屏幕中是随机产生的，每次贪吃蛇吃到食物的时候，贪吃蛇的身体长度加长一节（在蛇的尾部）。

第一种方案的实现文件是 snake-v01.py，主要实现代码如下。

```
WHITE = (0xff, 0xff, 0xff)
BLACK = (0, 0, 0)
GREEN = (0, 0xff, 0)
RED = (0xff, 0, 0)
LINE_COLOR = (0x33, 0x33, 0x33)
FPS = 30

HARD_LEVEL = list(range(2, int(FPS/2), 2))
hardness = HARD_LEVEL[0]

D_LEFT, D_RIGHT, D_UP, D_DOWN = 0, 1, 2, 3

# 初始化
pygame.init()

# 要想载入音乐，必须初始化mixer
pygame.mixer.init()

WIDTH, HEIGHT = 500, 500

# 贪吃蛇每一节身体的宽度
CUBE_WIDTH = 20

# 计算屏幕的网格数，网格的大小就是蛇每一节身体的大小
GRID_WIDTH_NUM, GRID_HEIGHT_NUM = int(WIDTH / CUBE_WIDTH),\
                                  int(HEIGHT / CUBE_WIDTH)
```

```
# 设置画布
screen = pygame.display.set_mode((WIDTH, HEIGHT))

# 设置标题
pygame.display.set_caption("贪吃蛇")


# 设置游戏的根目录为当前文件夹
base_folder = os.path.dirname(__file__)

# 这里需要在当前目录下创建一个名为music的目录，并且在里面存放名为back.mp3的背景音乐
music_folder = os.path.join(base_folder, 'music')

# 背景音乐
back_music = pygame.mixer.music.load(os.path.join(music_folder, 'back.mp3'))

# 蛇吃食物的音乐
bite_dound = pygame.mixer.Sound(os.path.join(music_folder, 'armor-light.wav'))

# 图片
img_folder = os.path.join(base_folder, 'images')
back_img = pygame.image.load(os.path.join(img_folder, 'back.png'))
snake_head_img = pygame.image.load(os.path.join(img_folder, 'head.png'))
snake_head_img.set_colorkey(BLACK)
food_img = pygame.image.load(os.path.join(img_folder, 'orb2.png'))

# 调整图片的大小，和屏幕一样大
background = pygame.transform.scale(back_img, (WIDTH, HEIGHT))

food = pygame.transform.scale(food_img, (CUBE_WIDTH, CUBE_WIDTH))


# 设置音量大小，防止音量过大
pygame.mixer.music.set_volume(0.4)

# 设置音乐循环次数，-1 表示无限循环
pygame.mixer.music.play(loops=-1)


# 设置定时器
clock = pygame.time.Clock()

running = True

# 设置计数器
counter = 0

# 设置初始运动方向为向左
direction = D_LEFT


# 每次蛇身体加长的时候，就将身体的位置加到列表末尾
snake_body = []
snake_body.append((int(GRID_WIDTH_NUM / 2) * CUBE_WIDTH,
                   int(GRID_HEIGHT_NUM / 2) * CUBE_WIDTH))


# 画出网格线
def draw_grids():
    for i in range(GRID_WIDTH_NUM):
        pygame.draw.line(screen, LINE_COLOR,
                         (i * CUBE_WIDTH, 0), (i * CUBE_WIDTH, HEIGHT))

    for i in range(GRID_HEIGHT_NUM):
        pygame.draw.line(screen, LINE_COLOR,
                         (0, i * CUBE_WIDTH), (WIDTH, i * CUBE_WIDTH))


# 输出身体的函数
def draw_body(direction=D_LEFT):
    for sb in snake_body[1:]:
        screen.blit(food, sb)

    if direction == D_LEFT:
        rot = 0
    elif direction == D_RIGHT:
```

```
            rot = 180
        elif direction == D_UP:
            rot = 270
        elif direction == D_DOWN:
            rot = 90
        new_head_img = pygame.transform.rotate(snake_head_img, rot)
        head = pygame.transform.scale(new_head_img, (CUBE_WIDTH, CUBE_WIDTH))
        screen.blit(head, snake_body[0])


# 用于记录食物的位置
food_pos = None


# 随机产生一个食物
def generate_food():
    while True:
        pos = (random.randint(0, GRID_WIDTH_NUM - 1),
               random.randint(0, GRID_HEIGHT_NUM - 1))

        # 如果当前位置没有蛇的身体，就跳出循环，返回食物的位置
        if not (pos[0] * CUBE_WIDTH, pos[1] * CUBE_WIDTH) in snake_body:
            return pos


# 画出食物的主体
def draw_food():
    screen.blit(food, (food_pos[0] * CUBE_WIDTH,
                         food_pos[1] * CUBE_WIDTH, CUBE_WIDTH, CUBE_WIDTH))


# 判断贪吃蛇是否吃到了食物，如果吃到了，就加长蛇的身体
def grow():
    if snake_body[0][0] == food_pos[0] * CUBE_WIDTH and\
            snake_body[0][1] == food_pos[1] * CUBE_WIDTH:
        # 每次吃到食物，就播放音乐
        bite_dound.play()
        return True

    return False

# import pdb; pdb.set_trace()
# 先产生一个食物
food_pos = generate_food()
draw_food()
while running:
    clock.tick(FPS)

    for event in pygame.event.get():
        if event.type == pygame.QUIT:
            running = False
        elif event.type == pygame.KEYDOWN:          # 如果有键被按下
            # 判断按键类型
            if event.key == pygame.K_UP:
                direction = D_UP
            elif event.key == pygame.K_DOWN:
                direction = D_DOWN
            elif event.key == pygame.K_LEFT:
                direction = D_LEFT
            elif event.key == pygame.K_RIGHT:
                direction = D_RIGHT

    # 判断计数器是否符合要求，如果符合就移动蛇的位置（调整蛇的位置）
    if counter % int(FPS / hardness) == 0:
        # 这里需要保存尾部的位置，因为以后要更新这个位置
        # 在这种情况下如果蛇吃到了食物，需要在尾部增长，那么我们
        # 就可以知道增长部分被添加到尾部的什么地方了
        last_pos = snake_body[-1]

        # 更新蛇身体的位置
        for i in range(len(snake_body) - 1, 0, -1):
            snake_body[i] = snake_body[i - 1]

        # 改变头部的位置
        if direction == D_UP:
```

```
                snake_body[0] = (
                    snake_body[0][0],
                    snake_body[0][1] - CUBE_WIDTH)
            elif direction == D_DOWN:
                snake_body[0] = (
                    snake_body[0][0],
                    snake_body[0][1] + CUBE_WIDTH)
                # top += CUBE_WIDTH
            elif direction == D_LEFT:
                snake_body[0] = (
                    snake_body[0][0] - CUBE_WIDTH,
                    snake_body[0][1])
                # left -= CUBE_WIDTH
            elif direction == D_RIGHT:
                snake_body[0] = (
                    snake_body[0][0] + CUBE_WIDTH,
                    snake_body[0][1])

            # 限制蛇的活动范围
            if snake_body[0][0] < 0 or snake_body[0][0] >= WIDTH or\
                    snake_body[0][1] < 0 or snake_body[0][1] >= HEIGHT:
                # 蛇超出画布之外游戏结束
                running = False

            # 限制蛇不能碰到自己的身体
            for sb in snake_body[1: ]:
                # 身体的其他部位如果和蛇头（snake_body[0]）重合，游戏中的蛇就死亡
                if sb == snake_body[0]:
                    running = False

            # 判断蛇是否吃到了食物，吃到了就增长
            got_food = grow()

            # 如果吃到了食物，就产生一个新的食物
            if got_food:
                food_pos = generate_food()
                snake_body.append(last_pos)
                hardness = HARD_LEVEL[min(int(len(snake_body) / 10),
                                          len(HARD_LEVEL) - 1)]

        # screen.fill(BLACK)
        screen.blit(background, (0, 0))
        draw_grids()

        # 画小蛇的身体
        draw_body(direction)

        # 画出食物
        draw_food()

        # 计数器加1
        counter += 1
        pygame.display.update()
```

第一种方案的执行效果如图 12-22 所示。

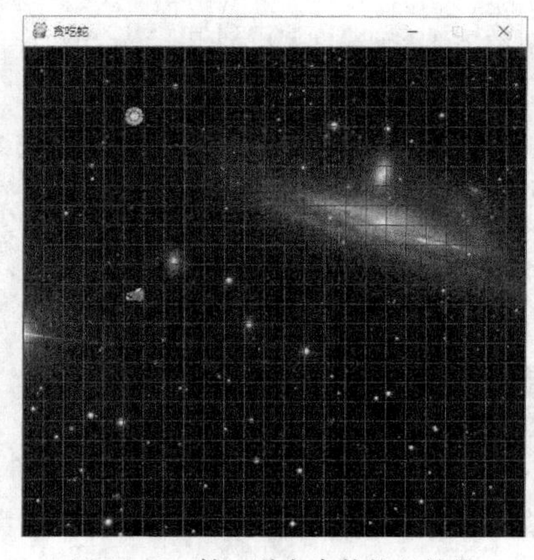

图 12-22　第一种方案的执行效果

第二种方案的实现文件是 snake-v02.py，主要实现代码如下。

```
# 画出网格线
def draw_grids():
    for i in range(GRID_WIDTH_NUM):
        pygame.draw.line(screen, LINE_COLOR,
                         (i * CUBE_WIDTH, 0), (i * CUBE_WIDTH, HEIGHT))

    for i in range(GRID_HEIGHT_NUM):
        pygame.draw.line(screen, LINE_COLOR,
                         (0, i * CUBE_WIDTH), (WIDTH, i * CUBE_WIDTH))

    pygame.draw.line(screen, WHITE,
                     (WIDTH, 0), (WIDTH, HEIGHT))


# 输出身体的函数
def draw_body(status):
    for sb in status.snake_body[1:]:
        screen.blit(food, sb)

    if status.direction == D_LEFT:
        rot = 0
    elif status.direction == D_RIGHT:
        rot = 180
    elif status.direction == D_UP:
        rot = 270
    elif status.direction == D_DOWN:
        rot = 90
    new_head_img = pygame.transform.rotate(snake_head_img, rot)
    head = pygame.transform.scale(new_head_img, (CUBE_WIDTH, CUBE_WIDTH))
    screen.blit(head, status.snake_body[0])


# 随机产生一个食物
def generate_food(status=None):
    while True:
        pos = (random.randint(0, GRID_WIDTH_NUM - 1),
               random.randint(0, GRID_HEIGHT_NUM - 1))

        if status is None:
            return pos

        # 如果当前位置没有蛇的身体，就跳出循环，返回食物的位置
        if not (pos[0] * CUBE_WIDTH, pos[1] * CUBE_WIDTH) in status.snake_body:
            return pos


# 画出食物的主体
def draw_food(statis):
    screen.blit(food, (status.food_pos[0] * CUBE_WIDTH,
                       status.food_pos[1] * CUBE_WIDTH, CUBE_WIDTH, CUBE_WIDTH))


# 判断贪吃蛇是否吃到了食物，如果吃到了就加长蛇的身体
def grow(status):
    if status.snake_body[0][0] == status.food_pos[0] * CUBE_WIDTH and\
            status.snake_body[0][1] == status.food_pos[1] * CUBE_WIDTH:
        # 每次吃到食物，就播放音乐
        bite_sound.play()
        return True

    return False


class GameStatus():
    def __init__(self):
        self.reset_game_status()

    # 重置所有的状态为初始状态
    def reset_game_status(self):
        self.food_pos = generate_food()
        self.direction = D_LEFT
        self.game_is_over = True
        self.running = True
        self.hardness = HARD_LEVEL[0]
        self.score = 0
```

```
            # 每次蛇身体加长的时候，就将身体的位置加到列表末尾
            self.snake_body = [(int(GRID_WIDTH_NUM / 2) * CUBE_WIDTH,
                                int(GRID_HEIGHT_NUM / 2) * CUBE_WIDTH)]


def show_text(surf, text, size, x, y, color=WHITE):
    font_name = os.path.join(base_folder, 'font/font.ttc')
    font = pygame.font.Font(font_name, size)
    text_surface = font.render(text, True, color)
    text_rect = text_surface.get_rect()
    text_rect.midtop = (x, y)
    surf.blit(text_surface, text_rect)


def show_welcome(screen):
    show_text(screen, u'欢乐贪吃蛇', 30, WIDTH / 2, HEIGHT / 2)
    show_text(screen, u'按任意键开始游戏', 20, WIDTH / 2, HEIGHT / 2 + 50)


def show_scores(screen, status):
    show_text(screen, u'级别: {}'.format(status.hardness), CUBE_WIDTH,
        WIDTH + CUBE_WIDTH * 3, CUBE_WIDTH * 4)

    show_text(screen, u'得分: {}'.format(status.score), CUBE_WIDTH,
        WIDTH + CUBE_WIDTH * 3, CUBE_WIDTH * 6)


# 定义一个类的实例，用于保存当前游戏状态
draw_grids()
pygame.display.update()
status = GameStatus()
while status.running:
    clock.tick(FPS)

    for event in pygame.event.get():
        if event.type == pygame.QUIT:
            status.running = False
        elif event.type == pygame.KEYDOWN:        # 如果有键被按下
            # 如果本局游戏已经结束（或者没有开始），那么按任意键开始游戏
            if status.game_is_over:
                # 重置游戏状态
                status.reset_game_status()
                status.game_is_over = False
                break

            # 判断按键类型
            if event.key == pygame.K_UP:
                status.direction = D_UP
            elif event.key == pygame.K_DOWN:
                status.direction = D_DOWN
            elif event.key == pygame.K_LEFT:
                status.direction = D_LEFT
            elif event.key == pygame.K_RIGHT:
                status.direction = D_RIGHT

    if status.game_is_over:
        show_welcome(screen)
        pygame.display.update()
        continue

    # 判断计数器是否符合要求，如果符合就移动蛇的位置（调整蛇的位置）
    if counter % int(FPS / status.hardness) == 0:
        # 这里需要保存尾部的位置，因为以后要更新这个位置
        # 在这种情况下如果蛇吃到了食物，需要在尾部增长，那么我们
        # 就知道增长部分被添加到尾部的什么地方了
        last_pos = status.snake_body[-1]

        # 更新蛇身体的位置
        for i in range(len(status.snake_body) - 1, 0, -1):
            status.snake_body[i] = status.snake_body[i - 1]

        # 改变头部的位置
        if status.direction == D_UP:
            status.snake_body[0] = (
                status.snake_body[0][0],
                status.snake_body[0][1] - CUBE_WIDTH)
        elif status.direction == D_DOWN:
            status.snake_body[0] = (
```

```
                    status.snake_body[0][0],
                    status.snake_body[0][1] + CUBE_WIDTH)
        elif status.direction == D_LEFT:
            status.snake_body[0] = (
                    status.snake_body[0][0] - CUBE_WIDTH,
                    status.snake_body[0][1])
        elif status.direction == D_RIGHT:
            status.snake_body[0] = (
                    status.snake_body[0][0] + CUBE_WIDTH,
                    status.snake_body[0][1])

        # 限制蛇的活动范围
        if status.snake_body[0][0] < 0 or status.snake_body[0][0] >= WIDTH or\
                status.snake_body[0][1] < 0 or status.snake_body[0][1] >= HEIGHT:
            # 蛇超出画布之外游戏结束
            status.game_is_over = True
            show_text(screen, u'你挂了', 30, WIDTH / 2, HEIGHT / 2)
            pygame.display.update()
            pygame.time.delay(2000)

        # 限制蛇不能碰到自己的身体
        for sb in status.snake_body[1: ]:
            # 身体的其他部位如果和蛇头（snake_body[0]）重合，游戏中的蛇就死亡
            if sb == status.snake_body[0]:
                status.game_is_over = True
                show_text(screen, u'你挂了', 30, WIDTH / 2, HEIGHT / 2)
                pygame.display.update()
                pygame.time.delay(2000)

        # 判断蛇是否吃到了食物，吃到了就增长
        got_food = grow(status)

        # 如果吃到了食物，就产生一个新的食物
        if got_food:
            status.score += status.hardness
            status.food_pos = generate_food(status)
            status.snake_body.append(last_pos)
            status.hardness = HARD_LEVEL[min(int(len(status.snake_body) / 10),
                                             len(HARD_LEVEL) - 1)]

    # screen.fill(BLACK)
    pygame.draw.rect(screen, BLACK, (WIDTH, 0, SCREEN_WIDTH - WIDTH, HEIGHT))
    screen.blit(background, (0, 0))
    draw_grids()

    # 画小蛇的身体
    draw_body(status)

    # 画出食物
    draw_food(status)

    show_scores(screen, status)

    # 计数器加1
    counter += 1
    pygame.display.update()
```

第二种方案的执行效果如图 12-23 所示。

图 12-23　第二种方案的执行效果

范例 12-25：简易俄罗斯方块游戏

本实例实现了一个简易的俄罗斯方块游戏，具体实现流程如下。

（1）背景及屏幕小方块存储。

在函数 draw_matrix()中，使用全局变量 screen_color_matrix 保存已经固定的小方块，其中每一行、每一列都对应屏幕网格中的一个小方块。如果其为 None，则说明此处还没有小方块；如果其不为 None，则存储的是小方块的颜色。

（2）编写主程序。

因为俄罗斯方块游戏本身操作简单，所以主程序也不复杂，具体说明如下。

- 游戏中只需要检测上、下、左、右方向键和 Space 键是否被按下，左、右、下方向键用于控制方块移动，上方向键用于控制方块旋转，Space 键用于控制方块快速落下。
- 每当方块落下时，就重新生成一个新的方块。
- 每当方块移动时，都会判断是否有满行，如果有满行，就消除满行并且加分。
- 更新屏幕，这个步骤主要是更新背景及当前的方块和分数。

（3）编写方块类 CubeShape。

方块类 CubeShape 的主要功能是生成新的方块，方块类型一共有 7 种：I、J、L、O、S、T、Z，具体如图 12-24 所示。

除了 O 型方块之外，其他类型的方块转动时，形状都会发生改变。转动方块的时候必须要有一个中心点，不然其转动时就会出现奇怪的现象。将中心点的位置记为(0, 0)，第 1 个参数表示行，第 2 个参数表示列。每向左移动一列，那么列数减 1，每向下移动一行，那么行数加 1，具体说明如图 12-25 所示。

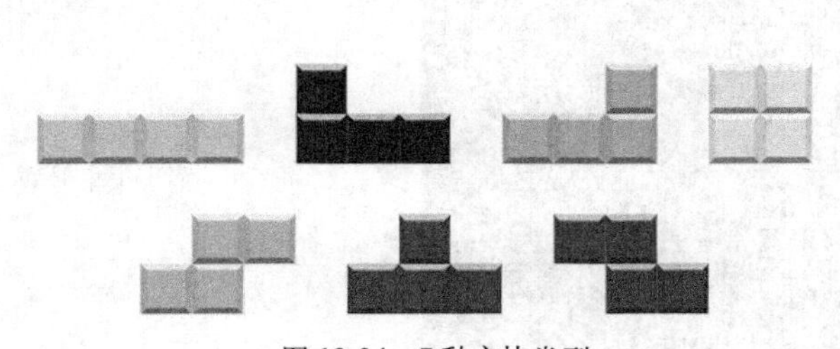

图 12-24　7 种方块类型

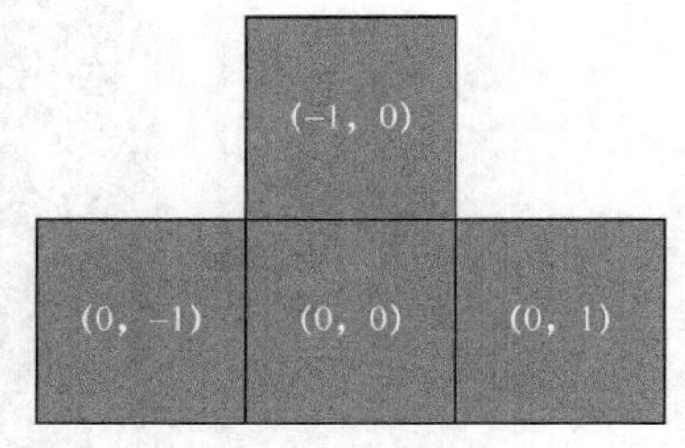

图 12-25　具体说明

这样即可将一种方块的一个角度记为一个元组列表，例如，图 12-25 所示方块可以表示为[(0, −1), (0, 0), (0, 1), (−1, 0)]，这样上面的 T 型方块一共可以有 4 个方向，就用 4 个列表表示即可。我们可以用一个字典表示所有的方块类型，具体实现代码如下。

```
SHAPES = ['I', 'J', 'L', 'O', 'S', 'T', 'Z']
I = [[(0, -1), (0, 0), (0, 1), (0, 2)],
     [(-1, 0), (0, 0), (1, 0), (2, 0)]]
J = [[(-2, 0), (-1, 0), (0, 0), (0, -1)],
     [(-1, 0), (0, 0), (0, 1), (0, 2)],
     [(0, 1), (0, 0), (1, 0), (2, 0)],
     [(0, -2), (0, -1), (0, 0), (1, 0)]]
L = [[(-2, 0), (-1, 0), (0, 0), (0, 1)],
     [(1, 0), (0, 0), (0, 1), (0, 2)],
     [(0, -1), (0, 0), (1, 0), (2, 0)],
     [(0, -2), (0, -1), (0, 0), (-1, 0)]]
O = [[(0, 0), (0, 1), (1, 0), (1, 1)]]
S = [[(-1, 0), (0, 0), (0, 1), (1, 1)],
     [(1, -1), (1, 0), (0, 0), (0, 1)]]
T = [[(0, -1), (0, 0), (0, 1), (-1, 0)],
     [(-1, 0), (0, 0), (1, 0), (0, 1)],
     [(0, -1), (0, 0), (0, 1), (1, 0)],
     [(-1, 0), (0, 0), (1, 0), (0, -1)]]
Z = [[(0, -1), (0, 0), (1, 0), (1, 1)],
     [(-1, 0), (0, 0), (0, -1), (1, -1)]]
```

```
SHAPES_WITH_DIR = {
    'I': I, 'J': J, 'L': L, 'O': O, 'S': S, 'T': T, 'Z': Z
}
```

这样，在每次更新方块位置的时候，只需要更新方块的中心就可以了。根据列表中的相对位置，即可得出方块的实际形状。在生成方块的时候，可以随机选择一个方块类型。在初始时，将中心点置于屏幕的中上方。为了使游戏的界面更加美观，我们在游戏的最前面定义了很多颜色，每次随机选择一种颜色。同样，每次生成方块都会随机选择一个形状的方块。方块类的初始化函数__init__()的代码如下。

```
def __init__(self):
    self.shape = self.SHAPES[random.randint(0, len(self.SHAPES) - 1)]
    #方块所在的行列
    self.center = (2, GRID_NUM_WIDTH // 2)
    self.dir = random.randint(0, len(self.SHAPES_WITH_DIR[self.shape]) - 1)
    self.color = CUBE_COLORS[random.randint(0, len(CUBE_COLORS) - 1)]
```

- 通过函数 get_all_gridpos()将方块的相对位置转化为屏幕中的绝对位置，其实就是用相对位置加上屏幕中心点所在的位置。
- 使用函数 draw()绘制不同类型的方块。
- 通过函数 conflict()移动方块，要想移动方块，就必须判断每次移动是否合法，即是否会超出屏幕之外，或者是否与之前的小方块发生冲突。

需要注意的是，在移动方块之前需要判断移动是否合法，整个移动或者转动的逻辑都非常简单。

- 通过函数 remove_full_line()消除满行小方块，对于每一行的小方块，其值都不为 None 即可。如果有为 None 的，则将整行复制到新的屏幕矩阵中。

执行效果如图 12-26 所示。

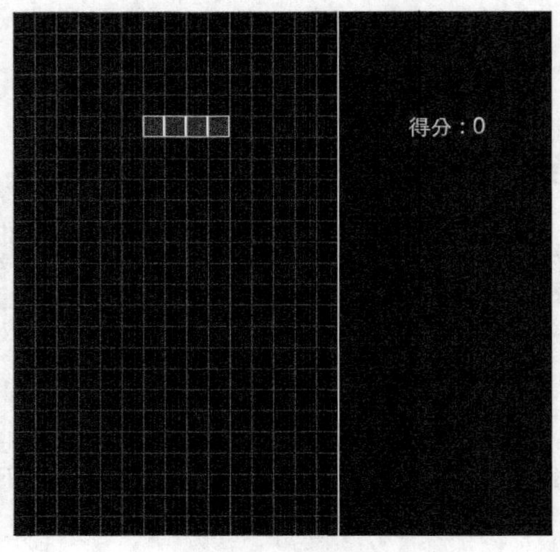

图 12-26　执行效果

12.4　Cocos2d 游戏开发实战

Cocos2d 是一个著名的 2D 游戏开发框架，为 Python 提供了一个 Cocos2d 模块 cocos2d，它是基于 pyglet 实现的。本节将通过具体实例的实现过程，讲解开发 Cocos2d 游戏的知识。

范例 12-26：第一个 Cocos2d 程序

使用如下命令即可安装库 cocos2d。

```
pip install cocos2d
```

在下面的实例文件 2dfirst.py 中，演示了创建第一个 Cocos2d 程序的过程。

```
import cocos

class HelloWorld(cocos.layer.Layer):
    def __init__(self):
        super(HelloWorld, self).__init__()
        label = cocos.text.Label(\
            'Hello, world',\
            font_name='Times New Roman',\
            font_size=32,\
            anchor_x='center', anchor_y='center')
        label.position = 320, 240
        self.add(label)

def main():
    cocos.director.director.init()
    hello_layer = HelloWorld()
    main_scene = cocos.scene.Scene (hello_layer)
    cocos.director.director.run(main_scene)


if __name__ == '__main__':
    main()
```

执行效果如图 12-27 所示。

图 12-27　执行效果

范例 12-27：创建层

层（layer）是处理玩家事件响应的 Node 子类。与场景不同，层通常包含的是直接在屏幕上呈现的内容，并且可以接受用户的输入事件，包括触摸、加速度计和键盘输入等。我们可以在层中加入精灵、文本标签或者其他游戏元素，并设置游戏元素的属性（如位置、方向和大小）和游戏元素的动作等。通常，层中的对象功能类似，耦合较紧，与层中游戏内容相关的逻辑代码也可以编写在层中。在组织好层后，只需要把层按照顺序添加到场景中即可。要向场景添加层，可以使用 add()函数。

下面的实例文件 ceng.py 演示了创建 3 个层的过程。

```
import cocos
class LayerBlue(cocos.layer.ColorLayer):
    def __init__(self):
        super(LayerBlue, self).__init__(0, 128, 128, 255,
                                        width=120, height=80)
        self.position = (50, 50)

class LayerRed(cocos.layer.ColorLayer):
    def __init__(self):
        super(LayerRed, self).__init__(128, 0, 128, 255,
                                       width=120, height=80)
        self.position = (100, 80)

class LayerYellow(cocos.layer.ColorLayer):
    def __init__(self):
        super(LayerYellow, self).__init__(128, 128, 0, 255,
                                          width=120, height=80)
        self.position = (150, 110)

cocos.director.director.init()
main_scene = cocos.scene.Scene()
main_scene.add(LayerBlue(), z=0)
```

```
main_scene.add(LayerRed(), z=1)
main_scene.add(LayerYellow(), z=2)
cocos.director.director.run(main_scene)
```

执行效果如图 12-28 所示。

图 12-28　执行效果

范例 12-28：在层中添加事件

在实例文件 2d.py 中，首先新建一个简单的层，在这个层里面显示“Hello,World”；然后分别新建两个层（MainMenu1 和 MainMenu）；最后显示各个层中的内容。设置单击 item2 后会显示文本“hi!!”，单击 item1 后会关闭当前窗口。文件 2d.py 的具体实现代码如下。

```
import sys
import os
sys.path.insert(0,os.path.join(os.path.dirname(__file__),'..'))
path = os.path.join(os.path.dirname(__file__)) + "cocos"
sys.path.insert(0,path)
from cocos.menu import *
from cocos.scene import *
from cocos.layer import *
from cocos.text   import *
class Hello(Layer):
    def __init__(self):
        super(Hello,self).__init__()
        self.label=Label('Hello,World',
        font_name='Times New Roman',
        font_size=32,
        anchor_x='center',anchor_y='center')
        self.label.position=320,240
        self.add(self.label)

class MainMenu1(Menu):
    def __init__(self,hello):
        super(MainMenu1,self).__init__()
        self.hello=hello
        self.menu_valign=BOTTOM
        self.menu_halign=LEFT
        items = [
                (MenuItem('Item 2',self.on_quit)),
                ]
        self.create_menu(items,selected_effect=zoom_in(),unselected_effect=zoom_out())

    def on_quit(self):
        self.hello.label.element.text="hi!!"


class MainMenu(Menu):
    def __init__(self):
        super(MainMenu,self).__init__()

        self.menu_valign = BOTTOM
        self.menu_halign = RIGHT

        items =[
```

```
                    (MenuItem('Item 1',self.on_quit)),
                    ]
            self.create_menu(items,selected_effect=zoom_in(),unselected_effect=zoom_out())

        def on_quit(self):
            pyglet.app.exit()



if __name__ == "__main__":
    director.init()
    hello_layer=Hello()
    main_scene=Scene(hello_layer)
    main_scene.add(MainMenu())
    main_scene.add(MainMenu1(hello_layer ))
    director.run(main_scene)
```

执行效果如图 12-29 所示。

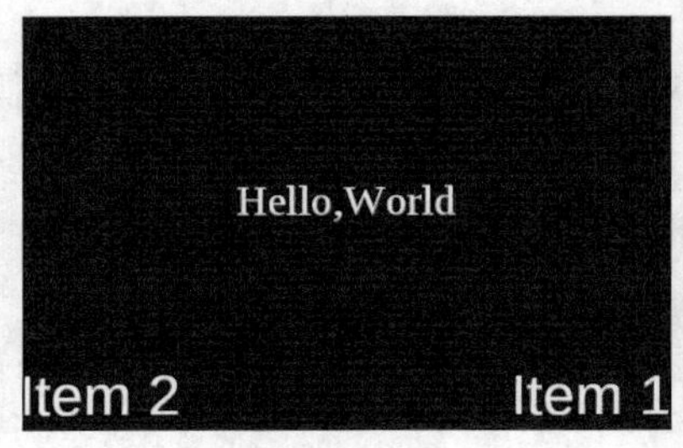

（a）初始效果

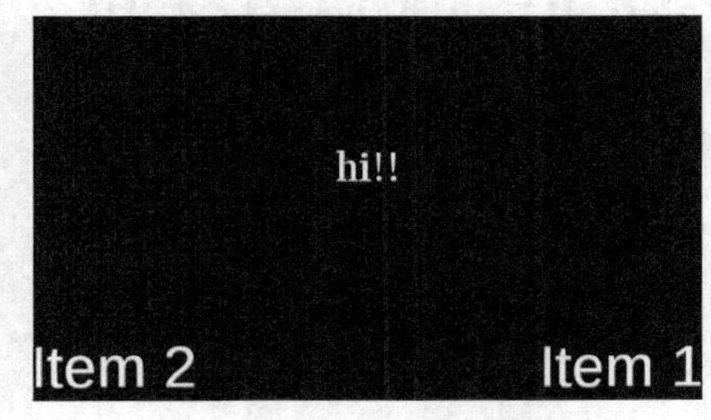

（b）单击 item2 后的效果

图 12-29　执行效果

范例 12-29：在层中添加动作

下面的实例文件 dongzuo.py 在层中添加了一张图片作为游戏精灵，然后定义了一个将图片放大 3 倍的动作，并定义了旋转图片的动作。文件 dongzuo.py 的具体实现代码如下。

```
#继承了带颜色属性的层类
class HelloWorld(cocos.layer.ColorLayer):
    def __init__(self):
        #将层调成蓝色
        super(HelloWorld, self).__init__(64, 64, 224, 255)
        label = cocos.text.Label('Hello, World!',
                                 font_name='Times New Roman',
                                 font_size=32,
                                 anchor_x='center', anchor_y='center')
        label.position = 320, 240
        self.add(label)

        #新建一个精灵，在这里是一张图片
        sprite = cocos.sprite.Sprite('12345678.jpg')
        #精灵锚点默认在正中间，只设置位置就好
        sprite.position = 320, 240
        #精灵被放大3倍，并将其添加到层，z设为1，比层更靠前
        sprite.scale = 3
        self.add(sprite, z=1)

        #定义一个动作，即2s内放大3倍
        scale = ScaleBy(3, duration=2)
        #标签的动作：重复执行放大3倍、缩小3倍。Repeat表示重复动作，Reverse表示相反动作
        label.do(Repeat(scale + Reverse(scale)))
        #精灵的动作：重复执行缩小3倍，放大3倍。
        sprite.do(Repeat(Reverse(scale) + scale))
        #层的动作：重复执行10s内旋转360°
        self.do(RotateBy(360, duration=10))


cocos.director.director.init()
main_scene = cocos.scene.Scene(HelloWorld())
cocos.director.director.run(main_scene)
```

执行效果如图 12-30 所示。

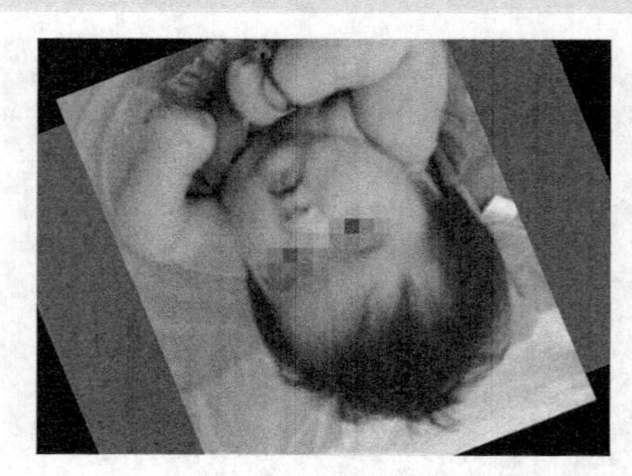

图 12-30　执行效果

范例 12-30：在层中使用鼠标按键事件

下面的实例文件 shub.py 演示了通过鼠标按键实现获取鼠标指针在窗口中的坐标信息的过程。文件 shub.py 的具体实现代码如下。

```
class KeyDisplay(cocos.layer.Layer):
    is_event_handler = True

    def __init__(self):
        super(KeyDisplay, self).__init__()

        self.text = cocos.text.Label('Keys: ', font_size=18, x=100, y=280)
        self.add(self.text)

        self.keys_pressed = set()

    def update_text(self):
        key_names = [pyglet.window.key.symbol_string(k) for k in self.keys_pressed]
        self.text.element.text = 'Keys: ' + ','.join(key_names)

    def on_key_press(self, key, modifiers):
        #按下按键自动触发本方法
        self.keys_pressed.add(key)
        self.update_text()

    def on_key_release(self, key, modifiers):
        #松开按键自动触发本方法
        self.keys_pressed.remove(key)
        self.update_text()


class MouseDisplay(cocos.layer.Layer):
    is_event_handler = True

    def __init__(self):
        super(MouseDisplay, self).__init__()

        self.text = cocos.text.Label('Mouse @', font_size=18,
                                     x=100, y=240)
        self.add(self.text)

    def on_mouse_motion(self, x, y, dx, dy):
        # dx、dy表示向量，指鼠标指针移动方向
        self.text.element.text = 'Mouse @ {}, {}, {}, {}'.format(x, y, dx, dy)

    def on_mouse_drag(self, x, y, dx, dy, buttons, modifiers):
        self.text.element.text = 'Mouse @ {}, {}, {}, {}'.format(x, y, buttons, modifiers)

    def on_mouse_press(self, x, y, buttons, modifiers):
        #按下鼠标按键不仅更新鼠标指针位置，还改变标签的位置。这里使用director.get_virtual_coordinates()，用于保证
即使窗口缩放也能正确更新位置，如果直接用x、y，则位置会错乱
        self.text.element.text = 'Mouse @ {}, {}, {}, {}'.format(x, y, buttons, modifiers)
        self.text.element.x, self.text.element.y = director.get_virtual_coordinates(x, y)


#这次创建的窗口具有调整大小的功能
director.init(resizable=True)
main_scene = cocos.scene.Scene(KeyDisplay(), MouseDisplay())
director.run(main_scene)
```

执行效果如图 12-31 所示。

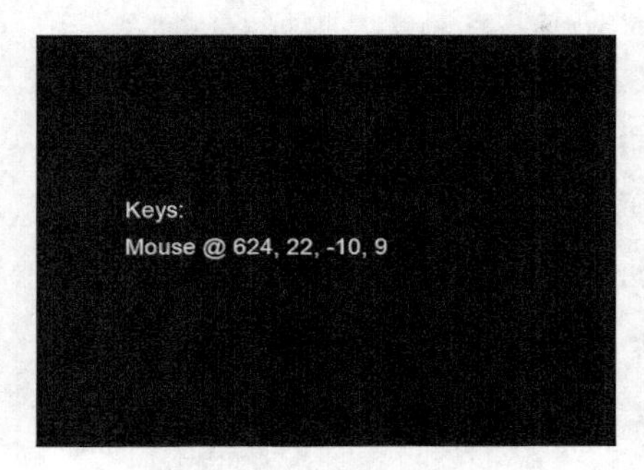

图 12-31　执行效果

范例 12-31：使用地图

在开发游戏的过程中，地图是一个十分重要的构成元素。例如，下面的实例使用了地图文件 mapmaking.tmx，实例文件 map.py 的具体实现代码如下。

```
#当加载一个地图时生成一个层
#我们从初始化开始，这很重要
from cocos.tiles import load
from cocos.layer import ScrollingManager
from cocos.director import director
from cocos.scene import Scene
#接下来开始加载地图，具体说明想加载什么层的地图
director.init()

MapLayer = load("assets/mapmaking.tmx")["map0"]
#如果需要，检查assets文件夹中的文件mapmaking.tmx，看看在哪里声明了map0
#否则，请确保正确地将地图命名为"mapmaking.tmx"，并在加载函数之后引用圆括号中的名称
#这里使用ScRunLink管理器对象来包含地图所在层
scroller = ScrollingManager()#实现滚动功能
#利用管理器制作一个场景并执行它
scroller.add(MapLayer)
#执行层
director.run(Scene(scroller))
```

执行效果如图 12-32 所示。

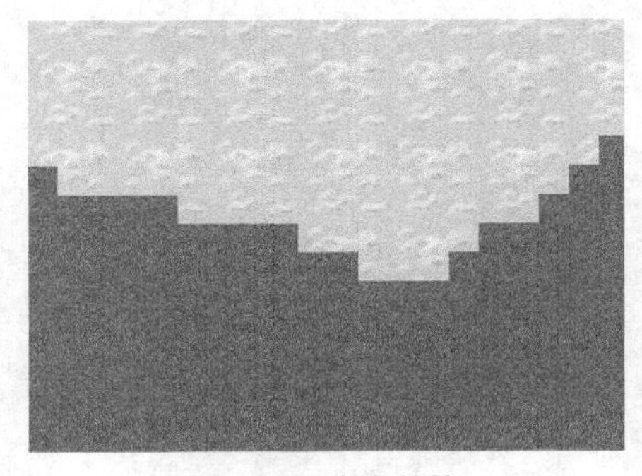

图 12-32　执行效果

范例 12-32：2048 游戏

2048 游戏是一款有趣的休闲益智数学游戏。游戏方法是把数字方块合并，合并的办法是当其中一个数字方块靠边的时候，将另一个数字方块向某个方向的墙推过去。2 和 2 可以合并成 4，4 和 4 合并成 8，直到无穷大。当数字方块占满屏幕，而且无法再进行组合时，游戏结束，游戏结束后会根据游戏的完成情况进行评分。下面的实例文件 2048_mud.py 实现了一个简单的 2048 游戏。

```
def left(lines):
    new_lines = []
```

```
        for row, line in enumerate(lines):
            new_line = []
            for col, item in enumerate(line):
                if item != 0:
                    new_line.append(item)
            last = None
            for col, item in enumerate(new_line):
                if item == last:
                    new_line[col - 1] = item * 2
                    for num in range(col, len(new_line) - 1):
                        new_line[num] = new_line[num + 1]
                    new_line.pop(len(new_line) - 1)
                    last = 0
                else:
                    last = item
            for _ in range(len(new_line), 4):
                new_line.append(0)
            new_lines.append(new_line)
        return new_lines


    def left_right_swap(lines):
        for row, line in enumerate(lines):
            line[0], line[1], line[2], line[3] = line[3], line[2], line[1], line[0]
        return lines


    def up_down_swap(lines):
        return [lines[3], lines[2], lines[1], lines[0]]


    def right(lines):
        lines = left_right_swap(lines)
        lines = left(lines)
        lines = left_right_swap(lines)
        return lines


    def rotate90(lines):
        new_lines = row_col_swap(lines)
        new_lines = left_right_swap(new_lines)
        return new_lines


    def row_col_swap(lines):
        new_lines = [[0, 0, 0, 0],
                     [0, 0, 0, 0],
                     [0, 0, 0, 0],
                     [0, 0, 0, 0]]
        for row in range(0, 4):
            for col in range(0, 4):
                new_lines[row][col] = lines[col][row]
        return new_lines


    def rotate270(lines):
        new_lines = row_col_swap(lines)
        new_lines = up_down_swap(new_lines)
        return new_lines


    def up(lines):
        lines = rotate270(lines)
        lines = left(lines)
        lines = rotate90(lines)
        return lines


    def down(lines):
        lines = rotate90(lines)
        lines = left(lines)
        lines = rotate270(lines)
        return lines
```

上述代码分别通过对应函数实现了移动控制功能，并且分别实现了旋转 90°和 270°的功能。

范例 12-33：贪吃蛇游戏

下面的实例演示了使用 cocos2d 开发一个贪吃蛇游戏的过程。首先看实例文件 sound.py，其功能是加载指定的音频作为背景音乐，并分别设置蛇吃到食物时的声音音效和游戏结束的音效。

再看程序文件 snake.py，具体实现流程如下。

(1) 定义系统中需要的常量，加载场景和背景素材图片，在游戏界面中初始化蛇和食物。

(2) 通过函数 update()刷新游戏界面，分别实现蛇头方向判断和是否撞死判断功能，在蛇的移动过程中判断是否吃到食物。

(3) 通过函数 gotfood()实现蛇吃到食物时的功能，如增加蛇身长度、播放对应音效、再次放置新食物、提高蛇速。具体实现代码如下。

```
def gotfood(self):
    #添加蛇身
    new_body = cocos.sprite.Sprite('body.png')
    new_body.position = self.body[-1].position
    new_body.scale = GRID / PIXEL
    self.add(new_body)
    self.body.append(new_body)
    #随机放置食物
    self.put_food()
    #加分
    self.score += 5
    self.scoreLabel.element.text = "score: " + str(self.score)
    #播放吃到食物的音效
    self.music.getfood()
    #提速，加大游戏难度
    self.speed *= 0.95
    self.unschedule(self.update)
    self.schedule_interval(self.update, self.speed)
```

(4) 通过函数 crash()实现蛇撞死后的处理功能，显示对应素材图片和音效，退出程序。

(5) 通过函数 key_pressed()监听键盘按键来控制蛇的移动。

执行效果如图 12-33 所示。

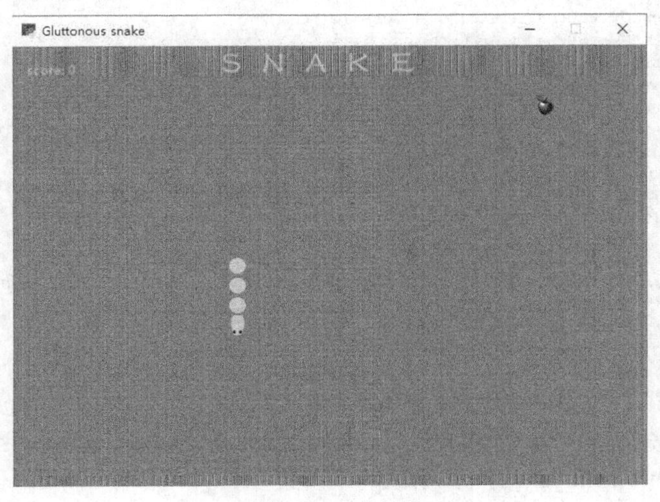

图 12-33　执行效果

范例 12-34：水果连连看游戏

水果连连看游戏是一款由 Loveyuki 开发的休闲游戏，是果蔬连连看游戏的一个分流。水果连连看游戏的游戏规则与连连看游戏的相同。然而经过多年的演变与创新，连连看游戏的游戏规则也变得多样化，但是依然保留着简单易上手、男女老少都适合玩的特点。本实例的游戏规则是，使用鼠标将相同的 3 张或多张水果图片进行碰撞以达到消除条件。

（1）本实例主程序是 Main.py，功能是调用功能函数显示指定大小的窗体界面。

（2）通过文件 GameController.py 实现监听鼠标事件功能，具体实现代码如下。

```
class GameController(Layer):
    is_event_handler = True
    def __init__(self, model):
        super(GameController, self).__init__()
        self.model = model
    def on_mouse_press(self, x, y, buttons, modifiers):
        self.model.on_mouse_press(x, y)
    def on_mouse_drag(self, x, y, dx, dy, buttons, modifiers):
        self.model.on_mouse_drag(x, y)
```

（3）通过文件 GameView.py 实现显示视图功能，在网格中更新并显示各个水果元素，并且随着时间推移显示不同的视图，通过制定函数分别实现游戏结束视图和完成一个级别的视图。

（4）通过文件 Menus.py 实现游戏界面中的菜单功能，具体实现代码如下。

```
class MainMenu(Menu):
    def __init__(self):
        super(MainMenu, self).__init__('Match3')

        #可以重写标题和项目所使用的字体
        #也可以重写字体大小和颜色
        self.font_title['font_name'] = 'Edit Undo Line BRK'
        self.font_title['font_size'] = 72
        self.font_title['color'] = (204, 164, 164, 255)

        self.font_item['font_name'] = 'Edit Undo Line BRK',
        self.font_item['color'] = (32, 16, 32, 255)
        self.font_item['font_size'] = 32
        self.font_item_selected['font_name'] = 'Edit Undo Line BRK'
        self.font_item_selected['color'] = (32, 100, 32, 255)
        self.font_item_selected['font_size'] = 46

        #例如菜单可以垂直对齐和水平对齐
        self.menu_anchor_y = CENTER
        self.menu_anchor_x = CENTER
        items = []
        items.append(MenuItem('New Game', self.on_new_game))
        items.append(MenuItem('Quit', self.on_quit))
        self.create_menu(items, shake(), shake_back())
    def on_new_game(self):
        import GameView

        director.push(FlipAngular3DTransition(
            GameView.get_newgame(), 1.5))

    def on_options(self):
        self.parent.switch_to(1)

    def on_scores(self):
        self.parent.switch_to(2)

    def on_quit(self):
        pyglet.app.exit()
```

（5）本游戏的核心程序文件是 GameModel.py，实现 MVC 模式中的 Model 功能。此文件中定义了多个函数，分别实现游戏中的各个功能。下面简要介绍几个重要的函数。

- 通过函数 set_next_level()开始游戏的下一关。
- 通过函数 time_tick()实现游戏的倒计时功能，时间结束游戏也结束，具体实现代码如下。

```
def time_tick(self, delta):
    self.play_time -= 1
```

```
        self.dispatch_event("on_update_time", self.play_time / float(self.max_play_time))
        if self.play_time == 0:
            pyglet.clock.unschedule(self.time_tick)
            self.game_state = GAME_OVER
            self.dispatch_event("on_game_over")
```

- 通过函数 set_objectives()随机设置显示的水果。
- 通过函数 fill_with_random_tiles()用随机生成的水果填充单元格。
- 通过函数 swap_elements()交换两个水果的位置。

执行效果如图 12-34 所示。

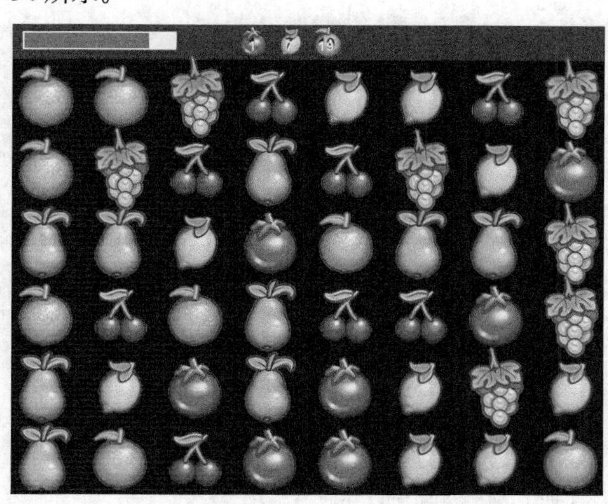

图 12-34 执行效果

范例 12-35：AI 智能贪吃蛇方案

AI 智能贪吃蛇方案的实现文件是 main-bfs2.py，功能是通过 AI 技术在游戏中自动实现贪吃功能。具体实现代码如下。

源码路径：daima\12\12-35\Snake\main-bfs2.py

```
def show_text(screen, pos, text, color, font_bold = False, font_size = 60, font_italic = False):
    #获取系统字体，并设置文字大小
    cur_font = pygame.font.SysFont("宋体", font_size)
    #设置是否加粗属性
    cur_font.set_bold(font_bold)
    #设置是否斜体属性
    cur_font.set_italic(font_italic)
    #设置文字内容
    text_fmt = cur_font.render(text, 1, color)
    #绘制文字
    screen.blit(text_fmt, pos)

#检查某个cell有没有被蛇身覆盖，没有覆盖则为空，返回True
def is_cell_free(idx, psize, psnake):
    return not (idx in psnake[:psize])

#检查某个位置idx是否可向move方向运动
def is_move_possible(idx, move):
    flag = False
    if move == LEFT:
        flag = True if idx%WIDTH > 1 else False
    elif move == RIGHT:
        flag = True if idx%WIDTH < (WIDTH-2) else False
    elif move == UP:
        flag = True if idx > (2*WIDTH-1) else False                #即idx/WIDTH > 1
    elif move == DOWN:
        flag = True if idx < (FIELD_SIZE-2*WIDTH) else False #即idx/WIDTH < HEIGHT−2
    return flag
#重置屏幕
```

```
# 屏幕重置后，UNDEFINED值变为了到达食物的路径长度
#如需要还原，则要重置它
def board_reset(psnake, psize, pboard):
    for i in range(FIELD_SIZE):
        if i == food:
            pboard[i] = FOOD
        elif is_cell_free(i, psize, psnake):   #该位置为空
            pboard[i] = UNDEFINED
        else:                                   #该位置为蛇身
            pboard[i] = SNAKE

# 广度优先搜索遍历整个board
# 计算出board中每个不是蛇的一部分的元素到达食物的路径长度
def board_refresh(pfood, psnake, pboard):
    queue = []
    queue.append(pfood)
    inqueue = [0] * FIELD_SIZE
    found = False
    # while循环结束后，除了蛇的身体，其他每个方格中的数字代表从它到食物的路径长度
    while len(queue)!=0:
        idx = queue.pop(0)
        if inqueue[idx] == 1:
            continue
        inqueue[idx] = 1
        for i in range(4):
            if is_move_possible(idx, mov[i]):
                if idx + mov[i] == psnake[HEAD]:
                    found = True
                if pboard[idx+mov[i]] < SNAKE: #如果该点不是蛇的身体

                    if pboard[idx+mov[i]] > pboard[idx]+1:
                        pboard[idx+mov[i]] = pboard[idx] + 1
                    if inqueue[idx+mov[i]] == 0:
                        queue.append(idx+mov[i])

    return found

#选择最短路径
def choose_shortest_safe_move(psnake, pboard):
    best_move = ERR
    min = SNAKE
    for i in range(4):
        if is_move_possible(psnake[HEAD], mov[i]) and pboard[psnake[HEAD]+mov[i]]<min:
            min = pboard[psnake[HEAD]+mov[i]]
            best_move = mov[i]
    return best_move

#选择最长路径
def choose_longest_safe_move(psnake, pboard):
    best_move = ERR
    max = -1
    for i in range(4):
        if is_move_possible(psnake[HEAD], mov[i]) and pboard[psnake[HEAD]+mov[i]]<UNDEFINED and
            pboard[psnake[HEAD]+mov[i]]>max:
            max = pboard[psnake[HEAD]+mov[i]]
            best_move = mov[i]
    return best_move

# 检查是否可以追着蛇尾运动，即蛇头和蛇尾间是有路径的，避免蛇头陷入死路
#虚拟操作，在tmpboard、tmpsnake中进行
def is_tail_inside():
    global tmpboard, tmpsnake, food, tmpsnake_size
    tmpboard[tmpsnake[tmpsnake_size-1]] = 0 #虚拟地将蛇尾变为食物（因为是虚拟的，所以在tmpsnake、tmpboard中进行）
    tmpboard[food] = SNAKE #放置食物的地方，看成蛇身
    result = board_refresh(tmpsnake[tmpsnake_size-1], tmpsnake, tmpboard) #求得每个位置到蛇尾的路径长度
    for i in range(4): #如果蛇头和蛇尾紧挨着，则返回False，即不能蛇头追着蛇尾运动了
        if is_move_possible(tmpsnake[HEAD], mov[i]) and tmpsnake[HEAD]+mov[i]==tmpsnake[tmpsnake_size-1] and
            tmpsnake_size>3:
            result = False
    return result

#让蛇头朝着蛇尾运动一步
#不管蛇身阻挡，朝蛇尾方向运动
```

```
def follow_tail():
    global tmpboard, tmpsnake, food, tmpsnake_size
    tmpsnake_size = snake_size
    tmpsnake = snake[:]
    board_reset(tmpsnake, tmpsnake_size, tmpboard) #重置虚拟board
    tmpboard[tmpsnake[tmpsnake_size-1]] = FOOD #让蛇尾成为食物
    tmpboard[food] = SNAKE #  让食物的地方变成蛇身
    board_refresh(tmpsnake[tmpsnake_size-1], tmpsnake, tmpboard) #求得各个位置到达蛇尾的路径长度
    tmpboard[tmpsnake[tmpsnake_size-1]] = SNAKE #还原蛇尾

    return choose_longest_safe_move(tmpsnake, tmpboard) #返回运动方向(让蛇头运动一步)

#各种方案都不行时，随便找一个可行的方向来运动一步
def any_possible_move():
    global food , snake, snake_size, board
    best_move = ERR
    board_reset(snake, snake_size, board)
    board_refresh(food, snake, board)
    min = SNAKE

    for i in range(4):
        if is_move_possible(snake[HEAD], mov[i]) and board[snake[HEAD]+mov[i]]<min:
            min = board[snake[HEAD]+mov[i]]
            best_move = mov[i]
    return best_move

def shift_array(arr, size):
    for i in range(size, 0, -1):
        arr[i] = arr[i-1]

def new_food():
    global food, snake_size
    cell_free = False
    while not cell_free:
        w = randint(1, WIDTH-2)
        h = randint(1, HEIGHT-2)
        food = h * WIDTH + w
        cell_free = is_cell_free(food, snake_size, snake)

#真正的蛇在这个函数中，朝pbest_move运动一步
def make_move(pbest_move):
    global key, snake, board, snake_size, score
    shift_array(snake, snake_size)
    snake[HEAD] += pbest_move


    #如果新加入的蛇头的位置就是食物的位置
    #蛇长加一，产生新的食物，重置board（因为原来那些路径长度已经用不上了）
    if snake[HEAD] == food:
        board[snake[HEAD]] = SNAKE #新的蛇头
        snake_size += 1
        score += 1
        if snake_size < FIELD_SIZE:
            new_food()
    else: #如果新加入的蛇头的位置不是食物的位置
        board[snake[HEAD]] = SNAKE #新的蛇头
        board[snake[snake_size]] = UNDEFINED #蛇尾变为空

# 虚拟地执行一次，然后在调用处检查这次执行是否可行，可行才真实执行
# 虚拟执行吃到食物后，得到虚拟下蛇在board的位置
def virtual_shortest_move():
    global snake, board, snake_size, tmpsnake, tmpboard, tmpsnake_size, food
    tmpsnake_size = snake_size
    tmpsnake = snake[:] #如果tmpsnake=snake，则两者指向同一处内存
    tmpboard = board[:] #board中已经是各位置到达食物的路径长度了，不用再计算
    board_reset(tmpsnake, tmpsnake_size, tmpboard)

    food_eated = False
    while not food_eated:
        board_refresh(food, tmpsnake, tmpboard)
        move = choose_shortest_safe_move(tmpsnake, tmpboard)
        shift_array(tmpsnake, tmpsnake_size)
        tmpsnake[HEAD] += move #在蛇头前加入一个新的位置
```

```
            #如果新加入的蛇头的位置正好是食物的位置
            #则长度加1，重置board，食物位置变为蛇的一部分
            if tmpsnake[HEAD] == food:
                tmpsnake_size += 1
                board_reset(tmpsnake, tmpsnake_size, tmpboard) # 虚拟执行后，蛇在board的位置
                tmpboard[food] = SNAKE
                food_eated = True
            else: #如果蛇头的位置不是食物的位置，则新加入的位置为蛇头，最后一个位置变为空
                tmpboard[tmpsnake[HEAD]] = SNAKE
                tmpboard[tmpsnake[tmpsnake_size]] = UNDEFINED

#如果蛇与食物间有路径，则调用本函数
def find_safe_way():
    global snake, board
    safe_move = ERR
    #虚拟地执行一次，因为已经确保蛇与食物间有路径，所以执行有效
    #执行后得到虚拟的蛇在board中的位置
    virtual_shortest_move() # 该函数唯一调用处
    if is_tail_inside(): #如果虚拟执行后，蛇头与蛇尾间有路径，则选最短路径运动一步
        return choose_shortest_safe_move(snake, board)
    safe_move = follow_tail() #否则虚拟地执行follow_tail()一步，如果可以做到，则返回True
    return safe_move
```

上述代码执行后，我们不用操作蛇的运动，AI 会自动操作蛇吃食物。执行效果如图 12-35 所示。

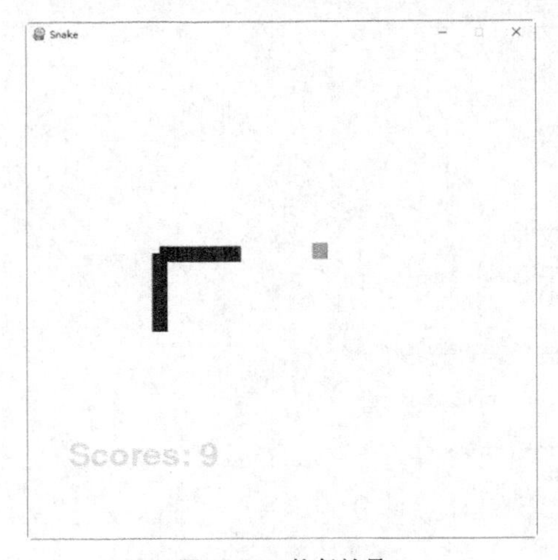

图 12-35　执行效果

范例 12-36：AI 智能五子棋游戏

下面的实例实现了一个 AI 五子棋游戏，实例文件 fiveinrow-v-final.py 的具体实现流程如下。

（1）构建 Pygame 的游戏框架，导入相关包，分别实现初始化、加载图片和主循环功能。设置屏幕左上角为起点，向右宽度逐渐增加，向下高度逐渐增加。

```
#导入需要用到的包
import pygame
import os

#初始化Pygame
pygame.init()

#初始化mixer（因为后文需要用到音乐）
pygame.mixer.init()

#设置屏幕大小和标题

WIDTH = 720
HEIGHT = 720
screen = pygame.display.set_mode((WIDTH, HEIGHT))
pygame.display.set_caption("五子棋")

#设置一个定时器，用于在固定时间刷新屏幕，而不是一直不停地刷新，避免浪费CPU资源
```

```
FPS = 30
clock = pygame.time.Clock()

#加载背景图片
base_folder = os.path.dirname(__file__)
img_folder = os.path.join(base_folder, 'images')
background_img = pygame.image.load(os.path.join(img_folder, 'back.png')).convert()
```

（2）主循环非常简单，调用函数绘制棋盘并刷新屏幕。

（3）实现绘制棋盘功能，整个绘制过程分为如下 3 个步骤。

- 第一步是绘制背景图片。
- 第二步是绘制网格线。
- 第三步是绘制 5 个小黑点（围棋棋盘上有 9 个）。

绘制棋盘功能用到了如下函数。

- screen.blit()：功能是复制像素点到指定位置，第 1 个参数为源，第 2 个参数为位置（以左上角为原点的坐标）。
- pygame.draw.line()：功能是绘制线，第 1 个参数为屏幕，第 2 个参数为颜色，第 3 个参数为起点，第 4 个参数为终点。
- pygame.draw.circle()：功能是绘制圆形，第 1 个、第 2 个参数的含义和 pygame.draw.line() 函数的一样，第 3 个和第 4 个参数分别为圆心和半径。

（4）处理落子过程，具体落子的过程大概为获取鼠标指针位置、计算网格点的位置（鼠标指针位置所对应的落子点）和绘制棋子。接下来开始详细讲解上述落子操作的实现过程。

- 获取鼠标指针位置。获取鼠标指针位置的方法很简单，Pygame 为我们做好了各种事件的检测及记录，我们只需要先看有没有鼠标单击事件的发生，然后获取位置即可。只需通过如下一行代码即可获取鼠标指针的位置。

```
pos = event.pos
```

- 计算网格点的位置。计算网格点的位置也很简单，只要用坐标值除以网格的宽度即可，这里有一点需要注意，就是我们不可能每次都单击到网格点上，因此需要有一个四舍五入的过程，即单击的位置距离哪个点近，默认用户单击了哪一个点。对应代码如下。

```
grid = (int(round(event.pos[0] / (GRID_WIDTH + .0))),
        int(round(event.pos[1] / (GRID_WIDTH + .0))))
```

- 绘制棋子。要想绘制出棋子，必须记录下所走的每一步棋，并且在刷新屏幕的时候将这些棋子全部绘制出来。

定义一个全局变量 movements 用于记录每一步棋，将每次落子之后的落子信息被存储在里面。对应代码如下。

```
movements = []
def add_coin(screen, pos, color):
    movements.append(((pos[0] * GRID_WIDTH, pos[1] * GRID_WIDTH), color))
    pygame.draw.circle(screen, color,
        (pos[0] * GRID_WIDTH, pos[1] * GRID_WIDTH), 16)
```

再定义一个绘制每一步棋的函数 draw_movements()，对应代码如下。

```
def draw_movements(screen):
    for m ini movements:
        pygame.draw.circle(screen, m[1], pos[0], 16)
```

在刷新屏幕之前调用绘制棋子的函数，对应代码如下。

```
draw_movements(screen)
```

（5）判断游戏是否结束。游戏结束的标志是同色的 5 个棋子连成一条线（每次落子的时候只要判断所落子的周围有没有同一颜色的 5 个棋子可以连成一条线即可）。这里需要用一个矩阵记录每个位置棋子的颜色，具体所示。

```
color_metrix = [[None] * 20 for i in range(20)]
```

此时，就可以定义判断游戏是否结束的函数了，函数的逻辑很简单，只要判断所落子的周围是否有 5 个同色棋子可以连成一条线（一共有 4 个方向）。

```
def game_is_over(pos, color):
    hori = 1
    verti = 1
    slash = 1
    backslash = 1
    left = pos[0] - 1
    while left > 0 and color_metrix[left][pos[1]] == color:
        left -= 1
        hori += 1

    right = pos[0] + 1
    while right < 20 and color_metrix[right][pos[1]] == color:
        right += 1
        hori += 1

    up = pos[1] - 1
    while up > 0 and color_metrix[pos[0]][up] == color:
        up -= 1
        verti += 1

    down = pos[1] + 1
    while down < 20 and color_metrix[pos[0]][down] == color:
        down += 1
        verti += 1

    left = pos[0] - 1
    up = pos[1] - 1
    while left > 0 and up > 0 and color_metrix[left][up] == color:
        left -= 1
        up -= 1
        backslash += 1

    right = pos[0] + 1
    down = pos[1] + 1
    while right < 20 and down < 20 and color_metrix[right][down] == color:
        right += 1
        down += 1
        backslash += 1

    right = pos[0] + 1
    up = pos[1] - 1
    while right < 20 and up > 0 and color_metrix[right][up] == color:
        right += 1
        up -= 1
        slash += 1

    left = pos[0] - 1
    down = pos[1] + 1
    while left > 0 and down < 20 and color_metrix[left][down] == color:
        left -= 1
        down += 1
        slash += 1

    if max([hori, verti, backslash, slash]) == 5:
        return True
```

在绘制棋子之后加入游戏结束的判断代码：

```
if game_is_over(grid, BLACK):
    running = False
```

在绘制棋子的函数中将改变 color_metrix 的语句加进去，这样只要有 5 个同色棋子连成一条线就说明游戏结束。通过专用函数 move()处理用户走子和 AI 的响应函数接口。

```
def move(surf, pos):
    '''
        surf:屏幕
        pos: 用户落子的位置
    Returns a tuple or None:
        None: if move is invalid else return a
        tuple (bool, player):
            bool: True is game is not over else False
            player: winner (USER or AI)
    '''
```

在上述过程中，首先判断落子的位置是否已经有棋子，有则返回 None，否则落子为合法的，调用 add_coin()函数，最后调用 respond()函数。函数 move()的具体实现代码如下。

```
def move(surf, pos):
    '''
        surf: 屏幕
        pos: 用户落子的位置
    '''
    grid = (int(round(pos[0] / (GRID_WIDTH + .0))),
            int(round(pos[1] / (GRID_WIDTH + .0))))

    if grid[0] <= 0 or grid[0] > 19:
        return
    if grid[1] <= 0 or grid[1] > 19:
        return

    pos = (grid[0] * GRID_WIDTH, grid[1] * GRID_WIDTH)

    # num_pos = gridpos_2_num(grid)
    # if num_pos not in remain:
    #     return None
    if color_metrix[grid[0]][grid[1]] is not None:
        return None

    curr_move = (pos, BLACK)
    add_coin(surf, BLACK, grid, USER)

    if game_is_over(grid, BLACK):
        return (False, USER)

    return respond(surf, movements, curr_move)
```

这样给 add_coin()函数添加了一个参数，就是当前落子的角色，其中：

```
USER, AI = 1, 0
```

用随机落子方式代替 AI 方式，函数 respond()的具体实现代码如下。

```
def respond(surf, movements, curr_move):
    #测试用，随机落子

    grid_pos = (random.randint(1, 19), random.randint(1, 19))
    # print(grid_pos)
    add_coin(surf, WHITE, grid_pos, 16)
    if game_is_over(grid_pos, WHITE):
        return (False, AI)

    return None
```

执行效果如图 12-36 所示。

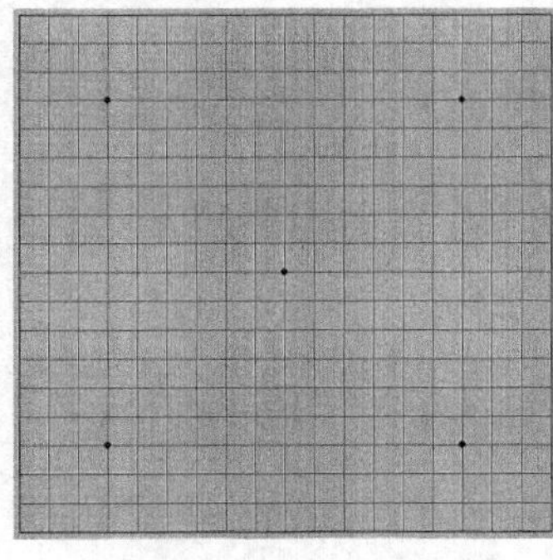

图 12-36　执行效果

第 13 章

数据可视化实战

本章将通过具体实例的实现过程，详细讲解使用 Python 开发数据可视化程序的方法。

13.1 使用 Matplotlib

Matplotlib 是 Python 中最著名的数据可视化工具包之一，我们通过使用 Matplotlib，可以非常方便地绘制和数据统计相关的图形，如折线图、散点图、直方图等。正因 Matplotlib 在绘图领域的强大功能，所以它在 Python 数据挖掘方面得到了重用。

范例 13-01：安装 Matplotlib

在 Python 程序中使用库 Matplotlib 之前，需要先确保安装了 Matplotlib 库。在 Windows 操作系统中安装 Matplotlib 之前，首先需要确保已经安装了 Visual Studio.NET。在安装 Visual Studio.NET 后，就可以安装 Matplotlib 了，其中最简单的安装方式是使用如下 pip 命令或 easy_install 命令。

```
easy_install matplotlib
pip install matplotlib
```

虽然上述两种安装方式比较简单省心，但是并不能保证安装的 Matplotlib 适合当今最新版本的 Python。例如，笔者在写作本书时使用的是 Python 3.6，而当时使用上述两个命令只能自动安装 Matplotlib 1.7，它并不支持 Python 3.6。在这个时候，建议读者登录 PyPI 网站下载，如图 13-1 所示。在这个页面中查找与你使用的 Python 版本匹配的 wheel 文件（扩展名为“.whl”的文件）。例如，如果使用的是 64 位的 Python 3.6，则需要下载 matplotlib-2.0.0rc2-cp36-cp36m-win_amd64.whl。

matplotlib-2.0.0rc2-cp27-cp27m-manylinux1_x86_64.whl (md5)
matplotlib-2.0.0rc2-cp27-cp27m-win32.whl (md5)
matplotlib-2.0.0rc2-cp27-cp27m-win_amd64.whl (md5)
matplotlib-2.0.0rc2-cp27-cp27mu-manylinux1_x86_64.whl (md5)
matplotlib-2.0.0rc2-cp34-cp34m-macosx_10_6_intel.macosx_10_9_intel.macosx_10_9_x86_64.macosx_10_10_intel.macosx_
matplotlib-2.0.0rc2-cp34-cp34m-manylinux1_x86_64.whl (md5)
matplotlib-2.0.0rc2-cp34-cp34m-win32.whl (md5)
matplotlib-2.0.0rc2-cp34-cp34m-win_amd64.whl (md5)
matplotlib-2.0.0rc2-cp35-cp35m-macosx_10_6_intel.macosx_10_9_intel.macosx_10_9_x86_64.macosx_10_10_intel.macosx_
matplotlib-2.0.0rc2-cp35-cp35m-manylinux1_x86_64.whl (md5)
matplotlib-2.0.0rc2-cp35-cp35m-win32.whl (md5)
matplotlib-2.0.0rc2-cp35-cp35m-win_amd64.whl (md5)
matplotlib-2.0.0rc2-cp36-cp36m-win32.whl (md5)
matplotlib-2.0.0rc2-cp36-cp36m-win_amd64.whl (md5)
matplotlib-2.0.0rc2.tar.gz (md5, pgp)

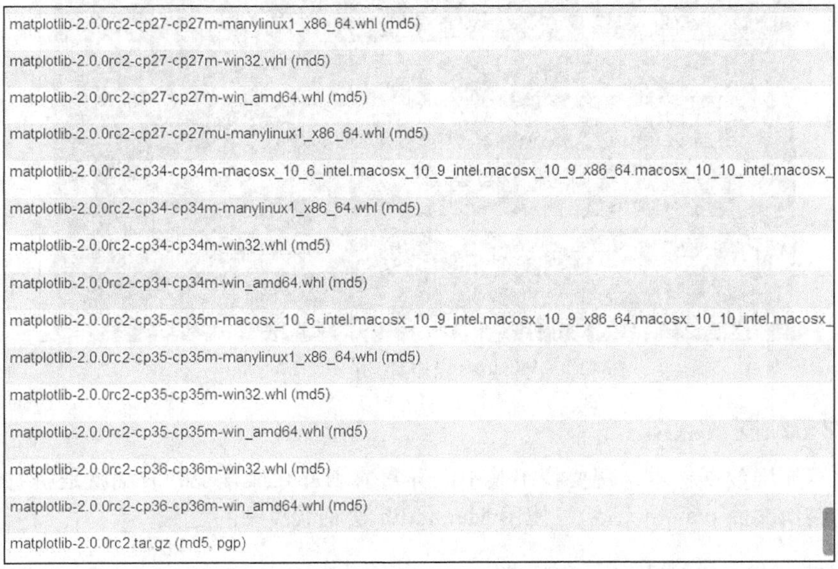

图 13-1　登录 PyPI 网站下载

注意：如果登录 PyPI 找不到适合自己的 Matplotlib，还可以尝试登录 LFD 网站寻找，如图 13-2 所示。

例如，笔者当时下载得到的文件是 matplotlib-2.0.0rc2-cp36-cp36m-win_amd64.whl，将这个文件保存在“H:\matp”目录下，接下来需要打开一个 CMD 控制台，并切换到该项目文件夹“H:\matp”，再使用如下 pip 命令来安装 Matplotlib。

```
python -m pip install --user matplotlib-2.0.0rc2-cp36-cp36m-win_amd64.whl
```

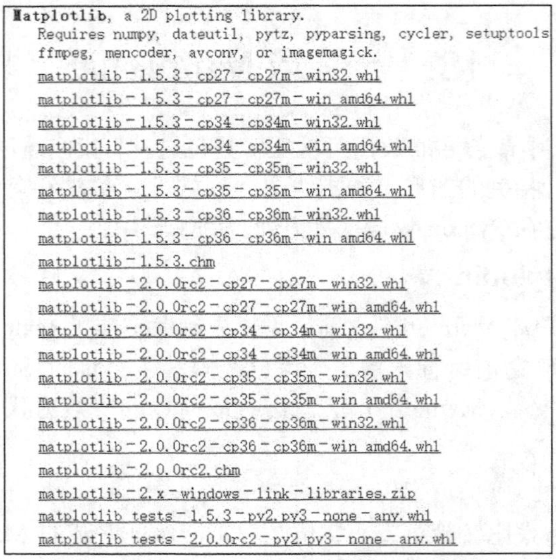

```
Matplotlib, a 2D plotting library.
   Requires numpy, dateutil, pytz, pyparsing, cycler, setuptools
   ffmpeg, mencoder, avconv, or imagemagick.
   matplotlib-1.5.3-cp27-cp27m-win32.whl
   matplotlib-1.5.3-cp27-cp27m-win_amd64.whl
   matplotlib-1.5.3-cp34-cp34m-win32.whl
   matplotlib-1.5.3-cp34-cp34m-win_amd64.whl
   matplotlib-1.5.3-cp35-cp35m-win32.whl
   matplotlib-1.5.3-cp35-cp35m-win_amd64.whl
   matplotlib-1.5.3-cp36-cp36m-win32.whl
   matplotlib-1.5.3-cp36-cp36m-win_amd64.whl
   matplotlib-1.5.3.chm
   matplotlib-2.0.0rc2-cp27-cp27m-win32.whl
   matplotlib-2.0.0rc2-cp27-cp27m-win_amd64.whl
   matplotlib-2.0.0rc2-cp34-cp34m-win32.whl
   matplotlib-2.0.0rc2-cp34-cp34m-win_amd64.whl
   matplotlib-2.0.0rc2-cp35-cp35m-win32.whl
   matplotlib-2.0.0rc2-cp35-cp35m-win_amd64.whl
   matplotlib-2.0.0rc2-cp36-cp36m-win32.whl
   matplotlib-2.0.0rc2-cp36-cp36m-win_amd64.whl
   matplotlib-2.0.0rc2.chm
   matplotlib-2.x-windows-link-libraries.zip
   matplotlib_tests-1.5.3-py2.py3-none-any.whl
   matplotlib_tests-2.0.0rc2-py2.py3-none-any.whl
```

图 13-2　登录 LFD 网站寻找

Windows 操作系统中安装 Matplotlib 如图 13-3 所示。

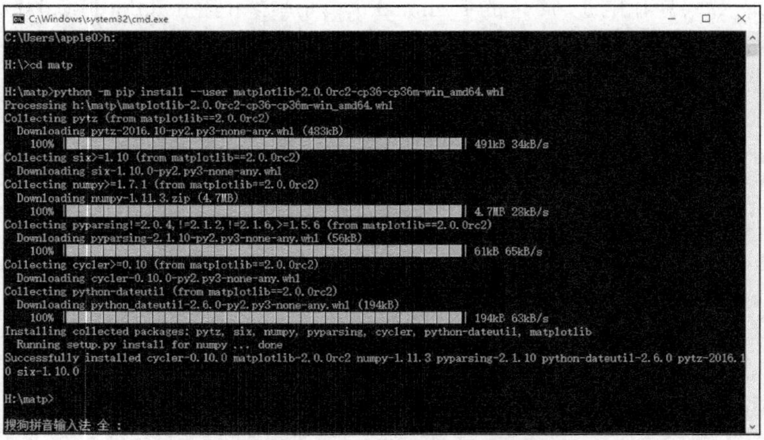

```
C:\Windows\system32\cmd.exe
C:\Users\apple0>h:

H:\>cd matp

H:\matp>python -m pip install --user matplotlib-2.0.0rc2-cp36-cp36m-win_amd64.whl
Processing h:\matp\matplotlib-2.0.0rc2-cp36-cp36m-win_amd64.whl
Collecting pytz (from matplotlib==2.0.0rc2)
  Downloading pytz-2016.10-py2.py3-none-any.whl (483kB)
    100% |████████████████████████████████| 491kB 34kB/s
Collecting six>=1.10 (from matplotlib==2.0.0rc2)
  Downloading six-1.10.0-py2.py3-none-any.whl
Collecting numpy>=1.7.1 (from matplotlib==2.0.0rc2)
  Downloading numpy-1.11.3.zip (4.7MB)
    100% |████████████████████████████████| 4.7MB 28kB/s
Collecting pyparsing!=2.0.4,!=2.1.2,!=2.1.6,>=1.5.6 (from matplotlib==2.0.0rc2)
  Downloading pyparsing-2.1.10-py2.py3-none-any.whl (56kB)
    100% |████████████████████████████████| 61kB 65kB/s
Collecting cycler>=0.10 (from matplotlib==2.0.0rc2)
  Downloading cycler-0.10.0-py2.py3-none-any.whl
Collecting python-dateutil (from matplotlib==2.0.0rc2)
  Downloading python_dateutil-2.6.0-py2.py3-none-any.whl (194kB)
    100% |████████████████████████████████| 194kB 63kB/s
Installing collected packages: pytz, six, numpy, pyparsing, cycler, python-dateutil, matplotlib
  Running setup.py install for numpy ... done
Successfully installed cycler-0.10.0 matplotlib-2.0.0rc2 numpy-1.11.3 pyparsing-2.1.10 python-dateutil-2.6.0 pytz-2016.1
0 six-1.10.0

H:\matp>

搜狗拼音输入法 全 :
```

图 13-3　Windows 操作系统中安装 Matplotlib

范例 13-02：绘制散点图

假设你有一堆数据样本，想要找出其中的异常值，那么最直观的方法就是将它们画成散点图。下面的实例文件 dian.py 演示了使用 Matplotlib 绘制散点图的过程。

源码路径：daima\13\13-02\dian.py

```
import matplotlib.pyplot as plt         #导入pyplot包，并缩写为plt
#定义2个点的x轴坐标集合和y轴坐标集合
x=[1,2]
y=[2,4]
plt.scatter(x,y)                         #绘制散点图
plt.show()                               #展示绘画框
```

在上述实例代码中绘制了拥有两个点的散点图，向函数 scatter()传递了两个分别包含 *x* 轴坐标值和 *y* 轴坐标值的列表。执行效果如图 13-4 所示。

在上述实例中，可以进一步调整一下坐标轴的样式，例如，可以加上如下代码。

```
#[]里的4个参数分别表示x轴起始点、x轴结束点、y轴起始点、y轴结束点
plt.axis([0,10,0,10])
```

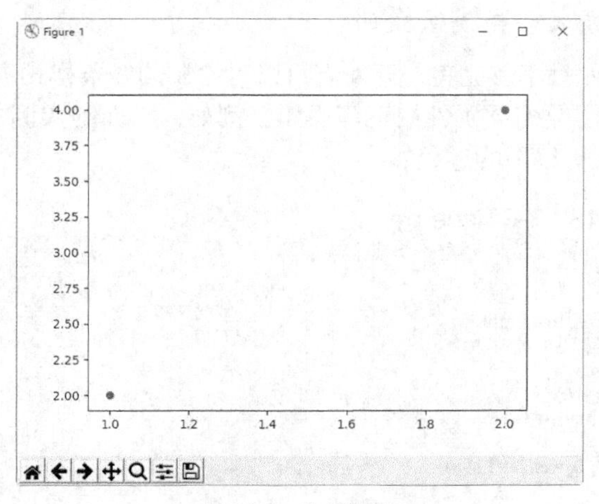

图 13-4　执行效果

范例 13-03：绘制一个简单的折线图

在使用 Matplotlib 绘制线形图时，其中最简单的是绘制折线图。下面的实例文件 zhe.py 中，使用 Matplotlib 绘制了一个简单的折线图，并对折线样式进行了定制，这样可以实现复杂数据的可视化效果。

源码路径：daima\13\13-03\zhe.py

```
import matplotlib.pyplot as plt
squares = [1, 4, 9, 16, 25]
plt.plot(squares)
plt.show()
```

在上述实例代码中，使用平方数 1、4、9、16 和 25 来绘制一个折线图，在具体实现时，只需向 Matplotlib 提供这些平方数就能完成绘制工作。

（1）导入模块 pyplot，并给它指定了简称 plt，以免反复输入 pyplot。在模块 pyplot 中包含了很多用于生成图表的函数。

（2）创建了一个列表，在其中存储了平方数。

（3）将创建的列表传递给函数 plot()，这个函数会根据这些数字绘制出有意义的图形。

（4）通过函数 plt.show()打开 Matplotlib 查看器，并显示绘制的图形。

执行效果如图 13-5 所示。

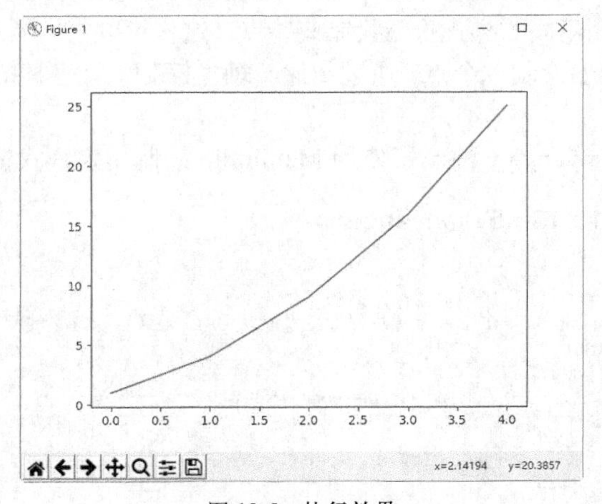

图 13-5　执行效果

范例 13-04：设置标签文字和线条粗细

范例 13-03 的执行效果不够完美，开发者可以对绘制的线条样式进行灵活设置。例如，可以设置线条的粗细、实现数据准确性校正等操作。例如，下面的实例文件 she.py 演示了使用 Matplotlib 绘制指定样式折线图的过程。

源码路径：daima\13\13-04\she.py

```
import matplotlib.pyplot as plt                    #导入模块
input_values = [1, 2, 3, 4, 5]
squares = [1, 4, 9, 16, 25]
plt.plot(input_values, squares, linewidth=5)
# 设置图表标题，并在坐标轴上添加标签
plt.title("Numbers", fontsize=24)
plt.xlabel("Value", fontsize=14)
plt.ylabel("ARG Value", fontsize=14)
# 设置单位刻度的大小
plt.tick_params(axis='both', labelsize=14)
plt.show()
```

执行效果如图 13-6 所示。

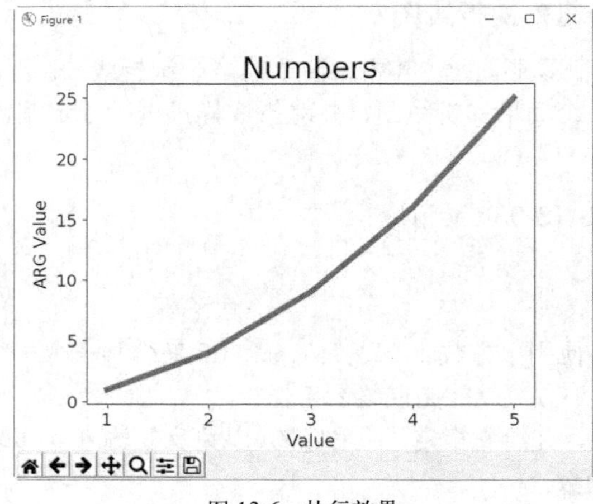

图 13-6　执行效果

范例 13-05：绘制指定样式的散点图

在现实应用中，经常需要绘制散点图并设置各个数据点的样式。例如，可能想以一种颜色显示较小的值，而用另一种颜色显示较大的值。当绘制大型数据集时，除了对每个点都设置同样的样式外，还可以使用不同的样式重新绘制某些点，这样可以突出显示它们。在 Matplotlib 库中，可以使用函数 scatter()绘制单个点，通过传递 x 轴坐标和 y 轴坐标的方式在指定的位置绘制一个点。

下面的实例文件 dianyang.py 演示了使用 Matplotlib 绘制指定样式散点图的过程。

源码路径：daima\13\13-05\dianyang.py

```
import matplotlib.pyplot as plt
from pylab import *
mpl.rcParams['font.sans-serif'] = ['SimHei']     #指定默认字体
mpl.rcParams['axes.unicode_minus'] = False    #解决保存图像时负号（-）显示为方块的问题
x_values = list(range(1, 1001))
y_values = [x**2 for x in x_values]
plt.scatter(x_values, y_values, c=(0, 0, 0.8), edgecolor='none', s=40)
#设置图表标题，并设置坐标轴标签.
plt.title("销售统计表", fontsize=24)
plt.xlabel("节点", fontsize=14)
plt.ylabel("销售数据", fontsize=14)
#设置刻度大小
```

```
plt.tick_params(axis='both', which='major', labelsize=14)
#设置每个坐标轴的取值范围
plt.axis([0, 110, 0, 1100])
plt.show()
```

执行效果如图 13-7 所示。

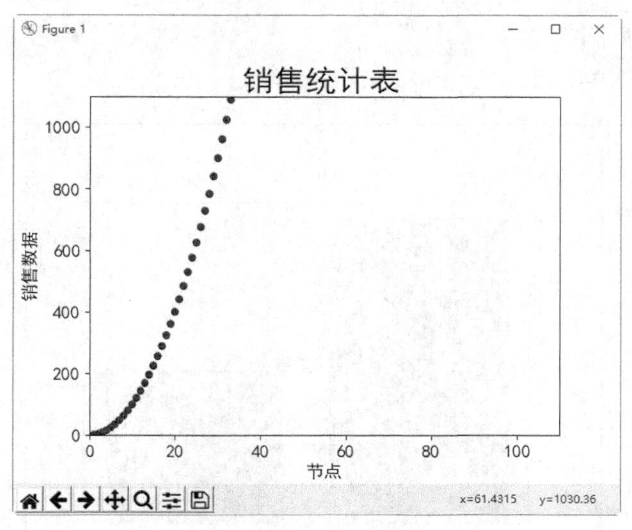

图 13-7 执行效果

范例 13-06：绘制柱状图

在现实应用中，柱状图经常被用于数据统计领域。在 Python 程序中，可以使用 Matplotlib 很容易地绘制一个柱状图。例如，只需使用下面的 3 行代码就可以绘制一个柱状图。

```
import matplotlib.pyplot as plt
plt.bar(left = 0,height = 1)
plt.show()
```

在上述代码中，首先使用 import 导入了 matplotlib.pyplot，然后直接调用其 bar()函数绘制柱状图，最后用 show()函数显示图像。其中，在函数 bar()中存在如下两个参数。

- ❑ left：柱形的中心点的位置，如果指定为 1，那么当前柱形的中心点的 x 轴坐标值就是 1.0。
- ❑ height：这是柱形的高度，也就是 y 轴坐标值。

执行上述代码后会绘制一个柱状图，如图 13-8 所示。

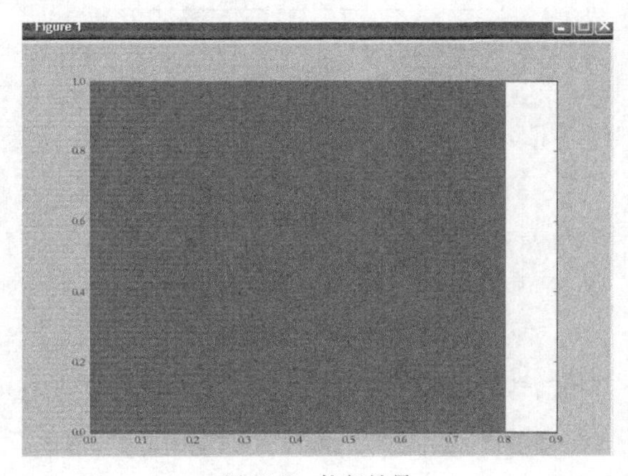

图 13-8 执行效果

虽然通过上述代码绘制了一个柱状图，但是显示效果不够直观。在函数 bar()中，参数 left

和 height 除了可以使用单独的值（此时是一个柱形）外，还可以使用元组（此时代表多个柱形）。下面的实例文件 zhu.py 演示了使用 Matplotlib 绘制多个柱形的过程。

源码路径：daima\13\13-06\zhu.py

```
import matplotlib.pyplot as plt                #导入模块
plt.bar(left = (0,1),height = (1,0.5))         #绘制两个柱形
plt.show()                                     #显示绘制的图
```

执行效果如图 13-9 所示。

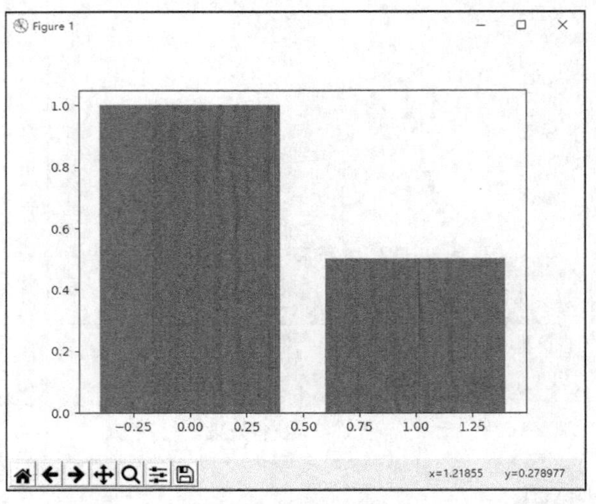

图 13-9 执行效果

在上述实例代码中，left = (0,1)的意思是总共有两个柱形，其中第一个的中心点为 0，第二个的中心点为 1。参数 height 的含义也是同理。当然，有的读者可能觉得这两个柱形“太宽”了，不够美观。此时可以通过指定函数 bar()中的 width 参数来设置它们的宽度。例如，通过下面的代码设置柱形的宽度，执行效果如图 13-10 所示。

```
import matplotlib.pyplot as plt
plt.bar(left = (0,1),height = (1,0.5),width = 0.35)
plt.show()
```

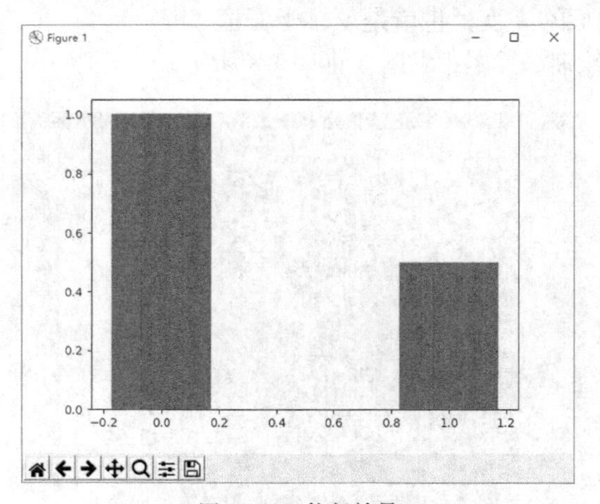

图 13-10 执行效果

范例 13-07：绘制有说明信息的柱状图

在柱状图中一般需要标明 x 轴和 y 轴的说明信息，比如使用 x 轴表示性别，使用 y 轴表示

人数。下面的实例文件 shuo.py 演示了使用 Matplotlib 绘制有说明信息的柱状图的过程。

源码路径：daima\13\13-07\shuo.py

```
import matplotlib.pyplot as plt
from pylab import *
mpl.rcParams['font.sans-serif'] = ['SimHei']        #指定默认字体
mpl.rcParams['axes.unicode_minus'] = False      #解决保存图像时负号显示为方块的问题
plt.xlabel(u'性别')       #x轴的说明信息
plt.ylabel(u'人数')       #y轴的说明信息
plt.bar(left = (0,1),height = (1,0.5),width = 0.35)
plt.show()
```

上述代码的执行效果如图 13-11 所示。

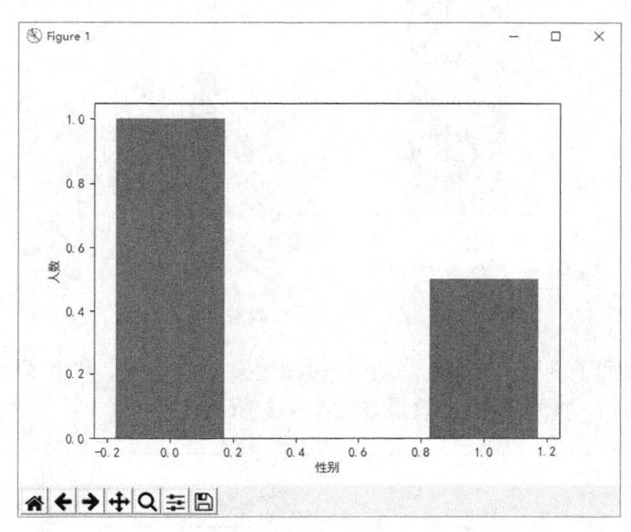

图 13-11　执行效果

注意：在 Python 2.7 中使用中文时一定要用字符“u”，Python 3.0 以上则不用。

范例 13-08：绘制一个比较美观的柱状图

我们可以对 x 轴上的每个柱形进行说明，例如，设置第一个柱形说明是“男”，第二个柱形说明是“女”。此时可以通过如下代码实现。

```
plt.xlabel(u'性别')
plt.ylabel(u'人数')
plt.xticks((0,1),(u'男',u'女'))
plt.bar(left = (0,1),height = (1,0.5),width = 0.35)
plt.show()
```

在上述代码中，函数 plt.xticks()用于设置 x 轴的内容，其中第一个参数表示显示内容的坐标位置，第二个参数表示显示的具体内容。不过这里有个问题，例如，有时我们指定的位置有些“偏移”。最理想的状态应该在每个柱形的中间，我们通过直接指定函数 bar()里面的 align="center"，就可以让文字居中了。

```
plt.xlabel(u'性别')
plt.ylabel(u'人数')
plt.xticks((0,1),(u'男',u'女'))
plt.bar(left = (0,1),height = (1,0.5),width = 0.35,align="center")
plt.show()
```

此时的执行效果如图 13-12 所示。

接下来可以通过如下代码给柱状图加入一个标题。

```
plt.title(u"性别比例分析")
```

为了使整个程序显得更加科学合理，接下来我们可以通过如下代码设置一个图例。

```
plt.xlabel(u'性别')
plt.ylabel(u'人数')
```

```
plt.title(u"性别比例分析")
plt.xticks((0,1),(u'男',u'女'))
rect = plt.bar(left = (0,1),height = (1,0.5),width = 0.35,align="center")
plt.legend((rect,),(u"图例",))
plt.show()
```

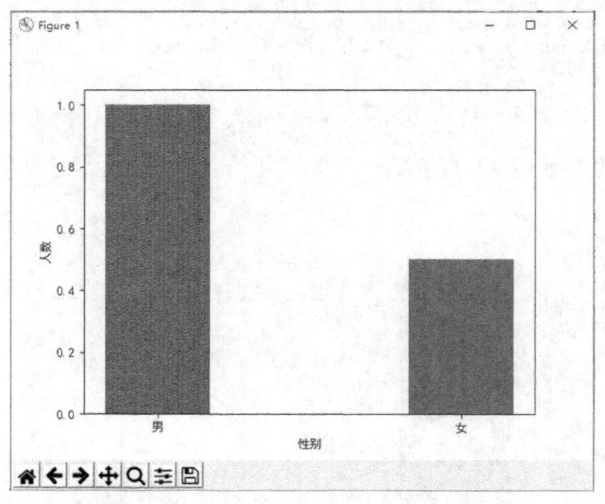

图 13-12　执行效果

在上述代码中用到了函数 legend()，里面的参数必须是元组。即使只有一个图例也必须是元组，否则显示不正确。此时的执行效果如图 13-13 所示。

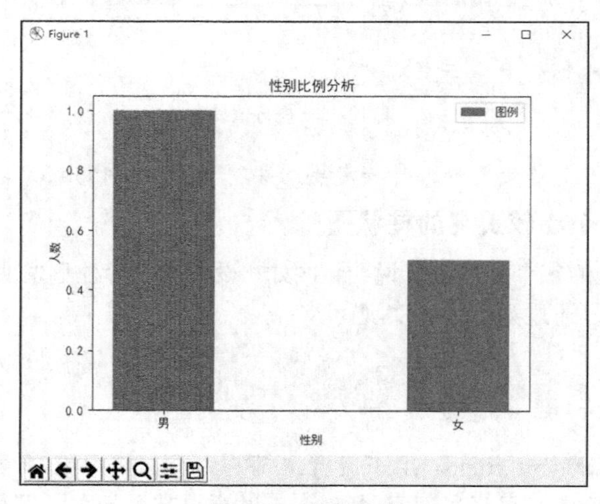

图 13-13　执行效果

接下来还可以在每个柱形的上面标注对应的 y 坐标值，此时可以使用如下通用的方法实现。

```
def autolabel(rects):
    for rect in rects:
        height = rect.get_height()
        plt.text(rect.get_x()+rect.get_width()/2., 1.03*height, '%s' % float(height))
```

在上述实例代码中，plt.text 有 3 个参数，分别是 x 坐标、y 坐标、要显示的文字。调用函数 autolabel()的具体实现代码如下。

```
autolabel(rect)
```

为了避免绘制的柱状图紧靠着顶部，最好能够空出一段距离，此时可以通过函数 bar()的属性参数 yerr 来设置。当把 yerr 这个值设置得很小的时候，顶部的空白就自动空出来了，如下。

```
rect = plt.bar(left = (0,1),height = (1,0.5),width = 0.35,align="center",yerr=0.0001)
```

到此为止，一个比较美观的柱状图便绘制完毕，将代码整理并保存在如下文件中。实例文件 xinxi.py 的具体实现代码如下。

源码路径：daima\13\13-08\xinxi.py

```
import matplotlib.pyplot as plt
from pylab import *
mpl.rcParams['font.sans-serif'] = ['SimHei']      #指定默认字体
mpl.rcParams['axes.unicode_minus'] = False    #解决保存图像时负号显示为方块的问题
def autolabel(rects):
        for rect in rects:
                height = rect.get_height()
                plt.text(rect.get_x()+rect.get_width()/2., 1.03*height, '%s' % float(height))
plt.xlabel(u'性别')
plt.ylabel(u'人数')
plt.title(u"性别比例分析")
plt.xticks((0,1),(u'男',u'女'))
#绘制柱状图
rect = plt.bar(left = (0,1),height = (1,0.5),width = 0.35,align="center",yerr=0.0001)
plt.legend((rect,),(u"图例",))
autolabel(rect)
plt.show()
```

上述代码的执行效果如图 13-14 所示。

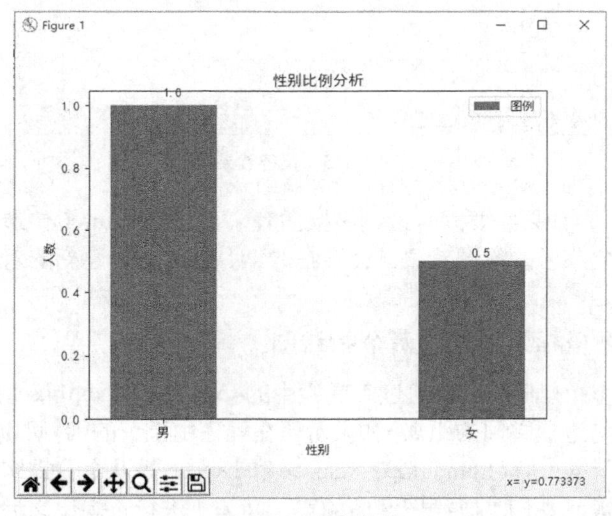

图 13-14　执行效果

范例 13-09：绘制多幅子图

在 Matplotlib 绘图系统中，可以显式地控制图像、子图和坐标轴。Matplotlib 中的“图像”指的是用户界面看到的整个窗口内容。在图像里面有所谓的“子图”，子图的位置是由坐标网格确定的，而“坐标轴”却不受此限制，可以放在图像的任意位置。当调用 plot()函数时，Matplotlib 调用 gca()函数以及 gcf()函数来获取当前的坐标轴和图像。如果无法获取图像，则会调用 figure()函数来创建。从严格意义上来说，是使用 subplot(1,1,1) 创建一个只有一个子图的图像。

下面的实例文件 lia.py 演示了让一个折线图和一个散点图同时出现在一个绘画框中的过程。

源码路径：daima\13\13-09\lia.py

```
import matplotlib.pyplot as plt
#将绘画框进行实例化
fig=plt.figure()
#将p1定义为绘画框的子图，“211”表示将绘画框划分为2行、1列，最后的“1”表示第1幅图
p1=fig.add_subplot(211)
x=[1,2,3,4,5,6,7,8]
y=[2,1,3,5,2,6,12,7]
```

```
p1.plot(x,y)
#将p2定义为绘画框的子图，“212”表示将绘画框划分为2行、1列，最后的“2”表示第2幅图
p2=fig.add_subplot(212)
a=[1,2]
b=[2,4]
p2.scatter(a,b)
plt.show()
```

上述代码的执行效果如图 13-15 所示。

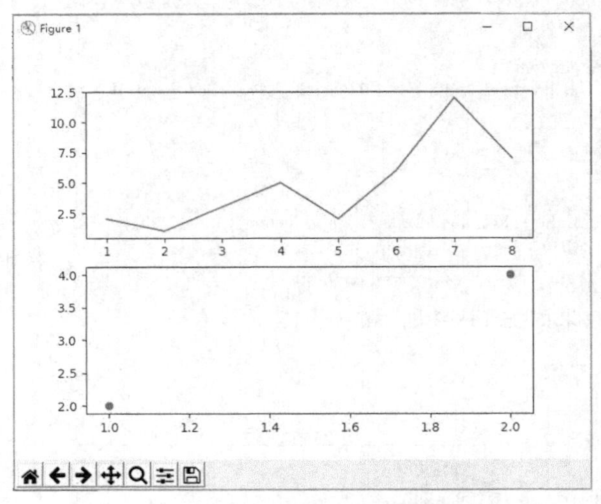

图 13-15　执行效果

在 Python 程序中，如果需要同时绘制多幅图表，可以给 figure()传递一个整数参数指定图表的序号，如果所指定序号的绘图对象已经存在的话，将不会创建新的对象，而只是让它成为当前绘图对象。

范例 13-10：在一个坐标系中绘制两个折线图

当绘图对象中有多个轴时，可以通过工具栏中的 Configure Subplots 按钮，交互式地调节各个轴之间的间距和轴与边框之间的距离。如果希望在程序中调节的话，可以调用 subplots_adjust()函数，此函数有 left、right、bottom、top、wspace 和 hspace 等几个关键字参数，这些参数的值都是 0 到 1 之间的小数，它们是以绘图区域的宽、高为 1 进行正规化之后的坐标或者长度，例如下面的演示代码。

```
pl.subplots_adjust(left=0.08, right=0.95, wspace=0.25, hspace=0.45)
```

例如，下面的实例文件 liazhe.py 演示了在一个坐标系中绘制两个折线图的过程。

源码路径：daima\13\13-10\liazhe.py

```
import numpy as np
import pylab as pl
x1 = [1, 2, 3, 4, 5]# 为每个图生成x轴坐标值、y轴坐标值数组
y1 = [1, 4, 9, 16, 25]
x2 = [1, 2, 4, 6, 8]
y2 = [2, 4, 8, 12, 16]
pl.plot(x1, y1, 'r')# 使用pylab绘制点
pl.plot(x2, y2, 'g')
pl.title('Plot of y vs. x')# 设置标题
pl.xlabel('x axis')# 制作轴标签
pl.ylabel('y axis')
pl.xlim(0.0, 9.0)# 设置轴长度
pl.ylim(0.0, 30)
pl.show()
```

上述代码的执行效果如图 13-16 所示。

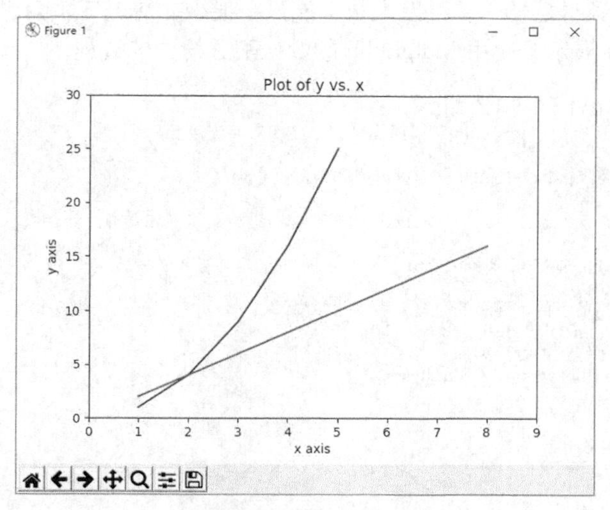

图 13-16 执行效果

范例 13-11：使用正弦函数和余弦函数绘制曲线

在 Python 程序中，可以使用数学中的正弦函数和余弦函数绘制曲线。下面的实例文件 qu.py 演示了使用正弦函数和余弦函数绘制曲线的过程。

源码路径：daima\13\13-11\qu.py

```
from pylab import *
X = np.linspace(-np.pi, np.pi, 256,endpoint=True)
C,S = np.cos(X), np.sin(X)
plot(X,C)
plot(X,S)
show()
```

执行效果如图 13-17 所示。

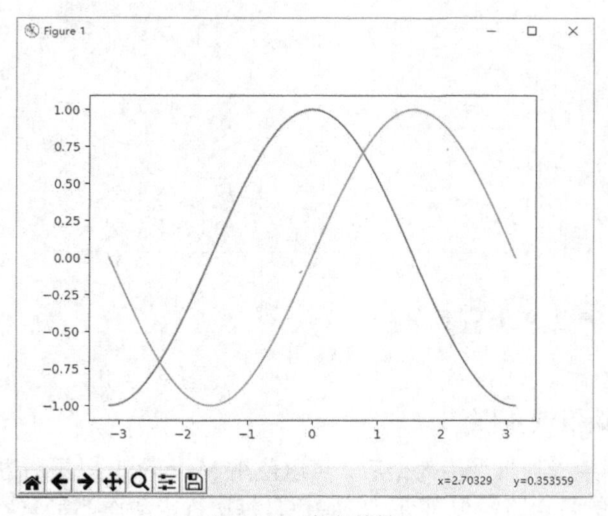

图 13-17 执行效果

范例 13-12：使用 Matplotlib 的默认配置绘图

使用 Matplotlib 绘图时，开发者可以调整大多数的默认配置，例如，图片大小、分辨率、线宽、颜色、风格、坐标轴以及网格的属性、文字与字体属性等。但是，Matplotlib 的默认配置在大多数情况下已经做得足够好，开发人员可能只在很少的情况下才会想更改这些默认配置。下面的实例文件 zi.py 展示了使用 Matplotlib 的默认配置绘图的过程。

源码路径：daima\13\13-12\zi.py

```
# 导入 Matplotlib 的所有内容（NumPy可以用 np 这个名字来代替）
from pylab import *
# 创建一个 8 × 6 点（point）的图，并设置分辨率为每英寸80点
figure(figsize=(8,6), dpi=80)
# 创建一个新的 1 × 1 的子图，接下来的图样绘制在其中的第 1 块（也是唯一的一块）
subplot(1,1,1)
X = np.linspace(-np.pi, np.pi, 256,endpoint=True)
C,S = np.cos(X), np.sin(X)
# 绘制余弦曲线，使用蓝色的、连续的、宽度为 1px的线条
plot(X, C, color="blue", linewidth=1.0, linestyle="-")
# 绘制正弦曲线，使用绿色的、连续的、宽度为 1px的线条
plot(X, S, color="green", linewidth=1.0, linestyle="-")
# 设置横轴的上下限
xlim(-4.0,4.0)
# 设置横轴记号
xticks(np.linspace(-4,4,9,endpoint=True))
# 设置纵轴的上下限
ylim(-1.0,1.0)
# 设置纵轴记号
yticks(np.linspace(-1,1,5,endpoint=True))
# 以每英寸72点的分辨率来保存图片
# savefig("exercice_2.png",dpi=72)
# 在屏幕上显示
show()
```

上述实例代码中的配置与默认配置完全相同，我们可以在交互模式中修改其中的值来观察效果。执行效果如图 13-18 所示。

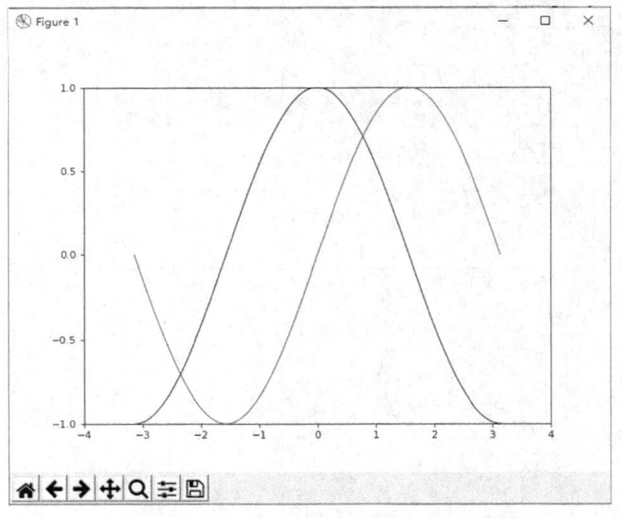

图 13-18　执行效果

范例 13-13：绘制随机漫步图

在 Python 程序中生成随机漫步数据后，可以使用 Matplotlib 以灵活方便的方式将这些数据展现出来。随机漫步的行走路径很有自己的特色，每次行走动作都完全是随机的，没有任何明确的方向，漫步结果是由一系列随机决策决定的。例如，漂浮在水滴上的花粉因不断受到水分子的挤压而在水面上移动。水滴中的分子运动是随机的，因此花粉在水面上的运动路径犹如随机漫步。

为了在 Python 程序中模拟随机漫步的过程，在下面的实例文件 random_walk.py 中创建了

一个名为 RandomA 的类，此类可以随机地选择前进方向。类 RandomA 需要用到 3 个属性，其中一个是存储随机漫步次数的变量，其他两个是列表，分别用于存储随机漫步经过的每个点的 x 坐标和 y 坐标。

源码路径：daima\13\13-13\random_walk.py

```
from random import choice
class RandomA():
    """能够随机生成漫步数据的类"""
    def __init__(self, num_points=5100):
        """初始化随机漫步属性"""
        self.num_points = num_points
        # 所有的随机漫步开始于 (0, 0)
        self.x_values = [0]
        self.y_values = [0]
    def shibai(self):
        """计算在随机漫步中包含的所有的点"""
        # 继续漫步，直到达到所需长度为止
        while len(self.x_values) < self.num_points:
            # 决定前进的方向和沿着这个方向前进的距离
            x_direction = choice([1, -1])
            x_distance = choice([0, 1, 2, 3, 4])
            x_step = x_direction * x_distance
            y_direction = choice([1, -1])
            y_distance = choice([0, 1, 2, 3, 4])
            y_step = y_direction * y_distance
            # 不能原地踏步
            if x_step == 0 and y_step == 0:
                continue
            # 计算下一个点的坐标，即x值和y值
            next_x = self.x_values[-1] + x_step
            next_y = self.y_values[-1] + y_step
            self.x_values.append(next_x)
            self.y_values.append(next_y)
```

在上面这个实例文件 random_walk.py 中，已经创建了一个名为 RandomA 的类。下面的实例文件 yun.py 中，将借助于 Matplotlib 将类 RandomA 中生成的漫步数据绘制出来，最终生成一个随机漫步图。

源码路径：daima\13\13-13\yun.py

```
import matplotlib.pyplot as plt
from random_walk import RandomA
# 只要当前程序是活动的，就要不断模拟随机漫步过程
while True:
    # 创建一个随机漫步实例，将包含的点都绘制出来
    rw = RandomA(51000)
    rw.shibai()
    # 设置绘图窗口的尺寸大小
    plt.figure(dpi=128, figsize=(10, 6))
    point_numbers = list(range(rw.num_points))
    plt.scatter(rw.x_values, rw.y_values, c=point_numbers, cmap=plt.cm.Blues,
        edgecolors='none', s=1)
    # 用特别的样式（绿色、红色和粗点）突出起点和终点
    plt.scatter(0, 0, c='green', edgecolors='none', s=100)
    plt.scatter(rw.x_values[-1], rw.y_values[-1], c='red', edgecolors='none',
        s=100)
    # 隐藏坐标轴
    plt.axes().get_xaxis().set_visible(False)
    plt.axes().get_yaxis().set_visible(False)
    plt.show()
    keep_running = input("哥，还继续漫步吗？ (y/n): ")
    if keep_running == 'n':
        break
```

本实例最终的执行效果如图 13-19 所示。

图 13-19　执行效果

范例 13-14：绘制 3D 图表

下面的实例文件 3d.py 演示了使用 pyplot 包和 Matplotlib 包绘制 3D 图表样式的过程。

源码路径：daima\13\13-14\3d.py

```
#导入pyplot包，并简写为plt
import matplotlib.pyplot as plt
#导入3D包
from mpl_toolkits.mplot3d import Axes3D
#将绘画框进行实例化
fig = plt.figure()
#将绘画框划分为1个子图，并指定为3D图
ax = fig.add_subplot(111, projection='3d')
 #定义x、y、z这3个坐标轴的数据集
X = [1, 1, 2, 2]
Y = [3, 4, 4, 3]
Z = [1, 100, 1, 1]
#用函数填满4个点组成的3棱锥空间
ax.plot_trisurf(X, Y, Z)
plt.show()
```

执行效果如图 13-20 所示。

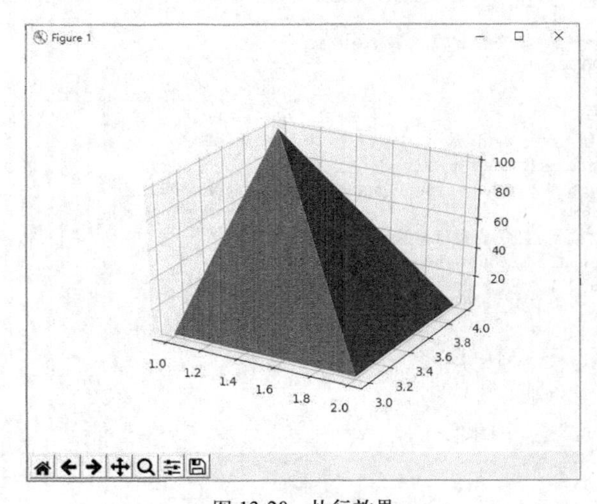

图 13-20　执行效果

范例 13-15：绘制波浪图

下面的实例文件 bo.py 演示了使用 Matplotlib 绘制波浪图的过程。

源码路径：daima\13\13-15\bo.py

```
import numpy as np
import matplotlib.pyplot as plt

n = 256
X = np.linspace(-np.pi,np.pi,n,endpoint=True)
Y = np.sin(2*X)

plt.axes([0.025,0.025,0.95,0.95])

plt.plot (X, Y+1, color='blue', alpha=1.00)
plt.fill_between(X, 1, Y+1, color='blue', alpha=.25)

plt.plot (X, Y-1, color='blue', alpha=1.00)
plt.fill_between(X, -1, Y-1, (Y-1) > -1, color='blue', alpha=.25)
plt.fill_between(X, -1, Y-1, (Y-1) < -1, color='red',    alpha=.25)

plt.xlim(-np.pi,np.pi), plt.xticks([])
plt.ylim(-2.5,2.5), plt.yticks([])
# savefig('plot_ex.png',dpi=48)
plt.show()
```

执行效果如图 13-21 所示。

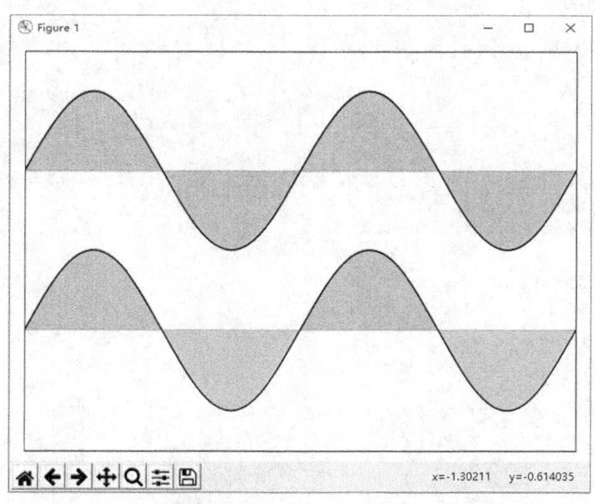

图 13-21 执行效果

范例 13-16：绘制散点图

下面的实例文件 san.py 演示了使用 Matplotlib 绘制散点图的过程。

源码路径：daima\13\13-16\san.py

```
from pylab import *
n = 1024
X = np.random.normal(0,1,n)
Y = np.random.normal(0,1,n)
scatter(X,Y)
show()
```

执行效果如图 13-22 所示。

范例 13-17：绘制等高线图

下面的实例文件 deng.py 演示了使用 Matplotlib 绘制等高线图的过程。

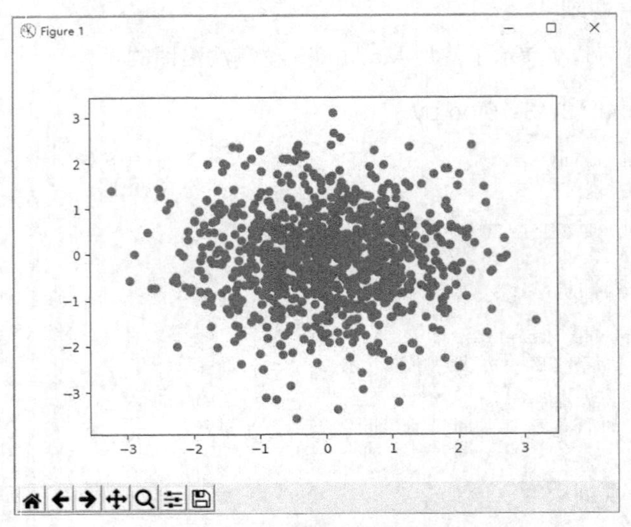

图 13-22　执行效果

源码路径：daima\13\13-17\deng.py

```
from pylab import *

def f(x,y): return (1-x/2+x**5+y**3)*np.exp(-x**2-y**2)

n = 256
x = np.linspace(-3,3,n)
y = np.linspace(-3,3,n)
X,Y = np.meshgrid(x,y)

contourf(X, Y, f(X,Y), 8, alpha=.75, cmap='jet')
C = contour(X, Y, f(X,Y), 8, colors='black', linewidth=.5)
show()
```

执行效果如图 13-23 所示。

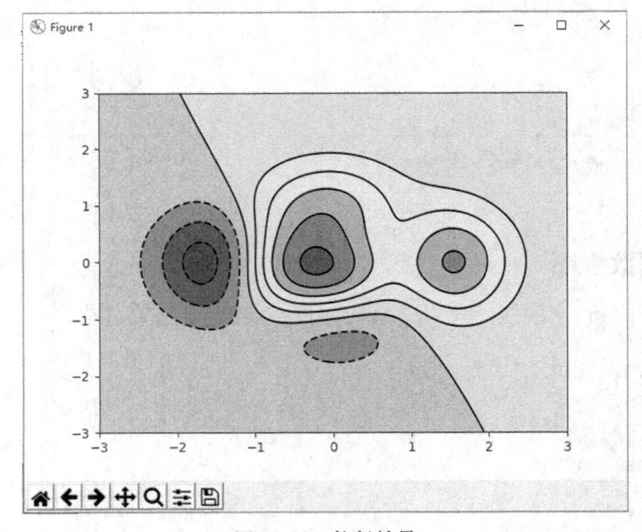

图 13-23　执行效果

范例 13-18：绘制饼状图

下面的实例文件 bing.py 演示了使用 Matplotlib 绘制饼状图的过程。

源码路径：daima\13\13-18\bing.py

```
import matplotlib.pyplot as plt
labels = 'Frogs', 'Hogs', 'Dogs', 'Logs'
sizes = [15, 30, 45, 10]
colors = ['yellowgreen', 'gold', 'lightskyblue', 'lightcoral']
explode = (0, 0.1, 0, 0)    # only "explode" the 2nd slice (i.e. 'Hogs')
plt.pie(sizes, explode=explode, labels=labels, colors=colors,
          autopct='%1.1f%%', shadow=True, startangle=90)
# Set aspect ratio to be equal so that pie is drawn as a circle.
plt.axis('equal')
fig = plt.figure()
ax = fig.gca()
import numpy as np
ax.pie(np.random.random(4), explode=explode, labels=labels, colors=colors,
          autopct='%1.1f%%', shadow=True, startangle=90,
          radius=0.25, center=(0, 0), frame=True)
ax.pie(np.random.random(4), explode=explode, labels=labels, colors=colors,
          autopct='%1.1f%%', shadow=True, startangle=90,
          radius=0.25, center=(1, 1), frame=True)
ax.pie(np.random.random(4), explode=explode, labels=labels, colors=colors,
          autopct='%1.1f%%', shadow=True, startangle=90,
          radius=0.25, center=(0, 1), frame=True)
ax.pie(np.random.random(4), explode=explode, labels=labels, colors=colors,
          autopct='%1.1f%%', shadow=True, startangle=90,
          radius=0.25, center=(1, 0), frame=True)
ax.set_xticks([0, 1])
ax.set_yticks([0, 1])
ax.set_xticklabels(["Sunny", "Cloudy"])
ax.set_yticklabels(["Dry", "Rainy"])
ax.set_xlim((-0.5, 1.5))
ax.set_ylim((-0.5, 1.5))
# Set aspect ratio to be equal so that pie is drawn as a circle.
ax.set_aspect('equal')
plt.show()
```

执行效果如图 13-24 所示。

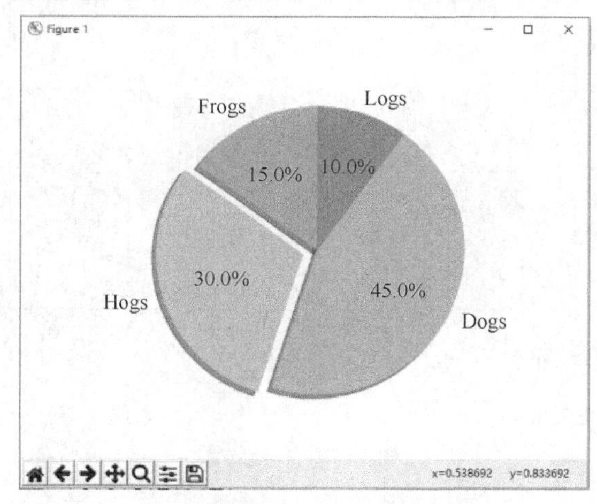

图 13-24　执行效果

范例 13-19：大数据分析 2014 年最高温度和最低温度

在文件 death_valley_2014.csv 中保存了 2014 年全年每一天各个时段的温度，然后编写文件 high_lows.py，使用 Matplotlib 绘制出温度曲线图，统计出 2014 年的最高温度和最低温度。文件 high_lows.py 的具体实现代码如下。

源码路径：daima\13\13-19\high_lows.py

```
import csv
from matplotlib import pyplot as plt
from datetime import datetime
```

```
file = './csv/death_valley_2014.csv'
with open(file) as f:
    reader = csv.reader(f)
    header_row = next(reader)
    # 从文件中获取最高温度和最低温度
    highs,dates,lows = [], [], []
    for row in reader:
        try:
            date = datetime.strptime(row[0],"%Y-%m-%d")
            high = int(row[1])
            low = int(row[3])
        except ValueError:
            print(date,'missing data')
        else:
            highs.append(high)
            dates.append(date)
            lows.append(low)

# 根据数据绘制图形
fig = plt.figure(figsize=(10,6))
plt.plot(dates,highs,c='r',alpha=0.5)
plt.plot(dates,lows,c='b',alpha=0.5)
plt.fill_between(dates,highs,lows,facecolor='b',alpha=0.2)
# 设置图形的格式
plt.title('Daily high and low temperatures-2014',fontsize=16)
plt.xlabel('',fontsize=12)
fig.autofmt_xdate()
plt.ylabel('Temperature(F)',fontsize=12)
plt.tick_params(axis='both',which='major',labelsize=20)
plt.show()
```

执行效果如图 13-25 所示。

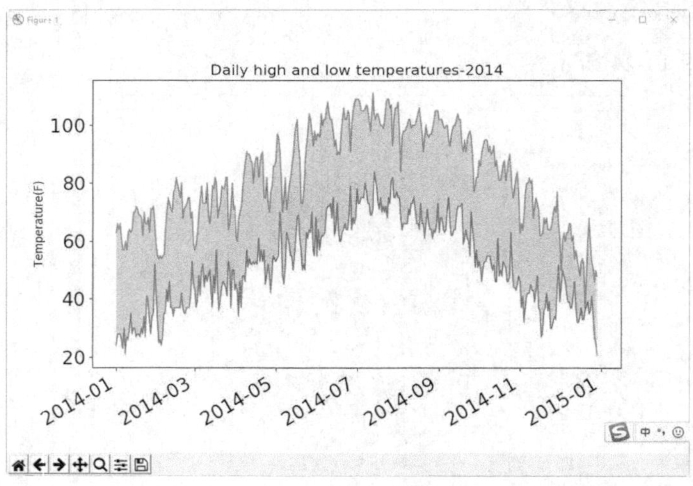

图 13-25　执行效果

范例 13-20：在 tkinter 中使用 Matplotlib 绘制图表

下面的实例文件 123.py 演示了在标准 GUI 程序 tkinter 中使用 Matplotlib 绘制图表的过程。

源码路径：daima\13\13-20\123.py

```
class App(tk.Tk):
    def __init__(self, parent=None):
        tk.Tk.__init__(self, parent)
        self.parent = parent
        self.initialize()

    def initialize(self):
        self.title("在tkinter中使用Matplotlib！")
        button = tk.Button(self, text="退出", command=self.on_click)
        button.grid(row=1, column=0)
```

```
        self.mu = tk.DoubleVar()
        self.mu.set(5.0)    #参数的默认值是“mu”
        slider_mu = tk.Scale(self,
                            from_=7, to=0, resolution=0.1,
                            label='mu', variable=self.mu,
                            command=self.on_change
                            )
        slider_mu.grid(row=0, column=0)
        self.n = tk.IntVar()
        self.n.set(512)    #参数的默认值是“n”
        slider_n = tk.Scale(self,
                           from_=512, to=2,
                           label='n', variable=self.n, command=self.on_change
                           )
        slider_n.grid(row=0, column=1)

        fig = Figure(figsize=(6, 4), dpi=96)
        ax = fig.add_subplot(111)
        x, y = self.data(self.n.get(), self.mu.get())
        self.line1, = ax.plot(x, y)
        self.graph = FigureCanvasTkAgg(fig, master=self)
        canvas = self.graph.get_tk_widget()
        canvas.grid(row=0, column=2)

    def on_click(self):
        self.quit()

    def on_change(self, value):
        x, y = self.data(self.n.get(), self.mu.get())
        self.line1.set_data(x, y)   # 更新数据
        # 更新图表
        self.graph.draw()

    def data(self, n, mu):
        lst_y = []
        for i in range(n):
            lst_y.append(mu * random.random())
        return range(n), lst_y

if __name__ == "__main__":
    app = App()
    app.mainloop()
```

执行后可以拖动左侧的滑动条来控制绘制的图表，执行效果如图 13-26 所示。

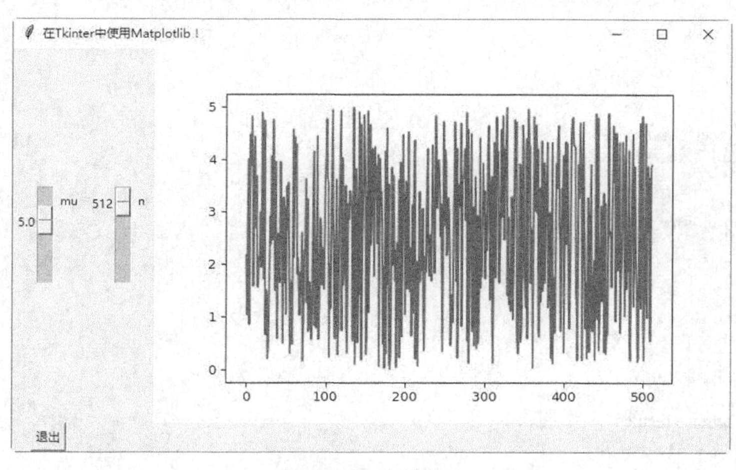

图 13-26　执行效果

13.2　使用库 pygal

在 Python 程序中，也可以使用库 pygal 实现数据的可视化操作功能，可以生成 SVG 图形

文件。SVG 是一种矢量图格式，全称是 Scalable Vector Graphics，即可缩放矢量图形。用浏览器可以打开 SVG 文件，可以方便地与之交互。对于需要在尺寸不同的屏幕上显示的图表，SVG 会变得很有用，它可以自动缩放，自适应观看者的屏幕。

范例 13-21：安装库 pygal

通过使用 pygal，可以在用户与图表交互时突出元素并调整元素的大小，还可以轻松地调整整个图表的尺寸，使其适合在微型智能手表或巨型显示器上显示。安装库 pygal 的命令格式如下，具体安装过程如图 13-27 所示。

```
pip install pygal
```

```
C:\Windows\system32\cmd.exe
Microsoft Windows [版本 10.0.10586]
(c) 2015 Microsoft Corporation。保留所有权利。

C:\Users\apple0>pip install pygal
Collecting pygal
  Downloading pygal-2.3.1-py2.py3-none-any.whl (126kB)
    100% |████████████████████████████████| 133kB 152kB/s
Installing collected packages: pygal
Successfully installed pygal-2.3.1

C:\Users\apple0>
```

图 13-27　具体安装过程

也可以从 GitHub 下载安装，具体命令格式如下。

```
git clone git://github.com/Kozea/pygal.git
pip install pygal
```

范例 13-22：使用 pygal 模拟掷骰子

下面的实例文件 01.py 演示了使用库 pygal 模拟掷骰子的过程。首先定义了骰子类 Die，然后使用函数 range()模拟掷骰子 1000 次，然后统计每个骰子点数的出现次数，最后在柱形图中显示统计结果。文件 01.py 的具体实现代码如下。

源码路径：daima\13\13-22\01.py

```
import random

class Die:
    """
    一个骰子类
    """
    def __init__(self, num_sides=6):
        self.num_sides = num_sides

    def roll(self):
        return random.randint(1, self.num_sides)

import pygal

die = Die()
result_list = []
# 掷1000次
for roll_num in range(1000):
    result = die.roll()
    result_list.append(result)

frequencies = []
# 范围1～6，统计每个数字出现的次数
for value in range(1, die.num_sides + 1):
    frequency = result_list.count(value)
    frequencies.append(frequency)

# 绘制柱形图
hist = pygal.Bar()
hist.title = 'Results of rolling one D6 1000 times'
```

```
    # x轴坐标
    hist.x_labels = [1, 2, 3, 4, 5, 6]
    # x、y轴的描述
    hist.x_title = 'Result'
    hist.y_title = 'Frequency of Result'
    # 添加数据， 第一个参数是数据的标题
    hist.add('D6', frequencies)
    # 保存到本地，格式必须是SVG
    hist.render_to_file('die_visual.svg')
```

执行后会生成一个名为“die_visual.svg”的文件，可以用浏览器打开这个 SVG 文件，打开后会显示统计柱形图。执行效果如图 13-28 所示。如果将鼠标指针指向数据，可以看到显示了标题“D6”、x 轴的坐标以及 y 轴坐标。6 个数字出现的频次是差不多的，其实理论上概率都是 1/6，随着实验次数的增加，趋势越来越明显。

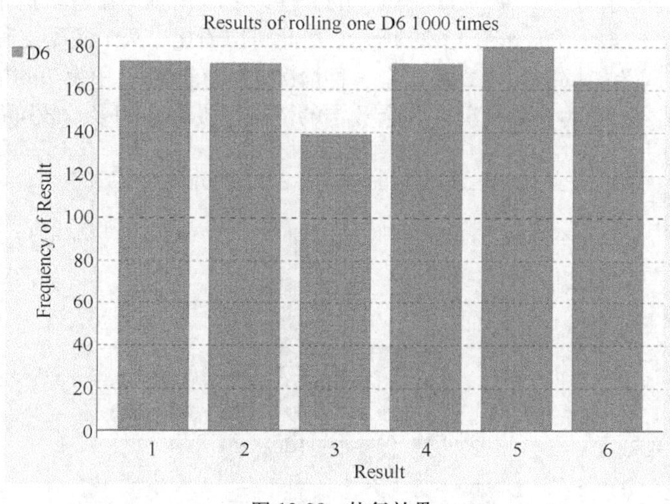

图 13-28　执行效果

范例 13-23：模拟同时掷两个骰子

接下来对上面的实例进行升级，例如同时掷两个骰子，可以通过下面的实例文件 02.py 实现。在具体实现时，首先定义了骰子类 Die，然后使用函数 range()模拟掷两个骰子 5000 次，并统计每次掷两个骰子点数的和的出现次数，最后在柱形图中显示统计结果。文件 02.py 的具体实现代码如下。

源码路径：daima\13\13-23\02.py

```
class Die:
    """
    一个骰子类
    """
    def __init__(self, num_sides=6):
        self.num_sides = num_sides

    def roll(self):
        return random.randint(1, self.num_sides)
die_1 = Die()
die_2 = Die()

result_list = []
for roll_num in range(5000):
    # 两个骰子的点数和
    result = die_1.roll() + die_2.roll()
    result_list.append(result)

frequencies = []
# 能掷出的最大数
```

```
max_result = die_1.num_sides + die_2.num_sides

for value in range(2, max_result + 1):
    frequency = result_list.count(value)
    frequencies.append(frequency)

# 可视化
hist = pygal.Bar()
hist.title = 'Results of rolling two D6 dice 5000 times'
hist.x_labels = [x for x in range(2, max_result + 1)]
hist.x_title = 'Result'
hist.y_title = 'Frequency of Result'
# 添加数据
hist.add('two D6', frequencies)
# 格式必须是SVG
hist.render_to_file('2_die_visual.svg')
```

执行后会生成一个名为“2_die_visual.svg”的文件，可以用浏览器打开这个 SVG 文件，打开后会显示统计柱形图。执行效果如图 13-29 所示。由此可以看出，两个骰子之和为 7 的次数最多，和为 2 的次数最少。因为能掷出和为 2 的只有一种情况（1, 1);而掷出和为 7 的情况有(1, 6)、(2, 5)、(3, 4)、(4, 3)、(5, 2)、(6, 1)共 6 种情况，其余数字的情况都没有 7 的多，故掷得 7 的概率最大。

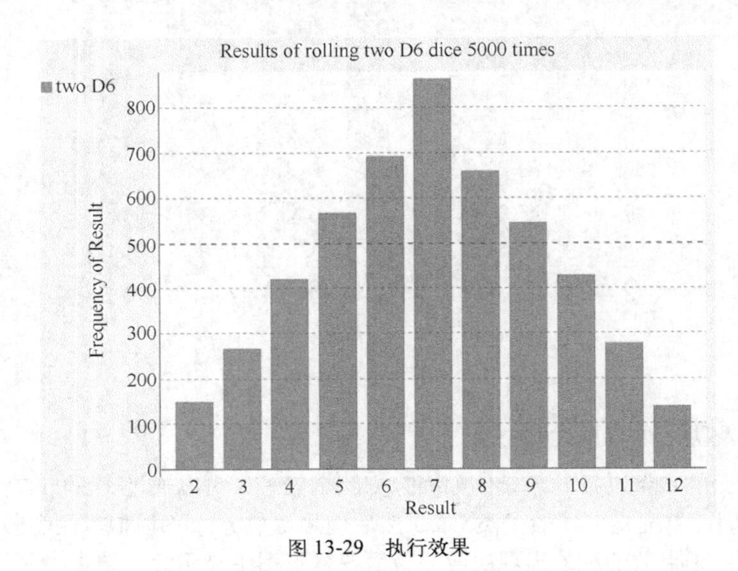

图 13-29　执行效果

13.3　读写处理 CSV 文件

CSV 是逗号分隔值（Comma-Separated Values）的缩写，其文件以纯文本形式存储表格数据（数字和文本）。它有时也被称为字符分隔值，因为分隔字符的符号也可以不是逗号。纯文本意味着该文件是一个字符序列，不用包含像二进制数字那样必须被解读的数据。CSV 文件由任意数目的记录组成，记录间以某种换行符分隔。每条记录由字段组成，字段间的分隔符是其他字符或字符串，最常见的是逗号或制表符。通常所有的记录都有完全相同的字段序列，一般都是纯文本文件。建议使用写字板（WordPad）或记事本（Note）来打开 CSV 文件。

范例 13-24：输出 CSV 文件中的日期和标题

假设存在一个名为 sample.csv 的 CSV 文件，在里面保存了标题（Title）、发布日期（Release Date）和导演（Director）3 种数据，具体内容如下。

```
Title,Release Date,Director
Monty Python And The Holy Grail,1975,Terry Gilliam and Terry Jones
```

```
Monty Python's Life Of Brian,1979,Terry Jones
Monty Python Live At The Hollywood Bowl,1982,Terry Hughes
Monty Python's The Meaning Of Life,1983,Terry Jones
```

通过如下实例文件 001.py,可以输出文件 sample.csv 中的分布日期和标题内容。

源码路径：daima\13\13-24\001.py

```
for line in open("sample.csv"):
    title, year, director = line.split(",")
    print(year, title)
```

执行后会输出以下结果。

```
Release Date Title
1971 And Now For Something Completely Different
1975 Monty Python And The Holy Grail
1979 Monty Python's Life Of Brian
1982 Monty Python Live At The Hollywood Bowl
1983 Monty Python's The Meaning Of Life
```

下面的实例文件 002.py 演示了使用 csv 模块输出文件 sample.csv 中的发布日期和标题内容的过程。

源码路径：daima\13\13-24\002.py

```
import csv
reader = csv.reader(open("sample.csv"))
for title, year, director in reader:
    print(year, title)
```

执行后会输出以下结果。

```
Release Date Title
1971 And Now For Something Completely Different
1975 Monty Python And The Holy Grail
1979 Monty Python's Life Of Brian
1982 Monty Python Live At The Hollywood Bowl
1983 Monty Python's The Meaning Of Life
```

范例 13-25：将数据保存为 CSV 格式

下面的实例文件 003.py 演示了将数据保存为 CSV 格式的过程。

源码路径：daima\13\13-25\003.py

```
import csv
import sys

data = [
    ("And Now For Something Completely Different", 1971, "Ian MacNaughton"),
    ("Monty Python And The Holy Grail", 1975, "Terry Gilliam, Terry Jones"),
    ("Monty Python's Life Of Brian", 1979, "Terry Jones"),
    ("Monty Python Live At The Hollywood Bowl", 1982, "Terry Hughes"),
    ("Monty Python's The Meaning Of Life", 1983, "Terry Jones")
]

writer = csv.writer(sys.stdout)

for item in data:
    writer.writerow(item)
```

在上述代码中，通过 csv.writer()方法生成 CSV 文件。执行后会输出以下结果。

```
And Now For Something Completely Different,1971,Ian MacNaughton
Monty Python And The Holy Grail,1975, Terry Gilliam, Terry Jones
Monty Python's Life Of Brian,1979,Terry Jones
Monty Python Live At The Hollywood Bowl,1982,Terry Hughes
Monty Python's The Meaning Of Life,1983,Terry Jones
```

范例 13-26：读取指定 CSV 文件的文件头

下面的实例文件 004.py 演示了读取指定 CSV 文件的文件头的过程。

源码路径：daima\13\13-26\004.py

```
import csv

#从文件中获取日期、高温和低温值
filename = '2018.csv'
```

```
with open(filename) as f:
    reader = csv.reader(f)
    header_row = next(reader)
    print(header_row)
```

执行上述代码后，将会输出文件 2018.csv 的文件头的内容结果如下。

```
['AKDT', 'Max TemperatureF', 'Mean TemperatureF', 'Min TemperatureF', 'Max Dew PointF', 'MeanDew PointF', 'Min DewpointF', 'Max Humidity', ' Mean Humidity', ' Min Humidity', ' Max Sea Level PressureIn', ' Mean Sea Level PressureIn', ' Min Sea Level PressureIn', ' Max VisibilityMiles', ' Mean VisibilityMiles', ' Min VisibilityMiles', ' Max Wind SpeedMPH', ' Mean Wind SpeedMPH', ' Max Gust SpeedMPH', 'PrecipitationIn', ' CloudCover', ' Events', ' WindDirDegrees']
```

范例 13-27：输出 CSV 文件的文件头和对应位置

下面的实例文件 005.py 演示了输出指定 CSV 文件的文件头和对应位置的过程。

源码路径：daima\13\13-27\005.py

```
import csv

#从文件中获取日期、高温和低温值
filename = '2018.csv'
with open(filename) as f:
    reader = csv.reader(f)
    header_row = next(reader)

    for index,column_header in enumerate(header_row):
        print(index,column_header)
```

执行后会输出以下结果。

```
0 AKDT
1 Max TemperatureF
2 Mean TemperatureF
3 Min TemperatureF
4 Max Dew PointF
5 MeanDew PointF
6 Min DewpointF
7 Max Humidity
8   Mean Humidity
9   Min Humidity
10   Max Sea Level PressureIn
11   Mean Sea Level PressureIn
12   Min Sea Level PressureIn
13   Max VisibilityMiles
14   Mean VisibilityMiles
15   Min VisibilityMiles
16   Max Wind SpeedMPH
17   Mean Wind SpeedMPH
18   Max Gust SpeedMPH
19   PrecipitationIn
20   CloudCover
21   Events
22   WindDirDegrees
```

范例 13-28：输出 CSV 文件中每天的最高气温

下面的实例文件 006.py 演示了输出指定 CSV 文件中每天的最高气温的过程。

源码路径：daima\13\13-28\006.py

```
import csv
filename = '2018.csv'
with open(filename) as f:
    reader = csv.reader(f)
    header_row = next(reader)

    highs = []
    for row in reader:
            highs.append(row[1])
    print(highs)
```

执行后会输出以下结果。

```
['64', '71', '64', '59', '69', '62', '61', '55', '57', '61', '57', '59', '57', '61', '64', '61', '59', '63', '60', '57', '69', '63', '62', '59', '57', '57', '61', '59', '61', '61', '66']
```

范例 13-29：根据 CSV 文件数据绘制图表

下面的实例文件 007.py 演示了获取 CSV 文件中的指定内容，并绘制某地 2018 年每天最高温度和最低温度图表的过程。

源码路径：daima\13\13-29\007.py

```
import csv
from datetime import datetime

from matplotlib import pyplot as plt
#从文件中获取日期、最高和最低温度
filename = '2018.csv'
with open(filename) as f:
    reader = csv.reader(f)
    header_row = next(reader)

    dates, highs, lows = [], [], []
    for row in reader:
        try:
            current_date = datetime.strptime(row[0], "%Y-%m-%d")
            high = int(row[1])
            low = int(row[3])
        except ValueError:
            print(current_date, 'missing data')
        else:
            dates.append(current_date)
            highs.append(high)
            lows.append(low)

#绘图数据.
fig = plt.figure(dpi=128, figsize=(10, 6))
plt.plot(dates, highs, c='red', alpha=0.5)
plt.plot(dates, lows, c='blue', alpha=0.5)
plt.fill_between(dates, highs, lows, facecolor='blue', alpha=0.1)

#设置图表格式
title = "wendu - 2018\nDeath Valley, CN"
plt.title(title, fontsize=20)
plt.xlabel('', fontsize=16)
fig.autofmt_xdate()
plt.ylabel("wendu(F)", fontsize=16)
plt.tick_params(axis='both', which='major', labelsize=16)

plt.show()
```

执行效果如图 13-30 所示。

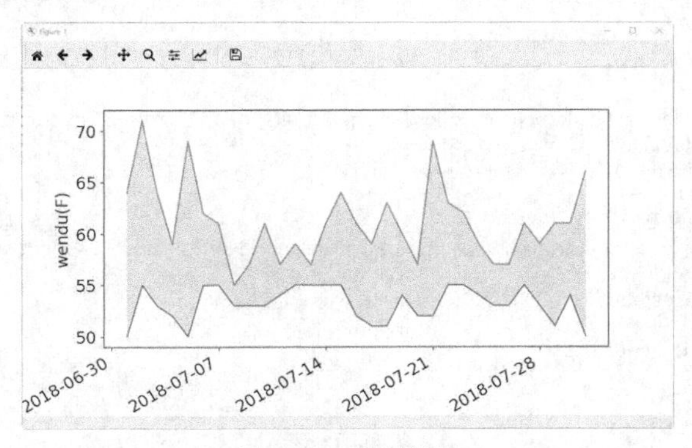

图 13-30　执行效果

注：温度为华氏温度。

范例 13-30：提取 CSV 数据并保存到 MySQL 数据库

本例提供了 3 个 CSV 文件：shop_info.csv、user_pay.csv 和 user_view.csv。

（1）创建一个名为“tianchi_1”的 MySQL 数据库，然后分别创建表 13-1～表 13-3 所示的 3 个数据表。

表 13-1　shop_info：商家特征数据

字段	示例	描述
shop_id	000001	商家 ID
city_name	北京	市名
location_id	001	所在位置编号，位置接近的商家具有相同的编号
per_pay	3	人均消费（数值越大，消费越高）
score	1	评分（数值越大，评分越高）
comment_cnt	2	评论数（数值越大，评论数越多）
shop_level	1	门店等级（数值越大，门店等级越高）
cate_1_name	美食	一级分类名称
cate_2_name	小吃	二级分类名称
cate_3_name	其他小吃	三级分类名称

表 13-2　user_pay：用户支付行为

字段	示例	描述
user_id	0000000001	用户 ID
shop_id	000001	商家 ID，与 shop_info 对应
time_stamp	2015-10-10 11:00:00	支付时间

表 13-3　user_view：用户浏览行为

字段	示例	描述
user_id	0000000001	用户 ID
shop_id	000001	商家 ID，与 shop_info 对应
time_stamp	2015-10-10 10:00:00	浏览时间

（2）下面的实例文件 008.py 演示了使用 pandas 提取上述 3 个 CSV 文件中数据的过程。

源码路径：daima\13\13-30\mysql\008.py

```
import pandas

def Init():
    print('正在提取商家数据……')
    shop_info = 
pandas.read_csv(r'shop_info.csv',header=None,names=['shop_id','city_name','location_id','per_pay','score', 'comment_cnt','shop_level','cate_1_name','cate_2_name','cate_3_name'])
    print(shop_info.head(5))

    print('正在提取支付数据……')
    user_pay = pandas.read_csv(r'user_pay.csv', iterator=True,header=None,names=['user_id','shop_id','time_stamp'])
    try:
        df = user_pay.get_chunk(5)
    except StopIteration:
        print("Iteration is stopped.")
    print(df)

    print("正在提取浏览数据……")
    user_view = pandas.read_csv(r'user_viewcsv',header=None,names=['user_id','shop_id','time_stamp'])
    print(user_view.head(5))

if __name__=='__main__':
    Init()
```

在上述代码中，有如下 3 个重要的参数。

- header：指定某一行为列名，默认 header=0，即指定第一行的所有元素名对应为每一列的列名。若 header=None，则不指定列名。

- names：与 header 配合使用，若 header=None，则可以使用该参数手动指定列名。
- iterator：返回一个 TextFileReader 对象，以便逐块处理文件。默认值为 False。

执行后会输出以下结果。

```
正在提取商家数据……
         shop_id  city_name   location_id           per_pay   score   comment_cnt  \
0  000001，湖州，885          8              4   12，2，美食，休闲茶饮，饮品      NaN            NaN
1  000002，广州，885          8              4   12，2，美食，休闲茶饮，饮品      NaN            NaN

   shop_level   cate_1_name   cate_2_name   cate_3_name
0            NaN            NaN            NaN            NaN
1            NaN            NaN            NaN            NaN
正在提取支付数据……
   user_id                    shop_id   time_stamp
0  1，00001    00002，2018-10-10 11:00:00          NaN
1  2，00003    00004，2018-10-17 11:00:00          NaN
正在提取浏览数据……
                                    user_id   shop_id   time_stamp
0  0000000001，000001，2018-10-17 11:00:00          NaN             NaN
1  0000000002，000002，2018-10-17 11:00:00          NaN             NaN
```

（3）下面的实例文件 009.py 演示了使用 pandas 和 PyMySQL 提取上述 3 个 CSV 文件中的数据，并将提取的数据添加到数据库“tianchi_1”的过程。

源码路径：daima\13\13-30\mysql\009.py

```
import pandas
import pymysql

def Init():
    # 连接数据库
    conn= pymysql.connect(
            host='localhost',
            port = 3306,
            user='root',
            passwd='66688888',
            db ='tianchi_1',
            charset = 'utf8',          # 若不声明编码，导入的数据会显示出错
            )
    cur = conn.cursor()

    print("正在提取商家数据……")
    shop_info = pandas.read_csv(r'shop_info.csv',
iterator=True,chunksize=1,header=None,names=['shop_id','city_name','location_id', 'per_pay','score','comment_cnt','shop_level','cate_1_name','cate_2_name','cate_3_name'])
    print("正在将数据导入数据库……")
    for i,shop in enumerate(shop_info):
        # 用-1或者''代替空值NaN
        shop = shop.fillna({'cate_1_name':'','cate_2_name':'','cate_3_name':''})        # 替换字符串空值
        shop = shop.fillna(-1)          # 替换整数空值
        shop = shop.values[0]     # Series类型转换成列表类型
        #print shop
        sql ="insert into shop_info (`shop_id`,`city_name`,`location_id`,`per_pay`,`score`,`comment_cnt`,`shop_level`,`cate_1_name`,`cate_2_name`,`cate_3_name`) values('%s','%s','%s','%s','%d','%s','%s','%s','%s','%s')"\
            %(shop[0],shop[1],shop[2],shop[3],shop[4],shop[5],shop[6],shop[7],shop[8],shop[9])
        cur.execute(sql)
        print('%d / 2000'%(i+1))
    conn.commit()

    print('正在提取支付数据……')
    user_pay = pandas.read_csv(r'user_pay.csv', iterator=True,chunksize=1,header=None,names=['user_id','shop_id','time_stamp'])
    print('正在将数据导入数据库……')
    for i,user in enumerate(user_pay):
        # 用-1代替空值NaN
        user = user.fillna(-1)          # 替换整数空值
        user = user.values[0]     # Series类型转换成列表类型
        #print user
        sql ="insert into user_pay (`user_id`,`shop_id`,`time_stamp`) values('%s','%s','%s')"\
            %(user[0],user[1],user[2])
        cur.execute(sql)
        print('%d'%(i+1))
    conn.commit()
```

```
        print('正在提取浏览数据……')
        user_view = pandas.read_csv(r'user_view.csv', iterator=True,chunksize=1,header=None,names=['user_id','shop_id','time_stamp'])
        print('正在将数据导入数据库……')
        for i,user in enumerate(user_view):
            # 用-1代替空值NaN
            user = user.fillna(-1)         # 替换整数空值
            user = user.values[0]     # Series类型转换成列表类型
            #print user
            sql ="insert into user_view (`user_id`,`shop_id`,`time_stamp`) values('%s','%s','%s')"\
                  %(user[0],user[1],user[2])
            cur.execute(sql)
            print('%d'%(i+1))
        conn.commit()

if __name__=='__main__':
        Init()
```

在前面的文件 008.py 中，在提取 user_pay 的数据时使用了迭代提取法，这是因为如果 user_pay 表示的 CSV 文件太大（例如数吉字节），Windows 32 位 Python 对内存大小会有限制，无法一次性读取这么大的数据集（会提示 MemoryError）。上述代码在迭代的过程中执行 SQL 语句，将数据插入表中。执行后会成功在数据库“tianchi_1”中添加 CSV 文件中的数据，执行效果如图 13-31 所示。

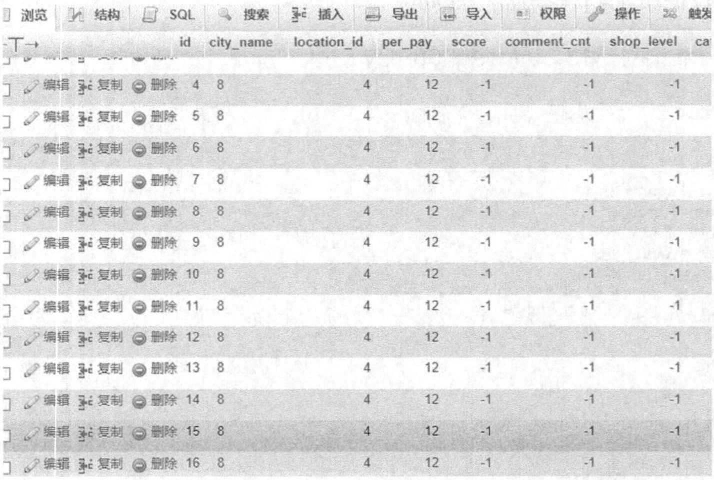

浏览　结构　SQL　搜索　插入　导出　导入　权限　操作　触发

	id	city_name	location_id	per_pay	score	comment_cnt	shop_level	ca
编辑 复制 删除	4	8	4	12	-1	-1	-1	
编辑 复制 删除	5	8	4	12	-1	-1	-1	
编辑 复制 删除	6	8	4	12	-1	-1	-1	
编辑 复制 删除	7	8	4	12	-1	-1	-1	
编辑 复制 删除	8	8	4	12	-1	-1	-1	
编辑 复制 删除	9	8	4	12	-1	-1	-1	
编辑 复制 删除	10	8	4	12	-1	-1	-1	
编辑 复制 删除	11	8	4	12	-1	-1	-1	
编辑 复制 删除	12	8	4	12	-1	-1	-1	
编辑 复制 删除	13	8	4	12	-1	-1	-1	
编辑 复制 删除	14	8	4	12	-1	-1	-1	
编辑 复制 删除	15	8	4	12	-1	-1	-1	
编辑 复制 删除	16	8	4	12	-1	-1	-1	

图 13-31　执行效果

范例 13-31：提取 CSV 数据并保存到 SQLite 数据库

本例提供了两个 CSV 文件：courses.csv 和 peeps.csv。

下面的实例文件 db_builder.py 提取了 CSV 文件中的数据，并将提取的数据添加到 SQLite 数据库中。文件 db_builder.py 的具体实现代码如下。

源码路径：daima\13\13-31\SQLite\db_builder.py

```
import sqlite3
import csv


f="database.db"
db = sqlite3.connect(f) #如果数据库存在则打开，否则将创建
c = db.cursor()       #创建游标
#c.execute('.open database.db')
#==========================================================
#在这个区域插入你的填充代码，打开两个CSV文件
coursesfile = open('courses.csv','rU')
studentsfile = open('peeps.csv','rU')
coursedict = csv.DictReader(coursesfile)
studentdict = csv.DictReader(studentsfile)
```

```
c.execute('CREATE TABLE courses (code TEXT, mark NUMERIC, id NUMERIC);')
c.execute('CREATE TABLE students (name TEXT, age NUMERIC, id NUMERIC PRIMARY KEY);')
for row in coursedict:
    code = row['code']
    #print code
    mark = row['mark']
    #print mark
    idnum = row['id']
    #print idnum
    filler = repr(code) + ',' +str(mark) + ',' + str(idnum)
    #print filler
    c.execute('INSERT INTO courses VALUES ('+ filler +');')

for row in studentdict:
    name = row['name']
    age = row['age']
    idnum = row['id']
    filler = repr(name) + ',' +str(age) + ',' + str(idnum)
    c.execute('INSERT INTO students VALUES ('+ filler +');')


c.execute('SELECT * FROM courses;')
print(c.fetchone())
print('\n')
c.execute('SELECT * FROM students;')
print(c.fetchall())

#=================================================================
db.commit() #保存修改
db.close()  #关闭连接
```

执行后会输出 SQLite 数据库中的数据信息，SQLite 数据库中的数据是从 CSV 文件中提取出来的。

```
('systems', 75, 1)


[('kruder', 44, 1), ('dorfmeister', 33, 2), ('sasha', 22, 3), ('digweed', 11, 4), ('tiesto', 99, 5), ('bassnectar', 13, 6), ('TOKiMONSTA', 972, 7), ('jphlip', 27, 8), ('tINI', 23, 9), ('alison', 23, 10)]
```

13.4 使用库 pandas

pandas 是 Python Data Analysis Library 的缩写，是基于 NumPy 的一种工具，它是为了解决数据分析任务而创建的。pandas 纳入了大量库和一些标准的数据模型，提供了高效地操作大型数据集所需的工具。

范例 13-32：安装库 pandas 并测试是否安装成功

在计算机中，我们无须安装即可使用 pandas，这时需要使用 Wakari 免费服务，可以在“云”中提供托管的 IPython Notebook 服务。开发者只需创建一个账户，即可在几分钟内通过 IPython Notebook 在浏览器中访问并使用 pandas。

对于大多数开发者来说，还是建议使用如下命令先来安装 pandas。

```
pip install pandas
```

然后可以通过如下实例文件 001.py 来测试 pandas 是否安装成功并成功执行。

源码路径：daima\13\13-32\001.py

```
import pandas as pd
print(pd.test())
```

因计算机配置存在差异，执行效果会有所区别，在笔者计算机中执行后会输出以下内容。

```
running: pytest --skip-slow --skip-network C:\Users\apple\AppData\Local\Programs\Python\Python36\lib\site-packages\pandas
============================ test session starts ============================
platform win32 -- Python 3.6.2, pytest-3.3.1, py-1.5.2, pluggy-0.6.0
rootdir: H:\daima\14\14-4, inifile:
```

```
collected 10360 items / 3 skipped

pandas\tests\test_algos.py ........................................... [   0%]
.................s..........................                                       [   0%]
pandas\tests\test_base.py .........................                               [   1%]
pandas\tests\test_categorical.py ............................s........ [   1%]
........................................................................ [   2%]
......................................                                              [   2%]
pandas\tests\test_common.py .............                                           [   2%]
###为节省本书篇幅，后面省略好多信息
```

注意：为了节省本书的篇幅，在书中将不再详细讲解 pandas 的语法知识，这方面知识请读者阅读 pandas 的官方文档。

范例 13-33：读取并显示 CSV 文件中的前 3 条数据

在库 pandas 中，可以使用方法 read_csv()读取 CSV 文件中的数据。在默认情况下，read_csv()方法会假设 CSV 文件中的字段是用逗号进行分隔的。假设存在一个名为 bikes.csv 的 CSV 文件，在里面保存了每天在某地 7 条不同的道路上有多少人骑自行车的数据。下面的实例文件 002.py 读取并显示了 bikes.csv 中的前 3 条数据。

源码路径：daima\13\13-33\002.py

```
import pandas as pd
broken_df = pd.read_csv('bikes.csv')
print(broken_df[:3])
```

执行后会输出以下结果。

```
    Date;Berri 1;Brébeuf (données non disponibles);Côte-Sainte-Catherine;Maisonneuve 1;Maisonneuve 2;du
Parc;Pierre-Dupuy;Rachel1;St-Urbain (données non disponibles)
    0                          01/01/2012;35;;0;38;51;26;10;16;
    1                          02/01/2012;83;;1;68;153;53;6;43;
    2                       03/01/2012;135;;2;104;248;89;3;58;
```

读者会发现上述执行结果显得比较凌乱，此时可以利用方法 read_csv()中的参数选项进行设置。方法 read_csv()的语法格式如下。

```
    pandas.read_csv(filepath_or_buffer, sep=', ', delimiter=None, header='infer', names=None, index_col=None, usecols=None,
squeeze=False, prefix=None, mangle_dupe_cols=True, dtype=None, engine=None, converters=None, true_values=None,
false_values=None, skipinitialspace=False, skiprows=None, nrows=None, na_values=None, keep_default_na=True, na_filter=True,
verbose=False, skip_blank_lines=True, parse_dates=False, infer_datetime_format=False, keep_date_col=False, date_parser=None,
dayfirst=False, iterator=False, chunksize=None, compression='infer', thousands=None, decimal='.', lineterminator=None, quotechar='"',
quoting=0, escapechar=None, comment=None, encoding=None, dialect=None, tupleize_cols=False, error_bad_lines=True,
warn_bad_lines=True, skipfooter=0, skip_footer=0, doublequote=True, delim_whitespace=False, as_recarray=False,
compact_ints=False, use_unsigned=False, low_memory=True, buffer_lines=None, memory_map=False, float_precision=None)[source]
```

范例 13-34：更加规整地读取并显示 CSV 文件中的前 3 条数据

下面的实例文件 003.py 使用更加规整的格式读取并显示了 bikes.csv 中的前 3 条数据。

源码路径：daima\13\13-34\003.py

```
import pandas as pd
fixed_df = pd.read_csv('bikes.csv', sep=';', encoding='latin1', parse_dates=['Date'], dayfirst=True, index_col='Date')
print(fixed_df[:3])
```

执行后会输出以下结果。

```
              Berri 1    BrÃ©beuf (donnÃ©es non disponibles)    \
Date
2014-01-01        35                                         NaN
2014-01-02        83                                         NaN
2014-01-03       135                                         NaN

              CÃ´te-Sainte-Catherine    Maisonneuve 1    Maisonneuve 2    du Parc    \
Date
2014-01-01                          0               38               51         26
2014-01-02                          1               68              153         53
2014-01-03                          2              104              248         89

              Pierre-Dupuy    Rachel1    St-Urbain (donnÃ©es non disponibles)
Date
```

```
2014-01-01          10       16                              NaN
2014-01-02           6       43                              NaN
2014-01-03           3       58                              NaN
```

范例 13-35：读取并显示 CSV 文件中的某列数据

在读取 CSV 文件时，得到的是一种由行和列组成的数据帧，我们可以列出在帧中具有相同特征的元素。下面的实例文件 004.py 读取并显示了文件 bikes.csv 中的“Berri 1”列的数据。

源码路径：daima\13\13-35\004.py

```
import pandas as pd
fixed_df = pd.read_csv('bikes.csv', sep=';', encoding='latin1', parse_dates=['Date'], dayfirst=True, index_col='Date')
print(fixed_df['Berri 1'])
```

执行后会输出以下结果。

```
Date
2014-01-01       35
2014-01-02       83
2014-01-03      135
#省略部分行
2014-10-23     4177
2014-10-24     3744
2014-10-25     3735
2014-10-26     4290
2014-10-27     1857
2014-10-28     1310
2014-10-29     2919
2014-10-30     2887
2014-10-31     2634
2014-11-01     2405
2014-11-02     1582
2014-11-03      844
2014-11-04      966
2014-11-05     2247
Name: Berri 1, Length: 310, dtype: int64
```

范例 13-36：用统计图表展示 CSV 中的某列数据

为了使我们的应用程序更加美观，在下面的实例文件 005.py 中加入了 Matplotlib 功能，以统计图表的方式展示了文件 bikes.csv 中的“Berri 1”列的数据。

源码路径：daima\13\13-36\005.py

```
import pandas as pd
import matplotlib.pyplot as plt
plt.rcParams['figure.figsize'] = (15, 5)
fixed_df = pd.read_csv('bikes.csv', sep=';', encoding='latin1', parse_dates=['Date'], dayfirst=True, index_col='Date')
fixed_df['Berri 1'].plot()
plt.show()
```

执行后会显示每个月的骑行数据统计图，执行效果如图 13-32 所示。

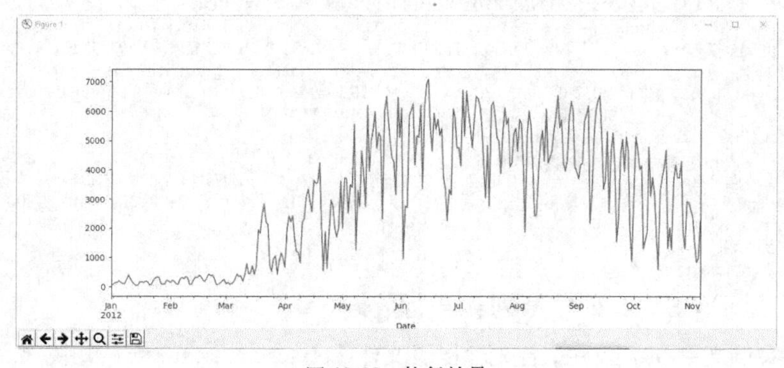

图 13-32　执行效果

范例 13-37：选择指定数据

下面的实例文件 006.py 的功能是处理一个更大的数据集文件 311-service-requests.csv，输出这个文件中的数据信息。(书中我们只截取了一小部分数据)

源码路径：daima\13\13-37\006.py

```
import pandas as pd
complaints = pd.read_csv('311-service-requests.csv')
print(complaints)
```

执行后会输出如下的读取文件 311-service-requests.csv 的结果，并在最后统计数据数目。

```
        Unique Key                  Created Date                  Closed Date Agency                    Agency
Name            Complaint Type                                          Descriptor              Location Type
Incident Zip          Incident Address         Street Name      Cross Street 1               Cross Street 2
Intersection Street 1 Intersection Street 2   Address Type               City  Landmark Facility Type     Status
Due Date Resolution Action Updated Date       Community Board         Borough   X Coordinate (State Plane)   Y Coordinate
(State Plane)   Park Facility Name      Park Borough             School Name School Number School Region   School Code School
Phone Number                                      School Address   School City School State    School Zip School Not
Found   School or Citywide Complaint   Vehicle Type   Taxi Company Borough Taxi Pick Up Location   Bridge Highway Name
Bridge Highway Direction   Road Ramp   Bridge Highway Segment   Garage Lot Name   Ferry Direction   Ferry Terminal Name
Latitude   Longitude                              Location
       0        26589651    10/31/2013 02:08:41 AM                         NaN      NYPD          New York City Police
Department     Noise - Street/Sidewalk                                      Loud Talking
Street/Sidewalk          11432.0               90-03 169 STREET          169 STREET           90 AVENUE
91 AVENUE                     NaN                       NaN         ADDRESS                  JAMAICA          NaN
Precinct   Assigned   10/31/2013 10:08:41 AM          10/31/2013 02:35:17 AM             12 QUEENS           QUEENS
1042027.0                    197389.0           Unspecified           QUEENS            Unspecified    Unspecified
Unspecified    Unspecified             Unspecified                                 Unspecified    Unspecified
Unspecified    Unspecified                 N                         NaN            NaN                  NaN
NaN                  NaN                          NaN          NaN                        NaN                  NaN
NaN                  NaN   40.708275 -73.791604     (40.70827532593202, -73.79160395779721)
       1        26593698    10/31/2013 02:01:04 AM                         NaN      NYPD          New York City Police
Department              Illegal Parking                         Commercial Overnight Parking             Street/Sidewalk
11378.0                    58 AVENUE                58 AVENUE             58 PLACE                            59
STREET                  NaN                       NaN          BLOCKFACE                 MASPETH              NaN
Precinct        Open    10/31/2013 10:01:04 AM                          NaN              05 QUEENS
QUEENS                       1009349.0                        201984.0          Unspecified            QUEENS
Unspecified     Unspecified     Unspecified   Unspecified               Unspecified
Unspecified    Unspecified    Unspecified    Unspecified                     N                            NaN            NaN
NaN                     NaN                    NaN                           NaN            NaN
NaN                 NaN                   NaN                         NaN    40.721041 -73.909453    (40.721040535628305,
-73.90945306791765)
       2        26594139    10/31/2013 02:00:24 AM    10/31/2013 02:40:32 AM      NYPD          New York City Police
Department           Noise - Commercial                                  Loud Music/Party
Club/Bar/Restaurant          10032.0                    4060 BROADWAY              BROADWAY     WEST 171 STREET
WEST 172 STREET                      NaN                         NaN          ADDRESS                    NEW YORK
NaN        Precinct      Closed    10/31/2013 10:00:24 AM             10/31/2013 02:39:42 AM         12 MANHATTAN
MANHATTAN                       1001088.0                    246531.0           Unspecified          MANHATTAN
Unspecified     Unspecified     Unspecified   Unspecified               Unspecified
Unspecified    Unspecified    Unspecified    Unspecified                     N                            NaN            NaN
NaN                     NaN                    NaN                           NaN            NaN
NaN                 NaN                   NaN                         NaN    40.843330 -73.939144     (40.84332975466513,
-73.93914371913482)
       3        26595721    10/31/2013 01:56:23 AM    10/31/2013 02:21:48 AM      NYPD          New York City Police
Department               Noise - Vehicle                                   Car/Truck Horn
Street/Sidewalk          10023.0                WEST 72 STREET          WEST 72 STREET      COLUMBUS AVENUE
AMSTERDAM AVENUE                    NaN                         NaN         BLOCKFACE                  NEW YORK
NaN        Precinct      Closed    10/31/2013 09:56:23 AM             10/31/2013 02:21:10 AM         07 MANHATTAN
MANHATTAN                        989730.0                    222727.0           Unspecified          MANHATTAN
Unspecified     Unspecified     Unspecified   Unspecified               Unspecified
Unspecified    Unspecified    Unspecified    Unspecified                     N                            NaN            NaN
NaN                     NaN                    NaN                           NaN            NaN
NaN                 NaN                   NaN                         NaN    40.778009 -73.980213     (40.7780087446372,
-73.98021349023975)
     #省略部分输出结果
     [263 rows x 52 columns]
```

范例 13-38：显示 CSV 文件中某列和某行数据

在下面的实例文件 007.py 中，首先输出了文件 311-service-requests.csv 中“Complaint Type”列的信息，然后输出了文件 311-service-requests.csv 中的前 5 行信息，接着输出了文件 311-service-requests.csv 中前 5 行“Complaint Type”列的信息，又输出了文件 311-service-requests.csv 中“Complaint Type”和“Borough”这两列的信息，最后输出了文件 311-service-requests.csv 中“Complaint Type”和“Borough”这两列的前 10 行信息。

源码路径：daima\13\13-38\007.py

```
import pandas as pd
complaints = pd.read_csv('311-service-requests.csv')
print(complaints['Complaint Type'])
print(complaints[:5])
print(complaints[:5]['Complaint Type'])
print(complaints[['Complaint Type', 'Borough']])
print(complaints[['Complaint Type', 'Borough']][:10])
```

执行后会输出以下结果。

```
#下面首先输出“Complaint Type”列的信息
0          Noise - Street/Sidewalk
1                  Illegal Parking
2               Noise - Commercial
3                  Noise - Vehicle
4                           Rodent
5               Noise - Commercial
6                 Blocked Driveway
7               Noise - Commercial
8               Noise - Commercial
9               Noise - Commercial
10       Noise - House of Worship
11              Noise - Commercial
12                 Illegal Parking
13                 Noise - Vehicle
14                          Rodent
15       Noise - House of Worship
16         Noise - Street/Sidewalk
17                 Illegal Parking
18          Street Light Condition
19              Noise - Commercial
20       Noise - House of Worship
21              Noise - Commercial
22                 Noise - Vehicle
23              Noise - Commercial
24                Blocked Driveway
25         Noise - Street/Sidewalk
26          Street Light Condition
27           Harboring Bees/Wasps
28         Noise - Street/Sidewalk
29          Street Light Condition
                  ...
233             Noise - Commercial
234                 Taxi Complaint
235           Sanitation Condition
236        Noise - Street/Sidewalk
237             Consumer Complaint
238        Traffic Signal Condition
239          DOF Literature Request
240          Litter Basket / Request
241               Blocked Driveway
242        Violation of Park Rules
243          Collection Truck Noise
244                 Taxi Complaint
245                 Taxi Complaint
246          DOF Literature Request
247        Noise - Street/Sidewalk
248                Illegal Parking
249                Illegal Parking
250               Blocked Driveway
251       Maintenance or Facility
252             Noise - Commercial
253                Illegal Parking
254                          Noise
255                         Rodent
256                Illegal Parking
257                          Noise
258         Street Light Condition
```

```
259                          Noise - Park
260                      Blocked Driveway
261                        Illegal Parking
262                   Noise - Commercial
Name: Complaint Type, Length: 263, dtype: object
#下面输出前5行信息
    Unique Key                 Created Date                   Closed Date Agency  \
0     26589651   10/31/2013 02:08:41 AM                               NaN    NYPD
1     26593698   10/31/2013 02:01:04 AM                               NaN    NYPD
2     26594139   10/31/2013 02:00:24 AM   10/31/2013 02:40:32 AM    NYPD
3     26595721   10/31/2013 01:56:23 AM   10/31/2013 02:21:48 AM    NYPD
4     26590930   10/31/2013 01:53:44 AM                               NaN   DOHMH

                                Agency Name            Complaint Type  \
0             New York City Police Department   Noise - Street/Sidewalk
1             New York City Police Department            Illegal Parking
2             New York City Police Department        Noise - Commercial
3             New York City Police Department           Noise - Vehicle
4   Department of Health and Mental Hygiene                       Rodent

                         Descriptor          Location Type   Incident Zip  \
0                      Loud Talking       Street/Sidewalk        11432.0
1   Commercial Overnight Parking        Street/Sidewalk        11378.0
2                  Loud Music/Party    Club/Bar/Restaurant       10032.0
3                     Car/Truck Horn       Street/Sidewalk        10023.0
4   Condition Attracting Rodents            Vacant Lot        10027.0

    Incident Address                              ...                       \
0   90-03 169 STREET                                ...
1            58 AVENUE                              ...
2       4060 BROADWAY                               ...
3      WEST 72 STREET                               ...
4     WEST 124 STREET                               ...

   Bridge Highway Name Bridge Highway Direction Road Ramp  \
0                      NaN                          NaN        NaN
1                      NaN                          NaN        NaN
2                      NaN                          NaN        NaN
3                      NaN                          NaN        NaN
4                      NaN                          NaN        NaN

   Bridge Highway Segment Garage Lot Name Ferry Direction Ferry Terminal Name  \
0                        NaN              NaN              NaN                     NaN
1                        NaN              NaN              NaN                     NaN
2                        NaN              NaN              NaN                     NaN
3                        NaN              NaN              NaN                     NaN
4                        NaN              NaN              NaN                     NaN

     Latitude    Longitude                                     Location
0   40.708275 -73.791604    (40.70827532593202, -73.79160395779721)
1   40.721041 -73.909453   (40.721040535628305, -73.90945306791765)
2   40.843330 -73.939144    (40.84332975466513, -73.93914371913482)
3   40.778009 -73.980213     (40.7780087446372, -73.98021349023975)
4   40.807691 -73.947387    (40.80769092704951, -73.94738703491433)

#下面输出前5行“Complaint Type”列的信息
0      Noise - Street/Sidewalk
1                Illegal Parking
2           Noise - Commercial
3                Noise - Vehicle
4                         Rodent
#下面输出“Complaint Type”和“Borough”这两列的信息
                Complaint Type           Borough
0       Noise - Street/Sidewalk          QUEENS
1               Illegal Parking           QUEENS
2            Noise - Commercial       MANHATTAN
3               Noise - Vehicle      MANHATTAN
4                        Rodent       MANHATTAN
5            Noise - Commercial          QUEENS
#省略部分
259                Noise - Park        BROOKLYN
260            Blocked Driveway           QUEENS
261             Illegal Parking        BROOKLYN
262          Noise - Commercial       MANHATTAN
```

```
[263 rows x 2 columns]
#下面输出 "Complaint Type"和"Borough"这两列的前10行信息
           Complaint Type      Borough
0  Noise - Street/Sidewalk      QUEENS
1          Illegal Parking      QUEENS
2       Noise - Commercial   MANHATTAN
3          Noise - Vehicle   MANHATTAN
4                   Rodent   MANHATTAN
5       Noise - Commercial      QUEENS
6         Blocked Driveway      QUEENS
7       Noise - Commercial      QUEENS
8       Noise - Commercial   MANHATTAN
9       Noise - Commercial    BROOKLYN
```

范例 13-39：在图表中统计显示 CSV 文件中的出现次数前 10 名信息

在下面的实例文件 008.py 中，首先输出了文件 311-service-requests.csv 中"Complaint Type"列中出现次数前 10 名的信息，然后在图表中统计显示这前 10 名的信息。

源码路径：daima\13\13-39\008.py

```
import pandas as pd
import matplotlib.pyplot as plt

pd.set_option('display.width', 5000)
pd.set_option('display.max_columns', 60)

plt.rcParams['figure.figsize'] = (10, 6)

complaints = pd.read_csv('311-service-requests.csv')
complaint_counts = complaints['Complaint Type'].value_counts()
print(complaint_counts[:10])#输出"Complaint Type"列中出现次数前10名的信息
complaint_counts[:10].plot(kind='bar')#绘制"Complaint Type"列中出现次数前10名的图表信息
plt.show()
```

执行后会输出"Complaint Type"列中出现次数前 10 名的信息，如下。

```
Noise - Commercial          51
Noise                       27
Noise - Street/Sidewalk     22
Blocked Driveway            21
Illegal Parking             18
Taxi Complaint              13
Traffic Signal Condition    10
Rodent                      10
Water System                 9
Noise - Vehicle              7
Name: Complaint Type, dtype: int64
```

并且会在图表中统计显示上述前 10 名的信息，执行效果如图 13-33 所示。

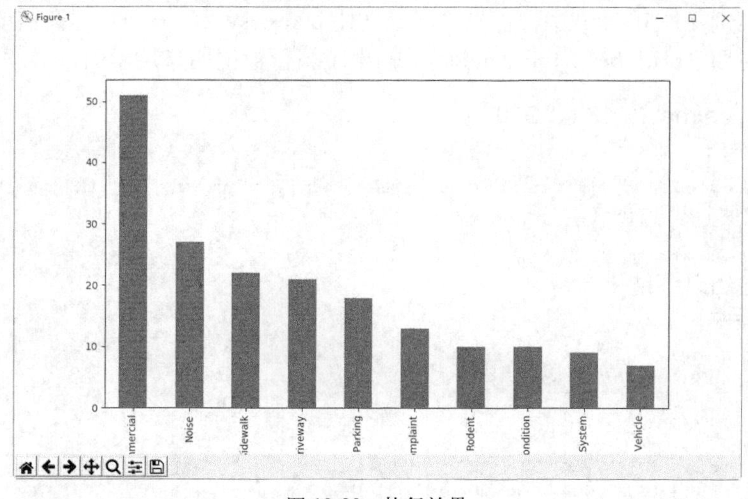

图 13-33　执行效果

范例 13-40：统计文件 bikes.csv 中每个月的骑行数据

在进行数据统计分析时，时间通常是一个重要的因素。下面的实例文件 009.py 可以使用 Matplotlib 统计出文件 bikes.csv 中每个月的骑行数据信息。

源码路径：daima\13\13-40\009.py

```
import pandas as pd
import matplotlib.pyplot as plt

plt.rcParams['figure.figsize'] = (10, 8)
plt.rcParams['font.family'] = 'sans-serif'

pd.set_option('display.width', 5000)
pd.set_option('display.max_columns', 60)

bikes = pd.read_csv('bikes.csv', sep=';', encoding='latin1', parse_dates=['Date'], dayfirst=True, index_col='Date')
bikes['Berri 1'].plot()
plt.show()
```

执行效果如图 13-34 所示。

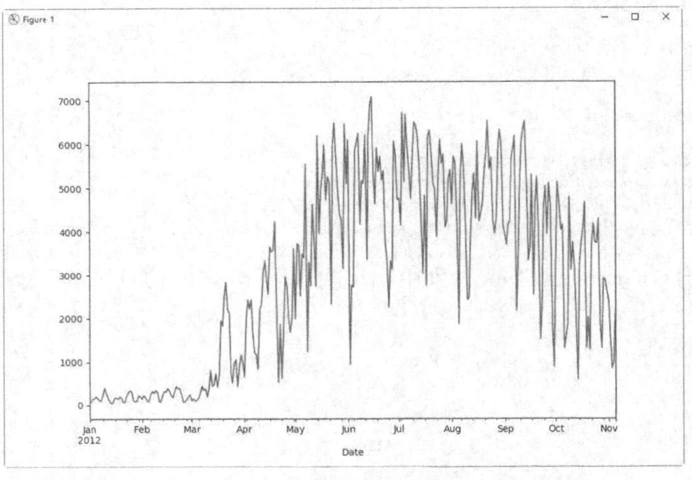

图 13-34　执行效果

范例 13-41：输出某街道前 5 天的骑行数据

在下面的实例文件 010.py 中，首先输出了文件 bikes.csv 中“Berri 1”街道前 5 天的骑行数据信息，然后使用“print(berri_bikes.index)”输出了骑行数据的日期索引。

源码路径：daima\13\13-41\010.py

```
import pandas as pd

bikes = pd.read_csv('bikes.csv', sep=';', encoding='latin1', parse_dates=['Date'], dayfirst=True, index_col='Date')
berri_bikes = bikes[['Berri 1']].copy()
print(berri_bikes[:5])
print(berri_bikes.index)
```

执行后会输出以下结果。

```
            Berri 1
Date
2014-01-01       35
2014-01-02       83
2014-01-03      135
2014-01-04      144
2014-01-05      197
DatetimeIndex(['2014-01-01', '2014-01-02', '2014-01-03', '2014-01-04',
               '2014-01-05', '2014-01-06', '2014-01-07', '2014-01-08',
               '2014-01-09', '2014-01-10',
```

```
            ...
            '2014-10-27', '2014-10-28', '2014-10-29', '2014-10-30',
            '2014-10-31', '2014-11-01', '2014-11-02', '2014-11-03',
            '2014-11-04', '2014-11-05'],
           dtype='datetime64[ns]', name='Date', length=310, freq=None)
```

由上述执行效果可知，只输出了 310 天的统计数据。

范例 13-42：使用时间序列功能

pandas 还能够实现非常好的时间序列功能，所以如果我们想得到每一行的月份中的日期，则可以通过如下文件 011.py 实现。

源码路径：daima\13\13-42\011.py

```
import pandas as pd

bikes = pd.read_csv('bikes.csv', sep=';', encoding='latin1', parse_dates=['Date'], dayfirst=True, index_col='Date')
berri_bikes = bikes[['Berri 1']].copy()
print(berri_bikes.index.day)
print(berri_bikes.index.weekday)
```

执行后会输出以下结果。

```
Int64Index([ 1,  2,  3,  4,  5,  6,  7,  8,  9, 10,
            ...
            27, 28, 29, 30, 31,  1,  2,  3,  4,  5],
           dtype='int64', name='Date', length=310)
Int64Index([6, 0, 1, 2, 3, 4, 5, 6, 0, 1,
            ...
            5, 6, 0, 1, 2, 3, 4, 5, 6, 0],
           dtype='int64', name='Date', length=310)
```

范例 13-43：获取某一天是星期几

我们可以使用 pandas 灵活获取某一天是星期几，例如下面的实例文件 012.py。

源码路径：daima\13\13-43\012.py

```
import pandas as pd

bikes = pd.read_csv('bikes.csv', sep=';', encoding='latin1', parse_dates=['Date'], dayfirst=True, index_col='Date')
berri_bikes = bikes[['Berri 1']].copy()
berri_bikes.loc[:,'weekday'] = berri_bikes.index.weekday
print(berri_bikes[:5])
```

执行后会输出以下结果。

```
            Berri 1  weekday
Date
2014-01-01       35        6
2014-01-02       83        0
2014-01-03      135        1
2014-01-04      144        2
2014-01-05      197        3
```

范例 13-44：统计周一到周日每天的骑行数据

在现实应用中，我们当然也可以统计周一到周日每天的数据。下面的实例文件 013.py 中，首先统计了周一到周日每天的骑行数据，然后用更加通俗易懂的星期几的英文名显示了结果。

源码路径：daima\13\13-44\013.py

```
import pandas as pd

bikes = pd.read_csv('bikes.csv', sep=';', encoding='latin1', parse_dates=['Date'], dayfirst=True, index_col='Date')
berri_bikes = bikes[['Berri 1']].copy()

berri_bikes.loc[:,'weekday'] = berri_bikes.index.weekday

weekday_counts = berri_bikes.groupby('weekday').aggregate(sum)
print(weekday_counts)

weekday_counts.index = ['Monday', 'Tuesday', 'Wednesday', 'Thursday', 'Friday', 'Saturday', 'Sunday']
```

```
print(weekday_counts)
```

执行后会输出以下结果。

```
          Berri 1
weekday
0         134298
1         135305
2         152972
3         160131
4         141771
5         101578
6          99310
           Berri 1
Monday     134298
Tuesday    135305
Wednesday  152972
Thursday   160131
Friday     141771
Saturday   101578
Sunday      99310
```

范例 13-45：使用 Matplotlib 图表统计周一到周日每天的骑行数据

为了使统计数据显得更加直观，我们可以在程序中使用 Matplotlib 技术。下面的实例文件 014.py 使用 Matplotlib 图表统计了周一到周日每天的骑行数据。

源码路径：daima\13\13-45\014.py

```
import pandas as pd
import matplotlib.pyplot as plt
plt.rcParams['figure.figsize'] = (15, 5)
bikes = pd.read_csv('bikes.csv',
                    sep=';', encoding='latin1',
                    parse_dates=['Date'], dayfirst=True,
                    index_col='Date')
# 添加标识
berri_bikes = bikes[['Berri 1']].copy()
berri_bikes.loc[:,'weekday'] = berri_bikes.index.weekday

# 开始统计
weekday_counts = berri_bikes.groupby('weekday').aggregate(sum)
weekday_counts.index = ['Monday', 'Tuesday', 'Wednesday', 'Thursday', 'Friday', 'Saturday', 'Sunday']
weekday_counts.plot(kind='bar')
plt.xticks(rotation=25)
plt.show()
```

执行效果如图 13-35 所示。

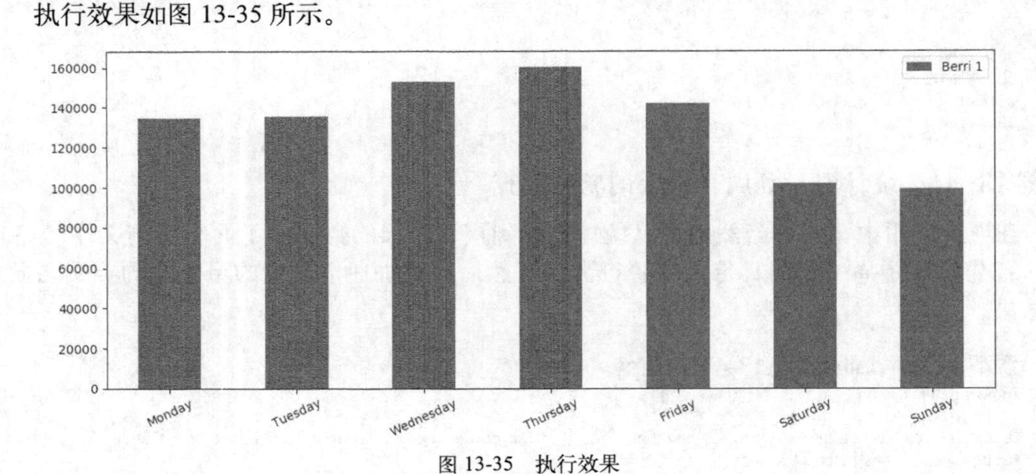

图 13-35 执行效果

范例 13-46：使用 Matplotlib 统计某区域的全年天气数据

下面的实例文件 015.py 中，借助于素材文件 weather_2014.csv，使用 Matplotlib 统计了某区域的 2012 年的全年天气数据信息。

源码路径：daima\13\13-46\015.py

```
import pandas as pd
import matplotlib.pyplot as plt
import numpy as np

plt.rcParams['figure.figsize'] = (15, 3)
plt.rcParams['font.family'] = 'sans-serif'
weather_2012_final = pd.read_csv('weather_2014.csv', index_col='Date/Time')
weather_2012_final['Temp (C)'].plot(figsize=(15, 6))
plt.show()
```

执行效果如图 13-36 所示。

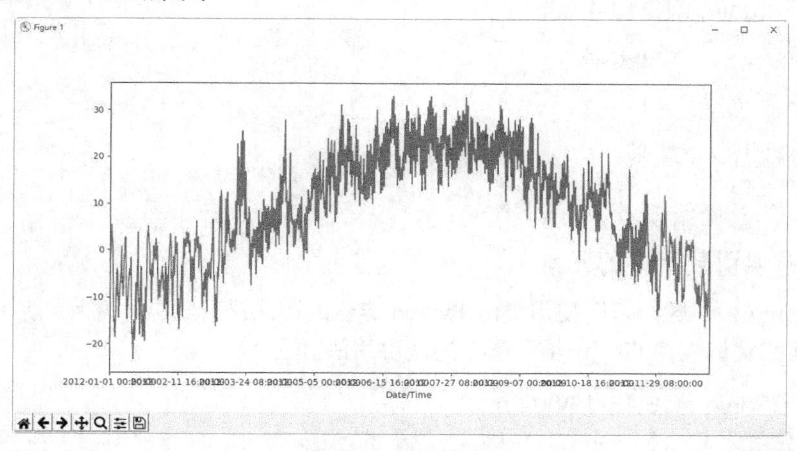

图 13-36　执行效果

范例 13-47：输出 CSV 文件中的全部天气信息

通过下面的实例文件 016.py，即可输出文件 weather_2014.csv 中的全部天气信息。

源码路径：daima\13\13-47\016.py

```
import pandas as pd

weather_2012_final = pd.read_csv('weather_2014.csv', index_col='Date/Time')
print(weather_2012_final)
```

执行后会输出以下结果。

```
                    Temp (C)   Dew Point Temp (C)   Rel Hum (%)   \
Date/Time
2014-01-01 00:00:00    -1.8              -3.9            86
2014-01-01 01:00:00    -1.8              -3.7            87
2014-01-01 02:00:00    -1.8              -3.4            89
2014-01-01 03:00:00    -1.5              -3.2            88
2014-01-01 04:00:00    -1.5              -3.3            88
2014-01-01 05:00:00    -1.4              -3.3            87
2014-01-01 06:00:00    -1.5              -3.1            89
2014-01-01 07:00:00    -1.4              -3.6            85
2014-01-01 08:00:00    -1.4              -3.6            85
#在此省略部分输出结果
2014-12-31 19:00:00                  Snow
2014-12-31 20:00:00                  Snow
2014-12-31 21:00:00                  Snow
2014-12-31 22:00:00                  Snow
2014-12-31 23:00:00                  Snow

[8784 rows x 7 columns]
```

13.5　使用库 NumPy

NumPy 是 Python 实现科学计算的一个库，它提供了一个多维数组对象、各种派生对象（例如屏蔽的数组和矩阵）以及一系列用于数组快速操作的例程，包括数学、逻辑、形状操作、排序、选择、I/O、离散傅里叶变换、基本线性代数、基本统计操作以及随机模拟等。

范例 13-48：安装库 NumPy 并创建一个 2×3 的二维数组

标准的 Python 发行版不会与 NumPy 库捆绑在一起，一个轻量级的替代方法是使用如下 Python 包安装命令 pip 来安装 NumPy。

```
pip install numpy
```

例如，下面的实例文件 001.py 创建了一个 2×3 的二维数组，并由 4B 整数元素组成。

源码路径：daima\13\13-48\001.py

```
import numpy as np
x = np.array([[1, 2, 3], [4, 5, 6]], np.int32)
print(type(x))
print(x.shape)
print(x.dtype)
```

执行后会输出以下结果。

```
<class 'numpy.ndarray'>
(2, 3)
int32
```

范例 13-49：索引数组中的元素

在库 NumPy 中，数组可以使用类似 Python 容器的语法进行索引，并且切片可以生成数组的视图。下面的实例文件 002.py 演示了上述两种用法。

源码路径：daima\13\13-49\002.py

```
import numpy as np
x = np.array([[1, 2, 3], [4, 5, 6]], np.int32)
print(x[1, 2])

y = x[:,1]
print(y)
y[0] = 9 # 这也改变了x中的对应元素
print(y)
print(x)
```

执行后会输出以下结果。

```
6
[2 5]
[9 5]
[[1 9 3]
 [4 5 6]]
```

范例 13-50：使用内置函数操作数组

下面的实例文件 003.py 演示了使用内置函数 arange()和 reshape()操作数组的过程。

源码路径：daima\13\13-50\003.py

```
import numpy as np
# 一维数组
a = np.arange(24)
a.ndim
# 现在调整其大小
b = a.reshape(2,4,3)
print(b)
```

执行后会输出以下结果。

```
[[[ 0  1  2]
  [ 3  4  5]
  [ 6  7  8]
  [ 9 10 11]]

 [[12 13 14]
  [15 16 17]
  [18 19 20]
  [21 22 23]]]
```

范例 13-51：使用 arange()函数创建数组并进行迭代

下面的实例文件 004.py 演示了使用 arange()函数创建一个 3×4 数组，并使用 nditer()它进行迭代的过程。

源码路径：daima\13\13-51\004.py

```
import numpy as np
a = np.arange(0,60,5)
a = a.reshape(3,4)
print('原始数组是：')
print(a)
print('\n')
print('修改后的数组是：')
for x in np.nditer(a):
    print(x)
```

执行后会输出以下结果。

```
原始数组是：
[[ 0 5 10 15]
 [20 25 30 35]
 [40 45 50 55]]

修改后的数组是：
0 5 10 15 20 25 30 35 40 45 50 55
```

范例 13-52：数组转置和修改

迭代的顺序可以匹配数组的内容布局，而不考虑特定的排序，这可以通过迭代上述数组的转置来看到，下面的实例文件 005.py 演示了这一用法。

源码路径：daima\13\13-52\005.py

```
import numpy as np
a = np.arange(0,60,5)
a = a.reshape(3,4)
print ('原始数组是：')
print(a)
print ('\n')
print ('原始数组的转置是：')
b = a.T
print(b)
print ('\n')
print( '修改后的数组是：')
for x in np.nditer(b):
    print(x,)
```

执行后会输出以下结果。

```
原始数组是：
[[ 0 5 10 15]
 [20 25 30 35]
 [40 45 50 55]]

原始数组的转置是：
[[ 0 20 40]
 [ 5 25 45]
 [10 30 50]
 [15 35 55]]

修改后的数组是：
0 5 10 15 20 25 30 35 40 45 50 55
```

范例 13-53：返回展开为一维数组的副本

下面的实例文件 006.py 演示了使用函数 flatten()返回展开为一维数组的副本的过程。

源码路径：daima\13\13-53\006.py

```
import numpy as np
a = np.arange(8).reshape(2,4)

print('原数组：')
print(a)
```

```
print('\n' )
# default is column-major

print('展开的数组：')
print(a.flatten())
print('\n' )

print('以 F 风格顺序展开的数组：')
print(a.flatten(order = 'F'))
```

执行后会输出以下结果。

```
原数组：
[[0 1 2 3]
 [4 5 6 7]]

展开的数组：
[0 1 2 3 4 5 6 7]

以 F 风格顺序展开的数组：
[0 4 1 5 2 6 3 7]
```

范例 13-54：使用字符串函数

在库 NumPy 中，通过使用字符串函数可以对 numpy.string_或 numpy.unicode_的数组执行向量化字符串操作，它们基于 Python 内置库中的标准字符串函数。下面的实例文件 007.py 演示了使用字符串函数的过程。

源码路径：daima\13\13-54\007.py

```
import numpy as np
print('连接两个字符串：')
print(np.char.add(['hello'],[' xyz']) )
print('连接示例：')
print(np.char.add(['hello', 'hi'],[' abc', ' xyz']))

print(np.char.multiply('Hello ',3))

print(np.char.center('hello', 20,fillchar = '*'))

print(np.char.capitalize('hello world'))

print(np.char.title('hello how are you?'))

print(np.char.splitlines('hello\nhow are you?') )
print(np.char.splitlines('hello\rhow are you?'))

print(np.char.replace ('He is a good boy', 'is', 'was'))
```

上述代码的执行流程如下：

- 使用函数 add()实现了元素的字符串连接功能；
- 使用函数 multiply()实现了多重连接功能；
- 使用函数 center()返回所需宽度的数组，以便输入字符串位于中心，并使用 fillchar 在左侧和右侧进行填充；
- 使用函数 capitalize()设置字符串中的第一个字符大写；
- 使用函数 title()设置字符串中每个单词的首字母都大写；
- 使用函数 splitlines()返回数组中元素的单词列表，并且以换行符进行分割；
- 使用函数 replace()返回字符串副本，其中所有指定字符序列都被另一个给定的字符序列取代。

执行后会输出以下结果。

```
连接两个字符串：
['hello xyz']
连接示例：
['hello abc' 'hi xyz']
Hello Hello Hello
*******hello********
Hello world
```

```
Hello How Are You?
['hello', 'how are you?']
['hello', 'how are you?']
he was a good boy?
```

范例 13-55：使用正弦、余弦和正切函数

在库 NumPy 中包含大量实现各种数学运算功能的函数，例如三角函数、算术运算的函数和复数处理函数等。下面的实例文件 008.py 演示了使用正弦、余弦和正切函数的过程。

源码路径：daima\13\13-55\008.py

```
import numpy as np
a = np.array([0,30,45,60,90])
print ('不同角度的正弦值：')
# 通过乘 pi/180来将相应值转化为弧度
print(np.sin(a*np.pi/180)    )
print ('数组中角度的余弦值：' )
print(np.cos(a*np.pi/180) )
print ('数组中角度的正切值：' )
print(np.tan(a*np.pi/180))
```

执行后会输出以下结果。

```
不同角度的正弦值：
[ 0.          0.5         0.70710678  0.8660254   1.        ]
数组中角度的余弦值：
[   1.00000000e+00   8.66025404e-01   7.07106781e-01   5.00000000e-01
    6.12323400e-17]
数组中角度的正切值：
[   0.00000000e+00   5.77350269e-01   1.00000000e+00   1.73205081e+00
    1.63312394e+16]
```

范例 13-56：使用算术函数实现四则运算

下面的实例文件 009.py 演示了使用算术函数 add()、subtract()、multiply()以及 divide()实现四则运算的过程。在使用这 4 个函数时，要求输入的数组必须具有相同的形状或符合数组广播规则。

源码路径：daima\13\13-56\009.py

```
import numpy as np
a = np.arange(9, dtype = np.float_).reshape(3,3)
print ('第一个数组：')
print(a )
print ('\n')
print ('第二个数组：' )
b = np.array([10,10,10])
print(b )
print ('\n' )
print ('两个数组相加：')
print(np.add(a,b))
print('\n')
print('两个数组相减：')
print(np.subtract(a,b)    )
print('\n' )
print('两个数组相乘：' )
print(np.multiply(a,b)    )
print('\n'    )
print('两个数组相除：' )
print(np.divide(a,b))
```

执行后会输出以下结果。

```
第一个数组：
[[ 0.   1.   2.]
 [ 3.   4.   5.]
 [ 6.   7.   8.]]


第二个数组：
[10 10 10]


两个数组相加：
```

```
[[ 10.   11.   14.]
 [ 13.   14.   15.]
 [ 16.   17.   18.]]


两个数组相减：
[[-10.   -9.   -8.]
 [ -7.   -6.   -5.]
 [ -4.   -3.   -2.]]


两个数组相乘：
[[  0.   10.   20.]
 [ 30.   40.   50.]
 [ 60.   70.   80.]]


两个数组相除：
[[ 0.    0.1   0.2]
 [ 0.3   0.4   0.5]
 [ 0.6   0.7   0.8]]
```

范例 13-57：从给定数组的元素中沿指定轴返回最小值和最大值

在库 NumPy 中有很多有用的统计函数，用于从给定的数组元素中查找最小值、最大值、百分标准差和方差等。下面的实例文件 010.py 演示了使用算术函数从给定的数组元素中沿指定轴返回最小值和最大值的过程。

源码路径：daima\13\13-57\010.py

```
import numpy as np
a = np.array([[3,7,5],[8,4,3],[2,4,9]])
print('我们的数组是：')
print(a )
print('\n' )
print('调用 amin() 函数：' )
print(np.amin(a,1)   )
print('\n')
print('再次调用 amin() 函数：'   )
print(np.amin(a,0)   )
print('\n'   )
print('调用 amax() 函数：')
print(np.amax(a)   )
print('\n')
print('再次调用 amax() 函数：' )
print(np.amax(a, axis =   0))
```

执行后会输出以下结果。

```
我们的数组是：
[[3 7 5]
[8 4 3]
[2 4 9]]

调用 amin() 函数：
[3 3 2]

再次调用 amin() 函数：
[2 4 3]

调用 amax() 函数：
9

再次调用 amax() 函数：
[8 7 9]
```

范例 13-58：使用函数 sort()实现快速排序

在库 NumPy 中提供了各种排序函数，这些排序函数实现了不同的排序算法，每个排序算法的特征在于执行速度、最坏情况性能、所需的工作空间和算法的稳定性。在表 13-4 中显示了 3 种排序算法的比较。

表 13-4 3 种排序算法的比较

种类	速度	最坏情况	工作空间	稳定性
'quicksort'(快速排序)	1	$O(n^2)$	0	不稳定
'mergesort'(归并排序)	2	$O(n\log_2 n)$	0～$n/2$	稳定
'heapsort'(堆排序)	3	$O(n*\log_2 n)$	0	不稳定

下面的实例文件 011.py 演示了使用函数 sort()实现快速排序的过程。

源码路径：daima\13\13-58\011.py

```
import numpy as np
a = np.array([[3,7],[9,1]])
print('我们的数组是：')
print(a )
print('\n' )
print('调用 sort() 函数：' )
print(np.sort(a)   )
print('\n' )
print('沿轴 0 排序：' )
print(np.sort(a, axis =   0)   )
print('\n')
# 在sort ()函数中排序字段
dt = np.dtype([('name',   'S10'),('age',   int)])
a = np.array([("raju",21),("anil",25),("ravi",   17),   ("amar",27)], dtype = dt)
print('我们的数组是：' )
print(a)
print('\n')
print('按 name 排序：')
print(np.sort(a, order =   'name'))
```

执行后会输出以下结果。

```
我们的数组是：
[[3 7]
 [9 1]]


调用 sort() 函数：
[[3 7]
 [1 9]]


沿轴 0 排序：
[[3 1]
 [9 7]]


我们的数组是：
[(b'raju', 21) (b'anil', 25) (b'ravi', 17) (b'amar', 27)]


按 name 排序：
[(b'amar', 27) (b'anil', 25) (b'raju', 21) (b'ravi', 17)]
```

范例 13-59：使用函数 byteswap()实现字节交换

存储在计算机内存中的数据格式取决于 CPU 使用的架构，可以是小端（最小有效位存储在最小地址中）或大端（最小有效字节存储在最大地址中）。在库 NumPy 中，通过函数 byteswap()实现字节在大端和小端之间的交换。下面的实例文件 012.py 演示了使用函数 byteswap()实现字节交换的过程。

源码路径：daima\13\13-59\012.py

```
import numpy as np
a = np.array([1,   256,   8755], dtype = np.int16)
print('我们的数组是：')
print(a)
print('以十六进制表示内存中的数据：'   )
print(map(hex,a) )
print('调用 byteswap() 函数：' )
print(a.byteswap(True))
print('十六进制形式：' )
print(map(hex,a) )
# 我们可以看到字节已经交换了
```

执行后会输出以下结果。

```
我们的数组是：
[    1   256 8755]
以十六进制表示内存中的数据：
<map object at 0x000001C778D27668>
调用 byteswap() 函数：
[  256        1 13090]
十六进制形式：
<map object at 0x000001C778C64CC0>
```

范例 13-60：使用函数 empty()返回一个矩阵

在库 NumPy 中包含了一个矩阵模块 numpy.matlib，此模块中的函数能够返回矩阵而不是返回 ndarray 对象。例如，empty()函数能够返回一个新的矩阵，而不初始化元素。下面的实例文件 013.py 演示了使用函数 empty()返回一个矩阵的过程。

源码路径：daima\13\13-60\013.py

```
import numpy.matlib
import numpy as np
print(np.matlib.empty((2,2))   )
# 填充为随机数据
```

执行后会输出以下结果。

```
[[  9.90263869e+067    8.01304531e+262]
 [  2.60799828e-310    9.48818959e+077]]
```

范例 13-61：在 NumPy 中使用 Matplotlib

在库 NumPy 中可以使用 Matplotlib 绘图库，下面的实例文件 014.py 演示了在 NumPy 中使用 Matplotlib 的过程。

源码路径：daima\13\13-61\014.py

```
import numpy as np
from matplotlib import pyplot as plt

x = np.arange(1,11)
y =   2   * x +   5
plt.title("Matplotlib demo")
plt.xlabel("x axis caption")
plt.ylabel("y axis caption")
plt.plot(x,y)
plt.show()
```

在上述代码中，ndarray 对象 x 由 np.arange()函数创建为 *x* 轴上的值。*y* 轴上的对应值存储在另一个数组对象 y 中。这些值使用 Matplotlib 软件包的 pyplot 子模块的 plot()函数绘制。最后绘制的图形由 show()函数展示。执行效果如图 13-37 所示。

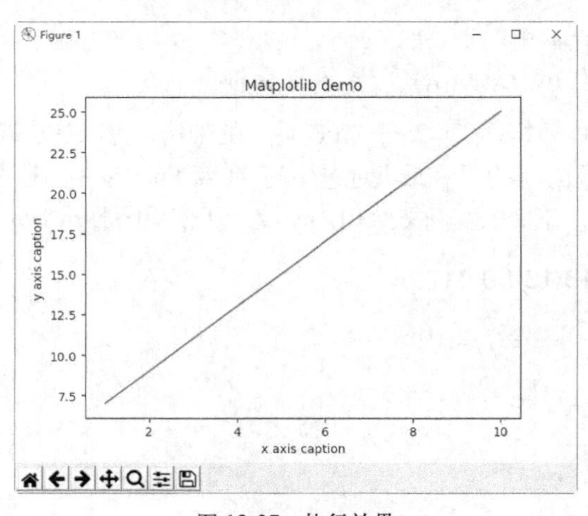

图 13-37 执行效果

范例 13-62：使用 Matplotlib 绘制正弦波图

下面的实例文件 015.py 演示了在 NumPy 中使用 Matplotlib 绘制正弦波图的过程。

源码路径：daima\13\13-62\015.py

```
import numpy as np
import matplotlib.pyplot as plt
# 计算正弦曲线上点的 x 坐标和 y 坐标
x = np.arange(0,    3    * np.pi,    0.1)
y = np.sin(x)
plt.title("sine wave form")
# 使用 Matplotlib 来绘制点
plt.plot(x, y)
plt.show()
```

执行效果如图 13-38 所示。

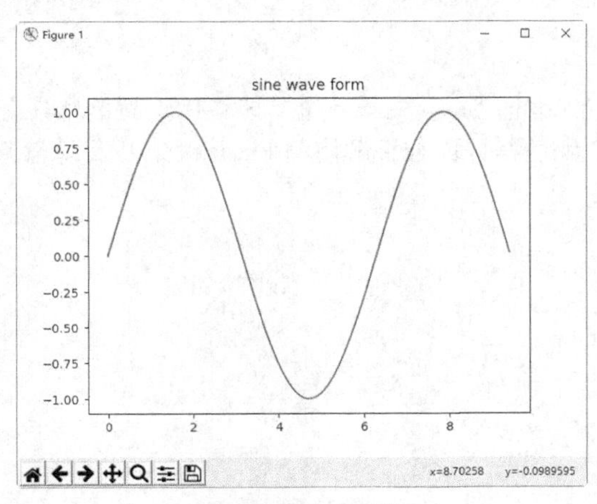

图 13-38　执行效果

范例 13-63：使用 Matplotlib 绘制直方图

下面的实例文件 016.py 演示了在 NumPy 中使用 Matplotlib 绘制直方图的过程。

源码路径：daima\13\13-63\016.py

```
a = np.array([22,87,5,43,56,73,55,54,11,20,51,5,79,31,27])
plt.hist(a, bins =    [0,20,40,60,80,100])
plt.title("histogram")
plt.show()
```

执行效果如图 13-39 所示。

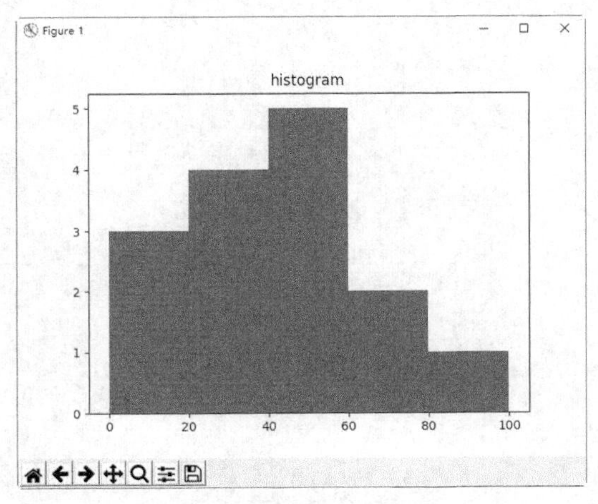

图 13-39　执行效果

第 14 章

Flask Web 开发实战

Flask 是一个免费的 Web 框架，其文档齐全，核心代码简单且具有可扩展性，很容易学习。本章将通过具体实例的实现过程，详细讲解使用 Flask 框架开发动态 Web 程序的方法。

14.1　Flask Web 初级实战

在本节的内容中，将用比较简单的实例的实现过程，讲解开发初级 Flask Web 程序的知识。

范例 14-01：安装 Flask

因为 Flask 框架并不是 Python 的标准库，所以在使用之前必须先进行安装。建议使用 pip 命令实现快速安装，因为它会自动帮你安装其依赖的第三方库。在 CMD 控制台使用如下命令进行安装。

```
pip install flask
```

安装时的界面如图 14-1 所示。

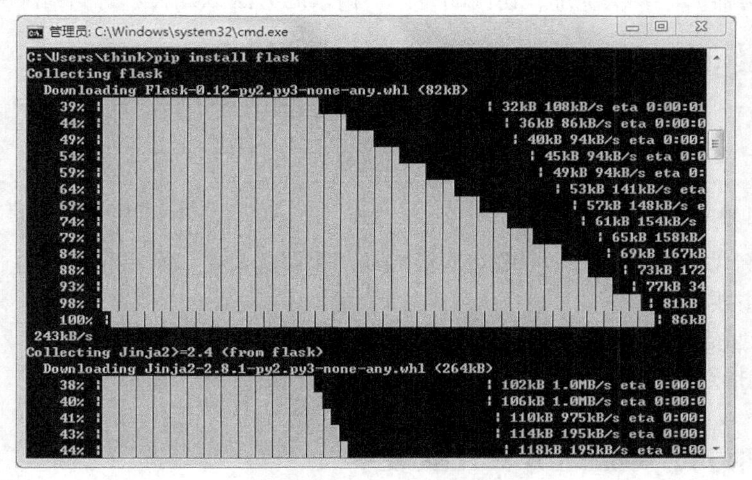

图 14-1　安装时的界面

在安装 Flask 框架后，可以在交互式环境下使用 import flask 语句进行验证，如果没有错误提示，则说明成功安装 Flask 框架。另外也可以通过手动下载的方式进行手动安装，必须先下载安装 Flask 依赖的两个外部库，即 Werkzeug 和 Jinja2，分别解压后进入对应的目录，在 CMD 控制台下使用 python setup.py install 来安装它们。我们可以先登录 GitHub 下的 mitsuhiko 专栏来下载 Flask 依赖的外部库，然后在 PyPI 官网下载 Flask，下载后再使用 python setup.py install 命令来安装它。

范例 14-02：第一个 Flask Web 程序

下面的实例文件 flask1.py 演示了使用 Flask 框架开发一个简单的 Web 程序的过程。

源码路径：daima\14\14-02\flask1.py

```
import flask                          #导入Flask模块
app = flask.Flask(__name__)           #实例化类Flask
@app.route('/')                       #装饰器操作，实现URL和函数联系
def helo():                           #定义业务处理函数helo()
    return '你好，这是第一个Flask程序!'
if __name__ == '__main__':
    app.run()                         #执行程序
```

在上述实例代码中导入了 Flask 框架，然后实例化主类并自定义设置只返回一串字符的函数 helo()，并使用@app.route('/')装饰器将 URL 和函数 helo()联系起来，使得服务器收到对应的 URL 请求时，调用这个函数，返回这个函数生产的数据。

执行后会显示一行提醒语句，如图 14-2 所示。这表示 Web 服务器已经正常启动执行了，它的默认服务器端口为 5000，IP 地址为 127.0.0.1。

```
Python 3.4.4rc1 (v3.4.4rc1:04f3f725896c, Dec  6 2015, 17:06:10) [MSC v.1600 64 b
it (AMD64)] on win32
Type "copyright", "credits" or "license()" for more information.
>>>
======================= RESTART: E:\daim\19-14\flask1.py =======================
 * Running on http://127.0.0.1:5000/ (Press CTRL+C to quit)
127.0.0.1 - - [04/Jan/2017 12:59:18] "GET / HTTP/1.1" 200 -
```

图 14-2　显示提醒语句

在浏览器中输入网址“http://127.0.0.1:5000/”后，便可以测试上述 Web 程序，执行效果如图 14-3 所示。按 Ctrl+C 组合键可以退出当前的服务器。

当浏览器访问发出的请求被服务器收到后，服务器还会显示出相关信息，如图 14-4 所示，表示访问该服务器的客户端地址、访问的时间、请求的方法以及表示访问结果的状态码。

图 14-3　执行效果

```
======================= RESTART: E:\daim\19-14\flask1.py ====
 * Running on http://127.0.0.1:5000/ (Press CTRL+C to quit)
127.0.0.1 - - [04/Jan/2017 12:59:18] "GET / HTTP/1.1" 200 -
127.0.0.1 - - [04/Jan/2017 13:08:41] "GET / HTTP/1.1" 200 -
```

图 14-4　服务器显示相关信息

在上述实例代码中，方法 run()的功能是启动一个服务器，在调用时可以通过参数来设置服务器。常用的主要参数如下。

- host：服务器的 IP 地址，默认为 None。
- port：服务器的端口，默认为 None。
- debug：是否开启调试模式，默认为 None。

范例 14-03：使用 PyCharm 开发 Flask 程序

在现实应用开发中，建议读者使用集成开发工具 PyCharm 来开发 Flask 程序。具体流程如下。

（1）打开 PyCharm，单击“Create New Project”按钮，如图 14-5 所示。

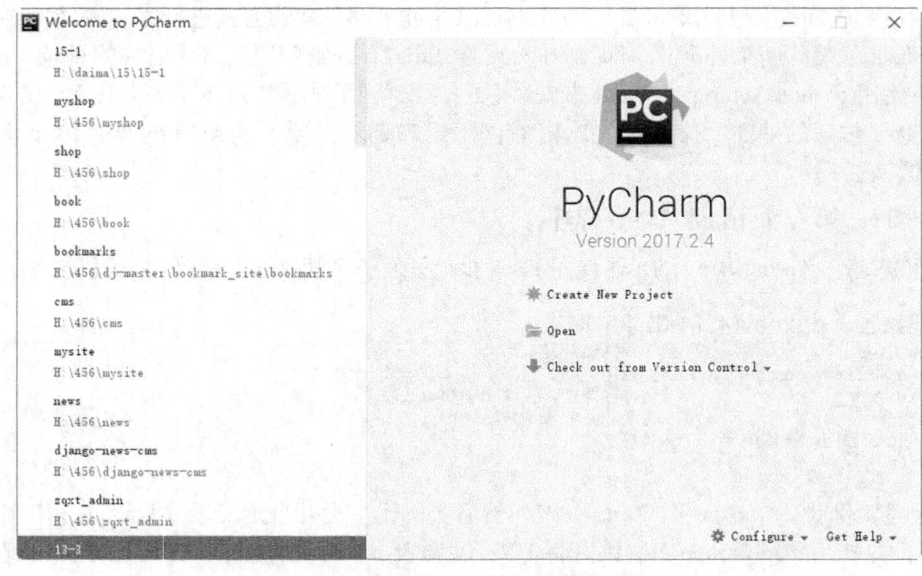

图 14-5　单击“Create New Project”按钮

（2）弹出“New Project”窗口，在左侧列表中选择“Flask”选项，在“Location”中设置项目的保存路径，如图 14-6 所示。

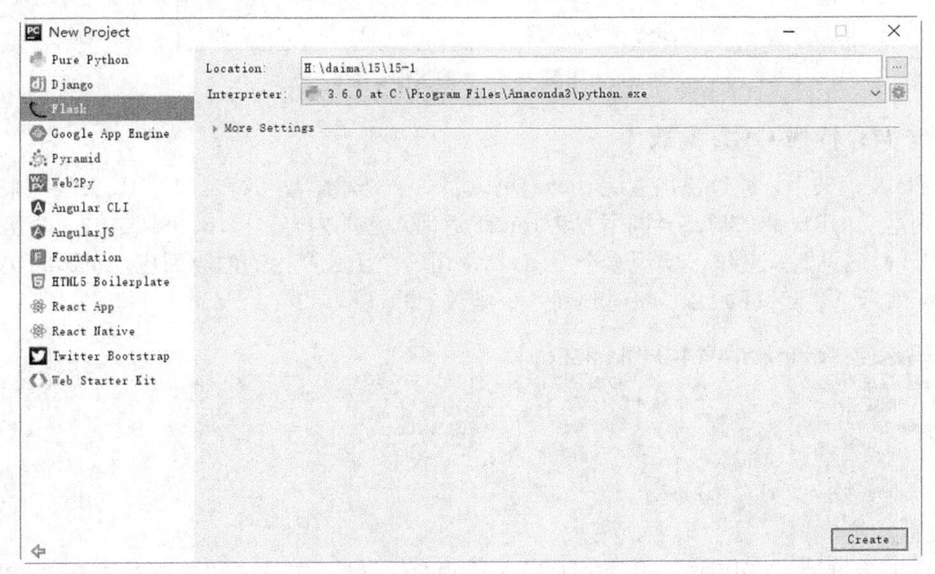

图 14-6 “New Project”窗口

（3）单击“Create”按钮后会创建一个 Flask 项目，并自动创建保存模板文件和静态文件的文件夹。

（4）在项目中可以新建一个 Python 文件，其代码可以和前面的实例文件 flask1.py 完全一样，如图 14-7 所示。

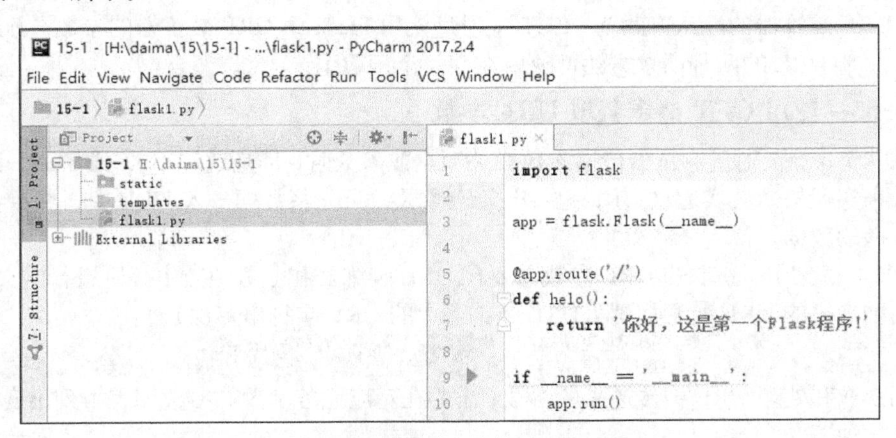

图 14-7 创建实例文件 flask1.py

（5）可以直接在 PyCharm 调试执行这个实例文件 flask1.py，在 PyCharm 中的执行效果如图 14-8 所示。

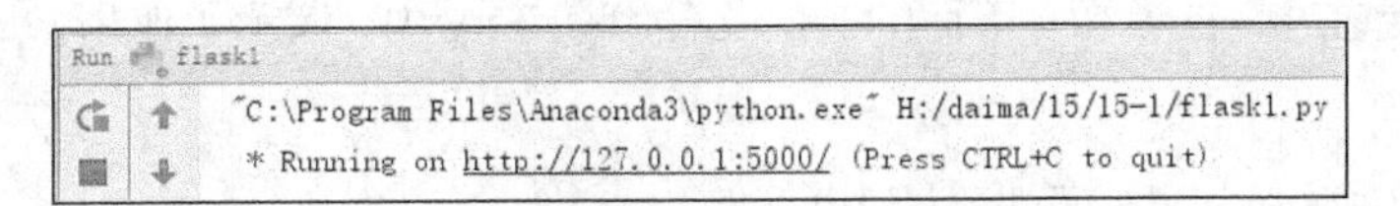

图 14-8 PyCharm 中的执行效果

单击链接“http://127.0.0.1:5000/”会显示具体的执行效果，如图 14-9 所示。

图 14-9　具体的执行效果

范例 14-04：传递 URL 参数

在 Flask 框架中，通过使用方法 route()可以将一个普通函数与特定的 URL 关联起来。当服务器收到这个 URL 请求时，会调用方法 route()返回对应的内容。Flask 框架中的一个函数可以由多个 URL 装饰器来装饰，实现多个 URL 请求由一个函数产生的内容回应。下面的实例文件 flask2.py 演示了将不同的 URL 映射到同一个函数上的过程。

源码路径：daima\14\14-04\flask2.py

```
import flask                              #导入Flask模块
app = flask.Flask(__name__)               #实例化类
@app.route('/')                           #装饰器操作，实现URL映射
@app.route('/aaa')                        #装饰器操作，实现第2个URL映射
def helo():
    return '你好，这是一个Flask程序！'
if __name__ == '__main__':
    app.run()                             #执行程序
```

执行本实例后，无论是在浏览器中输入“http://127.0.0.1:5000/”，还是输入“http://127.0.0.1:5000/aaa”，服务器都将这两个 URL 请求映射到同一个函数 helo()，所以输入两个 URL 后的效果一样。执行效果如图 14-10 所示。

图 14-10　执行效果

在现实应用中，实现 HTTP 请求传递最常用的两种方法是“GET”和“POST”。在 Flask 框架中，URL 装饰器的默认方法为“GET”，通过使用 Flask 中 URL 装饰器的参数“方法类型”，可以让同一个 URL 的两种请求方法都映射在同一个函数上。

范例 14-05：使用 GET 请求获取 URL 参数

在默认情况下，通过浏览器传递参数相关数据或参数时，都是通过 GET 或 POST 请求中包含的参数来实现的。其实通过 URL 也可以传递参数，可先将数据放入 URL 中，然后在服务器中获取传递的数据。

在 Flask 框架中，获取的 URL 参数需要在 URL 装饰器和业务函数中分别进行定义或处理。有如下两种形式的 URL 变量规则（URL 装饰器中的 URL 字符串写法）。

```
/hello/<name>        #例如，获取URL“/hello/wang”中的参数“wang”并赋给name变量
/hello/<int: id>     #例如，获取URL“/hello/5”中的参数“5”，并将其自动转换为整数5给id变量
```

要想获取和处理 URL 中传递来的参数，需要在对应业务函数的参数列表中列出变量名，具体语法格式如下。

```
@app.route("/hello/<name>")
    def get_url_param (name):
    pass
```

这样在列表中列出变量名后，就可以在业务函数 get_url_param()中引用它，并可以进一步使用从 URL 中传递过来的参数。下面的实例文件 flask3.py 中，演示了使用 GET 请求获取 URL 参数的过程。

源码路径：daima\14\14-05\flask3.py

```
import flask                  #导入Flask模块
html_txt = """                #变量html_txt初始化，作为GET请求的页面
<!DOCTYPE html>
```

```
<html>
    <body>
        <h2>如果收到了GET请求</h2>
        <form method='post'>          #设置请求方法是POST
        <input type='submit' value='按下我发送POST请求' />
        </form>
    </body>
</html>
"""
app = flask.Flask(__name__)          #实例化类Flask
#URL映射，不管是GET方法还是POST方法，都被映射到helo()函数
@app.route('/aaa',methods=['GET','POST'])
def helo():                           #定义业务处理函数helo()
    if flask.request.method == 'GET':    #如果接收到的请求方法是GET
        return html_txt               #返回html_txt的页面内容
    else:                             #否则接收到的请求方法是POST
        return '我司已经收到POST请求！'
if __name__ == '__main__':
    app.run()                         #执行程序
```

在上述实例代码中，预先定义了 GET 请求要返回的页面内容字符串 html_txt，在函数 helo() 的装饰器中提供了参数 methods 为“GET”和“POST”字符串列表，表示 URL 为“/aaa”的请求，不管其采用 GET 方法还是 POST 方法，都被映射到 helo()函数。在函数 helo()内部使用 flask.request.method 来判断收到的请求方法是 GET 还是 POST，然后分别返回不同的内容。

执行本实例，在浏览器中输入“http://127.0.0.1:5000/aaa”后的执行效果如图 14-11 所示。单击“单击我发送 POST 请求”按钮后的效果如图 14-12 所示。

图 14-11 执行效果

图 14-12 单击“单击我发送 POST 请求”按钮后的效果

范例 14-06：使用 cookie 跟踪用户行为

通过本书前面内容的学习可知，使用 cookie 和 session 可以存储客户端和服务器的交互状态。其中，cookie 能够执行在客户端并存储交互状态，而 session 能够在服务器存储交互状态。在 Flask 框架中提供了上述两种常用交互状态的存储方式，其中 session 存储方式与其他 Web 框架有一些不同。Flask 框架中的 session 使用密钥签名的方式进行了加密，也就是说，虽然用户可以查看你的 cookie，但是如果没有密钥就无法修改它，并且它只被保存在客户端。

在 Flask 框架中，可以通过如下代码获取 cookie。

```
flask. request.cookies.get('name ')
```

在 Flask 框架中，可以使用 make_response 对象设置 cookie，例如下面的代码。

```
resp = make_response (content)                      #content返回页面内容
resp.set_cookie ('username', 'the username')        #设置名为username的cookie
```

下面的实例文件 flask4.py 演示了使用 cookie 跟踪用户行为的过程。

源码路径：daima\14\14-06\flask4.py

```
import flask                          #导入Flask模块
html_txt = """                        #变量html_txt初始化，作为GET请求的页面
<!DOCTYPE html>
<html>
    <body>
        <h2>可以收到GET请求</h2>
        <a href='/get_xinxi'>单击我获取cookie信息</a>
    </body>
</html>
"""
app = flask.Flask(__name__)           #实例化类Flask
```

```
    @app.route('/set_xinxi/<name>')                #URL映射到指定目录中的文件
    def set_cks(name):                             #函数set_cks()用于从URL中获取参数并将其存入cookie中
        name = name if name else 'anonymous'
        resp = flask.make_response(html_txt)       #构造响应对象
        resp.set_cookie('name',name)               #设置cookie
        return resp
    @app.route('/get_xinxi')
    def get_cks():                                 #函数get_cks()用于从cookie中读取数据并显示在页面中
        name = flask.request.cookies.get('name')   #获取cookie信息
        return '获取的cookie信息是:' + name         #输出并显示获取到的cookie信息
    if __name__ == '__main__':
        app.run(debug=True)
```

在上述实例代码中，首先定义了两个功能函数，其中第一个功能函数用于从 URL 中获取参数并将其存入 cookie 中；第二个功能函数从 cookie 中读取数据并将其显示在页面中。

当在浏览器中使用“http://127.0.0.1:5000/set_xinxi/langchao”浏览时，表示设置了名为 name（langchao）的 cookie 信息，执行效果如图 14-13 所示。当单击“单击我获取 cookie 信息”链接后来到“/get_xinxi”时，会在新页面中显示在 cookie 中保存的 name 名称“langchao”的信息，效果如图 14-14 所示。

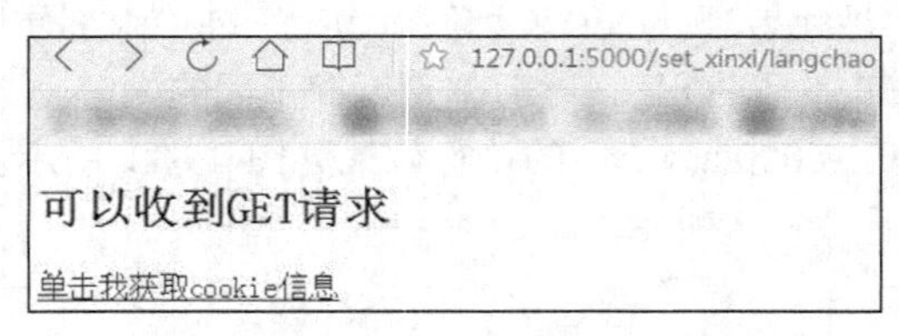

图 14-13　执行效果

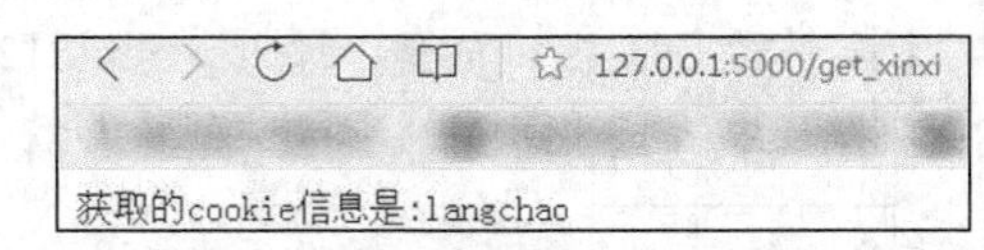

图 14-14　单击“单击我获取 cookie 信息”链接后的效果

范例 14-07：使用 Flask-Script 扩展增强程序功能

Flask 被设计为可扩展形式，故而没有提供一些重要的功能，例如数据库和用户认证，所以开发者可以自由选择最适合程序的包，或者按需求自行开发。社区成员开发了大量不同用途的扩展，如果这不能满足需求，开发者还可使用所有 Python 标准包或代码库。

虽然用 Flask 框架开发的 Web 服务器支持很多启动设置选项，但是它们只能在脚本中作为参数被传给 app.run()函数。这种方式并不十分方便，传递设置选项的最佳方式是使用命令行参数。Flask-Script 是一个著名的 Flask 扩展，为 Flask 程序添加了一个命令行解析器。Flask-Script 自带了一组常用选项，而且还支持自定义命令。可以通过如下 pip 命令安装 Flask-Script 扩展。

```
pip install flask-script
```

下面的实例文件 hello.py 演示了使用 Flask-Script 扩展增强程序功能的过程。实例文件 hello.py 的具体实现代码如下。

源码路径：daima\14\14-07\kuo\hello.py

```
from flask import Flask
from flask_script import Manager

app = Flask(__name__)

manager = Manager(app)

@app.route('/')
def index():
    return '<h1>Hello World!</h1>'

@app.route('/user/<name>')
def user(name):
    return '<h1>Hello, %s!</h1>' % name

if __name__ == '__main__':
    manager.run()
```

在上述代码中，Flask-Script 输出了一个名为 Manager 的类，这可以从 flask_script 中引入。

这个扩展的初始化方法也适用于其他很多扩展，例如，把程序实例作为参数传给构造函数，初始化主类的实例。创建的对象可以在各个扩展中使用，上述代码中的服务器由 manager.run()启动，启动后就能解析命令行了。这样在 PyCharm 中执行上述代码后会输出下面的结果。

```
usage: hello.py [-?] {shell,runserver} ...

positional arguments:
  {shell,runserver}
    shell           Runs a Python shell inside Flask application context.
    runserver       Runs the Flask development server i.e. app.run()

optional arguments:
  -?, --help        show this help message and exit
```

shell 命令用于在程序的上下文中启动 Python Shell 会话。你可以使用这个会话执行维护任务或测试，还可调试异常。顾名思义，runserver 命令用于启动 Web 服务器。执行 python hello.py runserver 后会以调试模式启动 Web 服务器。在现实应用中，还有如下可用选项。

```
$ python hello.py runserver --help
usage: hello.py runserver [-h] [-t HOST] [-p PORT] [--threaded]
[--processes
```

使用 app.run()执行 Flask 开发服务器后输出以下结果。

```
optional arguments:
-h, --help 显示帮助信息并退出
-t HOST, --host HOST
-p PORT, --port PORT
--threaded
--processes PROCESSES
--passthrough-errors
-d, --no-debug
-r, --no-reload
```

在上述输出中，参数“--host”是一个很有用的选项，它告诉 Web 服务器在哪个网络接口上监听来自客户端的连接。在默认情况下，Flask 开发 Web 服务器监听 localhost 上的连接，所以只接受来自服务器所在计算机发起的连接。通过下面的命令可以让 Web 服务器监听公共网络接口上的连接，允许同网中的其他计算机连接服务器。

```
$ python hello.py runserver --host 127.0.0.1
* Running on http://127.0.0.1:5000/
* Restarting with reloader
```

现在，Web 服务器可使用 http://a.b.c.d:5000/网络中的任一台计算机进行访问，其中“a.b.c.d”是服务器所在计算机的外网 IP 地址。

范例 14-08：使用模板

模板是一个包含响应文本的文件，其中包含用占位变量表示的动态部分，其具体值只在请求的上下文中才能知道。使用真实值替换变量，再返回最终得到的响应字符串，这一过程称为渲染。为了渲染模板，Flask 使用了一个名为 Jinja2 的强大模板引擎。形式最简单的 Jinja2 模板就是一个包含响应文本的文件，例如下面就是一个 Jinja2 模板的实现代码，它和前面实例文件 flask2.py 中的 helo()函数的响应一样。

```
<h1>Hello World!</h1>
```

下面的实例演示了使用上述模板文件的过程。

（1）假设定义两个模板文件保存在 templates 文件夹中，这两个模板文件分别命名为 index.html 和 user.html，其中模板文件 index.html 只有一行代码，具体实现代码如下。

源码路径：daima\14\14-08\moban\templates\index.html

```
<h1>Hello World!</h1>
```

模板文件 user.html 也只有一行代码，具体实现代码如下。

源码路径：daima\14\14-08\moban\templates\user.html

```
<h1>Hello, {{ name }}!</h1>
```

（2）在默认情况下，Flask 在程序文件夹的 templates 子文件夹中寻找模板。接下来可以在 Python 程序中通过视图函数处理上面的模板文件，以便渲染这些模板，例如下面的实例文件 moban.py。

源码路径：daima\14\14-08\moban\moban.py

```
import flask
from flask import Flask, render_template
app = flask.Flask(__name__)

@app.route('/')
def index():
    return render_template('index.html')
@app.route('/user/<name>')
def user(name):
    return render_template('user.html', name=name)

if __name__ == '__main__':
        app.run()
```

在上述代码中，Flask 提供的 render_template() 函数把 Jinja2 模板引擎集成到了程序中。render_template 函数的第一个参数是模板的文件名，随后的参数都是键值对，表示模板中变量对应的真实值。在上述代码中，第二个模板收到一个名为 name 的变量。代码中的 name=name 是关键字参数，这类关键字参数很常见，但如果你不熟悉它们的话，可能会觉得迷惑且难以理解。左边的“name”表示参数名，就是模板中使用的占位符；右边的“name”是当前作用域中的变量，表示同名参数的值。

执行“http://127.0.0.1:5000/”后会调用模板文件 index.html，执行效果如图 14-15 所示。执行“http://127.0.0.1:5000/user/guanguan”后会调用模板文件 user.html，表示用户名为“guanguan”，执行效果如图 14-16 所示。

图 14-15　调用模板文件 index.html

Hello, guanguan!

Hello, guanguan!

图 14-16　用户名为“guanguan”

范例 14-09：使用 Flask-Bootstrap 扩展

Bootstrap 是 Twitter 开发的一个开源框架，它提供的用户界面组件可用于创建整洁且具有吸引力的网页，而且这些网页还能兼容所有现代 Web 浏览器。因为 Bootstrap 是客户端框架，所以不会直接涉及服务器。服务器需要做的只是提供引用了 Bootstrap 层叠样式表文件（CSS 文件）和 JavaScript 文件的 HTML 响应，并在 HTML、CSS 和 JavaScript 代码中实例化所需组件，这些操作最理想的执行场所就是模板。

要想在 Python 程序中集成 Bootstrap，显然要对模板做所有必要的改动。不过，更简单的方法是使用一个名为 Flask-Bootstrap 的 Flask 扩展。Flask-Bootstrap 使用如下 pip 命令进行安装。

```
pip install flask-bootstrap
```

Flask 扩展一般都在创建程序实例时进行初始化，例如下面是初始化 Flask-Bootstrap 的演示代码。

```
from flask.ext.bootstrap import Bootstrap
# ...
bootstrap = Bootstrap(app)
```

Flask-Bootstrap 是从 flask.ext 命名空间中导入的，然后把程序实例传入构造方法进行初始化。在初始化 Flask-Bootstrap 之后，就可以在程序中使用一个包含所有 Bootstrap 文件的基模板。这个模板利用 Jinja2 的模板继承机制，让程序扩展一个具有基本页面结构的基模板，其中就有用来引入 Bootstrap 的元素。

例如，下面的实例演示了在 Flask 中使用 Flask-Bootstrap 扩展的过程。

（1）Python 文件 untitled.py 通过代码"bootstrap=Bootstrap(app)"为 Flask 扩展 Bootstrap 实现实例初始化，这行代码是 Flask-Bootstrap 的初始化方法。具体实现代码如下。

源码路径：daima\14\14-09\untitled\untitled.py

```
from flask import Flask,render_template
from flask_bootstrap import Bootstrap
app=Flask(__name__)
bootstrap=Bootstrap(app)
@app.route('/')
def index():
  return render_template('index.html')
if __name__=="__main__":
  app.run(debug=True)
```

（2）模板文件 base.html 通过 Jinja2 中的 extends 指令从 Flask-Bootstrap 中导入 bootstrap/base.html，从而实现模板继承。Flask-Bootstrap 中的基模板提供了一个网页框架，引入了 Bootstrap 中的所有 CSS 文件和 JavaScript 文件。基模板中定义了可在衍生模板中重定义的块。block 和 endblock 指令定义的块中的内容可添加到基模板中。模板文件 base.html 的具体实现代码如下。

源码路径：daima\14\14-09\untitled\base.py

```
{% extends "bootstrap/base.html" %} <!-- base.html模板继承自bootstrap/base.html -->
{% block title %}Flask{% endblock %}
{% block navbar %}
<div class="navbar navbar-inverse" role="navigation">
  <div class="container">
  <div class="navbar-header">
  <button type="button" class="navbar-toggle" data-toggle="collapse" data-taget=".navbar-collapse">
  <span class="sr-only">Toggle navigation</span>
  <sapn class="icon-bar"></sapn>
  <span class="icon-bar"></span>
  <span class="icon-bar"></span>
  </button>
  <a class="navbar-brand" href="/">Flask</a>
  </div>
  <div class="navbar=collapse collapse">
  <ul class="nav navbar-nav">
  <li>
  <a href="/">Home</a>
  </li>
  </ul>
  </div>
  </div>
</div>
{% endblock %}


{% block content %}
<div class="container">
  {% block page_content %}{% endblock %}
</div>
{% endblock %}
```

在上述模板文件 base.html 中定义了 3 个块，分别名为 title、navbar 和 content。这些块都是基模板提供的，可以在衍生模板中重新定义。title 块的作用很明显，其中的内容会出现在渲染后的 HTML 文档头部，放在 title 标签中。navbar 和 content 这两个块分别表示页面中的导航条和主体内容。在这个模板中，navbar 块使用 Bootstrap 组件定义了一个简单的导航条。content 块中有个 div 容器，其中包含一个页面头部。之前版本的模板中的欢迎信息，现在就放在这个页面头部。

(3) 在模板文件 index.html 中继承上面的 base.html，具体实现代码如下。

源码路径：daima\14\14-09\untitled\index.py

```
{% extends "base.html" %}
{% block title %}首页{% endblock %}
{% block page_content %}
<h2>这里是首页，welcome</h2>
Technorati Tags: flask
{% endblock %}
```

这样执行“http://127.0.0.1:5000/”后会显示指定的模板样式，实现一个导航效果。执行效果如图 14-17 所示。

图 14-17 执行效果

范例 14-10：使用 Flask-Moment 扩展本地化日期和时间

moment.js 是一个简单易用的轻量级 JavaScript 日期处理类库，提供了日期格式化和日期解析等功能。moment.js 支持在浏览器和 Node.js 两种环境中运行，此类库能够将给定的任意日期转换成多种不同的格式，具有强大的日期计算功能，同时也内置了能显示多样的日期形式的函数。另外，moment.js 也支持多种语言，开发者可以任意新增一种新的语言包。Flask-Moment 是一个集成 moment.js 到 Jinja2 模板的 Flask 扩展，下面是初始化 Flask-Moment 的演示代码。

```
from flask.ext.moment import Moment
moment = Moment(app)
```

安装 Flask-Moment 的指令如下。

```
pip install flask-moment
```

Flask-Moment 依赖于 moment.js 和 jquery.js，需要直接包含在 HTML 文档中。例如，通过如下代码在 base.html 模板的 head 标签中导入 moment.js 和 jquery.js。

```
<html>
    <head>

        {{ moment.include_jquery() }}
        {{ moment.include_moment() }}

        <!--使用中文,默认是英语的-->
       {{ moment.lang("zh-CN") }}

</head> <body> ... </body> </html>
```

如果使用了 Bootstrap,可以不用导入 jquery.js,因为在 Bootstrap 中包含了 jquery.js。

下面的实例演示了使用 Flask-Moment 扩展的过程。

(1) 编写程序文件 hello.py，为了处理时间戳，Flask-Moment 向模板开放了 Moment 类，把变量 current_time 传入模板进行渲染。具体实现代码如下。

源码路径：daima\14\14-10\flasky3e\hello.py

```
from datetime import datetime
from flask import Flask, render_template
from flask_script import Manager
```

```
from flask_bootstrap import Bootstrap
from flask_moment import Moment

app = Flask(__name__)

manager = Manager(app)
bootstrap = Bootstrap(app)
moment = Moment(app)


@app.errorhandler(404)
def page_not_found(e):
    return render_template('404.html'), 404


@app.errorhandler(500)
def internal_server_error(e):
    return render_template('500.html'), 500


@app.route('/')
def index():
    return render_template('index.html',
                           current_time=datetime.utcnow())


@app.route('/user/<name>')
def user(name):
    return render_template('user.html', name=name)


if __name__ == '__main__':
    manager.run()
```

（2）在模板文件 index.html 中使用 Flask-Moment 渲染时间戳，具体实现代码如下。

源码路径：daima\14\14-10\flasky3e\templates\index.html

```
{% extends "base.html" %}

{% block title %}Flask教程{% endblock %}

{% block page_content %}
<div class="page-header">
    <h1>Hello World!</h1>
</div>
<p>当前时间是：{{ moment(current_time).format('LLL') }}.</p>
<p>这是{{ moment(current_time).fromNow(refresh=True) }}.</p>
{% endblock %}
```

在上述代码中，format('LLL') 会根据客户端计算机中的时区和区域设置渲染日期和时间。参数决定了渲染的方式，'L' 到'LLLL' 分别对应不同的复杂度。format() 函数还可接受自定义的格式说明符。上述代码中的 fromNow()函数用于渲染相对时间戳，而且会随着时间的推移自动刷新显示的时间。这个时间戳最开始显示为“a few seconds ago”，但指定 refresh 参数后，其内容会随着时间的推移而更新。如果一直待在这个页面，几分钟后，会看到显示的文本变成“这是 123 minutes ago”之类的提示文本。

在浏览器中输入“http://127.0.0.1:5000/,”执行效果如图 14-18 所示。

Hello World!

当前时间是：January 10, 2018 1:35 PM.

这是38 minutes ago.

图 14-18　执行效果

范例 14-11：使用 Flask-WTF 扩展处理 Web 表单

虽然 Flask 请求对象提供的信息足够用于处理 Web 表单，但是有一些任务很单调，而且要重复操作，例如生成表单的 HTML 代码和验证提交的表单数据。通过使用 Flask-WTF 扩展，对独立的 WTForms 包进行了包装，方便集成其到 Flask 程序中。

可以使用如下 pip 命令来安装 Flask-WTF。

```
pip install flask-wtf
```

在默认情况下，Flask-WTF 能保护所有表单免受跨站请求伪造（Cross-Site Request Forgery，CSRF）的攻击。恶意网站把请求发送到被攻击者已登录的其他网站时，就会引发 CSRF 攻击。为了实现 CSRF 保护，Flask-WTF 需要程序设置一个密钥。Flask-WTF 使用这个密钥生成加密令牌，再用令牌验证请求中表单数据的真伪。例如，下面是一段设置密钥的演示代码。

```
app = Flask(__name__)
app.config['SECRET_KEY'] = 'aaa bbb ccc'
```

在 Flask 框架中，使用 app.config 字典来存储框架、扩展和程序本身的配置变量。使用标准的字典句法就能把配置变量值添加到 app.config 字典中。这个字典还提供了一些方法，可以从文件或环境中导入配置变量值。SECRET_KEY 配置变量是通用密钥，可以在 Flask 和多个第三方扩展中使用。加密的强度取决于配置变量值的机密程度，不同的程序要使用不同的密钥，而且要保证其他人不知道你所用的密钥。

使用 Flask-WTF 时，每个 Web 表单都由一个继承自 Form 的类表示。这个类定义表单中的一组字段，每个字段都用对象表示。字段对象可附属一个或多个验证函数，通过验证函数可以验证用户提交的输入值是否符合要求。例如，下面的实例演示了使用 Flask-WTF 实现表单处理的过程。

（1）编写程序文件 hello.py，创建一个简单的 Web 表单，包含一个文本字段和一个提交按钮。将表单中的字段都定义为类变量，类变量的值是相应字段类型的对象。其中在 NameForm 表单中有一个名为 name 的文本字段和一个名为 submit 的提交按钮。类 StringField 表示属性为 type="text" 的 input 元素，类 SubmitField 表示属性为 type="submit" 的 input 元素。字段构造函数 NameForm()的第一个参数是把表单渲染成 HTML 使用的标号。文件 hello.py 的具体实现代码如下。

源码路径：daima\14\14-11\biaodan01\hello.py

```
from flask import Flask, render_template
from flask_script import Manager
from flask_bootstrap import Bootstrap
from flask_moment import Moment
from flask_wtf import FlaskForm
from wtforms import StringField, SubmitField
from wtforms.validators import Required

app = Flask(__name__)
app.config['SECRET_KEY'] = 'aaa bbb ccc'

manager = Manager(app)
bootstrap = Bootstrap(app)
moment = Moment(app)


class NameForm(FlaskForm):
    name = StringField('你叫什么名字?', validators=[Required()])
    submit = SubmitField('提交')
@app.route('/', methods=['GET', 'POST'])
def index():
    name = None
    form = NameForm()
    if form.validate_on_submit():
        name = form.name.data
        form.name.data = ''
    return render_template('index.html', form=form, name=name)
```

在上述代码中，视图函数 index()不仅要渲染表单，而且还要接收表单中的数据。app.route 修饰器中添加的 methods 参数告诉 Flask 在 URL 映射中把这个视图函数注册为 GET 和 POST 请求的处理程序。如果没指定 methods 参数，则只把视图函数注册为 GET 请求的处理程序。很有必要把 POST 加入方法列表，因为将提交表单作为 POST 请求进行处理更加便利。表单也可作为 GET 请求提交，不过 GET 请求没有主体，提交的数据以查询字符串的形式附加到 URL 中，这可以在浏览器的地址栏中看到。基于这个以及其他多个原因，提交表单大都作为 POST 请求进行处理。局部变量 name 用于存放表单中输入的有效名字，如果没有输入，其值为 None。例如在上述代码中，在视图函数中创建一个 NameForm 类实例用于表示表单。提交表单后，如果数据能被所有验证函数接受，那么 validate_on_submit()函数的返回值为 True，否则返回 False。函数的返回值决定了是重新渲染表单，还是处理表单提交的数据。

（2）在模板文件 index.html 中使用 Flask-WTF 和 Flask-Bootstrap 来渲染表单，具体实现代码如下。

源码路径：daima\14\14-11\biaodan01\templates\index.html

```
{% extends "base.html" %}
{% import "bootstrap/wtf.html" as wtf %}

{% block title %}Flask{% endblock %}

{% block page_content %}
<div class="page-header">
    <h1>Hello, {% if name %}{{ name }}{% else %}Stranger{% endif %}!</h1>
</div>
{{ wtf.quick_form(form) }}
{% endblock %}
```

上述模板代码的内容区现在有两部分，其中第一部分是页面头部，用于显示欢迎消息，在这里用到了一个模板条件语句。Jinja2 中的条件语句格式为{% if condition %}...{% else %}...{% endif %}。如果条件的计算结果为 True，那么渲染 if 和 else 指令之间的值。如果条件的计算结果为 False，则渲染 else 和 endif 指令之间的值。在上述代码中，如果没有定义模板变量 name，则会渲染字符串“Hello, Stranger!”。内容区的第二部分使用 wtf.quick_form() 函数渲染 NameForm 对象。

图 14-19　初始执行效果

在浏览器中输入“http://127.0.0.1:5000/”后的初始执行效果如图 14-19 所示。在表单中随便输入一个用户名，例如输入“aaa”，单击“提交”按钮后，会在表单上面显示对用户“aaa”的欢迎信息，如图 14-20 所示。

如果在表单为空时单击“提交”按钮，会显示“这是必填字段”的提示，如图 14-21 所示。

图 14-20　显示对用户“aaa”的欢迎信息

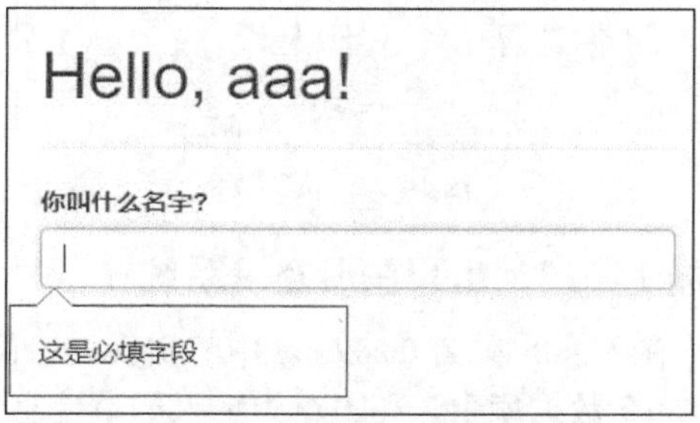

图 14-21　表单为空时显示的提示

范例 14-12：文件上传系统

在 Flask 框架中实现文件上传系统的方法非常简单，与传递 GET 或 POST 参数十分相似。在 Flask 框架实现文件上传系统的基本流程如下。

（1）将在客户端被上传的文件保存在 flask.request.files 对象中。

（2）使用 flask.request.files 对象获取上传来的文件名和文件对象。

（3）调用文件对象中的方法 save()将文件保存到指定的目录中。

下面的实例文件 flask5.py 演示了在 Flask 框架中实现文件上传系统的过程。

源码路径：daima\14\14-12\up\flask5.py

```
import flask                                                    #导入Flask模块
app = flask.Flask(__name__)                                     #实例化类Flask
#URL映射操作，设置处理GET请求和POST请求
@app.route('/upload',methods=['GET','POST'])
def upload():                                                   #定义文件上传函数upload()
    if flask.request.method == 'GET':                           #如果是GET请求
        return flask.render_template('upload.html')             #返回上传页面
    else:                                                       #如果是POST请求
        file = flask.request.files['file']                      #获取文件对象
        if file:                                                #如果文件不为空
            file.save(file.filename)                            #保存上传的文件
            return '上传成功！'                                  #输出并显示提示信息
if __name__ == '__main__':
app.run(debug=True)
```

在上述实例代码中，只定义了一个实现文件上传功能的函数 upload()，它能够同时处理 GET 请求和 POST 请求。其中将 GET 请求返回到上传页面，获得 POST 请求时获取上传文件，并将其保存到当前的目录下。

模板文件 upload.html 的具体实现代码如下。

源码路径：daima\14\14-12\up\templates\upload.html

```
<!DOCTYPE html>
<html>
    <body>
        <h2>请你选择一个文件上传</h2>
        <form method='post' enctype='multipart/form-data'>
        <input type='file' name='file' />
        <input type = 'submit' value='点击我上传'/>
        </form>
    </body>
</html>
```

当在浏览器中使用“http://127.0.0.1:5000/upload”运行时，显示一个文件上传表单界面，执行效果如图 14-22 所示。单击“浏览”按钮可以选择一个要上传的文件，单击“上传”按钮后会上传这个文件，并显示上传成功提示，如图 14-23 所示。

图 14-22　执行效果

图 14-23　显示上传成功提示

范例 14-13：用户注册登录系统

在下面的实例 flask6.py 中将实现一个简单的用户注册登录系统，将用户注册的信息保存到 SQLite3 数据库中。在表单中输入登录信息后，会将输入信息和数据库中保存的信息进行对比，如果一致则成功登录，否则提示“登录失败”。

实例文件 flask6.py 的具体实现代码如下。

源码路径：daima\14\14-13\user\flask6.py

```
DBNAME = 'test.db'

app = flask.Flask(__name__)
```

```
app.secret_key = 'dfadff#$#5dgfddgssgfgsfgr4$T^%^'

@app.before_request
def before_request():
    g.db = connect(DBNAME)

@app.teardown_request
def teardown_request(e):
    db = getattr(g,'db',None)
    if db:
        db.close()
    g.db.close()

@app.route('/')
def index():
    if 'username' in session:
        return "你好，" + session['username'] + '<p><a href="/logout">注销</a></p>'
    else:
        return '<a href="/login">登录</a>,<a href="/signup">注册</a>'

@app.route('/signup',methods=['GET','POST'])
def signup():
    if request.method == 'GET':
        return render_template('signup.html')
    else:
        name = 'name' in request.form and request.form['name']
        passwd = 'passwd' in request.form and request.form['passwd']
        if name and passwd:
            cur = g.db.cursor()
            cur.execute('insert into user (name,passwd) values (?,?)',(name,passwd))
            cur.connection.commit()
            cur.close()
            session['username'] = name
            return redirect(url_for('index'))
        else:
            return redirect(url_for('signup'))

@app.route('/login',methods=['GET','POST'])
def login():
    if request.method == 'GET':
        return render_template('login.html')
    else:
        name = 'name' in request.form and request.form['name']
        passwd = 'passwd' in request.form and request.form['passwd']
        if name and passwd:
            cur = g.db.cursor()
            cur.execute('select * from user where name=?',(name,))
            res = cur.fetchone()
            if res and res[1] == passwd:
                session['username'] = name
                return redirect(url_for('index'))
            else:
                return '登录失败!'
        else:
            return '参数不全!'

@app.route('/logout')
def logout():
    session.pop('username',None)
    return redirect(url_for('index'))

def init_db():
    if not os.path.exists(DBNAME):
        cur = connect(DBNAME).cursor()
        cur.execute('create table user (name text,passwd text)')
        cur.connection.commit()
        print('数据库初始化完成!')

if __name__ == '__main__':
    init_db()
    app.run(debug=True)
```

本实例用到了模板技术，其中用户注册功能的实现模板是 signup.html，具体实现代码如下。

源码路径：daima\14\14-13\user\templatesf\signup.html

```
<!DOCTYPE html>
<html>
    <body>
        <form method='post'>
        <input type='text' name='name' placeholder='用户名' />
        <input type='password' name='passwd' placeholder='密码' />
        <input type='submit' value='注册' />
        </form>
    </body>
</html>
```

用户登录功能的实现模板是 login.html，具体实现代码如下。

源码路径：daima\14\14-13\user\templatesf\login.html

```
<!DOCTYPE html>
<html>
    <body>
        <form method='post'>
        <input type='text' name='name' placeholder='用户名' />
        <input type='password' name='passwd' placeholder='密码' />
        <input type='submit' value='登录' />
        </form>
    </body>
</html>
```

执行后将显示“登录”和“注册”链接，如图 14-24 所示。

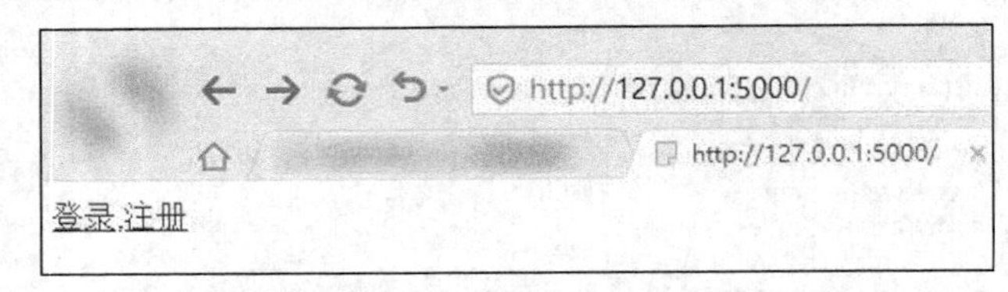

图 14-24　“登录”和“注册”链接

单击“注册”链接后来到注册表单界面，如图 14-25 所示。

图 14-25　注册表单界面

单击“登录”链接后来到登录表单界面，如图 14-26 所示。登录成功后，显示“你好，aaa”之类的提示信息，并显示“注销”链接，如图 14-27 所示。

图 14-26　登录表单界面

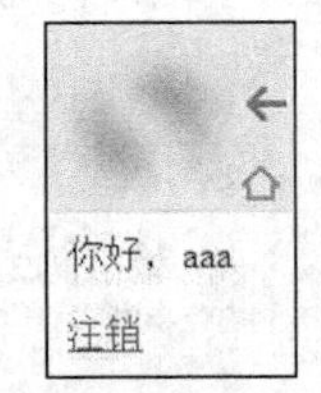

图 14-27　登录成功

范例 14-14：使用 Flask-SQLAlchemy 管理数据库

Flask-SQLAlchemy 是一个常用的 Flask 扩展，简化了在 Flask 程序中使用 SQLAlchemy 的操作。SQLAlchemy 是一个很强大的关系型数据库框架，支持多种数据库后台。SQLAlchemy 提供了高层 ORM，也提供了使用数据库原生 SQL 的低层功能。可以使用如下 pip 命令安装 Flask-SQLAlchemy。

```
pip install flask-sqlalchemy
```

在 Flask-SQLAlchemy 中，数据库使用 URL 指定。其中最流行的数据库引擎采用的数据库 URL 格式如下。

- MySQL：mysql://username:password@hostname/database。
- Postgres：postgresql://username:password@hostname/database。
- SQLite（UNIX）：sqlite:////absolute/path/to/database。
- SQLite（Windows）：sqlite:///C:/absolute/path/to/database。

在上述 URL 中，hostname 表示 MySQL 服务所在的主机，可以是本地主机（localhost），也可以是远程服务器。数据库服务器上可以托管多个数据库，因此 database 表示要使用的数据库名。如果数据库需要进行认证，username 和 password 表示数据库用户密令。

在程序中使用的数据库 URL 必须保存到 Flask 配置对象的 SQLALCHEMY_DATABASE_URI 键中。在配置对象中还有一个很有用的选项，即 SQLALCHEMY_COMMIT_ON_TEARDOWN 键，当将其设为 True 时，每次请求结束后都会自动提交数据库中的变动。其他配置选项的作用请参阅 Flask-SQLAlchemy 的官方文档。

下面的实例演示了使用 SQLAlchemy 扩展的基本知识。

（1）程序文件为 hello.py，具体实现流程如下。

源码路径：daima\14\14-14\sql\hello.py

- 配置数据库，其中对象 db 是 SQLAlchemy 类的实例，表示程序使用的数据库，同时还获得了 Flask-SQLAlchemy 提供的所有功能。对应代码如下。

```
basedir = os.path.abspath(os.path.dirname(__file__))

app = Flask(__name__)
app.config['SECRET_KEY'] = 'hard to guess string'
app.config['SQLALCHEMY_DATABASE_URI'] =\
    'sqlite:///' + os.path.join(basedir, 'data.sqlite')
app.config['SQLALCHEMY_COMMIT_ON_TEARDOWN'] = True
app.config['SQLALCHEMY_TRACK_MODIFICATIONS'] = False

manager = Manager(app)
bootstrap = Bootstrap(app)
moment = Moment(app)
db = SQLAlchemy(app)
```

- 定义 Role 和 User 模型，SQLAlchemy 创建的数据库实例为模型提供了一个基类以及一系列辅助类和辅助函数，可用于定义模型的结构。本实例中的表 roles 和 users 可以分别定义为模型 Role 和 User，对应代码如下。

```
class Role(db.Model):
    __tablename__ = 'roles'
    id = db.Column(db.Integer, primary_key=True)
    name = db.Column(db.String(64), unique=True)
    users = db.relationship('User', backref='role', lazy='dynamic')

    def __repr__(self):
        return '<Role %r>' % self.name


class User(db.Model):
    __tablename__ = 'users'
    id = db.Column(db.Integer, primary_key=True)
    username = db.Column(db.String(64), unique=True, index=True)
    role_id = db.Column(db.Integer, db.ForeignKey('roles.id'))

    def __repr__(self):
        return '<User %r>' % self.username
```

在上述代码中，类变量__tablename__定义在数据库中使用的表名。如果没有定义__tablename__，SQLAlchemy 会使用一个默认表名，但默认的表名没有遵守使用复数形式进行命名的约定，所以最好由我们自己来指定表名。其余的类变量都是该模型的属性，被定义为 db.Column 类的实例。类 db.Column 的构造函数的第一个参数是数据库列和模型属性的类型。

（2）模板文件 index.html 非常简单，具体实现代码如下。

源码路径：daima\14\14-14\sql\templatesf\index.html

```
{% extends "base.html" %}
{% import "bootstrap/wtf.html" as wtf %}

{% block title %}Flask{% endblock %}

{% block page_content %}
<div class="page-header">
    <h1>Hello, {% if name %}{{ name }}{% else %}Stranger{% endif %}!</h1>
</div>
{{ wtf.quick_form(form) }}
{% endblock %}
```

在浏览器中输入“http://127.0.0.1:5000/”后的初始执行效果如图 14-28 所示。

在表单中随便输入一个名字，例如输入“aaa”，单击“提交”按钮后，会在表单上面显示对用户“aaa”的欢迎信息，如图 14-29 所示。

图 14-28　初始执行效果

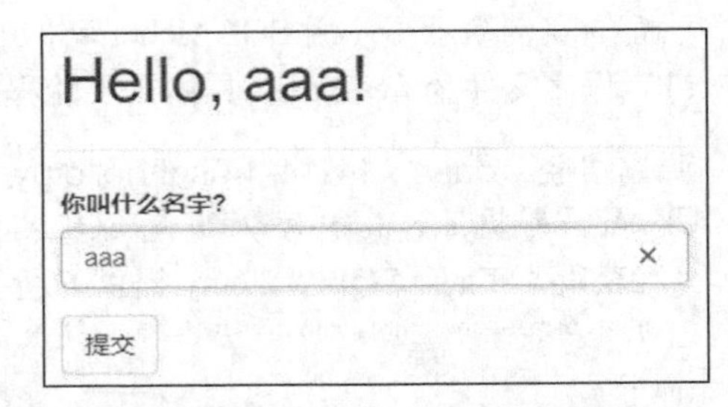

图 14-29　显示对用户“aaa”的欢迎信息

如果在表单中输入另外一个名字，例如输入“bbb”，单击“提交”按钮后，会显示对用户“bbb”的欢迎信息，如图 14-30 所示。

图 14-30　修改名字时的提示信息

范例 14-15：使用 Flask-Mail 扩展发送电子邮件

Flask-Mail 能够连接到简单邮件传输协议（Simple Mail Transfer Protocol，SMTP）服务器，并把邮件交给这个服务器发送。如果不进行配置，Flask-Mail 会连接 localhost 上的端口 25，无须验证即可发送电子邮件。

我们可以使用如下 pip 命令来安装 Flask-Mail。

```
pip install flask-mail
```

下面列出了可用来设置 SMTP 服务器的配置参数。

- ❑ MAIL_SERVER：默认值是 localhost，表示电子邮箱服务器的主机名或 IP 地址。
- ❑ MAIL_PORT：默认值是 25，表示电子邮箱服务器的端口。

- MAIL_USE_TLS：默认值是 False，表示启用传输层安全（Transport Layer Security，TLS）协议。
- MAIL_USE_SSL：默认值是 False，表示启用安全套接层（Secure Sockets Layer，SSL）协议。
- MAIL_USERNAME：默认值是 None，表示邮箱账号的用户名。
- MAIL_PASSWORD：默认值是 None，表示邮箱账号的密码。

下面的实例文件 123.py 演示了使用 Flask-Mail 扩展发送带有附件的邮件的过程。实例文件 123.py 的具体实现代码如下。

源码路径：daima\14\14-15\123.py

```
from flask import Flask
from flask_mail import Mail, Message
import os

app = Flask(__name__)
app.config.update(
    DEBUG = True,
    MAIL_SERVER='smtp.qq.com',
    MAIL_PROT=25,
    MAIL_USE_TLS = True,
    MAIL_USE_SSL = False,
    MAIL_USERNAME = '输入发送者邮箱',
    MAIL_PASSWORD = '这里输入授权码',
    MAIL_DEBUG = True
)

mail = Mail(app)

@app.route('/')
def index():
# sender为发送者，recipients为邮件接收者列表
    msg = Message("Hi!This is a test ",sender='输入发送者邮箱', recipients=['输入接收者邮箱'])
# msg.body为邮件正文
    msg.body = "This is a first email"
# msg.attach添加邮件附件
# msg.attach("文件名", "类型", 读取文件）
    with app.open_resource("123.jpg", 'rb') as fp:
        msg.attach("image.jpg", "image/jpg", fp.read())

    mail.send(msg)
    print("Mail sent")
    return "Sent"

if __name__ == "__main__":
    app.run()
```

在上述代码中，利用 QQ 邮箱实现了邮件发送功能。在设置时一定要登录 QQ 邮箱设置进行设置，设置开启 POP3/SMTP 服务，如图 14-31 所示。

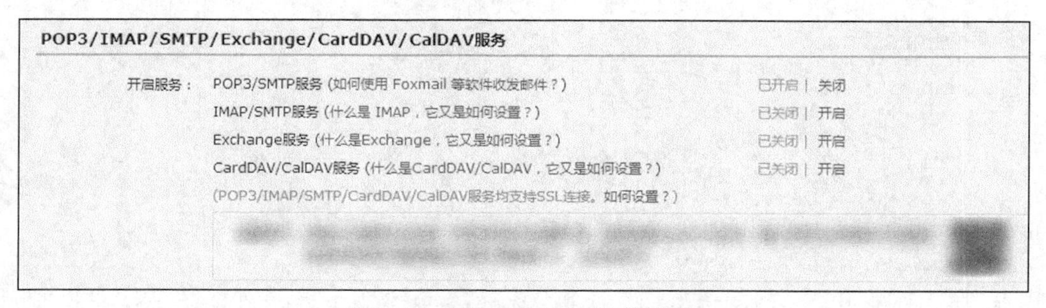

图 14-31　设置开启 POP3/SMTP 服务

读者一定要注意，MAIL_PASSWORD 输入的不是 QQ 邮箱的登录密码，而是在开启 POP3/SMTP 服务时得到的授权密码。通过如下命令执行上述程序。

```
python 123.py runserver
```

在浏览器中输入“http://127.0.0.1:5000/”后会得到一个简单的网页，并成功实现发送邮件功能，如图 14-32 所示。

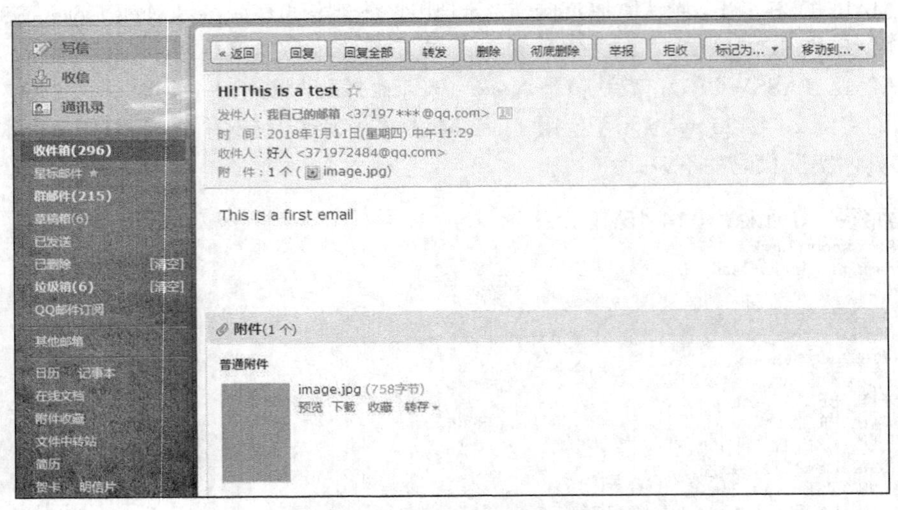

图 14-32　成功实现发送邮件功能

配置 Hotmail 邮箱服务器的基本参数格式如下。

```
MAIL_SERVER = 'smtp.live.com',
MAIL_PROT = 25,
MAIL_USE_TLS = True,
MAIL_USE_SSL = False,
MAIL_USERNAME = "",
MAIL_PASSWORD = "",
MAIL_DEBUG = True
```

配置 126 邮箱服务器的基本参数格式如下。

```
MAIL_SERVER = 'smtp.126.com',
MAIL_PROT = 25,
MAIL_USE_TLS = True,
MAIL_USE_SSL = False,
MAIL_USERNAME = "",
MAIL_PASSWORD = "",
MAIL_DEBUG = True
```

下面是一段使用 163 邮箱发送邮件的演示代码。

```
from flask import Flask
from flask_mail import Mail, Message

app = Flask(__name__)

app.config.update(
    #EMAIL SETTINGS
    MAIL_SERVER='smtp.163.com',
    MAIL_PORT=465,
    MAIL_USE_SSL=True,
    # 下面写的是你的账号
    MAIL_USERNAME = 'm159139***@163.com',
    # 下面写的是授权码，不是密码
    MAIL_PASSWORD = '你的授权码'
    )

mail = Mail(app)

@app.route("/")
def index():
    # 发送的信息不能乱写，要不然会被过滤
    msg = Message(subject="这里不能写英文",
                  # 这个账号和上面的MAIL_USERNAME 一样
                  sender='m159139***@163.com',
                  # 这个是收件人
```

```
                recipients=['你的qq@qq.com'])
    msg.html = "<b>testing  可以吗？ </b> html"

    mail.send(msg)

    return '<h1>Sent</h1>'

if __name__ == '__main__':
    app.run(debug=True)
```

范例 14-16：使用 SendGrid 发送邮件

SendGrid 是一个电子邮件服务平台，既可以帮助市场营销人员跟踪他们的电子邮件统计数据，也可以帮助公司管理事务性邮件，包括航运通知、简报和注册确认等。在 Python 程序中，可以使用 sendgrid 库实现邮件发送功能。通过如下 pip 命令可以安装 sendgrid。

```
pip install sendgrid
```

用户需要登录 SendGrid 的官方网站申请自己的 API 密钥，接下来就可以使用这个 API 密钥开发自己的邮件发送程序。下面的实例演示了在 Flask 程序中使用 SendGrid 发送邮件的过程。

（1）编写程序文件 mailPage.py 获取表单中的参数值，根据在表单中输入的邮件信息来发送邮件。文件 mailPage.py 的具体实现代码如下。

源码路径：daima\14\14-16\youjian03\mailPage.py

```
from flask import Flask,render_template,request
import send2

app = Flask(__name__)

@app.route("/")
def my_form(name=None):
    return    render_template("mailForm.html",name=name)

@app.route("/",methods=['POST'])
def my_form_post():
    if request.method=='POST':
        myMailId = request.form.get("myMailId")
        otherMailIds    = request.form.get("otherMailIds").strip().split(',')
        sub = request.form.get("sub")
        body = request.form.get("body")
        send2.mailSend(myMailId,otherMailIds,sub,body)
        return "mail sent!!!"

if __name__=="__main__":
    app.run()
```

（2）在程序文件 send2.py 中调用申请的 API 密钥，并根据从表单中获取的信息实现邮件发送功能。文件 send2.py 的具体实现代码如下。

源码路径：daima\14\14-16\youjian03\send2.py

```
import sendgrid
import os

def mailSend(mailId,emailList,sub,body):

    sg = sendgrid.SendGridAPIClient(apikey='这里写你的API密钥')
    for toMailId in emailList:
        data = {
        "personalizations": [
            {
            "to": [
                {
                "email": toMailId
                }
            ],
            "subject": sub
            }
        ],
        "from": {
```

```
            "email": mailId
        },
        "content": [
            {
            "type": "text/plain",
            "value": body
            }
        ]
        }
        response = sg.client.mail.send.post(request_body=data)
        print(response.status_code)
        print(response.body)
        print(response.headers)
```

（3）在模板文件 mailForm.html 中创建一个邮件发送表单，要求分别输入发送者邮箱地址、接收者邮箱地址、邮件主题和邮件内容。文件 mailForm.html 的具体实现代码如下。

源码路径：daima\14\14-16\youjian03\templates\mailForm.html

```
<!doctype html>
<head>
    <title>The super awesome mail page!!</title>
</head>
<body>
    <link rel="stylesheet" type="text/css" href='../static/style.css'>
    <div class="top">
        <br>
        <h1>MAIL EXPRESS</h1>
        <br>...sending e-mails has never been so easy :)
    </div>
    <div class="form1">
        <form method="POST" align=center>
            <br>
            <label>enter your email address</label>
            <br>
            <input type="text" name="myMailId">
            <p>
            <label>send to: (input mail-ids of receivers seperated by ',')</label>
            <br>
            <input type="text" name="otherMailIds">
            <p>
            <label>Subject:</label>
            <br>
            <input type="text" name="sub">
            <p>
            <label>Enter your message here-</label>
            <br>
            <textarea name="body" rows='3' cols='50'> </textarea>
            <p>
            <input class="button" type="submit" value="send">
        </form>
    </div>
</body>
```

执行后会显示一个邮件发送表单，我们分别输入发送者邮箱地址、接收者邮箱地址、邮件主题和邮件内容，单击“send”按钮后即可实现邮件发送功能。执行效果如图 14-33 所示。

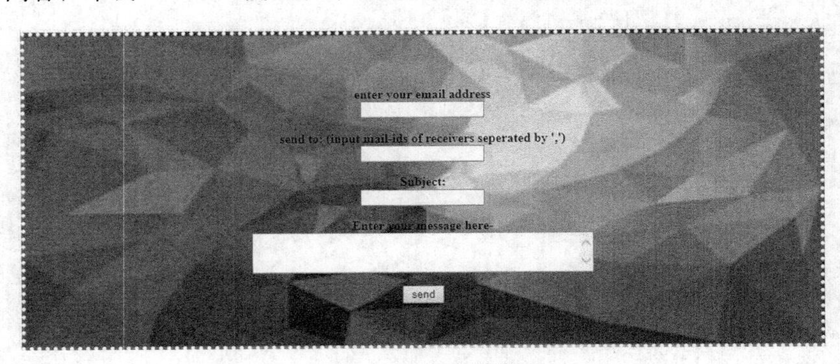

图 14-33　执行效果

14.2　Flask Web 高级实战

本章前面的实例都比较简单，在本节的内容中，将通过比较复杂的高级实例的实现过程，详细讲解开发 Flask Web 程序的知识。

范例 14-17：Python+Flask+MySQL 开发信息发布系统

在本节内容中，将通过一个信息发布系统的具体实现过程，详细讲解使用 Flask 技术实现动态 Web 项目的方法。读者可以在此项目的基础上进行升级，可以改造为 BBS 论坛系统或新闻系统。

1. 使用 virtualenv 创建虚拟环境

本项目是一个小型的信息发布系统，是 BBS 论坛的浓缩版。本实例采用 Python + Flask + MySQL 进行开发，前台用的是 Bootstrap 框架，界面比较简单。用户可以发布问答，也可以在发布的问答后面进行留言。本项目主要的功能包括：用户注册、用户登录、主页、发布问答、查询问答、问答评论和头像显示等。

为了避免本项目“污染”Python 环境，建议读者在 virtualenv 创建的虚拟环境下执行本项目。具体流程如下。

（1）使用如下命令安装 virtualenv。

```
pip install virtualenv
```

使用 cd 命令进入一个希望创建虚拟 Python 环境的文件夹下面，例如本地 D 盘的“virtualenv”目录。

```
D:>cd virtualenv
D:\virtualenv>virtualenv venv
```

注意：使用 virtualenv 创建的虚拟环境与主机的 Python 环境完全无关，在主机配置的库不能在 virtualenv 中直接使用，需要在虚拟环境中利用 pip install 命令再次安装配置后才能使用。

（2）本实例所需要的安装框架信息被保存在文件中，先将 CMD 控制台定位到上面刚刚创建的 virtualenv 虚拟环境中，然后执行如下命令安装本实例所需要的各种库。

```
pip install -r requirements.txt
```

（3）开始在 PyCharm 中使用配置好的 virtualenv 环境，首先打开“Setting”对话框添加本地 Python 环境。在“Project Interpreter”中选择上面刚刚创建的虚拟环境，然后单击“OK”按钮，如图 14-34 所示。在此需要注意，随着时间的推移，很多库可能出现了较新的版本，可以直接在此界面中单击上箭头图标 进行升级。

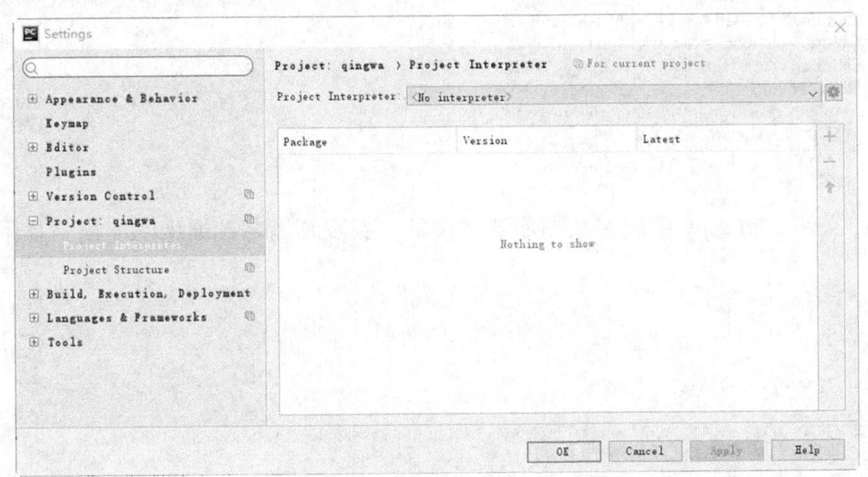

图 14-34　在“Project Interpreter”中选择虚拟环境

2. 使用 Flask 实现数据库迁移

通过使用 Flask 中强大的 SQLAlchemy 可以轻松实现数据库迁移，具体流程如下。

（1）在安装好 MySQL 数据库后，创建一个数据库，在 MySQL 命令行中输入如下命令。

```
create database db_demo8 charset urf-8;
```

通过上述命令创建了一个名为“db_demo8”的数据库。

（2）使用 Flask 中的 SQLAlchemy 实现数据库的迁移，具体命令如下。

```
python manage.py db init        # 创建迁移的仓库
python manage.py db migrate    # 创建迁移的脚本
python manage.py db upgrade    # 更新数据库
```

如果出现“alembic.util.exc.CommandError: Directory migrations already exists”错误，只需执行上面的第 3 条命令“python manage.py db upgrade”实现数据库更新即可。数据迁移成功后，会在 MySQL 数据库中创建指定的表，如图 14-35 所示。

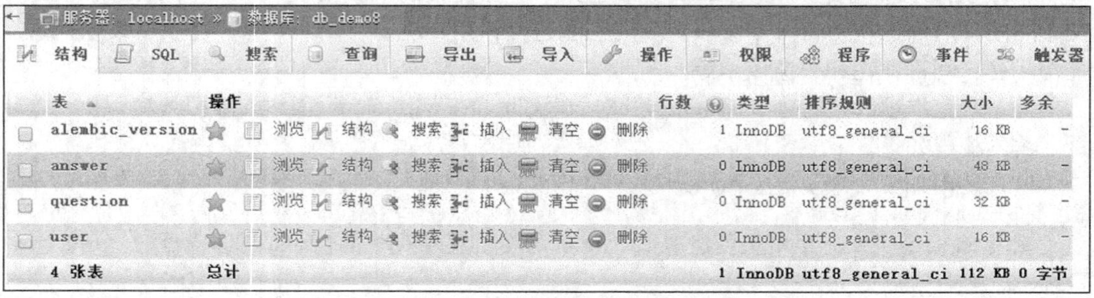

服务器：localhost » 数据库：db_demo8

结构　SQL　搜索　查询　导出　导入　操作　权限　程序　事件　触发器

表	操作	行数	类型	排序规则	大小	多余
alembic_version	浏览 结构 搜索 插入 清空 删除	1	InnoDB	utf8_general_ci	16 KB	-
answer	浏览 结构 搜索 插入 清空 删除	0	InnoDB	utf8_general_ci	48 KB	-
question	浏览 结构 搜索 插入 清空 删除	0	InnoDB	utf8_general_ci	32 KB	-
user	浏览 结构 搜索 插入 清空 删除	0	InnoDB	utf8_general_ci	16 KB	-
4 张表	总计	1	InnoDB	utf8_general_ci	112 KB	0 字节

图 14-35　迁移成功后创建的表

实现数据迁移功能的代码被保存在“migrations”目录下，主要功能是实现表的创建。例如，文件 6f25708c588d_.py 的功能是创建 user 和 question 两个表，主要实现代码如下。

```
def upgrade():
    op.create_table('user',
    sa.Column('id', sa.Integer(), nullable=False),
    sa.Column('telephone', sa.String(length=11), nullable=False),
    sa.Column('username', sa.String(length=50), nullable=False),
    sa.Column('password', sa.String(length=10), nullable=False),
    sa.PrimaryKeyConstraint('id')
    )
    op.create_table('question',
    sa.Column('id', sa.Integer(), nullable=False),
    sa.Column('title', sa.String(length=100), nullable=False),
    sa.Column('content', sa.Text(), nullable=False),
    sa.Column('create_time', sa.DateTime(), nullable=True),
    sa.Column('author_id', sa.Integer(), nullable=True),
    sa.ForeignKeyConstraint(['author_id'], ['user.id'], ),
    sa.PrimaryKeyConstraint('id')
    )
```

3. 具体实现

（1）在文件 config.py 中编写数据库连接参数，实现和指定数据库的连接。具体实现代码如下。

```
import os

DEBUG = True

SECRET_KEY = os.urandom(24)

SQLALCHEMY_DATABASE_URI = 'mysql+pymysql://root:66688888@localhost/db_demo8'
SQLALCHEMY_TRACK_MODIFICATIONS = True
```

在上述代码中，“root”表示登录 MySQL 数据库的用户名，“66688888”表示登录密码，

“localhost”表示服务器地址，“db_demo8”表示数据库名。

（2）在文件 platform.py 中实现本项目的各个功能模块，具体实现流程如下。

- 通过函数 index()加载系统主页模板，将发布的问答按照发布时间进行排序。
- 通过函数 login()加载用户登录页面模板，获取用户在表单中输入的电话号码和密码，合法后则将登录数据存储在 session 中。
- 通过函数 regist()加载用户注册页面模板，获取用户在表单中输入的注册信息。如果电话号码已经注册过，则提示更换手机信息，并验证两次输入的密码一致，注册成功后将表单中的信息添加到数据库中。
- 通过函数 logout()实现用户注销功能，首先判断用户是否登录，如果已经登录，则从 session 清空登录数据即可。
- 分别获取在表单中输入的问答标题、内容、发布者信息，将获取的信息添加到数据库中。
- 通过函数 detail()显示某条发布的问答详情信息。
- 通过函数 add_answer()向数据库中添加针对某条问答发布评论的信息。
- 通过函数 search()快速查找当前系统中某个关键字的信息。
- 定义钩子函数 my_context_processor()。

（3）模板文件 base.html 用于实现 Web 导航功能。

（4）模板文件 index.html 用于实现系统主页效果，系统主页如图 14-36 所示。

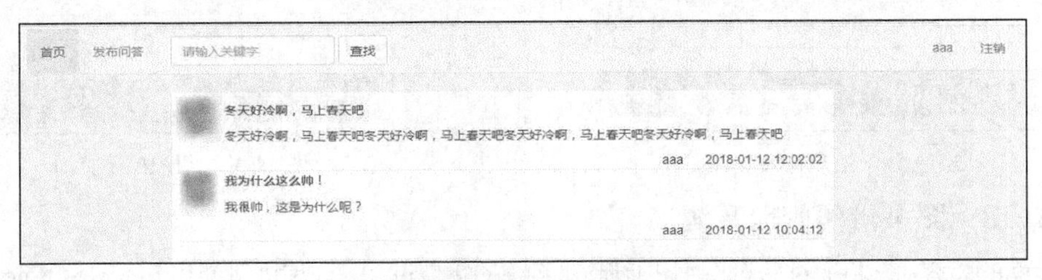

图 14-36　系统主页

（5）模板文件 detail.html 用于实现某条问答详情页面效果。在主页中单击某条问答后，会显示问答详情页面，执行效果如图 14-37 所示。

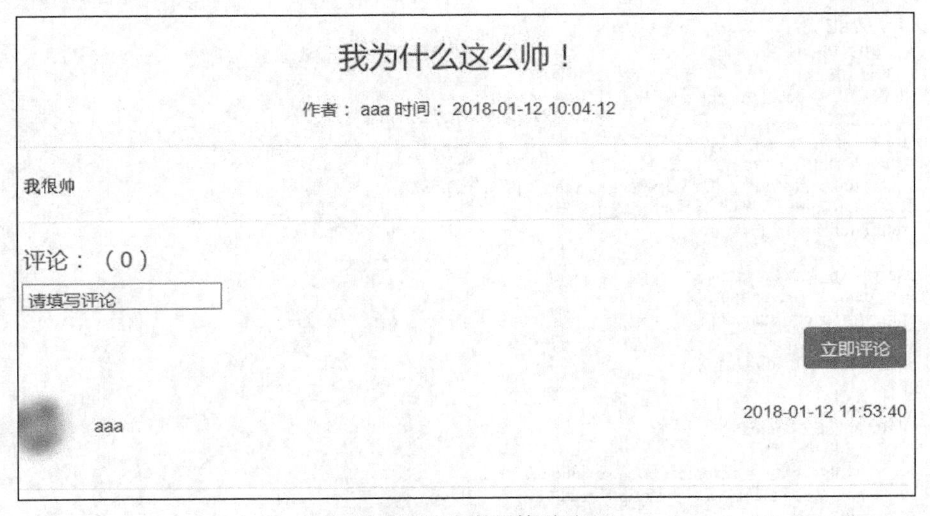

图 14-37　问答详情页面

（6）模板文件 question.html 用于实现问答发布表单页面，执行效果如图 14-38 所示。

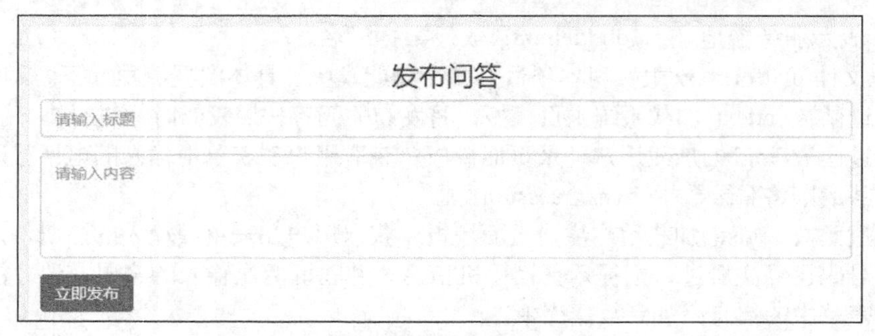

图 14-38　问答发布表单页面

（7）模板文件 login.html 用于实现用户登录页面，执行效果如图 14-39 所示。

（8）模板文件 regist.html 用于实现用户注册页面，执行效果如图 14-40 所示。

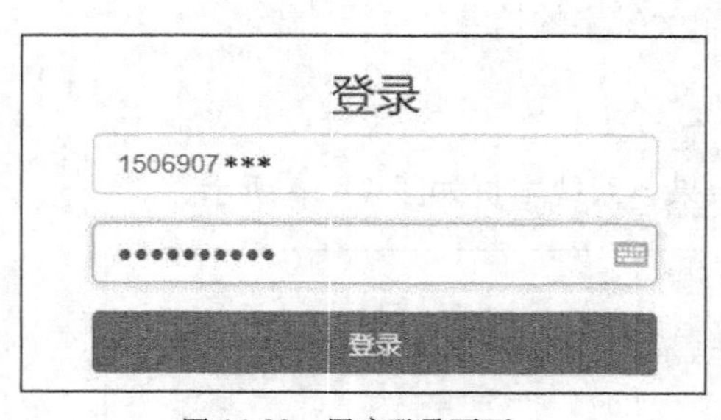

图 14-39　用户登录页面

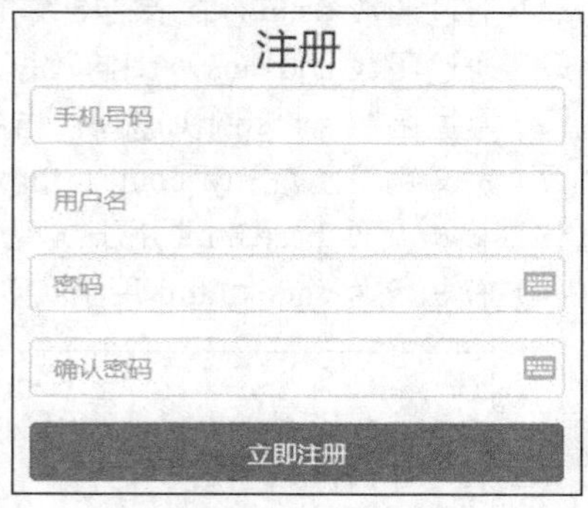

图 14-40　用户注册页面

范例 14-18：图书借阅管理系统

在后面的内容中，将通过一个图书借阅管理系统的实现过程，详细讲解使用 Flask+SQLite3 开发动态 Web 项目的过程。这是一个典型的管理项目，读者可以以此为基础开发自己需要的管理类系统。

1. 数据库设置

本项目使用的是 SQLite3 数据库，在程序文件 book.py 中通过如下代码实现和数据库操作设置相关的功能。

```
DATABASE = 'book.db'
DEBUG = True
SECRET_KEY = 'development key'
def get_db():
    top = _app_ctx_stack.top
    if not hasattr(top, 'sqlite_db'):
        top.sqlite_db = sqlite3.connect(app.config['DATABASE'])
        top.sqlite_db.row_factory = sqlite3.Row
    return top.sqlite_db

@app.teardown_appcontext
def close_database(exception):
    top = _app_ctx_stack.top
    if hasattr(top, 'sqlite_db'):
        top.sqlite_db.close()

def init_db():
    with app.app_context():
        db = get_db()
        with app.open_resource('book.sql', mode='r') as f:
            db.cursor().executescript(f.read())
        db.commit()

def query_db(query, args=(), one=False):
    cur = get_db().execute(query, args)
```

```
        rv = cur.fetchall()
        return (rv[0] if rv else None) if one else rv
```

2. 登录验证管理

（1）验证用户输入的用户名和密码是否正确，如果正确，则通过 session 存储用户信息，将此用户设置为登录状态。

（2）通过函数 manager_login()判断是否是管理员登录，只要输入的用户名和密码跟 app.config 中设置的相同，则说明是管理员登录系统。

（3）通过函数 reader_login()判断输入的登录信息是否合法，如果非法，则显示提示信息。

（4）通过函数 register()实现注册功能，首先判断用户是否在表单中输入合法的用户名和密码，如果合法，则将表单中的数据插入数据库中。

（5）通过函数 logout()实现注销功能，在程序文件 book.py 中通过如下代码实现该功能。

```
def logout():
    session.pop('user_id', None)
    return redirect(url_for('index'))
```

3. 安全检查页面跳转管理

（1）通过函数 manager_judge()实现安全检查，在程序文件 book.py 中通过如下代码实现该功能。

```
# 添加简单的安全检查
def manager_judge():
    if not session['user_id']:
        error = 'Invalid manager, please login'
        return render_template('manager_login.html', error = error)

def reader_judge():
    if not session['user_id']:
        error = 'Invalid reader, please login'
        return render_template('reader_login.html', error = error)
```

（2）通过函数 manager_books()获取系统内的所有图书信息，并将页面跳转到模板文件 manager_books.html；通过函数 manager()将页面跳转到模板文件 manager.html；通过函数 reader()将页面跳转到模板文件 reader.html。在程序文件 book.py 中通过如下代码实现上述功能。

```
@app.route('/manager/books')
def manager_books():
    manager_judge()
    return render_template('manager_books.html',
                books = query_db('select * from books', []))

@app.route('/manager')
def manager():
    manager_judge()
    return render_template('manager.html')

@app.route('/reader')
def reader():
    reader_judge()
    return render_template('reader.html')
```

4. 后台用户管理

（1）通过函数 manager_users()获取系统数据库中的所有用户信息，在程序文件 book.py 中通过如下代码实现该功能。

```
def manager_users():
    manager_judge()
    users = query_db('''select * from users''', [])
    return render_template('manager_users.html', users = users)
```

（2）通过函数 manger_user_modify()修改系统数据库中某个指定 ID 的用户信息，在程序文件 book.py 中通过如下代码实现该功能。

```
@app.route('/manager/user/modify/<id>', methods=['GET', 'POST'])
def manger_user_modify(id):

    error = None
    user = query_db('''select * from users where user_id = ?''', [id], one=True)
    if request.method == 'POST':
```

```
            if not request.form['username']:
                error = 'You have to input your name'
            elif not request.form['password']:
                db = get_db()
                db.execute('''update users set user_name=?, college=?, num=? \
                    , email=? where user_id=? ''', [request.form['username'],
                    request.form['college'], request.form['number'],
                    request.form['email'], id])
                db.commit()
                return redirect(url_for('manager_user', id = id))
            else:
                db = get_db()
                db.execute('''update users set user_name=?, pwd=?, college=?, num=? \
                    , email=? where user_id=? ''', [request.form['username'],
                        generate_password_hash(request.form['password']),
                    request.form['college'], request.form['number'],
                    request.form['email'], id])
                db.commit()
                return redirect(url_for('manager_user', id = id))
        return render_template('manager_user_modify.html', user=user, error = error)
```

（3）通过函数 manger_user_delete()删除系统数据库中某个指定 ID 的用户信息，在程序文件 book.py 中通过如下代码实现该功能。

```
@app.route('/manager/user/deleter/<id>', methods=['GET', 'POST'])
def manger_user_delete(id):
    manager_judge()
    db = get_db()
    db.execute('''delete from users where user_id=? ''', [id])
    db.commit()
    return redirect(url_for('manager_users'))
```

5. 图书管理

（1）通过函数 manager_books_add()向数据库中添加新的图书信息，在程序文件 book.py 中通过如下代码实现该功能。

```
@app.route('/manager/books/add', methods=['GET', 'POST'])
def manager_books_add():
    manager_judge()
    error = None
    if request.method == 'POST':
        if not request.form['id']:
            error = 'You have to input the book ISBN'
        elif not request.form['name']:
            error = 'You have to input the book name'
        elif not request.form['author']:
            error = 'You have to input the book author'
        elif not request.form['company']:
            error = 'You have to input the publish company'
        elif not request.form['date']:
            error = 'You have to input the publish date'
        else:
            db = get_db()
            db.execute('''insert into books (book_id, book_name, author, publish_com,
                publish_date) values (?, ?, ?, ?, ?) ''', [request.form['id'],
                    request.form['name'], request.form['author'], request.form['company'],
                request.form['date']])
            db.commit()
            return redirect(url_for('manager_books'))
    return render_template('manager_books_add.html', error = error)
```

（2）通过函数 manager_books_delete()在数据库中删除指定 ID 的图书信息，在程序文件 book.py 中通过如下代码实现该功能。

```
@app.route('/manager/books/delete', methods=['GET', 'POST'])
def manager_books_delete():
    manager_judge()
    error = None
    if request.method == 'POST':
        if not request.form['id']:
            error = 'You have to input the book name'
        else:
            book = query_db('''select * from books where book_id = ?''',
                [request.form['id']], one=True)
```

```
            if book is None:
                error = 'Invalid book id'
            else:
                db = get_db()
                db.execute('''delete from books where book_id=? ''', [request.form['id']])
                db.commit()
                return redirect(url_for('manager_books'))
    return render_template('manager_books_delete.html', error = error)
```

（3）通过函数 manager_book()在数据库中查询指定 ID 的图书信息，并查询这本图书是否处于借出状态，在程序文件 book.py 中通过如下代码实现该功能。

```
@app.route('/manager/book/<id>', methods=['GET', 'POST'])
def manager_book(id):
    manager_judge()
    book = query_db('''select * from books where book_id = ?''', [id], one=True)
    reader = query_db('''select * from borrows where book_id = ?''', [id], one=True)
    name = query_db('''select user_name from borrows where book_id = ?''', [id], one=True)

    current_time = time.strftime('%Y-%m-%d',time.localtime(time.time()))
    if request.method == 'POST':
        db = get_db()
        db.execute('''update histroys set status = ?, date_return = ?   where book_id=?
            and user_name=? and status=? ''',
              ['retruned', current_time, id, name[0], 'not return'])
        db.execute('''delete from borrows where book_id = ? ''' , [id])
        db.commit()
        return redirect(url_for('manager_book', id = id))
    return render_template('manager_book.html', book = book, reader = reader)
```

（4）通过函数 manager_modify()在数据库中修改指定 ID 的图书信息，在程序文件 book.py 中通过如下代码实现该功能。

```
@app.route('/manager/modify/<id>', methods=['GET', 'POST'])
def manager_modify(id):
    manager_judge()
    error = None
    book = query_db('''select * from books where book_id = ?''', [id], one=True)
    if request.method == 'POST':
        if not request.form['name']:
            error = 'You have to input the book name'
        elif not request.form['author']:
            error = 'You have to input the book author'
        elif not request.form['company']:
            error = 'You have to input the publish company'
        elif not request.form['date']:
            error = 'You have to input the publish date'
        else:
            db = get_db()
            db.execute('''update books set book_name=?, author=?, publish_com=?, publish_date=? where book_id=? ''',
[request.form['name'], request.form['author'], request.form['company'], request.form['date'], id])
            db.commit()
            return redirect(url_for('manager_book', id = id))
    return render_template('manager_modify.html', book = book, error = error)
```

6. 前台用户管理

（1）通过函数 reader_query()在系统数据库中快速查询指定关键字的图书信息，分别通过书名和图书作者两种 SQL 语句进行查询。在程序文件 book.py 中通过如下代码实现该功能。

```
@app.route('/reader/query', methods=['GET', 'POST'])
def reader_query():
    reader_judge()
    error = None
    books = None
    if request.method == 'POST':
        if request.form['item'] == 'name':
            if not request.form['query']:
                error = 'You have to input the book name'
            else:
                books = query_db('''select * from books where book_name = ?''',
                          [request.form['query']])
                if not books:
                    error = 'Invalid book name'
        else:
```

```
            if not request.form['query']:
                error = 'You have to input the book author'
            else:
                books = query_db('''select * from books where author = ?''',
                        [request.form['query']])
                if not books:
                    error = 'Invalid book author'
    return render_template('reader_query.html', books = books, error = error)
```

（2）通过函数 reader_book()在前台向用户展示某本图书的详细信息，分别通过 SQL 图书查询语句、SQL 图书借阅语句和 SQL 统计语句进行查询。在程序文件 book.py 中通过如下代码实现上述功能。

```
@app.route('/reader/book/<id>', methods=['GET', 'POST'])
def reader_book(id):
    reader_judge()
    error = None
    book = query_db('''select * from books where book_id = ?''', [id], one=True)
    reader = query_db('''select * from borrows where book_id = ?''', [id], one=True)
    count   = query_db('''select count(book_id) from borrows where user_name = ? ''',
              [g.user], one = True)

    current_time = time.strftime('%Y-%m-%d',time.localtime(time.time()))
    return_time = time.strftime('%Y-%m-%d',time.localtime(time.time() + 2600000))
    if request.method == 'POST':
        if reader:
            error = 'The book has already borrowed.'
        else:
            if count[0] == 3:
                error = 'You can\'t borrow more than three books.'
            else:
                db = get_db()
                db.execute('''insert into borrows (user_name, book_id, date_borrow, \
                    date_return) values (?, ?, ?, ?) ''', [g.user, id,
                                                    current_time, return_time])
                db.execute('''insert into histroys (user_name, book_id, date_borrow, \
                    status) values (?, ?, ?, ?) ''', [g.user, id,
                                                    current_time, 'not return'])
                db.commit()
            return redirect(url_for('reader_book', id = id))
    return render_template('reader_book.html', book = book, reader = reader, error = error)
```

（3）通过函数 reader_histroy()展示当前用户的借阅图书历史记录信息，在程序文件 book.py 中通过如下代码实现该功能。

```
@app.route('/reader/histroy', methods=['GET', 'POST'])
def reader_histroy():
    reader_judge()
    histroys = query_db('''select * from histroys, books where histroys.book_id = books.book_id and histroys.user_name=? ''',
    [g.user], one = False)

    return render_template('reader_histroy.html', histroys = histroys)
```

用户登录页面的执行效果如图 14-41 所示，图书详情页面的执行效果如图 14-42 所示。

图 14-41　用户登录界面

图 14-42　图书详情页面

图书查询页面的执行效果如图 14-43 所示。

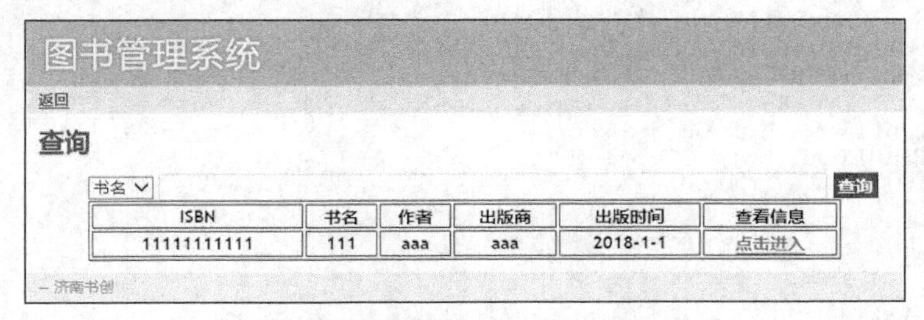

ISBN	书名	作者	出版商	出版时间	查看信息
11111111111	111	aaa	aaa	2018-1-1	点击进入

图 14-43　图书查询页面

后台图书管理页面的执行效果如图 14-44 所示。

ISBN	书名	作者	出版商	出版时间	查看信息
111111	Python从入门到精通	叶维忠	人民邮电出版社	2018-11-1	点击进入
11111111111	111	aaa	aaa	2018-1-1	点击进入
9787208061644	追风筝的人	胡赛尼	上海人民出版社	2006-5-1	点击进入

图 14-44　后台图书管理页面

范例 14-19：Flask+TinyDB 实现个人日志系统

本节将通过一个综合实例来介绍使用 Flask+TinyDB 实现个人日志系统的过程。

1. 系统设置

为了便于系统维护，将一些常用的功能放在系统设置文件中实现。具体来说，本项目主要涉及如下系统设置文件。

（1）初始化文件__init__.py，功能是设置用户登录模块，导入指定模块的视图文件，通过 app.config 字典设置系统加密信息和邮箱服务器信息。具体实现代码如下。

源码路径：daima\14\14-19\chronoflask\app__init__.py

```
app = Flask(__name__)

# Register blueprints
from app.admin import admin
app.register_blueprint(admin, url_prefix='/admin')
from app.auth import auth
app.register_blueprint(auth, url_prefix='/admin')
from app.main import main
app.register_blueprint(main, url_prefix='/')

from app.main.views import *
from app.auth.views import *
from app.main.errors import *

# Configure app
app.config['SECRET_KEY'] = os.environ.get('you-will-never-guess')
app.config['MAIL_SERVER'] = os.environ.get('MAIL_SERVER')
```

```
app.config['MAIL_PORT'] = 587
app.config['MAIL_USE_TLS'] = True
app.config['MAIL_USERNAME'] = os.environ.get('MAIL_USERNAME')
app.config['MAIL_PASSWORD'] = os.environ.get('MAIL_PASSWORD')
app.config['MAIL_SUBJECT_PREFIX'] = '[Chronoflask]'
app.config['MAIL_SENDER'] = 'Chronoflask <admin@chronoflask.com>'
app.config['DEFAULT_NAME'] = 'Chronoflask'
app.config['DEFAULT_AUTHOR'] = 'Chronologist'


# 设置邮件
mail = Mail(app)

# 设置Bootstrap引导程序
bootstrap = Bootstrap(app)
```

（2）编写文件 db.py，实现 TinyDB 数据库操作功能，包括获取、数据检索、添加数据和数据更新功能。

（3）编写文件 pagination.py，实现日志信息分页显示功能。

（4）编写解析文件 parse.py，根据不同的节点显示日志信息，例如，可以根据“tags”参数来发布新信息，根据“days”参数来浏览某一天的日志信息，根据“raw_entry”参数显示不同的日志信息页面或管理页面。

（5）因为本项目用到了信息加密认证功能，所以需要编写独立文件 config.py 来保存 SECRET_KEY 信息。在编写 Flask Web 项目的时候，如果没有独立设置 SECRET_KEY，则会出现“Must provide SECRET_KEY to use csrf ”错误提醒。不能将 SECRET_KEY 写在程序代码中，需要单独放在独立文件 config.py 中，具体实现代码如下。

源码路径：daima\14\14-19\chronoflask\config.py

```
CSRF_ENABLED = True
SECRET_KEY = 'you-will-never-guess'
```

（6）编写文件 run.py，作为 Flask 项目的启动文件，在里面调用了文件 config.py 中的 SECRET_KEY 信息。

（7）编写文件 mail.py，实现邮件发送功能，邮箱服务器的设置信息在文件“app__init__.py”中实现。

2. 后台管理

在“admin”目录中保存了和后台管理相关的程序文件，接下来介绍这部分程序文件的具体实现。

（1）编写程序文件 forms.py，分别获取系统名字和系统笔者名字表单中的修改数据。

（2）编写程序文件 views.py，根据用户操作来到指定的后台管理页面，根据表单中的数据，分别实现修改系统名和系统中笔者名字的功能。

3. 登录认证管理

在“auth”目录中保存了和用户登录认证相关的程序文件，接下来介绍这部分程序文件的具体实现。

（1）编写程序文件 forms.py，分别实现账户检测、邮箱检测、登录验证、注册信息验证、登录表单信息处理、邮箱设置和密码重置等功能。

（2）编写程序文件 views.py，根据用户操作来到指定的认证页面，分别实现登录验证、登录注销、密码重置和邮箱修改等视图功能。

4. 前台日志展示

在“main”目录中保存了和前台日志相关的程序文件，接下来介绍这部分程序文件的具体实现。

（1）编写程序文件 forms.py，分别实现日志信息发布和修改功能。

（2）编写程序文件 views.py，根据用户操作来到指定的前台展示页面，分别实现发布新日志信息、浏览日志信息、浏览全部日志信息和浏览某日信息功能。

（3）编写程序文件 errors.py，如果获取数据库信息出错，则跳转到指定的 HTML 页面。

5. 系统模板

在“templates”目录中保存了 Flask 系统模板文件，接下来介绍这部分程序文件的具体实现。

（1）编写程序文件 welcome.html，其功能是显示欢迎信息，提供登录链接供用户登录系统，执行后的效果如图 14-45 所示。

图 14-45 欢迎信息

（2）编写程序文件 login.html，其功能是提供登录表单供用户登录系统，并提供找回密码链接，执行后的效果如图 14-46 所示。

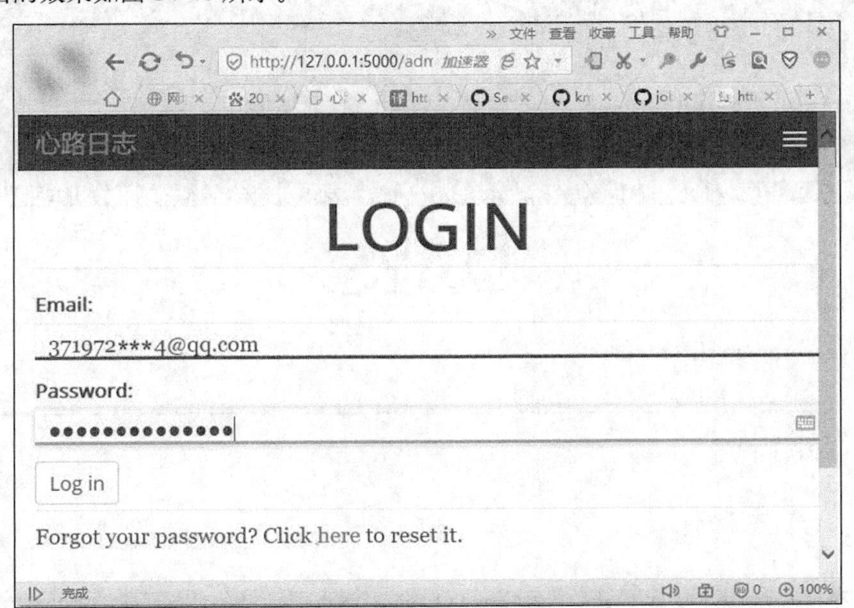

图 14-46 登录表单

（3）编写程序文件 home.html，其功能是实现系统前台日志信息展示，将以分页的样式展示系统数据库内所有的日志信息，执行后的效果如图 14-47 所示。

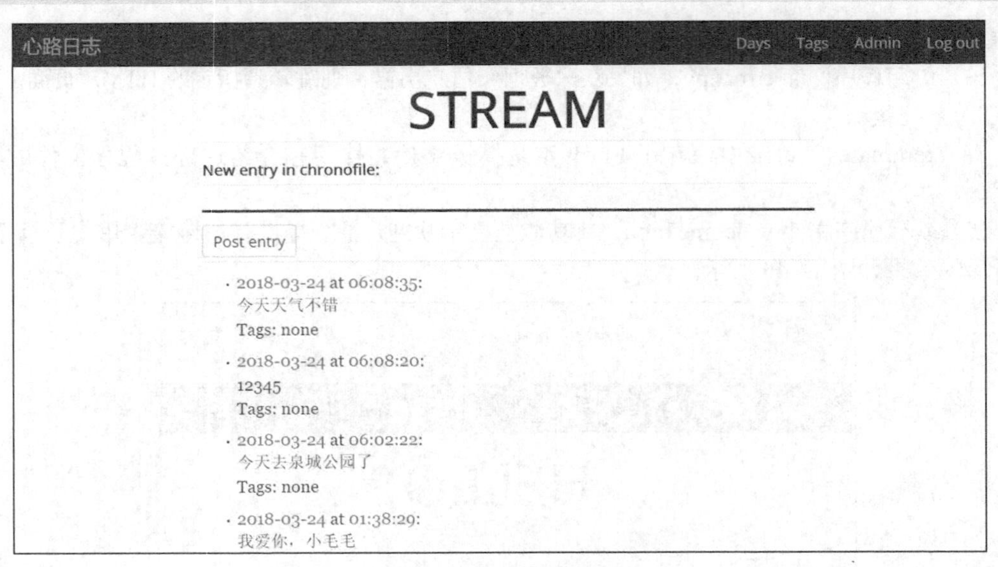

图 14-47　日志信息展示

（4）编写程序文件 days.html，其功能是以“日”为单位来查看系统数据库内的日志信息，执行后的效果如图 14-48 所示。

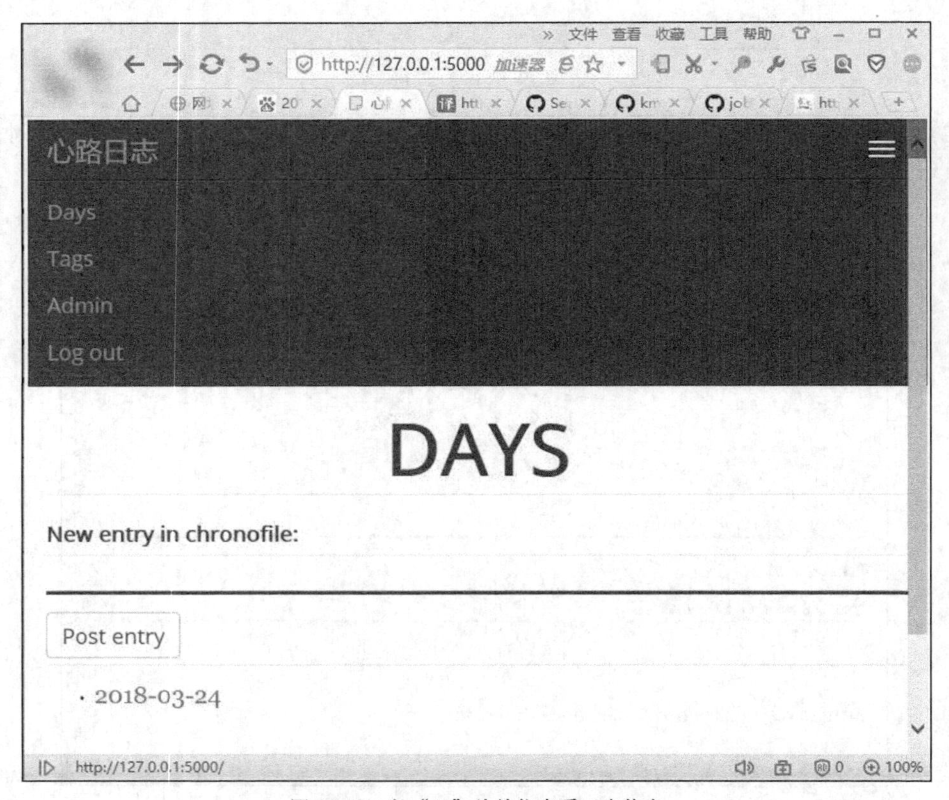

图 14-48　以“日”为单位查看日志信息

（5）编写程序文件 day.html，其功能是浏览显示系统数据库内某日的日志信息，执行后的效果如图 14-49 所示。

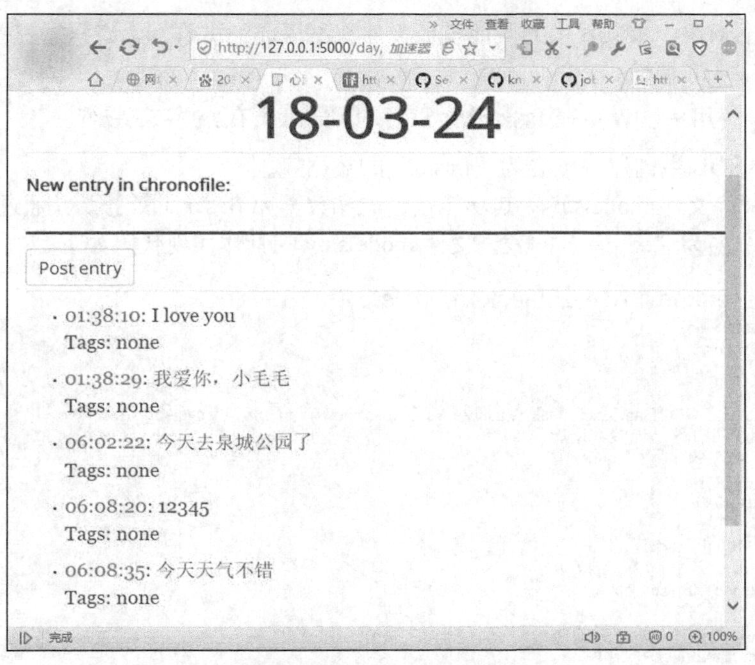

图 14-49　某日的日志信息

（6）编写程序文件 admin.html，其功能是显示系统管理主页，提供了如下管理项目，执行后的效果如图 14-50 所示。

- Chronofile name：系统名称。
- Author name：系统笔者名字。
- Change email address：邮箱地址。
- Change password：账户密码。

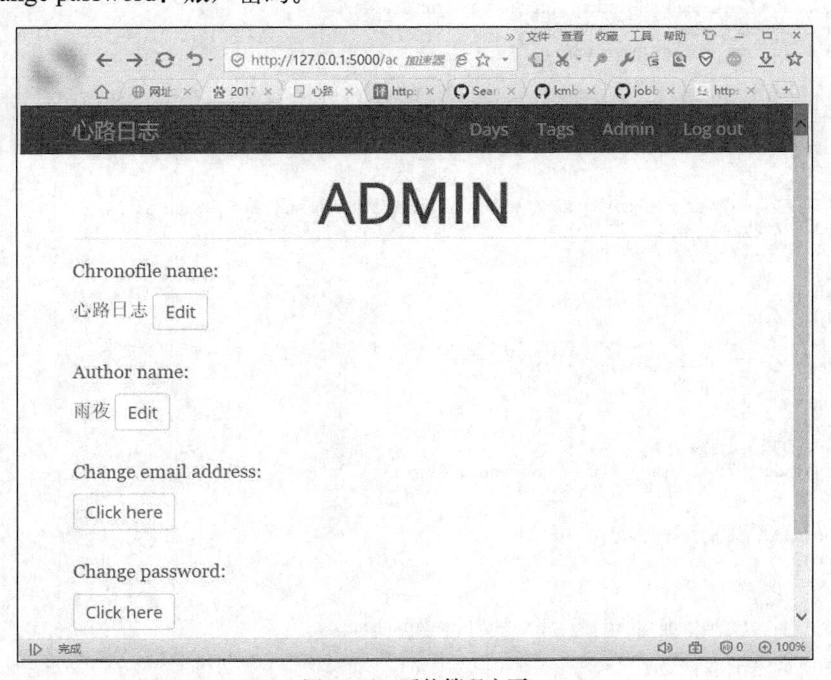

图 14-50　系统管理主页

为节省本书篇幅，本项目中的其他模板文件将不再详细讲解。读者只需查看本书配套源码即可，相信大家一看便懂。

范例 14-20：使用 Peewee+Flask+MySQL 开发一个在线留言系统

（1）在 MySQL 中创建一个名为“flaskr”的数据库。

（2）编写程序文件 models.py，其功能是建立和数据库 flaskr 的连接，并通过类 Entries 在数据库中创建一个名为“entries”的表。文件 models.py 的具体实现代码如下。

源码路径：daima\14\14-20\flaskr\models.py

```
#--*-- coding:utf-8 --*--
from peewee import *

def get_db():
    mysql_db = MySQLDatabase("flaskr", user = "root", passwd = "66688888", charset = "utf8")
    mysql_db.connect() #连接数据库
    return mysql_db

mysql_db = get_db()

class MySQLModel(Model):
    class Meta:
        database = mysql_db

class Entries(MySQLModel): #类的小写即为表名
    title = CharField() #字段声明
    text = TextField()

if __name__ == '__main__':
Entries.create_table()
```

（3）编写程序文件 flaskr.py，其功能是设置系统管理员的用户名和密码，根据 app.route 跳转到对应的页面，实现用户登录验证功能，并将用户发表的留言数据添加到数据库中。文件 flaskr.py 的具体实现代码如下。

源码路径：daima\14\14-20\flaskr\flaskr.py

```
from flask import Flask, request, session, g, redirect, url_for, abort, \
     render_template, flash
from socketserver import ThreadingMixIn

import os
from models import *

# 配置
DEBUG = True
SECRET_KEY = '&Us\xb9\xa0\xef\xc9\xe8H\xfc\x10\xe2\xfd9\xffR\x8c\xa2\xb65\x18\xd9\xf7?'
USERNAME = 'admin'
PASSWORD = '123456'

#创建应用程序
app = Flask(__name__)
app.config.from_object(__name__)
app.config.from_envvar('FLASKR_SETTINGS', silent=True)

@app.route('/')
def show_entries():
    entries = Entries.select()
    return render_template('show_entries.html', entries=entries)


@app.route('/add', methods=['POST'])
def add_entry():
    if not session.get('logged_in'):
        abort(401)
    entry = Entries(title=request.form['title'],text=request.form['text'])
    entry.save()
    flash('新的留言发布成功！')
    return redirect(url_for('show_entries'))
```

```
@app.route('/login', methods=['GET', 'POST'])
def login():
    error = None
    if request.method == 'POST':
        if request.form['username'] != app.config['USERNAME']:
            error = '用户名错误！'
        elif request.form['password'] != app.config['PASSWORD']:
            error = '密码错误！'
        else:
            session['logged_in'] = True
            flash('处于登录状态！')
            return redirect(url_for('show_entries'))
    return render_template('login.html', error=error)


@app.route('/logout')
def logout():
    session.pop('logged_in', None)
    flash('你已经退出系统！')
    return redirect(url_for('show_entries'))

if __name__ == '__main__':
    app.run()
```

（4）编写页面头模板文件 layout.html，其功能是在页面顶部导航显示“登录”或“注销”链接。

（5）编写留言展示模板文件 show_entries.html，其功能是在页面展示数据库中所有的留言信息，执行“http://127.0.0.1:5000/”后的效果如图 14-51 所示。

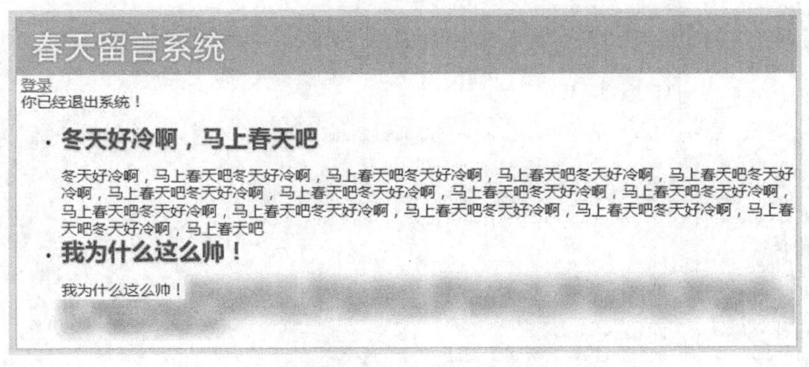

图 14-51　展示所有的留言信息

（6）编写用户登录模板文件 login.html，其功能是在页面展示用户登录系统表单。登录表单页面“http://127.0.0.1:5000/login”的执行效果如图 14-52 所示。

图 14-52　登录表单页面

范例 14-21：使用 Flask+MySQL 开发一个信息发布系统

在本实例中，用户首先需要注册一个系统用户，登录系统后可以发表自己的文章。本实例的具体实现流程如下。

（1）在文件 config.py 中设置数据库连接参数，具体实现代码如下。

```
debug = True
DIALECT = 'mysql'
DRIVER = 'pymysql'
USERNAME = 'root'
PASSWORD = '66688888'
DATABASE = 'db_demo'

SQLALCHEMY_DATABASE_URI = 'mysql://root:66688888@127.0.0.1/db_demo'

SQLALCHEMY_TRACK_MODIFICATIONS = False

PERMANENT_SESSION_LIFETIME=1000
```

（2）编写核心程序文件 flask_test.py，具体流程如下。

❑ 设置表的模板，对应代码如下。

```
class Student ( db.Model ):
    __tablename__ = 'student'
    id = db.Column ( db.Integer, primary_key=True )
    name = db.Column ( db.String ( 20 ) )


class Blog ( db.Model ):
    __tablename__ = 'Blog'
    id = db.Column ( db.Integer, primary_key=True )
    title = db.Column ( db.String ( 20 ) )
    content = db.Column ( db.Text )
    studentid = db.Column ( db.Integer )
    createdate = db.Column ( db.Date )
```

❑ 设置系统主页的 URL 路由导航，查询并以列表显示数据库中的文章信息，对应代码如下。

```
# 主页
@app.route ( '/', methods=['GET', 'POST'] )
def home():
    lst_blog = Blog.query.join ( Student, Student.id == Blog.studentid ).add_columns ( Blog.id, Blog.title,
                                                                                          Student.name,
                                                                                          Blog.createdate ).all ()

    student = Student ()
    id = None
    name = None
    if 'id' in session:
        id = session.get ( 'id' )
        name = session.get ( 'name' )
    content = {'id': id, 'name': name, 'lst_blog': lst_blog}
    return render_template ( 'home.html', **content )
```

❑ 设置登录页面的 URL 路由导航，显示一个用户登录表单，对应代码如下。

```
@app.route ( '/signin', methods=['GET'] )
def signin_form():
    return render_template ( 'form.html' )
```

❑ 设置登录提交页面的 URL 路由导航，获取用户在登录表单中输入的数据，然后跟数据库中存储的数据进行比较。如果登录数据合法，则用 session 存储它；如果非法，则显示“登录失败”的提示。对应代码如下。

```
@app.route ( '/signin', methods=['POST'] )
def signin():
    id = request.form['id'].strip ();
    name = request.form['name'].strip ();
    filters = {Student.id == id, Student.name == name}
    student = Student.query.filter ( *filters ).first ()
    if (student != None):
        session['id'] = student.id
        session['name'] = student.name
        return redirect ( url_for ( 'home' ) )
    return render_template ( 'form.html', message='登录失败' )
```

❑ 设置注册页面的 URL 路由导航，显示一个新用户注册表单，对应代码如下。

```
@app.route ( '/register', methods=['GET'] )
def register_form():
```

```
        return render_template ( 'register.html' )
```

- 设置注册提交页面的URL路由导航，获取用户注册表单中的数据，并将数据添加到系统数据库中，对应代码如下。

```
@app.route ( '/register', methods=['POST'] )
def register():
    id = request.form['id'].strip ();
    name = request.form['name'].strip ();
    filters = {Student.id == id, Student.name == name}
    try:
        stdent = Student ( id=id, name=name )
        db.session.add ( stdent )
        # 事务
        db.session.commit ()
    except Exception:
        return render_template ( 'register.html', message='注册失败' )
    return render_template ( 'form.html' )
```

- 设置退出登录功能的URL路由导航，清空session中存储的登录信息，对应代码如下。

```
@app.route ( '/loginout', methods=['GET'] )
def loginout():
    session.clear ()
    return redirect ( url_for ( 'home' ) )
```

- 设置发布文章页面的URL路由导航，确保用户已经登录系统，对应代码如下。

```
@app.route ( '/WriteBlog', methods=['GET'] )
def WriteBlog_form():
    if 'id' not in session:
        return redirect ( url_for ( 'signin_form' ) )
    id = session.get ( 'id' )
    name = session.get ( 'name' )
    content = {'id': id, 'name': name}
    return render_template ( 'WriteBlog.html', **content )
```

- 设置发表文章提交页面的URL路由导航，在确保用户已经登录系统的前提下，将发布表单中的数据添加到系统数据库中，对应代码如下。

```
@app.route ( '/WriteBlog', methods=['POST'] )
def WriteBlog():
    if 'id' not in session:
        return redirect ( url_for ( 'signin_form' ) )
    title = request.form['title'].strip ()
    content = request.form['content'].strip ()
    try:
        blog = Blog ( id=random.randint ( 10, 20 ), title=title, content=content,
                        studentid=str ( session.get ( 'id' ) ), createdate=datetime.datetime.now () )
        db.session.add ( blog )
        # 事务
        db.session.commit ()
        return redirect ( url_for ( 'home' ) )
    except Exception:
        return render_template ( 'WriteBlog.html', message='发布失败' )
```

- 设置显示文章详情页面的URL路由导航，获取数据中某篇文章的标题、内容、笔者和发布时间信息，将获取的上述信息在页面中显示出来，对应代码如下。

```
@app.route ( '/BlogDetails/<blogid>', methods=['GET'] )
def getBlogDetails(blogid):
    blogdetails = Blog.query.join ( Student, Student.id == Blog.studentid ).filter ( Blog.id == blogid ).add_columns (
        Blog.id, Blog.title, Student.name, Blog.content, Blog.createdate ).first ()
    student = Student ()
    id = None
    name = None
    if 'id' in session:
        id = session.get ( 'id' )
        name = session.get ( 'name' )
    content = {'id': id, 'name': name, 'blogdetails': blogdetails}
    return render_template ( 'BlogDetails.html', **content )


app.secret_key = 'A0Zr98j/3yX R~XHH!jmN]LWX/,?RT'

if __name__ == '__main__':
    app.run ( host='127.0.0.1', port=8888)
```

（3）在“templates”目录下保存了模板文件，执行后的主页效果如图 14-53 所示。

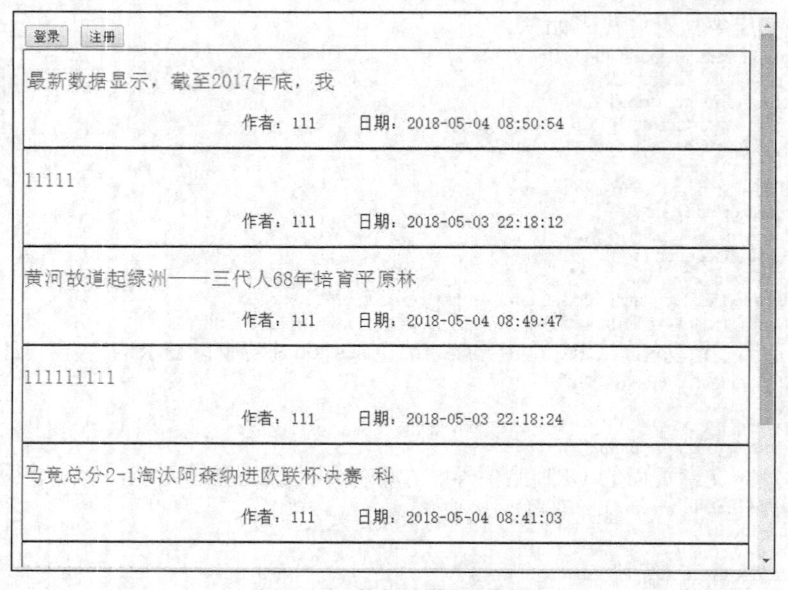

图 14-53　执行后的主页效果

第 15 章

Django Web 开发实战

本章将通过具体实例的实现过程，详细讲解使用 Django 框架开发动态 Web 程序的知识。

15.1　Django Web 初级实战

本节用比较简单的实例的实现过程，讲解开发初级 Django Web 程序的知识。

范例 15-01：安装 Django

在安装 Django 之前，必须先安装 Python。在当今技术环境下，有多种安装 Django 的方法。下面对这些安装方法按难易程度进行排序，其中越靠前的越简单。

- Python 包管理工具。
- 操作系统包管理工具。
- 官方发布的压缩包。
- 源码库。

最简单的下载和安装方式是使用 Python 包管理工具，建议读者使用这种安装方式。例如，可以使用 Setuptools 中的 easy_install 命令。目前在所有的操作系统上都可使用这个工具。对于 Windows 用户来说，在使用 Setuptools 时需要将 easy_install.exe 文件放在 Python 安装目录下的 Scripts 文件夹中。此时只需在 CMD 控制台中使用如下的“easy_install”命令就可以安装 Django。

```
easy_install django
```

也可以使用“pip”命令进行安装。

```
pip install django
```

本书使用的 Django 版本是 1.10.4，CMD 控制台安装界面如图 15-1 所示。

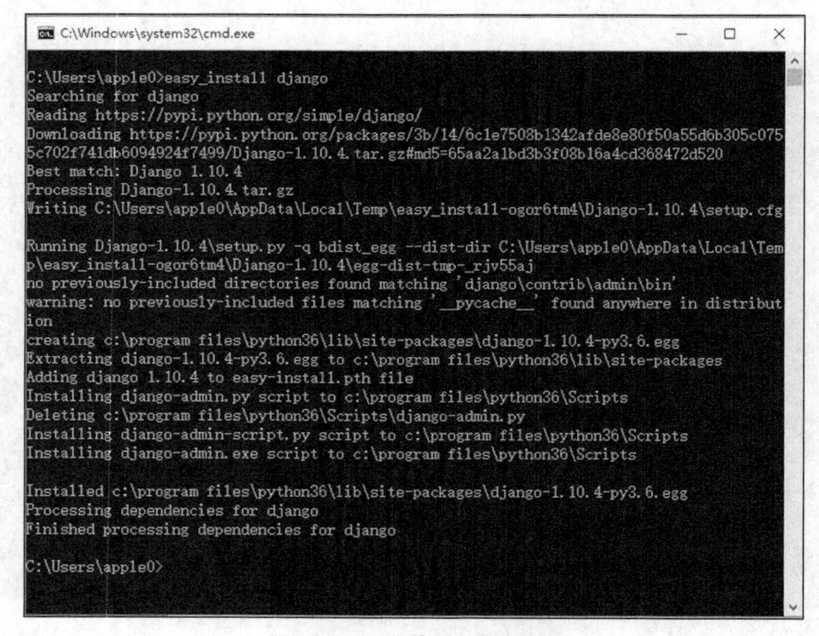

图 15-1　CMD 控制台安装界面

范例 15-02：第一个 Django 项目

下面的实例演示了创建并执行第一个 Django 项目的过程。

源码路径：daima\15\15-02\mysite

(1) 在 CMD 控制台中定位到“H”盘，然后通过如下命令创建一个“mysite”目录作为“project”(项目)。

```
django-admin startproject mysite
```

创建成功后会看到如下目录结构。

```
mysite
├── manage.py
└── mysite
    ├── __init__.py
    ├── settings.py
    ├── urls.py
    └── wsgi.py
```

也就是说在“H”盘中新建了一个 mysite 目录，其中还有一个 mysite 子目录，这个子目录 mysite 中包括一些项目的设置文件 settings.py、总的 urls 配置文件 urls.py 以及部署服务器时用到的 wsgi.py 文件。文件__init__.py 是 Python 包的目录结构必需的，与调用有关。

上述各个目录文件的具体说明如下。

- mysite：项目的容器，保存整个项目。
- manage.py：一个实用的命令行工具，可让你以各种方式与该 Django 项目进行交互。
- mysite/__init__.py：一个空文件，告诉 Python 该目录是一个 Python 包。
- mysite/settings.py：该 Django 项目的设置/配置。
- mysite/urls.py：该 Django 项目的 URL 声明；一份由 Django 驱动的网站“目录”。
- mysite/wsgi.py：一个 WSGI 兼容的 Web 服务器的入口，以便执行你的项目。

（2）在 CMD 控制台中定位到 mysite 目录下（注意，不是 mysite 中的 mysite 子目录），然后通过如下命令新建一个应用（app），名称叫 learn。

```
H:\mysite>python manage.py startapp learn
```

此时可以看到在主 mysite 目录中多出了一个 learn 文件夹，在里面有如下文件。

```
learn/
├── __init__.py
├── admin.py
├── apps.py
├── models.py
├── tests.py
└── views.py
```

（3）为了将新定义的 app 添加到 settings.py 文件的 INSTALLED_APPS 中，需要对文件 mysite/mysite/settings.py 进行如下修改。

```
INSTALLED_APPS = [
    'django.contrib.admin',
    'django.contrib.auth',
    'django.contrib.contenttypes',
    'django.contrib.sessions',
    'django.contrib.messages',
    'django.contrib.staticfiles',
    'learn',
]
```

这一步的目的是将新建的 app“learn”添加到 INSTALLED_APPS 中，如果不这样做，Django 就不能自动找到 app 中的模板文件（app-name/templates/中的文件）和静态文件（app-name/static/中的文件）。

（4）定义视图函数，用于显示访问页面时的内容。在 learn 目录中打开文件 views.py，然后进行如下修改。

```
#coding:utf-8
from django.http import HttpResponse
def index(request):
    return HttpResponse("欢迎光临，浪潮软件欢迎您！")
```

对上述代码的具体说明如下。

- 第 1 行：声明编码为 UTF-8，因为我们在代码中用到了中文，如果不声明就会报错。
- 第 2 行：引入 HttpResponse，用来向网页返回内容。就像 Python 中的 print()函数一样，只不过 HttpResponse 是把内容显示到网页上。

- 第 3～4 行：定义一个 index()函数，第一个参数必须是 request，与网页发来的请求有关。在 request 变量里面包含 GET/POST 请求的内容、用户浏览器和操作系统等信息。函数 index()返回了一个 HttpResponse 对象，可以经过一些处理，最终显示几个字到网页上。

现在问题来了，用户应该访问什么网址才能看到刚才写的这个函数呢？怎么让网址和函数关联起来呢？接下来需要定义和视图函数相关的 URL。

（5）开始定义和视图函数相关的 URL，对文件 mysite/mysite/urls.py 进行如下修改。

```
from django.conf.urls import url
from django.contrib import admin
from learn import views as learn_views    # new

urlpatterns = [
    url(r'^$', learn_views.index),    # new
    url(r'^admin/', admin.site.urls),
]
```

（6）在 CMD 控制台上执行如下命令进行测试。

```
python manage.py runserver
```

测试成功后，显示如图 15-2 所示的界面效果。

```
H:\mysite>python manage.py runserver
Performing system checks...

System check identified no issues (0 silenced).

You have 13 unapplied migration(s). Your project may not work properly until you appl
y the migrations for app(s): admin, auth, contenttypes, sessions.
Run 'python manage.py migrate' to apply them.
December 30, 2016 - 22:52:25
Django version 1.10.4, using settings 'mysite.settings'
Starting development server at http://127.0.0.1:8000/
Quit the server with CTRL-BREAK.
[30/Dec/2016 22:52:35] "GET / HTTP/1.1" 200 39
```

图 15-2　界面效果

在浏览器中的执行效果如图 15-3 所示。

图 15-3　执行效果

范例 15-03：在 URL 中传递参数

和前面学习的 Tornado 框架一样，使用 Django 框架也可以实现对 URL 参数的处理。例如，下面的实例演示了使用 Django 框架实现参数相加功能的过程。

源码路径：daima\15\15-03\zqxt_views

（1）在 CMD 控制台中定位到“H”盘，然后通过如下命令创建一个“zqxt_views”目录作为“project”。

```
django-admin startproject zqxt_views
```

也就是说在“H”盘中新建了一个 zqxt_views 目录，其中还有一个 zqxt_views 子目录。

（2）在 CMD 控制台中定位到 zqxt_views 目录下（注意，不是 zqxt_views 中的 zqxt_views 子目录），然后通过如下命令新建一个 app，名称叫 calc。

```
cd zqxt_views
python manage.py startapp calc
```

此时自动生成的目录结构大致如下。

```
zqxt_views/
├── calc
│   ├── __init__.py
│   ├── admin.py
│   ├── apps.py
│   ├── models.py
│   ├── tests.py
│   └── views.py
├── manage.py
└── zqxt_views
    ├── __init__.py
    ├── settings.py
    ├── urls.py
    └── wsgi.py
```

（3）为了将新定义的 app 添加到 settings.py 文件的 INSTALLED_APPS 中，需要对文件 zqxt_views/zqxt_views/settings.py 进行如下修改。

```
INSTALLED_APPS = [
    'django.contrib.admin',
    'django.contrib.auth',
    'django.contrib.contenttypes',
    'django.contrib.sessions',
    'django.contrib.messages',
    'django.contrib.staticfiles',
    'calc',
]
```

这一步的目的是将新建的 app“calc”添加到 INSTALLED_APPS 中，如果不这样做，Django 就不能自动找到 app 中的模板文件（app-name/templates/中的文件）和静态文件（app-name/static/中的文件）。

（4）定义视图函数，用于显示访问页面时的内容。对文件 calc/views.py 的代码进行如下修改。

```
from django.shortcuts import render
from django.http import HttpResponse

def add(request):
    a = request.GET['a']
    b = request.GET['b']
    c = int(a)+int(b)
    return HttpResponse(str(c))
```

在上述代码中，request.GET 类似于一个字典，当没有传递 a 的值时，a 的默认值为 0。

（5）开始定义视图函数相关的 URL，添加一个网址来对应我们刚才新建的视图函数。对文件 zqxt_views/zqxt_views/urls.py 进行如下修改。

```
from django.conf.urls import url
from django.contrib import admin
from learn import views as learn_views   # new

urlpatterns = [
    url(r'^$', learn_views.index),   # new
    url(r'^admin/', admin.site.urls),
]
```

（6）在 CMD 控制台上执行如下命令进行测试。

```
python manage.py runserver
```

在浏览器中输入“http://localhost:8000/add/”后的执行效果如图 15-4 所示。

如果在 URL 中输入数字参数，例如，在浏览器中输入“http://localhost:8000/add/ ?a=4&b=5”，执行后会显示这两个数字（4 和 5）的和，执行效果如图 15-5 所示。

在 Python 程序中，也可以采用“/add/3/4/”这样的方式对 URL 中的参数进行求和处理。这时需要修改文件 calc/views.py 的代码，在里面新定义一个求和函数 add2()，具体代码如下。

```
MultiValueDictKeyError at /add/
"'a'"
      Request Method: GET
         Request URL: http://localhost:8000/add/
      Django Version: 1.10.4
      Exception Type: MultiValueDictKeyError
     Exception Value: "'a'"
  Exception Location: C:\Program Files\Python36\lib\site-packages\django-1.10.4-py3.6.egg\django\utils\datastructures.py in __getitem__, line 85
   Python Executable: C:\Program Files\Python36\python.exe
      Python Version: 3.6.0
         Python Path: ['H:\\zqxt_views',
                       'C:\\Program Files\\Python36\\python36.zip',
                       'C:\\Program Files\\Python36\\DLLs',
                       'C:\\Program Files\\Python36\\lib',
                       'C:\\Program Files\\Python36',
                       'C:\\Program Files\\Python36\\lib\\site-packages',
                       'C:\\Program Files\\Python36\\lib\\site-packages\\flask-0.12-py3.6.egg',
                       'C:\\Program Files\\Python36\\lib\\site-packages\\click-6.6-py3.6.egg',
                       'C:\\Program Files\\Python36\\lib\\site-packages\\itsdangerous-0.24-py3.6.egg',
                       'C:\\Program Files\\Python36\\lib\\site-packages\\jinja2-2.8.1-py3.6.egg',
                       'C:\\Program Files\\Python36\\lib\\site-packages\\werkzeug-0.11.13-py3.6.egg',
                       'C:\\Program '
                       'Files\\Python36\\lib\\site-packages\\markupsafe-0.23-py3.6-win-amd64.egg',
                       'C:\\Program '
                       'Files\\Python36\\lib\\site-packages\\tornado-4.4.2-py3.6-win-amd64.egg',
                       'C:\\Program Files\\Python36\\lib\\site-packages\\django-1.10.4-py3.6.egg']
         Server time: Sat, 31 Dec 2016 12:05:23 +0800
```

图 15-4　执行效果

图 15-5　执行效果

```
def add2(request, a, b):
    c = int(a) + int(b)
    return HttpResponse(str(c))
```

接着修改文件 zqxt_views/urls.py 的代码，再添加一个新的 URL，具体代码如下。

```
url(r'^add/(\d+)/(\d+)/$', calc_views.add2, name='add2'),
```

此时可以看到网址中多了“\d+”，正则表达式中的“\d”代表一个数字，“+”代表一个或多个前面的字符，写在一起“\d+”就表示是一个或多个数字，用括号括起来的意思是保存为一个子组（更多知识请参见 Python 正则表达式）。每一个子组将作为一个参数，被文件 views.py 中的对应视图函数接收。此时输入如下网址，执行后就可以看到和图 15-5 同样的效果。

```
http://localhost:8000/add/?add/4/5/
```

范例 15-04：使用模板

在 Django 框架中，模板是一个文本，用于分离文档的表现形式和具体内容。为了方便开发者进行开发，Django 框架提供了很多模板。例如，下面的实例演示了在 Django 框架中使用模板的过程。

源码路径：daima\15\15-04\zqxt_tmpl

（1）分别创建一个名称为“zqxt_tmpl”的项目和一个名称为“learn”的应用。

（2）将“learn”应用加入 settings.INSTALLED_APPS 中，具体实现代码如下。

```
INSTALLED_APPS = (
    'django.contrib.admin',
    'django.contrib.auth',
    'django.contrib.contenttypes',
    'django.contrib.sessions',
    'django.contrib.messages',
    'django.contrib.staticfiles',
    'learn',
)
```

（3）打开文件 learn/views.py，编写一个首页的视图，具体实现代码如下。

```
from django.shortcuts import render
def home(request):
    return render(request, 'home.html')
```

（4）先在“learn”目录下新建一个“templates”文件夹用于保存模板文件，然后在里面新建一个 home.html 文件作为模板。文件 home.html 的具体实现代码如下。

```
<!DOCTYPE html>
<html>
<head>
    <title>欢迎光临</title>
</head>
<body>
欢迎选择浪潮产品！
</body>
</html>
```

（5）为了将视图函数对应到网址，对文件 zqxt_tmpl/urls.py 的代码进行如下修改。

```
from django.conf.urls import include, url
from django.contrib import admin
from learn import views as learn_views
urlpatterns = [
    url(r'^$', learn_views.home, name='home'),
    url(r'^admin/', admin.site.urls),
]
```

（6）输入如下命令启动服务器。

```
python manage.py runserver
```

执行后将显示模板的内容，如图 15-6 所示。

图 15-6　执行效果

范例 15-05：使用表单

在动态 Web 应用中，表单是实现动态网页效果的核心。下面的实例演示了在 Django 框架中使用表单计算数字求和的过程。

源码路径：daima\15\15-05\zqxt_form2

（1）新建一个名为“zqxt_form2”的项目，然后进入“zqxt_form2”文件夹新建一个名为“tools”的 app，具体实现代码如下。

```
django-admin startproject zqxt_form2
python manage.py startapp tools
```

（2）在“tools”文件夹中新建文件 forms.py，具体实现代码如下。

```
from django import forms
class AddForm(forms.Form):
    a = forms.IntegerField()
    b = forms.IntegerField()
```

（3）编写视图文件 views.py，实现两个数字的求和处理，具体实现代码如下。

```
# coding:utf-8
from django.shortcuts import render
from django.http import HttpResponse

# 引入我们创建的表单类
from .forms import AddForm

def index(request):
    if request.method == 'POST':# 当提交表单时

        form = AddForm(request.POST) # form 包含提交的数据

        if form.is_valid():# 如果提交的数据合法
            a = form.cleaned_data['a']
            b = form.cleaned_data['b']
            return HttpResponse(str(int(a) + int(b)))

    else:# 当正常访问时
```

```
            form = AddForm()
        return render(request, 'index.html', {'form': form})
```

（4）编写模板文件 index.html，实现一个简单的表单效果，具体实现代码如下。

```
<form method='post'>
{% csrf_token %}
{{ form }}
<input type="submit" value="提交">
</form>
```

（5）在文件 urls.py 中设置将视图函数对应到网址，具体实现代码如下。

```
from django.conf.urls import include, url
from django.contrib import admin
from tools import views as tools_views
urlpatterns = [
    url(r'^$', tools_views.index, name='home'),
    url(r'^admin/', admin.site.urls),
]
```

在浏览器中执行后会显示一个表单效果，在表单中可以输入两个数字，如图 15-7 所示。单击“提交”按钮后会计算这两个数字的和，并显示求和结果，如图 15-8 所示。

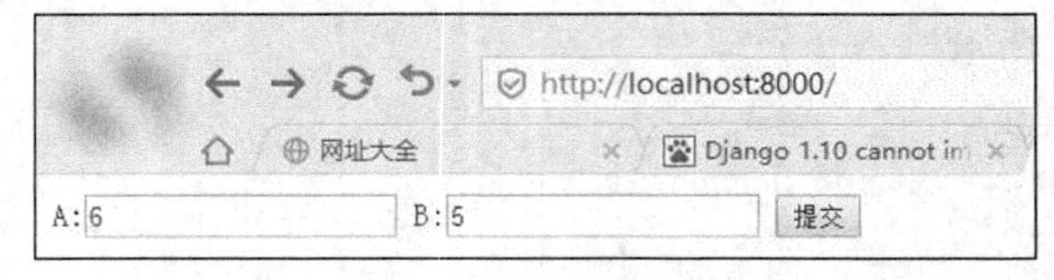

图 15-7　表单效果

图 15-8　显示求和结果

范例 15-06：实现基本的数据库操作

在动态 Web 应用中，数据库技术永远是核心中的核心技术。Django 模型是与数据库相关的，与数据库相关的代码一般被保存在文件 models.py 中。Django 框架支持 SQLite3、MySQL 和 PostgreSQL 等数据库工具，开发者只需要在文件 settings.py 中进行配置即可，不用修改文件 models.py 中的代码。下面的实例演示了在 Django 框架中创建 SQLite3 数据库信息的过程。

源码路径：daima\15\15-06\learn_models

（1）先新建一个名为“learn_models”的项目，然后进入“learn_models”文件夹新建一个名为“people”的应用，具体实现代码如下。

```
django-admin startproject learn_models # 新建一个项目
cd learn_models # 进入该项目的文件夹
django-admin startapp people # 新建一个 people 应用
```

（2）将新建的应用（people）添加到文件 settings.py 的 INSTALLED_APPS 中，也就是告诉 Django 有这么一个应用，具体实现代码如下。

```
INSTALLED_APPS = (
    'django.contrib.admin',
    'django.contrib.auth',
    'django.contrib.contenttypes',
    'django.contrib.sessions',
    'django.contrib.messages',
    'django.contrib.staticfiles',
    'people',
)
```

（3）打开文件 people/models.py，新建一个继承自类 models.Model 的子类 Person，此类中有姓名和年龄这两个字段。具体实现代码如下。

```
from django.db import models
class Person(models.Model):
    name = models.CharField(max_length=30)
    age = models.IntegerField()
    def __str__(self):
        return self.name
```

在上述代码中，name 和 age 这两个字段中不能有双下划线“__”，这是因为其在 Django

QuerySet API 中有特殊含义（用于关系、包含、不区分大小写、以什么开头或结尾、日期的大于小于、正则等）。另外，也不能有 Python 中的关键字。所以，name 是合法的，student_name 也是合法的，但是 student__name 不合法。try、class 和 continue 也不合法，因为它们是 Python 的关键字。

（4）开始同步数据库操作，在此使用默认数据库 SQLite3，无须进行额外配置。具体命令如下。

```
# 进入 manage.py 所在的文件夹下输入这个命令
python manage.py makemigrations
python manage.py migrate
```

通过上述命令可以创建一个表，当在前面的文件 models.py 中新增类 people 时，执行上述命令后就可以自动在数据库中创建对应的表，不用开发者手动创建。CMD 命令执行后会发现 Django 生成了一系列的表（也包括上面刚刚新建的表 people_person）。CMD 命令执行界面效果如图 15-9 所示。

```
mac:learn_models tu$ python manage.py syncdb
Creating tables ...
Creating table django_admin_log
Creating table auth_permission
Creating table auth_group_permissions
Creating table auth_group
Creating table auth_user_groups
Creating table auth_user_user_permissions
Creating table auth_user
Creating table django_content_type
Creating table django_session
Creating table people_person
```

图 15-9　CMD 命令执行界面效果

（5）输入 CMD 命令进行测试，整个测试过程如下。

```
$ python manage.py shell
>>> from people.models import Person
>>> Person.objects.create(name="haoren", age=24)
<Person: haoren>
>>> Person.objects.get(name="haoren")
<Person: haoren>
```

15.2　Django Web 高级实战

本章前面的实例都比较简单，在本节的内容中，将通过比较复杂的高级实例的实现过程，详细讲解开发 Django Web 程序的知识。

范例 15-07：使用 Django 后台管理系统开发一个博客系统

在动态 Web 应用中，后台管理系统十分重要，网站管理员通过后台管理系统实现对整个网站的管理。Django 框架的功能十分强大，为开发者提供了现成的后台管理系统，程序员只需要编写很少的代码就可以实现功能强大的后台管理系统。例如，下面的实例演示了使用 Django 框架开发一个博客系统的过程。

（1）先新建一个名称为“zqxt_admin”的项目，然后进入“zqxt_admin”文件夹新建一个名为“blog”的应用。

```
django-admin startproject zqxt_admin
cd zqxt_admin
# 创建 blog 应用
python manage.py startapp blog
```

（2）修改“blog”文件夹中的文件 models.py，具体代码如下。

```
# -*- coding: utf-8 -*-
from __future__ import unicode_literals

from django.db import models
```

```
from django.utils.encoding import python_2_unicode_compatible
@python_2_unicode_compatible
class Article(models.Model):
    title = models.CharField('标题', max_length=256)
    content = models.TextField('内容')
    pub_date = models.DateTimeField('发表时间', auto_now_add=True, editable=True)
    update_time = models.DateTimeField('更新时间', auto_now=True, null=True)
    def __str__(self):
        return self.title
class Person(models.Model):
    first_name = models.CharField(max_length=50)
    last_name = models.CharField(max_length=50)
    def my_property(self):
        return self.first_name + ' ' + self.last_name
    my_property.short_description = "Full name of the person"
    full_name = property(my_property)
```

（3）将“blog”加入 settings.py 文件的 INSTALLED_APPS 中，具体实现代码如下。

```
INSTALLED_APPS = (
    'django.contrib.admin',
    'django.contrib.auth',
    'django.contrib.contenttypes',
    'django.contrib.sessions',
    'django.contrib.messages',
    'django.contrib.staticfiles',
    'blog',
)
```

（4）通过如下命令同步所有的表。

```
# 进入包含有 manage.py 的文件夹
python manage.py makemigrations
python manage.py migrate
```

（5）进入文件夹“blog”，修改里面的文件 admin.py（如果没有，则新建一个），具体实现代码如下。

```
from django.contrib import admin
from .models import Article, Person
class ArticleAdmin(admin.ModelAdmin):
    list_display = ('title', 'pub_date', 'update_time',)
class PersonAdmin(admin.ModelAdmin):
    list_display = ('full_name',)
admin.site.register(Article, ArticleAdmin)
admin.site.register(Person, PersonAdmin)
```

输入下面的命令启动服务器。

```
python manage.py runserver
```

在浏览器中输入 http://localhost:8000/admin 后，会显示一个用户登录表单界面，如图 15-10 所示。

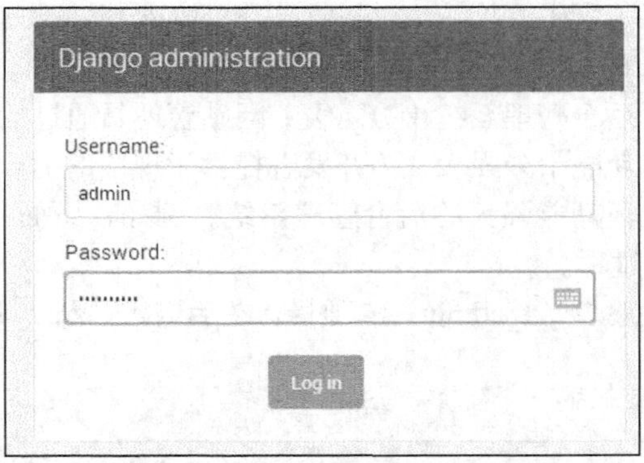

Django administration

Username:

admin

Password:

Log in

图 15-10　用户登录表单界面

我们可以创建一个超级管理员用户，使用 CMD 命令先进入包含有 manage.py 的文件夹“zqxt_admin”，然后输入如下命令创建一个超级账号，根据提示分别输入账号、邮箱地址和密码。

```
python manage.py createsuperuser
```

此时可以使用超级账号登录后台管理系统，登录成功后的界面效果如图 15-11 所示。

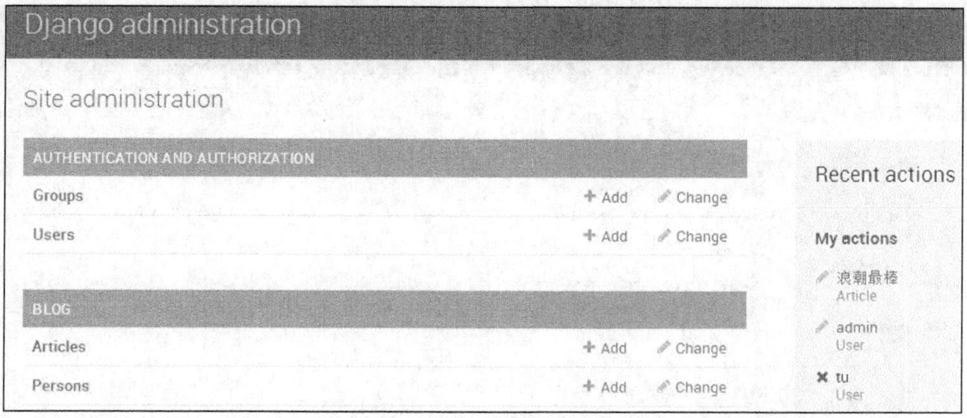

图 15-11 登录成功后的界面效果

管理员可以管理账户，如修改、删除或添加账号信息，如图 15-12 所示。

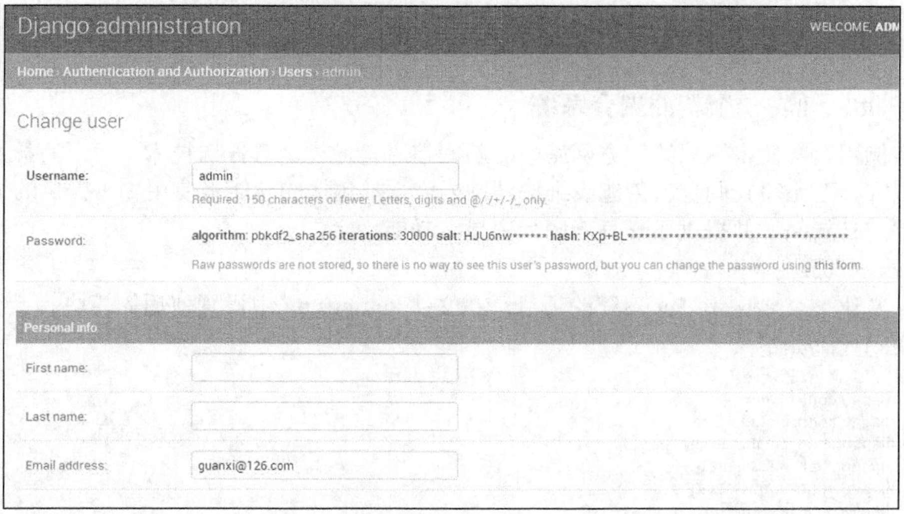

图 15-12 账号管理

也可以对系统内已经发布的博客信息进行管理维护，如图 15-13 所示。

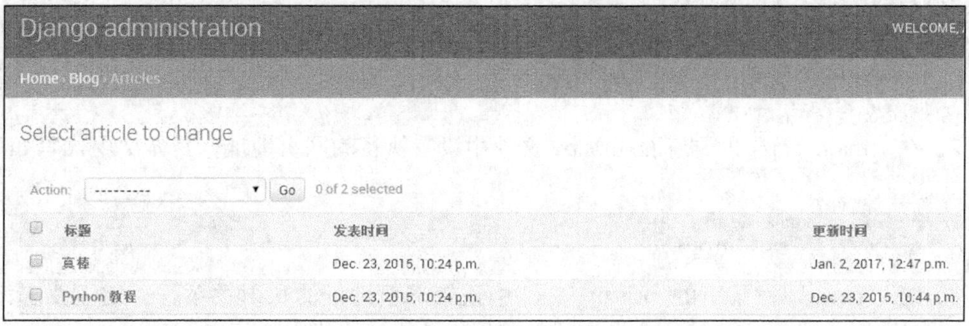

图 15-13 博客信息管理

也可以直接修改用户账号的密码，如图 15-14 所示。

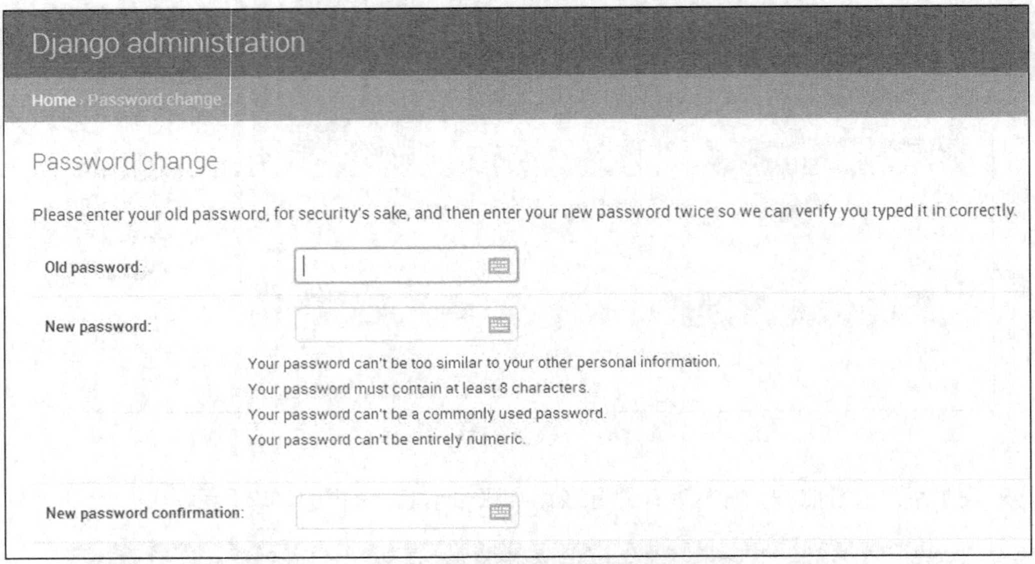

Django administration

Home › Password change

Password change

Please enter your old password, for security's sake, and then enter your new password twice so we can verify you typed it in correctly.

Old password:

New password:

Your password can't be too similar to your other personal information.
Your password must contain at least 8 characters.
Your password can't be a commonly used password.
Your password can't be entirely numeric.

New password confirmation:

图 15-14　修改用户账号的密码

范例 15-08：开发一个新闻聚合系统

本实例用聚合技术抓取第三方网站中的新闻信息，通过聚合抓取技术，可以直接调用其他网站的内容，而无须我们自己创建或维护网站内容。本实例的功能是使用知乎提供的 API 接口抓取知乎当日新闻，并提供了昨日新闻列表显示功能。

1．基本设置

（1）新建一个名称为“news”的项目，在文件 settings.py 中设置使用的模块和系统目录，涉及的变动代码如下。

```
INSTALLED_APPS = (
    'django.contrib.admin',
    'django.contrib.auth',
    'django.contrib.contenttypes',
    'django.contrib.sessions',
    'django.contrib.messages',
    'django.contrib.staticfiles',
    'news',
    'bs4',

)

STATIC_URL = '/static/'
STATIC_ROOT = 'static_files'
STATICFILES_DIRS = (
    os.path.join(BASE_DIR, "static"),
)
MAIN_SERVER = True
```

（2）在“main_app”目录下的 urls.py 文件中设置执行的网页地址，具体实现代码如下。

```
urlpatterns = [
    url('^$', home),
    url(r'^admin/', admin.site.urls),
    url(r'^news/', include('news.urls')),
]
```

（3）在“news”目录下的 urls.py 文件中设置网页地址的映射关系，一定不要忘记创建 app_name 为“news”，这将作为命名空间来使用，具体实现代码如下。

```
urlpatterns = [
    url(r'^$', news.views.news_home, name='news_home'),
```

```
        url(r'^about/$', news.views.about, name='about'),
        url(r'^(?P<source>\w+)/$', news.views.NewsList.as_view(), name='story_list'),
        url(r'^detail/(?P<story_id>\d+)/$', news.views.StoryDetail.as_view(), name="story_detail"),
        url(r'^convertlist/(?P<source>\w+)/$', news.views.ConvertList.as_view(), name='convert_list'),
        url(r'^convertdetail/(?P<source>\w+)/(?P<id>\d+)/$', news.views.ConvertDetail.as_view(), name='convert_detail'),

]
app_name = 'news'
```

2. 获取聚合信息

编写文件 fetcher.py，获取知乎新闻客户端的新闻信息，具体实现流程如下。

（1）定义类 FetchError，实现错误处理功能，输出对应的错误类型，具体实现代码如下。

```
class FetchError(Exception):

    def __init__(self, errtype=''):
        self.errtype = errtype

    def __str__(self, *args, **kwargs):
        return self.__class__.__name__ + ':' + self.errtype


class PageNotFoundError(FetchError):
    pass
```

（2）定义类 NewsFetcher，首先设置解析目标网页的文件头信息，然后分别通过函数 fetch_json()和 fetch_html()获取目标 JSON 和 HTML 信息。具体实现代码如下。

```
class NewsFetcher():
    headers = {"Accept": "text/html,application/xhtml+xml,application/xml;",
               "Accept-Encoding": "gzip",
               "Accept-Language": "zh-CN,zh;q=0.8",
               "Referer": "http://www.example.com/",
               "User-Agent": "Mozilla/5.0 (Windows NT 6.1; WOW64) AppleWebKit/537.36 (KHTML, like Gecko)
               Chrome/42.0.2311.90 Safari/537.36"
               }

    def fetch_json(self, url, method='get'):
        r = requests.request(
            method=method,
            url=url,
            headers=self.headers
        )
        try:

            r.raise_for_status()
            if r.encoding.lower() == 'iso-8859-1':
                r.encoding = 'utf-8'
            json = r.json()
        except HTTPError as e:
            raise FetchError('invalid_url')
        return json

    def fetch_html(self, url, method='get'):
        r = requests.request(
            method=method,
            url=url,
            headers=self.headers
        )
        try:
            r.raise_for_status()
            if r.encoding.lower() == 'iso-8859-1':
                r.encoding = 'utf-8'
            html = r.text
        except HTTPError as e:
            raise FetchError('invalid_url')
        return html
```

（3）编写类 ZhihuDailyFetcher，通过函数 get_latest_news()解析“http://news-at.zhihu 域名.com/api/4/news/latest”的内容，这将是知乎客户端的当日最新新闻信息；通过函数 get_before_news()解析“http://news.at.zhihu 域名.com/api/4/news/before/' + date_str”的内容，这将是过去某日知乎客户端的新闻信息；通过函数 get_story_detail()解析知乎客户端某具体 ID 的新闻信息，

显示这条新闻信息的详细内容。具体实现代码如下。

```
class ZhihuDailyFetcher(NewsFetcher):

    def get_latest_news(self):
        response_json = self.fetch_json(
            'http://news-at.zhihu域名.com/api/4/news/latest')
        return response_json

    def get_before_news(self, date_str):
        response_json = self.fetch_json(
            'http://news.at.zhihu域名.com/api/4/news/before/' + date_str)
        return response_json

    def get_story_detail(self, story_id):
        response_json = self.fetch_json(
            'http://news-at.zhihu域名.com/api/4/news/' + str(story_id))
        return response_json
```

（4）编写类 CBFetcher 实现具体的解析功能，这是我们整个实例的核心：聚合解析。通过函数 get_news_list()解析获取新闻列表；通过函数 get_story_comment()解析获取指定 ID 新闻的具体内容；通过函数 get_story_detail()解析某 ID 新闻信息的内容详情；通过函数 get_before_news()解析过去某日新闻信息的内容。

3．视图处理

编写文件 views.py，实现视图展示处理功能，具体实现流程如下。

（1）编写函数 news_home()设置系统主页，具体实现代码如下。

```
def news_home(request):
    return HttpResponseRedirect(reverse('news:story_list', kwargs={'source': 'zhihudaily'}))
```

（2）编写函数 about()设置“关于我们”页面，具体实现代码如下。

```
@gzip_page
def about(request):
    return render_to_response('about.html', {'nav_item': 'about'})
```

（3）定义类 NewsViewBase，实现基本的视图功能。通过函数 get()获取指定页面的视图；通过函数 media_display()设置是否显示新闻中的图片信息；通过函数 get_date()获取新闻时间；通过函数 hide_media()隐藏新闻内容中的图片信息。

（4）定义类 NewsList，实现新闻列表显示视图功能，具体实现代码如下。

```
class NewsList(NewsViewBase):
    template_name = 'newslist.html'

    def get_context_data(self, source, **kwargs):
        if not self.media_display():
            self.template_name = 'newslist_no_pic.html'

        date, last_date_str, date_str, next_date_str = self.get_date()
        dailydate = DailyDate.objects.update_daily_date_with_date(
            date, source=source)
        story_qs = dailydate.get_daily_stories()
        context = {}
        context['date_str'] = date_str
        context['story_qs'] = story_qs
        context['last_date_str'] = last_date_str
        context['next_date_str'] = next_date_str
        context['nav_item'] = 'zhihu'
        return context
```

（5）定义类 StoryDetail，实现信息详情显示视图功能，具体实现代码如下。

```
class StoryDetail(NewsViewBase):
    template_name = 'story_detail.html'

    def get_context_data(self, story_id, **kwargs):
        story = Story.objects.get(story_id=story_id)
        story.update()

        if not self.media_display():
            story.body = self.hide_media(story.body)
        context = {}
```

```
            context['story'] = story
            context['nav_item'] = 'zhihu'
            return context
```

（6）定义类 ConvertList，实现列表视图展示功能，分别实现上一页和下一页功能，具体实现代码如下。

```
class ConvertList(NewsViewBase):
    template_name = 'convert_list.html'

    def get_context_data(self, source, **kwargs):
        page_number = int(self.request.GET.get('page', 1))
        if source == 'cb':
            result = CBFetcher().get_news_list(page_number)
            news_list = result['news_list']
            context = {}
            context['page_number'] = page_number
            if page_number > 1:
                context['previous_page'] = page_number - 1
            context['next_page'] = page_number + 1

            context['news_list'] = news_list
            context['nav_item'] = 'cnbeta'
            return context
        else:
            raise Exception('wrong source name')
```

（7）定义类 ConvertDetail，实现新闻信息详情显示视图功能，具体实现代码如下。

```
class ConvertDetail(NewsViewBase):
    template_name = 'convert_detail.html'

    def get_context_data(self, source, id, **kwargs):
        try:
            result = CBFetcher().get_story_detail(id, update_comment=True)
        except PageNotFoundError:
            raise Exception('page not found')
        body = str(result['body'])
        if not self.media_display():
            body = self.hide_media(body)

        soup = BeautifulSoup(body, "html.parser")
        last_p = soup.find_all('p')[-2:]
        for p in last_p:
            p.decompose()
        body = str(soup)

        context = {}
        context['body'] = body
        context['share_url'] = result['share_url']
        context['section_name'] = result['section']['name']
        context['title'] = result['title']
        context['author'] = result['author']
        context['time'] = result['time']
        context['summary'] = str(result['summary'])
        context['comments'] = str(result['comments'])
        context['comment_count_all'] = result['comment_count_all']
        context['comment_count_show'] = result['comment_count_show']
        context['nav_item'] = 'cnbeta'
        return context
```

4. 模板文件

“关于我们”页面对应的模板文件是 about.html，具体实现代码如下。

```
{% extends 'bootstrap_base.html' %}

{% block title %}
    关于
{% endblock %}

{% block content %}
    <div class="row">
        <h1>啥</h1>
        <h3>都没有</h3>
    </div><!-- /.row -->
{% endblock %}
```

系统主页的模板文件是 newslist.html，具体实现代码如下。

```
% extends 'bootstrap_base.html' %}

{% block title %}
    知乎日报 {{date_str}}
{% endblock %}

{% block extra_js %}

{% endblock %}

{% block content %}

    <script type="text/javascript">
        function showImg( url ) {
        var frameid = 'frameimg' + Math.random();
        window.img = '<img id="img" jump_url class="img-thumbnail" src=\"'+url+'?'+Math.random()+'\'
/><script>window.onload = function() { parent.document.getElementById(\"'+frameid+'\').height =
document.getElementById(\'img\').height+\'px\'; }<'+'/script>';
        document.write('<iframe id="'+frameid+'" src="javascript:parent.img;" frameBorder="0" scrolling="no"
width="100%"></iframe>');
        }
    </script>

    <div class="row">
        {% for story in story_qs %}
            <div class="col-xs-6 col-sm-4 col-md-3">
            <a href="{% url 'news:story_detail' story_id=story.story_id   %}">
                <!--<img class="img-thumbnail" src="//v4.bootcss.com/examples/screenshots/starter-template.jpg"
alt="" />-->
                    <div id="hotlinking"><script
type="text/javascript">showImg("{{story.cover_picture_first}}");</script></div>
            </a>
            <div style= "height:50px;"><a href="{% url 'news:story_detail'
story_id=story.story_id   %}">{{story.title}}</a></div>
            </div>
        {% endfor %}

    </div><!-- /.row -->
        <nav>
          <ul class="pager">
            <li><a href="?date={{last_date_str}}">Previous</a></li>

            {% if next_date_str %}
            <li><a href="?date={{next_date_str}}">Next</a></li>
            {% endif %}

          </ul>

          <form method="get" action="" >
            <input type="date" name="date" value="{{date_str}}">
            <button type="submit">跳转</button>
            </form>

        </nav>
{% endblock %}
```

隐藏图片的系统主页的模板文件是 newslist_no_pic.html，具体实现代码如下。

```
{% extends 'bootstrap_base.html' %}
{% block title %} 知乎日报 {{date_str}}
{% endblock %} {% block extra_js %} {% endblock %}

{% block content %}
<table class='table'>
    {% for story in story_qs %}
    <tr>
        <td><a href={% url 'news:story_detail' story_id=story.story_id%}>{{story.title}}</a></td>
    </tr>
    {% endfor %}
</table>


<nav>
```

```
<ul class="pager">
        <li><a href="?date={{last_date_str}}">Previous</a></li>
        {% if next_date_str %}
                <li><a href="?date={{next_date_str}}">Next</a></li>
        {% endif %}

</ul>

<form method="get" action="">
        <input type="date" name="date" value="{{date_str}}">
        <button type="submit">跳转</button>
</form>

</nav>
{% endblock %}
```

无图版系统主页的执行效果如图 15-15 所示。

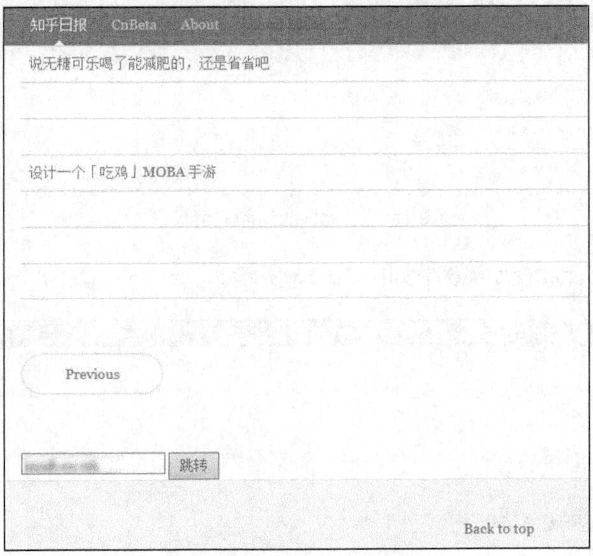

图 15-15　无图版系统主页

有图版系统主页的执行效果如图 15-16 所示。

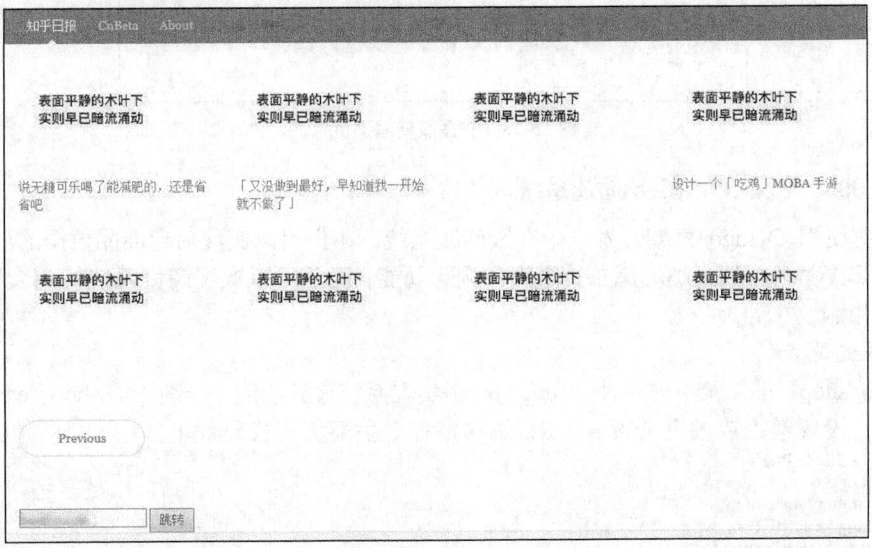

图 15-16　有图版系统主页

无图版新闻详情页面的执行效果如图 15-17 所示。

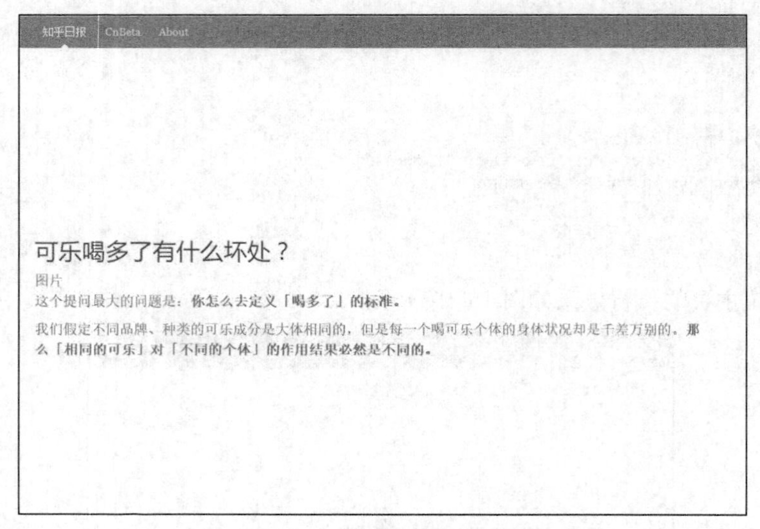

图 15-17　无图版新闻详情页面

有图版新闻详情页面的执行效果如图 15-18 所示。

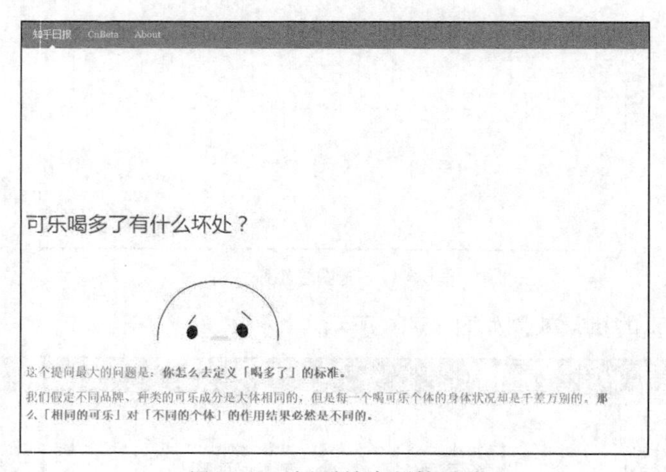

图 15-18　有图版新闻详情页面

范例 15-09：开发一个在线商城系统

本实例使用 Django 框架开发一个在线商城系统，不但可以实现后台商品数据的添加和修改操作，可以实现对商品分类的添加、修改和删除功能，而且可以实现商城系统的两大核心功能：订单处理和购物车处理。

1．系统设置

在“myshop”子目录下的文件 settings.py 中实现系统设置功能，分别添加 shop、cart 和 orders 三大模块，设置数据库信息，设置 URL 链接路径。主要实现代码如下。

```
INSTALLED_APPS = (
    'django.contrib.admin',
    'django.contrib.auth',
    'django.contrib.contenttypes',
    'django.contrib.sessions',
    'django.contrib.messages',
```

```
        'django.contrib.staticfiles',
        'shop',
        'cart',
        'orders',
)

DATABASES = {
    'default': {
        'ENGINE': 'django.db.backends.sqlite3',
        'NAME': os.path.join(BASE_DIR, 'db.sqlite3'),
    }
}

STATIC_URL = '/static/'

MEDIA_URL = '/media/'
MEDIA_ROOT = os.path.join(BASE_DIR, 'media/')

CART_SESSION_ID = 'cart'

EMAIL_BACKEND = 'django.core.mail.backends.console.EmailBackend'

# Heroku settings
cwd = os.getcwd()
if cwd == '/app' or cwd[:4] == '/tmp':
    import dj_database_url
    DATABASES = {
        'default': dj_database_url.config(default='postgres://localhost')
    }

    #判断请求处理'X-Forwarded-Proto'是否安全.
    SECURE_PROXY_SSL_HEADER = ('HTTP_X_FORWARDED_PROTO', 'https')

    #允许执行此服务器中的程序
    ALLOWED_HOSTS = ['*']
    DEBUG = False

    #配置静态资源
    BASE_DIR = os.path.dirname(os.path.abspath(__file__))
    STATIC_ROOT = 'staticfiles'
    STATICFILES_DIRS = (
        os.path.join(BASE_DIR, 'static'),
    )
```

在“myshop”子目录下的文件 urls.py 中实现系统模块页面的布局功能，整个系统分为四大模块：前台商城展示、后台管理、订单处理和购物车处理。文件 urls.py 的具体实现代码如下。

```
urlpatterns = [
    url(r'^admin/', admin.site.urls),
    url(r'^cart/', include('cart.urls', namespace='cart')),
    url(r'^orders/', include('orders.urls', namespace='orders')),
    url(r'^', include('shop.urls', namespace='shop')),
]

if settings.DEBUG:
    urlpatterns += static(settings.MEDIA_URL,
                          document_root=settings.MEDIA_ROOT)
```

2. 前台商城展示模块

在前台商城展示模块中显示系统内所有商品的分类信息，并展示各个分类商品的信息，单击某个商品后可以展示这个商品的详情信息。本模块主要由如下 3 个文件实现。

- models.py。
- urls.py。
- views.py。

在文件 models.py 中编写两个类，其中类 Category 实现商品分类展示处理功能，类 Product 实现商品展示处理功能。文件 models.py 的具体实现代码如下。

```
class Category(models.Model):
    name = models.CharField(max_length=200, db_index=True)
    slug = models.SlugField(max_length=200, db_index=True, unique=True)
```

```
    class Meta:
        ordering = ('name',)
        verbose_name = 'category'
        verbose_name_plural = 'categories'

    def __str__(self):
        return self.name

    def get_absolute_url(self):
        return reverse('shop:product_list_by_category', args=[self.slug])


class Product(models.Model):
    category = models.ForeignKey(Category, related_name='products',on_delete=models.CASCADE)
    name = models.CharField(max_length=200, db_index=True)
    slug = models.SlugField(max_length=200, db_index=True)
    image = models.ImageField(upload_to='products/%Y/%m/%d', blank=True)
    description = models.TextField(blank=True)
    price = models.DecimalField(max_digits=10, decimal_places=2)
    stock = models.PositiveIntegerField()
    available = models.BooleanField(default=True)
    created = models.DateTimeField(auto_now_add=True)
    updated = models.DateTimeField(auto_now=True)

    class Meta:
        ordering = ('-created',)
        index_together = (('id', 'slug'),)

    def __str__(self):
        return self.name

    def get_absolute_url(self):
        return reverse('shop:product_detail', args=[self.id, self.slug])
```

文件 urls.py 的功能是实现前台页面的 URL 处理功能，分别实现分类展示和商品详情展示这两个功能，具体实现代码如下。

```
urlpatterns = [
    url(r'^$', views.product_list, name='product_list'),
    url(r'^(?P<category_slug>[-\w]+)/$', views.product_list, name='product_list_by_category'),
    url(r'^(?P<id>\d+)/(?P<slug>[-\w]+)/$', views.product_detail, name='product_detail'),
]
app_name = 'myshop'
```

在文件 views.py 中实现视图展示处理功能，通过函数 product_list()实现商品列表展示功能，通过函数 product_detail()实现商品详情展示功能。文件 views.py 的具体实现代码如下。

```
def product_list(request, category_slug=None):
    category = None
    categories = Category.objects.all()
    products = Product.objects.filter(available=True)
    if category_slug:
        category = get_object_or_404(Category, slug=category_slug)
        products = products.filter(category=category)
    return render(request, 'shop/product/list.html', {'category': category,
                                                      'categories': categories,
                                                      'products': products})


def product_detail(request, id, slug):
    product = get_object_or_404(Product, id=id, slug=slug, available=True)
    cart_product_form = CartAddProductForm()
    return render(request,
                  'shop/product/detail.html',
                  {'product': product,
                   'cart_product_form': cart_product_form
                   })
```

前台商品展示主页的模板文件是 base.html，商品列表展示页面的模板文件是 list.html，某商品详情展示页面的模板文件是 detail.html。前台商品展示主页的执行效果如图 15-19 所示。单击左侧分类链接后，会显示这个分类下的所有商品信息。

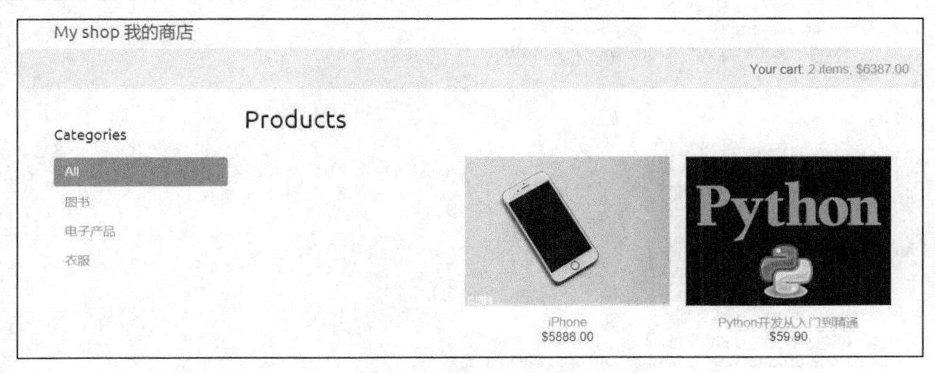

图 15-19 前台商品展示主页

某商品详情展示页面的执行效果如图 15-20 所示。

图 15-20 某商品详情展示页面

3. 购物车处理模块

购物车是在线商城系统的最核心功能之一，本模块主要由如下 4 个文件实现。

- cart.py。
- urls.py。
- forms.py。
- views.py。

文件 urls.py 的功能是实现购物车页面的 URL 处理功能，分别实现购物车详情展示、添加商品和删除商品功能，具体实现代码如下。

```
urlpatterns = [
    url(r'^$', views.cart_detail, name='cart_detail'),
    url(r'^add/(?P<product_id>\d+)/$', views.cart_add, name='cart_add'),
    url(r'^remove/(?P<product_id>\d+)/$', views.cart_remove, name='cart_remove'),
]
app_name = 'myshop'
```

在文件 cart.py 中实现和购物车相关的操作处理功能，通过函数__init__()获取登录用户的账号信息，通过函数__len__()统计当前账号购物车的商品数量，通过函数__iter__()展示购物车内各个商品的信息，通过函数 add()向购物车内添加新的商品，通过函数 remove()删除购物车内的某个商品，通过函数 save()保存当前购物车内的商品信息。文件 cart.py 的具体实现代码如下。

```
class Cart(object):

    def __init__(self, request):
        """
        初始化购物车
        """
        self.session = request.session
        cart = self.session.get(settings.CART_SESSION_ID)
        if not cart:
```

```
            # save an empty cart in the session
            cart = self.session[settings.CART_SESSION_ID] = {}
        self.cart = cart

    def __len__(self):
        """
        统计购物车中的所有物品
        """
        return sum(item['quantity'] for item in self.cart.values())

    def __iter__(self):
        """
        遍历购物车中的数据，并从数据库中获取商品信息
        """
        product_ids = self.cart.keys()
        # get the product objects and add them to the cart
        products = Product.objects.filter(id__in=product_ids)
        for product in products:
            self.cart[str(product.id)]['product'] = product

        for item in self.cart.values():
            item['price'] = Decimal(item['price'])
            item['total_price'] = item['price'] * item['quantity']
            yield item

    def add(self, product, quantity=1, update_quantity=False):
        """
        将商品添加到购物车，并同步更新其数量
        """
        product_id = str(product.id)
        if product_id not in self.cart:
            self.cart[product_id] = {'quantity': 0,
                                     'price': str(product.price)}
        if update_quantity:
            self.cart[product_id]['quantity'] = quantity
        else:
            self.cart[product_id]['quantity'] += quantity
        self.save()

    def remove(self, product):
        """
        从购物车中删除商品
        """
        product_id = str(product.id)
        if product_id in self.cart:
            del self.cart[product_id]
            self.save()

    def save(self):
        #保存购物车内的商品信息
        self.session[settings.CART_SESSION_ID] = self.cart
        #获取商品对象并将其添加到购物车
        self.session.modified = True

    def clear(self):
        #清空购物车
        self.session[settings.CART_SESSION_ID] = {}
        self.session.modified = True

    def get_total_price(self):
        return sum(Decimal(item['price']) * item['quantity'] for item in self.cart.values())
```

文件 forms.py 的功能是处理购物车表单中商品的变动信息，具体实现代码如下。

```
PRODUCT_QUANTITY_CHOICES = [(i, str(i)) for i in range(1, 21)]

class CartAddProductForm(forms.Form):
    quantity = forms.TypedChoiceField(choices=PRODUCT_QUANTITY_CHOICES,
                                      coerce=int)
    update = forms.BooleanField(required=False,
                                initial=False,
                                widget=forms.HiddenInput)
```

在文件 views.py 中实现视图展示处理功能，通过函数 cart_add()向购物车中添加商品，通过

函数 cart_remove()实现删除购物车中的商品功能，通过函数 cart_detail()实现购物车详情展示功能。文件 views.py 的具体实现代码如下。

```
def cart_add(request, product_id):
    cart = Cart(request)
    product = get_object_or_404(Product, id=product_id)
    form = CartAddProductForm(request.POST)
    if form.is_valid():
        cd = form.cleaned_data
        cart.add(product=product,
                 quantity=cd['quantity'],
                 update_quantity=cd['update'])
    return redirect('cart:cart_detail')

def cart_remove(request, product_id):
    cart = Cart(request)
    product = get_object_or_404(Product, id=product_id)
    cart.remove(product)
    return redirect('cart:cart_detail')


def cart_detail(request):
    cart = Cart(request)
    for item in cart:
        item['update_quantity_form'] = CartAddProductForm(initial={'quantity': item['quantity'],
                                                                    'update': True})
    return render(request, 'cart/detail.html', {'cart': cart})
```

购物车处理模块的模板文件是 detail.html，购物车页面的执行效果如图 15-21 所示，我们可以灵活地增加或删除里面的商品，也可以修改里面的商品数量。

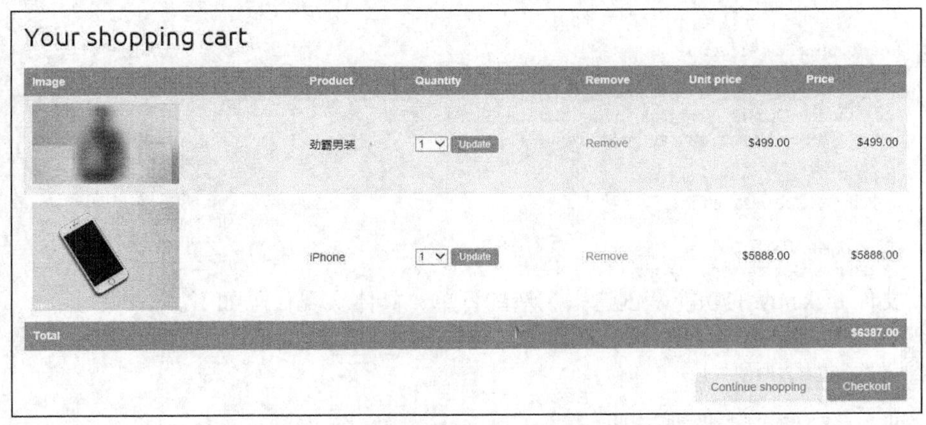

图 15-21 购物车页面

4. 订单处理模块

订单处理是在线商城系统的最核心功能之一，本模块主要由如下文件实现。

（1）文件 urls.py 的功能是实现订单页面的 URL 处理，并实现创建订单功能，具体实现代码如下。

```
urlpatterns = [
    url(r'^create/$', views.order_create, name='order_create'),
]
app_name = 'myshop'
{% endblock %}
```

（2）文件 admin.py 的功能是分别实现订单展示和订单管理，具体实现代码如下。

```
class OrderItemInline(admin.TabularInline):
    model = OrderItem
    raw_id_fields = ['product']


class OrderAdmin(admin.ModelAdmin):
```

```
        list_display = ['id', 'first_name', 'last_name', 'email', 'address', 'postal_code', 'city', 'paid', 'created', 'updated']
        list_filter = ['paid', 'created', 'updated']
        inlines = [OrderItemInline]

admin.site.register(Order, OrderAdmin)
```

（3）文件 forms.py 的功能是创建订单列表，具体实现代码如下。

```
class OrderCreateForm(forms.ModelForm):
    class Meta:
        model = Order
        fields = ['first_name', 'last_name', 'email', 'address', 'postal_code', 'city']
```

（4）文件 models.py 的功能是分别实现订单处理和订单列表处理，具体实现代码如下。

```
class Order(models.Model):
    first_name = models.CharField(max_length=50)
    last_name = models.CharField(max_length=50)
    email = models.EmailField()
    address = models.CharField(max_length=250)
    postal_code = models.CharField(max_length=20)
    city = models.CharField(max_length=100)
    created = models.DateTimeField(auto_now_add=True)
    updated = models.DateTimeField(auto_now=True)
    paid = models.BooleanField(default=False)

    class Meta:
        ordering = ('-created',)

    def __str__(self):
        return 'Order {}'.format(self.id)

    def get_total_cost(self):
        return sum(item.get_cost() for item in self.items.all())


class OrderItem(models.Model):
    order = models.ForeignKey(Order, related_name='items',on_delete=models.CASCADE)
    product = models.ForeignKey(Product, related_name='order_items',on_delete=models.CASCADE)
    price = models.DecimalField(max_digits=10, decimal_places=2)
    quantity = models.PositiveIntegerField(default=1)

    def __str__(self):
        return '{}'.format(self.id)

    def get_cost(self):
        return self.price * self.quantity
```

（5）文件 tasks.py 的功能是创建一个新的订单，具体实现代码如下。

```
def order_created(order_id):
    """
    在成功创建订单时发送电子邮件通知
    """
    order = Order.objects.get(id=order_id)
    subject = 'Order nr. {}'.format(order.id)
    message = 'Dear {},\n\nYou have successfully placed an order. Your order id is {}.'.format(order.first_name,
                                                                                            order.id)
    mail_sent = send_mail(subject, message, 'admin@myshop.com', [order.email])
    return mail_sent
```

（6）文件 views.py 的功能是创建订单视图，具体实现代码如下。

```
def order_create(request):
    cart = Cart(request)
    if request.method == 'POST':
        form = OrderCreateForm(request.POST)
        if form.is_valid():
            order = form.save()
            for item in cart:
                OrderItem.objects.create(order=order,
                                         product=item['product'],
                                         price=item['price'],
                                         quantity=item['quantity'])
            #清空购物车
            cart.clear()
            #启动异步任务
            # order_created.delay(order.id)
```

```
            return render(request, 'orders/order/created.html', {'order': order})
    else:
        form = OrderCreateForm()
    return render(request, 'orders/order/create.html', {'cart': cart,
                                                        'form': form})
```

创建订单页面的模板文件是 create.html，创建订单成功页面的模板文件是 created.html。在购物车页面单击“Checkout”按钮后会来到创建订单页面，如图 15-22 所示。填写配送信息完毕，单击“Place order”按钮后成功创建订单。

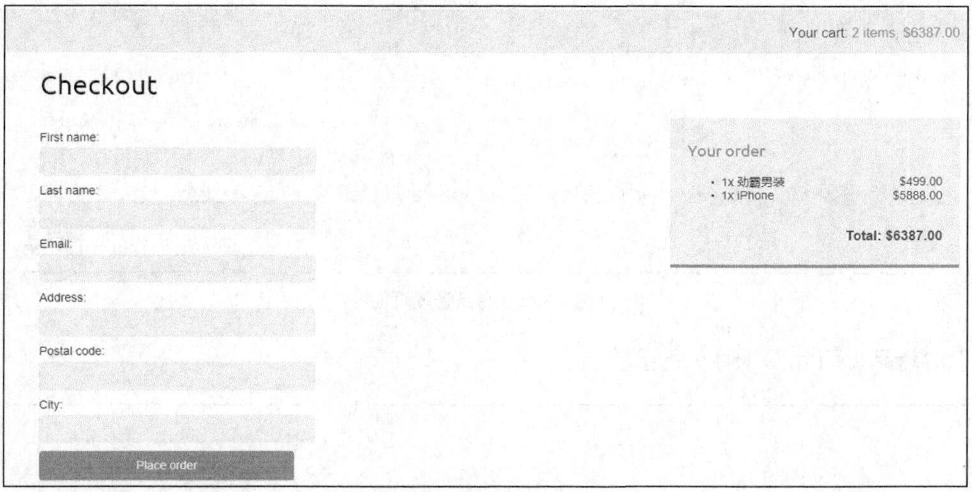

图 15-22　创建订单页面

整个实例全部介绍完毕，后台管理系统是 Django 框架自动实现的，订单管理页面如图 15-23 所示。

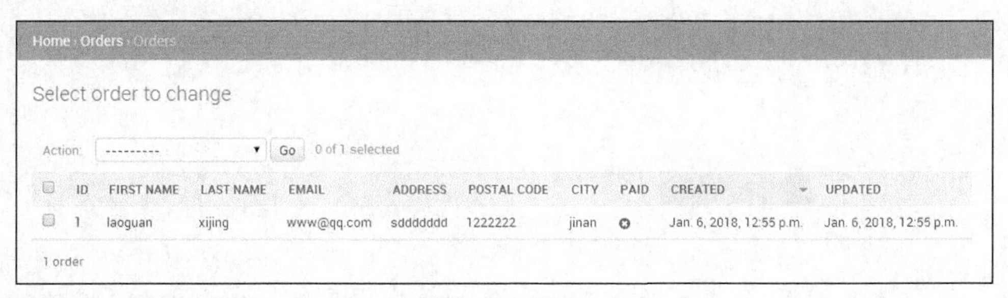

图 15-23　订单管理页面

商品分类管理页面如图 15-24 所示。

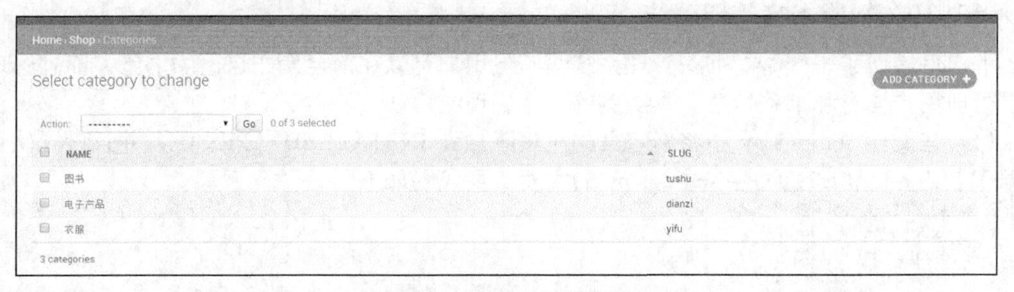

图 15-24　商品分类管理页面

商品管理页面如图 15-25 所示。

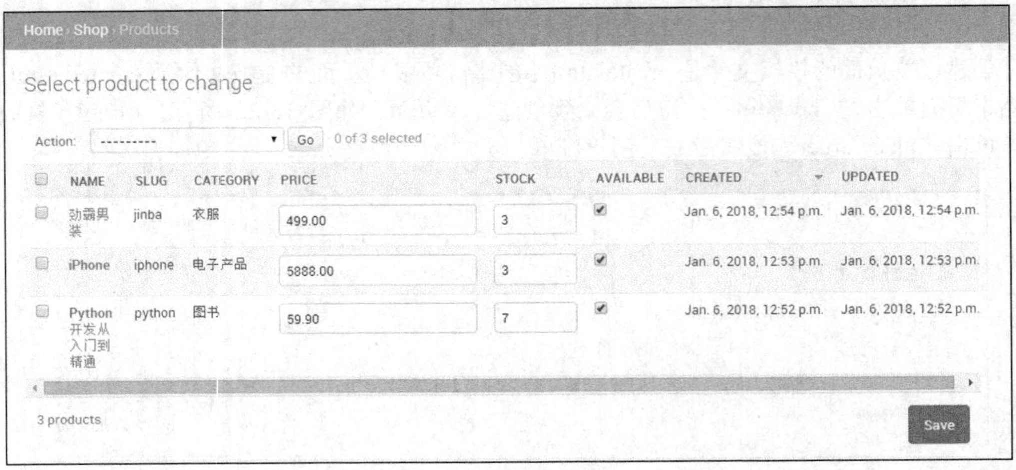

图 15-25　商品管理页面

添加商品页面如图 15-26 所示。

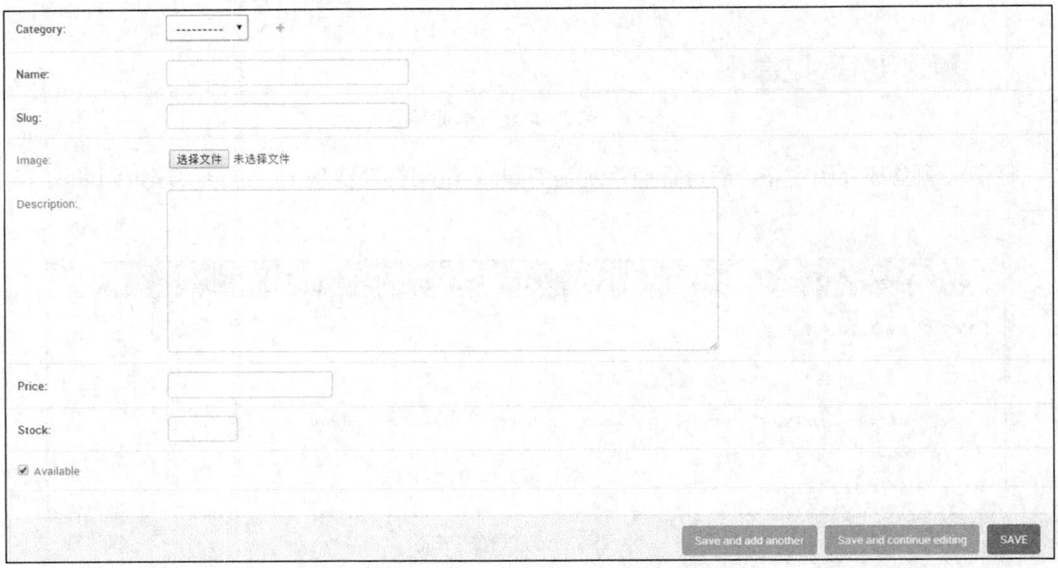

图 15-26　添加商品页面

范例 15-10：智能书签管理系统

本实例实现了一个智能书签管理系统，不但用户可以在前台发布自己的书签，而且管理员可以管理用户信息和书签信息。本实例的具体实现流程如下。

（1）在文件 settings.py 中将新定义的应用添加到 INSTALLED_APPS 中，并且设置使用的数据库名为 db.sqlite3。文件 settings.py 的主要实现代码如下。

```
INSTALLED_APPS = [
    'django.contrib.admin',
    'django.contrib.auth',
    'django.contrib.contenttypes',
    'django.contrib.sessions',
    'django.contrib.messages',
```

```
        'django.contrib.staticfiles',
        'bmark',
]

MIDDLEWARE = [
        'django.middleware.security.SecurityMiddleware',
        'django.contrib.sessions.middleware.SessionMiddleware',
        'django.middleware.common.CommonMiddleware',
        'django.middleware.csrf.CsrfViewMiddleware',
        'django.contrib.auth.middleware.AuthenticationMiddleware',
        'django.contrib.messages.middleware.MessageMiddleware',
        'django.middleware.clickjacking.XFrameOptionsMiddleware',
]

ROOT_URLCONF = 'bookmarks.urls'

TEMPLATES = [
        {
                'BACKEND': 'django.template.backends.django.DjangoTemplates',
                'DIRS': [],
                'APP_DIRS': True,
                'OPTIONS': {
                        'context_processors': [
                                'django.template.context_processors.debug',
                                'django.template.context_processors.request',
                                'django.contrib.auth.context_processors.auth',
                                'django.contrib.messages.context_processors.messages',
                        ],
                },
        },
]

WSGI_APPLICATION = 'bookmarks.wsgi.application'


#数据库

DATABASES = {
        'default': {
                'ENGINE': 'django.db.backends.sqlite3',
                'NAME': os.path.join(BASE_DIR, 'db.sqlite3'),
        }
}


#密码验证

AUTH_PASSWORD_VALIDATORS = [
        {
                'NAME': 'django.contrib.auth.password_validation.UserAttributeSimilarityValidator',
        },
        {
                'NAME': 'django.contrib.auth.password_validation.MinimumLengthValidator',
        },
        {
                'NAME': 'django.contrib.auth.password_validation.CommonPasswordValidator',
        },
        {
                'NAME': 'django.contrib.auth.password_validation.NumericPasswordValidator',
        },
]
```

（2）在文件 urls.py 中设置 URL 页面导航，主要实现代码如下。

```
urlpatterns = [
        url(r'^$', views.main_page, name='main_page'),
        url(r'^user/(\w+)/$', views.user_page, name='user_page'),
        url(r'^tag/([^\s]+)/$', views.tag_page, name='tag_page'),

        url(r'^login/$', auth_views.login, name='user_login'),
        url(r'^logout/$', auth_views.logout, name='user_logout'),
        url(r'^register/$', views.user_register, name='user_register'),
        url(r'^register_success/$',
                TemplateView.as_view(template_name='registration/register_success.html'),
                name='register_success'),
```

```
        url(r'^save/$', views.bookmark_save, name='bookmark_save'),
    ]
```

（3）在文件 models.py 中创建 3 个表，具体实现代码如下。

```
class Link(models.Model):
    url = models.URLField(unique=True)

    def __unicode__(self):
        return self.url

class Tag(models.Model):
    name = models.CharField(max_length=64, unique=True)

    def __unicode__(self):
        return self.name

class Bookmark(models.Model):
    title = models.CharField(max_length=200)
    user = models.ForeignKey(User,on_delete=models.CASCADE)
    link = models.ForeignKey(Link,on_delete=models.CASCADE)
    tags = models.ManyToManyField(Tag)

    def __unicode__(self):
        return '%s, %s' % (self.user.username, self.link.url)
```

（4）在文件 forms.py 中实现和表单相关的处理功能，包括用户注册、登录和发布书签功能。文件 forms.py 的具体实现代码如下。

```
# 本质是forms的构造函数
class RegistrationForm(forms.Form):
    username = forms.CharField(label="用户名",max_length=30)
    email = forms.EmailField(label="邮箱")
    password1 = forms.CharField(label="密码", widget=forms.PasswordInput)
    password2 = forms.CharField(label="再一次输入", widget=forms.PasswordInput)

    def clean_password2(self):
        cd = self.cleaned_data
        password1 = cd['password1']
        password2 = cd['password2']
        if password1 == password2:
            return password2
        else:
            raise forms.ValidationError('密码不匹配')

    def clean_username(self):
        username = self.cleaned_data['username']
        if not re.search(r'^\w+$', username):
            raise forms.ValidationError('用户名需要是字母、数字、下划线')
        try:
            User.objects.get(username=username)
        except ObjectDoesNotExist:
            return username
        raise forms.ValidationError('用户名已经存在')

class BookmarkForm(forms.Form):
    url = forms.URLField(label='URL',
            widget=forms.TextInput(attrs={'size':64}))
    title = forms.CharField(label='标题',
            widget=forms.TextInput(attrs={'size':64}))
    tags = forms.CharField(label='书签',
            required=False,
            widget=forms.TextInput(attrs={'size':64}))
```

（5）在文件 views.py 中实现视图操作功能，分别实现用户信息显示、书签信息显示、新用户注册和发布新书签功能。文件 views.py 的具体实现代码如下。

```
def main_page(request):
    return render(request, 'bmark/main_page.html')


def user_page(request, username):
    user = get_object_or_404(User, username=username)
    bookmarks = user.bookmark_set.order_by("-id")
    return render(request, 'bmark/user_page.html',
                  {'username': username,
```

```
                    'bookmarks': bookmarks,
                    'show_tags': True})

def tag_page(request, tagname):
    tag = get_object_or_404(Tag, name=tagname)
    bookmarks = tag.bookmark_set.order_by("-id")
    return render(request, 'bmark/tag_page.html',
                   {'tagname': tagname,
                    'bookmarks': bookmarks,
                    'show_tags': True,
                    'show_user': True})

def user_register(request):
    if request.method == 'POST':
        form = RegistrationForm(request.POST)
        if form.is_valid():
            user = User.objects.create_user(
                username=form.cleaned_data['username'],
                password=form.cleaned_data['password1'],
                email=form.cleaned_data['email'])
            return redirect('register_success')
    else:
        form = RegistrationForm()
    return render(request, 'registration/register.html',
                   {'form': form})

@login_required
def bookmark_save(request):
    if request.method == 'POST':
        form = BookmarkForm(request.POST)
        if form.is_valid():
            link, dummy = Link.objects.get_or_create(url=form.cleaned_data['url'])
            bookmark, created = Bookmark.objects.get_or_create(link=link,
                                        user=request.user)
            bookmark.title = form.cleaned_data['title']

            if not created:
                bookmark.tags.clear()
            tag_names = form.cleaned_data['tags'].split()
            for tag_name in tag_names:
                tag, dummy = Tag.objects.get_or_create(name=tag_name)
                bookmark.tags.add(tag)
            bookmark.save()
            return redirect('user_page', request.user.username)
    else:
        form = BookmarkForm()
    return render(request, 'bmark/bookmark_create.html',
                  {'form': form})
```

后台管理页面 http://127.0.0.1:8000/admin/的执行效果如图 15-27 所示。

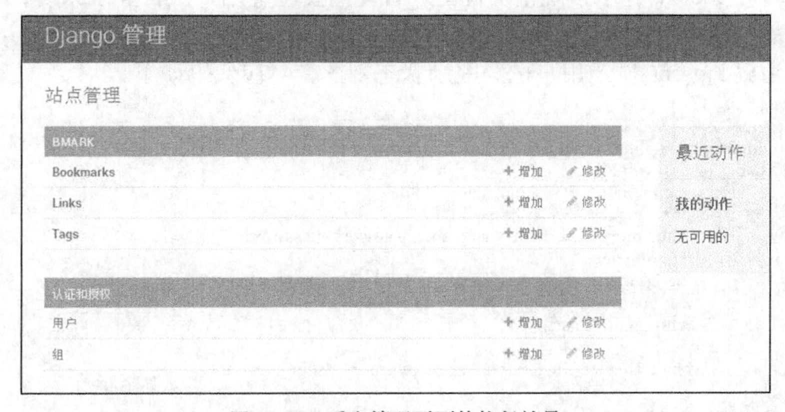

图 15-27　后台管理页面的执行效果

前台用户个人主页效果如图 15-28 所示。

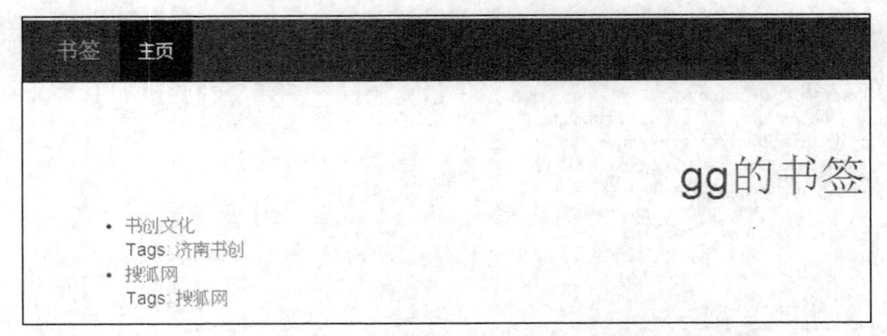

图 15-28　前台用户个人主页效果

范例 15-11：智能新闻发布系统

本实例实现了一个智能新闻发布系统，具有用户注册、登录、发表评论、点赞、发布新闻和查看新闻等功能。在下面的内容中，将详细讲解这个实例的实现过程。

1. 总体 Web 设置模块

在本模块中实现和总体 Web 设置相关的功能，具体实现流程如下。

（1）在文件 settings.py 中将新定义的应用添加到 INSTALLED_APPS 中，并且设置使用的数据库名为 cms。

（2）在“mysite”目录下，通过文件 urls.py 实现 URL 路径导航，具体实现代码如下。

```
urlpatterns = [
    url(r'^$', views.index, name='index'),
    url(r'^foucs/',include('foucs.urls', namespace='foucs')),
    url(r'^polls/', include('polls.urls', namespace='polls')),
    url(r'^admin/', admin.site.urls),
]
```

2. 新闻处理模块

在本模块中实现和新闻处理相关的功能，包括新闻发布、评论发布、用户注册和登录验证等功能。本模块的程序代码保存在“foucs”目录下，具体实现流程如下。

（1）在文件 admin.py 中实现后台管理接口。

（2）在文件 models.py 中实现系统表的定义。

（3）在文件 urls.py 中实现 URL 路径导航功能。

（4）通过文件 views.py 实现具体的视图功能，具体实现流程如下。

- 通过函数 index()显示系统主页视图，首先需要验证用户是否登录系统，在主页显示用户的基本账号信息。
- 通过函数 log_in()显示用户已经登录状态视图，对应代码如下。

```
def log_in(request):
    if request.method == 'POST':
        login_form = LoginForm(request.POST)
        if login_form.is_valid():
            username = request.POST['username']
            password = request.POST['password']
            user = authenticate(username=username, password=password)
            if user is not None:
                login(request, user)
                url = request.POST.get('source_url', '/foucs/')
                return redirect(url)
            else:
                render(request, 'log_in.html', { 'login_form': login_form})
    else:
        login_form = LoginForm()
    return render(request,'log_in.html',{'login_form': login_form})
```

- 通过函数 artical_detail()显示系统数据库中某条新闻的详细信息，包括新闻标题、新闻内容、笔者、评论和点赞等信息。

- ❑ 通过函数 comment()获取某条新闻的评论信息，并添加新的评论信息，同时同步更新评论数目。
- ❑ 通过函数 poll_artical_indetail()更新某条新闻的点赞数目。
- ❑ 通过函数 log_up()实现用户注册功能，将成功注册的账号信息添加到数据库中。
- ❑ 通过函数 log_out()显示用户退出登录视图，即使用户未登录也不会报错。

3. 投票处理模块

在本模块中实现和投票处理相关的功能，包括投票发布、投票展示、投票结果展示和具体投票处理等功能。本模块的程序代码保存在“polls”目录下，具体实现流程如下。

（1）在文件 admin.py 中实现后台管理接口。

（2）在文件 urls.py 中实现 URL 路径导航功能。

（3）在文件 models.py 中实现和投票功能相关的表模型。

（4）在文件 views.py 中实现和投票处理模块相关的视图功能，具体实现代码如下。

```
class IndexView(generic.ListView):
    model = Question
    template_name = 'polls/index.html'
    context_object_name = 'latest_question_list'
    #重载get_queryset(self)函数
    def get_queryset(self):
        now = timezone.now()
        return Question.objects.filter(pub_date__lte=now).order_by('-pub_date')[:5]

class DetailView(generic.DetailView):
    model = Question
    template_name = 'polls/detail.html'

class ResultsView(generic.DetailView):
    model = Question
    template_name = 'polls/results.html'

def vote(request, question_id):
    #快捷函数get_object_or_404()，第一个参数为models类，第二个参数为主键值
    q = get_object_or_404(Question, pk=question_id)
    try:
        #request.POST['choice']从POST表单中获取name=choice的输入的值, choice = ("value=")choice.id
        #同时始终返回一个字符串, q.choice_set是模型Choice设置了将Question作为外键由Django生成的一个集合，
        #名字为modelnamelower_set,它可以供Question的对象调用，比如question.choice_set.all()返回一个可迭代的
          #choice迭代器
        selected_choice = q.choice_set.get(pk=request.POST['choice'])
    except (KeyError, Choice.DoesNotExist):
        return render(request, 'polls/detail.html', {
                'question' : q,
                'erro_message' : "You didn't select a choice!",
            })
    else:
        selected_choice.votes += 1
        selected_choice.save()
        #为防止用户双击投票的操作，在投票完成后，将URL重定向到polls/#q.id/results
        return HttpResponseRedirect(reverse('polls:results', args=(q.id,)))
```

4. 系统调试

在本地执行时需要先配置 MySQL 数据库，具体实现流程如下。

（1）在本地 MySQL 数据库中创建一个名为“cms”的数据库。

（2）进入程序文件 manage.py 的目录，依次执行如下两个命令同步 MySQL 数据库。

```
# 进入 manage.py 所在的目录下输入这两个命令
python manage.py makemigrations
python manage.py migrate
```

（3）通过如下命令创建一个超级管理员账号。

```
python manage.py createsuperuser
```

（4）通过如下命令启动本项目。

```
python manage.py runserver
```

后台新闻管理界面的执行效果如图 15-29 所示。

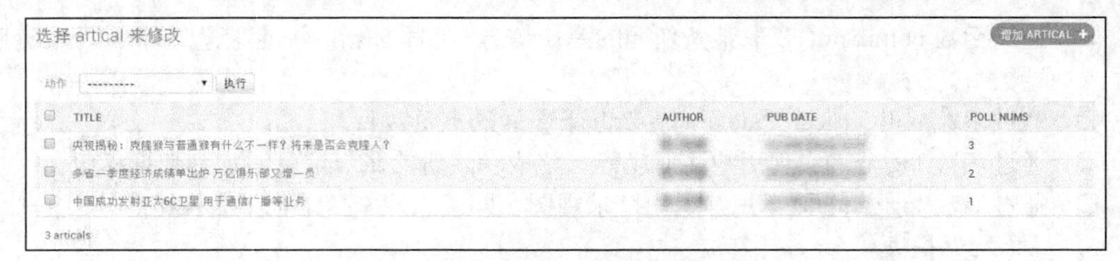

图 15-29　后台新闻管理界面的执行效果

后台新闻发布界面的执行效果如图 15-30 所示。

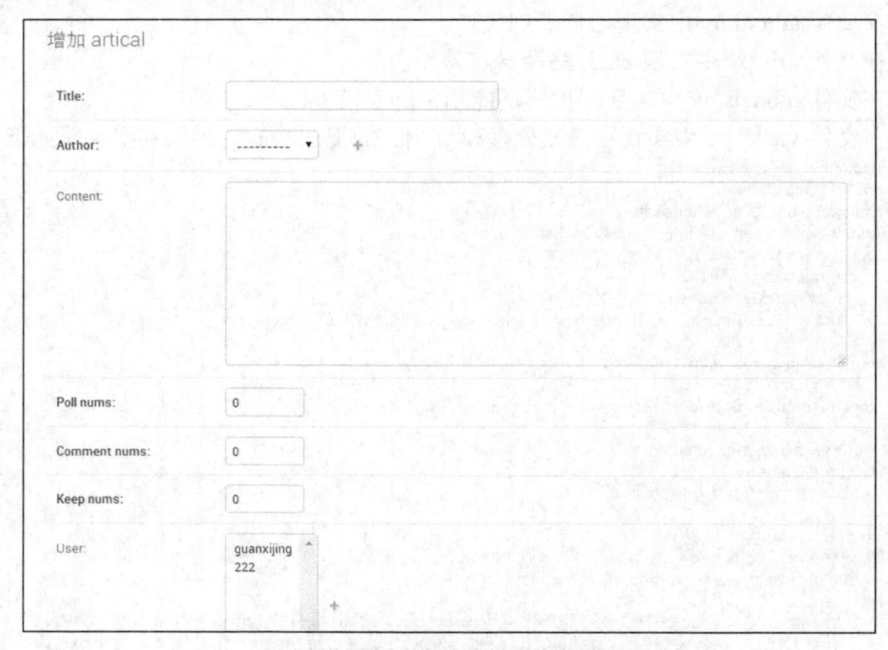

图 15-30　后台新闻发布界面的执行效果

前台某条新闻详情界面的效果如图 15-31 所示。

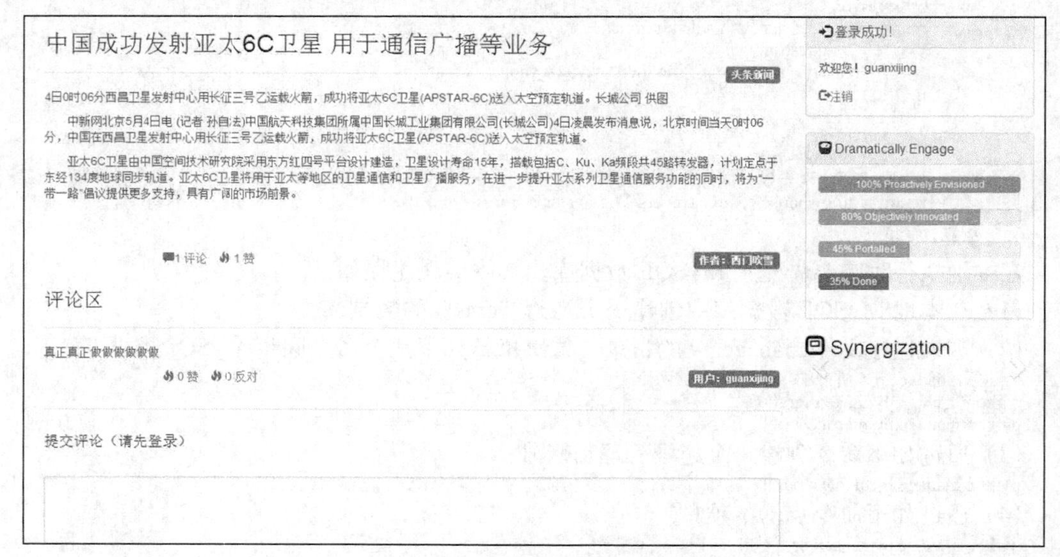

图 15-31　前台新闻详情界面的效果

范例 15-12：智能图书借阅系统

本实例实现了一个智能图书借阅系统，具有基本的图书借阅和还书功能，并且具有用户注册和登录验证功能。系统中的图书信息来自豆瓣读书，用户信息使用 Faker 模块生成。用户登录账号为电话号码，密码为 password。在下面的内容中将详细讲解这个实例的实现过程。

（1）在文件 settings.py 中将新定义的应用添加到 INSTALLED_APPS 中，并且设置使用的数据库名为“db.sqlite3”。

（2）通过“Slackers”目录下的文件 urls.py 实现 URL 路径导航功能，具体实现代码如下。

```
urlpatterns = [
    url(r'^admin/', include(admin.site.urls)),
    url(r'', include('library.urls')),
    url(r'^library/', include('library.urls')),
]
```

（3）通过文件 models.py 实现表的模型创建，具体实现代码如下。

```
class Reader(models.Model):
    class Meta:
        verbose_name = '读者'
        verbose_name_plural = '读者'

    user = models.OneToOneField(User)
    name = models.CharField(max_length=16, unique=True)
    phone = models.IntegerField(unique=True)
    max_borrowing = models.IntegerField(default=5)
    balance = models.FloatField(default=0.0)
    photo = models.ImageField(blank=True, upload_to='images/')

    STATUS_CHOICES = (
        (0, 'normal'),
        (-1, 'overdue')
    )
    status = models.IntegerField(
        choices=STATUS_CHOICES,
        default=0,
    )

    def __str__(self):
        return self.name


class Book(models.Model):
    class Meta:
        verbose_name = '图书'
        verbose_name_plural = '图书'

    ISBN = models.CharField(max_length=13, primary_key=True)
    title = models.CharField(max_length=128)
    author = models.CharField(max_length=32)
    press = models.CharField(max_length=64)

    description = models.CharField(max_length=1024, default='')
    price = models.CharField(max_length=20, null=True)

    category = models.CharField(max_length=64, default=u'文学')
    cover = models.ImageField(null=True)
    index = models.CharField(max_length=16, null=True)
    location = models.CharField(max_length=64, default=u'图书馆1楼')
    quantity = models.IntegerField(default=1)

    def __str__(self):
        return self.title + self.author


class Borrowing(models.Model):
    class Meta:
        verbose_name = '借阅'
        verbose_name_plural = '借阅'
```

```
    reader = models.ForeignKey(Reader)
    ISBN = models.ForeignKey(Book, on_delete=models.CASCADE)
    date_issued = models.DateField()
    date_due_to_returned = models.DateField()
    date_returned = models.DateField(null=True)
    amount_of_fine = models.FloatField(default=0.0)

    def __str__(self):
        return '{} 借了 {}'.format(self.reader, self.ISBN)
```

（4）通过“library”目录下的文件 urls.py 实现前台页面的 URL 路径导航功能。

（5）通过文件 views.py 实现各个页面的视图功能，具体实现流程如下。

- 通过函数 index()实现系统主页视图功能。
- 通过函数 user_login()实现用户登录验证功能。
- 通过函数 user_register()实现新用户注册功能，将新用户信息添加到数据库中。
- 通过函数 set_password()实现用户自己修改密码功能。
- 通过函数 user_logout()实现用户退出系统功能。
- 通过函数 profile()获取当前登录用户的信息，实现用户的个人中心显示视图功能。
- 通过函数 reader_operation()实现登录用户的“正在借阅”视图页面功能，监听用户是否单击“续借”和“还书”按钮，根据单击的按钮执行对应的操作程序。
- 通过函数 book_search()实现图书检索功能，可以分别根据书名、ISBN 和笔者进行检索。
- 通过函数 book_detail()获取并显示某本书的详细信息。
- 通过函数 statistics()实现图书借阅排行榜页面视图功能，具体实现代码如下。

```
def statistics(request):
    borrowing = Borrowing.objects.all()
    readerInfo = {}
    for r in borrowing:
        if r.reader.name not in readerInfo:
            readerInfo[r.reader.name] = 1
        else:
            readerInfo[r.reader.name] += 1

    bookInfo = {}
    for r in borrowing:
        if r.ISBN.title not in bookInfo:
            bookInfo[r.ISBN.title] = 1
        else:
            bookInfo[r.ISBN.title] += 1

    readerData = list(sorted(readerInfo, key=readerInfo.__getitem__, reverse=True))[0:10]
    bookData = list(sorted(bookInfo, key=bookInfo.__getitem__, reverse=True))[0:5]

    readerAmountData = [readerInfo[x] for x in readerData]

    bookAmountData = [bookInfo[x] for x in bookData]

    context = {
        'readerData': readerData,
        'readerAmountData': readerAmountData,
        'bookData': bookData,
        'bookAmountData': bookAmountData,
    }
    return render(request, 'library/statistics.html', context)
```

因为本系统使用的是 SQLite 数据库，所以在调试时无须进行配置操作，只需输入如下命令即可执行。

```
python manage.py runserver
```

系统主页的执行效果如图 15-32 所示。

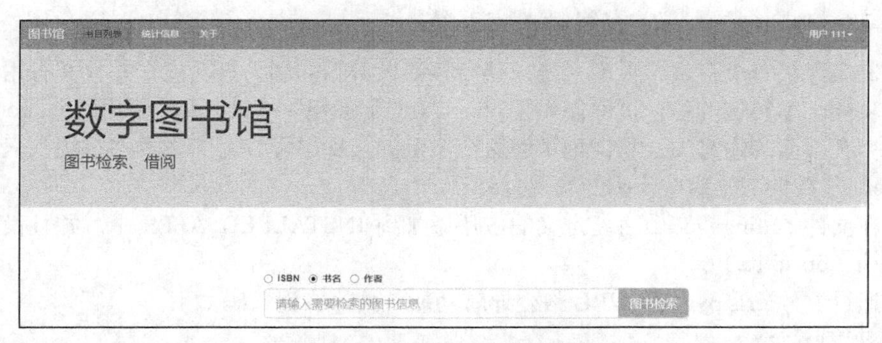

图 15-32　系统主页的执行效果

图书列表页面的执行效果如图 15-33 所示。

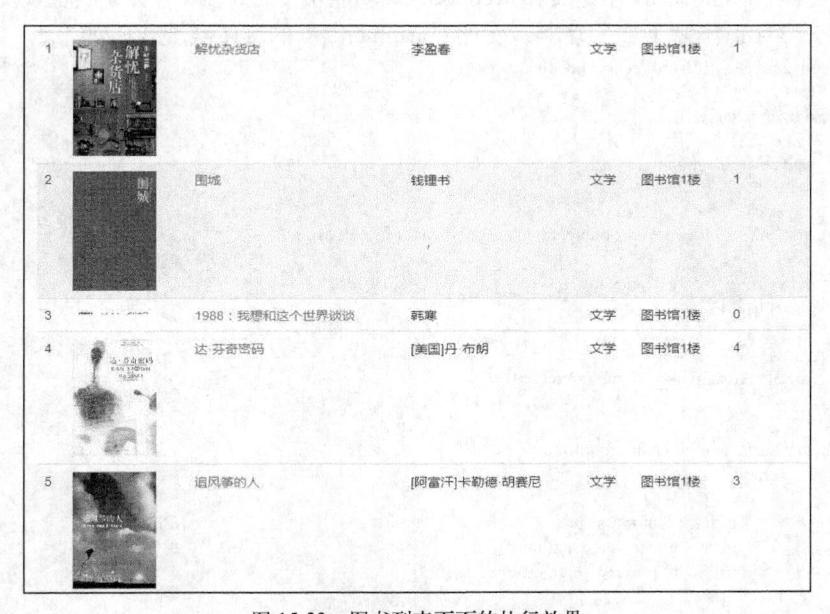

	书名	作者	类别	位置	数量
1	解忧杂货店	李盈春	文学	图书馆1楼	1
2	围城	钱锺书	文学	图书馆1楼	1
3	1988：我想和这个世界谈谈	韩寒	文学	图书馆1楼	0
4	达·芬奇密码	[美国]丹·布朗	文学	图书馆1楼	4
5	追风筝的人	[阿富汗]卡勒德·胡赛尼	文学	图书馆1楼	3

图 15-33　图书列表页面的执行效果

用户个人信息页面的执行效果如图 15-34 所示。

姓名:111

电话：111
余额：5.0
可借数量：3

正在借阅:	应还日期：		
解忧杂货店	2018-06-03	续借	还书
达·芬奇密码	2018-06-04	续借	还书

图 15-34　用户个人信息页面的执行效果

范例 15-13：Django+ Vue 在线聊天室系统

本实例实现了一个在线聊天室系统，具有移动设备端的聊天室功能，并且具有用户注册和登录验证功能。本实例的前台页面使用了 Vue 2.0“全家桶”框架，后台采用 Django Channels 框架实现。在下面的内容中，将详细讲解这个实例的实现过程。为节省本书篇幅，只讲解保存在“backend”目录下的后台代码的实现过程。

（1）在文件 settings.py 中将新定义的应用添加到 INSTALLED_APPS 中，并且设置使用的数据库名为“db.sqlite3”。

（2）通过文件 urls.py 实现 URL 路径导航功能，具体实现代码如下。

```
urlpatterns = [
    path('admin/', admin.site.urls),
    path('api/', include('apis.urls')),
]
```

（3）在文件 consumers.py 中定义和 Web Socket 功能相关的处理类，分别实现收发聊天信息、用户登录聊天室和退出聊天室的功能。文件 consumers.py 的具体实现代码如下。

```
class MyConsumer(AsyncJsonWebsocketConsumer):

    async def connect(self):
        # 创建连接时调用
        await self.accept()

        # 将新的连接加入群组
        await self.channel_layer.group_add("chat", self.channel_name)

    async def receive_json(self, message):
        # 收到信息时调用

        # 信息单发
        # await self.send_json(content=content)

        # 信息群发
        await self.channel_layer.group_send(
            "chat",
            {
                "type": "chat.message",
                "message": message.get('msg'),
                "username": message.get('username')
            },
        )

    async def disconnect(self, close_code):
        # 连接关闭时调用
        # 将关闭的连接从群组中移除
        await self.channel_layer.group_discard("chat", self.channel_name)

        await self.close()


    async def chat_message(self, event):
        #处理“chat.message”事件
        await self.send_json({
            "msg": event["message"],
            "username": event["username"]
        })
```

（4）通过“apis”目录下的文件 views.py 实现视图功能，分别实现用户登录验证、显示以前的聊天记录和发送新聊天信息功能。

执行后的聊天界面效果如图 15-35 所示。

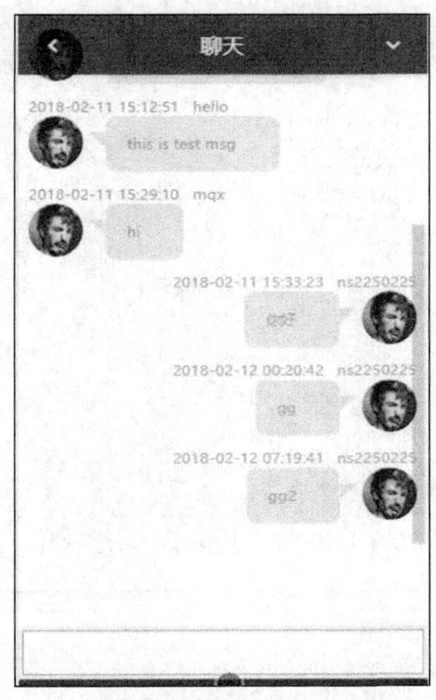

图 15-35 聊天界面效果

15.3 使用库 Mezzanine

Mezzanine 是一款著名的开源、基于 Django 的内容管理系统（Content Management System，CMS）框架。其实任何一个网站都可以看作是一个特定的内容管理系统，只不过每个网站发布和管理的具体内容不一样。例如，携程发布的是航班、酒店和用户的订单信息，而淘宝发布的是商品和用户的订单信息。

范例 15-14：使用 Mezzanine 开发一个内容管理系统

在安装 Mezzanine 之前，需要先确保已经安装了 Django，然后使用如下命令安装 Mezzanine。

```
pip install mezzanine
```

接下来便可以使用 Mezzanine 快速创建一个内容管理系统，具体实现流程如下。

源码路径：daima\15\15-14\testing

（1）使用如下命令创建一个 Mezzanine 项目，项目名是“testing”。

```
mezzanine-project testing
```

（2）使用如下 cd 命令进入项目目录。

```
cd testing
```

（3）使用如下命令初始化创建一个数据库。

```
python manage.py createdb
```

在这个过程中需要填写如下基本信息。

- 域名和端口：默认为 http://127.0.0.1:8000/。
- 默认的超级管理员账号和密码。
- 默认主页。

（4）使用如下命令启动这个项目。

```
python manage.py runserver
```

当显示如下信息时，说明成功执行新建的 Mezzanine 项目“testing”。

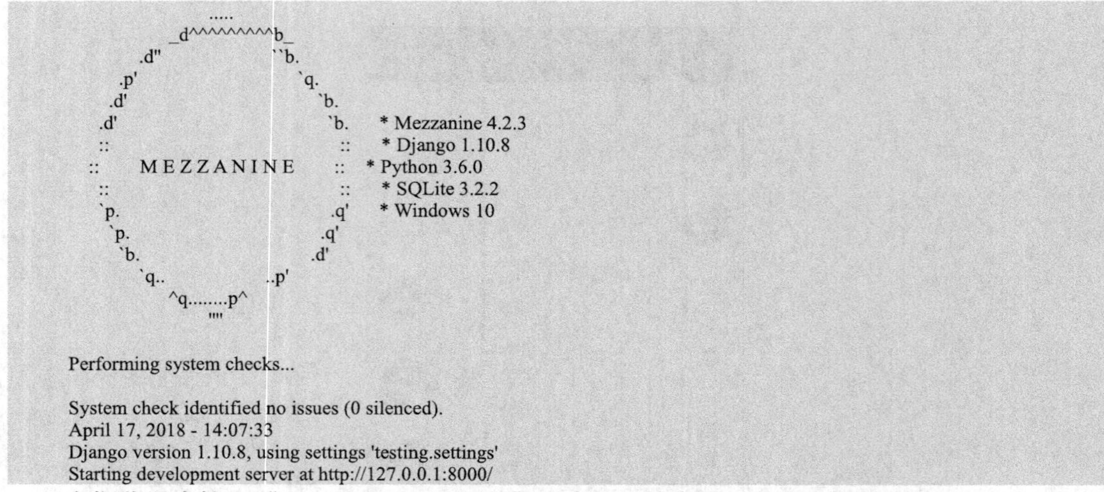

```
                    .....
              _d^^^^^^^^^^b_
           .d''              ``b.
         .p'                    `q.
        .d'                       `b.
       .d'                          `b.     * Mezzanine 4.2.3
       ::                            ::      * Django 1.10.8
      ::       M E Z Z A N I N E      ::    * Python 3.6.0
       ::                            ::      * SQLite 3.2.2
       `p.                          .q'     * Windows 10
        `p.                        .q'
         `b.                      .d'
           `q..                ..p'
              ^q........p^
                    ''''

Performing system checks...

System check identified no issues (0 silenced).
April 17, 2018 - 14:07:33
Django version 1.10.8, using settings 'testing.settings'
Starting development server at http://127.0.0.1:8000/
```

在浏览器中输入“http://127.0.0.1:8000/”后来到系统主页，如图 15-36 所示。

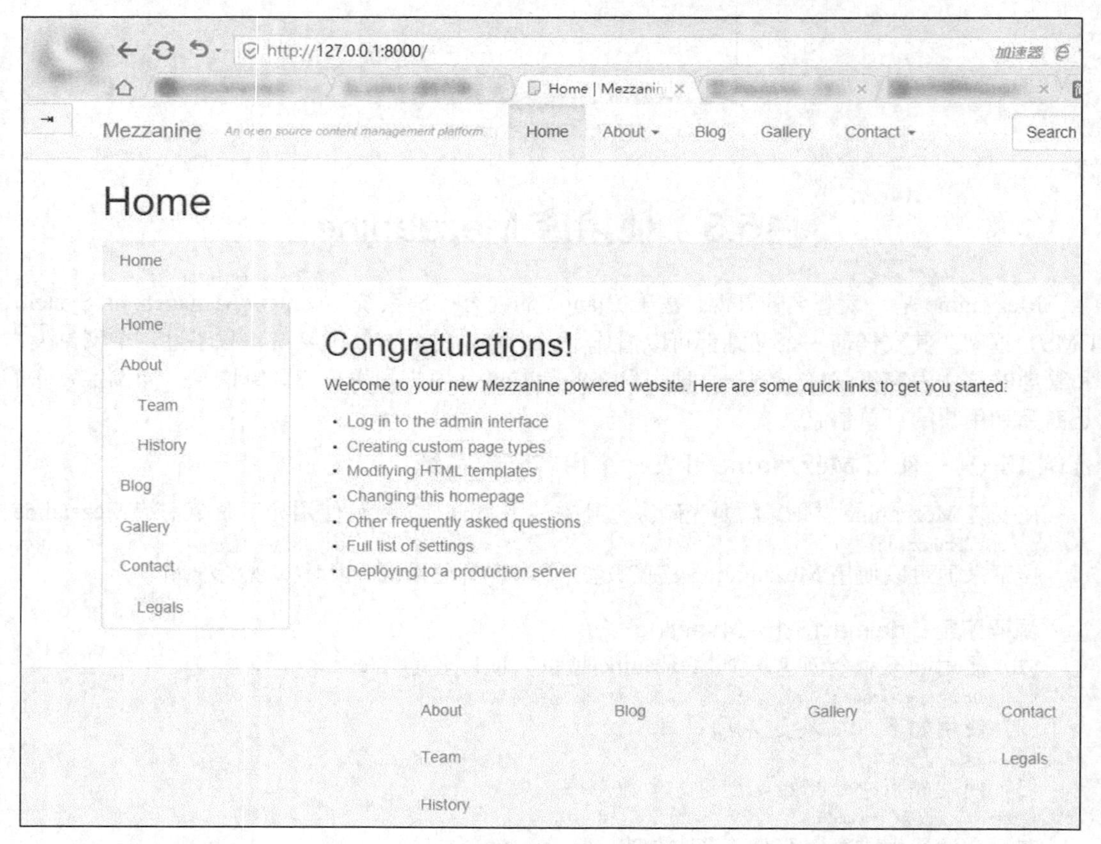

图 15-36　系统主页

（5）后台管理页面如图 15-37 所示。在登录后台管理页面时，使用在创建数据库时设置的超级管理员账号登录。

后台管理系统的主要功能如下。

- ❑ 进入 Content > Pages：配置导航、页脚信息。
- ❑ 进入 Content > Blog posts：添加分类、发布文章。

（6）系统主页默认为显示 Home 页面，如果想让 Blog 的列表页面作为主页，只需将文件 url.py 中的代码行 un-comment 修改为如下内容即可。

```
url("^$", "mezzanine.blog.views.blog_post_list", name="home")
```

也就是先将文件 url.py 中的如下代码注释掉。

```
url("^$", direct_to_template, {"template": "index.html"}, name="home")
```

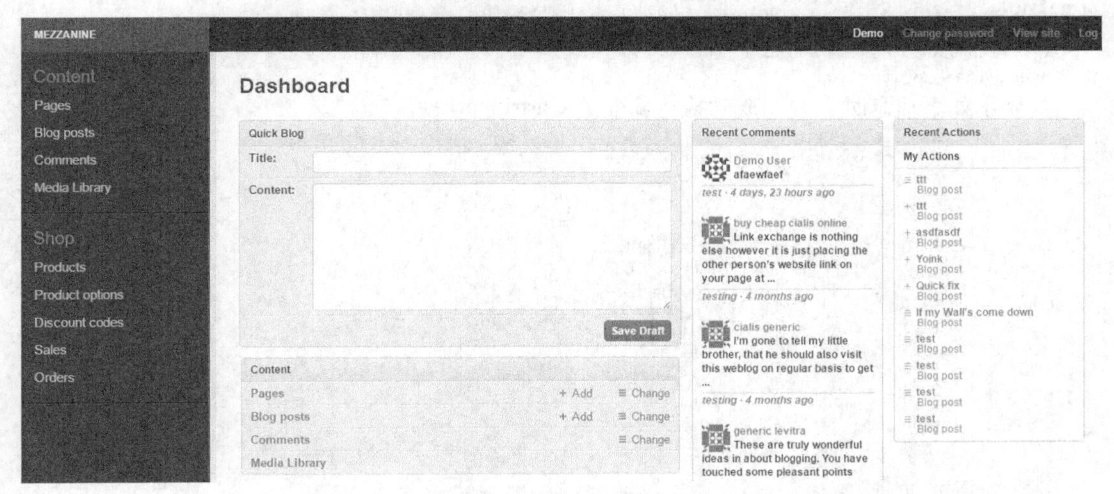

图 15-37　后台管理页面

然后将文件 url.py 中的如下代码取消注释。

```
url("^$", "mezzanine.blog.views.blog_post_list", name="home")
```

（7）如果想去掉导航栏中的 Search 文本框，需要添加如下配置项。

```
SEARCH_MODEL_CHOICES = []
```

如果想去掉左侧边栏和页脚，则需要添加如下配置项。

```
PAGE_MENU_TEMPLATES = ( (1, "Top navigation bar", "pages/menus/dropdown.html"), )
```

（8）Mezzanine 默认支持 4 种数据库，分别是 PostgreSQL_psycopg2、MySQL、SQLite3 和 Oracle，在默认情况下使用 SQLite3。我们可以在文件 local_settings.py 中的如下代码段中进行修改设置。

```
DATABASES = {
    "default": {
        #设置数据库，可以是PostgreSQL_psycopg2、MySQL、SQLite3或Oracle
        "ENGINE": "django.db.backends.sqlite3",
        #数据库名字
        "NAME": "dev.db",
        #如果不使用SQLite3数据库，则需要设置用户名
        "USER": "",
        #如果不使用SQLite3数据库，则需要设置密码
        "PASSWORD": "",
        #如果不使用SQLite3数据库，则需要设置数据库服务器的地址
        "HOST": "",
        #如果不使用SQLite3数据库，则需要设置数据库服务器的端口
        "PORT": "",
    }
}
```

范例 15-15：基于 Cartridge 的购物车程序

库 Cartridge 是一个基于 Mezzanine 构建的购物车应用框架，可以快速实现电子商务应用中的购物车程序。在下面的实例中，将使用 Cartridge 快速创建一个购物车程序系统，具体实现流程如下。

（1）使用如下命令创建一个 Cartridge 项目，项目名称是“car”。

```
mezzanine-project -a cartridge car
```

（2）使用如下 cd 命令进入项目目录。

```
cd car
```

（3）使用如下命令初始化创建一个数据库，默认数据库类型是 SQLite。

```
python manage.py createdb --noinput
```

在这个过程中需要注意系统默认的管理员账号信息，其中用户名默认为 admin，密码默认为 default。

（4）使用如下命令启动这个项目。

```
python manage.py runserver
```

当显示如下信息时，说明成功执行新建的 Cartridge 项目“car”。

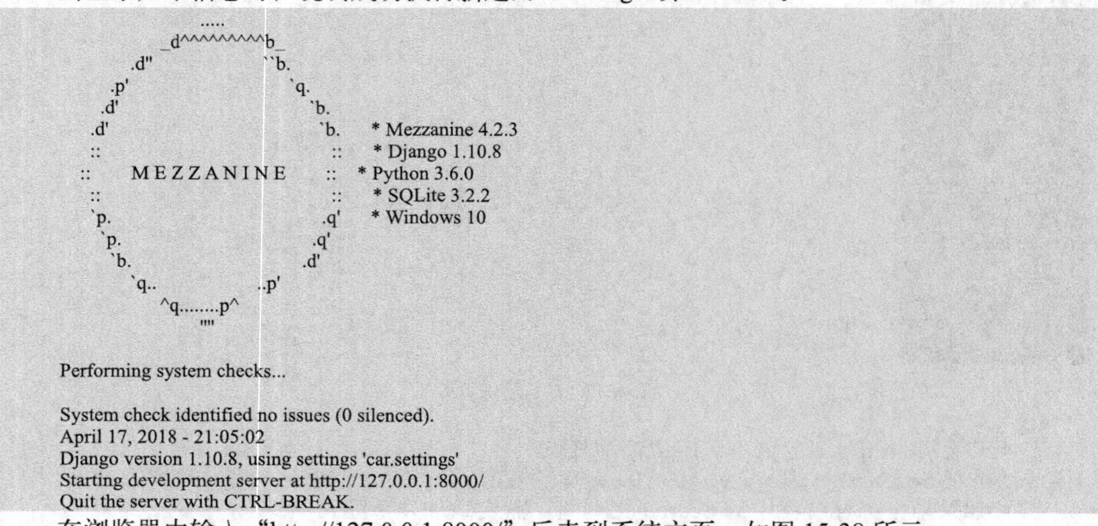

```
                  .....
             _d^^^^^^^^^b_
          .d''           ``b.
        .p'                 `q.
       .d'                   `b.
      .d'                     `b.     * Mezzanine 4.2.3
      ::                       ::      * Django 1.10.8
     ::      M E Z Z A N I N E    ::    * Python 3.6.0
      ::                       ::      * SQLite 3.2.2
      `p.                     .q'     * Windows 10
       `p.                   .q'
        `b.                 .d'
          `q..           ..p'
             ^q........p^
                  ''''

Performing system checks...

System check identified no issues (0 silenced).
April 17, 2018 - 21:05:02
Django version 1.10.8, using settings 'car.settings'
Starting development server at http://127.0.0.1:8000/
Quit the server with CTRL-BREAK.
```

在浏览器中输入“http://127.0.0.1:8000/”后来到系统主页，如图 15-38 所示。

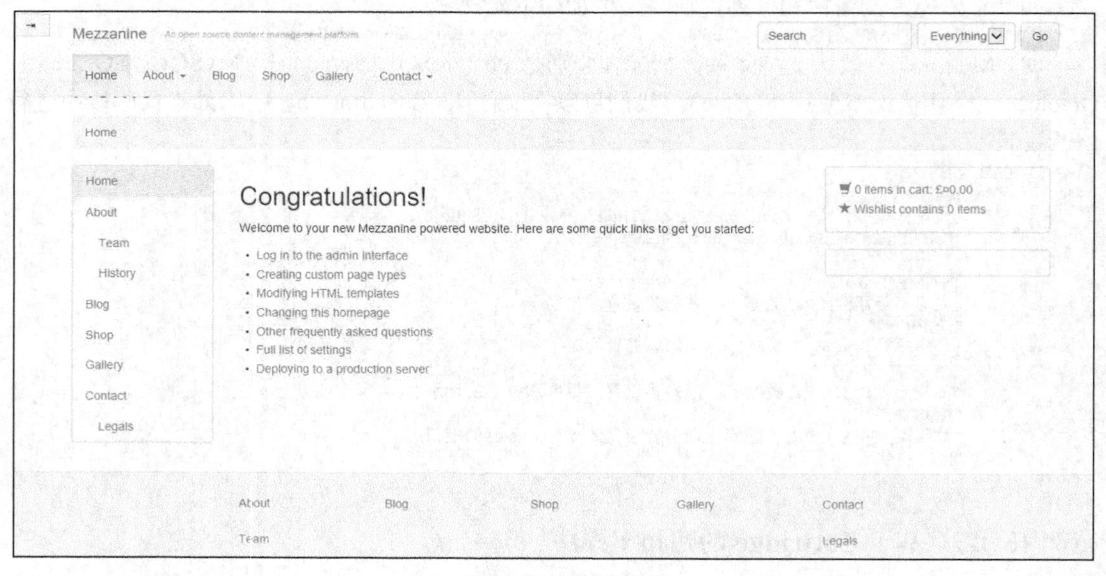

图 15-38　系统主页

（5）后台管理页面如图 15-39 所示。在登录后台管理页面时，使用在创建数据库时提供的默认管理员账号信息登录。

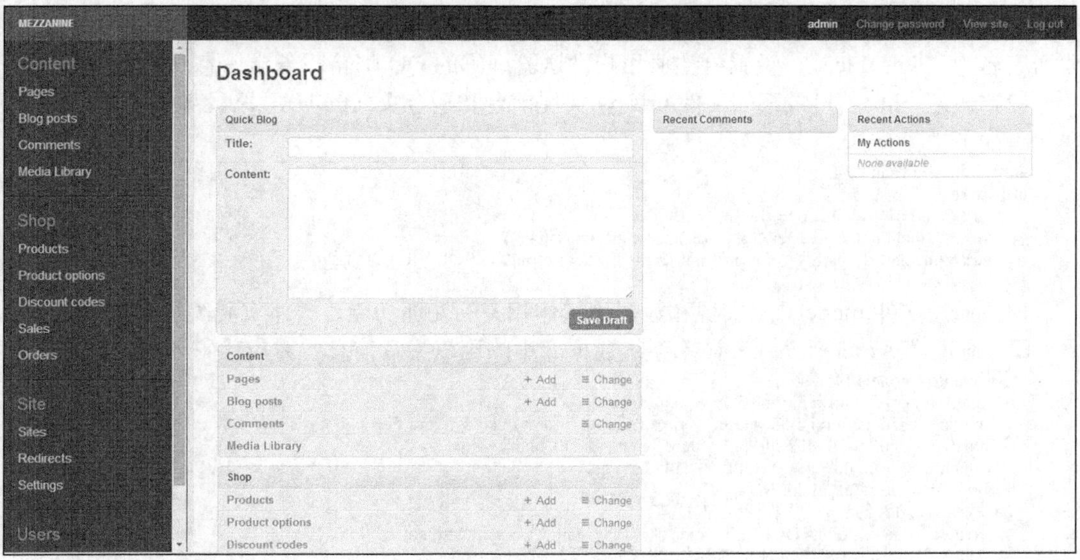

图 15-39 后台管理页面

（6）系统主页默认为显示 Home 页面，如果想让 Blog 的列表页面作为主页，只需将文件 url.py 中的代码行 un-comment 修改为如下内容即可。

```
url("^$", "mezzanine.blog.views.blog_post_list", name="home")
```

也就是先将文件 url.py 中的如下代码注释掉。

```
url("^$", direct_to_template, {"template": "index.html"}, name="home")
```

然后将文件 url.py 中的如下代码取消注释。

```
url("^$", "mezzanine.blog.views.blog_post_list", name="home")
```

（7）如果想去掉导航栏中的 Search 文本框，需要添加如下配置项。

```
SEARCH_MODEL_CHOICES = []
```

如果想去掉左侧边栏和页脚，则需要添加如下配置项。

```
PAGE_MENU_TEMPLATES = ( (1, "Top navigation bar", "pages/menus/dropdown.html"), )
```

（8）Cartridge 默认支持 4 种数据库，分别是 PostgreSQL_psycopg2、MySQL、SQLite3 和 Oracle，在默认情况下使用 SQLite3。我们可以在文件 local_settings.py 中的如下代码段中进行修改设置。

```
DATABASES = {
    "default": {
        # 设置使用的数据库.
        "ENGINE": "django.db.backends.sqlite3",
        # 数据库名
        "NAME": "dev.db",
        # 用户名.
        "USER": "",
        # 密码.
        "PASSWORD": "",
        # 数据库服务器的地址
        "HOST": "",
        # 数据库服务器的端口
        "PORT": "",
    }
}
```

范例 15-16：在线 BBS 论坛系统

本实例实现了一个在线 BBS 论坛系统，不但具有基本的用户登录、注册、个人信息修改、发布 BBS 信息、收藏文章和发表评论功能，而且具有附件上传、附件下载和在线预览 PDF 文件功能。在下面的内容中，将详细讲解这个实例的实现过程。

（1）在文件 settings.py 中将新定义的应用添加到 INSTALLED_APPS 中，并且设置使用的数据库名为“db.sqlite3”，设置给注册用户发送验证码的 QQ 邮箱服务器信息。

（2）通过“bbs”目录下的文件 urls.py 实现前台和后台页面的 URL 路径导航功能，主要实现代码如下。

```
app_name = 'article'
urlpatterns = [
    url(r'^admin/', admin.site.urls),
    url(r'^', include(('article.urls',"article" ),namespace='article')),
    url(r'^media/(?P<path>.*)$', serve, {'document_root':settings.MEDIA_ROOT}),
]
```

（3）通过文件 models.py 实现和数据库操作相关的处理功能，具体实现流程如下。

- 通过类 Articles 以列表显示系统数据库中的论坛文章信息，对应代码如下。

```
class Articles(models.Model):
    title = models.CharField('标题', max_length=300)
    author = models.ForeignKey(User, verbose_name='笔者', related_name="article_posts",on_delete=models.CASCADE)
    abstract = models.TextField('摘要', max_length=1000, blank=True)
    attachment = models.FileField('附件', blank=True)
    body = models.TextField('文章')
# auto_now_add：创建时间戳，不会被覆盖
    created_time = models.DateTimeField('创建时间', auto_now_add=True)
    # auto_now: 自动将当前时间覆盖之前时间
last_modified_time = models.DateTimeField('修改时间', auto_now=True)
    views = models.PositiveIntegerField('浏览量', default=0)
    collects = models.ManyToManyField(User, verbose_name='收藏人', blank=True)
    comments = models.PositiveIntegerField('评论量', default=0)
    # 目录分类
    # on_delete：当指向的表被删除时，将该项设为空
    category = models.ForeignKey('Category', verbose_name='分类',
                                 on_delete=models.CASCADE)

    class Meta:
        verbose_name = '文章管理'
        verbose_name_plural = '文章管理'
        ordering = ("-created_time",)

    def __str__(self):
        return self.title
```

- 通过类 Category 获取并显示系统数据库中保存的标签信息，对应代码如下。

```
class Category(models.Model):
    """
    另外一个类，储存文章的标签信息
    Articles类的外键指向
    """
    name = models.CharField('类名', max_length=20)
    created_time = models.DateTimeField('创建时间', auto_now_add=True)
    last_modified_time = models.DateTimeField('修改时间', auto_now=True)

    class Meta:
        verbose_name = '标签管理'
        verbose_name_plural = '标签管理'

    def __str__(self):
        return self.name
```

- 通过类 Comments 查询并显示系统数据库中各个 BBS 文章下的评论信息，对应代码如下。

```
class Comments(models.Model):
    artid = models.ForeignKey(Articles, verbose_name='评论文章', related_name="post_comment",on_delete=models.CASCADE)
    content = models.TextField('评论内容')
    author = models.ForeignKey(User, verbose_name='笔者', related_name="user_comment",on_delete=models.CASCADE)
    submit_date = models.DateTimeField('评论时间', auto_now_add=True)

    class Meta:
        verbose_name = '评论管理'
        verbose_name_plural = '评论管理'
        ordering = ("-submit_date",)

    def __self__(self):
        return self.content
```

- 通过类 CommentsReply 查询并显示系统中对评论的回复信息，对应代码如下。

```
class CommentsReply(models.Model):
        art_id = models.ForeignKey(Articles, verbose_name='回复文章', related_name="reply_article",on_delete=models.CASCADE)
        comment = models.ForeignKey(Comments, verbose_name='回复评论', related_name="reply_comment", blank=True,
on_delete=models.CASCADE)
        content = models.TextField('回复内容')
        author_id = models.ForeignKey(User, verbose_name='笔者', related_name="user_reply",on_delete=models.CASCADE)
        author_to = models.ForeignKey(User, verbose_name='回复给', related_name="reply_to",on_delete=models.CASCADE)
        submit_date = models.DateTimeField('评论时间', auto_now_add=True)

        class Meta:
                verbose_name = '回复管理'
                verbose_name_plural = '回复管理'
                ordering = ("submit_date",)

        def __self__(self):
                return self.content
```

- 通过类 College 查询并显示系统数据库中评论的学院信息，对应代码如下。

```
class College(models.Model):
        name = models.CharField('学院', max_length=20)
        created_time = models.DateTimeField('创建时间', auto_now_add=True)
        last_modified_time = models.DateTimeField('修改时间', auto_now=True)

        class Meta:
                verbose_name = '学院管理'
                verbose_name_plural = '学院管理'

        def __str__(self):
                return self.name
```

- 通过类 PersonalInfo 查询并显示系统数据库中的用户信息，对应代码如下。

```
class PersonalInfo(models.Model):
        sex_choice = (
                (u'M', u'男'),
                (u'F', u'女'),
                (u'N', u'保密'),
        )
        user = models.OneToOneField(User, verbose_name='用户名', unique=True,on_delete=models.CASCADE)
        sex = models.CharField('性别', max_length=2, choices=sex_choice, default='N')
        born = models.DateField('出生日期', default='1990-1-1')
        intro = models.TextField('个人简介', blank=True)
        college = models.ForeignKey(College, verbose_name='学院',    on_delete=models.CASCADE)
        created_time = models.DateTimeField('创建时间', auto_now_add=True)
        last_modified_time = models.DateTimeField('修改时间', auto_now=True)

        class Meta:
                verbose_name = '个人信息管理'
                verbose_name_plural = '个人信息管理'
                ordering = ("-created_time",)

        def __str__(self):
                return str(self.user_id)
```

- 通过类 CarouselImg 查询并显示系统数据库中的轮播图信息，对应代码如下。

```
class CarouselImg(models.Model):
        carousel = models.ImageField('轮播图', upload_to='carousel/', unique=True)
        created_time = models.DateTimeField('创建时间', auto_now_add=True)
        last_modified_time = models.DateTimeField('修改时间', auto_now=True)

        class Meta:
                verbose_name = '轮播图'
                verbose_name_plural = '轮播图管理'
                ordering = ("id",)

        def __str__(self):
                return str(self.id)
```

（4）通过文件 forms.py 实现获取表单数据功能，主要包括用户注册表单、登录验证表单、邮箱验证码表单、BBS 文章发布表单、用户信息表单和密码重置表单。

（5）通过文件 views.py 实现视图操作功能，具体实现流程如下。

- 通过函数 getIndexContent()显示热门文章信息和 4 张轮播图片。

- ❑ 通过函数 homepage()显示系统主页。
- ❑ 通过函数 user_login()显示用户登录页面。
- ❑ 通过函数 user_logout()退出系统。
- ❑ 通过函数 iden_code_data()生成随机验证码。
- ❑ 通过函数 post_email()将验证码发送到用户的注册邮箱中。
- ❑ 通过函数 register()实现用户注册页面。
- ❑ 通过函数 post_email_login()和 emailLogin()实现邮箱登录功能。
- ❑ 通过函数 handle_upload_file()实现文件上传功能。
- ❑ 通过函数 publishArticle()实现发布 BBS 文章页面。
- ❑ 通过函数 article()实现 BBS 文章详情显示页面。
- ❑ 通过函数 category()定向到分类显示 BBS 文章页面，对应代码如下。

```
def category(request,category_id):
    listobj = Articles.objects.filter(category_id=int(category_id))
    tag = Category.objects.order_by("created_time").all()
    return render(request, "article/showartlist.html", {"artlist": listobj, "tags": tag})
```

- ❑ 通过函数 collected()实现学院信息显示页面。
- ❑ 通过函数 myinfo()实现我的信息页面。
- ❑ 通过函数 readFile()实现读取指定的文件功能。
- ❑ 通过函数 downloadfile()实现下载指定的文件功能。
- ❑ 通过函数 submit_comment()实现发布评论功能。
- ❑ 通过函数 submit_reply()实现发布回复功能。
- ❑ 通过函数 search()实现 BBS 文章的快速搜索功能，对应代码如下。

```
def search(request):
    words = request.POST['words']
    listobj = Articles.objects.filter(Q(title__icontains=words) | Q(abstract__icontains=words) | Q(body__icontains=words))
    return render(request, "article/search.html", {"artlist": listobj})
```

- ❑ 通过函数 resetpwd()实现重设密码功能，对应代码如下。

```
@login_required(login_url='register/login')
def resetpwd(request):
    if request.method == 'GET':
        user = User.objects.get(id=request.user.id)
        username = user.username
        data = {
            "username": username,
            "password": "",
            "cpassword": ""
        }
        resetForm = ResetPwdForm(data)
        return render(request, "article/resetpwd.html", {"rpwd": resetForm})
    elif request.method == 'POST':
        resetForm = ResetPwdForm(request.POST)
        if resetForm.is_valid():
            user = User.objects.get(id=request.user.id)
            username = resetForm.cleaned_data['username']
            pwd1 = resetForm.cleaned_data['password']
            pwd2 = resetForm.cleaned_data['cpassword']
            if(pwd1 == pwd2):
                user.set_password(pwd2)
                user.save()
                user = authenticate(username=username, password=pwd2)
                if user is not None and user.is_active:
                    login(request, user)
                    return HttpResponseRedirect('../')
            return render(request, "article/resetpwd.html", {"rpwd": resetForm})
        return render(request, "article/resetpwd.html", {"rpwd": resetForm})
```

（6）用户注册、用户登录、密码重置等表单的验证功能是通过 JavaScript 文件实现的，这些文件被保存在“static\js”目录下，因为不是本书重点，所以不再详细讲解。

执行后的后台管理主页效果如图 15-40 所示。

站点管理

BBS内容管理
个人信息管理 增加 修改
回复管理 增加 修改
学院管理 增加 修改
文章管理 增加 修改
标签管理 增加 修改
评论管理 增加 修改
轮播图管理 增加 修改

认证和授权
用户 增加 修改
组 增加 修改

最近动作

我的动作
20 个人信息管理
admin123 用户
11 个人信息管理
12 个人信息管理
5 轮播图
1 轮播图
zhang 用户
zhang 用户
zhang 用户

图 15-40 后台管理主页效果

系统主页效果如图 15-41 所示。

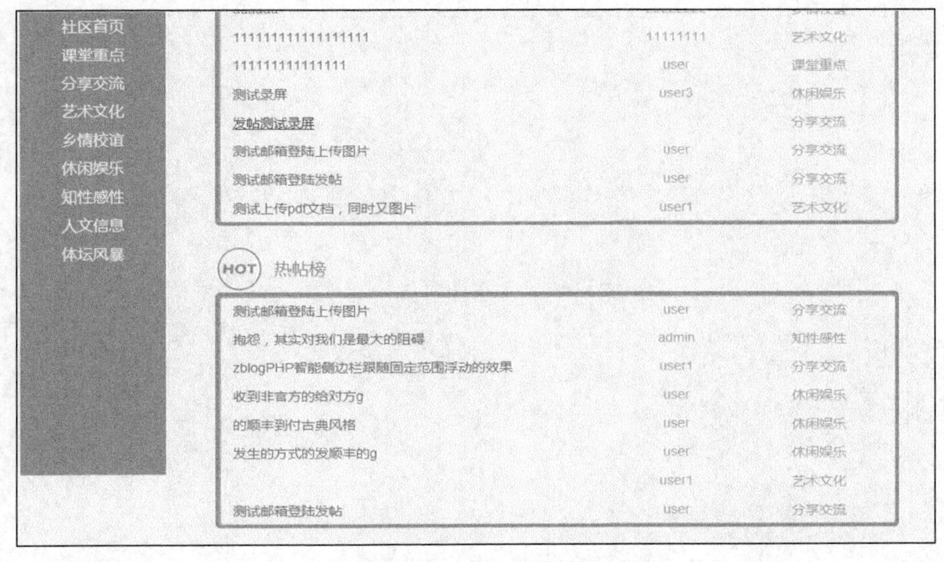

图 15-41 系统主页效果

第 16 章

三维立体程序开发实战

本章将通过具体实例的实现过程，详细讲解使用 Python 开发 3D 应用程序的知识。

16.1 使用 Matplotlib 绘制三维图形

本书前面的内容曾演示了使用 Matplotlib 包和 pyplot 包绘制 3D 图表样式的过程，但没有具体实例，因此，在本节的内容中将讲解使用 Matplotlib 子模块绘制 3D 图形的具体实例。

范例 16-01：绘制一个简单的 3D 图形

下面的实例文件 first.py 演示了使用 Matplotlib 绘制一个简单的 3D 图形的方法。

```
from mpl_toolkits.mplot3d import Axes3D
import matplotlib.pyplot as plt
import numpy as np

fig = plt.figure()
ax = fig.add_subplot(111, projection='3d')

# 设置数据
u = np.linspace(0, 2 * np.pi, 100)
v = np.linspace(0, np.pi, 100)
x = 10 * np.outer(np.cos(u), np.sin(v))
y = 10 * np.outer(np.sin(u), np.sin(v))
z = 10 * np.outer(np.ones(np.size(u)), np.cos(v))

# 绘制表面
ax.plot_surface(x, y, z, color='b')

plt.show()
```

执行后会根据设置 u、v、x、y、z 的值绘制 3D 图形，执行效果如图 16-1 所示。

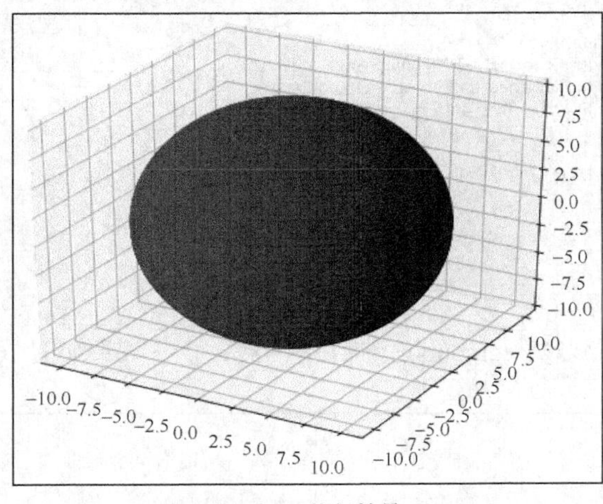

图 16-1　执行效果

范例 16-02：绘制 3D 曲线

下面的实例文件 quxian.py 演示了使用 Matplotlib 绘制 3D 曲线的方法。

```
mpl.rcParams['legend.fontsize'] = 10

fig = plt.figure()
ax = fig.gca(projection='3d')
theta = np.linspace(-4 * np.pi, 4 * np.pi, 100)
#在指定的间隔内返回均匀间隔的数字
z = np.linspace(-2, 2, 100)
r = z**2 + 1
x = r * np.sin(theta)
y = r * np.cos(theta)
ax.plot(x, y, z, label='parametric curve')
ax.legend()

plt.show()
```

在上述代码中，首先使用函数 linspace()在指定的间隔内返回均匀间隔的数字，然后通过曲线方程参数 x、y、z 绘制曲线。执行效果如图 16-2 所示。

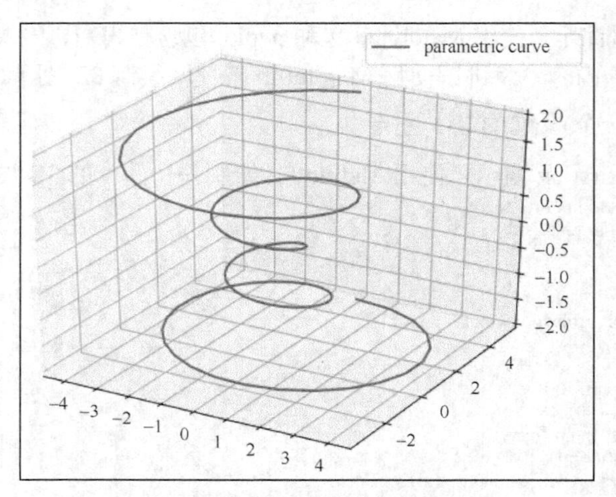

图 16-2　执行效果

范例 16-03：绘制 3D 轮廓图

下面的实例文件 lun.py 演示了使用 Matplotlib 绘制 3D 轮廓图的方法。

```
fig = plt.figure()
ax = fig.gca(projection='3d')
X, Y, Z = axes3d.get_test_data(0.05)
cset = ax.contour(X, Y, Z, zdir='z', offset=-100, cmap=cm.coolwarm)
cset = ax.contour(X, Y, Z, zdir='x', offset=-40, cmap=cm.coolwarm)
cset = ax.contour(X, Y, Z, zdir='y', offset=40, cmap=cm.coolwarm)

ax.set_xlabel('X')
ax.set_xlim(-40, 40)
ax.set_ylabel('Y')
ax.set_ylim(-40, 40)
ax.set_zlabel('Z')
ax.set_zlim(-100, 100)

plt.show()
```

在上述代码中，使用函数 contour()绘制了等高线，执行效果如图 16-3 所示。

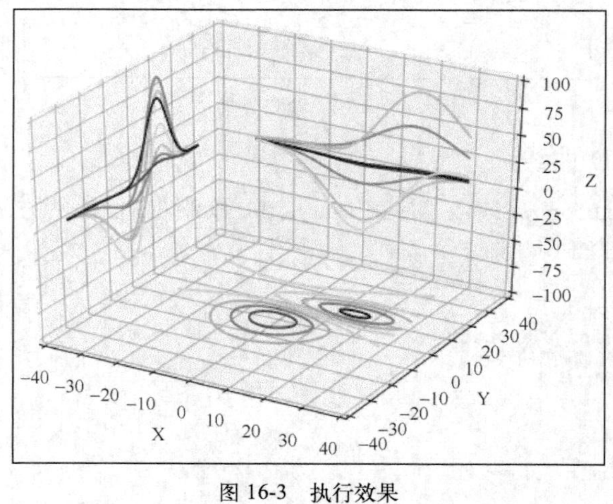

图 16-3　执行效果

范例 16-04：绘制 3D 直方图

下面的实例文件 zhifang.py 演示了使用 Matplotlib 绘制 3D 直方图的方法。

```
fig = plt.figure()
ax = fig.add_subplot(111, projection='3d')
x, y = np.random.rand(2, 100) * 4
hist, xedges, yedges = np.histogram2d(x, y, bins=4, range=[[0, 4], [0, 4]])

# 为柱子的位置构造阵列
xpos, ypos = np.meshgrid(xedges[:-1] + 0.25, yedges[:-1] + 0.25)
xpos = xpos.flatten('F')
ypos = ypos.flatten('F')
zpos = np.zeros_like(xpos)

# 构造具有16个柱子尺寸的数组
dx = 0.5 * np.ones_like(zpos)
dy = dx.copy()
dz = hist.flatten()

ax.bar3d(xpos, ypos, zpos, dx, dy, dz, color='b', zsort='average')

plt.show()
```

执行效果如图 16-4 所示。

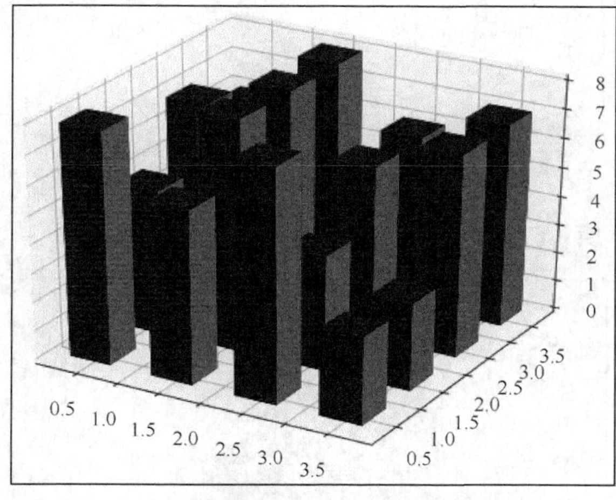

图 16-4 执行效果

范例 16-05：绘制 3D 网状线

下面的实例文件 wang.py 演示了使用 Matplotlib 绘制 3D 网状线的方法。

```
fig = plt.figure()
ax = fig.add_subplot(111, projection='3d')
# 抓取一些测试数据
X, Y, Z = axes3d.get_test_data(0.05)
# 绘制基本线框
ax.plot_wireframe(X, Y, Z, rstride=10, cstride=10)
plt.show()
```

执行效果如图 16-5 所示。

范例 16-06：绘制 3D 三角面片图

下面的实例文件 jiao.py 演示了使用 Matplotlib 绘制 3D 三角面片图的方法。

```
n_radii = 8
n_angles = 36
#生成半径和角度空间（半径r=0表示省略以消除重复）
radii = np.linspace(0.125, 1.0, n_radii)
angles = np.linspace(0, 2*np.pi, n_angles, endpoint=False)

# 对每个半径重复所有角度
angles = np.repeat(angles[..., np.newaxis], n_radii, axis=1)
```

```
# 将(半径,角度)坐标转换为笛卡儿坐标(x,y)
#在这个过程中需要手动添加(0, 0)，因为在xy平面中将不存在重复点
x = np.append(0, (radii*np.cos(angles)).flatten())
y = np.append(0, (radii*np.sin(angles)).flatten())
# 计算z以制作三角面片的表面
z = np.sin(-x*y)
fig = plt.figure()
ax = fig.gca(projection='3d')
ax.plot_trisurf(x, y, z, linewidth=0.2, antialiased=True)
plt.show()
```

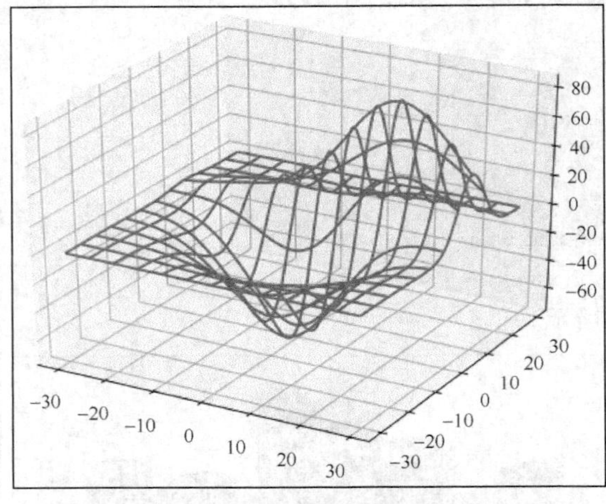

图 16-5　执行效果

执行效果如图 16-6 所示。

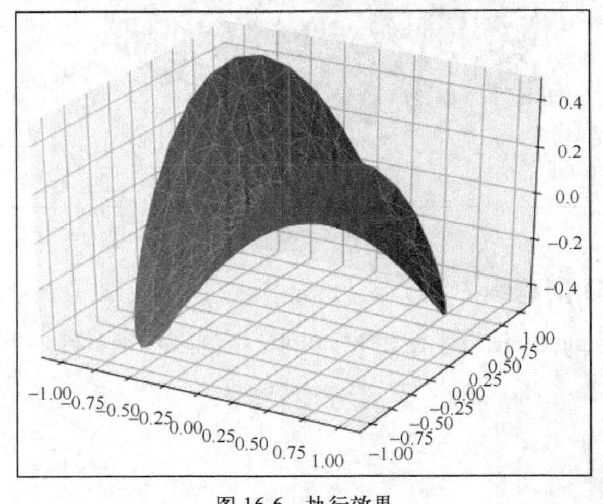

图 16-6　执行效果

范例 16-07：绘制 3D 散点图

下面的实例文件 sandian.py 演示了使用 Matplotlib 绘制 3D 散点图的方法。

```
def randrange(n, vmin, vmax):
    '''
    辅助函数，设置一个随机数的数组，具有形状（n），每个数字分布均匀（vmin、vmax）
    '''
    return (vmax - vmin)*np.random.rand(n) + vmin

fig = plt.figure()
ax = fig.add_subplot(111, projection='3d')
```

```
n = 100

# 对于每一组样式和范围设置，绘制框中的n个随机点，它们在x、y范围中定义
# 其中x范围为[23, 32]，y范围为[0, 100]，z范围为[zlow, zhigh]
for c, m, zlow, zhigh in [('r', 'o', -50, -25), ('b', '^', -30, -5)]:
    xs = randrange(n, 23, 32)
    ys = randrange(n, 0, 100)
    zs = randrange(n, zlow, zhigh)
    ax.scatter(xs, ys, zs, c=c, marker=m)

ax.set_xlabel('X Label')
ax.set_ylabel('Y Label')
ax.set_zlabel('Z Label')

plt.show()
```

执行效果如图 16-7 所示。

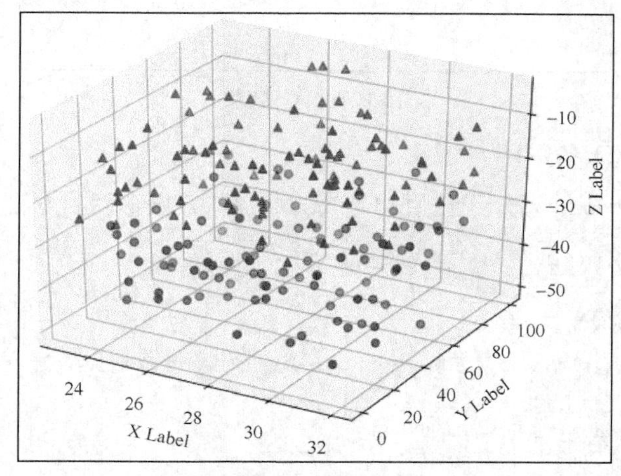

图 16-7　执行效果

范例 16-08：绘制 3D 文字

下面的实例文件 wenzi.py 演示了使用 Matplotlib 绘制 3D 文字的方法。

```
fig = plt.figure()
ax = fig.gca(projection='3d')

# 例子1: 坐标轴
zdirs = (None, 'x', 'y', 'z', (1, 1, 0), (1, 1, 1))
xs = (1, 4, 4, 9, 4, 1)
ys = (2, 5, 8, 10, 1, 2)
zs = (10, 3, 8, 9, 1, 8)

for zdir, x, y, z in zip(zdirs, xs, ys, zs):
    label = '(%d, %d, %d), dir=%s' % (x, y, z, zdir)
    ax.text(x, y, z, label, zdir)

# 例子2: 颜色
ax.text(9, 0, 0, "red", color='red')

# 例子3: text2D
#位置(0, 0)是左下角，(1, 1)是右上角
ax.text2D(0.05, 0.95, "2D Text", transform=ax.transAxes)

# 调整显示区域和标签
ax.set_xlim(0, 10)
ax.set_ylim(0, 10)
ax.set_zlim(0, 10)
ax.set_xlabel('X axis')
ax.set_ylabel('Y axis')
ax.set_zlabel('Z axis')

plt.show()
```

执行效果如图 16-8 所示。

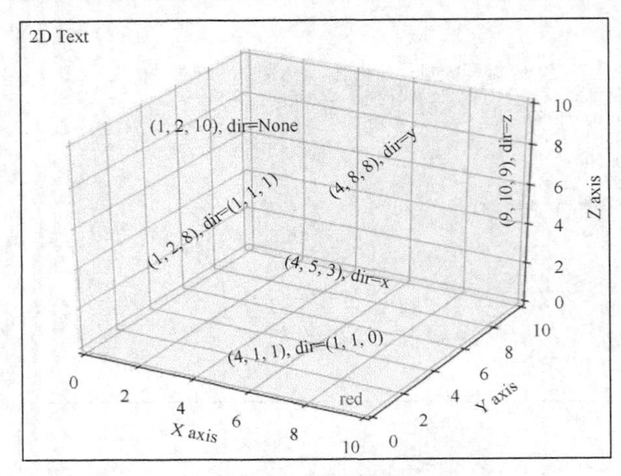

图 16-8　执行效果

范例 16-09：绘制 3D 条形图

下面的实例文件 tiao.py 演示了使用 Matplotlib 绘制 3D 条形图的方法。

```
fig = plt.figure()
ax = fig.add_subplot(111, projection='3d')
for c, z in zip(['r', 'g', 'b', 'y'], [30, 20, 10, 0]):
    xs = np.arange(20)
    ys = np.random.rand(20)

    # 可以提供单个颜色或数组。为了证明这一点，将每个集合的第一个条着色为青色
    cs = [c] * len(xs)
    cs[0] = 'c'
    ax.bar(xs, ys, zs=z, zdir='y', color=cs, alpha=0.8)

ax.set_xlabel('X')
ax.set_ylabel('Y')
ax.set_zlabel('Z')

plt.show()
```

执行效果如图 16-9 所示。

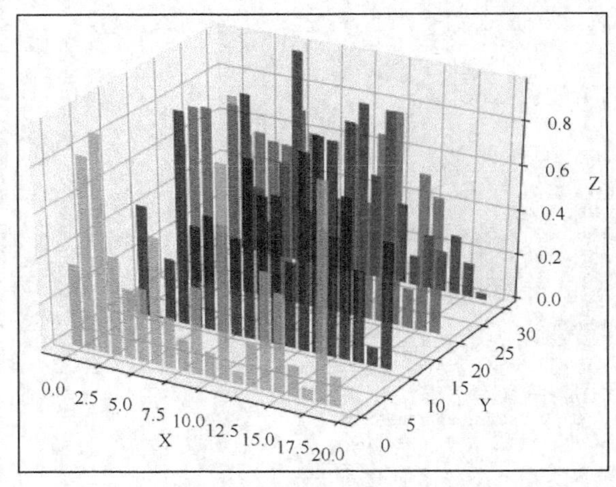

图 16-9　执行效果

范例 16-10：绘制 3D 曲面图

下面的实例文件 qu.py 演示了使用 Matplotlib 绘制 3D 曲面图的方法。

```
fig = plt.figure()
ax = Axes3D(fig)
X = np.arange(-4, 4, 0.25)
```

```
Y = np.arange(-4, 4, 0.25)
X, Y = np.meshgrid(X, Y)
R = np.sqrt(X**2 + Y**2)
Z = np.sin(R)

# 具体函数方法可用 help(function) 查看，如help(ax.plot_surface)
ax.plot_surface(X, Y, Z, rstride=1, cstride=1, cmap='rainbow')

plt.show()
```

执行效果如图 16-10 所示。

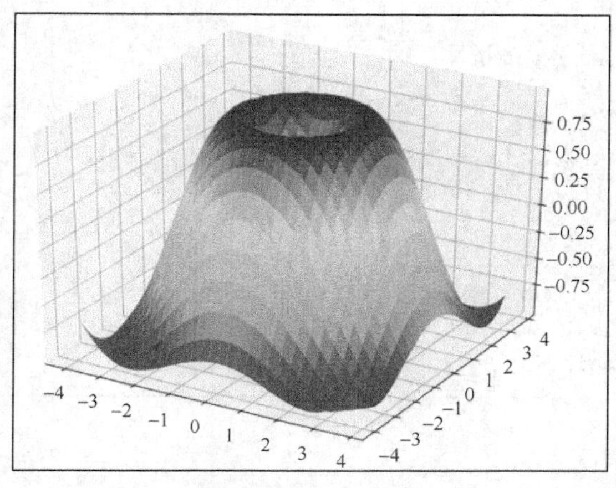

图 16-10 执行效果

范例 16-11：绘制 3D 散点图

下面的实例文件 sandian.py 演示了使用 Matplotlib 绘制 3D 散点图的方法。

```
data = np.random.randint(0, 255, size=[40, 40, 40])

x, y, z = data[0], data[1], data[2]
ax = plt.subplot(111, projection='3d')  # 创建一个3D绘图项目
#  将数据点分成3部分画，在颜色上有区分度
ax.scatter(x[:10], y[:10], z[:10], c='y')  # 绘制数据点
ax.scatter(x[10:20], y[10:20], z[10:20], c='r')
ax.scatter(x[30:40], y[30:40], z[30:40], c='g')

ax.set_zlabel('Z')  # 坐标轴标签
ax.set_ylabel('Y')
ax.set_xlabel('X')
plt.show()
```

执行效果如图 16-11 所示。

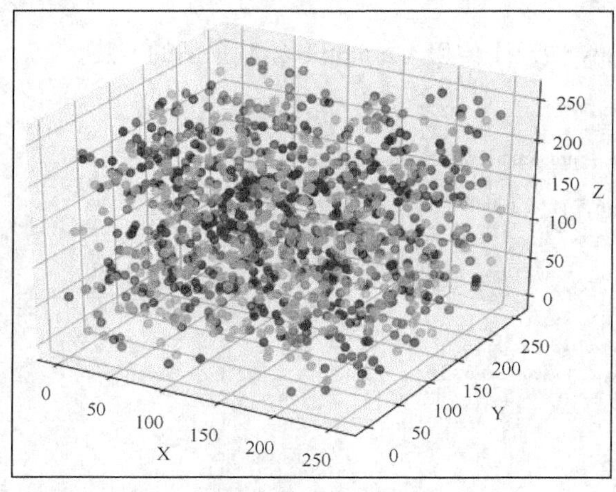

图 16-11 执行效果

范例 16-12：绘制混合图

混合图就是将两种不同类型的图绘制在一张图里。绘制混合图一般有前提条件，那就是两种不同类型图的范围大致相同，否则将会出现严重的比例不协调，而使得混合图失去意义。下面的实例文件 hun.py 演示了使用 Matplotlib 绘制混合图的方法。

```
# 创建 3D 图形对象
fig = plt.figure()
ax = Axes3D(fig)

# 生成数据并绘制图 1
x1 = np.linspace(-3 * np.pi, 3 * np.pi, 500)
y1 = np.sin(x1)
ax.plot(x1, y1, zs=0, c='red')

# 生成数据并绘制图 2
x2 = np.random.normal(0, 1, 100)
y2 = np.random.normal(0, 1, 100)
z2 = np.random.normal(0, 1, 100)
ax.scatter(x2, y2, z2)

# 显示图
plt.show()
```

执行效果如图 16-12 所示。

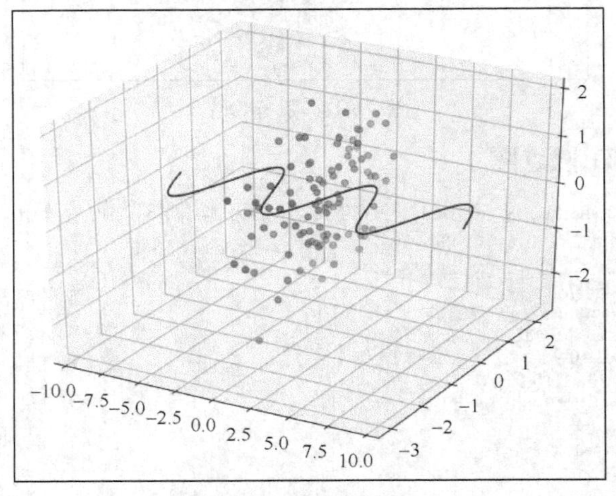

图 16-12　执行效果

范例 16-13：绘制子图

下面的实例文件 zi.py 演示了使用 Matplotlib 绘制子图的方法。

```
# 创建一张画布
fig = plt.figure()
# 向画布添加子图1
ax1 = fig.add_subplot(1, 2, 1, projection='3d')
# 生成子图 1 数据
x = np.linspace(-6 * np.pi, 6 * np.pi, 1000)
y = np.sin(x)
z = np.cos(x)

# 绘制第1张图
ax1.plot(x, y, z)
# 向画布添加子图2
ax2 = fig.add_subplot(1, 2, 2, projection='3d')

# 生成子图2数据
X = np.arange(-2, 2, 0.1)
Y = np.arange(-2, 2, 0.1)
X, Y = np.meshgrid(X, Y)
Z = np.sqrt(X ** 2 + Y ** 2)
```

```
    # 绘制第2张图
    ax2.plot_surface(X, Y, Z, cmap=plt.cm.winter)
    # 显示图
    plt.show()
```

在上述代码中，因为两张子图是绘制在一张画布上面的，所以这里需要提前创建一张画布。然后通过 add_subplot()添加子图，子图序号和 2D 绘图的相似，只是注意 3D 绘图时要添加 projection='3d'参数。执行效果如图 16-13 所示。

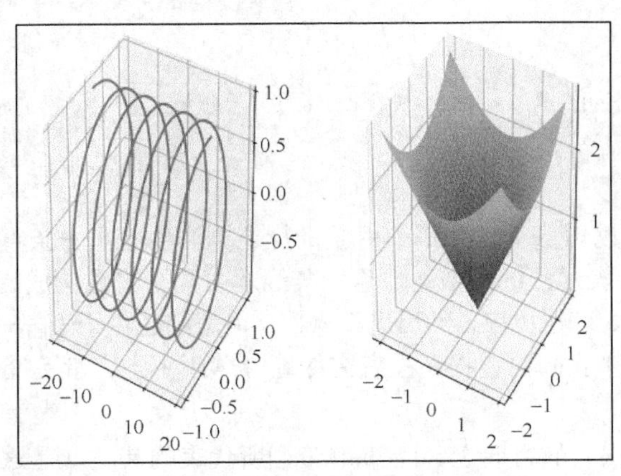

图 16-13　执行效果

范例 16-14：绘制 3D 坐标系

下面的实例文件 Shuang.py 演示了使用 Matplotlib 绘制一个简单的 3D 坐标系的方法。在本章前面的实例中都用到了类似的坐标系。

```
def Gen_RandLine(length, dims=2):
    lineData = np.empty((dims, length))        # 建立一个空的2×2矩阵
    # 这个矩阵由2个维度行向量、2个数据列向量构成
    lineData[:, 0] = np.random.rand(dims)      # 左边的格式可以提取出矩阵的第一个列向量
                                               # 其作用是让曲线的生长点在每一次程序初始化后更新成随机的点
    for index in range(1, length):
        step = ((np.random.rand(dims) - 0.5) * 0.1)
        # 对矩阵进行运算，生成了由2个一维数组组成的矩阵，得到的是一个矢量长度
        lineData[:, index] = lineData[:, index - 1] + step
    # 第index列的向量增加step个矢量长度
    return lineData   # 返回的是一组随机行走的线段，其数据由二维矩阵所存储，而且不能更改
                      # 其长度是预先确定的，只能在调用时更改


def update_lines(num, dataLines, lines):
    for line, data in zip(lines, dataLines):
        # NOTE: there is no .set_data() for 3 dim data...
        line.set_data(data[0:2, :num])
        line.set_3d_properties(data[2, :num])
    return lines


# 这个函数的用途是解决不存在3D数据的set_data() 方法而产生的麻烦
fig = plt.figure()
ax = p3.Axes3D(fig)

# 50条随机3D线
data = [Gen_RandLine(2000, 3) for index in range(1)]
# Gen_RandLine()函数中，第1个参数是曲线的长度，第2个参数是曲线的维度。
# 由于它写在了[]里面，并且用了for in range的句式，因此，将能生成一个由矩阵所构成的数组

# 创造一个包含50条线的对象。
# 注意: 无法将空数组传递到绘图程序的3D版本
# 这里指出了为何要这样做，因为不能给绘图函数传递一个空的数组
lines = [ax.plot(dat[0, 0:1], dat[1, 0:1], dat[2, 0:1])[0] \
         for dat in data]
```

```
    # 设置轴属性
    ax.set_xlim3d([0.0, 1.0])
    ax.set_xlabel('X')

    ax.set_ylim3d([0.0, 1.0])
    ax.set_ylabel('Y')

    ax.set_zlim3d([0.0, 1.0])
    ax.set_zlabel('Z')

    ax.set_title('3D Test')

    # 创建动画对象
    line_ani = animation.FuncAnimation \
        (fig, update_lines, 20500, fargs=(data, lines), \
         interval=0, blit=False)

    plt.show()
```

在上述代码中，函数 Gen_RandLine()用随机行走算法创立了一条直线，其 length 变量是线的点的数量，变量 dims 表示线的维数。因为一条线是由几个矢量构成的，所以可以把一个矩阵中的列向量用上面的格式表达出来，然后进行操作。但是问题在于矩阵一旦被确定，就不能再增加列向量了。因此，如果我们要让程序没有穷尽地继续画下去，就不能用下面的结构实现。

```
    print lineData[:, index]
    print step
```

另外，data 是一个很长的行向量，而 dat[0,0:1]所代表的其实就是这个行向量中的第一个分量。如下代码语句给 lines 赋了一个值，这个值就是这条曲线的第 1 个坐标。

```
    lines = [ax.plot(dat[0, 0:1], dat[1, 0:1], dat[2, 0:1])[0] \
             for dat in data]
```

最后通过调用函数 animation.FuncAnimation()实现动画功能，其中第 3 个变量是一个循环的动画中动画重复的步数。如果缺少了这个变量，动画将会不断地进行下去。参数 fargs 的作用是把参数 data、lines 传递给 update_lines()函数。其中 data 是多条线的数据。函数 FuncAnimation()绘制动画的机制是不断地重复一个函数，这个函数给母函数返回一个点集，然后母函数把这个点集绘制在屏幕上。

执行效果如图 16-14 所示。

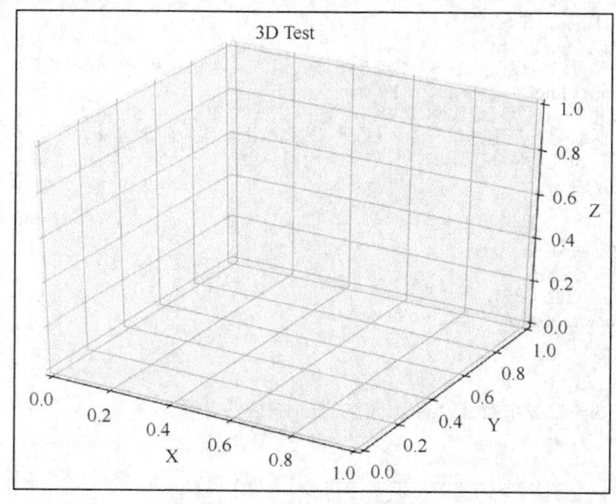

图 16-14 执行效果

16.2 使用 OpenGL 绘制三维图形

OpenGL（Open Graphics Library）是指定义了跨编程语言、跨平台的编程接口的专业的图形程序接口。它用于 3D 图像（2D 的亦可），是一个功能强大、调用方便的底层图形库。在编写

Python 程序的过程中，可以使用库 PyOpenGL 调用 OpenGL API，从而实现 3D 功能。

范例 16-15：安装 PyOpenGL

通常我们只需通过如下命令即可安装 PyOpenGL。

```
pip install PyOpenGL PyOpenGL_accelerate
```

在 Windows 操作系统中，会默认安装 32 位的 PyOpenGL。如果用户使用的是 64 位操作系统，建议分别下载 64 位的 PyOpenGL 文件和 PyOpenGL_accelerate 文件，然后通过如下命令格式安装这两个文件。

```
python -m pip install --user PyOpenGL文件和PyOpenGL_accelerate文件的路径
```

范例 16-16：第一个 PyOpenGL 程序

下面的实例文件 fff.py 演示了创建第一个 PyOpenGL 程序的过程。

```
from OpenGL.GL import *
from OpenGL.GLU import *
from OpenGL.GLUT import *


def drawFunc():
    glClear(GL_COLOR_BUFFER_BIT)
    # glRotatef(1, 0, 1, 0)
    glutWireTeapot(0.5)#这是内置函数，能够绘制一个茶壶
    glFlush()


glutInit()
glutInitDisplayMode(GLUT_SINGLE | GLUT_RGBA)
glutInitWindowSize(400, 400)
glutCreateWindow("First")
glutDisplayFunc(drawFunc)
# glutIdleFunc(drawFunc)
glutMainLoop()
```

执行效果如图 16-15 所示。

在上述代码中，前 3 行导入了 OpenGL API 函数。因为 OpenGL 最初是用 C 语言写成的，所以在 OpenGL 的程序中，绘图的代码也有很多是 API 功能函数，并没有对象和类，所以我们把相关的 OpenGL API 函数全部导入。

在上述代码中用到了多个 OpenGL API 函数，例如 glClear()、glutInit()和 glutInitWindowSize()。OpenGL 函数的一般命名规则如下。

```
<前缀><根函数><参数数目><参数类型>
```

OpenGL 函数的常用前缀有 gl、glu、aux、glut、wgl、glx、agl 等，分别表示该函数属于 OpenGL 哪个开发库。原生的 OpenGL 是跨平台的，跨平台意味着很多功能是无法实现的，比如 Windows 和 X-Window 的窗口实现机制是不同的，OpenGL 并不关心这些东西，只负责实现画图功能。所以，OpenGL 并没有窗口函数，所以无法创建窗口、无法获得输入等，这些东西都需要其他的函数库来实现。例如，可以先用 Pygame 创建窗口，然后用 PyOpenGL 来绘图。

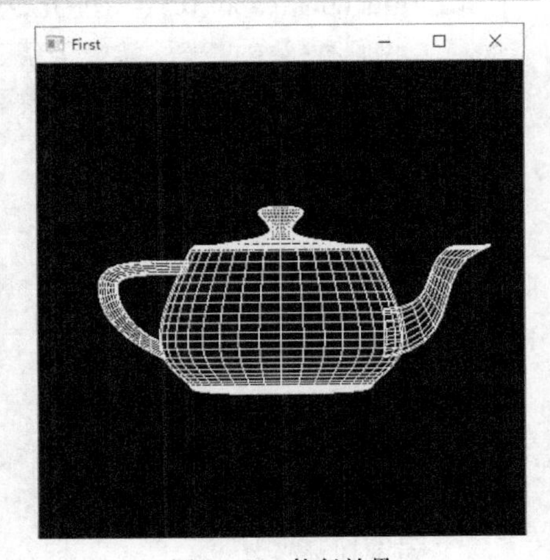

图 16-15　执行效果

在众多 OpenGL API 函数中，我们主要使用两种，一种是 GLU 库，它提供了比较基础的命令的封装，可以很简单地实现比较多的复杂功能；另一种就是 GLUT，GLUT 是不依赖于窗口平台的 OpenGL 工具包，目的是减小不同窗口平台 API 的复杂度，提供更为复杂的绘制功能，我们会大量地使用它。

OpenGL API 函数的参数就很好理解了，其命名方法有点像匈牙利命名法，例如 f 说明是

float，i 说明是 int 等。对 Python 来说可能不是很重要，不过还是要说明一下，OpenGL 函数有 d（double）版本，C/C++一般默认浮点数类型就是 double，使用 d 版本函数可能会显得比较简单，但是我们不推荐。因为 OpenGL 内部数据都是以 float 的形式存放的，如果使用 double 会对性能有一定的影响。举个例子，glColor3f()表示该函数属于 gl 库，参数是 3 个 float 类型参数。类似的函数还有 glColor3i、glColor4f 等，我们用 glColor*()来表示这一类函数。

在上述代码中，从 glutInit()开始一直到结束，这部分基本上是固定的，主要涉及如下 OpenGL API 函数。

- glutInit()：用 GLUT 来初始化 OpenGL。
- glutInitDisplayMode(GLUT_SINGLEIGLUT_SINGLE)：用于告诉系统我们需要一个怎样的显示模式，其参数 GLUT_RGBA 表示使用(red, green, blue)颜色系统；GLUT_SINGLE 意味着所有的绘图操作都直接在显示的窗口执行，相对地，我们还有一个双缓冲的窗口，对于动画来说非常合适。
- glutInitWindowSize(400, 400)：用于设置出现的窗口的大小。实际上 glutInitWindowPosition()函数也很常用，它被用来设置窗口出现的位置。
- glutCreateWindow("First")：一旦调用此函数就会出现一个窗口，参数就是窗口的标题。
- glutDisplayFunc(drawFunc)：注册一个函数，用来绘制 OpenGL 窗口，在 drawFunc()函数中写了很多 OpenGL 的绘图操作等命令，也就是我们主要要学习的东西。
- glutIdleFunc(drawFunc)：可以让 OpenGL 在闲暇之余调用注册的函数，这是产生动画的绝好方法。
- glutMainLoop()：主循环函数，一旦调用，我们的 OpenGL 就一直循环执行下去。

而在自定义函数 drawFunc()中，用到了如下 OpenGL API 函数。

- glRotatef(1, 0, 1, 0)：4 个参数中第一个是角度，后 3 个是一个向量，其功能是绕着这个向量旋转，这里是绕着 y 轴旋转 1°。这一度一度的累加，最后使得茶壶围绕 y 轴不停地旋转。从这里也能看出来，我们指定了一个旋转的角度后，重新绘制并不会复位，而是在上一次旋转的结果上继续旋转。这是一个非常重要的概念，OpenGL 是一个状态机，一旦你指定了某种状态，直到再指定时，它会保持那种状态。不仅仅是旋转，包括以后的光照贴图等，都遵循这样的规律。
- glutWireTeapot(0.5)：是 GLUT 提供的绘制茶壶的工具函数，这是一个别人写好的代码，我们直接拿过来用就好。茶壶是相当复杂的一个几何体，但我们用这个函数一下子就画出来了。这里用的是线模型，没有涉及光照和材质。

范例 16-17：点线面的绘制

下面的实例文件 dianxian.py 演示了使用 PyOpenGL 绘制点线面图形的过程。

```
def init():
    glClearColor(0.0, 0.0, 0.0, 1.0)
    gluOrtho2D(-1.0, 1.0, -1.0, 1.0)

def drawFunc():
    glClear(GL_COLOR_BUFFER_BIT)
    glBegin(GL_LINES)
    glVertex2f(-1.0, 0.0)
    glVertex2f(1.0, 0.0)
    glVertex2f(0.0, 1.0)
    glVertex2f(0.0, -1.0)
    glEnd()
①
    glPointSize(5.0)
    glBegin(GL_POINTS)
    glColor3f(1.0, 0.0, 0.0)
    glVertex2f(0.3, 0.3)
```

```
        glColor3f(0.0, 1.0, 0.0)
        glVertex2f(0.6, 0.6)
        glColor3f(0.0, 0.0, 1.0)
        glVertex2f(0.9, 0.9)
        glEnd()
    ②
        glColor3f(1.0, 1.0, 0)
        glBegin(GL_QUADS)
        glVertex2f(-0.2, 0.2)
        glVertex2f(-0.2, 0.5)
        glVertex2f(-0.5, 0.5)
        glVertex2f(-0.5, 0.2)
        glEnd()
    ③
        glColor3f(0.0, 1.0, 1.0)
        glPolygonMode(GL_FRONT, GL_LINE)
        glPolygonMode(GL_BACK, GL_FILL)
        glBegin(GL_POLYGON)
        glVertex2f(-0.5, -0.1)
        glVertex2f(-0.8, -0.3)
        glVertex2f(-0.8, -0.6)
        glVertex2f(-0.5, -0.8)
        glVertex2f(-0.2, -0.6)
        glVertex2f(-0.2, -0.3)
        glEnd()
    ④
        glPolygonMode(GL_FRONT, GL_FILL)
        glPolygonMode(GL_BACK, GL_LINE)
        glBegin(GL_POLYGON)
        glVertex2f(0.5, -0.1)
        glVertex2f(0.2, -0.3)
        glVertex2f(0.2, -0.6)
        glVertex2f(0.5, -0.8)
        glVertex2f(0.8, -0.6)
        glVertex2f(0.8, -0.3)
        glEnd()
    ⑤
        glFlush()

    glutInit()
    glutInitDisplayMode(GLUT_RGBA | GLUT_SINGLE)
    glutInitWindowSize(400, 400)
    glutCreateWindow("Sencond")
    glutDisplayFunc(drawFunc)
    init()
    glutMainLoop()
```

执行效果如图 16-16 所示。

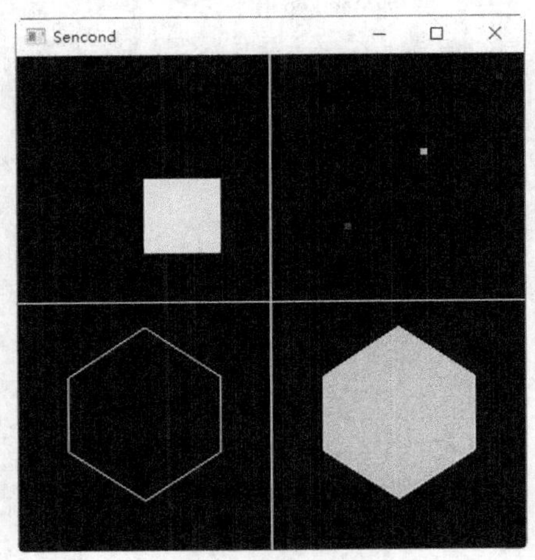

图 16-16　执行效果

因为在上述代码中没有指定颜色，所以使用 OpenGL 默认的颜色系统，即前景为白色，背景为黑色。①～②部分的代码实现了绘制功能，通过 glPointSize(5.0)指明每个点的大小为 5px（否则默认是 1px，可能看不清楚）。而 glColor3f(R, G, B)指定了绘制的颜色，这里的 R、G、B 都是 0～1 之间的浮点数。注意这里的排布，glColor3f()是放在 glBegin()和 glEnd()里面的，而 glPointSize()则不是，在此简单画了 3 个不同颜色的点。

在执行效果的左上区域中，使用 GL_QUADS 画了一个黄色的矩形。很简单，我们指定几个点，画出矩形，但是注意，这个矩形是填充的。也就是说，OpenGL 在默认情况下，会填充我们画出来的图形。如何不填充呢？

在执行效果的下面区域中，我们将两个图案结合起来看，这两个图形是完全一样的，代码分别为左下区域③～④部分和右下区域④～⑤部分，值就是一个正、一个负而已，另外不同的是如下代码。

```
    glPolygonMode(GL_FRONT, GL_LINE)
    glPolygonMode(GL_BACK, GL_FILL)
```

```
glPolygonMode(GL_FRONT, GL_FILL)
glPolygonMode(GL_BACK, GL_LINE)
```

函数 glPolygonMode()指定了绘制面的方式，参数 GL_LINE 表示只画线，GL_FILL 表示默认的填充。

范例 16-18：绘制平方曲线

下面的实例文件 ping.py 演示了使用 PyOpenGL 绘制 $y=x^2$ 的抛物线图像的过程。

```
def init():
    glClearColor(1.0, 1.0, 1.0, 1.0)
    gluOrtho2D(-5.0, 5.0, -5.0, 5.0)


def plotfunc():
    glClear(GL_COLOR_BUFFER_BIT)
    glPointSize(3.0)

    glColor3f(1.0, 1.0, 0.0)
    glBegin(GL_LINES)
    glVertex2f(-5.0, 0.0)
    glVertex2f(5.0, 0.0)
    glVertex2f(0.0, 5.0)
    glVertex2f(0.0, -5.0)
    glEnd()

    glColor3f(0.0, 0.0, 0.0)
    glBegin(GL_LINES)
    # for x in arange(-5.0, 5.0, 0.1):
    for x in (i * 0.1 for i in range(-50, 50)):
        y = x * x
        glVertex2f(x, y)
    glEnd()

    glFlush()

def main():
    glutInit(sys.argv)
    glutInitDisplayMode(GLUT_SINGLE | GLUT_RGB)
    glutInitWindowPosition(50, 50)
    glutInitWindowSize(400, 400)
    glutCreateWindow("Function Plotter")
    glutDisplayFunc(plotfunc)
    init()
    glutMainLoop()

main()
```

执行效果如图 16-17 所示。

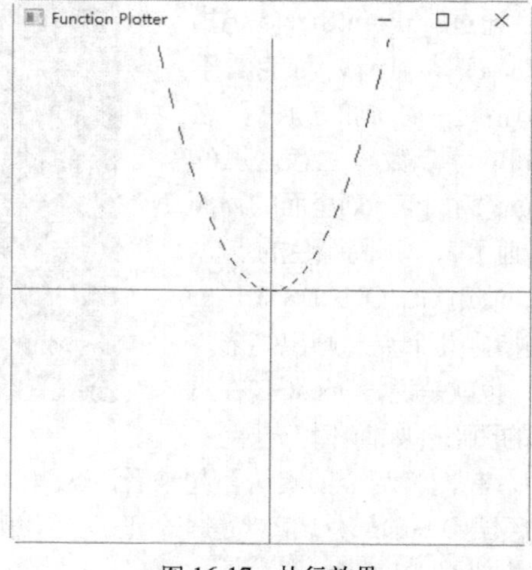

图 16-17　执行效果

范例 16-19：绘制立方曲线

下面的实例文件 lifang.py 演示了使用 PyOpenGL 绘制 $y=x^3$ 的立方曲线的过程。

```
def init():
    # 初始化背景
    glClearColor(1.0, 0.0, 1.0, 1.0)
    gluOrtho2D(-5.0, 5.0, -5.0, 5.0)


def plotfunc():
    glClear(GL_COLOR_BUFFER_BIT)
    glPointSize(5.0)

    # 绘制坐标系
    glColor3f(1.0, 1.0, 0.0)
    glBegin(GL_LINES)   # 画线
    glVertex2f(-5.0, 0.0)
    glVertex2f(5.0, 0.0)
    glVertex2f(0.0, 5.0)
    glVertex2f(0.0, -5.0)
    glEnd()

    # 绘制y = x*x*x (-5.0 < x < 5.0) 的图像
    glColor3f(0.0, 0.0, 0.0)
    glBegin(GL_LINES)   # 画线
    # for x in arange(-5.0, 5.0, 0.1):
    for x in (i * 0.1 for i in range(-50, 50)):
        y = x * x * x
        glVertex2f(x, y)   # 绘制每隔0.1个步长的点
    glEnd()

    glFlush()


def main():
    glutInit(sys.argv)
    glutInitDisplayMode(GLUT_SINGLE | GLUT_RGB)
    glutInitWindowPosition(50, 50)
    glutInitWindowSize(400, 400)
    glutCreateWindow("Function Plotter")
    glutDisplayFunc(plotfunc)
    init()
    glutMainLoop()

main()
```

在上述代码中，glPointSize(5.0)是在整个绘制函数最前面调用的，实际的效果是曲线稍微变粗。虽然坐标系也是通过点画出来的，但是绘制该函数时坐标系没有影响。如果想将线条画得粗一点，还可以使用 glLineWidth。执行效果如图 16-18 所示。

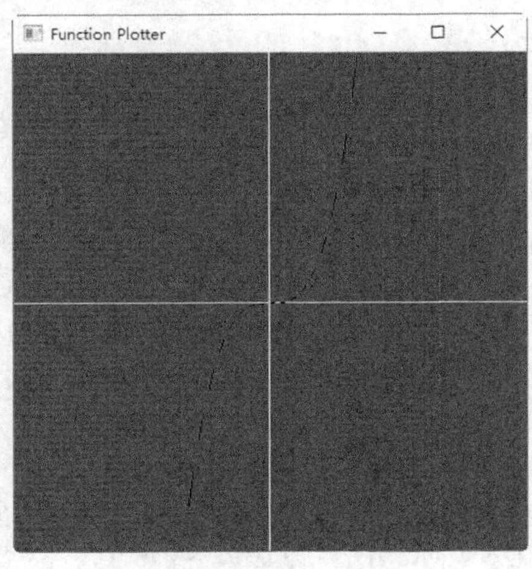

图 16-18　执行效果

范例 16-20：绘制艺术图像

在下面的实例文件 yishu.py 演示了使用 PyOpenGL 绘制艺术图像的过程。

```
global W, H, R
(W, H, R) = (500, 500, 10.0)

def init():
    glClearColor(1.0, 1.0, 1.0, 1.0)

def drawfunc():
    glClear(GL_COLOR_BUFFER_BIT)
    glColor3f(0.0, 0.0, 0.0)
    glBegin(GL_POINTS)
    for x in arange(-R, R, 0.04):
        print('%.1f%%\r' % ((R + x) / (R + R) * 100),)
        for y in arange(-R, R, 0.04):
            r = cos(x) + sin(y)
            glColor3f(cos(y * r), cos(x * y * r), sin(x * r))
            glVertex2f(x, y)
    print('100%!!')
    glEnd()
    glFlush()

def reshape(w, h):
    if h <= 0: h = 1;
    glViewport(0, 0, w, h)
    glMatrixMode(GL_PROJECTION)
    glLoadIdentity()
    if w <= h:
        gluOrtho2D(-R, R, -R * h / w, R * h / w)
    else:
        gluOrtho2D(-R * w / h, R * w / h, -R, R)
    glMatrixMode(GL_MODELVIEW)
    glLoadIdentity()

def keyboard(key, x, y):
    if key == chr(27) or key == "q":    # Esc is 27
        sys.exit()

def main():
    glutInit(sys.argv)
    glutInitDisplayMode(GLUT_SINGLE | GLUT_RGB)
    glutInitWindowPosition(20, 20)
    glutInitWindowSize(W, H)
    glutCreateWindow("Artist Drawer")
    glutReshapeFunc(reshape)
    glutDisplayFunc(drawfunc)
    glutKeyboardFunc(keyboard)
    init()
    glutMainLoop()

main()
```

在上述代码中，用到了以下几个函数。

（1）函数 drawfunc()：绘制点。

（2）函数 glutReshapeFunc()：注册此函数后，当窗口大小发生改变时，仍然可以正常显示图像。如果不注册这个函数，那么当改变窗口大小时，可能有一部分图像就无法显示了。

（3）函数 glViewport()：指定了视图程序显示的范围，也就是 OpenGL 绘制的范围，这里使用(0, 0, w, h)便是代表整个窗口，一般情况下总是如此，当然也可以指定其小于这个范围。

（4）函数 gluOrtho2D()：这个函数派生于 OpenGL 的 glOrtho()，它创建了一个正交的视景体(View Volume)。我们所看到的物体都处在这个体中，其中 4 个参数分别代表了 left、right、bottom 和 top，也就是竖直的左右边界和水平的下上边界；glOrtho 有 6 个参数可以设定。glViewport()需要和 gluOrtho2D()一起使用才能正确显示，gluOrtho2D()只负责创建一个绘图对象，而 glViewport()只负责绘图的范围。如果绘图对象是一个正方体，而窗口是一个长方体，那么直接绘制的结果会是什么呢？很明显，整个视景体里的东西都被拉长了，而一般我们都是指明了窗口大小，自然只能修改视景体来适应各种不同的比例了。

（5）函数 glMatrixMode()：这个函数涉及了 OpenGL 中的"矩阵"的概念。通过矩阵，3D 世界的所有维度都储存到内存中的一维数组里去了。在 OpenGL 中有如下几种矩阵。

- GL_MODELVIEW：模型观察矩阵，表示物体的位置变化和观察点的改变。
- GL_PROJECTION：投影矩阵，描述如何将一个物体投影到平面上。
- GL_TEXTURE：纹理矩阵，描述纹理坐标的动态变化。

本实例的执行速度会有点慢，执行效果如图 16-19 所示。

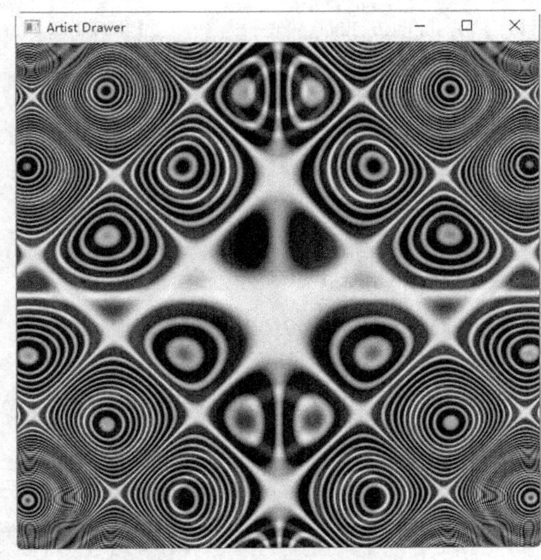

图 16-19　执行效果

范例 16-21：绘制不同的线条

在下面的实例文件 xxx.py 演示了使用 PyOpenGL 绘制不同样式线条的过程。

```
def drawOneLine(x1, y1, x2, y2):
    glBegin(GL_LINES)
    glVertex2f(x1, y1)
    glVertex2f(x2, y2)
    glEnd()


def init():
    glClearColor(0.0, 0.0, 0.0, 0.0)
    glShadeModel(GL_FLAT)

def display():
    glClear(GL_COLOR_BUFFER_BIT)

    # 为所有线选择白色
    glColor3f(1.0, 1.0, 1.0)

    # 开始绘制线条
    glEnable(GL_LINE_STIPPLE)

    glLineStipple (1, 0x0101)   #   点虚线
    drawOneLine (50.0, 125.0, 150.0, 125.0)
    glLineStipple (1, 0x00FF)   #   虚线
    drawOneLine (150.0, 125.0, 250.0, 125.0);
    glLineStipple (1, 0x1C47)   #   短线/点
    drawOneLine (250.0, 125.0, 350.0, 125.0)

    # 绘制第2条虚线
    glLineWidth(5.0)
    glLineStipple(1, 0x0101)   # 点虚线
    drawOneLine(50.0, 100.0, 150.0, 100.0)
    glLineStipple(1, 0x00FF)   #   虚线
    drawOneLine(150.0, 100.0, 250.0, 100.0)
    glLineStipple(1, 0x1C47)   #     短线/点
    drawOneLine(250.0, 100.0, 350.0, 100.0)
    glLineWidth(1.0)

    # 绘制第3条虚线，以点/点/短线点画作为单个连接线条的一部分
    glLineStipple (1, 0x1C47)   # 短线/点
    glBegin (GL_LINE_STRIP)
    for i in range(0, 7):
        glVertex2f(50.0 + (i * 50.0), 75.0)
    glEnd()
```

```
    # 绘制第4条虚线，6条独立的线具有相同的点状
    for i in range(0, 6):
        drawOneLine (50.0 + (i * 50.0), 50.0, 50.0 + ((i+1) * 50.0), 50.0)

    # 绘制第5条虚线
    glLineStipple (5, 0x1C47)   # 短线/点
    drawOneLine (50.0, 25.0, 350.0, 25.0)

    glDisable (GL_LINE_STIPPLE)
    glFlush ()

def reshape(w, h):
    glViewport(0, 0, w, h)
    glMatrixMode(GL_PROJECTION)
    glLoadIdentity()
    gluOrtho2D(0.0, w, 0.0, h)

def keyboard(key, x, y):
    if key == chr(27):
        sys.exit(0)
```

执行效果如图 16-20 所示。

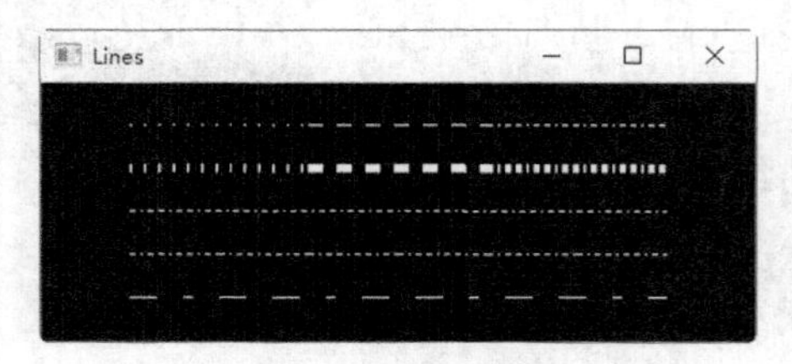

图 16-20　执行效果

范例 16-22：绘制平滑阴影三角形

下面的实例文件 smoon.py 演示了使用 PyOpenGL 绘制平滑阴影三角形的过程。

```
def init():
    glClearColor(0.0, 0.0, 0.0, 0.0)
    glShadeModel(GL_SMOOTH)

def triangle():
    glBegin(GL_TRIANGLES)
    glColor3f(1.0, 0.0, 0.0)
    glVertex2f(5.0, 5.0)
    glColor3f(0.0, 1.0, 0.0)
    glVertex2f(25.0, 5.0)
    glColor3f(0.0, 0.0, 1.0)
    glVertex2f(5.0, 25.0)
    glEnd()

def display():
    glClear(GL_COLOR_BUFFER_BIT)
    triangle()
    glFlush()


def reshape(w, h):
    glViewport(0, 0, w, h)
    glMatrixMode(GL_PROJECTION)
    glLoadIdentity()
    if(w <= h):
        gluOrtho2D(0.0, 30.0, 0.0, 30.0 * h/w)
    else:
        gluOrtho2D(0.0, 30.0 * w/h, 0.0, 30.0)
    glMatrixMode(GL_MODELVIEW)

def keyboard(key, x, y):
    if key == chr(27):
        sys.exit(0)
```

执行效果如图 16-21 所示。

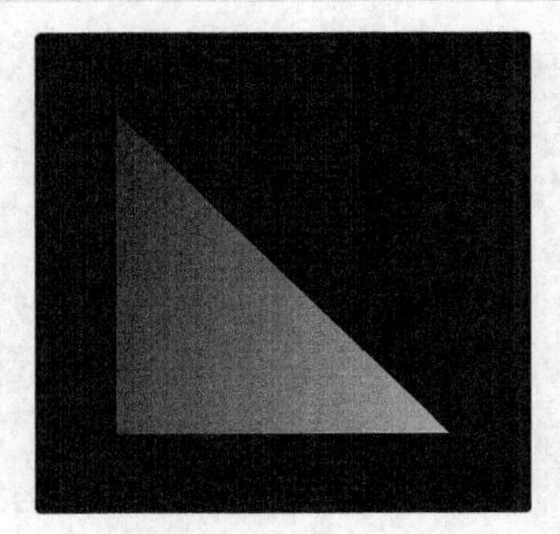

图 16-21　执行效果

范例 16-23：渲染一个简单的立方体

下面的实例文件 zhuose.py 演示了使用 PyOpenGL 渲染一个简单的立方体的过程。

```
def init():
    glClearColor (0.0, 0.0, 0.0, 0.0)
    glShadeModel (GL_FLAT)

def display():
    glClear (GL_COLOR_BUFFER_BIT)
    glColor3f (1.0, 1.0, 1.0)
    glLoadIdentity ()                    # 清除矩阵
    # viewing transformation
    gluLookAt (0.0, 0.0, 5.0, 0.0, 0.0, 0.0, 0.0, 1.0, 0.0)
    glScalef (1.0, 2.0, 1.0)             # 建模转换
    glutWireCube (1.0)
    glFlush ()

def reshape (w, h):
    glViewport (0, 0, w, h)
    glMatrixMode (GL_PROJECTION)
    glLoadIdentity ()
    glFrustum (-1.0, 1.0, -1.0, 1.0, 1.5, 20.0)
    glMatrixMode (GL_MODELVIEW)

def keyboard(key, x, y):
    if key == chr(27):
        import sys
        sys.exit(0)
```

通过上述代码实现了一个单一的建模转换操作，渲染了一个简单的立方体，执行效果如图 16-22 所示。

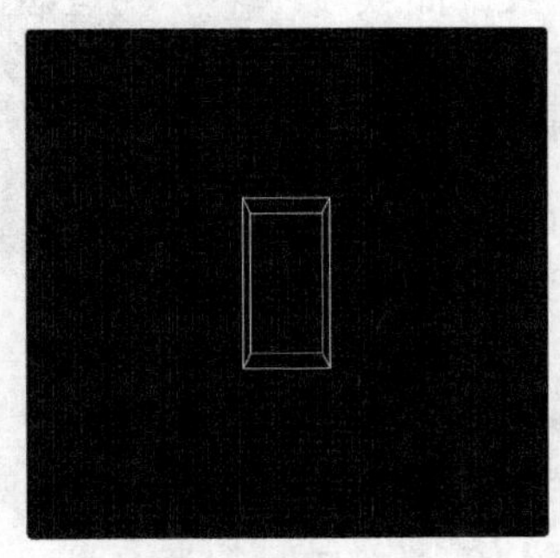

图 16-22　执行效果

范例 16-24：实现灯光渲染

下面的实例文件 deng.py 演示了使用 PyOpenGL 实现灯光渲染的过程。

```
spin = 0
#  初始化材料属性、光源、照明模型和深度缓冲器
def init():
    glClearColor (0.0, 0.0, 0.0, 0.0)
    glShadeModel (GL_SMOOTH)
```

```
    glEnable(GL_LIGHTING)
    glEnable(GL_LIGHT0)
    glEnable(GL_DEPTH_TEST)

# 在建模转换（格子化）被调用之后重置光的位置
# 将光放在一个新位置
# 立方体代表光的位置
def display():
    position =   [0.0, 0.0, 1.5, 1.0]

    glClear (GL_COLOR_BUFFER_BIT | GL_DEPTH_BUFFER_BIT)
    glPushMatrix ()
    gluLookAt (0.0, 0.0, 5.0, 0.0, 0.0, 0.0, 0.0, 1.0, 0.0)

    glPushMatrix ()
    glRotated (spin, 1.0, 0.0, 0.0)
    glLightfv (GL_LIGHT0, GL_POSITION, position)

    glTranslated (0.0, 0.0, 1.5)
    glDisable (GL_LIGHTING)
    glColor3f (0.0, 1.0, 1.0)
    glutWireCube (0.1)
    glEnable (GL_LIGHTING)
    glPopMatrix ()

    glutSolidTorus (0.275, 0.85, 8, 15)
    glPopMatrix ()
    glFlush ()

def reshape (w, h):
    glViewport (0, 0, w, h)
    glMatrixMode (GL_PROJECTION)
    glLoadIdentity()
    gluPerspective(40.0, w/h, 1.0, 20.0)
    glMatrixMode(GL_MODELVIEW)
    glLoadIdentity()

def mouse(button, state, x, y):
    global spin
    if button == GLUT_LEFT_BUTTON and state == GLUT_DOWN:
        spin = (spin + 30) % 360
        glutPostRedisplay()
```

通过上述代码演示了使用照明和转换命令来渲染一个模型的方法，该模型通过一个建模转换（旋转或平移）命令进行移动，在调用建模转换后会重置光的位置，而模型位置不变。我们使用灰色材质绘制了一个环状模型，单个光源会照亮物体。每当按下鼠标左键，会改变建模角度（绕 x 轴旋转）30°，并用新的位置重新绘制场景。执行效果如图 16-23 所示。

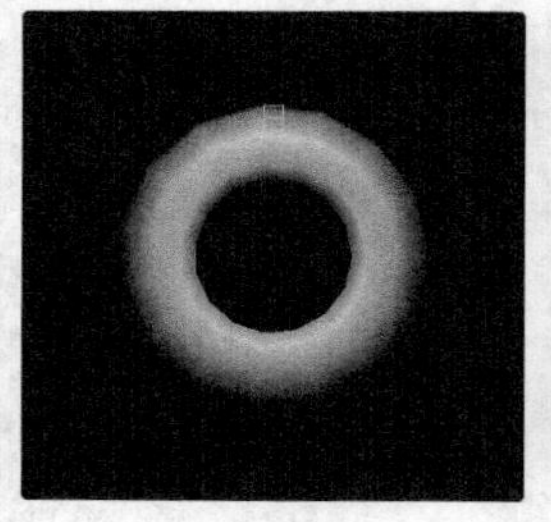
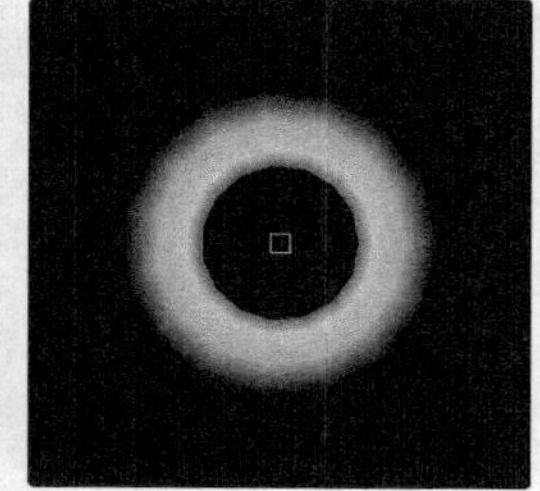

图 16-23　执行效果

范例 16-25：灯光渲染陈列茶壶

下面的实例文件 danyi.py 演示了使用 PyOpenGL 实现灯光渲染陈列茶壶的过程。一共展示 6 行 4 列，共计 24 个茶壶，每一个茶壶都被单一的光源照亮。

```
# 初始化深度缓冲器、投影矩阵、光源和照明模型。这里不指定材料属性
def init():
    ambient = [0.0, 0.0, 0.0, 1.0]
    diffuse = [1.0, 1.0, 1.0, 1.0]
    specular = [1.0, 1.0, 1.0, 1.0]
    position = [0.0, 3.0, 3.0, 0.0]

    lmodel_ambient = [0.2, 0.2, 0.2, 1.0]
    local_view = [0.0]
```

```
    glLightfv(GL_LIGHT0, GL_AMBIENT, ambient)
    glLightfv(GL_LIGHT0, GL_DIFFUSE, diffuse)
    glLightfv(GL_LIGHT0, GL_POSITION, position)
    glLightModelfv(GL_LIGHT_MODEL_AMBIENT, lmodel_ambient)
    glLightModelfv(GL_LIGHT_MODEL_LOCAL_VIEWER, local_view)

    glFrontFace(GL_CW)
    glEnable(GL_LIGHTING)
    glEnable(GL_LIGHT0)
    glEnable(GL_AUTO_NORMAL)
    glEnable(GL_NORMALIZE)
    glEnable(GL_DEPTH_TEST)

    # 制作陈列茶壶
    global teapotList
    teapotList = glGenLists(1)
    glNewList (teapotList, GL_COMPILE)
    glutSolidTeapot(1.0)
    glEndList ()

# 将物体移动到所在位置。使用第3个到第12个参数来指定材料属性，画一个茶壶
def renderTeapot(x, y, ambr, ambg, ambb, difr, difg,
                              difb, specr, specg, specb, shine):
    mat = [0, 0, 0, 0]

    glPushMatrix()
    glTranslatef(x, y, 0.0)
    mat[0] = ambr; mat[1] = ambg; mat[2] = ambb; mat[3] = 1.0
    glMaterialfv(GL_FRONT, GL_AMBIENT, mat)
    mat[0] = difr; mat[1] = difg; mat[2] = difb
    glMaterialfv(GL_FRONT, GL_DIFFUSE, mat)
    mat[0] = specr; mat[1] = specg; mat[2] = specb
    glMaterialfv(GL_FRONT, GL_SPECULAR, mat)
    glMaterialf(GL_FRONT, GL_SHININESS, shine * 128.0)
    glutSolidTeapot(1.0)
    glPopMatrix()


#  第1列：翡翠、玉石、黑曜石、珍珠、红宝石、绿松石
#  第2列：黄铜、青铜、铬、铜、金、银
#  第3列：黑色、青色、绿色、红色、白色、黄色塑料
#  第4列：黑色、青色、绿色、红色、白色、黄色橡胶
def display():
     global teapotList
     if not teapotList:
          init();
     glClearColor( 1.0,1.0,1.0, 1.0 )
     glClear(GL_COLOR_BUFFER_BIT | GL_DEPTH_BUFFER_BIT)
     renderTeapot(2.0, 17.0, 0.0215, 0.1745, 0.0215,
        0.07568, 0.61424, 0.07568, 0.633, 0.727811, 0.633, 0.6)
     renderTeapot(2.0, 14.0, 0.135, 0.2225, 0.1575,
        0.54, 0.89, 0.63, 0.316228, 0.316228, 0.316228, 0.1)
     renderTeapot(2.0, 11.0, 0.05375, 0.05, 0.06625,
        0.18275, 0.17, 0.22525, 0.332741, 0.328634, 0.346435, 0.3)
     renderTeapot(2.0, 8.0, 0.25, 0.20725, 0.20725,
        1, 0.829, 0.829, 0.296648, 0.296648, 0.296648, 0.088)
     renderTeapot(2.0, 5.0, 0.1745, 0.01175, 0.01175,
        0.61424, 0.04136, 0.04136, 0.727811, 0.626959, 0.626959, 0.6)
     renderTeapot(2.0, 2.0, 0.1, 0.18725, 0.1745,
        0.396, 0.74151, 0.69102, 0.297254, 0.30829, 0.306678, 0.1)
     renderTeapot(6.0, 17.0, 0.329412, 0.223529, 0.027451,
        0.780392, 0.568627, 0.113725, 0.992157, 0.941176, 0.807843,
        0.21794872);
     renderTeapot(6.0, 14.0, 0.2125, 0.1275, 0.054,
        0.714, 0.4284, 0.18144, 0.393548, 0.271806, 0.166721, 0.2)
     renderTeapot(6.0, 11.0, 0.25, 0.25, 0.25,
        0.4, 0.4, 0.4, 0.774597, 0.774597, 0.774597, 0.6)
     renderTeapot(6.0, 8.0, 0.18125, 0.0735, 0.0225,
        0.7038, 0.27048, 0.0828, 0.256777, 0.137622, 0.086014, 0.1)
     renderTeapot(6.0, 5.0, 0.24725, 0.1895, 0.0745,
        0.75164, 0.60648, 0.22648, 0.628281, 0.555802, 0.366065, 0.4)
     renderTeapot(6.0, 2.0, 0.18225, 0.18225, 0.18225,
        0.50754, 0.50754, 0.50754, 0.508273, 0.508273, 0.508273, 0.4)
```

```
        renderTeapot(10.0, 17.0, 0.0, 0.0, 0.0, 0.01, 0.01, 0.01,
          0.50, 0.50, 0.50, .25)
        renderTeapot(10.0, 14.0, 0.0, 0.1, 0.06, 0.0, 0.50980392, 0.50980392,
          0.50186078, 0.50186078, 0.50186078, .25)
        renderTeapot(10.0, 11.0, 0.0, 0.0, 0.0,
          0.1, 0.35, 0.1, 0.45, 0.55, 0.45, .25);
        renderTeapot(10.0, 8.0, 0.0, 0.0, 0.0, 0.5, 0.0, 0.0,
          0.7, 0.6, 0.6, .25)
        renderTeapot(10.0, 5.0, 0.0, 0.0, 0.0, 0.55, 0.55, 0.55,
          0.70, 0.70, 0.70, .25)
        renderTeapot(10.0, 2.0, 0.0, 0.0, 0.0, 0.5, 0.5, 0.0,
          0.60, 0.60, 0.50, .25)
        renderTeapot(14.0, 17.0, 0.02, 0.02, 0.02, 0.01, 0.01, 0.01,
          0.4, 0.4, 0.4, .078125)
        renderTeapot(14.0, 14.0, 0.0, 0.05, 0.05, 0.4, 0.5, 0.5,
          0.04, 0.7, 0.7, .078125)
        renderTeapot(14.0, 11.0, 0.0, 0.05, 0.0, 0.4, 0.5, 0.4,
          0.04, 0.7, 0.04, .078125)
        renderTeapot(14.0, 8.0, 0.05, 0.0, 0.0, 0.5, 0.4, 0.4,
          0.7, 0.04, 0.04, .078125)
        renderTeapot(14.0, 5.0, 0.05, 0.05, 0.05, 0.5, 0.5, 0.5,
          0.7, 0.7, 0.7, .078125)
        renderTeapot(14.0, 2.0, 0.05, 0.05, 0.0, 0.5, 0.5, 0.4,
          0.7, 0.7, 0.04, .078125)
        glutSwapBuffers()

def reshape(w, h):
    glViewport(0, 0, w, h)
    glMatrixMode(GL_PROJECTION)
    glLoadIdentity()
    if (w <= h):
        glOrtho(0.0, 16.0, 0.0, 16.0*h/w, -10.0, 10.0)
    else:
        glOrtho(0.0, 16.0*w/h, 0.0, 16.0, -10.0, 10.0)
    glMatrixMode(GL_MODELVIEW)


def keyboard(key, x, y):
    if key == chr(27):
        sys.exit(0)
```

执行效果如图 16-24 所示。

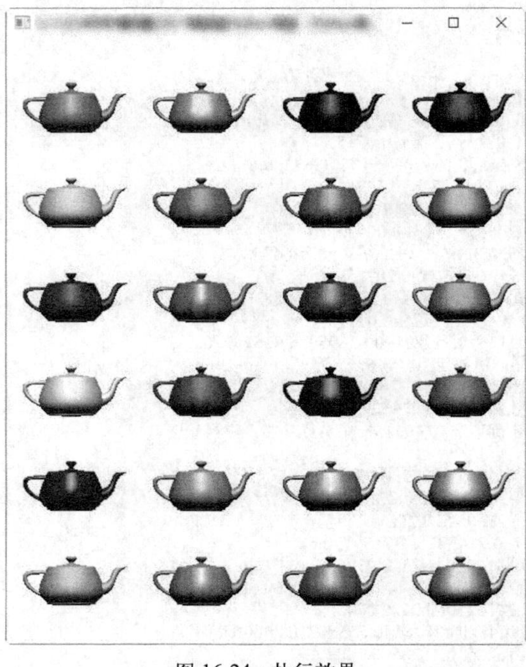

图 16-24　执行效果

范例 16-26：控制旋转物体

下面的实例文件 double.py 演示了使用 PyOpenGL 控制旋转物体的过程。

```
def display():
    glClear(GL_COLOR_BUFFER_BIT)
    glPushMatrix()
    glRotatef(spin, 0.0, 0.0, 1.0)
    glColor3f(1.0, 1.0, 1.0)
    glRectf(-25.0, -25.0, 25.0, 25.0)
    glPopMatrix()
    glutSwapBuffers()


def spinDisplay():
    global spin
    spin = spin + 2.0
    if (spin > 360.0):
        spin = spin - 360.0
    glutPostRedisplay()


def init():
    glClearColor(0.0, 0.0, 0.0, 0.0)
    glShadeModel(GL_FLAT)


def reshape(w, h):
    glViewport(0, 0, w, h)
    glMatrixMode(GL_PROJECTION)
    glLoadIdentity()
    glOrtho(-50.0, 50.0, -50.0, 50.0, -1.0, 1.0)
    glMatrixMode(GL_MODELVIEW)
    glLoadIdentity()

def mouse(button, state, x, y):
    if button == GLUT_LEFT_BUTTON:
        if (state == GLUT_DOWN):
            glutIdleFunc(spinDisplay)
    elif button == GLUT_MIDDLE_BUTTON or button == GLUT_RIGHT_BUTTON:
        if (state == GLUT_DOWN):
            glutIdleFunc(None)
```

上述代码是一个简单的双缓冲程序，按下鼠标左键后会旋转图形，按下鼠标右键停止旋转。执行效果如图 16-25 所示。

图 16-25　执行效果

范例 16-27：实现一个简单的动画

下面的实例文件 tt.py 演示了使用 PyOpenGL 实现一个简单动画的过程。

```
animationAngle = 0.0
frameRate = 25

def doAnimationStep( ):
    """更新动画参数
    这个函数是由glutSetIdleFunc()激活的"""
```

```
        global animationAngle
        global frameRate
        animationAngle += 1
        while animationAngle > 360:
                animationAngle -= 360
        sleep( 1 / float( frameRate ) )
        glutPostRedisplay( )

def display(    ):
        # OpenGL显示函数
        glClear( GL_COLOR_BUFFER_BIT | GL_DEPTH_BUFFER_BIT )
        glMatrixMode( GL_MODELVIEW )
        glLoadIdentity( )
        glColor3f( 1, 1, 1 )
        glRotatef( animationAngle, 0, 0, 1 )
        glBegin( GL_QUADS )
        glVertex3f( -0.5, 0.5, 0 )
        glVertex3f( -0.5, -0.5, 0 )
        glVertex3f( 0.5, -0.5, 0 )
        glVertex3f( 0.5, 0.5, 0 )
        glEnd(    )
        glutSwapBuffers( )

def init(    ):
        glClearColor ( 0, 0, 0, 0 )
        glShadeModel( GL_SMOOTH )
```

执行后会实现一个旋转正方形的效果，执行效果如图 16-26 所示。

图 16-26　执行效果

范例 16-28：实现旋转复杂图形的动画

下面的实例文件 wen.py 演示了使用 PyOpenGL 实现一个旋转复杂图形动画的过程。

```
animationAngle = 0.0
frameRate = 25
animationTime = 0

def animationStep( ):
        """更新动画参数"""
        global animationAngle
        global frameRate
        animationAngle += 0.3
        while animationAngle > 360:
                animationAngle -= 360
        sleep( 1 / float( frameRate ) )
        glutPostRedisplay( )

degree=3
s2=math.sqrt(2)/2.0

# 初始化圆控制点
circlePoints = [\
        [0.0, 1.0, 0.0, 1.0],\
        [s2, s2, 0.0, s2],\
        [1.0, 0.0, 0.0, 1.0],\
        [s2, -s2, 0.0, s2],\
        [0.0, -1.0, 0.0, 1.0],\
```

```
        [-s2, -s2, 0.0, s2],\
        [-1.0, 0.0, 0.0, 1.0],\
        [-s2, s2, 0.0, s2],\
        ]

# 确保圆正确关闭
circlePoints = circlePoints + [circlePoints[0], circlePoints[1]]

# 初始化circleKnots
circleKnots =    [ 0.0 ] + \
        [ float(i/2) for i in range( len( circlePoints ) + degree -1 )]

def display(    ):
        glClear( GL_COLOR_BUFFER_BIT )
        glMatrixMode( GL_PROJECTION )
        glLoadIdentity( )
        xSize, ySize = glutGet( GLUT_WINDOW_WIDTH ), glutGet( GLUT_WINDOW_HEIGHT )
        gluPerspective(60, float(xSize) / float(ySize), 0.1, 50)
        glMatrixMode( GL_MODELVIEW )
        glLoadIdentity( )
        glTranslatef( 0, 0, -2 )
        glRotatef( animationAngle, 0, 0, 1 )
        global circlePoints, circleKnots
        glColor3f(0, 1, 0)
        glBegin(GL_LINE_STRIP)
        for coord in circlePoints:
                glVertex3f(coord[0], coord[1], coord[2]);
        glEnd()
        global nurb
        glColor3f(1, 1, 1)
        gluBeginCurve( nurb )
        gluNurbsCurve    (        nurb, circleKnots, circlePoints, GL_MAP1_VERTEX_4 )
        gluEndCurve( nurb )
        glutSwapBuffers( )

nurb=None
samplingTolerance=1.0
def init(    ):
        """GLUT初始化函数"""
        glClearColor ( 0, 0, 0, 0 )
        global nurb
        nurb = gluNewNurbsRenderer()
        global samplingTolerance
        glLineWidth(2.0)
        gluNurbsProperty(nurb, GLU_SAMPLING_TOLERANCE, samplingTolerance)
```

执行效果如图 16-27 所示。

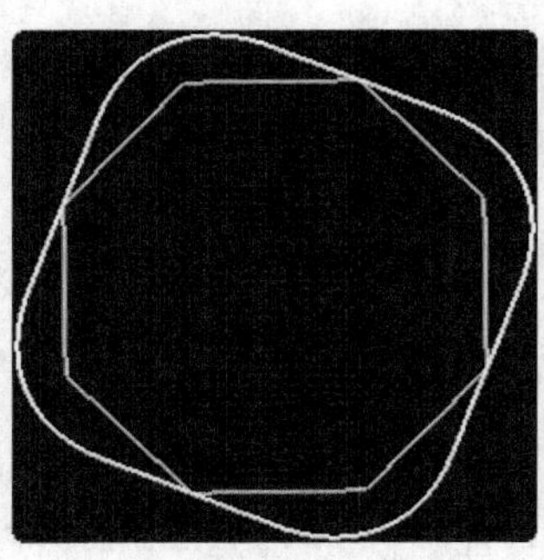

图 16-27　执行效果

范例 16-29：实现一个简单的 3D 游戏

在下面的实例演示了使用 PyOpenGL 和 Pygame 实现一个简单的 3D 游戏的过程。

（1）实例文件 graphics.py 的功能是载入预先准备的素材文件，渲染游戏中需要的场景和纹理。文件 graphics.py 的主要实现代码如下。

```
def load_texture(filename):
    """ 此函数将返回纹理的ID"""
```

```
        textureSurface = pygame.image.load(filename)
        textureData = pygame.image.tostring(textureSurface,"RGBA",1)
        width = textureSurface.get_width()
        height = textureSurface.get_height()
        ID = glGenTextures(1)
        glBindTexture(GL_TEXTURE_2D,ID)
        glTexParameteri(GL_TEXTURE_2D, GL_TEXTURE_MAG_FILTER, GL_LINEAR)
        glTexParameteri(GL_TEXTURE_2D, GL_TEXTURE_MIN_FILTER, GL_LINEAR)
        glTexImage2D(GL_TEXTURE_2D,0,GL_RGBA,width,height,0,GL_RGBA,GL_UNSIGNED_BYTE,textureData)
        return ID

class ObjLoader(object):
    def __init__(self,filename):
        self.vertices = []
        self.triangle_faces = []
        self.quad_faces = []
        self.polygon_faces = []
        self.normals = []
        #----------------------
        try:
            f = open(filename)
            n = 1
            for line in f:
                if line[:2] == "v ":
                    index1 = line.find(" ") +1 #第1数字索引
                    index2 = line.find(" ",index1+1) # 第2数字索引
                    index3 = line.find(" ",index2+1) # 第3数字索引

                    vertex = (float(line[index1:index2]),float(line[index2:index3]),float(line[index3:-1]))
                    vertex = (round(vertex[0],2),round(vertex[1],2),round(vertex[2],2))
                    self.vertices.append(vertex)

                elif line[:2] == "vn":
                    index1 = line.find(" ") +1
                    index2 = line.find(" ",index1+1)
                    index3 = line.find(" ",index2+1)

                    normal = (float(line[index1:index2]),float(line[index2:index3]),float(line[index3:-1]))
                    normal = (round(normal[0],2),round(normal[1],2),round(normal[2],2))
                    self.normals.append(normal)

                elif line[0] == "f":
                    string = line.replace("//","/")
                    #-----------------------------------------------
                    i = string.find(" ")+1
                    face   = []
                    for item in range(string.count(" ")):
                        if string.find(" ",i) == -1:
                            face.append(string[i:-1])
                            break
                        face.append(string[i:string.find(" ",i)])
                        i = string.find(" ",i) +1
                    #-----------------------------------------------
                    if string.count("/") == 3:
                        self.triangle_faces.append(tuple(face))
                    elif string.count("/") == 4:
                        self.quad_faces.append(tuple(face))
                    else:
                        self.polygon_faces.append(tuple(face))
            f.close()
        except IOError:
            print ("Could not open the .obj file...")

    def render_scene(self):
        if len(self.triangle_faces) > 0:
            #--------------------------
            glBegin(GL_TRIANGLES)
            for face in (self.triangle_faces):
                n = face[0]
                normal = self.normals[int(n[n.find("/")+1:])-1]
                glNormal3fv(normal)
                for f in (face):
                    glVertex3fv(self.vertices[int(f[:f.find("/")])-1])
```

```
            glEnd()
            #--------------------------------

        if len(self.quad_faces) > 0:
            #--------------------------------
            glBegin(GL_QUADS)
            for face in (self.quad_faces):
                n = face[0]
                normal = self.normals[int(n[n.find("/")+1:])-1]
                glNormal3fv(normal)
                for f in (face):
                    glVertex3fv(self.vertices[int(f[:f.find("/")])-1])
            glEnd()
            #--------------------------------

        if len(self.polygon_faces) > 0:
            #--------------------------------
            for face in (self.polygon_faces):
                #--------------------
                glBegin(GL_POLYGON)
                n = face[0]
                normal = self.normals[int(n[n.find("/")+1:])-1]
                glNormal3fv(normal)
                for f in (face):
                    glVertex3fv(self.vertices[int(f[:f.find("/")])-1])
                glEnd()
```

（2）通过文件 opengl_tutorial.py 渲染生成 3D 场景，并监听用户的鼠标按键动作，根据动作用不同的角度显示场景。文件 opengl_tutorial.py 的主要实现代码如下。

```
class Cube(object):
    left_key = False
    right_key = False
    up_key = False
    down_key = False
    angle = 0
    cube_angle = 0
    #------------------------------------
    def __init__(self):
        self.vertices = []
        self.faces = []
        self.rubik_id = graphics.load_texture("rubik.png")
        self.surface_id = graphics.load_texture("ConcreteTriangles.png")
        self.coordinates = [0,0,0]
        self.ground = graphics.ObjLoader("plane.txt")
        self.pyramid = graphics.ObjLoader("scene.txt")
        self.cube = graphics.ObjLoader("cube.txt")

    def render_scene(self):
        glClear(GL_COLOR_BUFFER_BIT|GL_DEPTH_BUFFER_BIT)
        glMatrixMode(GL_MODELVIEW)
        glLoadIdentity()

        #添加环境光
        glLightModelfv(GL_LIGHT_MODEL_AMBIENT,[0.2,0.2,0.2,1.0])

        #添加定位光
        glLightfv(GL_LIGHT0,GL_DIFFUSE,[2,2,2,1])
        glLightfv(GL_LIGHT0,GL_POSITION,[4,8,1,1])

        glTranslatef(0,-0.5,0)

        gluLookAt(0,0,0, math.sin(math.radians(self.angle)),0,math.cos(math.radians(self.angle)) *-1, 0,1,0)

        glTranslatef(self.coordinates[0],self.coordinates[1],self.coordinates[2])

        self.ground.render_texture(self.surface_id,((0,0),(2,0),(2,2),(0,2)))
        self.pyramid.render_scene()

        glTranslatef(-7.5,2,0)
        glRotatef(self.cube_angle,0,1,0)
        glRotatef(45,1,0,0)
        self.cube.render_texture(self.rubik_id,((0,0),(1,0),(1,1),(0,1)))
```

```
        #self.monkey.render_scene()

    def move_forward(self):
        self.coordinates[2] += 0.1 * math.cos(math.radians(self.angle))
        self.coordinates[0] -= 0.1 * math.sin(math.radians(self.angle))

    def move_back(self):
        self.coordinates[2] -= 0.1 * math.cos(math.radians(self.angle))
        self.coordinates[0] += 0.1 * math.sin(math.radians(self.angle))

    def move_left(self):
        self.coordinates[0] += 0.1 * math.cos(math.radians(self.angle))
        self.coordinates[2] += 0.1 * math.sin(math.radians(self.angle))

    def move_right(self):
        self.coordinates[0] -= 0.1 * math.cos(math.radians(self.angle))
        self.coordinates[2] -= 0.1 * math.sin(math.radians(self.angle))

    def rotate(self,n):
        if self.angle >= 360 or self.angle <= -360:
            self.angle = 0
        self.angle += n

    def update(self):
        if self.left_key:
            self.move_left()
        elif self.right_key:
            self.move_right()
        elif self.up_key:
            self.move_forward()
        elif self.down_key:
            self.move_back()

        pos = pygame.mouse.get_pos()
        if pos[0] < 75:
            self.rotate(-1.2)
        elif pos[0] > 565:
            self.rotate(1.2)

        if self.cube_angle >= 360:
            self.cube_angle = 0
        else:
            self.cube_angle += 0.5

    def keyup(self):
        self.left_key = False
        self.right_key = False
        self.up_key = False
        self.down_key = False

    def delete_texture(self):
        glDeleteTextures(self.rubik_id)
        glDeleteTextures(self.surface_id)
```

执行效果如图 16-28 所示。

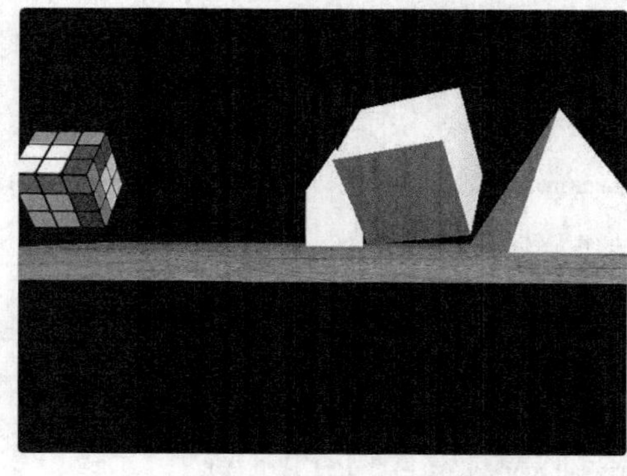

图 16-28　执行效果

范例 16-30：移动的 3D 立方体

下面的实例文件 aaa.py 使用 PyOpenGL 和 Pygame 实现了一个移动的 3D 立方体效果。

```
verticies = (
    (1, -1, -1),
    (1, 1, -1),
    (-1, 1, -1),
    (-1, -1, -1),
    (1, -1, 1),
    (1, 1, 1),
    (-1, -1, 1),
    (-1, 1, 1)
    )

colors = (
    (1,0,0),
    (0,1,0),
    (0,0,1),
    (0,1,0),
    (1,1,1),
    (0,1,1),
    (1,0,0),
    (0,1,0),
    (0,0,1),
    (1,0,0),
    (1,1,1),
    (0,1,1),
    )

edges = (
    (0,1),
    (0,3),
    (0,4),
    (2,1),
    (2,3),
    (2,7),
    (6,3),
    (6,4),
    (6,7),
    (5,1),
    (5,4),
    (5,7)
    )
#创建平面时，平面不一定要相邻，但是每个面的顶点一定要按顺时针或者逆时针写
surfaces = (
    (0,1,2,3),
    (3,2,7,6),
    (6,7,5,4),
    (4,5,1,0),
    (1,5,7,2),
    (4,0,3,6)
    )

def Cube():
    glBegin(GL_QUADS)
    for surface in surfaces:
        x = 0
        for vertex in surface:
            x+=1
            glColor3fv(colors[x])
            glVertex3fv(verticies[vertex])
    glEnd()

    glBegin(GL_LINES)
    for edge in edges:
        for vertex in edge:
            glVertex3fv(verticies[vertex])
    glEnd()


def main():
    pygame.init()
```

```
display = (800,600)
pygame.display.set_mode(display, DOUBLEBUF|OPENGL)

gluPerspective(45, (display[0]/display[1]), 0.1, 50.0)
# 参数1是视角的大小
# 参数2是物体显示的长宽比，和窗口长宽比相同就行
# 参数3和4是沿z轴近和远的裁剪面的距离
glTranslatef(0.0, 0.0, -5)
glTranslatef(0.0,0.0, -5)

while True:
    for event in pygame.event.get():
        if event.type == pygame.QUIT:#退出事件响应
            pygame.quit()
            quit()
    # glRotatef()的参数1是每次旋转的度数
    # glRotatef()的参数2是一个坐标，表示以从点(0, 0, 0)到指定点这条线为轴进行旋转
    glRotatef(1, 3, 1, 1)
    glClear(GL_COLOR_BUFFER_BIT|GL_DEPTH_BUFFER_BIT)#用于删除旧的画面，清空画布
    Cube()#创建模型
    pygame.display.flip()#显示画面
    pygame.time.wait(10)#10ms刷新一次
```

执行效果如图 16-29 所示。

图 16-29　执行效果

范例 16-31：飞翔的立方体世界

下面的实例文件 ubi.py 使用 PyOpenGL 和 Pygame 实现了一个飞翔的立方体世界效果。文件 ubi.py 的主要实现代码如下。

```
def main():
    """
    pygame.init()
    display = (800, 600)
    # 需要指定Pygame的OpenGL来显示
    pygame.display.set_mode(display, DOUBLEBUF | OPENGL)
    max_distance = 100
    # 一个集合（包括视角大小、纵横比、近裁剪平面、远裁剪平面）
    gluPerspective(45, (display[0] / display[1]), 0.1, max_distance)
    glTranslatef(0, 0, -40)
    #       object_passed = False
    x_move = 0
    y_move = 0
    # 当前x坐标值和当前y坐标值
    cur_x = 0
    cur_y = 0
    # 向玩家相机飞去的速度
    game_speed = 2
    direction_speed = 2
    cube_dict = {}

    #填充立方体，生成随机坐标
    for x in range(50):
        cube_dict[x] = setVertices(max_distance)

    while True:
        for event in pygame.event.get():
```

```
            if event.type == pygame.QUIT:
                pygame.quit()
                quit()

            if event.type == pygame.KEYDOWN:
                if event.key == pygame.K_LEFT:
                    x_move = direction_speed
                if event.key == pygame.K_RIGHT:
                    x_move = direction_speed * -1

                if event.key == pygame.K_UP:
                    y_move = direction_speed * -1
                if event.key == pygame.K_DOWN:
                    y_move = direction_speed

            if event.type == pygame.KEYUP:
                if event.key == pygame.K_LEFT or event.key == pygame.K_RIGHT:
                    x_move = 0
                if event.key == pygame.K_UP or event.key == pygame.K_DOWN:
                    y_move = 0
        x = glGetDoublev(GL_MODELVIEW_MATRIX)

        camera_x = x[3][0]
        camera_y = x[3][1]
        camera_z = x[3][2]
        cur_x += x_move
        cur_y += y_move
        # 清除帧之间的颜色缓冲，以绘制新的帧
        glClear(GL_COLOR_BUFFER_BIT | GL_DEPTH_BUFFER_BIT)
        glTranslatef(x_move, y_move, game_speed)
        # 在立方体函数中传递Cube中的每个元素
        for each_cube in cube_dict:
            cube(cube_dict[each_cube])

        for each_cube in cube_dict:
            if camera_z <= cube_dict[each_cube][0][2]:
                new_max = int(-1 * (camera_z - (max_distance * 2)))

                cube_dict[each_cube] = \
                    setVertices(new_max, int(camera_z - max_distance), cur_x, cur_y)
        pygame.display.flip()
```

执行效果如图 16-30 所示。

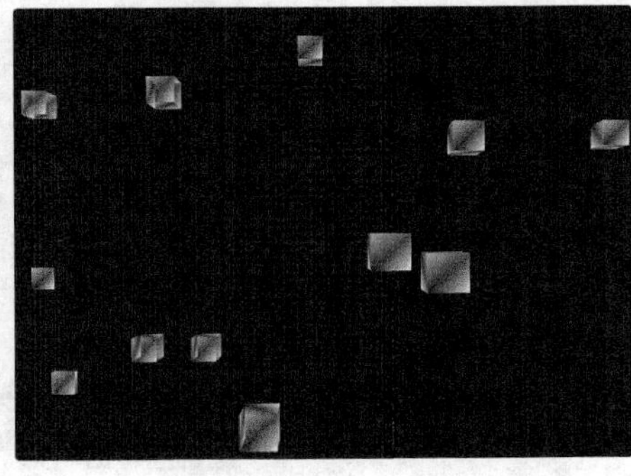

图 16-30　执行效果

16.3　使用 Panda3D 绘制三维图形

Panda3D 是由迪士尼开发的 3D 游戏引擎，并由卡内基梅隆娱乐技术中心负责维护。它使用 C++编写针对 Python 进行了完全的封装。

范例 16-32：安装 Panda3D 并创建第一个 Panda3D 程序

Panda3D 为不同的操作系统提供了对应的 SDK 安装包，在笔者写作本书时，Windows 操作系统中的 Panda3D 最新版本是 Panda3D 1.9.4。下面以安装 Panda3D 1.9.4 为例进行讲解。

（1）登录 Panda3D 官方页面，在里面列出了 SDK、例子源码、工具和素材模型的下载链接，如图 16-31 所示。

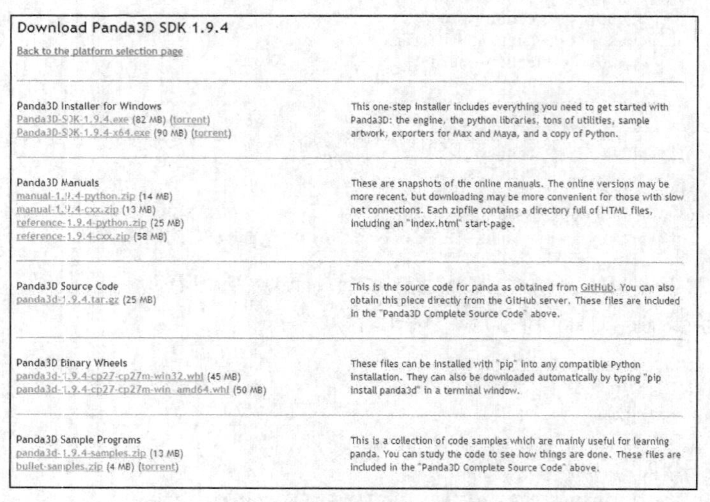

图 16-31　Panda3D 官方页面

（2）单击“Panda3D-SDK-1.9.4.exe”链接进行下载，下载后得到 SDK 安装文件 Panda3D-SDK-1.9.4.exe。

（3）双击文件 Panda3D-SDK-1.9.4.exe 进行安装，首先弹出欢迎界面，在此单击“Next”按钮，如图 16-32 所示。

（4）在弹出的安装协议界面中单击“I Agree”按钮，如图 16-33 所示。

（5）在弹出的选择安装路径界面中设置安装路径，笔者选择的是 H 盘，然后单击“Next”按钮，如图 16-34 所示。

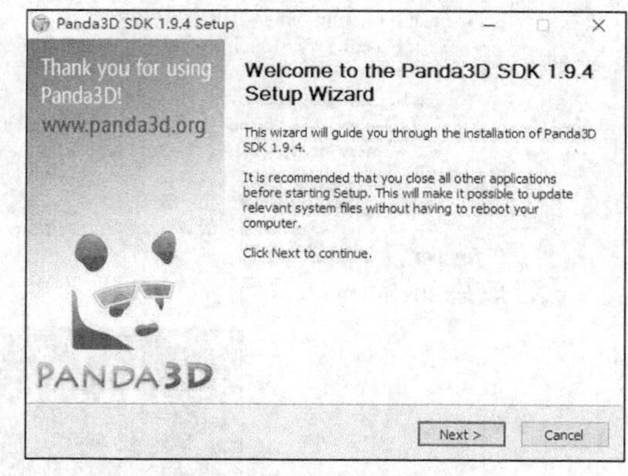

图 16-32　欢迎界面

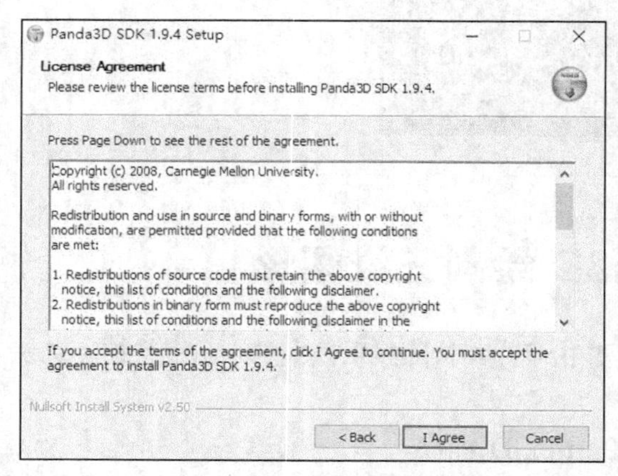

图 16-33　安装协议界面

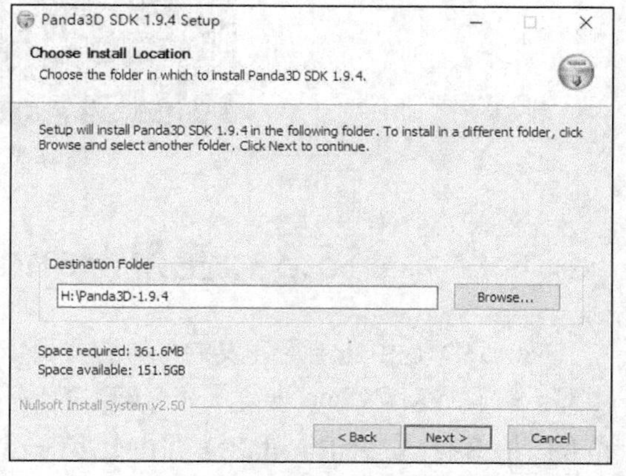

图 16-34　选择安装路径界面

（6）在弹出的选择安装组件界面中选择要安装的组件，建议先完全安装，然后单击“Install”按钮，如图 16-35 所示。

（7）弹出的安装进度界面显示安装进度，如图 16-36 所示。

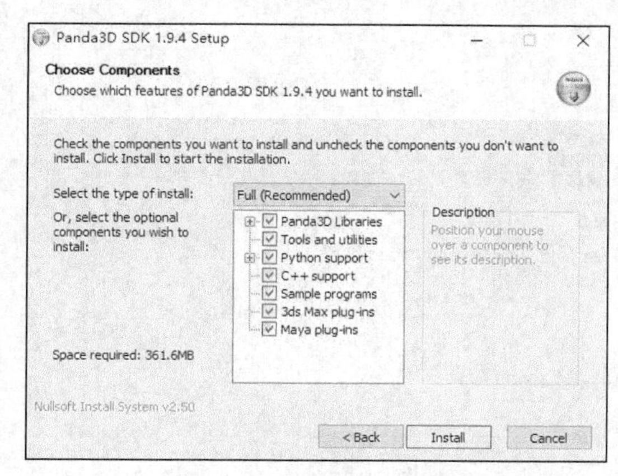

图 16-35 选择安装组件界面

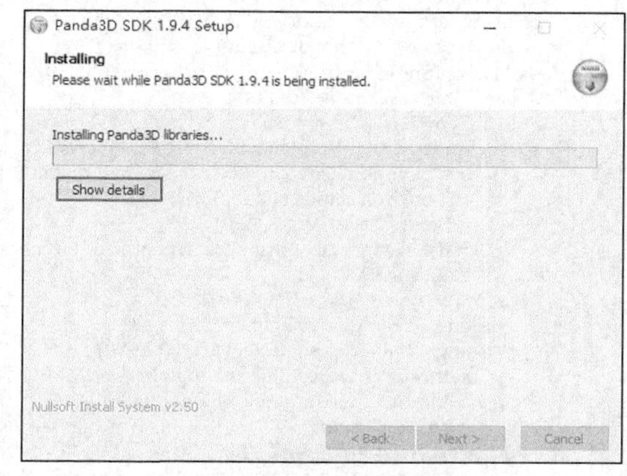

图 16-36 安装进度界面

（8）进度条完成后弹出安装完成界面，单击“Finish”按钮完成安装，如图 16-37 所示。

我们只需通过如下命令即可安装 Panda3D。

```
pip install panda3D
```

下面的实例文件 ppp.py 演示了创建第一个 Panda3D 程序的过程。

```
from direct.showbase.ShowBase import ShowBase

class MyApp(ShowBase):

    def __init__(self):
        ShowBase.__init__(self)

app = MyApp()
app.run()
```

在上述代码中，ShowBase 是一个基类，它承载了大多数 Panda3D 的模块。函数 run()是一个 Panda3D 的主循环，它会渲染帧、执行后台任务，再渲染、再执行……一直循环下去。由于 run()不是一个正常的返回函数，所以必须只被执行一次，并且必须被放在程序的末尾。上述代码可以简化为如下两行。

```
import direct.directbase.DirectStart
run()
```

执行后会生成一个黑色的框，执行效果如图 16-38 所示。

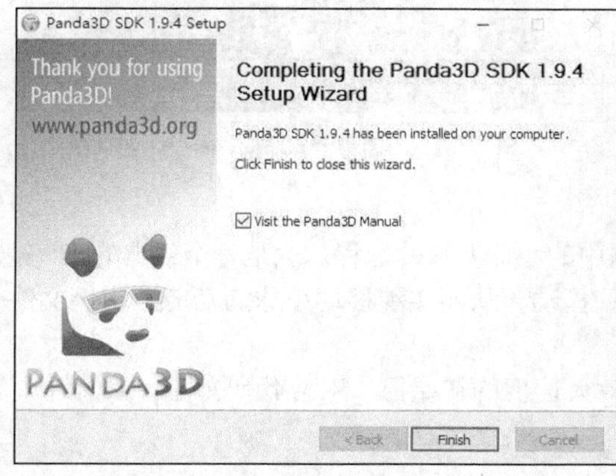

图 16-37 完成安装界面

图 16-38 执行效果

范例 16-33：熊猫游戏

下面的实例文件 sss.py 调用官方内置的模型实现了一个行走的熊猫游戏场景。

```
from direct.showbase.ShowBase import ShowBase #基本显示模块
from math import pi,sin,cos
from direct.task import Task#任务模块
from direct.actor.Actor import Actor#动态模块
class MyApp(ShowBase):
    def __init__(self):#场景初始化
        ShowBase.__init__(self)
        self.environ = self.loader.loadModel(r'models/environment')
        self.environ.reparentTo(self.render)#self.render 渲染树根节点，设置之后才能对所有元素进行渲染
        self.environ.setScale(0.25,0.25,0.25)
        self.environ.setPos(-8,42,0)
        self.taskMgr.add(self.spinCameraTask,'SpinCameraTask')#调用任务spinCameraTask()
        self.panda()
    def spinCameraTask(self,task):#摄像机设置
        angleDegrees = task.time * 6
        angleRadians = angleDegrees * (pi/180)
        self.camera.setPos(20 * sin(angleRadians),-20 * cos(angleRadians),3)
        self.camera.setHpr(angleDegrees,0,0)
        return Task.cont
    def panda(self):#实现动态的熊猫
        self.pandaActor = Actor('models/panda-model',{'walk' : 'models/panda-walk4'})
        self.pandaActor.setScale(0.005,0.005,0.005)
        self.pandaActor.reparentTo(self.render)#self.render 渲染树根节点，设置以后才能对所有元素进行渲染
        self.pandaActor.loop('walk')
    def box(self):
        pass
app = MyApp()
app.run()
```

- 在 Panda3D 引擎中，通过 task 来显式地控制相机的位置，task 就是一个每一帧都会被调用的东西。
- taskMgr.add()方法告诉了 Panda3D 的 Task Manager 对每一帧都调用 spinCameraTask()方法，这个方法用于控制摄像机。尽管会有返回值，Task Manager 还是会对每一帧都调用该方法。
- spinCameraTask()方法会计算摄像机的位置（根据时间的流逝），摄像机每秒钟转动 6°，前两行计算最佳的摄像机角度，先是角度，然后是弧度，setPos()设置了摄像机的位置，setHpr()设置方向。
- Actor 是一个动画模型的类，之前用的 loadModel()是为静态模型建立的。Actor 类的两个参数是模型的路径和模型的文件名（包括动画的文件名）。
- self.pandaActor.loop()使得行走的动画一直循环下去。

执行效果如图 16-39 所示。

图 16-39　执行效果

范例 16-34：迷宫中的小球游戏

下面的实例文件 main.py 演示了实现一个迷宫中的小球游戏的过程。这是一个经典的 3D 碰撞检测游戏，通过鼠标指针移动来控制 3D 场景的移动，从而实现移动小球的功能。实例文件 main.py 的具体实现流程如下。

（1）准备系统中用到的常量，设置加速度和最大速度的初始值，对应代码如下。

```
# 常量设置
ACCEL = 70              # 加速度
MAX_SPEED = 5           # 最大速度
MAX_SPEED_SQ = MAX_SPEED ** 2   # 平方
```

（2）设置在游戏窗口中显示的内容，包括左上角的移动鼠标指针提示文本和右下角的标题文本，通过函数 loadModel()加载迷宫场景文件“models/maze”。对应实现代码如下。

```
class BallInMazeDemo(ShowBase):

    def __init__(self):
        # 初始化继承的ShowBase类，它将创建一个窗口并设置我们所需要的渲染到其中的所有内容。
        ShowBase.__init__(self)

        # 将标题和提示文本置于屏幕上
        self.title = \
            OnscreenText(text="Panda3D: 碰撞检测",
                         parent=base.a2dBottomRight, align=TextNode.ARight,
                         fg=(1, 1, 1, 1), pos=(-0.1, 0.1), scale=.08,
                         shadow=(0, 0, 0, 0.5))
        self.instructions = \
            OnscreenText(text="用鼠标指针倾斜木板",
                         parent=base.a2dTopLeft, align=TextNode.ALeft,
                         pos=(0.05, -0.08), fg=(1, 1, 1, 1), scale=.06,
                         shadow=(0, 0, 0, 0.5))

        self.accept("escape", sys.exit)  #离开程序

        #禁用默认的基于鼠标的摄像机控制
        self.disableMouse()
        camera.setPosHpr(0, 0, 25, 0, -90, 0)  # 放置摄像机

        # 加载迷宫并将其放置在场景中
        self.maze = loader.loadModel("models/maze")
        self.maze.reparentTo(render)
```

（3）在大多时候，我们希望通过不可见的几何形状来测试碰撞，而不是测试每个多边形。

这是因为对场景中的每一个多边形进行测试通常都太慢。在下面的代码中开始实现碰撞检测功能。

```
        # 查找名为wall_collide的碰撞节点
        self.walls = self.maze.find("**/wall_collide")

        # 使用位图对碰撞对象进行排序，将实现球的碰撞检测
        self.walls.node().setIntoCollideMask(BitMask32.bit(0))
        # 碰撞节点通常是看不见的，但可以显示出来。
        # 我们也设置它们的名字，使它们更容易识别碰撞


        self.loseTriggers = []
        for i in range(6):
            trigger = self.maze.find("**/hole_collide" + str(i))
            trigger.node().setIntoCollideMask(BitMask32.bit(0))
            trigger.node().setName("loseTrigger")
            self.loseTriggers.append(trigger)


        # 碰撞地面是与迷宫中的地面相同的平面上的一个多边形。我们将用一个射线来与它碰撞
        # 这样我们就能准确地知道在每一帧上球的高度
        # 因为这不是我们希望球本身碰撞的东西，所以它有一个不同的位掩码
        self.mazeGround = self.maze.find("**/ground_collide")
        self.mazeGround.node().setIntoCollideMask(BitMask32.bit(1))

        # 加载球并将它附加到场景上，它是在根虚拟节点上，这样我们就可以旋转球本身，而不旋转附着在它上面的射线
        self.ballRoot = render.attachNewNode("ballRoot")
        self.ball = loader.loadModel("models/ball")
        self.ball.reparentTo(self.ballRoot)

        # 找到碰撞球，这是在egg文件中创建的，它有一个来自0位的碰撞掩码
        # 这是一个无位碰撞掩码。这意味着球只能引起碰撞，不能主动碰撞
        self.ballSphere = self.ball.find("**/ball")
        self.ballSphere.node().setFromCollideMask(BitMask32.bit(0))
        self.ballSphere.node().setIntoCollideMask(BitMask32.allOff())

        # 创建了一个射线，从球开始向下投射。这是为了确定球的高度和地板的角度
        self.ballGroundRay = CollisionRay()      # 创建射线
        self.ballGroundRay.setOrigin(0, 0, 10)    # 设置原点
```

```
        self.ballGroundRay.setDirection(0, 0, -1)  # 设置方向
        # 碰撞实体进入碰撞节点，创建并命名节点
        self.ballGroundCol = CollisionNode('groundRay')
        self.ballGroundCol.addSolid(self.ballGroundRay)  # 添加射线
        self.ballGroundCol.setFromCollideMask(
            BitMask32.bit(1))  # 设置遮罩
        self.ballGroundCol.setIntoCollideMask(BitMask32.allOff())
        self.ballGroundColNp = self.ballRoot.attachNewNode(self.ballGroundCol)

        self.cTrav = CollisionTraverser()

        self.cHandler = CollisionHandlerQueue()
        #现在我们添加碰撞节点，这些碰撞节点可以向遍历器创建碰撞
        # 遍历器将这些与场景中的所有其他节点进行比较
        self.cTrav.addCollider(self.ballSphere, self.cHandler)
        self.cTrav.addCollider(self.ballGroundColNp, self.cHandler)

        # 碰撞穿越器有一个内置的工具来帮助可视化碰撞
        ambientLight = AmbientLight("ambientLight")
        ambientLight.setColor((.55, .55, .55, 1))
        directionalLight = DirectionalLight("directionalLight")
        directionalLight.setDirection(LVector3(0, 0, -1))
        directionalLight.setColor((0.375, 0.375, 0.375, 1))
        directionalLight.setSpecularColor((1, 1, 1, 1))
        self.ballRoot.setLight(render.attachNewNode(ambientLight))
        self.ballRoot.setLight(render.attachNewNode(directionalLight))

        # 增加一个镜面高亮度的球，使它看起来有光泽。通常，这是在egg文件中指定的
        m = Material()
        m.setSpecular((1, 1, 1, 1))
        m.setShininess(96)
        self.ball.setMaterial(m, 1)

        #调用start()以进行初始化
        self.start()
```

（4）定义定位器函数 start()，用于设置在哪里启动球来访问它。对应代码如下。

```
    def start(self):
        # 迷宫模型中也有一个定位器，用于设置在哪里启动球来访问它，我们使用find()
        startPos = self.maze.find("**/start").getPos()
        #把球放在起始位置
        self.ballRoot.setPos(startPos)
        self.ballV = LVector3(0, 0, 0)          # 初始速度为 0
        self.accelV = LVector3(0, 0, 0)         # 初始加速度为 0

        # 创建移动任务，但首先确保它尚未执行
        taskMgr.remove("rollTask")
        self.mainLoop = taskMgr.add(self.rollTask, "rollTask")
```

（5）编写函数 groundCollideHandler()处理射线与地面之间的碰撞，具体实现代码如下。

```
    def groundCollideHandler(self, colEntry):
        # 将球设置到适当的高度，以使其准确地位于地面上
        newZ = colEntry.getSurfacePoint(render).getZ()
        self.ballRoot.setZ(newZ + .4)

        # 求加速度方向
        norm = colEntry.getSurfaceNormal(render)
        accelSide = norm.cross(LVector3.up())
        # 矢量与曲面法线相交，得到一个指向斜坡的矢量
        # 通过在3D中获得加速度，而不是在2D中，我们减少了每帧的误差量，减少抖动
        self.accelV = norm.cross(accelSide)
```

（6）编写函数 wallCollideHandler()处理球与墙之间的碰撞，具体实现代码如下。

```
    def wallCollideHandler(self, colEntry):
        # 首先我们计算一些数字，需要做一个反射
        norm = colEntry.getSurfaceNormal(render) * -1     # 墙面标准线
        curSpeed = self.ballV.length()                    # 当前速度
        inVec = self.ballV / curSpeed                     # 运动方向
        velAngle = norm.dot(inVec)                        # 角度
        hitDir = colEntry.getSurfacePoint(render) - self.ballRoot.getPos()
        hitDir.normalize()
        # 球与墙标准线之间的夹角
        hitAngle = norm.dot(hitDir)
```

```
            # 如果球已经从墙上移开，就忽略碰撞
            if velAngle > 0 and hitAngle > .995:
                # 标准反射方程
                reflectVec = (norm * norm.dot(inVec * -1) * 2) + inVec

                self.ballV = reflectVec * (curSpeed * (((1 - velAngle) * .5) + .5))
                # 因为我们有一个碰撞，球已经有点埋进墙壁中。这就要计算移动它所需的向量，使其正好接触墙壁
                disp = (colEntry.getSurfacePoint(render) -
                        colEntry.getInteriorPoint(render))
                newPos = self.ballRoot.getPos() + disp
                self.ballRoot.setPos(newPos)
```

（7）编写函数 rollTask()处理一切滚动的任务，具体实现代码如下。

```
    def rollTask(self, task):
        #查找上次移动位置帧的时间值
        dt = globalClock.getDt()

        if dt > .2:
            return Task.cont

        # 碰撞处理程序收集碰撞。我们根据碰撞的名称来调度处理碰撞的功能
        for i in range(self.cHandler.getNumEntries()):
            entry = self.cHandler.getEntry(i)
            name = entry.getIntoNode().getName()
            if name == "wall_collide":
                self.wallCollideHandler(entry)
            elif name == "ground_collide":
                self.groundCollideHandler(entry)
            elif name == "loseTrigger":
                self.loseGame(entry)

        # 读取鼠标指针位置并相应地倾斜迷宫
        if base.mouseWatcherNode.hasMouse():
            mpos = base.mouseWatcherNode.getMouse()  # 获取鼠标位置
            self.maze.setP(mpos.getY() * -10)
            self.maze.setR(mpos.getX() * 10)

        # 移动小球
        # 基于加速度的速度更新
        self.ballV += self.accelV * dt * ACCEL
        # 将速度加速到最大
        if self.ballV.lengthSquared() > MAX_SPEED_SQ:
            self.ballV.normalize()
            self.ballV *= MAX_SPEED
        #基于速度更新位置
        self.ballRoot.setPos(self.ballRoot.getPos() + (self.ballV * dt))

        # 旋转球。它使用四元数来绕任意轴旋转球
        # 该轴垂直于球的旋转，并且旋转量与球的大小有关，乘以上一次的旋转来间接地旋转球
        prevRot = LRotationf(self.ball.getQuat())
        axis = LVector3.up().cross(self.ballV)
        newRot = LRotationf(axis, 45.5 * dt * self.ballV.length())
        self.ball.setQuat(prevRot * newRot)

        return Task.cont          # 无限期地完成任务
```

（8）编写函数 loseGame()处理球落洞功能，当球击中了一个洞时被触发，这时它应该落在洞里。具体实现代码如下。

```
    def loseGame(self, entry):
        # 触发器被设置成球的中心移动到洞中的碰撞点
        toPos = entry.getInteriorPoint(render)
        taskMgr.remove('rollTask')  # Stop the maze task

        # 在很短的时间内把球移到洞里，等待1s后开始重启游戏
        Sequence(
            Parallel(
                LerpFunc(self.ballRoot.setX, fromData=self.ballRoot.getX(),
                         toData=toPos.getX(), duration=.1),
                LerpFunc(self.ballRoot.setY, fromData=self.ballRoot.getY(),
                         toData=toPos.getY(), duration=.1),
                LerpFunc(self.ballRoot.setZ, fromData=self.ballRoot.getZ(),
```

```
                    toData=self.ballRoot.getZ() - .9, duration=.2)),
            Wait(1),
            Func(self.start)).start()

#最后，创建类的实例并开始3D渲染
demo = BallInMazeDemo()
demo.run()
```

执行效果如图 16-40 所示。

图 16-40　执行效果

范例 16-35：飞船大作战游戏

下面的实例文件 main.py 实现了一个飞船大作战游戏。本实例程序展示了使用任务的方法。任务是在程序的每一帧中执行的函数，Panda3D 可以在任何程序中执行许多任务，也可以添加额外的任务。在本实例程序中，除了使用任务实现碰撞检测外，还用于实现更新飞船、小行星和子弹位置功能。实例文件 main.py 的主要实现代码如下。

```
    def spawnAsteroids(self):
        self.alive = True    # 飞船是否存活的控制变量
        self.asteroids = []  # 小行星的列表

        for i in range(10):
            # 装载小行星，所使用的纹理是随机的
            asteroid = loadObject("asteroid%d.png" % (randint(1, 3)),
                                  scale=AST_INIT_SCALE)
            self.asteroids.append(asteroid)

            # 阻止小行星在飞船附近产卵，它创建列表(-20, -19, …, -5, 5, 6, 7, …, 20)并从中选择一个值
            # 因为玩家在0开始，所以这个列表不包含从-4到4的任何东西，它不会接近玩家
            asteroid.setX(choice(tuple(range(-SCREEN_X, -5)) + tuple(range(5, SCREEN_X))))
            # 在y方向做同样的事情
            asteroid.setZ(choice(tuple(range(-SCREEN_Y, -5)) + tuple(range(5, SCREEN_Y))))

            # 航向，由随机弧度转换为角度
            heading = random() * 2 * pi

            # 将航向转换为向量并乘以速度，以获得速度向量
            v = LVector3(sin(heading), 0, cos(heading)) * AST_INIT_VEL
            self.setVelocity(self.asteroids[i], v)

    # 这是本程序的主要任务函数，其功能是实现所有的每帧任务
    def gameLoop(self, task):
        # 获取从下一帧开始的时间。我们需要这个时间来计算距离和速度
        dt = globalClock.getDt()

        # 如果飞船不存在，什么也不做。cont表示任务应该继续执行
        # 如果返回的任务完成，任务将被删除，不再调用每个帧
        if not self.alive:
            return Task.cont
```

```
    # 更新飞船的位置
    self.updateShip(dt)

    # 检查飞船是否能开火
    if self.keys["fire"] and task.time > self.nextBullet:
        self.fire(task.time)  # 如果是，则调用开火函数

        self.nextBullet = task.time + BULLET_REPEAT
    # 设置开火标志，直到下一次Space键被按下
    self.keys["fire"] = 0

    # 更新小行星
    for obj in self.asteroids:
        self.updatePos(obj, dt)

    # 更新子弹
    newBulletArray = []
    for obj in self.bullets:
        self.updatePos(obj, dt)
        #子弹有一个生存时间，如果子弹没有过期，那么将它添加到新的子弹列表中，它将继续存在
        if self.getExpires(obj) > task.time:
            newBulletArray.append(obj)
        else:
            obj.removeNode()  # 否则，将其从场景中删除
    # 将子弹数组设置为新更新的数组
    self.bullets = newBulletArray

    # 检查子弹是否撞击小行星，简而言之，它检查每颗子弹对每颗小行星的碰撞
    # 这会很慢。一个很大的优化是对剩下的对象进行排序
    for bullet in self.bullets:
        # 这个范围声明使它通过小行星列表向后移动，这是因为如果小行星被移除
        # 它之后的元素将改变列表中的位置
        for i in range(len(self.asteroids) - 1, -1, -1):
            asteroid = self.asteroids[i]
            # 基本的球体碰撞检查。如果对象中心之间的距离小于两个物体的半径之和，则发生碰撞
            if ((bullet.getPos() - asteroid.getPos()).lengthSquared() <
                (((bullet.getScale().getX() + asteroid.getScale().getX())
                  * .5) ** 2)):
                # 移除子弹
                self.setExpires(bullet, 0)
                self.asteroidHit(i)       # 处理命中

    # 现在我们为飞船做同样的碰撞检查
    shipSize = self.ship.getScale().getX()
    for ast in self.asteroids:
        # 碰撞检查
        if ((self.ship.getPos() - ast.getPos()).lengthSquared() <
                (((shipSize + ast.getScale().getX()) * .5) ** 2)):
            # 如果有一个命中，清除屏幕并安排重新启动
            self.alive = False            # 飞船已不复存在
            # 从场景中移除小行星和子弹
            for i in self.asteroids + self.bullets:
                i.removeNode()
            self.bullets = []             # 清除子弹列表
            self.ship.hide()              # 隐藏飞船
            self.setVelocity(self.ship, LVector3(0, 0, 0))  # 重置速度
            Sequence(Wait(2),             # 等待2s
                     Func(self.ship.setR, 0),  # 重置航向
                     Func(self.ship.setX, 0),  # 重置坐标
                     Func(self.ship.setZ, 0),
                     Func(self.ship.show),     # 显示飞船
                     Func(self.spawnAsteroids)).start()  # 重建小行星
            return Task.cont

    # 如果玩家成功地摧毁了所有小行星，重置它们
    if len(self.asteroids) == 0:
        self.spawnAsteroids()

    return Task.cont     # 由于每次返回的都是任务，所以任务将无限期地继续下去
```

执行效果如图 16-41 所示。

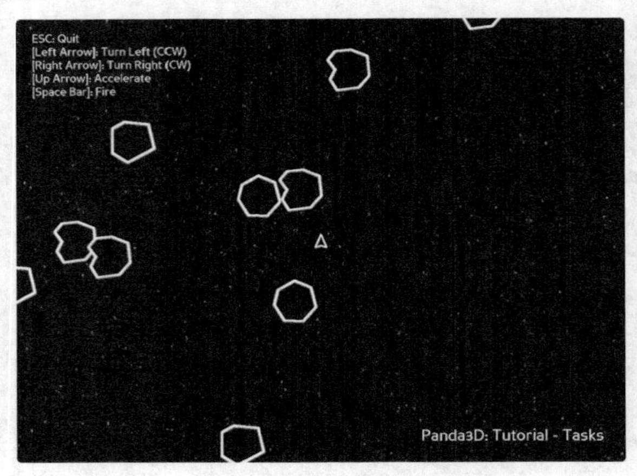

图 16-41　执行效果

范例 16-36：拳击赛游戏

下面的实例文件 main.py 中，实现了一个 3D 拳击赛游戏。本实例程序展示了如何在场景模型中播放 Actor 动画。我们将在场景中放置两个流行的拳击手机器人模型。Actor 是带有一些预先生成的动画的特定模型，这些动画可以在同一个 egg 文件中获得，也可以作为它们自己的 egg 文件。只有 Actor 可以播放这些动画，Actor 也有自己的一套使用功能。实例文件 main.py 的主要实现代码如下。

```
    def tryPunch(self, interval):
        if (not self.robot1.resetHead.isPlaying() and
                not self.robot2.resetHead.isPlaying() and
                not interval.isPlaying()):
            interval.start()

    # 确定是否已成功击中
    def checkPunch(self, robot):
        if robot == 1:
            # 如果机器人1正在“重新开始”，则不做任何事
            if self.robot1.resetHead.isPlaying():
                return
            # 如果机器人1没有击中
            if (not self.robot1.punchLeft.isPlaying() and
                    not self.robot1.punchRight.isPlaying()):
                # 15%的成功击中机会
                if random() > .85:
                    self.robot1.resetHead.start()
            # 否则只有5%的成功击中机会
            elif random() > .95:
                self.robot1.resetHead.start()
        else:
            # 指向机器人2，与上面相同
            if self.robot2.resetHead.isPlaying():
                return
            if (not self.robot2.punchLeft.isPlaying() and
                    not self.robot2.punchRight.isPlaying()):
                if random() > .85:
                    self.robot2.resetHead.start()
            elif random() > .95:
                self.robot2.resetHead.start()

    # 此功能设置照明
    def setupLights(self):
        ambientLight = AmbientLight("ambientLight")
        ambientLight.setColor((.8, .8, .75, 1))
        directionalLight = DirectionalLight("directionalLight")
        directionalLight.setDirection(LVector3(0, 0, -2.5))
        directionalLight.setColor((0.9, 0.8, 0.9, 1))
        render.setLight(render.attachNewNode(ambientLight))
        render.setLight(render.attachNewNode(directionalLight))
```

执行效果如图 16-42 所示。

图 16-42 执行效果

范例 16-37：超级大恐龙

下面的实例文件 advanced.py 演示了实现一个 3D 超级大恐龙的过程。本实例重点展示了制作卡通着色器的方法，这需要 3 个单独的着色器。在每一帧的场景中都使用“Lighting Shader”（照明着色器）渲染到主窗口中。照明着色器与 OpenGL 的计算方式大致相同，但是它增加了一个阈值函数，使得光线和黑暗之间是一条清晰的、离散的线。每一帧的场景也使用一个将表面法线存储到缓冲器中的着色器以被渲染到屏幕外缓冲器中。每一帧的屏幕外缓冲器的内容被复制为一个纹理，即“表面正常纹理”，屏幕右下角包含指令文本，显示了“表面正常纹理”的内容。

实例文件 advanced.py 的主要实现代码如下。

```
# 显示标题文本
def addTitle(text):
    return OnscreenText(text=text, style=1, pos=(-0.1, 0.09), scale=.08,
                        parent=base.a2dBottomRight, align=TextNode.ARight,
                        fg=(1, 1, 1, 1), shadow=(0, 0, 0, 1))


class ToonMaker(ShowBase):

    def __init__(self):
        #创建一个窗口，并设置我们所需要的渲染到其中的所有内容
        ShowBase.__init__(self)

        self.disableMouse()
        camera.setPos(0, -50, 0)

        # 检查视频显卡功能
        if not self.win.getGsg().getSupportsBasicShaders():
            addTitle("Toon Shader: Video driver reports that Cg shaders are not supported.")
            return

        # 在窗口的角落中显示指令文本
        self.title = addTitle(
            "Panda3D: Tutorial - Toon Shading with Normals-Based Inking")
        self.inst1 = addInstructions(0.06, "ESC: Quit")
        self.inst2 = addInstructions(0.12, "Up/Down: Increase/Decrease Line Thickness")
        self.inst3 = addInstructions(0.18, "Left/Right: Decrease/Increase Line Darkness")
        self.inst4 = addInstructions(0.24, "V: View the render-to-texture results")

        # 这个着色器的任务是用离散的光照水平渲染模型
        tempnode = NodePath(PandaNode("temp node"))
        tempnode.setShader(loader.loadShader("lightingGen.sha"))
        self.cam.node().setInitialState(tempnode.getState())

        # 这是代表着色器的单个“光”的对象。它不是真正的Panda3D光节点，但着色器并不关心这个问题

        light = render.attachNewNode("light")
        light.setPos(30, -50, 0)
```

使用全屏形成的四边形将表面正常纹理应用到主窗口程序中，在这个四边形上执行一个检测边缘的着色器。执行效果如图 16-43 所示。

图 16-43 执行效果

范例 16-38：熊猫游乐场游戏

下面的实例演示了实现一个 3D 熊猫游乐场游戏的过程（具体程序见配书源程序）。在 Panda3D 函数中建立时间间隔后，可以随时间改变属性。在本实例程序中，随着时间的推移，各种对象的位置和纹理属性将被改变，以提供旋转木马的属性。最简单的对象做简单运动的间隔。这些间隔将分别在给定时间和给定位移/旋转下改变对象（或节点）的位置/方向。执行效果如图 16-44 所示。

图 16-44 执行效果

范例 16-39：魔幻迪厅游戏

下面的实例演示了实现一个 3D 魔幻迪厅游戏的过程（具体程序见配书源程序）。在 Panda3D 程序中可以创建点、方向、环境和现场灯光。注意 Panda3D 的光线不会投射阴影。它们可以创建一个黑暗的面或者一个光明的面，但它们不能将阴影从一个对象投射到另一个对象。Panda3D 也只作用于物体顶点。物体的多边形越多，其上的照明细节就越详细。执行效果如图 16-45 所示。

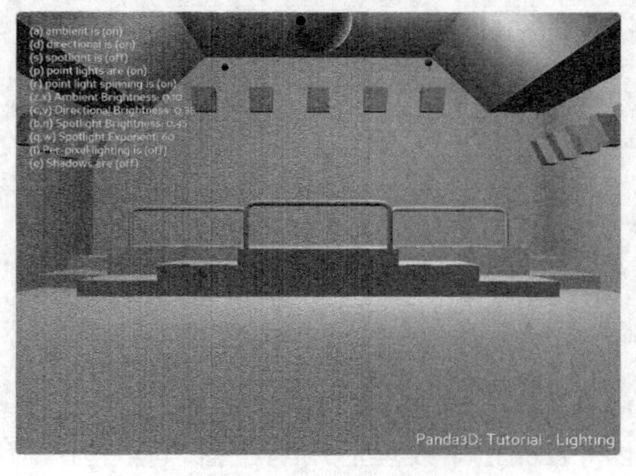

图 16-45 执行效果

范例 16-40：魔幻萤火虫之夜

下面的实例演示了实现一个 3D 魔幻萤火虫之夜的过程（具体程序见配书源程序）。本实例实现了一个有 500 只萤火虫的自然场景，展示了在 Panda3D 中产生延迟阴影的方法。我们可以设置几百盏灯，所有的灯都会自动影响模型。我们所付出的成本并不昂贵，成本仅与实际点亮像素的次数（每个像素点亮次数）成正比。但是更重要的是优雅的渲染算法，它自动地将光连接到适当的对象，而不需要光照。执行效果如图 16-46 所示。

图 16-46 执行效果

范例 16-41：奔跑的精灵

下面的实例演示了实现一个 3D 奔跑的精灵场景的过程（具体程序见配书源程序）。本实例展示了一个精灵奔跑在不平坦的地形上，他随着地形的起伏而起伏，当他跑到一棵树或一块岩石旁边时，就会停下来，不会穿过模型。相机会跟随精灵智能地在地形上移动，我们可以控制相机角度。精灵的身体根据他的动作灵活地活动。其中，使用碰撞射线来检测地形的高度和障碍物的存在。执行效果如图 16-47 所示。

图 16-47 执行效果

第 17 章

Python 算法实战

算法是程序的灵魂，只有掌握了算法，程序员才能轻松地驾驭程序开发。本章将通过具体实例的实现过程，详细讲解使用 Python 编写算法程序的知识。

17.1 常用的算法思想实战

范例 17-01：使用递归函数创建质数

下面的实例文件 dicha.py 演示了使用递归函数创建质数的过程。

```
from math import sqrt
def primes(n):
    if n == 0:
        return []
    elif n == 1:
        return [1]
    else:
        p = primes(int(sqrt(n)))
        no_p = {j for i in p for j in range(i*2, n, i)}
        p = {x for x in range(2, n) if x not in no_p}
    return p

print(primes(40))
```

执行后会输出以下结果。

```
{2, 3, 5, 37, 7, 11, 13, 17, 19, 23, 29, 31}
```

范例 17-02：实现拓扑排序

拓扑排序是很重要的一个算法，其应用范围非常广。例如，在 Linux 操作系统的软件安装过程中，每当我们安装一个软件或者库时，它会自动检测它所依赖的部件是否安装，如果没有安装，那么就先安装依赖部件。下面的实例文件 tuo.py 演示了实现拓扑排序的过程。

```
def naive_topsort(G, S=None):
    if S is None: S = set(G)        # 默认情况，所有节点
    if len(S) == 1: return list(S)  # 基本情况，单节点
    v = S.pop()  # 删除节点
    seq = naive_topsort(G, S)
    min_i = 0
    for i, u in enumerate(seq):
        if v in G[u]: min_i = i + 1   # After all dependencies
    seq.insert(min_i, v)
    return seq


G = {'a': set('bf'), 'b': set('cdf'), 'c': set('d'), 'd': set('ef'), 'e': set('f'), 'f': set()}
print(naive_topsort(G) ) # ['a', 'b', 'c', 'd', 'e', 'f']
```

执行后会输出以下结果。

```
['c', 'd', 'e', 'a', 'b', 'f']
```

范例 17-03：使用分治算法求顺序表的最大值

在编程过程中，经常遇到处理数据相当多、求解过程比较复杂、直接求解会比较耗时的问题。在求解这类问题时，可以采用各个击破的方法。具体做法是：先把这个问题分解成几个较小的子问题，找到求出这几个子问题的解法后，再找到合适的方法，把它们组合成求整个大问题的解。如果这些子问题还是比较大，还可以继续把它们分成几个更小的子问题，以此类推，直至可以直接求出解为止。这就是分治算法的基本思想。

下面的实例文件 zuida.py 演示了使用分治算法求顺序表中数据最大值的过程。

```
# 基本子算法（子问题规模小于等于 2 时）
def get_max(max_list):
    return max(max_list)

# 分治法
def solve2(init_list):
    n = len(init_list)
    if n <= 2:  # 若问题规模小于等于 2，解决
        return get_max(init_list)

    # 分解（子问题规模为 n/2）
```

```
        left_list, right_list = init_list[:n // 2], init_list[n // 2:]

        # 递归（树），分治
        left_max, right_max = solve2(left_list), solve2(right_list)

        # 合并
        return get_max([left_max, right_max])

if __name__ == "__main__":
    # 测试数据
    test_list = [12, 2, 23, 45, 67, 3, 2, 4, 45, 63, 24, 23]
    # 求最大值
    print(solve2(test_list))
```

执行后会输出以下结果。

```
67
```

范例 17-04：判断某个元素是否在其中

下面的实例文件 qi.py 演示了使用分治算法判断某个元素是否在列表中的过程。

```
# 子问题算法（子问题规模为 1）
def is_in_list(init_list, el):
    return [False, True][init_list[0] == el]


# 分治法
def solve(init_list, el):
    n = len(init_list)
    if n == 1:  # 若问题规模等于 1，直接解决
        return is_in_list(init_list, el)

    # 分解（子问题规模为 n/2）
    left_list, right_list = init_list[:n // 2], init_list[n // 2:]

    # 递归（树），分治，合并
    res = solve(left_list, el) or solve(right_list, el)

    return res

if __name__ == "__main__":
    # 测试数据
    test_list = [12, 2, 23, 45, 67, 3, 2, 4, 45, 63, 24, 23]
    # 查找
    print(solve(test_list, 45))  # True
    print(solve(test_list, 5))  # False
```

执行后会输出以下结果。

```
True
False
```

范例 17-05：找出一组序列中的第 k 小的元素

下面的实例文件 k.py 演示了使用分治算法找出一组序列中的第 k 小的元素的过程。

```
# 划分（基于主元）。注意：非就地划分
def partition(seq):
    pi = seq[0]  # 挑选主元
    lo = [x for x in seq[1:] if x <= pi]  # 所有小的元素
    hi = [x for x in seq[1:] if x > pi]  # 所有大的元素
    return lo, pi, hi

# 查找第 k 小的元素
def select(seq, k):
    # 分解
    lo, pi, hi = partition(seq)
    m = len(lo)
    if m == k:
        return pi  # 解决！
    elif m < k:
        return select(hi, k - m - 1)  # 递归（树），分治
    else:
        return select(lo, k)  # 递归（树），分治

if __name__ == '__main__':
    seq = [3, 4, 1, 6, 3, 7, 9, 13, 93, 0, 100, 1, 2, 2, 3, 3, 2]
```

```
        print(select(seq, 3))
        print(select(seq, 1))
```

执行后会输出以下结果。

```
2
1
```

范例 17-06：使用回溯法求集合{1, 2, 3, 4}的所有子集

回溯法也叫试探法，会先暂时放弃关于问题规模大小的限制，并将问题的候选解按某种顺序逐一进行枚举和检验。当发现当前候选解不可能是正确的解时，就选择下一个候选解。如果当前候选解除了不满足问题规模要求外，能够满足所有其他要求时，则继续扩大当前候选解的规模，并继续试探。如果当前候选解满足包括问题规模在内的所有要求时，该候选解就是问题的一个解。在回溯法中，放弃当前候选解，并继续寻找下一个候选解的过程称为回溯。扩大当前候选解的规模，并继续试探的过程称为向前试探。

下面的实例文件 huidi.py 演示了求集合{1, 2, 3, 4}的所有子集的过程，采用了回溯法实现子集树模板递归。

```
n = 4
# a = ['a','b','c','d']
a = [1, 2, 3, 4]
x = []   # 一个解（n元值为0/1的数组）
X = []   # 一组解


# 冲突检测：无
def conflict(k):
    global n, x, X, a

    return False   # 无冲突


# 一个例子
# 冲突检测：奇偶性相同，且和小于8的子集
def conflict2(k):
    global n, x, X, a

    if k == 0:
        return False

    # 根据部分解，构造部分集
    s = [y[0] for y in filter(lambda s: s[1] != 0, zip(a[:k + 1], x[:k + 1]))]
    if len(s) == 0:
        return False
    if 0 < sum(map(lambda y: y % 2, s)) < len(s) or sum(s) >= 8:   # 只比较 x[k] 与 x[k-1] 奇偶是否相同
        return True

    return False   # 无冲突


# 子集树递归模板
def subsets(k):   # 到达第k个元素
    global n, x, X

    if k >= n:   # 超出最后的元素
        # print(x)
        X.append(x[:])   # 保存（一个解）
    else:
        for i in [1, 0]:   # 遍历元素 a[k] 的两种选择状态：1表示选择，0表示不选
            x.append(i)
            if not conflict2(k):   # 剪枝
                subsets(k + 1)
            x.pop()   # 回溯


# 根据一个解x，构造一个子集
def get_a_subset(x):
    global a
```

```
        return [y[0] for y in filter(lambda s: s[1] != 0, zip(a, x))]


    # 根据一组解X，构造一组子集
    def get_all_subset(X):
        return [get_a_subset(x) for x in X]


    # 测试
    subsets(0)

    # 查看第3个解及对应的子集
    # print(X[2])
    # print(get_a_subset(X[2]))

    print(get_all_subset(X))
```

执行后会输出以下结果。

```
[[1, 3], [1], [2, 4], [2], [3], [4], []]
```

范例 17-07：获取[1,2,3,4]的所有排列

下面的实例文件 quan.py 演示了获取[1,2,3,4]的所有排列的过程，采用了排列树模板递归方式实现。

```
'''获取[1,2,3,4]的所有排列'''
import time
def SWAP(i,j):
    temp=strAP[i]
    strAP[i]=strAP[j]
    strAP[j]=temp

strAP=[1,2,3,4]
def CalAllP1(first,num):
    if first==num-1: #到达最后一个元素，则退出
        return

    for i in range(first,num):
        if i!=first: #输出时去掉重复的排列
            SWAP(i,first)
            print(strAP)
        CalAllP1(first+1,num) #递归调用，排列后面的元素
        SWAP(i,first)

beginTime=time.clock()
print(strAP)
CalAllP1(0,len(strAP))
endTime=time.clock()
print(endTime-beginTime)
```

执行后会输出以下结果。

```
[1, 2, 3, 4]
[1, 2, 4, 3]
[1, 3, 2, 4]
[1, 3, 4, 2]
[1, 4, 3, 2]
[1, 4, 2, 3]
[2, 1, 3, 4]
[2, 1, 4, 3]
[2, 3, 1, 4]
[2, 3, 4, 1]
[2, 4, 3, 1]
[2, 4, 1, 3]
[3, 2, 1, 4]
[3, 2, 4, 1]
[3, 1, 2, 4]
[3, 1, 4, 2]
[3, 4, 1, 2]
[3, 4, 2, 1]
[4, 2, 3, 1]
[4, 2, 1, 3]
[4, 3, 2, 1]
[4, 3, 1, 2]
```

```
[4, 1, 3, 2]
[4, 1, 2, 3]
0.15351119369131744
```

范例 17-08：回溯法的 8“皇后”问题

1. 问题

8×8 格的国际象棋棋盘上摆放 8 个“皇后”，使其不能互相攻击，即任意两个皇后都不能处于同一行、同一列或同一斜线上，如图 17-1 所示，问有多少种摆法。

图 17-1　8 个皇后

2. 分析

下面的实例文件 bahuang.py 演示了使用回溯法解决 8 皇后问题的过程。为了简化问题，考虑到 8 个皇后不同行，则每一行放置一个皇后，每一行的皇后可以放置于第 0、1、2、3、4、5、6、7 列，我们认为每一行的皇后有 8 种状态。那么，我们只要套用子集树模板，从第 0 行开始，自上而下，对每一行的皇后，遍历它的 8 个状态即可。

```
n = 8
x = []  # 一个解（n元数组）
X = []  # 一组解

# 冲突检测：判断 x[k] 是否与前 x[0～k-1] 冲突
def conflict(k):
    global x

    for i in range(k):  # 遍历前 x[0～k-1]
        if x[i] == x[k] or abs(x[i] - x[k]) == abs(i - k):  # 判断是否与 x[k] 冲突
            return True
    return False


# 套用子集树模板
def queens(k):  # 到达第k行
    global n, x, X

    if k >= n:  # 超出最底行
        # print(x)
        X.append(x[:])   # 保存（一个解），注意x[:]
    else:
        for i in range(n):  # 遍历第 0～n-1 列（即n个状态）
            x.append(i)  # 皇后置于第i列，入栈
            if not conflict(k):  # 剪枝
                queens(k + 1)
            x.pop()  # 回溯，出栈


# 解的可视化（根据一个解x，复原棋盘。'X'表示皇后）
def show(x):
    global n

    for i in range(n):
        print('. ' * (x[i]) + 'X ' + '. ' * (n - x[i] - 1))


# 测试
queens(0)  # 从第0行开始

print(X[-1], '\n')
show(X[-1])
```

执行后会输出以下结果。

```
[7, 3, 0, 2, 5, 1, 6, 4]

. . . . . . . X
. . . X . . . .
X . . . . . . .
. . X . . . . .
. . . . . X . .
```

```
.X......
......X.
....X...
```

范例 17-09：使用回溯法解决迷宫问题

1. 问题

给定一个迷宫，入口已知。问是否有路径从入口到出口，若有，则输出一条这样的路径。注意移动可以从上、下、左、右、上左、上右、下左、下右 8 个方向进行。迷宫输入 0 表示通路，输入 1 表示墙。为方便起见，用 1 将迷宫围起来避免边界问题。

2. 分析

考虑到左、右是相对的，因此修改为：北、东北、东、东南、南、西南、西、西北 8 个方向，如图 17-2 所示。在任意一格内，有 8 个方向可以选择，亦即 8 种状态可选。因此从入口格子开始，每进入一格都要遍历这 8 种状态。显然，可以套用回溯法的子集树模板。解的长度是不固定的。

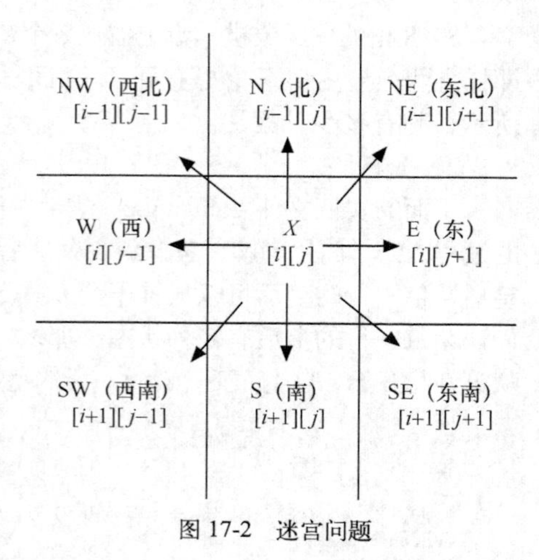

图 17-2　迷宫问题

下面的实例文件 mi.py 演示了使用回溯法解决迷宫问题的过程。

```
# 迷宫（1是墙，0是通路）
maze = [[1, 1, 1, 1, 1, 1, 1, 1, 1, 1],
        [0, 0, 1, 0, 1, 1, 1, 1, 0, 1],
        [1, 1, 0, 1, 0, 1, 1, 0, 1, 1],
        [1, 0, 1, 1, 1, 0, 0, 1, 1, 1],
        [1, 1, 1, 0, 0, 1, 1, 0, 1, 1],
        [1, 1, 0, 1, 1, 1, 1, 1, 0, 1],
        [1, 0, 1, 0, 0, 1, 1, 1, 1, 0],
        [1, 1, 1, 1, 1, 0, 1, 1, 1, 1]]

m, n = 8, 10   # 8行，10列
entry = (1, 0)   # 迷宫入口
path = [entry]   # 一个解（路径）
paths = []   # 一组解

# 移动的方向（顺时针排序有8个：N、NE、E、SE、S、SW、W、NW）
directions = [(-1, 0), (-1, 1), (0, 1), (1, 1), (1, 0), (1, -1), (0, -1), (-1, -1)]


# 冲突检测
def conflict(nx, ny):
    global m, n, maze

    # 是否在迷宫中，以及是否可通行
    if 0 <= nx < m and 0 <= ny < n and maze[nx][ny] == 0:
        return False

    return True


# 套用子集树模板
def walk(x, y):   # 到达(x,y)格子
    global entry, m, n, maze, path, paths, directions

    if (x, y) != entry and (x % (m - 1) == 0 or y % (n - 1) == 0):   # 出口
        # print(path)
        paths.append(path[:])   # 直接保存，未做最优化
    else:
        for d in directions:   # 遍历8个方向(亦即8个状态)
            nx, ny = x + d[0], y + d[1]
            path.append((nx, ny))   # 保存，新坐标入栈
            if not conflict(nx, ny):   # 剪枝
```

```
                    maze[nx][ny] = 2   # 标记，已访问
                    walk(nx, ny)
                    maze[nx][ny] = 0   # 回溯，恢复
                path.pop()  # 回溯，出栈


# 解的可视化（根据一个解x，复原迷宫路径，'2'表示通路）
def show(path):
    global maze

    import pprint, copy

    maze2 = copy.deepcopy(maze)

    for p in path:
        maze2[p[0]][p[1]] = 2  # 通路

    pprint.pprint(maze)  # 原迷宫
    print()
    pprint.pprint(maze2)  # 带通路的迷宫


# 测试
walk(1, 0)
print(paths[-1], '\n')  # 看看最后一条路径
show(paths[-1])
```

执行后会输出以下结果。

```
[(1, 0), (1, 1), (2, 2), (1, 3), (2, 4), (3, 5), (4, 4), (4, 3), (5, 2), (6, 3), (6, 4), (7, 5)]

[[1, 1, 1, 1, 1, 1, 1, 1, 1, 1],
 [0, 0, 1, 0, 1, 1, 1, 1, 0, 1],
 [1, 1, 0, 1, 0, 1, 1, 0, 1, 1],
 [1, 0, 1, 1, 1, 0, 0, 1, 1, 1],
 [1, 1, 1, 0, 0, 1, 1, 0, 1, 1],
 [1, 1, 0, 1, 1, 1, 1, 1, 0, 1],
 [1, 0, 1, 0, 0, 1, 1, 1, 1, 0],
 [1, 1, 1, 1, 1, 0, 1, 1, 1, 1]]

[[1, 1, 1, 1, 1, 1, 1, 1, 1, 1],
 [2, 2, 1, 2, 1, 1, 1, 1, 0, 1],
 [1, 1, 2, 1, 2, 1, 1, 0, 1, 1],
 [1, 0, 1, 1, 1, 2, 0, 1, 1, 1],
 [1, 1, 1, 2, 2, 1, 1, 0, 1, 1],
 [1, 1, 2, 1, 1, 1, 1, 1, 0, 1],
 [1, 0, 1, 2, 2, 1, 1, 1, 1, 0],
 [1, 1, 1, 1, 1, 2, 1, 1, 1, 1]]
```

范例 17-10：使用回溯法解决背包问题

1. 问题

给定 N 个物品和一个背包。物品的重量是 W，其价值为 V，背包的载重量为 C。问应该如何选择装入背包的物品，使得放入背包的物品的总价值为最大？

2. 分析

放入背包的物品是 N 个物品的所有子集的其中之一。N 个物品中，每一个物品都有被选择、不被选择两种状态。因此，只需要对每一个物品的这两种状态进行遍历。解是一个长度固定的 N 元值为 0/1 的数组。

下面的实例文件 bei.py 演示了使用回溯法解决背包问题的过程。

```
n = 3  # 物品数量
c = 30  # 包的载重量
w = [20, 15, 15]  # 物品重量
v = [45, 25, 25]  # 物品价值

maxw = 0  # 符合条件的能装载的最大重量
maxv = 0  # 符合条件的能装载的最大价值
bag = [0, 0, 0]  # 一个解（n元值为0/1的数组），长度固定为n
bags = []  # 一组解
bestbag = None  # 最佳解
```

```
# 冲突检测
def conflict(k):
    global bag, w, c

    # bag内的前k个物品已超重，则冲突
    if sum([y[0] for y in filter(lambda x: x[1] == 1, zip(w[:k + 1], bag[:k + 1]))]) > c:
        return True

    return False


# 套用子集树模板
def backpack(k):  # 到达第k个物品
    global bag, maxv, maxw, bestbag

    if k == n:  # 超出最后一个物品，判断结果是否为最优
        cv = get_a_pack_value(bag)
        cw = get_a_pack_weight(bag)

        if cv > maxv:  # 价值大的优先
            maxv = cv
            bestbag = bag[:]

        if cv == maxv and cw < maxw:  # 价值相同，重量轻的优先
            maxw = cw
            bestbag = bag[:]
    else:
        for i in [1, 0]:  # 遍历两种状态（被选择为1，不被选择为0）
            bag[k] = i  # 因为解的长度是固定的
            if not conflict(k):  # 剪枝
                backpack(k + 1)


# 根据一个解bag，计算重量
def get_a_pack_weight(bag):
    global w

    return sum([y[0] for y in filter(lambda x: x[1] == 1, zip(w, bag))])


# 根据一个解bag，计算价值
def get_a_pack_value(bag):
    global v

    return sum([y[0] for y in filter(lambda x: x[1] == 1, zip(v, bag))])


# 测试
backpack(0)
print(bestbag, get_a_pack_value(bestbag))
```

执行后会输出以下结果。

```
[0, 1, 1] 50
```

范例 17-11：找出从正整数 1,2,3…n 中任取 r 个数的所有组合

1. 问题

找出从正整数 1,2,3…n 中任取 r 个数的所有组合，例如，n=5，r=3 的所有组合为：

```
1,2,3
1,2,4
1,2,5
1,3,4
1,3,5
1,4,5
2,3,4
2,3,5
2,4,5
3,4,5
```

2. 分析

换个角度，r=3 的所有组合，相当于元素个数为 3 的所有子集。因此，在遍历子集树的时

候，对元素个数不为 3 的子树剪枝即可。

下面的实例文件 zhao.py 演示了使用回溯法找出从正整数 1,2,3…n 中任取 r 个数的所有组合的过程。

```
n = 5
r = 3
a = [1, 2, 3, 4, 5]   # 5个数字

x = [0] * n   # 一个解（n元值为0/1的数组） 固定长度
X = []   # 一组解


def conflict(k):
    global n, r, x

    if sum(x[:k + 1]) > r:   # 部分解的长度超出r
        return True

    if sum(x[:k + 1]) + (n - k - 1) < r:   # 部分解的长度加上剩下的长度小于r
        return True

    return False   # 无冲突


# 套用子集树模板
def comb(k):   # 到达第k个元素
    global n, x, X

    if k >= n:   # 超出最后的元素
        # print(x)
        X.append(x[:])   # 保存（一个解）
    else:
        for i in [1, 0]:   # 遍历元素 a[k] 的两种选择状态：1表示选择，0表示不选
            x[k] = i
            if not conflict(k):   # 剪枝
                comb(k + 1)


# 根据一个解x，构造对应的一个组合
def get_a_comb(x):
    global a

    return [y[0] for y in filter(lambda s: s[1] == 1, zip(a, x))]


# 根据一组解X，构造对应的一组组合
def get_all_combs(X):
    return [get_a_comb(x) for x in X]

# 测试
comb(0)
print(X)
print(get_all_combs(X))
```

执行后会输出以下结果。

```
[[1, 1, 1, 0, 0], [1, 1, 0, 1, 0], [1, 1, 0, 0, 1], [1, 0, 1, 1, 0], [1, 0, 1, 0, 1], [1, 0, 0, 1, 1], [0, 1, 1, 1, 0], [0, 1, 1, 0, 1], [0, 1, 0, 1, 1], [0, 0, 1, 1, 1]]
[[1, 2, 3], [1, 2, 4], [1, 2, 5], [1, 3, 4], [1, 3, 5], [1, 4, 5], [2, 3, 4], [2, 3, 5], [2, 4, 5], [3, 4, 5]]
```

范例 17-12：使用回溯法实现图的遍历

1. 问题

有用如下节点表示的一个图。

```
a --> b
a --> c
b --> c
b --> d
b --> e
c --> a
c --> d
d --> c
e --> f
```

```
f --> c
f --> d
```

从图中的一个节点 e 出发，不重复地经过所有其他节点后，回到出发节点 e，称为一条路径。请找出所有可能的路径。

2. 分析

问题的解的长度是固定的，即所有的路径长度都是固定的：n（不回到出发节点）或 n+1（回到出发节点）。每个节点都有各自的邻接节点，对某个节点来说，它的所有邻接节点可以看作这个节点的状态空间。先遍历其状态空间，剪枝，再深度优先递归到下一个节点。

下面的实例文件 quda.py 演示了使用回溯法实现图的遍历的过程。

```python
# 用邻接表表示图
n = 6   # 节点数
a, b, c, d, e, f = range(n)   # 节点名称
graph = [
    {b, c},
    {c, d, e},
    {a, d},
    {c},
    {f},
    {c, d}
]

x = [0] * (n + 1)   # 一个解（n+1元数组，长度固定）
X = []   # 一组解


# 冲突检测
def conflict(k):
    global n, graph, x

    # 第k个节点，是否前面已经走过
    if k < n and x[k] in x[:k]:
        return True

    # 回到出发节点
    if k == n and x[k] != x[0]:
        return True

    return False   # 无冲突


# 图的遍历
def dfs(k):   # 到达（解x的）第k个节点
    global n, a, b, c, d, e, f, graph, x, X

    if k > n:   # 解的长度超出，已遍历n+1个节点（若不回到出发节点，则 k=n）
        print(x)
        # X.append(x[:])
    else:
        for node in graph[x[k - 1]]:   # 遍历节点x[k]的邻接节点（x[k]的所有状态）
            x[k] = node
            if not conflict(k):   # 剪枝
                dfs(k + 1)


# 测试
x[0] = e   # 出发节点
dfs(1)   # 开始处理解x中的第2个节点
```

执行后会输出以下结果。

```
[4, 5, 3, 2, 0, 1, 4]
```

范例 17-13：使用回溯法解决旅行者交通费用问题

1. 问题

旅行者要到若干个城市旅行，各城市之间的交通费用是已知的，为了节省交通费用，旅行者决定从所在城市出发，到每个城市旅行一次后返回初始城市，问他应选择什么样的路线才能

使所支出的总交通费用最低？

2. 分析

此问题可描述如下：G = (V,E)是带权的有向图，找到包含 V 中每个节点的一个有向环，亦即一条周游路线，使得这个有向环上所有边成本之和最小。

本题是带权的图。只要一点小小的修改即可，解的长度是固定的 n+1。对于图中的每一个节点，都有自己的邻接节点。对某个节点而言，其所有的邻接节点构成这个节点的状态空间。当路径到达这个节点时，遍历其状态空间。

下面的实例文件 lv.py 演示了使用回溯法解决旅行者交通费用问题的过程。

```
# 用邻接表表示带权图
n = 5   # 节点数
a, b, c, d, e = range(n)   # 节点名称
graph = [
    {b: 7, c: 6, d: 1, e: 3},
    {a: 7, c: 3, d: 7, e: 8},
    {a: 6, b: 3, d: 12, e: 11},
    {a: 1, b: 7, c: 12, e: 2},
    {a: 3, b: 8, c: 11, d: 2}
]

x = [0] * (n + 1)   # 一个解（n+1元数组，长度固定）
X = []   # 一组解

best_x = [0] * (n + 1)   # 已找到的最佳解（路径）
min_cost = 0   # 最低交通费用


# 冲突检测
def conflict(k):
    global n, graph, x, best_x, min_cost

    # 第k个节点，是否前面已经走过
    if k < n and x[k] in x[:k]:
        return True

    # 回到出发节点
    if k == n and x[k] != x[0]:
        return True

    # 前面部分解的交通费用之和超出已经找到的最低总交通费用
    cost = sum([graph[node1][node2] for node1, node2 in zip(x[:k], x[1:k + 1])])
    if 0 < min_cost < cost:
        return True

    return False   # 无冲突


# 旅行者交通费用问题
def tsp(k):   # 到达（解x的）第k个节点
    global n, a, b, c, d, e, graph, x, X, min_cost, best_x

    if k > n:   # 解的长度超出，已遍历n+1个节点（若不回到出发节点，则 k=n）
        cost = sum([graph[node1][node2] for node1, node2 in zip(x[:-1], x[1:])])   # 计算总交通费用
        if min_cost == 0 or cost < min_cost:
            best_x = x[:]
            min_cost = cost
            # print(x)
    else:
        for node in graph[x[k - 1]]:   # 遍历节点x[k-1]的邻接节点（状态空间）
            x[k] = node
            if not conflict(k):   # 剪枝
                tsp(k + 1)


# 测试
x[0] = c   # 出发节点：路径x的第一个节点（随机）
tsp(1)   # 开始处理解x中的第2个节点
print(best_x)
print(min_cost)
```

执行后会输出以下结果。

```
[2, 0, 3, 4, 1, 2]
20
```

范例 17-14：使用回溯法解决图的着色问题

1. 问题

给定的无向连通图 *G* 有 m 种不同的颜色。用这些颜色为图 *G* 的各顶点着色，每个顶点着一种颜色，是否有一种着色法使 *G* 中任意相邻的两个顶点着不同颜色？

2. 分析

解的长度是固定的 n。若 x 为本问题的一个解，则 x[k]表示第 k 个节点的涂色编号。可以将 m 种颜色看作每个节点的状态空间，每到一个节点，遍历所有颜色、剪枝、回溯。

下面的实例文件 zhuo.py 演示了使用回溯法解决图的着色问题的过程。

```python
# 用邻接表表示图
n = 5   # 节点数
a, b, c, d, e = range(n)   # 节点名称
graph = [
    {b, c, d},
    {a, c, d, e},
    {a, b, d},
    {a, b, c, e},
    {b, d}
]

m = 4   # m种颜色

x = [0] * n   # 一个解（n元数组，长度固定）。注意：解x的索引对应a、b、c、d、e
X = []   # 一组解


# 冲突检测
def conflict(k):
    global n, graph, x

    # 找出第k个节点前面已经涂色的邻接节点
    nodes = [node for node in range(k) if node in graph[k]]
    if x[k] in [x[node] for node in nodes]:   # 已经有相邻节点涂了这种颜色
        return True

    return False   # 无冲突


# 图的着色（全部解）
def dfs(k):   # 到达（解x的）第k个节点
    global n, m, graph, x, X

    if k == n:   # 解的长度超出
        print(x)
        # X.append(x[:])
    else:
        for color in range(m):   # 遍历第k个节点的可涂颜色编号（状态空间），全都一样
            x[k] = color
            if not conflict(k):   # 剪枝
                dfs(k + 1)


# 测试
dfs(a)   # 从节点a开始
```

执行后会输出以下结果。

```
[0, 1, 2, 3, 0]
[0, 1, 2, 3, 2]
[0, 1, 3, 2, 0]
[0, 1, 3, 2, 3]
[0, 2, 1, 3, 0]
[0, 2, 1, 3, 1]
[0, 2, 3, 1, 0]
[0, 2, 3, 1, 3]
```

```
[0, 3, 1, 2, 0]
[0, 3, 1, 2, 1]
[0, 3, 2, 1, 0]
[0, 3, 2, 1, 2]
[1, 0, 2, 3, 1]
[1, 0, 2, 3, 2]
[1, 0, 3, 2, 1]
[1, 0, 3, 2, 3]
[1, 2, 0, 3, 0]
[1, 2, 0, 3, 1]
[1, 2, 3, 0, 1]
[1, 2, 3, 0, 3]
[1, 3, 0, 2, 0]
[1, 3, 0, 2, 1]
[1, 3, 2, 0, 1]
[1, 3, 2, 0, 2]
[2, 0, 1, 3, 1]
[2, 0, 1, 3, 2]
[2, 0, 3, 1, 2]
[2, 0, 3, 1, 3]
[2, 1, 0, 3, 0]
[2, 1, 0, 3, 2]
[2, 1, 3, 0, 2]
[2, 1, 3, 0, 3]
[2, 3, 0, 1, 0]
[2, 3, 0, 1, 2]
[2, 3, 1, 0, 1]
[2, 3, 1, 0, 2]
[3, 0, 1, 2, 1]
[3, 0, 1, 2, 3]
[3, 0, 2, 1, 2]
[3, 0, 2, 1, 3]
[3, 1, 0, 2, 0]
[3, 1, 0, 2, 3]
[3, 1, 2, 0, 2]
[3, 1, 2, 0, 3]
[3, 2, 0, 1, 0]
[3, 2, 0, 1, 3]
[3, 2, 1, 0, 1]
[3, 2, 1, 0, 3]
```

范例 17-15：实现 'a'、'b'、'c'、'd' 4 个元素的全排列

下面的实例文件 quan.py 演示了实现 'a'、'b'、'c'、'd' 4 个元素的全排列的过程。一个解 x 就是 n 个元素的一种排列，显然，解 x 的长度是固定的 n。我们可以这样考虑：对于解 x，先排第 0 个元素 x[0]，再排第 1 个元素 x[1]……当来到第 k−1 个元素 x[k−1]时，就将剩下的未排的所有元素看作元素 x[k−1]的状态空间，最后遍历。

```
n = 4
a = ['a', 'b', 'c', 'd']

x = [0] * n   # 一个解（n元值为0/1的数组）
X = []   # 一组解


# 冲突检测：无
def conflict(k):
    global n, x, X, a

    return False    # 无冲突


# 用子集树模板实现全排列
def perm(k):    # 到达第k个元素
    global n, a, x, X

    if k >= n:    # 超出最后的元素
        print(x)
        # X.append(x[:]) # 保存（一个解）
    else:
        for i in set(a) - set(x[:k]):    # 遍历，剩下的未排的所有元素看作元素x[k-1]的状态空间
            x[k] = i
```

```
            if not conflict(k):  # 剪枝
                perm(k + 1)


# 测试
perm(0)  # 从x[0]开始
```

执行后会输出以下结果。

```
['d', 'c', 'b', 'a']
['d', 'c', 'a', 'b']
['d', 'b', 'c', 'a']
['d', 'b', 'a', 'c']
['d', 'a', 'c', 'b']
['d', 'a', 'b', 'c']
['c', 'd', 'b', 'a']
['c', 'd', 'a', 'b']
['c', 'b', 'd', 'a']
['c', 'b', 'a', 'd']
['c', 'a', 'd', 'b']
['c', 'a', 'b', 'd']
['b', 'd', 'c', 'a']
['b', 'd', 'a', 'c']
['b', 'c', 'd', 'a']
['b', 'c', 'a', 'd']
['b', 'a', 'd', 'c']
['b', 'a', 'c', 'd']
['a', 'd', 'c', 'b']
['a', 'd', 'b', 'c']
['a', 'c', 'd', 'b']
['a', 'c', 'b', 'd']
['a', 'b', 'd', 'c']
['a', 'b', 'c', 'd']
```

范例 17-16：解决选排列问题

1. 问题

从 n 个元素中挑选 m 个元素进行排列，每个元素最多可重复 r 次。其中 m 的范围为 2～n，r 的范围为 1～m。例如，从 4 个元素中挑选 3 个元素进行排列，每个元素最多可重复 2 次。

2. 分析

x 的长度是固定的，为 m。对于解 x，先排第 0 个位置的元素 x[0]，再排第 1 个位置的元素 x[1]。我们把后者看作是前者的一种状态，即 x[1]是 x[0]的一种状态。通常把 x[k]看作 x[k−1]的状态空间 a 中的一种状态，我们要做的就是遍历 a[k−1]的所有状态。

下面的实例文件 xuan.py 演示了解决选排列问题的过程。

```
n = 4
a = ['a', 'b', 'c', 'd']

m = 3   # 从4个中挑3个
r = 2   # 每个元素最多可重复2次

x = [0] * m   # 一个解（m元值为0/1的数组）
X = []   # 一组解


# 冲突检测
def conflict(k):
    global n, r, x, X, a

    # 部分解内的元素x[k]数量不能超过r
    if x[:k + 1].count(x[k]) > r:
        return True

    return False   # 无冲突


# 用子集树模板解决选排列问题
def perm(k):   # 到达第k个元素
    global n, m, a, x, X
```

```
    if k == m:  # 超出最后的元素
        print(x)
        # X.append(x[:]) # 保存（一个解）
    else:
        for i in a:  # 遍历x[k-1]的状态空间a，其他的事情交给剪枝函数
            x[k] = i
            if not conflict(k):  # 剪枝
                perm(k + 1)

# 测试
perm(0)  # 从x[0]开始排列
```

执行后会输出以下结果。

```
['a', 'a', 'b']
['a', 'a', 'c']
['a', 'a', 'd']
['a', 'b', 'a']
['a', 'b', 'b']
['a', 'b', 'c']
['a', 'b', 'd']
['a', 'c', 'a']
['a', 'c', 'b']
['a', 'c', 'c']
['a', 'c', 'd']
['a', 'd', 'a']
['a', 'd', 'b']
['a', 'd', 'c']
['a', 'd', 'd']
['b', 'a', 'a']
['b', 'a', 'b']
['b', 'a', 'c']
['b', 'a', 'd']
['b', 'b', 'a']
['b', 'b', 'c']
['b', 'b', 'd']
['b', 'c', 'a']
['b', 'c', 'b']
['b', 'c', 'c']
['b', 'c', 'd']
['b', 'd', 'a']
['b', 'd', 'b']
['b', 'd', 'c']
['b', 'd', 'd']
['c', 'a', 'a']
['c', 'a', 'b']
['c', 'a', 'c']
['c', 'a', 'd']
['c', 'b', 'a']
['c', 'b', 'b']
['c', 'b', 'c']
['c', 'b', 'd']
['c', 'c', 'a']
['c', 'c', 'b']
['c', 'c', 'd']
['c', 'd', 'a']
['c', 'd', 'b']
['c', 'd', 'c']
['c', 'd', 'd']
['d', 'a', 'a']
['d', 'a', 'b']
['d', 'a', 'c']
['d', 'a', 'd']
['d', 'b', 'a']
['d', 'b', 'b']
['d', 'b', 'c']
['d', 'b', 'd']
['d', 'c', 'a']
['d', 'c', 'b']
['d', 'c', 'c']
['d', 'c', 'd']
['d', 'd', 'a']
['d', 'd', 'b']
['d', 'd', 'c']
```

范例 17-17：解决最佳作业调度问题

给定 n 个作业，每一个作业都有两项子任务需要分别在两台计算机上完成。每一个作业必须先由计算机 1 处理，然后由计算机 2 处理。请尝试设计一个算法找出完成 n 个任务的最佳调度，使计算机 2 完成各作业时间之和达到最小。

下面的实例文件 zuo.py 演示了解决最佳作业调度问题的过程。

```
n = 3  # 作业数
# n个作业分别在两台计算机上完成需要的时间
t = [[2, 1],
     [3, 1],
     [2, 3]]

x = [0] * n  # 一个解（n元数组）
X = []  # 一组解

best_x = []  # 最佳解（一个调度）
best_t = 0  # 计算机2最小时间和


# 冲突检测
def conflict(k):
    global n, x, X, t, best_t

    # 部分解内的作业x[k]数量不能超过1
    if x[:k + 1].count(x[k]) > 1:
        return True

    # 部分解的计算机2完成各作业时间之和未超过 best_t
    # total_t = sum([sum([y[0] for y in t][:i+1]) + t[i][1] for i in range(k+1)])
    j2_t = []
    s = 0
    for i in range(k + 1):
        s += t[x[i]][0]
        j2_t.append(s + t[x[i]][1])
    total_t = sum(j2_t)
    if total_t > best_t > 0:
        return True

    return False  # 无冲突


# 最佳作业调度问题
def dispatch(k):  # 到达第k个元素
    global n, x, X, t, best_t, best_x

    if k == n:  # 超出最后的元素
        # print(x)
        # X.append(x[:]) # 保存（一个解）

        # 根据解x得出计算机2完成各作业时间之和
        j2_t = []
        s = 0
        for i in range(n):
            s += t[x[i]][0]
            j2_t.append(s + t[x[i]][1])
        total_t = sum(j2_t)
        if best_t == 0 or total_t < best_t:
            best_t = total_t
            best_x = x[:]
    else:
        for i in range(n):  # 遍历第k个元素的状态空间，计算机编号0～n-1，其他的事情交给剪枝函数
            x[k] = i
            if not conflict(k):  # 剪枝
                dispatch(k + 1)


# 测试
dispatch(0)
print(best_x)
print(best_t)
```

执行后会输出以下结果。

```
[0, 2, 1]
18
```

范例 17-18：最长公共子序列

输入如下。

```
第1行：字符串A
第2行：字符串B
（A，B的长度 ≤ 1000）
```

要求输出：

```
输出最长的子序列，如果有多个，就随意输出1个。
```

例如输入：

```
long
cnblogs
```

输出示例：

```
cnblogs
```

下面的实例文件 zuichang.py 演示了实现最长公共子序列（LCS）的过程。

```
a = 'long'
b = 'cnblogs'

x = []   # 一个解（长度不固定），x[i]是b中字符的序号
X = []   # 一组解

best_x = []   # 最佳解
best_len = 0   # 最长子序列长度


# 冲突检测
def conflict(k):
    global n, x, X, a, b, best_len

    # 如果两个字符不相等
    if x[-1] < len(b) and a[k] != b[x[-1]]:
        return True

    # 如果两个字符相等，但是相对于前一个在b中的位置靠前
    if a[k] == b[x[-1]] and (len(x) >= 2 and x[-1] <= x[-2]):
        return True

    # 如果部分解的长度加上后面a剩下的长度小于等于best_len
    if len(x) + (len(a) - k) < best_len:
        return True

    return False   # 无冲突


# 回溯法（递归版本）
def LCS(k):   # 到达a中的第k个元素
    global x, X, a, b, best_len, best_x
    # print(k, x)
    if k == len(a):   # 超出最后的元素
        if len(x) > best_len:
            best_len = len(x)
            best_x = x[:]
    else:
        for i in range(len(b) + 1):   # 遍历状态空间：0~len(b)-1。技巧：人为增加一种状态len(b)，表示该行没有元素选取
            if i == len(b):   # 此状态不放入解x内
                LCS(k + 1)
            else:
                x.append(i)
                if not conflict(k):   # 剪枝
                    LCS(k + 1)
                x.pop()   # 回溯


# 根据一个解x，构造最长子序列
def get_lcs(x):
    global b
```

```
        return ''.join([b[i] for i in x])


# 测试
LCS(0)
print(b)
print(best_x)
print(get_lcs(best_x))
```

执行后会输出以下结果。

```
cnblogs
[3, 4, 5]
log
```

范例 17-19：爬楼梯问题

1. 问题

某楼梯有 n 层台阶，每步只能走 1 级台阶或 2 级台阶。从下向上爬楼梯，有多少种爬法？

2. 分析

每一步是一个元素，可走的步数[1,2]就是其状态空间。元素不是固定的，状态空间是固定的。下面的实例文件 pa.py 演示了使用回溯法解决爬楼梯问题的过程。

```
n = 7 # 楼梯台阶数

x = []    # 一个解（长度不固定，值为1/2的数组，值表示该步走的台阶数）
X = []    # 一组解


# 冲突检测
def conflict(k):
    global n, x, X

    # 部分解的步数之和超过总台阶数
    if sum(x[:k+1]) > n:
        return True

    return False # 无冲突


# 回溯法（递归版本）
def climb_stairs(k): # 走第k步
    global n, x, X

    if sum(x) == n:   # 已走的所有步数之和等于楼梯总台阶数
        print(x)
        #X.append(x[:]) # 保存（一个解）
    else:
        for i in [1, 2]: # 第k步元素的状态空间为[1,2]
            x.append(i)
            if not conflict(k): # 剪枝
                climb_stairs(k+1)
            x.pop()                    # 回溯


# 测试
climb_stairs(0) # 走第0步
```

执行后会输出以下结果。

```
[1, 1, 1, 1, 1, 1, 1]
[1, 1, 1, 1, 1, 2]
[1, 1, 1, 1, 2, 1]
[1, 1, 1, 2, 1, 1]
[1, 1, 1, 2, 2]
[1, 1, 2, 1, 1, 1]
[1, 1, 2, 1, 2]
[1, 1, 2, 2, 1]
[1, 2, 1, 1, 1, 1]
[1, 2, 1, 1, 2]
[1, 2, 1, 2, 1]
[1, 2, 2, 1, 1]
[1, 2, 2, 2]
[2, 1, 1, 1, 1, 1]
```

```
[2, 1, 1, 1, 2]
[2, 1, 1, 2, 1]
[2, 1, 2, 1, 1]
[2, 1, 2, 2]
[2, 2, 1, 1, 1]
[2, 2, 1, 2]
[2, 2, 2, 1]
```

范例 17-20：使用穷举法计算 24 点

下面的实例文件 qiong.py 演示了使用穷举法计算 24 点的过程。根据 4 个数和运算符，构造 3 种中缀表达式，使计算结果为 24，要求遍历并计算每一种可能。显然可能的表达式不止 3 种。但是，其他的表达式要么得不到 24 点，要么在加、乘意义下可以转化为这 3 种表达式。

```
def twentyfour(cards):
    '''最快计算24点代码'''
    for nums in itertools.permutations(cards):   # 4个数
        for ops in itertools.product('+-*/', repeat=3):   # 4个运算符（可重复！）
            # 构造3种中缀表达式
            bds1 = '({0}{4}{1}){5}({2}{6}{3})'.format(*nums, *ops)   #构造的中缀表达或形如(a+b)*(c-d)
            bds2 = '(({0}{4}{1}){5}{2}){6}{3}'.format(*nums, *ops)   #构造的中缀表达或形如(a+b)*c-d
            bds3 = '{0}{4}({1}{5}({2}{6}{3}))'.format(*nums, *ops)   #构造的中缀表达或形如a/(b-(c/d))

            for bds in [bds1, bds2, bds3]:   # 遍历
                try:
                    if abs(eval(bds) - 24.0) < 1e-10:   # eval()函数
                        return bds
                except ZeroDivisionError:   # 零除错误
                    continue

    return 'Not found!'

for card in cards:
    print(twentyfour(card))
```

执行后会输出以下结果。

```
((1+1)+1)*8
((1+1)+2)*6
(1+2)*(1+7)
((1*1)+2)*8
(1+2)*(9-1)
#省略后面的
```

范例 17-21：穷举指定长度的所有字符串

下面的实例文件 bao.py 演示了根据给定的字符字典穷举指定长度的所有字符串的过程。

```
def get_pwd(str, num):
    if (num == 1):
        for x in str:
            yield x
    else:
        for x in str:
            for y in get_pwd(str, num - 1):
                yield x + y


strKey = "abc"
for x in get_pwd(strKey, 3):
    print(x)
```

执行后会输出以下结果。

```
aaa
aab
aac
aba
abb
abc
aca
acb
acc
baa
bab
bac
```

```
bba
bbb
bbc
bca
bcb
bcc
caa
cab
cac
cba
cbb
cbc
cca
ccb
ccc
```

范例 17-22：使用穷举法计算平方根

下面的实例文件 pingf.py 演示了使用穷举法计算 25 的平方根的过程。

```
x = 25
epsilon = 0.01
step = epsilon**2
numGuesses = 0
ans = 0.03
high= 6.25
ans= 4.6875
low= 4.6875

while abs(ans**2 - x) >= epsilon and ans <= x:
    ans += step
    numGuesses += 1
print('numGuesses =', numGuesses)
```

执行后会显示经过 3115 次计算后得到结果。

```
numGuesses = 3115
4.998999999999274 is close to square root of 25
```

范例 17-23：解决一个数学问题

问题：字母代表 0～9 这 10 个数字中的一个，且不重复。在下面的公式中，首位不能为 0。

```
wwwdot - google = dotcom
```

计算出符合上述公式的各个字母代表的数字。

下面的实例文件 maile.py 演示了使用穷举法解决上述数学问题的过程。

```
import os
import time
from datetime import datetime

class data_struct():
    def __init__(self, letter, status):
        self.letter = letter
        self.status = status
        if self.status == False:   # True表示字母在头部，不能为0，False时可以取0
            self.digit = [0, 1, 2, 3, 4, 5, 6, 7, 8, 9]   # 0～9
        else:
            self.digit = [1, 2, 3, 4, 5, 6, 7, 8, 9]   # 1～9

def norepeat(list0):
    length = len(list0)
    list1 = [0 for i in range(0,10,1)] # 取值0～9
    for i in range(0,length,1):
        list1[list0[i]] += 1
        if int(list1[list0[i]]) > 1:
            return False
    return True

if __name__ == '__main__':
    '''wwwdot - google = dotcom'''
    letterW = data_struct('W', True)
    letterG = data_struct('G', True)
    letterD = data_struct('D', True)
    letterO = data_struct('O', False)
    letterT = data_struct('T', False)
```

```
    letterL = data_struct('L', False)
    letterE = data_struct('E', False)
    letterC = data_struct('C', False)
    letterM = data_struct('M', False)

    # list0 = [1,2,3,4,5,6,0,8,9]
    # if True == norepeat(list0):
    #        print 'hello'


    str1 = ''
    str2 = ''
    str3 = ''
    begintime = datetime.now()
    for w in letterW.digit:
        for g in letterG.digit:
            for d in letterD.digit:
                for o in letterO.digit:
                    for t in letterT.digit:
                        for l in letterL.digit:
                            for e in letterE.digit:
                                for c in letterC.digit:
                                    for m in letterM.digit:
                                        list0 = [w, g, d, o, t, l ,e, c, m]
                                        if True == norepeat(list0):
                                            str1 = str(w)*3 + str(d) + str(o) + str(t)
                                            str2 = str(g) + str(o)*2 + str(g) + str(l) + str(e)
                                            str3 = str(d) + str(o) + str(t) + str(c) + str(o) + str(m)
                                            if int(str1) - int(str2) == int(str3):   # wwwdot – google = dotcom
                                                print(str1, str2, str3)

    endtime = datetime.now()
    deltatime = endtime - begintime
    print('穷举搜索耗时：  ', deltatime)
```

在笔者计算机中执行后输出以下结果。

```
wwwdot – google = dotcom
777589 188103 589486
777589 188106 589483
穷举搜索耗时：    1:12:32.622001
```

范例 17-24：使用递归法计算斐波那契数列的第 n 项

因为递归算法思想往往用函数的形式来体现，所以递归算法需要预先编写功能函数。这些函数是独立的，能够实现解决某个问题的具体功能，当需要时直接调用这个函数即可。下面的实例文件 di.py 演示了使用递归算法计算斐波那契数列的第 n 项的过程。

```
fib_table = {}   # 存储数值

def fib_num(n):
    if (n <= 1):
        return n
    if n not in fib_table:
        fib_table[n] = fib_num(n - 1) + fib_num(n - 2)
    return fib_table[n]

n = int(input("输入斐波那契数列的第n项 \n"))
print("斐波那契数列的第 ", n, "项是", fib_num(n))
```

执行后会输出以下结果。

```
输入斐波那契数列的第n项
4
斐波那契数列的第  4 项是 3
```

范例 17-25：使用递归法计算两个数的乘积

下面的实例文件 ouji.py 演示了使用递归法计算两个数的乘积的过程。

```
def recursive_mult(num1, num2, value):
    if num1 == 0 or num2 == 0:
        value += 0
    if num2 < 0:
        value -= num1
        num2 += 1
        value = recursive_mult(num1,num2,value)
```

```
        elif num2 > 0:
            value += num1
            num2 -= 1
            value = recursive_mult(num1,num2,value)
        return value


def main():
    num1 = int(input("input first number: "))
    num2 = int(input("input second number: "))
    value = 0
    value = recursive_mult(num1,num2,value)
    print(value)

if __name__ =='__main__':
    main()
```

执行后会输出以下结果。

```
input first number: 2
input second number: 3
6
```

范例 17-26：计算 n 的阶乘

下面的实例文件 gui.py 演示了计算 n 的阶乘的过程。

```
def fact(n):
    print("factorial has been called with n = " + str(n))
    if n == 1:
        return 1
    else:
        res = n * fact(n - 1)
        print("intermediate result for ", n, " * fact(", n - 1, "): ", res)
        return res


print(fact(10))
```

执行后会输出以下结果。

```
factorial has been called with n = 10
factorial has been called with n = 9
factorial has been called with n = 8
factorial has been called with n = 7
factorial has been called with n = 6
factorial has been called with n = 5
factorial has been called with n = 4
factorial has been called with n = 3
factorial has been called with n = 2
factorial has been called with n = 1
intermediate result for  2  * fact( 1 ):  2
intermediate result for  3  * fact( 2 ):  6
intermediate result for  4  * fact( 3 ):  24
intermediate result for  5  * fact( 4 ):  120
intermediate result for  6  * fact( 5 ):  720
intermediate result for  7  * fact( 6 ):  5040
intermediate result for  8  * fact( 7 ):  40320
intermediate result for  9  * fact( 8 ):  362880
intermediate result for  10  * fact( 9 ):  3628800
3628800
```

范例 17-27：使用递归算法解决“汉诺塔”问题

问题描述：学校里有 3 根柱子，第一根柱子上有 64 个盘子，从上往下盘子越来越大。老师要求学生 A_1 把这 64 个盘子全部移动到第 3 根柱子上。在移动的时候，始终只能小盘子压着大盘子，而且每次只能移动一个。

老师发布命令后，学生 A_1 就马上开始了工作，下面看他的工作过程。

（1）聪明的学生 A_1 在移动时觉得很难，另外他也非常懒惰，所以找来 A_2 帮他。他觉得要是 A_2 能把前 63 个盘子先移动到第 2 根柱子上，自己再把最后一个盘子直接移动到第 3 根柱子上，然后让 A_2 把刚才的前 63 个盘子从第 2 根柱子上移动到第 3 根柱子上，整个任务就完成了。

所以他给 A_2 下了如下命令。

① 把前 63 个盘子移动到第 2 根柱子上。

② 自己把第 64 个盘子移动到第 3 根柱子上。

③ 把前 63 个盘子移动到第 3 根柱子上。

（2）学生 A_2 接到任务后也觉得很难，所以他也和 A_1 想的一样：要是有一个人能把前 62 个盘子先移动到第 3 根柱子上，自己再把第 63 个盘子直接移动到第 2 根柱子上，然后让那个人把刚才的前 62 个盘子从第 3 根柱子上移动到第 2 根柱子上，任务就能完成了。所以他也找了另外一个学生 A_3，然后下了如下命令：

① 把前 62 个盘子移动到第 3 根柱子上。

② 自己把第 63 个盘子移动到第 2 根柱子上。

③ 把前 62 个盘子移动到第 2 根柱子上。

（3）学生 A_3 接了任务，又把移动前 61 个盘子的任务“依葫芦画瓢”地交给了学生 A_4，这样一直递推下去，直到把任务交给了第 64 个学生 A_{64} 为止。

（4）此时此刻，任务马上就要完成了，唯一的工作就是 A_{63} 和 A_{64} 的工作了。

学生 A_{64} 移动第 1 个盘子，把它移开，然后学生 A_{63} 移动给他分配的第 2 个盘子。

学生 A_{64} 再把第 1 个盘子移动到第 2 个盘子上。到这里 A_{64} 的任务完成，A_{63} 完成了 A_{62} 交给他的任务的第一步。

算法分析：从上面学生的工作过程可以看出，只有 A_{64} 的任务完成后，A_{63} 的任务才能完成，只有学生 A_2 到学生 A_{64} 的任务完成后，学生 A_1 剩余的任务才能完成。只有学生 A_1 剩余的任务完成，才能完成老师吩咐给他的任务。由此可见，整个过程是一个典型的递归问题。接下来我们以有 3 个盘子来分析。

第 1 个学生的命令如下。

① 第 2 个学生先把第 1 根柱子上的前 2 个盘子移动到第 2 根柱子上（借助第 3 根柱子）。

② 第 1 个学生自己把第 1 根柱子上最后的盘子移动到第 3 根柱子上。

③ 第 2 个学生把前 2 个盘子从第 2 根柱子移动到第 3 根柱子。

非常显然，第②步很容易实现。

其中第①步，第 2 个学生有 2 个盘子，他就发出以下命令。

① 第 3 个学生把第 1 根柱子上的第 1 个盘子移动到第 3 根柱子上。

② 第 2 个学生自己把第 1 根柱子上的第 2 个盘子移动到第 2 根柱子上。

③ 第 3 个学生把第 1 个盘子从第 3 根柱子移动到第 2 根柱子。

同样，第②步很容易实现，而且第 3 个学生只需要移动 1 个盘子，所以他也不用再下派任务了（注意：这就是停止递归的条件，也叫边界值）。

分析组合起来就是：1→3，1→2，3→2。借助第 3 根柱子将前 2 个盘子移动到第 2 根柱子；1→3 是留给自己的活，将第 1 根柱子上最后的盘子移动到第 3 根柱子上；2→1，2→3，1→3 是借助别人帮忙，将第 2 根柱子上的 2 个盘子移动到第 3 根柱子上。整个过程一共需要 7 步来完成。

如果是 4 个盘子，则第 1 个学生的命令中，第①步和第③步各有 3 个盘子，所以各需要 7 步，共 14 步，再加上第 1 个学生的第②步，所以 4 个盘子总共需要移动 7+1+7=15 步；同样，5 个盘子需要 15+1+15=31 步，6 个盘子需要 31+1+31=63 步。以此类推，可以知道移动 n 个盘子需要 2n−1 步。

假设用 hanoi（n,A,B,C）表示把第一根柱子上的 n 个盘子借助第 2 根柱子移动到第 3 根柱子上。由此可以得出：第①步的操作是 hanoi(n−1,1,3,2)，第③步的操作是 hanoi(n−1,2,1,3)。

下面的实例文件 hannuo.py 演示了使用递归算法解决“汉诺塔”问题的过程。

```
i = 1
def move(n, mfrom, mto) :
```

```
    global i
    print("第%d步:将%d号盘子从%s -> %s" %(i, n, mfrom, mto))
    i += 1

def hanoi(n, A, B, C) :
    if n == 1 :
        move(1, A, C)
    else :
        hanoi(n - 1, A, C, B)
        move(n, A, C)
        hanoi(n - 1, B, A, C)

#********************程序入口**********************
try :
    n = int(input("please input a integer :"))
    print("移动步骤如下:")
    hanoi(n, 'A', 'B', 'C')
except ValueError:
    print("please input a integer n(n > 0)!" )
```

执行后会输出以下结果。

```
please input a integer :4
移动步骤如下:
第1步:将1号盘子从A -> B
第2步:将2号盘子从A -> C
第3步:将1号盘子从B -> C
第4步:将3号盘子从A -> B
第5步:将1号盘子从C -> A
第6步:将2号盘子从C -> B
第7步:将1号盘子从A -> B
第8步:将4号盘子从A -> C
第9步:将1号盘子从B -> C
第10步:将2号盘子从B -> A
第11步:将1号盘子从C -> A
第12步:将3号盘子从B -> C
第13步:将1号盘子从A -> B
第14步:将2号盘子从A -> C
第15步:将1号盘子从B -> C
```

范例 17-28：利用递归算法获取斐波那契数列前 n 项的值

下面的实例文件 feibo.py 演示了使用递归算法获取斐波那契数列前 n 项的值的过程。

```
def fib_list(n) :
    if n == 1 or n == 2 :
        return 1
    else :
        m = fib_list(n - 1) + fib_list(n - 2)
        return m
print("**********请输入要输出的斐波那契数列项数n的值***********")
try :
    n = int(input("enter:"))
except ValueError :
    print("请输入一个整数！")
    exit()
list2 = [0]
tmp = 1
while(tmp <= n):
    list2.append(fib_list(tmp))
    tmp += 1
print(list2)
```

执行后会输出以下结果。

```
**********请输入要输出的斐波那契数列项数n的值***********
enter:12
[0, 1, 1, 2, 3, 5, 8, 13, 21, 34, 55, 89, 144]
```

范例 17-29：利用切片递归方式查找数据

下面的实例文件 cha.py 演示了利用切片递归方式查找数据的过程。

```
def twosplit(sourceDate,findData):
        sp = int(len(sourceDate)/2)   #序列长度
        if sourceDate[0] == findData:
                print('找到数据:',sourceDate[0])
```

```
            return 0
        else:
            if findData in sourceDate[:sp]: #判断在左边
                print('数据在左边[%s]' %sourceDate[:sp])
                twosplit(sourceDate[:sp],findData)    #递归函数
            elif findData in sourceDate[sp:]: #判断在右边
                print('数据在右边[%s]' %sourceDate[sp:])
                twosplit(sourceDate[sp:], findData)
            else:
                print('找不到数据')

if __name__ == '__main__':
    data = [1,2,'c',3,4,5,6,7,8,17,26,15,14,13,12,11,'a','b']
    #data = list(range(1000000))
    twosplit(data,'c')
```

执行后会输出以下结果。

```
数据在左边[[1, 2, 'c', 3, 4, 5, 6, 7, 8]]
数据在左边[[1, 2, 'c', 3]]
数据在右边[['c', 3]]
找到数据: c
```

范例 17-30：顺时针 90° 调换二维数组中的数据

下面的实例文件 diao.py 演示了使用递归算法顺时针 90° 调换二维数组中的数据的过程。

```
a = [[col for col in range(4)] for row in range(4)]
for i in a:print(i)                    #输出二维数组
print('--------------------')
for lf,rig in enumerate(a):            #循环数组，输出数组索引和元素
    for cf in range(lf,len(rig)):      #从索引开始循环到数组长度
        tmp = a[cf][lf]                #存储列表中的元素
        a[cf][lf] = rig[cf]
        a[lf][cf] = tmp
    print('++++++++++++++++')
    for i in a:print(i)
```

执行后会输出以下结果。

```
[0, 1, 2, 3]
[0, 1, 2, 3]
[0, 1, 2, 3]
[0, 1, 2, 3]
--------------------
++++++++++++++++
[0, 0, 0, 0]
[1, 1, 2, 3]
[2, 1, 2, 3]
[3, 1, 2, 3]
++++++++++++++++
[0, 0, 0, 0]
[1, 1, 1, 1]
[2, 2, 2, 3]
[3, 3, 2, 3]
++++++++++++++++
[0, 0, 0, 0]
[1, 1, 1, 1]
[2, 2, 2, 2]
[3, 3, 3, 3]
++++++++++++++++
[0, 0, 0, 0]
[1, 1, 1, 1]
[2, 2, 2, 2]
[3, 3, 3, 3]
```

范例 17-31：换零钱的问题

如果想要得到 4 块钱的零钱，假设零钱只有 1 块和 2 块两种面值，则有如下 3 种换零钱的方案。

- 1+1+1+1。
- 1+1+2、2+1+1、1+2+1。
- 2+2。

下面的实例文件 digui.py 演示了使用递归算法解决换零钱的问题的过程。

```
import numpy as np
def count_change(money, coins):
    if money<0:
        return 0
    if money == 0:
        return 1
    if money>0 and not coins:
        return 0
    return count_change(money-coins[-1],coins) + count_change(money,coins[:-1])
print(count_change(300, [5, 10, 20, 50, 100]))
```

执行后会输出以下结果。

```
972
```

范例 17-32：使用递归算法实现二分法查找

下面的实例文件 erfen.py 演示了使用递归算法实现二分法查找的过程。

```
def binarySearch(arr, min, max, key):
    mid = int((max + min)/2)
    if key < arr[mid]:
        return binarySearch(arr, min, mid-1, key)
    elif key > arr[mid]:
        return binarySearch(arr, mid+1, max, key)
    elif key == arr[mid]:
        print("找到{0}了！ 是第{1}个数字！ ".format(key, mid))
    else:
        print("没找到！ ")


lis = [11, 22, 33, 44, 55, 66, 77, 88, 99]
result = binarySearch(lis, 0, 8, 66)
```

执行后会输出以下结果（从第 0 个数字开始）。

```
找到66了！ 是第5个数字！
```

范例 17-33：小球弹跳递归计算距离

下面的实例文件 tan.py 演示了小球弹跳递归计算距离的过程。

```
def bounce_height_recursion(h,n,rate=0.6):
        return distance(h,n,0)
def distance(h,n,lenth,rate=0.6):
        if n == 0:
                return lenth
        else:
                return distance(h*rate,n-1,h+h*rate+lenth)
if __name__=='__main__':
        h = int(input('please enter the height of the ball:\n'))
        n = int(input('please enter the bounce times of the ball:\n'))
        print(bounce_height_recursion(h,n))
```

执行后会输出以下结果。

```
please enter the height of the ball:
12
please enter the bounce times of the ball:
3
37.632
```

范例 17-34：深度优先与广度优先遍历的递归实现

在下面的实例文件 sou.py 中，首先创建一个二叉树，然后递归实现深度优先与广度优先遍历，最后实现栈和队列的操作。

```
class Node(object):
    def __init__(self, elem=None, lchile=None, rchild=None):
        self.elem = elem
        self.lchild = lchile
        self.rchild = rchild


class Tree(object):
    def __init__(self):
        self.root = Node()
        # myqueue中存储的是没有填满的节点
        self.myqueue = []
```

```
def add(self, elem):
    if self.root.elem == None:
        self.root.elem = elem
        self.myqueue.append(self.root)
    else:
        treenode = self.myqueue[0]
        if treenode.lchild == None:
            treenode.lchild = Node(elem)
            self.myqueue.append(treenode.lchild)
        else:
            treenode.rchild = Node(elem)
            self.myqueue.append(treenode.rchild)
            self.myqueue.pop(0)

def front_digui(self, root):
    if root == None:
        return
    print (root.elem)
    self.front_digui(root.lchild)
    self.front_digui(root.rchild)

def middle_digui(self, root):
    if root == None:
        return
    self.middle_digui(root.lchild)
    print (root.elem)
    self.middle_digui(root.rchild)

def later_digui(self, root):
    if root == None:
        return
    self.later_digui(root.lchild)
    self.later_digui(root.rchild)
    print (root.elem)

def front_stack(self, root):
    if root == None:
        return
    mystack = []
    node = root
    while node or mystack:
        while node:
            print (node.elem)
            mystack.append(node)
            node = node.lchild
        node = mystack.pop()
        node = node.rchild

def middle_stack(self, root):
    if root == None:
        return
    mystack = []
    node = root
    while node or mystack:
        while node:
            mystack.append(node)
            node = node.lchild
        node = mystack.pop()
        print (node.elem)
        node = node.rchild

# 从右往左的前序遍历反过来即为后序遍历，用顶点为A、B、C的三角形表示更容易理解
def later_stack(self, root):
    if root == None:
        return
    mystack = []
    mystack0 = []
    node = root
    while node or mystack:
        while node:
            mystack0.append(node.elem)
            mystack.append(node)
            node = node.rchild
        node = mystack.pop()
```

```
                node = node.lchild
            while mystack0:
                print(mystack0.pop())

    def leval_stack(self, root):
        if root == None:
            return
        mystack = []
        node = root
        mystack.append(node)
        while node or mystack:
            if node.lchild:
                mystack.append(node.lchild)
            if node.rchild:
                mystack.append(node.rchild)
            print (mystack.pop(0).elem)
            if mystack:
                node = mystack[0]
            else:
                node = None


A = Tree()
for i in range(0, 10):
    A.add(i)

A.leval_stack(A.root)
```

执行后会输出以下结果。

```
0
1
2
3
4
5
6
7
8
9
```

17.2　排序操作算法实战

范例 17-35：实现快速排序

下面的实例文件 bei.py 演示了使用分治算法实现快速排序的过程。

```
def partition(a, l, r):
    pivot_key = a[l]
    while(l < r):
        while(l < r and a[r] >= pivot_key):
            r -= 1
        a[l] = a[r]
        while(l < r and a[l] <= pivot_key):
            l += 1
        a[r] = a[l]
    a[l] = pivot_key
    return l

def quick_sort(a, l, r):
    if(l < r):
        pivot_loc = partition(a, l, r)
        quick_sort(a, l, pivot_loc - 1)
        quick_sort(a, pivot_loc + 1, r)

def main():
    a = [49, 38, 65, 97, 76, 13, 27, 49]
    quick_sort(a, 0, 7)
    print (a)
main()
```

执行后会输出以下结果。

```
[13, 27, 38, 49, 49, 65, 76, 97]
```

范例 17-36：实现合并排序

下面的实例文件 he.py 演示了使用分治算法实现合并排序的过程。

```
# 合并排序
def mergesort(seq):
    # 分解（基于中点）
    mid = len(seq) // 2
    left_seq, right_seq = seq[:mid], seq[mid:]

    # 递归（树），分治
    if len(left_seq) > 1: left_seq = mergesort(left_seq)
    if len(right_seq) > 1: right_seq = mergesort(right_seq)

    # 合并
    res = []
    while left_seq and right_seq:  # 只要两者皆非空
        if left_seq[-1] >= right_seq[-1]:  # 两者最后的元素值较大者弹出
            res.append(left_seq.pop())
        else:
            res.append(right_seq.pop())
    res.reverse()  # 倒序
    return (left_seq or right_seq) + res  # 前面加上剩下的非空的seq


seq = [7, 5, 0, 6, 3, 4, 1, 9, 8, 2]
print(mergesort(seq))
```

执行后会输出以下结果。

```
[0, 1, 2, 3, 4, 5, 6, 7, 8, 9]
```

范例 17-37：使用递归算法实现快速排序

下面的实例文件 kuai.py 演示了使用递归算法实现快速排序的过程。

```
def quickSort(arr, low, high):
    i = low
    j = high
    if i > j:
        return -1
    key = arr[i]
    while i < j:
        while i < j and arr[j] >= key:
            j = j - 1
        arr[i] = arr[j]
        while i < j and arr[i] <= key:
            i = i + 1
        arr[j] = arr[i]
    arr[i] = key
    quickSort(arr, low, i - 1)
    quickSort(arr, j + 1, high)
    return arr

def main():
    lis = [99, 25, 47, 1, 258, 96, 74, 15, 63, 84, 66]
    lists = quickSort(lis, 0, 10)
    print(lists)


if __name__ == '__main__':
    main()
```

执行后会输出以下结果。

```
[1, 15, 25, 47, 63, 66, 74, 84, 96, 99, 258]
```

范例 17-38：实现冒泡排序

冒泡排序的思想是每次比较 2 个相邻的元素，如果它们的顺序错误，就把它们交换位置。例如，有 12、35、99、18、76 这 5 个数，按照从大到小排序，对相邻的 2 个数进行比较的过程如下。

（1）第 1 趟如下。

第 1 次比较：35，12，99，18，76。

第 2 次比较：35，99，12，18，76。

第 3 次比较：35，99，18，12，76。

第 4 次比较：35，99，18，76，12。

经过第 1 趟比较后，5 个数中最小的数已经在最后面了，接下来只比较前 4 个数，依次类推。

（2）第 2 趟如下。

99，35，76，18，12。

（3）第 3 趟如下。

99，76，35，18，12。

（4）第 4 趟如下。

99，76，35，18，12。

冒泡排序原理是：每一趟只能将一个数归位，如果有 n 个数进行排序，只需将 n−1 个数归位，也就是说要进行 n−1 趟操作（已经归位的数不用再比较）。

下面的实例文件 mao.py 演示了实现冒泡排序的过程。

```
def bubbleSort(nums):
    for i in range(len(nums)-1):          # 这个循环负责设置冒泡排序进行的次数
        for j in range(len(nums)-i-1):    # j 为列表索引
            if nums[j] > nums[j+1]:
                nums[j], nums[j+1] = nums[j+1], nums[j]
    return nums

nums = [5,2,45,6,8,2,1]
print(bubbleSort(nums))
```

执行后会输出以下结果。

```
[1, 2, 2, 5, 6, 8, 45]
```

范例 17-39：实现从大到小的冒泡排序

下面的实例文件 da.py 演示了实现从大到小的冒泡排序的过程。外层循环用于控制序列长度和比较次数，内层循环用于交换。

```
def bubblesort(target):
    length = len(target)
    while length > 0:
        length -= 1
        cur = 0
        while cur < length: #拿到当前元素
            if target[cur] < target[cur + 1]:
                target[cur], target[cur + 1] = target[cur + 1], target[cur]
            cur += 1
    return target
if __name__ == '__main__':
    a = [random.randint(1,1000) for i in range(100)]
    print(bubblesort(a))
```

在上述代码中，我们先来定义比较次数，记为 C，元素的移动次数记为 M。若我们随机得到的正好是一串从大到小排序的数列，那我们比较一趟就能完成，比较次数只与序列长度 n 有关，则 C = n−1。因为正好是从大到小排列的，不需要再移动了，所以 M = 0。这个时候冒泡排序具有最为理想的时间复杂度 O(n)。

我们再来考虑一个极端的情况，整个序列都是反序的。这时完成排序需要 n−1 次过程，每次排序需要 n−i 次比较（1≤i≤n−i），在算法上比较之后，移动数据需要 3 次操作。在这种情况下，比较和移动次数均达到了最大值。

范例 17-40：冒泡排序的另外方案

下面的实例文件 mao1.py 演示了实现冒泡排序的另外方案的过程。

```
def bubbleSort(myList):
    # 首先获取列表的总长度，为之后的循环比较做准备
    length = len(myList)
    # 一共进行length−1轮列表比较
    for i in range(0, length - 1):

        # 每一轮的比较，注意range的变化，这里需要进行length−1−i次比较，注意−i的意义(可以减少比较已经排好序的元素)
        for j in range(0, length - 1 - i):
```

```
            # 交换
            if myList[j] > myList[j + 1]:
                tmp = myList[j]
                myList[j] = myList[j + 1]
        # 输出每一轮交换后的列表
        for item in myList:
            print(item)
        print("==============================")

print("Bubble Sort: ")
myList = [1, 4, 5, 0, 6]
bubbleSort(myList)
```

执行后会输出以下结果。

```
Bubble Sort:
1
4
0
5
6
==============================
1
0
4
5
6
==============================
0
1
4
5
6
==============================
0
1
4
5
6
==============================
```

范例 17-41：冒泡排序的降序排列

下面的实例文件 jiang.py 演示了实现冒泡排序的降序排列的过程。

```
class BubbleSort(object):
    '''
    self.datas:        要排序的数据列表
    self.datas_len:    数据列表的长度
    _sort():           排序函数
    show():            输出结果函数

    用法:
    BubbleSort(datas)  实例化一个排序对象
    BubbleSort(datas)._sort()  开始排序，由于排序直接操作self.datas, 所以排序结果也保存在self.datas中
    BubbleSort(datas).show()   输出结果
    '''
    def __init__(self, datas):
        self.datas = datas
        self.datas_len = len(datas)

    def _sort(self):
        #冒泡排序要排序n个数字，由于每遍历一趟只排好一个数字
        #则需要遍历n-1趟，所以最外层循环要循环n-1次
        #每趟遍历中需要比较没归位的数字，则要在n-1次比较中减去已排好的i位数字
        #所以第二层循环要遍历n-1-i次
        for i in range(self.datas_len-1):
            for j in range(self.datas_len-1-i):
                if(self.datas[j] < self.datas[j + 1]):
                    self.datas[j], self.datas[j+1] = \
                        self.datas[j+1], self.datas[j]

    def show(self):
        print('Result is:',)
        for i in self.datas:
            print(i,)
        print('')
```

```
if __name__ == '__main__':
    try:
        datas = input('Please input some number:')
        datas = datas.split()
        datas = [int(datas[i]) for i in range(len(datas))]
    except Exception:
        pass

    bls = BubbleSort(datas)
    bls._sort()
    bls.show()
```

执行后会输出以下结果。

```
Please input some number:1 2 5 3
Result is:
5
3
2
1
```

范例 17-42：实现基本的快速排列

下面的实例文件 k.py 演示了实现基本的快速排列的过程。

```
def sub_sort(array,low,high):
    key = array[low]
    while low < high:
        while low < high and array[high] >= key:
            high -= 1
        while low < high and array[high] < key:
            array[low] = array[high]
            low += 1
            array[high] = array[low]
    array[low] = key
    return low


def quick_sort(array,low,high):
     if low < high:
        key_index = sub_sort(array,low,high)
        quick_sort(array,low,key_index)
        quick_sort(array,key_index+1,high)


if __name__ == '__main__':
    array = [8,10,9,6,4,16,5,13,26,18,2,45,34,23,1,7,3]
    print(array)
    quick_sort(array,0,len(array)-1)
    print(array)
```

本例中采取的排列方法如下。

（1）从序列中取出一个数作为基准数。

（2）执行分区操作，将比这个数大的数全放到它的右边，其他数全放到它的左边。

（3）对左右区间重复第（2）步，直到各区间只有一个数。

执行后会输出以下结果。

```
[8, 10, 9, 6, 4, 16, 5, 13, 26, 18, 2, 45, 34, 23, 1, 7, 3]
[1, 2, 3, 4, 5, 6, 7, 8, 9, 10, 13, 16, 18, 23, 26, 34, 45]
```

范例 17-43：实现插入排序

插入排序建立在一个已排好序的记录子集基础上，其基本思想是：每一步将下一个待排序的记录有序插入已排好序的记录子集中，直到将所有待排记录全部插入完毕为止。例如，打扑克牌时的抓牌过程就是一个典型的插入排序，每抓一张牌，都需要将这张牌插入合适的位置，一直到抓完牌为止，从而得到一个有序序列。在下面的实例文件 cha.py 演示了实现基本的插入排序的过程。

```
array = [3, 4, 1, 6, 2, 9, 7, 0, 8, 5]
# insert_sort
for i in range(1, len(array)):
```

```
        if array[i - 1] > array[i]:
            temp = array[i]          # 当前需要排序的元素
            index = i                # 用来记录排序元素需要插入的位置
            while index > 0 and array[index - 1] > temp:
                array[index] = array[index - 1]      # 把已经排序好的元素后移一位，留下需要插入的位置
                index -= 1
            array[index] = temp    # 把需要排序的元素插入指定位置

# 输出排序结果
print(array)
```

执行后会输出以下结果。

```
[0, 1, 2, 3, 4, 5, 6, 7, 8, 9]
```

范例 17-44：实现无序数据的插入排序

下面的实例文件 wucha.py 演示了实现无序数据的插入排序的过程。

```
# 随机生成1-1000之间无序序列整数数据
def generator():
    random_data = []
    for i in range(0, 10):
        random_data.append(random.randint(1, 1000))

    return random_data


# 插入排序
def insert_sort(data_list):
    # 序列长度
    lenght = len(data_list)

    for i in range(1, lenght):
        key = data_list[i]
        j = i - 1
        while j >= 0:
            # 比较，进行插入排序
            if data_list[j] > key:
                data_list[j + 1] = data_list[j]
                data_list[j] = key
            j = j - 1

    return data_list


if __name__ == "__main__":
    # 生成随机无序数据
    random_data = generator()
    # 输出无序数据
    print(random_data)
    # 插入排序
    sorted_data = insert_sort(random_data)
    # 输出排序结果
    print(sorted_data)
```

因为排序的数据是随机生成的，所以每次执行效果不同，例如在笔者计算机上执行后会输出以下结果。

```
[882, 196, 518, 199, 425, 714, 320, 970, 793, 890]
[196, 199, 320, 425, 518, 714, 793, 882, 890, 970]
```

范例 17-45：实现固定数据的插入排序

下面的实例文件 wu1.py 演示了实现固定数据的插入排序的过程。

```
def InsertSort(myList):
    # 获取列表长度
    length = len(myList)

    for i in range(1, length):
        # 设置当前值的前一个元素的标识
        j = i - 1

        # 如果当前值小于前一个元素值，则将当前值作为一个临时变量存储，将前一个元素后移一位
        if (myList[i] < myList[j]):
            temp = myList[i]
```

```
            myList[i] = myList[j]

            # 继续往前寻找，如果有比临时变量大的数字，则后移一位,
            # 直到找到比临时变量小的元素或者达到列表的第一个元素
            j = j - 1
            while j >= 0 and myList[j] > temp:
                myList[j + 1] = myList[j]
                j = j - 1

            # 将临时变量赋值给合适的位置
            myList[j + 1] = temp


myList = [49, 38, 65, 97, 76, 13, 27, 49]
InsertSort(myList)
print(myList)
```

执行后会输出以下结果。

```
[13, 27, 38, 49, 49, 65, 76, 97]
```

范例 17-46：排序随机生成的 0～100 的数值

下面的实例文件 dui.py 演示了排序随机生成的 0～100 的数值的过程。

```
import random

#随机生成0～100之间的数值
def get_andomNumber(num):
    lists=[]
    i=0
    while i<num:
        lists.append(random.randint(0,100))
        i+=1
    return lists

# 插入排序
def insert_sort(lists):
    count = len(lists)
    for i in range(1, count):
        key = lists[i]
        j = i - 1
        while j >= 0:
            if lists[j] > key:
                lists[j + 1] = lists[j]
                lists[j] = key
            j -= 1
    return lists

a = get_andomNumber(10)
print("排序之前：%s" %a)

b = insert_sort(a)
print("排序之后：%s" %b)
```

执行后会输出以下结果。

```
排序之前：[6, 73, 21, 45, 23, 53, 1, 72, 24, 92]
排序之后：[1, 6, 21, 23, 24, 45, 53, 72, 73, 92]
```

范例 17-47：实现选择排序

在选择排序法中，每一趟从待排序的记录中选出数值最小的记录，顺序放在已排好序的子集的最后，直到排序完全部记录为止。假设第一层循环变量为 i，第二层循环变量为 j，则[0,length−1]是已经排序好的元素。在排序循环中执行以下操作。

- ❑ 定义一个变量，用来记录本次循环下找到的最小元素的索引。
- ❑ 第二层循环是从[i+1,length]中找到最小元素的下标，用来与 i 元素交换。

下面的实例文件 xuan.py 演示了实现选择排序的过程。

```
s = [3, 4, 1, 6, 2, 9, 7, 0, 8, 5]

# 选择排序
for i in range(0, len(s) - 1):
    index = i
```

```
        for j in range(i + 1, len(s)):
            if s[index] > s[j]:
                index = j
        s[i], s[index] = s[index], s[i]

# 输出排序结果
for m in range(0, len(s)):
    print(s[m])
```

执行后会输出以下结果。

```
0
1
2
3
4
5
6
7
8
9
```

范例 17-48：实现直接选择排序

直接选择排序比较好理解，好像是在一堆大小不一的球中进行选择（以从小到大，先选最小球为例），具体流程如下。

（1）选择一个基准球。

（2）将基准球和余下的球进行一一比较，如果比基准球小，则进行交换。

（3）第一轮过后获得最小的球。

（4）再挑一个基准球，执行相同的动作，得到次小的球。

（5）继续执行上述排序操作，直到排序完成。

直接选择排序的时间复杂度为 $O(n^2)$，需要进行的比较次数为第一轮 n−1，第二轮 n−2，以此类推，一直到 1 为止，总的比较次数为 n(n−1)/2。下面的实例文件 qiu.py 演示了实现直接选择排序操作的过程。

```
def selectedSort(myList):
    #获取列表的长度
    length = len(myList)
    #一共进行多少轮比较
    for i in range(0,length-1):
        #默认设置i为当前最小值
        smallest = i
        #用当前最小值分别与后面的值进行比较,以便获取最小值
        for j in range(i+1,length):
            #如果找到比当前值小的值，则进行两值交换
            if myList[j]<myList[smallest]:
                tmp = myList[j]
                myList[j] = myList[smallest]
                myList[smallest]=tmp
        #输出每一轮比较好的列表
        print("Round ",i,": ",myList)



myList = [1,4,5,0,6]
print("Selected Sort: ")
selectedSort(myList)
```

执行后会输出以下结果。

```
Selected Sort:
Round   0 :   [0, 4, 5, 1, 6]
Round   1 :   [0, 1, 5, 4, 6]
Round   2 :   [0, 1, 4, 5, 6]
Round   3 :   [0, 1, 4, 5, 6]
```

范例 17-49：实现选择排序的操作步骤

下面的实例文件 xuan1.py 演示了实现选择排序操作具体步骤的详细过程。

```
def SelectSort(lists):
```

```
    count=len(lists)
    for i in range(0,count):
        for j in range(i+1, count):
            if lists[i] > lists[j]:
                lists[i] , lists[j] = lists[j] , lists[i]
            print("==========")
            print(i,j)
            print(lists)

if __name__ == "__main__":
    lists = [3, 5, 4, 2, 1, 6]
    print(lists)
    SelectSort(lists)
```

执行后会输出以下结果。

```
[3, 5, 4, 2, 1, 6]
==========
0 1
[3, 5, 4, 2, 1, 6]
==========
0 2
[3, 5, 4, 2, 1, 6]
==========
0 3
[2, 5, 4, 3, 1, 6]
==========
0 4
[1, 5, 4, 3, 2, 6]
==========
0 5
[1, 5, 4, 3, 2, 6]
==========
1 2
[1, 4, 5, 3, 2, 6]
==========
1 3
[1, 3, 5, 4, 2, 6]
==========
1 4
[1, 2, 5, 4, 3, 6]
==========
1 5
[1, 2, 5, 4, 3, 6]
==========
2 3
[1, 2, 4, 5, 3, 6]
==========
2 4
[1, 2, 3, 5, 4, 6]
==========
2 5
[1, 2, 3, 5, 4, 6]
==========
3 4
[1, 2, 3, 4, 5, 6]
==========
3 5
[1, 2, 3, 4, 5, 6]
==========
4 5
[1, 2, 3, 4, 5, 6]
```

范例 17-50：选择排序和 Python 内置函数的效率对比

下面的实例文件 pai.py 演示了选择排序和 Python 内置函数的效率对比的过程。

```
class SelectionSort(object):
    items=[]
    def __init__(self,items):
        self.items = items

    def sort(self):
        print("iten len: %d" % len(self.items))
        for i in range(len(self.items)-1,0,-1):
```

```
                maximum = i
                for j in range(0,i):
                    if (self.items[i] < self.items[j]):
                        maximum = j
                self.items[i],self.items[maximum]=self.swap(self.items[i],self.items[maximum])
        def swap(self,i,j):
            temp = j
            j = i
            i = temp
            return i,j

print("-"*10 + "sorting numbers" + "_"*10)
items = []
#生成随机数
for i in range(0,10):
    items.append(random.randint(2,999))
print("original items: %r" % items)

ssort = SelectionSort(items)

#计算选择排序方法的执行时间
start = timer()
ssort.sort()
end = timer()
duration1 = end - start
#计算使用Python内置函数的执行时间
start = timer()
items.sort()
end = timer()
duration2 = end - start

assert ssort.items == items
print("sorted items: %r" % ssort.items)
print("Duration: our selection sort method - %ds, python builtin sort - %ds" % (duration1, duration2))
```

在上述代码中用到了 Python 内置的 sort()函数，通过“assert ssort.items == items”代码行来验证选择排序输出结果的正确性。并且加了 timer()功能，来比较选择排序和 Python 自带的 sort 函数的执行时间。执行后会输出以下结果。

```
----------sorting numbers__________
original items: [290, 787, 286, 547, 557, 69, 412, 892, 811, 201]
iten len: 10
sorted items: [69, 201, 286, 290, 412, 547, 557, 787, 811, 892]
Duration: our selection sort method - 0s, python builtin sort - 0s
```

上述输出结果表明，排序的结果是一样的。但是当在运算很大的数组的时候，比如数组大小在 4000 左右，需要耗时 1s 多，而 Python 自带的函数执行时间超短，为毫秒级。当数组大小到 10000 时，选择排序要执行 5s 多，但 Python 自带的 sort()函数的执行时间仍然不到 1s。这说明选择排序算法简单，但是性能并不佳。

范例 17-51：使用选择排序处理字符

下面的实例文件 zi.py 演示了使用选择排序处理字符的过程。

```
print("-"*10 + "sorting alpha characters" + "_"*10)
items=[]
for i in range(0,10):
    items.append(random.choice(string.ascii_letters))
print("original items: %r" % items)
ssort = SelectionSort(items)
ssort.sort()
items.sort()
assert ssort.items == items
print("sorted items: %r" % ssort.items)

print("-"*10 + "sorting strings" + "_"*10)
items=[]
for i in range(0,10):
    items.append("".join(random.choice(string.ascii_letters+string.digits) for s in range(0,10) ))
print("original items: %r" % items)
ssort = SelectionSort(items)
ssort.sort()
items.sort()
```

```
assert ssort.items == items
print("sorted items: %r" % ssort.items)
```

执行后会输出以下结果。

```
----------sorting alpha characters___________
original items: ['T', 'B', 'F', 'v', 'e', 's', 'e', 'E', 'v', 'Q']
iten len: 10
sorted items: ['B', 'E', 'F', 'Q', 'T', 'e', 'e', 's', 'v', 'v']
----------sorting strings___________
original items: ['Tfajotd51B', '1JTsI35Wxb', 'UFQBmEUcg2', 'S8y3tPifTl', 'JamUSlKRZx', 'KL1hfkBcid', 'NOl3o8IEpi', '4lEMNOoi9C', 'npllw0bX7k', 'LwNt8Q62mL']
iten len: 10
sorted items: ['1JTsI35Wxb', '4lEMNOoi9C', 'JamUSlKRZx', 'KL1hfkBcid', 'LwNt8Q62mL', 'NOl3o8IEpi', 'S8y3tPifTl', 'Tfajotd51B', 'UFQBmEUcg2', 'npllw0bX7k']
```

范例 17-52：排序处理多个队列

下面的实例文件 duo.py 演示了使用选择排序处理多个队列的过程。

```
def selection_sort(arr):
    n = len(arr)

    for j in range(0,n):
        k = -1;
        m = arr[j]
        for i in range(j+1,n):
            if arr[i] < m:
                m = arr[i]
                k = i
        if k != -1:
            arr[k] = arr[j]
            arr[j] = m

    return arr

test1 = [3,1,2,5,4]
test2 = [1,2,3,4,5]
test3 = [5,4,3,2,1]
test4 = [1,1,1,1,1]

testlist = [test1,test2,test3,test4]

for i in testlist:
    print(selection_sort(i))
```

执行后会输出以下结果。

```
[1, 2, 3, 4, 5]
[1, 2, 3, 4, 5]
[1, 2, 3, 4, 5]
[1, 1, 1, 1, 1]
```

范例 17-53：使用堆排序

堆排序是指在排序过程中，将向量中存储的数据看成一棵完全二叉树，利用完全二叉树中双亲节点和孩子节点之间的内在关系，选择数值最小的记录的过程。待排序记录仍采用向量数组方式存储，并非采用树的存储结构，而仅仅是采用完全二叉树的顺序结构的特征进行分析而已。堆排序是对树形选择排序的改进。当采用堆排序时，需要一个能够记录大小的辅助空间。

下面的实例文件 dui.py 演示了使用堆排序处理数据的过程。

```
def MAX_Heapify(heap,HeapSize,root):#在堆中做结构调整，使得父节点的值大于子节点的值

    left = 2*root + 1
    right = left + 1
    larger = root
    if left < HeapSize and heap[larger] < heap[left]:
        larger = left
    if right < HeapSize and heap[larger] < heap[right]:
        larger = right
    if larger != root:#如果做了堆调整，则larger的值等于左节点或者右节点的值，这个时候做对调值操作
        heap[larger],heap[root] = heap[root],heap[larger]
        MAX_Heapify(heap, HeapSize, larger)
```

```
def Build_MAX_Heap(heap):#构造一个堆，将堆中所有数据重新排序
    HeapSize = len(heap)#将堆的长度单独拿出来
    for i in range((HeapSize -2)//2,-1,-1):#从后往前输出数据
        MAX_Heapify(heap,HeapSize,i)

def HeapSort(heap):#将根节点取出与最后一位做对调，对前面len(heap)-1个节点继续进行对调处理
    Build_MAX_Heap(heap)
    for i in range(len(heap)-1,-1,-1):
        heap[0],heap[i] = heap[i],heap[0]
        MAX_Heapify(heap, i, 0)
    return heap

if __name__ == '__main__':
    a = [30,50,57,77,62,78,94,80,84]
    print(a)
    HeapSort(a)
    print(a)
    b = [random.randint(1,1000) for i in range(1000)]
    print(b)
    HeapSort(b)
    print (b)
```

执行后会输出以下结果。

```
[30, 50, 57, 77, 62, 78, 94, 80, 84]
[30, 50, 57, 62, 77, 78, 80, 84, 94]
#省略后面的随机数据排序
```

范例 17-54：使用堆排序处理数据

堆排序的基本思想是：初始时把要排序的数的序列看作是一棵顺序存储的二叉树，调整它们的存储顺序，使之成为一个堆，这时堆的根节点的数最大。然后将根节点与堆的最后一个节点交换。然后对前面 n-1 个节点重新调整，使之成为堆。以此类推，直到只有包括两个节点的堆，并对它们作交换，最后得到有 n 个节点的有序序列。从算法描述来看，堆排序需要两个过程，一是建立堆，二是堆顶与堆的最后一个元素交换位置。所以堆排序包括两个函数，一个是建堆的渗透函数，另一个是反复调用渗透函数实现排序的函数。

下面的实例文件 dui1.py 演示了使用堆排序处理数据的过程。

```
#随机生成0～100之间的数值
def get_andomNumber(num):
    lists=[]
    i=0
    while i<num:
        lists.append(random.randint(0,100))
        i+=1
    return lists


# 调整堆
def adjust_heap(lists, i, size):
    lchild = 2 * i + 1
    rchild = 2 * i + 2
    max = i
    if i < size / 2:
        if lchild < size and lists[lchild] > lists[max]:
            max = lchild
        if rchild < size and lists[rchild] > lists[max]:
            max = rchild
        if max != i:
            lists[max], lists[i] = lists[i], lists[max]
            adjust_heap(lists, max, size)

# 建立堆
def build_heap(lists, size):
    for i in range(0, (int(size/2)))[::-1]:
        adjust_heap(lists, i, size)

# 堆排序
def heap_sort(lists):
    size = len(lists)
```

```
        build_heap(lists, size)
        for i in range(0, size)[::-1]:
            lists[0], lists[i] = lists[i], lists[0]
            adjust_heap(lists, 0, i)
        return lists

a = get_andomNumber(10)
print("排序之前：%s" %a)
b = heap_sort(a)
print("排序之后：%s" %b)
```

执行后会输出以下结果。

```
排序之前：[80, 37, 20, 0, 16, 59, 50, 52, 62, 77]
排序之后：[0, 16, 20, 37, 50, 52, 59, 62, 77, 80]
```

范例 17-55：将数组按照堆输出

下面的实例文件 shuzu.py 演示了将数组按照堆进行输出的过程。

```
def PrintArrayTree(arr):
    frontRowSum=1 # row−1行前面的位数
    row=1
    for i in range(0,len(arr)):
        if i==frontRowSum:
            frontRowSum=frontRowSum+2**row # row行前面的位数
            print("\n")
            row=row+1
        print (arr[i],end="    ")
    print("Over")

arr=[10,9,8,7,6,5,4,3,2,1,234,562,452,23623,565,5,26]
PrintArrayTree(arr)
```

执行后会输出以下结果。

```
10

9   8

7   6   5   4

3   2   1   234   562   452   23623   565

5   26   Over
```

范例 17-56：在堆内实现任意查找

下面的实例文件 zhao.py 演示了在堆内实现任意查找的过程，能够找到它的子节点和父节点。

```
def FindNode(arr, row, cloumn):
    if row < 1 or cloumn < 1:
        print("the number of row and column must be greater than 1")
        return
    if cloumn > 2 ** (row - 1):
        print("this row just ", 2 ** (row - 1), "numbers")
        return

    frontRowSum = 0
    CurrentRowSum = 0
    for index in range(0, row - 1):
        CurrentRowSum = 2 ** index   # 当前行中的位数
        frontRowSum = frontRowSum + CurrentRowSum   # 所有行的位数
    NodeIndex = frontRowSum + cloumn - 1   # 按行和列查找数组中节点的位置

    if NodeIndex > len(arr) - 1:
        print("out of this array")
        return

    currentNode = arr[NodeIndex]

    childIndex = NodeIndex * 2 + 1

    print("Current Node:", currentNode)

    if row == 1:   #第1行没有父节点
        print("no parent node!")
```

```
        else:  #当前节点的父节点
            parentIndex = int((NodeIndex - 1) / 2)
            parentNode = arr[parentIndex]
            print("Parent Node:", parentNode)

        if childIndex + 1 > len(arr):  #输出左子节点
            print("no left child node!")
        else:
            leftChild = arr[childIndex]
            print("Left Child Node:", leftChild)

        if childIndex + 1 + 1 > len(arr):  #输出右子节点
            print("no left right node!")
        else:
            rightChild = arr[childIndex + 1]
            print("Right Child Node:", rightChild)

        print("\n")


arr = [10, 9, 8, 7, 6, 5, 4, 3, 2, 1, 234, 562, 452, 23623, 565, 5, 26]
FindNode(arr, 1, 1)
FindNode(arr, 2, 2)
FindNode(arr, 4, 1)
```

执行后会输出以下结果。

```
Current Node: 10
no parent node!
Left Child Node: 9
Right Child Node: 8


Current Node: 8
Parent Node: 10
Left Child Node: 5
Right Child Node: 4


Current Node: 3
Parent Node: 7
Left Child Node: 5
Right Child Node: 26
```

范例 17-57：实现最小堆

按照堆排序步骤，建堆之后需要进行堆调整。进行单个叉（某个节点及其子孩子）的排序，将当前节点分别与其左右孩子进行比较即可。在下面的实例文件 xiao.py 演示了实现最小堆并将小的节点作为父节点的过程。

```
def MinSort(arr, row, cloumn):
    if row < 1 or cloumn < 1:
        print("the number of row and column must be greater than 1")
        return
    if cloumn > 2 ** (row - 1):
        print("this row just ", 2 ** (row - 1), "numbers")
        return

    frontRowSum = 0
    CurrentRowSum = 0
    for index in range(0, row - 1):
        CurrentRowSum = 2 ** index  #当前行中的位数
        frontRowSum = frontRowSum + CurrentRowSum  #所有行的位数
    NodeIndex = frontRowSum + cloumn - 1  #按行和列查找数组中节点的位置

    if NodeIndex > len(arr) - 1:
        print("out of this array")
        return

    currentNode = arr[NodeIndex]

    childIndex = NodeIndex * 2 + 1

    print("Current Node:", currentNode)
```

```
        if row == 1:
            print("no parent node!")
        else:
            parentIndex = int((NodeIndex - 1) / 2)
            parentNode = arr[parentIndex]
            print("Parent Node:", parentNode)

        if childIndex + 1 > len(arr):
            print("no left child node!")
        else:
            leftChild = arr[childIndex]
            print("Left Child Node:", leftChild)

            if currentNode > leftChild:
                print("swap currentNode and leftChild")
                temp = currentNode
                currentNode = leftChild
                leftChild = temp
                arr[childIndex] = leftChild

        if childIndex + 1 >= len(arr):
            print("no right child node!")
        else:
            rightChild = arr[childIndex + 1]

            print("Right Chile Node:", rightChild)

            if currentNode > rightChild:
                print("swap rightCild and leftChild")
                temp = rightChild
                rightChild = currentNode
                currentNode = temp
                arr[childIndex + 1] = rightChild

        arr[NodeIndex] = currentNode


arr = [10, 9, 8, 7, 6, 5, 4, 3, 2, 1, 234, 562, 452, 23623, 565, 5, 26]
print("initial array:", arr)
MinSort(arr, 1, 1)
print("result array:", arr)
```

执行后会输出以下结果。

```
initial array: [10, 9, 8, 7, 6, 5, 4, 3, 2, 1, 234, 562, 452, 23623, 565, 5, 26]
Current Node: 10
no parent node!
Left Child Node: 9
swap currentNode and leftChild
Right Chile Node: 8
swap rightCild and leftChild
result array: [8, 10, 9, 7, 6, 5, 4, 3, 2, 1, 234, 562, 452, 23623, 565, 5, 26]
```

从输出结果可以看出，对于第一个节点，其子节点为 9 和 8，已经实现了将节点与最小的子节点进行交换的功能，并且保证父节点小于任何一个子节点。

范例 17-58：使用堆进行排序

在下面的实例文件 duipai.py 中，以范例 17-55 和范例 17-57 为基础，演示了使用堆进行排序处理的过程。

```
def MinSort(arr, start, end):
    import math
    arrHeight = 0
    for index in range(0, end - start):
        if index == 2 ** (arrHeight + 1) - 1:
            arrHeight = arrHeight + 1

    for NodeIndex in range(2 ** (arrHeight) - 2, -1, -1):
        currentNode = arr[NodeIndex + start]
        childIndex = NodeIndex * 2 + 1 + start

        if childIndex + 1 > len(arr):
```

```
                continue
            else:
                leftChild = arr[childIndex]

                if currentNode > leftChild:
                    temp = currentNode
                    currentNode = leftChild
                    leftChild = temp
                    arr[childIndex] = leftChild
                    arr[NodeIndex + start] = currentNode

            if childIndex + 1 >= len(arr):
                continue
            else:
                rightChild = arr[childIndex + 1]
                if currentNode > rightChild:
                    temp = rightChild
                    rightChild = currentNode
                    currentNode = temp
                    arr[childIndex + 1] = rightChild
                    arr[NodeIndex + start] = currentNode


def HeapSort(arr):
    for i in range(0, len(arr) - 1):
        MinSort(arr, i, len(arr))


arr = [10, 9, 8, 7, 6, 5, 4, 3, 2, 1, 234, 562, 452, 23623, 565, 5, 26]

print("Initial array:\n", arr)
HeapSort(arr)
print("Result array:\n", arr)
```

执行后会输出以下结果。

```
Initial array:
 [10, 9, 8, 7, 6, 5, 4, 3, 2, 1, 234, 562, 452, 23623, 565, 5, 26]
Result array:
 [1, 2, 3, 4, 5, 5, 6, 7, 8, 9, 10, 26, 234, 452, 562, 565, 23623]
```

范例 17-59：实现大顶堆排序

下面的实例文件 dading.py 演示了实现大顶堆排序处理的过程。

```
# 沿左、右子节点较大者依次往下调整
def heapify(array, i, n):
    j = i * 2 + 1
    while j < n:
        if j + 1 < n and array[j] < array[j + 1]:
            j += 1
        if array[i] > array[j]:
            break
        array[i], array[j] = array[j], array[i]
        i = j
        j = i * 2 + 1

# 建立堆
def build_heap(array):
    size = len(array)
    for i in range(size // 2 - 1, -1, -1):
        heapify(array, i, size)

# 大顶堆排序
def heap_sort(array):
    size = len(array)
    build_heap(array)
    # 交换堆顶与最后一个节点，再调整堆
    for i in range(size - 1, 0, -1):
        array[0], array[i] = array[i], array[0]
        heapify(array, 0, i)

a = [-3, 1, 3, 0, 9, 7]
heap_sort(a)
print(a)
```

执行后会输出以下结果。

```
[-3, 0, 1, 3, 7, 9]
```

范例 17-60：实现堆排序的 3 种方式

下面的实例文件 erdui.py 演示了实现堆排序的 3 种方式的过程。

```
# 第1种实现
def Heapify(a, start, end):
    left = 0
    right = 0
    maxv = 0
    left = start * 2
    right = start * 2 + 1
    while left <= end:
        maxv = left
        if right <= end:
            if a[left] < a[right]:
                maxv = right
            else:
                maxv = left
        if a[start] < a[maxv]:
            a[maxv], a[start] = a[start], a[maxv]
            start = maxv
        else:
            break
        left = start * 2
        right = start * 2 + 1


def BuildHeap(a):
    size = len(a)
    i = (size - 1) // 2;
    while i >= 0:
        Heapify(a, i, size - 1)
        i = i - 1


def HeapSort(a):
    BuildHeap(a)
    print('first before sorted:', a)
    i = len(a) - 1

    while i >= 0:
        a[0], a[i] = a[i], a[0]
        Heapify(a, 0, i - 1)
        i = i - 1


a = [4, 1, 3, 2, 16, 9, 10, 14, 8, 7]
HeapSort(a)
print('first after sorted', a)

def frange(start, stop, step=1):
    i = start
    while i < stop:
        yield i
        i += step

# 第2种实现
def buildHeap(a, size):
    for j in frange(size / 2 - 1, -1, -1):
        adjustHeap(a, j, size)


def adjustHeap(a, i, size):
    lchild = 2 * i   # i的左子节点序号
    rchild = 2 * i + 1   # i的右子节点序号
    maxIndex = i
    if i < size / 2:
        if lchild <= size and a[lchild] > a[maxIndex]:
            maxIndex = lchild
        if rchild <= size and a[rchild] > a[maxIndex]:
            maxIndex = rchild
```

```
            if maxIndex != i:
                a[i], a[maxIndex] = a[maxIndex], a[i]
                adjustHeap(a, maxIndex, size)

if __name__ == "__main__":
    a = [4, 1, 3, 2, 16, 9, 10, 14, 8, 7]
    b = [4, 1, 3, 2, 16, 9, 10, 14, 8, 7]
    buildHeap(a, len(a))
    print('-----------------------------------------------')
    print('second before sorted', a)
    i = len(a) - 1
    while i >= 0:
        a[0], a[i] = a[i], a[0]
        buildHeap(a, i)
        i = i - 1
    print('second after sorted', a)
    # Python自带函数实现
    heapq.heapify(b)
    heap = []
    while b:
        heap.append(heapq.heappop(b))
    b[:] = heap
    print('-----------------------------------------------')
    print('sdk sorted', b)
```

执行后会输出以下结果。

```
first before sorted: [16, 14, 9, 10, 8, 1, 4, 2, 3, 7]
first after sorted [1, 2, 3, 4, 7, 8, 9, 10, 14, 16]
-----------------------------------------------
second before sorted [4, 1, 3, 2, 16, 9, 10, 14, 8, 7]
second after sorted [1, 3, 2, 16, 9, 10, 14, 8, 7, 4]
-----------------------------------------------
sdk sorted [1, 2, 3, 4, 7, 8, 9, 10, 14, 16]
```

范例 17-61：实现基数排序

基数排序利用分配和收集这两种基本操作，基数类排序就是典型的分配类排序。下面的实例文件 ji.py 演示了实现典型基数排序的过程。

```
#随机生成0～100之间的数值
def get_andomNumber(num):
    lists=[]
    i=0
    while i<num:
        lists.append(random.randint(0,100))
        i+=1
    return lists


# 头部需导入相关模块
import math
def radix_sort(lists, radix=10):
    k = int(math.ceil(math.log(max(lists), radix)))
    bucket = [[] for i in range(radix)]
    for i in range(1, k+1):
        for j in lists:
            bucket[int(j/(radix**(i-1)) % (radix**i))].append(j)
        del lists[:]
        for z in bucket:
            lists += z
            del z[:]
    return lists
a = get_andomNumber(10)
print("排序之前：%s" %a)

b = radix_sort(a)

print("排序之后：%s" %b)
```

执行后会输出以下结果。

```
排序之前：[27, 96, 95, 32, 36, 32, 4, 91, 61, 11]
排序之后：[4, 11, 27, 32, 32, 36, 61, 91, 95, 96]
```

范例 17-62：实现桶排序

如果有一个数组 A，包含 N 个整数，值从 1 到 M，我们可以得到一种非常快速的排序——桶排序（bucket sort）。留置一个数组 S，里面含有 M 个桶，初始化为 0。然后遍历数组 A，读入 A_i 时，S[A_i]增 1。所有输入被读入后，扫描数组 S 得出排好序的表。该算法的时间复杂度为 O(M+N)，空间上不能原地排序。下面的实例文件 tong.py 演示了实现典型桶排序的过程。

```
class bucketSort(object):
    def _max(self,oldlist):
        _max=oldlist[0]
        for i in oldlist:
            if i>_max:
                _max=i
        return _max
    def _min(self,oldlist):
        _min=oldlist[0]
        for i in oldlist:
            if i<_min:
                _min=i
        return _min
    def sort(self,oldlist):
        _max=self._max(oldlist)
        _min=self._min(oldlist)
        s=[0 for i in range(_min,_max+1)]
        for i in oldlist:
            s[i-_min]+=1
        current=_min
        n=0
        for i in s:
            while i>0:
                oldlist[n]=current
                i-=1
                n+=1
            current+=1
    def __call__(self,oldlist):
        self.sort(oldlist)
        return oldlist
if __name__=='__main__':
    a=[random.randint(0,100) for i in range(10)]
    bucketSort()(a)
    print(a)
```

执行后会输出以下结果。

```
[6, 7, 28, 29, 48, 52, 67, 74, 83, 93]
```

范例 17-63：实现计数排序

假设 n 个输入元素都是 0～k 的整数，此处 k 为某个整数。当 k = O(n)时，计数排序的时间复杂度为 O(n)。对每一个数的元素 x，确定出小于 x 的元素个数。有了这一信息，就可以把 x 直接放到最终输出数组中的位置上。

下面的实例文件 123.py 演示了实现典型计数排序的过程。

```
def countingSort(alist,k):
    n=len(alist)
    b=[0 for i in range(n)]
    c=[0 for i in range(k+1)]
    for i in alist:
        c[i]+=1
    for i in range(1,len(c)):
        c[i]=c[i-1]+c[i]
    for i in alist:
        b[c[i]-1]=i
        c[i]-=1
    return b
if __name__=='__main__':
    a=[random.randint(0,100) for i in range(100)]
    print(countingSort(a,100))
```

执行后会输出以下结果。

```
[0, 1, 5, 6, 6, 8, 10, 10, 11, 11, 11, 12, 13, 13, 13, 14, 14, 14, 14, 15, 16, 17, 18, 18, 21, 21, 22, 23, 23, 24, 24, 25, 25, 26, 27, 28, 30, 34, 35, 37, 42, 42, 42, 42, 43, 44, 44, 47, 48, 48, 50, 51, 51, 54, 58, 59, 59, 60, 61, 63, 64, 65, 67, 68, 68, 69, 73, 75, 76, 76, 76, 77, 78, 78, 78, 78, 79, 80, 81, 85, 86, 86, 87, 88, 88, 92, 93, 94, 94, 95, 96, 96, 96, 96, 97, 98, 99, 99, 100, 100]
```

范例 17-64：实现希尔排序

希尔排序又被称为缩小增量排序法，这是一种基于插入思想的排序方法。希尔排序利用了直接插入排序的最佳性质，首先将待排序的数字序列分成若干个较小的子序列，然后对子序列进行直接插入排序操作。经过上述粗略调整，整个序列中的记录已经基本有序，最后再对全部记录进行一次直接插入排序。在时间耗费上，与直接插入排序相比，希尔排序极大地改进了排序性能。

下面的实例文件 jian.py 演示了实现典型希尔排序的过程。

```
def shellSort(seq):
    length=len(seq)
    inc=0
    while inc<=length/3:
        inc=inc*3+1
    print(inc)
    while inc>=1:
        for i in range(inc,length):
            tmp=seq[i]
            for j in range(i,0,-inc):
                if tmp<seq[j-inc]:
                    seq[j]=seq[j-inc]
                else:
                    j+=inc
                    break
            seq[j-inc]=tmp
        inc//=3
if __name__=='__main__':
    print("测试结果：")
    seq=[8,6,4,9,7,3,2,-4,0,-100,99]
    shellSort(seq)
    print(seq)
```

执行后会输出以下结果。

```
测试结果：
4
[-100, -4, 0, 2, 3, 4, 6, 7, 8, 9, 99]
```

范例 17-65：展示希尔排序的步骤

下面的实例文件 xier.py 演示了展示希尔排序步骤的过程。

```
def ShellInsetSort(array, len_array, dk):  # 直接插入排序
    for i in range(dk, len_array):          # 从索引为dk的元素进行插入排序
        position = i
        current_val = array[position]   # 要插入的元素

        index = i
        j = int(index / dk)   # index与dk的商
        index = index - j * dk

        # while True:  # 找到第一个元素的索引，在增量为dk时，第一个元素的索引index必然满足条件0≤index<dk
        #       index = index - dk
        #       if 0<=index and index <dk:
        #               break


        # position>index，要插入的元素的索引必须大于第一个元素的索引
        while position > index and current_val < array[position-dk]:
            array[position] = array[position-dk]   # 往后移动
            position = position-dk
        else:
            array[position] = current_val



def ShellSort(array, len_array):  # 希尔排序
    dk = int(len_array/2)  # 增量
    while(dk >= 1):
        ShellInsetSort(array, len_array, dk)
```

```
            print(">>:",array)
            dk = int(dk/2)

    if __name__ == "__main__":
        array = [49, 38, 65, 97, 76, 13, 27, 49, 55, 4]
        print(">:", array)
        ShellSort(array, len(array))
```

执行后会输出以下结果。

```
>: [49, 38, 65, 97, 76, 13, 27, 49, 55, 4]
>>: [13, 27, 49, 55, 4, 49, 38, 65, 97, 76]
>>: [4, 27, 13, 49, 38, 55, 49, 65, 97, 76]
>>: [4, 13, 27, 38, 49, 49, 55, 65, 76, 97]
```

范例 17-66：利用希尔排序排列一个列表

下面的实例文件 xipai.py 演示了利用希尔排序排列一个列表的过程。

```
def shell_sort(alist):
    """希尔排序"""
    n = len(alist)
    gap = n // 2
    while gap >= 1:
        for j in range(gap, n):
            i = j
            while (i - gap) >= 0:
                if alist[i] < alist[i - gap]:
                    alist[i], alist[i - gap] = alist[i - gap], alist[i]
                    i -= gap
                else:
                    break
        gap //= 2


if __name__ == '__main__':
    alist = [54, 26, 93, 17, 77, 31, 44, 55, 20]
    print("原列表为：%s" % alist)
    shell_sort(alist)
    print("新列表为：%s" % alist)
```

执行后会输出以下结果。

```
原列表为：[54, 26, 93, 17, 77, 31, 44, 55, 20]
新列表为：[17, 20, 26, 31, 44, 54, 55, 77, 93]
```

范例 17-67：实现折半插入排序

折半插入排序是插入排序的一种，是基于直接插入排序的改进。当需要为 i 元素排序时，[0,i−1]位置的元素已有序，用折半查找法比顺序查找一般要快。在具体实现时，i 属于[1,n]。在[0,i−1]中取得中间位置 k=(min+max)/2，这个区间已排好序，递归比较中间值，直到 |min−max|≤1 为止，将 i 元素插入到 k 附近。下面的实例文件 zhe.py 演示了实现折半插入排序的过程。

```
# 折半插入排序类
class HalfInsertSort:
    # 开始排序
    # arrData:要排序的数组
    def sort(self, arrData):
        for i in range(1, len(arrData)):
            self.halfSort(arrData, i, 0, i - 1);
            print(arrData);
        return;
        # 折半插入排序

    # target：要排序的目标的索引值
    # mi：已排序的最小索引
    # ma：已排序的最大索引
    # target：要在[mi,ma]中查找合适的位置
    def halfSort(self, arrData, target, mi, ma):
        i = (mi + ma) // 2;    # 中间索引
        c = arrData[target] - arrData[i];
        if mi == ma or i == ma or i == mi:
            d = arrData[target] - arrData[ma];
            if c >= 0 and d < 0:
                self.insert(arrData, target, i + 1);
            elif c < 0:
```

```
                self.insert(arrData, target, i);
            elif d >= 0:
                self.insert(arrData, target, ma + 1);
            return;
        if c > 0:
            self.halfSort(arrData, target, i + 1, ma);
        elif c == 0:
            self.insert(arrData, target, i + 1);
            return;
        else:
            self.halfSort(arrData, target, mi, i - 1);
        return;

    # 将目录插入dest位置
    def insert(self, arrData, target, dest):
        tmp = arrData[target];
        i = target - 1;
        # 将dest后的已排序的元素向后移动一位
        while i >= dest:
            arrData[i + 1] = arrData[i];
            i = i - 1;
        arrData[dest] = tmp;
        return;


sortVal = HalfInsertSort();
sortVal.sort([7, 2, 5, 3, 1, 8, 6, 100, 48, 38, 45, 20, 34, 67, 12, 23, 90, 58]);
```

执行后会输出以下结果。

```
[2, 7, 5, 3, 1, 8, 6, 100, 48, 38, 45, 20, 34, 67, 12, 23, 90, 58]
[2, 5, 7, 3, 1, 8, 6, 100, 48, 38, 45, 20, 34, 67, 12, 23, 90, 58]
[2, 3, 5, 7, 1, 8, 6, 100, 48, 38, 45, 20, 34, 67, 12, 23, 90, 58]
[1, 2, 3, 5, 7, 8, 6, 100, 48, 38, 45, 20, 34, 67, 12, 23, 90, 58]
[1, 2, 3, 5, 7, 8, 6, 100, 48, 38, 45, 20, 34, 67, 12, 23, 90, 58]
[1, 2, 3, 5, 6, 7, 8, 100, 48, 38, 45, 20, 34, 67, 12, 23, 90, 58]
[1, 2, 3, 5, 6, 7, 8, 100, 48, 38, 45, 20, 34, 67, 12, 23, 90, 58]
[1, 2, 3, 5, 6, 7, 8, 48, 100, 38, 45, 20, 34, 67, 12, 23, 90, 58]
[1, 2, 3, 5, 6, 7, 8, 38, 48, 100, 45, 20, 34, 67, 12, 23, 90, 58]
[1, 2, 3, 5, 6, 7, 8, 38, 45, 48, 100, 20, 34, 67, 12, 23, 90, 58]
[1, 2, 3, 5, 6, 7, 8, 20, 38, 45, 48, 100, 34, 67, 12, 23, 90, 58]
[1, 2, 3, 5, 6, 7, 8, 20, 34, 38, 45, 48, 100, 67, 12, 23, 90, 58]
[1, 2, 3, 5, 6, 7, 8, 20, 34, 38, 45, 48, 67, 100, 12, 23, 90, 58]
[1, 2, 3, 5, 6, 7, 8, 12, 20, 34, 38, 45, 48, 67, 100, 23, 90, 58]
[1, 2, 3, 5, 6, 7, 8, 12, 20, 23, 34, 38, 45, 48, 67, 100, 90, 58]
[1, 2, 3, 5, 6, 7, 8, 12, 20, 23, 34, 38, 45, 48, 67, 90, 100, 58]
[1, 2, 3, 5, 6, 7, 8, 12, 20, 23, 34, 38, 45, 48, 58, 67, 90, 100]
```

范例 17-68：实现归并排序

在使用归并排序法时，将两个或两个以上有序表合并成一个新的有序表。假设初始序列含有 k 个记录，首先将这 k 个记录看成 k 个有序的子序列，每个子序列的长度为 1，然后两两进行归并，得到 k/2 个长度为 2（k 为奇数时，最后一个序列的长度为 1）的有序子序列。最后在此基础上再进行两两归并，如此重复下去，直到得到一个长度为 k 的有序序列为止。上述排序方法被称作二路归并排序法。

下面的实例文件 gui.py 演示了实现归并排序的过程。

```
def merge(a, b):
    c = []
    h = j = 0
    while j < len(a) and h < len(b):
        if a[j] < b[h]:
            c.append(a[j])
            j += 1
        else:
            c.append(b[h])
            h += 1

    if j == len(a):
        for i in b[h:]:
            c.append(i)
    else:
```

```
            for i in a[j:]:
                c.append(i)

        return c


def merge_sort(lists):
        if len(lists) <= 1:
            return lists
        middle = len(lists)//2
        left = merge_sort(lists[:middle])
        right = merge_sort(lists[middle:])
        return merge(left, right)


if __name__ == '__main__':
        a = [4, 7, 8, 3, 5, 9]
        print(merge_sort(a))
```

执行后会输出以下结果。

```
[3, 4, 5, 7, 8, 9]
```

范例 17-69：使用归并排序处理指定列表

归并排序的最大优点是：无论输入是什么样的，它对 n 个元素的序列排序所用时间与 $n\log_2 n$ 成正比。下面的实例文件 hao.py 演示了使用归并排序处理指定列表的过程。

```
def mergesort(seq):
        if len(seq)<=1:
                return seq
        mid=int(len(seq)/2)
        left=mergesort(seq[:mid])
        right=mergesort(seq[mid:])
        return merge(left,right)

def merge(left,right):
        result=[]
        i,j=0,0
        while i<len(left) and j<len(right):
                if left[i]<=right[j]:
                        result.append(left[i])
                        i+=1
                else:
                        result.append(right[j])
                        j+=1
        result+=left[i:]
        result+=right[j:]
        return result

if __name__=='__main__':
        seq=[4,5,7,9,7,5,1,0,7,-2,3,-99,6]
        print(mergesort(seq))
```

执行后会输出以下结果。

```
[-99, -2, 0, 1, 3, 4, 5, 5, 6, 7, 7, 7, 9]
```

范例 17-70：归并排序的另外解决方案

下面的实例文件 you.py 演示了另一种使用归并排序处理指定列表的过程。

```
def merge_sort( li ):
      #不断递归调用自己，一直到拆分成单个元素的时候，就返回这个元素，不再拆分了
      if len(li) == 1:
            return li

      #取拆分的中间位置
      mid = len(li) // 2
      #拆分过后的左右两侧子串
      left = li[:mid]
      right = li[mid:]

      #对拆分过后的左右两侧子串再拆分 一直到其中只有一个元素为止
      #最后一次递归时，ll和rl都会接收到只有一个元素的列表
      # 最后一次递归之前，ll和rl会接收到排好序的子序列
      ll = merge_sort( left )
```

```
        rl =merge_sort( right )

        # 我们对返回的两个拆分结果进行排序后合并，再返回正确顺序的子列表
        # 这里我们调用另一个函数，帮助我们按顺序合并ll和rl
        return merge(ll , rl)

#这里接收两个列表
def merge( left , right ):
        # 从两个有顺序的列表里边依次取数据，比较后放入result
        # 每次分别拿出两个列表中最小的数进行比较，把较小的放入result
        result = []
        while len(left)>0 and len(right)>0 :
            #为了保持稳定性，当两个列表中的值相等的时候，优先把左侧的数放进result，因为left本来也是大序列中比较靠左的
            if left[0] <= right[0]:
                result.append( left.pop(0) )
            else:
                result.append( right.pop(0) )
        #while循环结束之后，说明其中一个列表没有数据了，我们把另一个列表添加到result后面
        result += left
        result += right
        return result

if __name__ == '__main__':
        li = [5,4 ,3 ,2 ,1]
        li2 = merge_sort(li)
        print(li2)
```

执行后会输出以下结果。

```
[1, 2, 3, 4, 5]
```

范例 17-71：使用归并排序处理两个列表

归并排序是分治算法的一种体现，按照分治算法的思想来说可以很容易理解。下面的实例文件 gui1.py 演示了使用归并排序处理两个列表的过程。

```
def ConfiationAlgorithm(str):
    if len(str) <= 1: #子序列
        return str
    mid = (len(str) // 2)
    left = ConfiationAlgorithm(str[:mid])#递归的切片操作
    right = ConfiationAlgorithm(str[mid:len(str)])
    result = []
    #i,j=0,0
    while len(left) > 0 and len(right) > 0:
        if (left[0] <= right[0]):
            #result.append(left[0])
            result.append(left.pop(0))
            #i+= 1
        else:
            #result.append(right[0])
            result.append(right.pop(0))
            #j+= 1

    if (len(left) > 0):
        result.extend(ConfiationAlgorithm(left))
    else:
        result.extend(ConfiationAlgorithm(right))
    return result
if __name__ == '__main__':
    a = [20,30,64,16,8,0,99,24,75,100,69]
    print(ConfiationAlgorithm(a))
    b = [random.randint(1,1000) for i in range(10)]
    print(ConfiationAlgorithm(b))
```

执行后会输出以下结果。

```
[0, 8, 16, 20, 24, 30, 64, 69, 75, 99, 100]
[366, 466, 474, 475, 517, 635, 684, 729, 770, 920]
```

范例 17-72：浮点数的归并排序

归并排序仍然是利用完全二叉树实现的，它是建立在归并操作上的一种有效的排序算法，该算法是采用分治法的一个非常典型的应用。

下面的实例文件 gui2.py 演示了使用归并排序处理浮点数的过程。

```
# -*- coding:utf-8 -*-
__author__ = 'webber'
import random, time

def merge_sort(lst):
    if len(lst) <= 1:
        return lst                      # 从递归中返回长度为1的序列

    middle = len(lst) // 2
    left = merge_sort(lst[:middle])     # 通过不断递归，将原始序列拆分成多个子序列
    right = merge_sort(lst[middle:])
    return merge(left, right)

def merge(left, right):
    i, j = 0, 0
    result = []
    while i < len(left) and j < len(right):   # 比较传入的两个子序列，对两个子序列进行排序
        if left[i] <= right[j]:
            result.append(left[i])
            i += 1
        else:
            result.append(right[j])
            j += 1
    result.extend(left[i:])             # 将排好序的子序列合并
    result.extend(right[j:])
    return result

if __name__ == "__main__":
    start = time.clock()

    rand_lst = []
    for i in range(6):
        rand_lst.append(round(random.random()*100, 2))
    lst = merge_sort(rand_lst)

    end = time.clock()
    print(lst)
    print("done    ", (end-start))
```

执行后会输出以下结果。

```
[8.82, 15.96, 41.33, 71.18, 96.38, 98.56]
done     0.00021142256597205116
```

注意：浮点数是随机生成的，每次输出结果都不一样。

范例 17-73：使用折半查找算法

折半查找是对于有序序列而言的。每次折半，则查找区间大约缩小一半。low、high 分别为查找区间的第一个元素索引与最后一个元素索引。出现 low>high 时，说明目标关键字在整个有序序列中不存在，查找失败。下面的实例文件 zhe.py 演示了使用折半查找算法查找指定数字的过程。

```
def BinSearch(array, key, low, high):
    mid = int((low+high)/2)
    if key == array[mid]:   # 若找到
        return array[mid]
    if low > high:
        return False

    if key < array[mid]:
        return BinSearch(array, key, low, mid-1)   #递归
    if key > array[mid]:
        return BinSearch(array, key, mid+1, high)



if __name__ == "__main__":
    array = [4, 13, 27, 38, 49, 49, 55, 65, 76, 97]
    ret = BinSearch(array, 76, 0, len(array)-1)   # 通过折半查找，找到76
    print(ret)
```

执行后会输出以下结果。

```
76
```

范例 17-74：展示归并排序的处理步骤

下面的实例文件 gg.py 演示了展示归并排序处理步骤的过程。

```
def merge_sort(array):  # 递归分解
    mid = int((len(array)+1)/2)
    if len(array) == 1:  # 递归结束的条件，分解到列表只有一个数据时结束
        return array
    list_left = merge_sort(array[:mid])
    list_right = merge_sort(array[mid:])
    print(">>>list_left:", list_left)
    print(">>>list_right:", list_right)
    return merge(list_left, list_right)  # 进行归并


def merge(list_left, list_right):  # 进行归并
    final = []
    while list_left and list_right:
        if list_left[0] <= list_right[0]:  # 如果将“<=”改为“<”，则归并排序不稳定
            final.append(list_left.pop(0))
        else:
            final.append(list_right.pop(0))

    return final+list_left+list_right  # 返回排序好的列表
```

执行后会输出以下结果。

```
>>>list_left: [49]
>>>list_right: [38]
>>>list_left: [38, 49]
>>>list_right: [65]
>>>list_left: [97]
>>>list_right: [76]
>>>list_left: [38, 49, 65]
>>>list_right: [76, 97]
[38, 49, 65, 76, 97]
```

17.3 经典数据结构开发实战

范例 17-75：汉诺塔问题

在本章讲解过汉诺塔问题，下面的实例文件 jianhan.py 演示了解决汉诺塔问题更简单的方案。

```
# 汉诺塔
def move(n, a, buffer, c):
    if n == 1:
        print(a, "->", c)
    else:
        # 递归（线性）
        move(n - 1, a, c, buffer)
        move(1, a, buffer, c)  # 或者：print(a,"->",c)
        move(n - 1, buffer, a, c)

move(2, "a", "b", "c")
```

执行后会输出以下结果。

```
a -> b
a -> c
b -> c
```

范例 17-76：简单的爬楼梯问题

假设你正在爬楼梯，一共有 n 级台阶。每次你只能爬一级或者两级台阶，你能有多少种不同的方法爬到楼顶部？下面的实例文件 palou.py 演示了解决爬楼梯问题最简单方案的实现过程。

```
def climb(n=7):
    if n <= 2:
        return n
    return climb(n - 1) + climb(n - 2)  # 等价于斐波那契数列
```

```
print(climb(5))
print(climb(7))
```

执行后会输出以下结果。

```
8
21
```

范例 17-77：最近点对问题

给定平面上 n 个点，找其中的一对点，使得在 n 个点的所有点对中，该点对的距离最小。下面的实例文件 zuijin.py 演示了解决上述最近点对问题的过程。

```
# 蛮力法
def solve(points):
    n = len(points)
    min_d = float("inf")  # 最小距离：无穷大
    min_ps = None  # 最近点对
    for i in range(n - 1):
        for j in range(i + 1, n):
            d = sqrt((points[i][0] - points[j][0]) ** 2 + (points[i][1] - points[j][1]) ** 2)  # 两点距离
            if d < min_d:
                min_d = d  # 修改最小距离
                min_ps = [points[i], points[j]]  # 保存最近点对
    return min_ps


# 最近点对（报错！）
def nearest_dot(seq):
    # 注意：seq事先已对x坐标排序
    n = len(seq)
    if n <= 2: return seq  # 若问题规模等于 2，直接解决

    # 分解（子问题规模n/2）

    left, right = seq[0:n // 2], seq[n // 2:]
    print(left, right)
    mid_x = (left[-1][0] + right[0][0]) / 2.0

    # 递归，分治
    lmin = (left, nearest_dot(left))[len(left) > 2]  # 左侧最近点对
    rmin = (right, nearest_dot(right))[len(right) > 2]  # 右侧最近点对

    # 合并
    dis_l = (float("inf"), get_distance(lmin))[len(lmin) > 1]
    dis_r = (float("inf"), get_distance(rmin))[len(rmin) > 1]
    d = min(dis_l, dis_r)  # 最近点对距离

    # 处理中线附近的带状区域（近似蛮力）
    left = list(filter(lambda p: mid_x - p[0] <= d, left))  # 中间线左侧的距离小于等于d的点
    right = list(filter(lambda p: p[0] - mid_x <= d, right))  # 中间线右侧的距离小于等于d的点
    mid_min = []
    for p in left:
        for q in right:
            if abs(p[0] - q[0]) <= d and abs(p[1] - q[1]) <= d:  # 如果右侧部分点在p点的(d,2d)之间
                td = get_distance((p, q))
                if td <= d:
                    mid_min = [p, q]  # 记录p、q点对
                    d = td  # 修改最小距离

    if mid_min:
        return mid_min
    elif dis_l > dis_r:
        return rmin
    else:
        return lmin


# 两点距离
def get_distance(min):
    return sqrt((min[0][0] - min[1][0]) ** 2 + (min[0][1] - min[1][1]) ** 2)


def divide_conquer(seq):
```

```
        seq.sort(key=lambda x: x[0])
        res = nearest_dot(seq)
        return res

# 测试
seq = [(0, 1), (3, 2), (4, 3), (5, 1), (1, 2), (2, 1), (6, 2), (7, 2), (8, 3), (4, 5), (9, 0), (6, 4)]
print(solve(seq))    # [(6, 2), (7, 2)]
```

执行后会输出以下结果。

```
[(6, 2), (7, 2)]
```

范例 17-78：从数组中找出指定和的数值组合

求一个算法：有 N 个数，用其中 M 个数任意组合相加等于一个已知数 X。问这 M 个数是哪些数。比如：

```
seq = [1, 2, 3, 4, 5, 6, 7, 8, 9]
s = 14 # 和
```

全部可能的数值组合共计有以下 15 种。

```
5+9, 6+8
1+4+9, 1+5+8, 1+6+7, 2+3+9, 2+4+8, 2+5+7, 3+4+7, 3+5+6
1+2+5+6, 1+3+4+6, 1+2+4+7, 1+2+3+8, 2+3+4+5
```

下面的实例文件 zuhe.py 演示了从数组 seq 中找出和为 s 的数值组合的过程。

```
#版本一（纯计数）
def find(seq, s):
    n = len(seq)
    if n==1:
        return [0, 1][seq[0]==s]

    if seq[0]==s:
        return 1 + find(seq[1:], s)
    else:
        return find(seq[1:], s-seq[0]) + find(seq[1:], s)

# 测试
seq = [1, 2, 3, 4, 5, 6, 7, 8, 9]
s = 14 # 和
print(find(seq, s)) # 15

seq = [11,23,6,31,8,9,15,20,24,14]
s = 40 # 和
print(find(seq, s)) #8


# 版本二（输出）
def find2(seq, s, tmp=''):
    if len(seq)==0:    # 终止条件
        return

    if seq[0] == s:                    # 找到一种，则输出
        print(tmp + str(seq[0]))

    find2(seq[1:], s, tmp)                                  # 尾递归，不含 seq[0] 的情况
    find2(seq[1:], s-seq[0], str(seq[0]) + '+' + tmp)    # 尾递归，含 seq[0] 的情况

# 测试
seq = [1, 2, 3, 4, 5, 6, 7, 8, 9]
s = 14 # 和
find2(seq, s)
print()

seq = [11,23,6,31,8,9,15,20,24,14]
s = 40 # 和
find2(seq, s)
```

执行后会输出以下结果。

```
15
8
6+8
5+9
5+3+6
4+3+7
```

```
5+2+7
4+2+8
3+2+9
4+3+2+5
6+1+7
5+1+8
4+1+9
4+3+1+6
5+2+1+6
4+2+1+7
3+2+1+8

31+9
20+6+14
8+23+9
15+11+14
9+11+20
9+6+11+14
8+6+11+15
23+11+6
```

范例 17-79：找零问题

1．问题

有面额 10 元、5 元、2 元、1 元的硬币，数量分别为 3 个、5 个、7 个、12 个。现在需要给顾客找零 53 元，要求硬币的个数最少，应该如何找零？或者指出该问题无解。

2．分析

4 种面额的硬币看作 4 个元素，对应的数目看作各自的状态空间，遍历状态空间，其他的事情交给剪枝函数。

- 解的长度固定为 4。
- 解的编码为(x_1,x_2,x_3,x_4)，其中 $x_1 \in [0,1,2,3]$，$x_2 \in [0,1,2,3,4,5]$，$x_3 \in [0,1,2,\cdots,7]$，$x_4 \in [0,1,2,\cdots,12]$。
- 求最优解，增添全局变量：best_x 和 best_num。

下面的实例文件 ling.py 演示了解决找零问题的过程。

```
n = 4
a = [10, 5, 2, 1]   # 4种面额
b = [3, 5, 7, 12]   # 对应的硬币数目（状态空间）

m = 53   # 给定的金额

x = [0] * n   # 一个解（n元值为0～b[k]的数组）
X = []   # 一组解

best_x = []   # 最佳解
best_num = 0   # 最少硬币数目


# 冲突检测
def conflict(k):
    global n, m, x, X, a, b, best_num

    # 部分解的金额已超过给定金额
    if sum([p * q for p, q in zip(a[:k + 1], x[:k + 1])]) > m:
        return True

    # 部分解的金额加上剩下的所有金额未达到给定金额
    if sum([p * q for p, q in zip(a[:k + 1], x[:k + 1])]) + sum([p * q for p, q in zip(a[k + 1:], b[k + 1:])]) < m:
        return True

    # 部分解的硬币个数超过best_num
    num = sum(x[:k + 1])
    if 0 < best_num < num:
        return True

    return False   # 无冲突
```

```
# 回溯法（递归版本）
def subsets(k):   # 到达第k个元素
    global n, a, b, x, X, best_x, best_num

    if k == n:   # 超出最后的元素
        # print(x)
        X.append(x[:])   # 保存（一个解）

        # 计算硬币数目，若为最佳，则保存
        num = sum(x)
        if best_num == 0 or best_num > num:
            best_num = num
            best_x = x[:]
    else:
        for i in range(b[k] + 1):   # 遍历元素 a[k] 的可供选择状态: 0, 1, 2, …, b[k] 个硬币
            x[k] = i
            if not conflict(k):   # 剪枝
                subsets(k + 1)


# 测试
subsets(0)
print(best_x)
```

执行后会输出以下结果。

```
[3, 4, 1, 1]
```

范例 17-80：马踏棋盘

1．问题

将马放到国际象棋的 8×8 棋盘 board 上的某个方格中，马按走棋规则进行移动，走遍棋盘上的 64 个方格，要求进入每个方格且只进入一次，找出一种可行的方案。

2．分析

图 17-3 所示是一个 5×5 的棋盘。类似于迷宫问题，只不过此问题的解长度固定为 64。每到一格，就有[(−2,1),(−1,2),(1,2),(2,1),(2,−1),(1,−2),(−1,−2),(−2,−1)]顺时针 8 个方向可以选择。走到一格称为走了一步，把每一步看作元素，8 个方向看作这一步的状态空间。

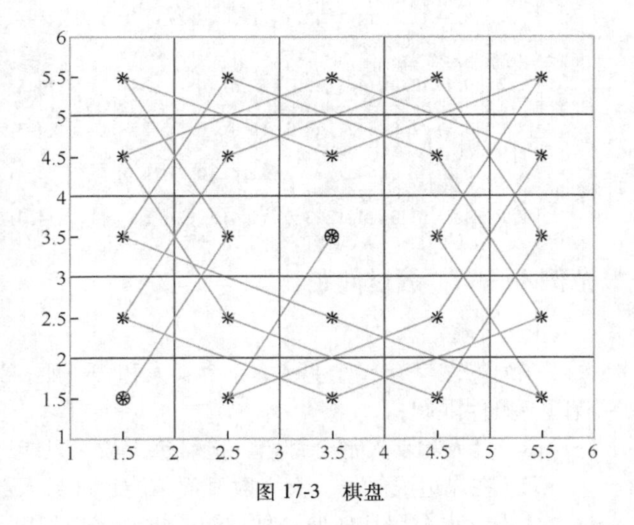

图 17-3　棋盘

下面的实例文件 ma.py 演示了解决马踏棋盘问题的过程。

```
n = 5
p = [(-2, 1), (-1, 2), (1, 2), (2, 1), (2, -1), (1, -2), (-1, -2), (-2, -1)]   # 状态空间，8个方向

entry = (2, 2)   # 出发地

x = [None] * (n * n)   # 一个解，长度固定为64，形如[(2,2),(4,3),…]
X = []   # 一组解


# 冲突检测
def conflict(k):
    global n, p, x, X

    # 解 x[k] 超出棋盘边界
    if x[k][0] < 0 or x[k][0] >= n or x[k][1] < 0 or x[k][1] >= n:
        return True

    # 解 x[k] 已经走过
```

```
        if x[k] in x[:k]:
            return True

        return False  # 无冲突


# 回溯法（递归版本）
def subsets(k):  # 到达第k个元素
    global n, p, x, X

    if k == n * n:  # 超出最后的元素
        print(x)
        # X.append(x[:]) # 保存（一个解）
    else:
        for i in p:  # 遍历元素 x[k-1] 的状态空间: 8个方向
            x[k] = (x[k - 1][0] + i[0], x[k - 1][1] + i[1])
            if not conflict(k):  # 剪枝
                subsets(k + 1)


# 测试
x[0] = entry  # 入口
subsets(1)  # 开始走第k=1步
```

执行后会输出以下结果。

```
[(2, 2), (0, 3), (2, 4), (4, 3), (3, 1), (1, 0), (0, 2), (1, 4), (3, 3), (4, 1), (2, 0), (0, 1), (1, 3), (3, 4), (4, 2), (3, 0), (1, 1), (2, 3), (0, 4), (1, 2), (0, 0), (2, 1), (4, 0), (3, 2), (4, 4)]
[(2, 2), (0, 3), (2, 4), (4, 3), (3, 1), (1, 0), (0, 2), (1, 4), (3, 3), (4, 1), (2, 0), (0, 1), (1, 3), (3, 4), (4, 2), (3, 0), (1, 1), (2, 3), (4, 4), (3, 2), (4, 0), (2, 1), (0, 0), (1, 2), (0, 4)]
[(2, 2), (0, 3), (2, 4), (4, 3), (3, 1), (1, 0), (0, 2), (1, 4), (3, 3), (4, 1), (2, 0), (0, 1), (1, 3), (3, 4), (4, 2), (3, 0), (1, 1), (3, 2), (4, 4), (2, 3), (0, 4), (1, 2), (0, 0), (2, 1), (4, 0)]
[(2, 2), (0, 3), (2, 4), (4, 3), (3, 1), (1, 0), (0, 2), (1, 4), (3, 3), (4, 1), (2, 0), (0, 1), (1, 3), (3, 4), (4, 2), (3, 0), (1, 1), (3, 2), (4, 0), (2, 1), (0, 0), (1, 2), (0, 4), (2, 3), (4, 4)]
#中间省略部分输出结果
[(2, 2), (0, 1), (2, 0), (4, 1), (3, 3), (1, 4), (0, 2), (1, 0), (3, 1), (4, 3), (2, 4), (0, 3), (1, 1), (3, 0), (4, 2), (3, 4), (1, 3), (3, 2), (4, 4), (2, 3), (0, 4), (1, 2), (0, 0), (2, 1), (4, 0)]
[(2, 2), (0, 1), (2, 0), (4, 1), (3, 3), (1, 4), (0, 2), (1, 0), (3, 1), (4, 3), (2, 4), (0, 3), (1, 1), (3, 0), (4, 2), (3, 4), (1, 3), (3, 2), (4, 0), (2, 1), (0, 0), (1, 2), (0, 4), (2, 3), (4, 4)]
[(2, 2), (0, 1), (2, 0), (4, 1), (3, 3), (1, 4), (0, 2), (1, 0), (3, 1), (4, 3), (2, 4), (0, 3), (1, 1), (3, 0), (4, 2), (3, 4), (1, 3), (2, 1), (4, 0), (3, 2), (4, 4), (2, 3), (0, 4), (1, 2), (0, 0)]
[(2, 2), (0, 1), (2, 0), (4, 1), (3, 3), (1, 4), (0, 2), (1, 0), (3, 1), (4, 3), (2, 4), (0, 3), (1, 1), (3, 0), (4, 2), (3, 4), (1, 3), (2, 1), (0, 0), (1, 2), (0, 4), (2, 3), (4, 4), (3, 2), (4, 0)]
```

范例 17-81：渡过问题

1. 问题

在河的左岸有 n 个男人、n 个女人和一条船，男人们想用这条船把所有人都运过河去，但有以下条件限制。

- 男人和女人都会划船，但船每次最多只能运 m 个人。
- 在岸边或船上，女人数目都不能超过男人数目，否则男人会被女人吃掉。

假设女人会服从任何一种过河安排，请规划出一个确保男人安全过河的计划。

2. 分析

大多数解决方案是用左岸的男人和女人人数以及船的位置这样一个三元组作为状态，进行考虑。下面我们换一种考虑思路，只考虑船的状态。

- 船的状态为(x, y)，x 表示船上有 x 个男人，y 表示船上有 y 个女人，其中$|x| \in [0, m]$，$|y| \in [0, m]$，$0<|x|+|y| \leqslant m$，$x \times y \geqslant 0$，$|x| \geqslant |y|$。船从左到右过河时，x,y 取非负数。船从右到左过河时，x,y 取非正数。
- 解的编码为$[(x_0,y_0), (x_1,y_1),\cdots, (x_p,y_p)]$，其中 $x_0+x_1+\cdots+x_p=n$，$y_0+y_1+\cdots+y_p=n$。解的长度不固定，但一定为奇数。
- 开始时左岸状态(n, n)，右岸状态(0, 0)。最终时左岸状态(0, 0)，右岸状态(n, n)。由于船的合法状态是动态的、二维的，因此，使用一个函数 get_states()来专门生成其状态空间，使得主程序更加清晰。

下面的实例文件 ye.py 演示了解决女人与男人问题的过程。

```
n = 3    # n个男人、n个女人
m = 2   # 船能载m人

x = []   # 一个解，就是船的一系列状态
X = []   # 一组解

is_found = False   # 全局终止标志


# 计算船的合法状态空间（二维）
def get_states(k):   # 船准备跑第k趟
    global n, m, x

    if k % 2 == 0:   # 从左到右，只考虑原左岸人数
        s1, s2 = n - sum(s[0] for s in x), n - sum(s[1] for s in x)
    else:   # 从右到左，只考虑原右岸人数（将船的历史状态累加可得）
        s1, s2 = sum(s[0] for s in x), sum(s[1] for s in x)

    for i in range(s1 + 1):
        for j in range(s2 + 1):
            if 0 < i + j <= m and (i * j == 0 or i >= j):
                yield [(-i, -j), (i, j)][k % 2 == 0]   # 生成船的合法状态

# 冲突检测
def conflict(k):   # 船开始跑第k趟
    global n, m, x

    # 若船上载的人与上一趟一样（会陷入死循环）
    if k > 0 and x[-1][0] == -x[-2][0] and x[-1][1] == -x[-2][1]:
        return True

    # 任何时候，船上男人人数少于女人，或者无人，或者超载（计算船的合法状态空间时已经考虑到了）
    if 0 < abs(x[-1][0]) < abs(x[-1][1]) or x[-1] == (0, 0) or abs(sum(x[-1])) > m:
       return True

    # 任何时候，左岸男人人数少于女人
    if 0 < n - sum(s[0] for s in x) < n - sum(s[1] for s in x):
        return True

    # 任何时候，右岸男人人数少于女人
    if 0 < sum(s[0] for s in x) < sum(s[1] for s in x):
        return True

    return False   # 无冲突

# 回溯法
def backtrack(k):   # 船准备跑第k趟
    global n, m, x, is_found

    if is_found: return   # 终止所有递归
    if n - sum(s[0] for s in x) == 0 and n - sum(s[1] for s in x) == 0:   # 左岸人数为0
        print(x)
        is_found = True
    else:
        for state in get_states(k):   # 遍历船的合法状态空间
            x.append(state)
            if not conflict(k):
                backtrack(k + 1)   # 深度优先
            x.pop()   # 回溯

# 测试
backtrack(0)
```

执行后会输出以下结果。

```
[(0, 2), (0, -1), (0, 2), (0, -1), (2, 0), (-1, -1), (2, 0), (0, -1), (0, 2), (0, -1), (0, 2)]
```

范例 17-82：1000 以内的完全数

如果一个自然数的真约数（列出某数的约数，去掉该数本身，剩下的就是它的真约数）的和等于它本身，那么这个自然数叫作完全数，又称完美数或完备数，如下。

- 第一个完全数是 6，它有约数有 1、2、3、6，除去它本身 6 外，其余 3 个数相加，1+2+3=6。
- 第二个完全数是 28，它有约数有 1、2、4、7、14、28，除去它本身 28 外，其余 5 个数相加，1+2+4+7+14=28。

那么问题来了：如何用 Python 求出下一个（大于 28 的）完全数？下面的实例文件 wan.py 演示了计算 1000 以内的完全数的过程。

```
def approximateNumber(num:int):
    # 函数名已经限制了参数类型，这里就不用做参数类型判断了
    result = []#所有满足条件的结果存到result数组中
    for divisor in range(1,num):#遍历1～num
        #temp 中存放约数
        temp = []
        for dividend in range(1,divisor):#遍历1～divisor，求所有约数
            if divisor%dividend==0:#判断是不是约数
                temp.append(dividend)#加入dividend数组
        tempSum = sum(temp)#求真约数和
        if tempSum == divisor:#判断这个数的真约数和是否等于这个数
            result.append(tempSum)#得到我们需要的结果，存到数组result中
    return  result #返回结果

print(approximateNumber(1000))
```

执行后会输出以下结果。

```
[6, 28, 496]
```

范例 17-83：多进程验证哥德巴赫猜想

所谓哥德巴赫猜想，是指任何一个大于 2 的偶数都可以写为两个素数的和。应用计算机工具可以很快地在一定范围内验证哥德巴赫猜想的正确性。请编写一个程序，验证指定范围内哥德巴赫猜想的正确性，也就是近似证明哥德巴赫猜想(因为不可能用计算机穷举出所有正偶数)。下面的实例文件 gede.py 演示了使用多进程验证哥德巴赫猜想的过程。

```
# 判断数字是否为质数
def isPrime(n):
    if n <= 1:
        return False
    for i in range(2, int(math.sqrt(n)) + 1):
        if n % i == 0:
            return False
    return True


# 验证大于2的偶数可以分解为两个质数之和
# T为元组，表示需要计算的数字区间
def GDBH(T):
    S = T[0]
    E = T[1]
    if S < 4:
        S = 4
    if S % 2 == 1:
        S += 1
    for i in range(S, E + 1, 2):
        isGDBH = False
        for j in range(i // 2 + 1): # 将偶数表示成两个质数的和，其中一个质数不大于i/2
            if isPrime(j):
                k = i - j
                if isPrime(k):
                    isGDBH = True
                    if i % 100000 == 0:  # 每隔10万个数输出一次
                        print('%d=%d+%d' % (i, j, k))
                    # print('%d=%d+%d' % (i, j, k))
                    break
        if not isGDBH:  # 输出这句话表示算法失败或是猜想失败
            print('哥德巴赫猜想失败！！ ')
            break


# 对整个数字空间N进行分段CPU_COUNT
def seprateNum(N, CPU_COUNT):
```

```
        list = [[i + 1, i + N // 8] for i in range(4, N, N // 8)]
        list[0][0] = 4
        if list[CPU_COUNT - 1][1] > N:
            list[CPU_COUNT - 1][1] = N
        return list


if __name__ == '__main__':
    N = 10 ** 6

    # 多进程
    time1 = time.clock()
    CPU_COUNT = cpu_count()  #CPU内核数，本机为8
    pool = Pool(CPU_COUNT)
    sepList = seprateNum(N, CPU_COUNT)

    result = pool.map(GDBH, sepList)
    pool.close()
    pool.join()
    print('多进程耗时:%d s' % (time.clock() - time1))

    # 单进程
    time2 = time.clock()
    GDBH((4, N))
    print('单进程耗时:%d s' % (time.clock() - time2))
```

在笔者计算机中执行后会输出以下结果。

```
400000=11+399989
300000=7+299993
100000=11+99989
200000=67+199933
500000=31+499969
900000=19+899981
600000=7+599993
800000=7+799993
700000=47+699953
1000000=17+999983
多线程耗时:9 s
100000=11+99989
200000=67+199933
300000=7+299993
400000=11+399989
500000=31+499969
600000=7+599993
700000=47+699953
800000=7+799993
900000=19+899981
600000=7+599993
800000=7+799993
700000=47+699953
1000000=17+999983
单进程耗时:33 s
```

范例 17-84：高斯消元法解线性方程组

线性方程是一种代数方程，例如 y =2x，其中任一个变量都为一次幂。这种方程的函数图像为一条直线，所以称为线性方程。下面的实例文件 gaosi.py 演示了使用高斯消元法解线性方程组的过程。

```
def print_matrix(info, m):  # 输出矩阵
    i = 0;
    j = 0;
    l = len(m)
    print(info)

    for i in range(0, len(m)):
        for j in range(0, len(m[i])):
            if (j == l):
                print(' |',)
            print('%6.4f' % m[i][j],)
        print
    print


def swap(a, b):
```

```
        t = a;
        a = b;
        b = t


def solve(ma, b, n):
    global m;
    m = ma    # 方便最后矩阵的显示
    global s;

    i = 0;
    j = 0;
    row_pos = 0;
    col_pos = 0;
    ik = 0;
    jk = 0
    mik = 0.0;
    temp = 0.0

    n = len(m)
    # row_pos 变量标记行循环, col_pos 变量标记列循环
    print_matrix("一开始的矩阵", m)
    while ((row_pos < n) and (col_pos < n)):
        print("位置：row_pos = %d, col_pos = %d" % (row_pos, col_pos))
        # 选主元
        mik = - 1
        for i in range(row_pos, n):
            if (abs(m[i][col_pos]) > mik):
                mik = abs(m[i][col_pos])
                ik = i

        if (mik == 0.0):
            col_pos = col_pos + 1
            continue

        print_matrix("选主元", m)

        # 交换两行
        if (ik != row_pos):
            for j in range(col_pos, n):
                swap(m[row_pos][j], m[ik][j])
                swap(m[row_pos][n], m[ik][n]);

        print_matrix("交换两行", m)

        try:
            # 消元
            m[row_pos][n] /= m[row_pos][col_pos]
        except ZeroDivisionError:
            # 除零异常，一般在无解或无穷多解的情况下出现
            return 0;

        j = n - 1
        while (j >= col_pos):
            m[row_pos][j] /= m[row_pos][col_pos]
            j = j - 1

        for i in range(0, n):
            if (i == row_pos):
                continue
            m[i][n] -= m[row_pos][n] * m[i][col_pos]

            j = n - 1
            while (j >= col_pos):
                m[i][j] -= m[row_pos][j] * m[i][col_pos]
                j = j - 1
        print_matrix("消元", m)
        row_pos = row_pos + 1;
        col_pos = col_pos + 1
    for i in range(row_pos, n):
        if (abs(m[i][n]) == 0.0):
            return 0
    return 1
```

```
if __name__ == '__main__':
    matrix = [[2.0, 0.0, - 2.0, 0.0],
              [0.0, 2.0, - 1.0, 0.0],
              [0.0, 1.0, 0.0, 10.0]]

    i = 0;
    j = 0;
    n = 0
    # 输出方程组
    print_matrix("一开始的矩阵", matrix)
    # 求解方程组，并输出方程组的可解信息
    ret = solve(matrix, 0, 0)
    if (ret != 0):
        print("方程组有解\n")
    else:
        print("方程组无唯一解或无解\n")


    # 输出方程组及其解
    print_matrix("方程组及其解", matrix)
    for i in range(0, len(m)):
        print("x[%d] = %6.4f" % (i, m[i][len(m)]))
```

执行后会输出以下结果。

```
一开始的矩阵
2.0000 0.0000 -2.0000    | 0.0000
0.0000 2.0000 -1.0000    | 0.0000
0.0000 1.0000 0.0000     | 10.0000

位置：row_pos = 0, col_pos = 0
选主元
2.0000 0.0000 -2.0000    | 0.0000
0.0000 2.0000 -1.0000    | 0.0000
0.0000 1.0000 0.0000     | 10.0000

交换两行
2.0000 0.0000 -2.0000    | 0.0000
0.0000 2.0000 -1.0000    | 0.0000
0.0000 1.0000 0.0000     | 10.0000

消元
1.0000 0.0000 -1.0000    | 0.0000
0.0000 2.0000 -1.0000    | 0.0000
0.0000 1.0000 0.0000     | 10.0000

位置：row_pos = 1, col_pos = 1
选主元
1.0000 0.0000 -1.0000    | 0.0000
0.0000 2.0000 -1.0000    | 0.0000
0.0000 1.0000 0.0000     | 10.0000

交换两行
1.0000 0.0000 -1.0000    | 0.0000
0.0000 2.0000 -1.0000    | 0.0000
0.0000 1.0000 0.0000     | 10.0000

消元
1.0000 0.0000 -1.0000    | 0.0000
0.0000 1.0000 -0.5000    | 0.0000
0.0000 0.0000 0.5000     | 10.0000

位置：row_pos = 2, col_pos = 2
选主元
1.0000 0.0000 -1.0000    | 0.0000
0.0000 1.0000 -0.5000    | 0.0000
0.0000 0.0000 0.5000     | 10.0000

交换两行
1.0000 0.0000 -1.0000    | 0.0000
0.0000 1.0000 -0.5000    | 0.0000
0.0000 0.0000 0.5000     | 10.0000

消元
```

```
1.0000 0.0000 0.0000   | 20.0000
0.0000 1.0000 0.0000   | 10.0000
0.0000 0.0000 1.0000   | 20.0000

方程组有解

方程组及其解
1.0000 0.0000 0.0000   | 20.0000
0.0000 1.0000 0.0000   | 10.0000
0.0000 0.0000 1.0000   | 20.0000

x[0] = 20.0000
x[1] = 10.0000
x[2] = 20.0000
```

范例 17-85：歌星大奖赛

在歌星大奖赛中，有 10 个评委为参赛的选手打分，分数为 1～100 分。选手最后得分为去掉一个最高分和一个最低分后，其余 8 个分数的平均值。要求实现两个功能，一是判断最高分和最低分，二是计算平均分。

下面的实例文件 gexing.py 演示了解决歌星大奖赛问题的过程。

```
def inputscore(num):
    i = True   # 判断输入的成绩是否合法
    while i:
        try:
            print
            '评委%d:' % num
            score = float(input('请输入成绩（0-100）：'))
            if score > 100 or score < 0:
                print('输入错误，请重新输入')
                i = True
            else:
                i = False
        except:
            print('输入错误，请重新输入')
            i = True
    return score

if __name__ == '__main__':
    sumscore = 0   # 求和
    maxscore = 0   # 记录最高分
    minscore = 100   # 记录最低分
    for i in range(10):
        intscore = inputscore(i + 1)
        sumscore += intscore
        if intscore > maxscore:
            maxscore = intscore
        elif intscore < minscore:
            minscore = intscore

    averagescore = (sumscore - maxscore - minscore) / 8.0   # 计算平均分
    print('去掉一个最高分%f，去掉一个最低分%f，本选手的最后得分是%f' % (maxscore, minscore, averagescore))
```

执行后会输出以下结果。

```
请输入成绩（0-100）：67
请输入成绩（0-100）：88
请输入成绩（0-100）：55
请输入成绩（0-100）：45
请输入成绩（0-100）：89
请输入成绩（0-100）：44
请输入成绩（0-100）：67
请输入成绩（0-100）：99
请输入成绩（0-100）：78
请输入成绩（0-100）：77
去掉一个最高分99.000000，去掉一个最低分44.000000，本选手的最后得分是70.750000
```

范例 17-86：捕鱼和分鱼

问题描述：某天夜里，A、B、C、D、E 五人一块去捕鱼，到第二天凌晨时都疲惫不堪，于是各自找地方睡觉。天亮了，A 第一个醒来，他将鱼分为 5 份，把多余的一条鱼扔掉，拿走自己的一份。B 第二个醒来，也将鱼分为 5 份，把多余的一条鱼扔掉，拿走自己的一份。C、D、E 依次醒来，也按同样的方法拿走鱼。问他们合伙至少捕了多少条鱼？

下面的实例文件 fen.py 演示了解决捕鱼和分鱼问题的过程。

```
def xf(n):
    a=1
    b=a
    while 1:
      for i in range(n-1):
        a=(a-1)/n*(n-1)*1.0
      if (a-1)%n==0:
        return b
      b+=1
      a=b
print(xf(5))
```

执行后会输出以下结果。

```
3121
```

范例 17-87：平分 7 筐鱼

1. 问题

A、B、C 三位渔夫出海打鱼，他们随船带了 21 只箩筐。返航时发现有 7 筐装满了鱼，还有 7 筐装了半筐鱼，另外 7 筐则是空的。由于他们没有秤，只好通过目测认为 7 个满筐鱼的重量是相等的，7 个半筐鱼的重量是相等的。在不将鱼倒出来的前提下，怎样将鱼和筐平分为 3 份？

2. 分析

已知有 21 个筐，3 个渔夫，那么每个渔夫应分到 7 个筐。而且，7 个筐装满了鱼，7 个筐装了一半的鱼，7 个筐没有鱼，又不能倒鱼。假设满的一筐为 100，一半的为 50，空的为 0，那么每个渔夫应分到(7×100+7×50+7×0)/3=350。先保证每个渔夫有 7 个筐，其中第 1 个筐为 100，第 2 个筐为 50，第 3 个筐为 0，共有如下几种可能（第一块的 for 循环）。

```
[[1, 1, 5], [1, 2, 4], [1, 3, 3], [1, 4, 2], [1, 5, 1], [2, 1, 4], [2, 2, 3], [2, 3, 2], [2, 4, 1], [3, 1, 3], [3, 2, 2], [3, 3, 1], [4, 1, 2], [4, 2, 1], [5, 1, 1]]
```

根据上述关系再保证每个渔夫的鱼有 350，共有如下几种可能（第二块的 for 循环）。

```
[[1, 5, 1], [2, 3, 2], [3, 1, 3]]
```

最后求出满足筐数为 7 且鱼有 350 关系的可能性，如下。

```
[1, 5, 1] [3, 1, 3] [3, 1, 3]
[2, 3, 2] [2, 3, 2] [3, 1, 3]
[2, 3, 2] [3, 1, 3] [2, 3, 2]
[3, 1, 3] [1, 5, 1] [3, 1, 3]
[3, 1, 3] [2, 3, 2] [2, 3, 2]
[3, 1, 3] [3, 1, 3] [1, 5, 1]
```

下面的实例文件 pingfen.py 演示了解决平分 7 筐鱼问题的过程。

```
x=[]
y=[]
for i in range(1,6):   # 第1块的for循环
    for j in range(1,6):
        k=7-i-j
        if k<=0:
            break
        else:
            x.append([i,j,k])
for yu in x:   # 第2块的for循环
    yu_sum=yu[0]*100+yu[1]*50+yu[2]*0
    if yu_sum==350:
        y.append(yu)
for yf1 in y:
    for yf2 in y:
        for yf3 in y:
            if yf1[0]+yf2[0]+yf3[0]==7 and yf1[1]+yf2[1]+yf3[1]==7:
                print(yf1,yf2,yf3)
```

执行后会输出以下结果。

```
[1, 5, 1] [3, 1, 3] [3, 1, 3]
[2, 3, 2] [2, 3, 2] [3, 1, 3]
[2, 3, 2] [3, 1, 3] [2, 3, 2]
```

```
[3, 1, 3] [1, 5, 1] [3, 1, 3]
[3, 1, 3] [2, 3, 2] [2, 3, 2]
[3, 1, 3] [3, 1, 3] [1, 5, 1]
```

范例 17-88：百钱买百鸡

我国古代数学家张丘建在《张丘建算经》一书中曾提出过著名的“百钱买百鸡”问题。该问题叙述如下：“鸡翁一，值钱五；鸡母一，值钱三；鸡雏三，值钱一；百钱买百鸡，则翁、母、雏各几何？”下面的实例文件 bai.py 演示了解决百钱买百鸡问题的过程。

```
#赋值
cock_price,hen_price,chick_price=5,3,1.0/3
#计算
cock_MaxNum,hen_MaxNum,chick_MaxNum=range(100//cock_price)[1:],range(100//hen_price)[1:],range(int(100//chick_price))[1:]
items=[(cock,hen,chick)for cock in cock_MaxNum for hen in  hen_MaxNum[1:] for chick in  chick_MaxNum[1:]
         if int(cock*cock_price+hen*hen_price+chick*chick_price)==100 and chick%3==0 and cock+hen+chick==100]
#输出
print('总数：'+str(len(items)))
print('='*32)
print('%-10s%10s%20s' % ('鸡翁','鸡母','鸡雏'))
print('-'*32)
for c in items:
    print('%-5s%10s%15s' % c)
print('-'*32)
```

执行后会输出以下结果。

```
总数：3
================================
鸡翁          鸡母            鸡雏
--------------------------------
4             18              78
8             11              81
12             4              84
--------------------------------
```